材料的非线性力学性能研究进展

陈建康　白树林　编

机械工业出版社

2019 年 11 月北京大学举办了一次全国"材料的非线性力学性能"会议,本书是在此基础上汇编而成的。全书共 38 篇文章,内容涵盖了塑性力学及其应用、软化介质力学、金属疲劳、非椭圆 Eshelby 问题的解析表示、固体跨尺度断裂、连续介质力学定解问题中解的存在唯一性、弹塑性复合材料力学、板料成型、金属玻璃非线性力学性能、锂离子电池中的力学问题、金属结构材料力学性能的辐照硬化和脆化效应、爆炸力学、冲击动力学理论与方法、涂层力学、生物力学、应变梯度理论的发展与应用、变形与金属相变理论、表面纳米化及其非线性效应、液晶相变的非线性理论、非对称弹性超材料与应用、石墨烯复合材料性能、混凝土腐蚀损伤力学等主题,旨在总结国内外研究进展,以促进力学前沿课题的研究。本书可以作为从事力学、材料科学,机械工程,土木工程以及相关领域研究的科技人员及高等院校有关专业师生的参考用书。

图书在版编目(CIP)数据

材料的非线性力学性能研究进展/陈建康,白树林编.—北京:机械工业出版社,2021.7

ISBN 978-7-111-68647-7

Ⅰ.①材… Ⅱ.①陈…②白… Ⅲ.①材料力学–非线性力学–材料力学性质–研究 Ⅳ.①TB303.2

中国版本图书馆 CIP 数据核字(2021)第 135505 号

机械工业出版社(北京市百万庄大街 22 号 邮政编码 100037)
策划编辑:张 超 责任编辑:张 超
责任校对:郑 婕 封面设计:王 旭
责任印制:单爱军
北京虎彩文化传播有限公司印刷
2021 年 11 月第 1 版第 1 次印刷
184mm×260mm・28.75 印张・4 插页・698 千字
标准书号:ISBN 978-7-111-68647-7
定价:198.00 元

电话服务　　　　　　　网络服务
客服电话:010 – 88361066　机 工 官 网:www.cmpbook.com
　　　　　010 – 88379833　机 工 官 博:weibo.com/cmp1952
　　　　　010 – 68326294　金 书 网:www.golden – book.com
封底无防伪标均为盗版　机工教育服务网:www.cmpedu.com

谨以本书庆贺黄筑平教授八十寿辰！

黄筑平教授近照

前　言

　　黄筑平教授是我国固体力学界的著名学者。他学风严谨，淡泊名利，为我国力学的科学研究和教育事业辛勤耕耘了近半个世纪。他致力于非线性力学的研究，研究领域涉及塑性动力学、有限变形下的弹塑性和黏弹性本构关系、韧性材料的动态损伤、粒子填充流变材料的强韧化机理以及微纳米结构和纳米复合材料中的表面（界面）能效应等多项固体力学前沿课题，取得了一系列重要的研究成果。他在北京大学长期从事塑性力学和连续介质力学的教学工作，培养了一批固体力学的科研和教学人才。

　　2019 年 11 月适逢黄筑平教授八十寿辰，他的同事、同行、朋友和学生在北京举办了全国“材料的非线性力学性能会议”，交流这一领域的研究成果，并在此基础上编辑了这部文集为他庆贺，以表达对他的敬意。

　　全国“材料的非线性力学性能会议”于 2019 年 11 月 1 日—11 月 2 日在北京大学召开。会议由中国力学学会主办，宁波大学和北京大学联合承办。宁波大学陈建康教授与北京大学白树林教授共同担任会议主席。会议着眼于“材料的非线性力学性能”的相关研究工作，广泛涵盖了塑性力学及其应用、软化介质力学、金属疲劳、非椭圆Eshelby 问题的解析表示、固体跨尺度断裂、连续介质力学定解问题中解的存在唯一性、湍流边界层的非线性力学对称性原理、页岩油气的化学 - 力学耦合理论、弹塑性复合材料力学、板料成型、金属玻璃非线性力学性能、锂离子电池中的力学问题、金属结构材料力学性能的辐照硬化和脆化效应、爆炸力学、冲击动力学理论与方法、涂层力学、生物力学、应变梯度理论的发展与应用、变形与金属相变理论、表面纳米化及其非线性效应、液晶相变的非线性理论、非对称弹性超材料与应用、石墨烯复合材料性能、混凝土腐蚀损伤力学等主题，旨在总结国内外研究进展，为推进力学前沿研究提供一个进行深入学术交流的场所和平台。本次会议得到了相关专家与青年学者的积极支持，来自北京大学、清华大学、中国科学院力学研究所 LNM、香港科技大学、北京理工大学、西安交通大学、复旦大学、中国科学技术大学、同济大学、机械科学研究总院、北京航空航天大学、重庆大学、上海大学、湘潭大学、大连理工大学、中南林业科技大学、宁波大学等近 20 个科研单位和高等院校的 40 余位代表出席了会议，15 位代表做了学术报告。部分在海外的学者也专门寄来了学术论文，以表达对黄筑平教授八十寿辰的祝贺。这些文章与会议的部分报告一并形成了这部文集的基本内容。我们期望文集的出版对从事力学和材料科学相关领域研究的学者和学生能有所启迪。会议组织者衷心感谢在百忙中为本文集撰写论文的各位作者。此外，我们还要感谢特意前来参加这次寿庆活动的各位代表。他们是：黄克智院士及夫人、郑晓静院士、孙承纬院士及夫人、佘振苏教授及夫人、苏先樾教授、梁乃刚研究员、姚仰平教授、罗迎社教授、杨黎明教授及夫人、周风华教授、陆符聪女士。

　　我们要感谢机械工业出版社张超编辑对文集出版付出的辛勤努力，感谢赵玉山为文集出版所做出的大量具体而繁杂的工作。由于时间有限，文集的疏漏之处敬请专家与读者批评指正。

　　衷心祝愿黄筑平教授永葆学术青春，继续为固体力学的科研与人才培养做出贡献！

陈建康　白树林

2021 年 2 月 1 日

黄筑平简介

黄筑平教授是我国固体力学界的著名学者。他治学严谨，淡泊名利，为我国力学的科学研究和教育事业辛勤耕耘了近半个世纪。他长期从事塑性力学、连续介质力学等方面的科研和教学工作，为固体力学学科的发展与人才培养做出了突出贡献。

黄筑平，1939年11月2日出生于贵州省贵阳市附近的马场坪。当时正值日寇侵华期间，他的父亲黄凤涛先生和母亲孙梦莲女士都是医务工作者，为了救治抗日军民，他们工作在抗日救亡的第一线，先后辗转于贵州、陕西、甘肃等地，直到抗战胜利后才回到祖籍宜兴。黄筑平的童年是在颠沛流离中度过的，他随父母先后在兰州、宜兴、南京和上海等地读小学和中学。艰苦的环境培养了他坚韧不拔的性格和奋发图强的精神。他于1957年获上海市高三级数学竞赛优胜奖，并以优异成绩考入北京大学数学力学系（学制6年），1963年考取该系研究生（学制3年，导师王仁先生），主要从事塑性力学的研究。

研究生毕业后，黄筑平被分配到了西安冶金建筑学院，后来又到鞍山钢铁公司的弓长岭铁矿工作。弓长岭铁矿恶劣的工作环境和艰苦的生活条件并没有消磨黄筑平的意志，相反，他看到了工人们的淳朴、善良、正直和坦诚，并在实际工作中体验到了知识的价值。遇到脏活、累活，工人师傅们总是抢在前头。工人师傅们尊重知识和知识分子，也毫无保留地将技术教给新来的年轻人。在那里，黄筑平不仅学会了电焊、气焊和气割，更是看到了工人师傅们解决工作中"难题"的聪明才智，这些在书本里是永远学不到的。六年的矿山经历，他和工人师傅们结下了深厚的友谊。不寻常的人生经历，也磨炼了他的意志，为以后的科学研究攻坚克难奠定了基础。

黄筑平于1969年10月和陈文琴女士结婚，育有一子一女。

因工作需要，黄筑平于1974年调到了北大汉中分校。在此期间，主要是给"工农兵学员"上课或带领他们"开门办学"。黄筑平到汉中的第一件事就是给1972年入学的"工农兵学员"上"杆系结构力学"课。为此，专门写了一本《杆系结构力学》的讲义，后来又写了一本《薄板理论》的讲义，并翻译了Zienkiewicz关于有限元方法的资料。

在北京大学力学系任职期间，黄筑平主要从事固体力学领域的教学和科研工作，先后于1985年和1992年被聘任为北京大学副教授和教授。他认为，作为固体力学专业的学生，如果所学课程仅仅局限于小变形弹性的线性问题，而不了解固体力学中的非线性问题，是不完备的，也是非常遗憾的。实际上，许多重要工程问题中的非线性效应往往是关键制约因素。为此，他选择塑性力学（物理非线性，本科限选课）和非线性连续介质力学（几何非线性，研究生必修课）作为自己在北大的主要讲授课程和科研方向。他所涉及的主要研究领域包括：塑性动力学、有限变形下的弹塑性和黏弹性本构理论、韧性材料的动态损伤、粒子填充流变材料的强韧化机理，以及微纳米结构和纳米复合材料中的表/界面能效应等。他曾承担或主持多项国家自然科学基金重大、重点、面上项目以及博士点基金项目，培养了多名硕士、博士和博士后，发表学术论文近200篇。在教材建设方面，他倾注了大量心血，出版了《塑性力学引论》（修订版）（合著）和《连续介质力学基础》。《塑性力学引论》（修订版）于1996年获北京大学优秀教材奖，《连续介质力学基础》的第1版于2004年获北京大学教学成果奖一等奖，《连续介质力学基础》第2版（2012年）补充介绍了他的部分最新研究成果。《连续介质力学基础》的第1版和第2版已被哈佛大学图书馆编目收录。

以上两本书的共同特点就是强调基本概念和问题提法的准确性和理论体系的严密性。书中还融入了他本人的最新研究成果，其中有些成果之前尚未对外公开发表。在现有的塑性力学书籍和文献中，经常出现一些含糊的概念和不恰当的提法，《塑性力学引论》（修订版）就是要力图澄清这些含糊的概念和提法。为此，他通过阅读大量现有文献并结合自己的研究成果，对塑性力学的内容重新进行了梳理，以期建立更为严密的理论体系。例如，在《塑性力学引论》（修订版）中，强调了稳定材料假设与Drucker公设的区别；在平面应变滑移线场理论中，扩展了 Geiringer 关系，首次给出了校核速度场合理性的极为重要的基本不等式。在《连续介质力学基础》中，除了介绍必要的数学基础外，更强调如何从物理角度理解问题。为此黄筑平经常与从事物理学方面研究的学者讨论交流。例如，复旦大学的王季陶教授曾写过有关热力学的英文专著，是热力学方面的知名专家。当他看到黄筑平的书后，在科学网上写了一篇题为"推荐和学习黄筑平教授著作《连续介质力学基础》"的博文，他写道："该书中最让我兴奋的是以'第二定律'为标题下的这样一句话：'第二定律：能量转化和传递的热力学过程可分为正过程和逆过程，前者可以自发进行，而后者必须伴随正过程才可能实现。'这就让我马上想起几乎从来没有在过去的热力学教科书中找到的1865年克劳修斯对热力学第二定律的表述"。另外，连续介质力学是一门正在不断发展和完善的学科，在书中不仅要介绍他本人的最新研究成果（如表界面能理论、橡胶弹性理论，以及尚未公开发表的新的物质分类方法）和国内外的最新研究进展，而且还需要尽可能澄清目前尚有争议的基本理论问题。例如，在有限变形塑性本构关系的讨论中，目前绝大多数文献都采用了变形梯度的乘法分解。但经过充分的调研，并与剑桥大学的R. Hill 教授进行交流后，书中并没有采用这样的分解。因为对于多晶金属，这种乘法分解是缺乏物理依据的。以上两本书得到了国内外同行的高度评价，并在国内许多高等院校的相关课程中被选为教材或作为参考用书。

黄筑平教授的主要创新性研究成果有：

1. 塑性动力学

1965年夏，在他撰写的一篇论文中，曾给出了关于理想刚塑性动力学的四个定理。其中包括"唯一性定理"和"动力学加速度极值原理"，但由于当时历史上的客观原因，该论文未能公开发表，其中部分研究成果后来陆续被国外学者发表在国际刊物上。1981年以后，他又重新开始进行塑性动力学方面的研究，取得了如下成果：

（1）给出了关于理想刚塑性动力学间断性质的两个定理（《力学学报》，1983），并将其推广到有限变形的情形（*Appl. Math. & Mech.*，1985）。后一篇论文受到了英国N. Jones 教授和美国 T. Wierzbicki 教授的高度重视，并于1986年应 T. Wierzbicki 的邀请赴美国 MIT 讲学。

（2）给出了任意凸加载面随动强化弹塑性结构的动力安定定理（《力学学报》，1985），并据此构造了最一般形式的结构动力响应的位移上界（*Science in China*，1989）。

（3）给出了理想刚塑性结构动力响应的位移下界定理（*Mech. Rev. Comm.*，1985），并将其推广到非线性黏性和受任意载荷作用的情形（*Int. J. Nonlinear Mech.*，1987）。美国 P. S. Symonds 教授在《关于位移下界的黄筑平定理》（"*On Huang Zhuping's theorem for a lower displacement bounds*"，*Mech. Rev. Comm.*，1985）一文中认为："The new theorem of Huang Zhuping provides a rigorous lower bound on the final displacement of a rigid - perfectly plastic structure subjected to impulsive loading. His theorem is a valid and worthwhile contribution"。此后，应 P. S. Symonds 和 W. Goldsmith 邀请，他于 1986 年分别赴美国 Brown 大学和 U. C. Berkeley 进行访问和讲学时，介绍了这方面的工作。英国 N. Jones 在 1994 年 4 月 12 日给黄筑平的信件中，谈到这一下界定理时说 "your point about the potential danger of ignoring possible breakdown of the bound is very important, as you have already shown for the mode 3 to mode 1 transition, …"。

基于他的下界定理和塑性动力响应中模态近似方法的研究（《力学进展》，1985），他还提出了最优模态的选取准则并得到了结构最终位移的近似表达式（*J. Appl. Mech.*，1992）。

在王仁院士撰写的 "A retrospective on dynamic plasticity and dynamic plastic instability"（*Appl. Mech. Rev.*，2000）一文中，以 "Approximate methods for estimating final displacement" 为标题专门开辟了一节来介绍黄筑平的以上研究成果。

（4）对圆柱壳的轴向塑性动力屈曲的实验结果进行了理论分析，建议了一个关于屈曲模态转变的临界条件（《力学学报》，1983；*Int. J. Impact Eng.*，1983）。作为完成人之一，该项成果曾获 1995 年国家教委科技进步一等奖。

2. 有限变形下的弹塑性和黏弹性本构理论

（1）给出了单晶材料中用塑性应变率表示塑性旋率的表达式，指出国际上另外构造塑性旋率本构关系的不必要性（《力学学报》（增刊），1989；《力学进展》，1990；《力学学报》，1991；《E. H. Lee 祝寿文集》（英文版），1991）。

（2）构造了有限变形弹塑性本构不等式，给出了相应的正交流动法则和材料硬化 - 软化的基本特征的定量化描述（《力学与实践》，1988；《北京大学学报》，自然科学版，1988）。

（3）基于非平衡态热力学，提出了一个计及温度效应的准热力学公设（*Acta Sci. Natur.* Univ. Pek.，1991），由此系统地给出了有限变形热弹塑性本构理论，讨论了应变度量改变时的不变性关系（*Proc. of IUTAM Sym.* on Constitutive Relations for Finite Deformation，1992；*Arch. Mech.*，1994）。R. Hill 在 1992 年 10 月 4 日给黄筑平的信件中，对上述工作给予了充分肯定，称为是 "well written" 和 "substantial contribution"。

（4）基于分子网络模型，提出了一个新的有限变形黏弹性材料的内变量本构理论，并指出之前已有的某些模型仅仅是该理论的一种特例（*Mech. Res. Comm.*，1999；*Science in China*，2000；*Science in China*，2013）。在此基础上，通过引进新的"附加项"，具体给出了一类不可压黏弹性材料的本构模型（*Mech. Res. Comm.*，2004）。

（5）给出了耗散材料，特别是黏性耗散材料中升温率的普适显式表达式，从而建立了热-力耦合条件下的有限变形黏弹性本构模型（*Appl. Math. & Mech.*，2004），并在此基础上，进一步考虑了可压缩性和热膨胀系数对热黏弹性材料力学行为的影响（*MTDM*，2010）。

（6）建立了考虑可压缩性和温度效应的橡胶弹性大变形本构理论（*J. Appl. Mech.*，2014）。

3. 韧性材料的动态损伤

（1）提出了一个新的韧性材料中的孔洞增长模型（*Int. J. Plasticity*，1992；*Science in China*，1992），并从不同角度对其进行了推广（*Int. J. Damage Mech.*，1994；*Proc. R. Soc. Lond.*，1995）。在此基础上，对现有的各种材料动态损伤和孔洞增长模型进行了全面的总结（《力学进展》，1993；*Proc. of IUTAM Sym. On Impact Dynamics*，1994）。

（2）首次从实验和理论两个方面对韧性材料中微损伤演化的统计规律和随机特性进行了研究。在实验方面，利用所研制的具有二次飞片的电炮加载装置，对不同类型的金属进行了平板撞击实验，通过观测不同金属材料中孔洞大小分布的差异，分析了应变率敏感性对孔洞增长的影响。在理论方面，根据微孔洞的成核和长大规律，分别求解了微孔洞数密度演化的守恒方程和描述转移概率演化的 Fokker-Planck 方程，给出了微孔洞统计演化规律和随机涨落特征的定量化描述（*J de Physique*，1994；*Science in China*，1996；*Int. J. Damage Mech.* 1999；*Key Eng. Mater.*，2000）。

（3）通过引进球坐标系下的应力函数，给出了黏弹塑性孔隙介质动态屈服面的下界估计（*Proc. of IUTAM Sym.* on Constitutive Relations in High/Very High Strain Rate，1996），构造了非线性孔隙介质中的宏观本构势函数（*Acta Mech. Sinica*，2003；*Int. J. Appl. Mech.*，2013），并对非线性孔隙介质中的孔洞增长和宏观性质研究进行了系统的总结（*Appl. Mech. Rev.*，2006）。

4. 粒子填充流变材料的强韧化机理

和陈建康教授一起研究了粒子填充流变材料由于界面脱粘所导致的微孔洞成核的临界条件，并讨论了界面脱粘的尺度效应问题，得到了由于界面脱粘形成的微孔洞增长的解析表达式，表明在黏弹性基体中，孔洞的增长同时依赖于孔洞的成核时间和基体的应变历史。基于以上成果，提出了一个既能考虑粒子的增强效应，又能考虑由于界面脱粘而导致微孔洞演化的弱化效应的相关三维黏弹性复合材料的本构模型，重点考察了加载速率、界面粘结能、基体材料的松弛时间、粒子体积分数以及粒径分散度等因素对材料宏观力学行为的影响。（*Proc. of IUATM Sym.* on Rheology of Bodies with Defects，1998；《高分子学报》，1998；*Polymer International*，2001；*Acta Mater.* 2003；*Computational Materials Science*，2007；*Int. J. Damage Mech.*，2010；*Comp. Sci. & Tech.*，2010；*Int. J. Damage Mech.*，2019）。

5. 微纳米结构和纳米复合材料中的表面能和界面能理论

2001 年至 2004 年期间，黄筑平主持了国家自然科学基金重点项目："共混/填充高聚物体系的动态力学行为"。该项目在结题时，得到了评委们的充分肯定，是当年唯一的 9 个评委都给出最高分的重点项目。在该项目中，他对具有数学界面和界面相的粒子填充复合材料的动、静态力学行为进行了深入研究。例如：对非线性弹塑性弱界面模型的研究（*Proc. of Int. Conf.* on Fracture and Damage of Advanced Mater. 2004）；对界面相中模量可以任意变化的复合材料有效性能进行了估计（*Proc. of Int. Conf.* on New Challenges in Mesomechanics，2002；*Comp. Sci. & Tech.*，2004），研究了有厚度的界面相模型与无厚度的数学界面模型之间的关联（*Int. J. Mech. Sci.*，2005）。特别自 2003 年以来，黄筑平重点开展了表面能（界面能）对纳米复合材料力学性能影响中有关基本理论方面的研究，所取得的主要原创性成果有：

（1）首次引进了"三个构形"来研究表/界面能效应的影响。这三个构形分别是虚设的无应力构形、无外载荷作用但存在残余表/界面应力的参考构形和在外载荷作用下的当前构形。强调指出了在计算体内的弹性能时，应该基于虚设的无应力构形，而在计算表/界面能和构造表/界面本构关系时，应该基于参考构形（*Acta Mech. Sinica*，2004；*Acta Mech.*，2006）。

（2）给出了有限变形下的超弹性表/界面本构关系（*Acta Mech.*，2006），可看作是对著名的 Shuttleworth 关系的一种推广。强调指出残余表/界面应力的重要性。这时，即使在小变形条件下，三类表/界面应力，即表/界面的第一类 Piola – Kirchhoff 应力、表/界面的第二类 Piola – Kirchhoff 应力和表/界面的 Cauchy 应力，都是互不相同的（*Acta Mech.*，2007）。

（3）建立了新的能量泛函，并根据其驻值条件同时导出了基于拉格朗日描述和欧拉描述的 Young – Laplace 方程（*Acta Mech.*，2006；*Advances in Heterogeneous Material Mechanics*，2008）。需要指出，含表/界面能泛函驻值条件方法可以有效地用于建立复杂介质的表/界面平衡方程，如微极（micropolar）介质的表/界面 Young – Laplace 方程（*Int. J. Solids Struct.*，2007）。

（4）强调指出，无论是有限变形还是小变形分析，在研究表/界面能效应时，采用拉格朗日描述的 Young – Laplace 方程和表/界面本构关系将会更为方便，由此得到的重要结论是：残余表/界面应力对微纳米尺度结构和纳米复合材料的力学性能是有影响的，而在现有的许多相关文献中，这种影响往往是被忽略的。

以上成果在 *Handbook of Micromechanics and Nanomechanics*（S. F. Li and X. L. Gao eds，2013）一书的第 8 章中做了系统介绍。这些成果也受到了国内外学者的关注（如 P. Sharma 等，*J. Appl. Mech.*，2007；H. S. Park 等，*J. Mech. Phys. Solids.*，2008），也已被用来讨论纳米结构的力学性能（如 Z Q Wang，Y P Zhao，Z P Huang. *Int. J. Eng. Sci.*，2010）。

随后，黄筑平教授又将以上成果推广到考虑温度效应和曲率相关的情形，强调了残余表/界面应力对复合材料有效模量、有效热膨胀系数和有效比热容的影响，取得了一系列研究成果（如 *Acta Mechanica Solida Sinica*，2012；*Int. J. Solids & Struct.*，2013；*Chinese Journal of Theoretical and Applied Mechanics*，2014；*Acta Mechanica*，2014；*Int. J. Solids & Struct.*，2014；*J. Mech. Phy. Solids*，2014；*Int. J. Mech. Sci.*，2016；*Appl. Math and Mech.*，2017；*Int. J. Solids & Struct.*，2017）。

值得一提的是，在黄筑平主持的自然科学基金重点项目的基础上，北京大学团队在具有界面效应的复合材料等效性能研究方面，取得了有重要国际影响的成果，他作为完成人之一，该成果获得了 2016 年教育部自然科学一等奖和 2020 年度的国家自然科学二等奖。

此外，黄筑平还对"刚塑性框架在冲击载荷下的大挠度分析"（与余同希、周青合作），"刚塑性结构极限分析的新算法"（与薛国新合作），"刚塑性平面问题滑移线场中刚性区的校核"（与张元合作），"黏弹性孔隙介质中的波传播"（与杨黎明合作），"铝板在冲击载荷下的层裂实验研究"（与孙承纬、袁榫合作），"金属柱壳的三维轴对称变形"（与加拿大的 H. Vaughan 合作），"弹塑性材料的动态孔洞化问题"（与潘客麟合作），"弹塑性材料的临界孔隙度问题"（与李晖凌合作），"泡沫塑料的力学行为"（与卢子兴合作），"幂次黏性介质中椭圆柱形孔洞的演化和孔洞间的相互作用"（与刘熠合作），"塑性介质中孔洞之间内颈缩的必要条件和孔洞汇合的临界条件"（与宁建国合作），"刚性粒子填充高聚物的界面脱粘的实验研究"（与白树林合作），"广义自洽模型的显式表示方法"（与戴兰宏合作），"粒子填充流变材料中的黏性耗散和损伤耗散"（与陈建康合作），"含黏弹性界面相粒子增强复合材料和空隙材料的动态有效模量"（与魏培君合作），"微极介质的细观力学方法"（与胡更开合作），"线性弹性界面应力模型及相关问题研究"（与段慧玲、王建祥合作），"联通孔隙介质的细观力学模型，和地质材料超弹塑性本构关系"（与陈永强合作）等问题进行了研究，发表了一系列学术论文。

在进行科研工作的同时，黄筑平在教学上也倾注了大量的心血，始终在教学第一线兢兢业业，辛勤耕耘。"塑性力学"和"连续介质力学"一直都是黄筑平在北大讲授的主要课程。由于"塑性力学"中有许多其他课程所没有的新概念（如屈服、残余应力、安定以及滑移线和应力间断线等）。因此在教学中，首先就是要让学生建立正确的基本概念。其次是在分散难点、由浅入深、循序渐进的前提下注重课程内容的系统性，强调和突出"塑性力学"所特有的分析方法。而在"连续介质力学"的教学中，黄筑平不仅局限于数学表达式的严格推导，更强调如何阐明数学方程所具有的物理本质，并力图澄清尚有争议的重大的基本理论问题。

在四十五年的学术生涯里，黄筑平教授以严谨的治学闻名力学界。在指导研究生的过程中，从论文的基本假设、理论框架到公式推导、文章结构甚至标点符号，他都要认真把关。对学生写的每一个公式，他都要重新推导，发现问题后都会毫无保留地予以指正。他要求学生注重文章的质量和创新，而不追求文章的数量。除了在学术上对学生严格要求外，他更关心学生的成长和今后的发展，爱护他们，尽可能创造有利于他们将来发展的机会和空间。此外，他每年还要评审校内外研究生的学位论文。尽管有些评审对象是外校的研究生，他也像对待自己的学生一样严格要求，对论文的整个理论分析过程都仔细推敲，并提出建设性的意见，对于存在严重错误的学位论文敢于提出否定的意见，这一点在学术风气日渐浮躁的今天尤其弥足珍贵。他治学的态度和学风使许多学生和青年学者受益匪浅。

黄筑平非常注重对青年人才的培养，对固体力学界的青年同行，他都愿意尽自己的能力进行帮助而且不求回报。特别值得一提的是，他没有门户之见，凡是有青年学者向他求教，他都会毫无保留地介绍他的学术思想和研究思路以提携后辈。在他的帮助下，北京大学从事固体力学专业的青年教师得到了迅速成长。其他一些高校的青年教师也都不同程度地受到过他的帮助。他关心的是固体力学整个学科的发展而非一门一派的学术得失，许多青年学者由于受到他的帮助而成为力学界的骨干力量。

四十五个春秋弹指一挥间。黄筑平教授在北大燕园辛勤耕耘，至今不辍。他期盼他的理论体系、研究方法和研究成果能够在我国的国民经济建设中发挥重要的作用。他将以对科学的热爱为祖国的科教事业继续增色添彩。

本简介由陈建康根据以下参考资料整理：

［1］陈建康，白树林，胡更开．材料的非线性力学性能论文集［C］．北京：国防工业出版社，2012.

［2］郑哲敏．20 世纪中国知名科学家学术成就概览：力学卷［M］．北京：科学出版社，2015.

［3］北京大学力学专业建立 65 周年采访文集编委会．师道心语［C］．北京：北京大学出版社，2018.

目　录

塑性动力学中解的唯一性定理和位移的限界

黄筑平

（北京大学，北京 100871）

背景介绍

1965 年，本文作者撰写了一篇论文，给出了刚－塑性动力学中解的唯一性定理和位移限界的相关定理。由于各种客观原因，该论文未能公开发表。类似的工作后来被国外学者陆续发表在国际刊物上，如 JAM（1966 年）和 IJSS（1972 年）等。本文将简要地向大家汇报当年的这一科研工作，和大家分享本人在这一时期的学术研究经历。

摘要：本文首先定义了一个"静力可能加速度场"，并以引理的形式给出了该加速度场所满足的基本不等式。在此基础上，给出了理想刚－塑性动力学的唯一性定理。其次，本文基于一个新提出的泛函，给出了在某些特定条件下加速度场需要满足的两个定理。最后，本文对 Martin 的位移限界定理进行了推广，并给出了相应的计算实例。

关键词：塑性动力学；静力可能加速度场；解的唯一性；位移限界

1 引言

在塑性静力学中，极限分析的上、下限定理对结构承载能力和破坏形式的估计是十分有意义的[1]。然而，在塑性动力学中，不仅没有相应的定理，甚至连上、下限的概念本身也是不很清楚的（见参考文献[2-5]）。对于外载荷来说，它可以不受任何限制。对于位移场（或应变场）来说，由于它同时是空间和时间的函数，如何去定义和求解它的上、下限，也是一个值得探讨的问题。

Martin[6]曾讨论了刚塑性体初速问题位移的上限。然而，他所证明的定理只能用于载荷作用点的终位移（而通常我们关心的是物体内部点的终位移），因此有较大的局限性。

本文首先定义了一个"静力可能加速度场"⊖，并证明了相应的基本不等式⊖。根据此不等式，便可很容易地证明理想刚－塑性动力学的唯一性定理⊜。其次，对于在某些特定条件下的加速度场，本文提出了一个新的泛函，给出了加速度场所满足的两个

⊖ 在 1972 年的国际杂志 IJSS 上，外国学者称其为"动力许可加速度场"。

⊖ 该不等式由国外学者于 1972 年刊登在 IJSS 杂志上，称为 Martin 原理。

⊜ 该定理于 1966 年由国外学者刊登在国际杂志 JAM 上。

定理。最后，由基本不等式出发，本文推广了 Martin 的定理[6]，可以用来估计物体内任意点终位移的限界。

2 理想刚 – 塑性动力学中解的唯一性定理

现考虑理想刚 – 塑性体 V，作用在物体上的体力为 F_i，应力边界 S_T 上的面力为 T_i，位移边界 S_u 上的位移为零。假定物体的变形比较小，运动方程（或平衡方程）可以建立在初始构形上。

定义：对于某个满足位移边界条件的加速度场 $\ddot{u}_i^c$，如果存在一个不超出屈服面 $f = 0$ 的应力场 σ_{ij}^c，该应力场不仅满足 S_T 上的应力边界条件，而且还满足方程 $\sigma_{ij,j}^c + F_i = \rho \ddot{u}_i^c$，则我们称 $\ddot{u}_i^c$ 为静力可能加速度场。其中 ρ 为密度，字母上方的"点"号表示（对时间的）物质导数。

引理：若 $\dot{u}_i, \ddot{u}_i$ 分别为真实的速度场和加速度场，$\ddot{u}_i^c$ 为静力可能加速度场，则有如下的基本不等式：

$$- \int_V \rho \ddot{u}_i^c \dot{u}_i \mathrm{d}V \leqslant - \int_V \rho \ddot{u}_i \dot{u}_i \mathrm{d}V \tag{1}$$

证明：若与 $\ddot{u}_i^c$ 相对应的应力场为 σ_{ij}^c，则对于真实的速度场 $\dot{u}_i$，有

$$\begin{aligned}
- \int_V (\rho \ddot{u}_i^c - F_i) \dot{u}_i \mathrm{d}V &= - \int_V \sigma_{ij,j}^c \dot{u}_i \mathrm{d}V \\
&= - \int_V (\sigma_{ij}^c \dot{u}_i)_{,j} \mathrm{d}V + \int_V \sigma_{ij}^c \dot{\varepsilon}_{ij} \mathrm{d}V \\
&= - \int_{S_T} \sigma_{ij}^c \dot{u}_i n_j \mathrm{d}S + \int_V \sigma_{ij}^c \dot{\varepsilon}_{ij} \mathrm{d}V
\end{aligned} \tag{2}$$

或有

$$- \int_V \rho \ddot{u}_i^c \dot{u}_i \mathrm{d}V + \int_V F_i \dot{u}_i \mathrm{d}V + \int_{S_T} T_i \dot{u}_i \mathrm{d}S = \int_V \sigma_{ij}^c \dot{\varepsilon}_{ij} \mathrm{d}V \tag{3}$$

式中，n_j 是物体表面单位外法向量；$T_i = \sigma_{ij}^c n_j$；$\dot{\varepsilon}_{ij}$ 是真实的应变率场。

对于真实的加速度场，同样可得

$$- \int_V \rho \ddot{u}_i \dot{u}_i \mathrm{d}V + \int_V F_i \dot{u}_i \mathrm{d}V + \int_{S_T} T_i \dot{u}_i \mathrm{d}S = \int_V \sigma_{ij} \dot{\varepsilon}_{ij} \mathrm{d}V \tag{4}$$

注意到当应变率非零时，所对应的应力在屈服面上，故由屈服面的外凸性，理想刚 – 塑性体满足 $(\sigma_{ij} - \sigma_{ij}^c) \dot{\varepsilon}_{ij} \geq 0$，所以由式（4）减去式（3）后，可得式（1）。

故证。

下面来讨论理想刚 – 塑性动力学中解的唯一性。

定理 1：现假定在刚 – 塑性体 V 上作用的体力为 F_i，应力边界 S_T 上的面力为 T_i，位移边界条件为零。初始位移和初始速度分别为 $\tilde{u}_i$ 和 $\tilde{v}_i$，则其位移场（从而速度场）是唯一的。

证明：如果有两组位移场的解 $u_i^{(1)}, u_i^{(2)}$，我们需要证明 $u_i^{(1)} = u_i^{(2)}$。由于这两组解的初始位移相等，所以只需证明 $\dot{u}_i^{(1)} = \dot{u}_i^{(2)}$ 即可。因为真实的加速度场也是静力可能加速度场，所以根据基本不等式（1），有

$$\int_V \rho \ddot{u}_i^{(2)} \dot{u}_i^{(2)} \, \mathrm{d}V - \int_V \rho \ddot{u}_i^{(1)} \dot{u}_i^{(2)} \, \mathrm{d}V \leqslant 0 \tag{5}$$

$$\int_V \rho \ddot{u}_i^{(1)} \dot{u}_i^{(1)} \, \mathrm{d}V - \int_V \rho \ddot{u}_i^{(2)} \dot{u}_i^{(1)} \, \mathrm{d}V \leqslant 0 \tag{6}$$

上两式相加，可得

$$\int_V \rho (\ddot{u}_i^{(2)} - \ddot{u}_i^{(1)})(\dot{u}_i^{(2)} - \dot{u}_i^{(1)}) \, \mathrm{d}V \leqslant 0 \tag{7}$$

或

$$\frac{1}{2} \int_V \rho \frac{\mathrm{d}}{\mathrm{d}t} \left[(\dot{u}_i^{(2)} - \dot{u}_i^{(1)})(\dot{u}_i^{(2)} - \dot{u}_i^{(1)}) \right] \mathrm{d}V \leqslant 0 \tag{8}$$

上式对时间积分，并注意到在初始时刻 $t = 0$ 有 $\dot{u}_i^{(1)} = \dot{u}_i^{(2)} = \tilde{v}_i$，故在任意时刻 $t \geqslant 0$，都有 $\frac{1}{2} \int_V \rho \left[(\dot{u}_i^{(2)} - \dot{u}_i^{(1)})(\dot{u}_i^{(2)} - \dot{u}_i^{(1)}) \right] \mathrm{d}V \leqslant 0$，说明 $\dot{u}_i^{(1)} = \dot{u}_i^{(2)}$。故证。

3　关于加速度场的一些性质

定理 2：如果某时刻的速度场和加速度场仅仅差一个比例因子 $\dot{u}_i = \mu \ddot{u}_i$，其中 $\mu \geqslant 0$，则在所有静力可能加速度场 $\ddot{u}_i^c$ 中，该时刻的真实加速度场 $\ddot{u}_i$ 使以下泛函最小：

$$I^c = \int_V \rho \ddot{u}_i^c \ddot{u}_i^c \, \mathrm{d}V \tag{9}$$

证明：注意到引理的基本不等式可以改写为 $-\mu \int_V \rho \ddot{u}_i^c \ddot{u}_i \mathrm{d}V \leqslant -\mu \int_V \rho \ddot{u}_i \ddot{u}_i \mathrm{d}V$，故有 $\int_V \rho \ddot{u}_i^c \ddot{u}_i \mathrm{d}V \geqslant \int_V \rho \ddot{u}_i \ddot{u}_i \mathrm{d}V$。因此由 $\int_V \rho (\ddot{u}_i^c \ddot{u}_i^c + \ddot{u}_i \ddot{u}_i) \mathrm{d}V \geqslant 2 \int_V \rho \ddot{u}_i^c \ddot{u}_i \mathrm{d}V \geqslant 2 \int_V \rho \ddot{u}_i \ddot{u}_i \mathrm{d}V$，可知 $\int_V \rho \ddot{u}_i^c \ddot{u}_i^c \mathrm{d}V \geqslant \int_V \rho \ddot{u}_i \ddot{u}_i \mathrm{d}V$。故定理得证。

下面讨论定理 2 的逆定理。

定理 3：如果某时刻的速度场和加速度场仅仅差一个比例因子 $\dot{u}_i = \mu \ddot{u}_i$，其中 $\mu \geqslant 0$。此外假定 $\ddot{u}_i^c$ 是静力可能加速度场，且使泛函 $I^c = \int_V \rho \ddot{u}_i^c \ddot{u}_i^c \mathrm{d}V$ 在该时刻达到最小，则 $\ddot{u}_i^c$ 为真实的加速度场。

证明：如果 $\ddot{u}_i$ 为真实的加速度场，则引理的不等式 $-\int_V \rho \ddot{u}_i^c \dot{u}_i \mathrm{d}V \leqslant -\int_V \rho \ddot{u}_i \dot{u}_i \mathrm{d}V$ 可以改写为 $2 \int_V \rho \ddot{u}_i^c \ddot{u}_i \mathrm{d}V \geqslant 2 \int_V \rho \ddot{u}_i \ddot{u}_i \mathrm{d}V$。此外，根据 $I^c = \int_V \rho \ddot{u}_i^c \ddot{u}_i^c \mathrm{d}V$ 最小的条件，可知 $\int_V \rho \ddot{u}_i \ddot{u}_i \mathrm{d}V - \int_V \rho \ddot{u}_i^c \ddot{u}_i^c \mathrm{d}V \geqslant 0$。由以上两不等式，便得到

$$2 \int_V \rho \ddot{u}_i^c \ddot{u}_i \mathrm{d}V - \int_V \rho \ddot{u}_i^c \ddot{u}_i^c \mathrm{d}V - \int_V \rho \ddot{u}_i \ddot{u}_i \mathrm{d}V$$

$$= -\int_V \rho (\ddot{u}_i^c - \ddot{u}_i)(\ddot{u}_i^c - \ddot{u}_i) \mathrm{d}V \geqslant 0 \tag{10}$$

于是有 $\ddot{u}_i^c = \ddot{u}_i$。故证。

需要说明，以上定理仅当 $\dot{u}_i = \mu \ddot{u}_i$，$\mu \geqslant 0$ 时成立，当 μ 是空间位置的函数时，只

需将 μ 与 ρ 的乘积看成另一个假想的密度，以上定理仍然适用。对于初始速度为零的情况，如果作用在物体上的体力和面力不超过静力极限载荷，位移边界条件为零，则由于 $I^c \geq 0$，故可取 $\ddot{u}_i^c = 0$，使相应的 I^c 为最小。这时物体没有变形和运动。如果作用在物体上的体力和面力超过静力极限载荷，则 $\ddot{u}_i^c$ 必不为零（否则无法找到既满足应力边界条件和运动方程，又不超出屈服面 $f = 0$ 的应力场 σ_{ij}^c），但真实的 $\ddot{u}_i$ 应使 I^c 为最小。

例 1：考虑如图 1 所示的理想刚 – 塑性简支梁。梁长为 $2l$，单位长度上的质量为 ρ，极限弯矩为 M_s，初始速度为零。在时刻 $t = 0$ 受到突加均布载荷 q 的作用，在时刻 $t = t_0$ 卸去此均布载荷。试讨论该简支梁的塑性动力响应问题。

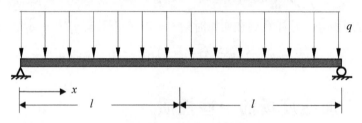

图 1 受阶跃均布载荷作用的简支梁

由对称性，仅考虑梁的左半部分。因为均布极限载荷为 $q_s = 2M_s/l^2$，所以当 q 小于 q_s 时，由 I^c 的最小条件，可以取 $I^c = 0$，这时加速度场为零，梁不产生变形。下面仅讨论 $q \geq q_s$ 的情形。

假定梁的横向位移为 w，则横向惯性力为 $-\rho \ddot{w}$。在初始阶段，定理 2 的条件是满足的。为此，可设法构造一个静力可能加速度场：

$$\ddot{w}^c = \begin{cases} -\ddot{w}^0 x/\Delta & (0 \leq x \leq \Delta) \\ -\ddot{w}^0 & (\Delta < x \leq l) \end{cases} \tag{11}$$

如果将惯性力视作外载，则梁所受到的载荷为

$$\begin{cases} q - px/\Delta & (0 \leq x \leq \Delta) \\ q - p & (\Delta < x \leq l) \end{cases} \tag{12}$$

式中，$p = \rho \ddot{w}^0 \geq 0$。

支座反力为 $Q_0 = (q - p)l + p\Delta/2$。弯矩分布为

$$M = \begin{cases} (q-p)lx + p\Delta x/2 - qx^2/2 + px^3/(6\Delta) & (0 \leq x \leq \Delta) \\ (q-p)lx - (q-p)x^2/2 + p\Delta^2/6 & (\Delta < x \leq l) \end{cases} \tag{13}$$

因为支座处的弯矩为零，故可假设支座附近梁段的弯矩分布满足

$$\frac{\mathrm{d}M}{\mathrm{d}x} \geq 0 \tag{14}$$

由式（14），可知

$$\frac{\mathrm{d}M}{\mathrm{d}x} = \begin{cases} (q-p)l + p\Delta/2 - qx + px^2/(2\Delta) & (0 \leq x \leq \Delta) \\ (q-p)(l-x) & (\Delta < x \leq l) \end{cases} \tag{15}$$

这里分几种情况：

（i）对于式（15）的第一式，当 $q \geq (2l/\Delta - 1)p$ 或 $q \leq p$ 时，$\dfrac{\mathrm{d}M}{\mathrm{d}x} = 0$ 的较小根 x_0

存在，可写为

$$x_0 = \frac{q - \sqrt{(q-p)\left[q - (2l/\Delta - 1)p\right]}}{p}\Delta \tag{16}$$

式（14）成立时要求 $x_0 \geqslant \Delta$。由以上条件，连同式（15），可见 $q < p$ 是不可能的。因此有以下情况。

$$q \geqslant p \tag{17}$$

（ii）当 $p \leqslant q \leqslant (2l/\Delta - 1)p$ 时，$\frac{\mathrm{d}M}{\mathrm{d}x} = 0$ 无根，式（14）自动满足。

对于理想塑性的梁，弯矩还需要满足

$$\max |M(x)| \leqslant M_{\mathrm{s}} \tag{18}$$

由假设的条件式（14），梁的最大弯矩为

$$\max |M| = M(l) = (q-p)l^2/2 + p\Delta^2/6 \tag{19}$$

下面分几种情况讨论：

（i）当 $p = q$ 时，由式（19），$\max |M| = p\Delta^2/6 \leqslant M_{\mathrm{s}}$。因为 Δ 的最大值为 l，故当 $p = q \leqslant 6M_{\mathrm{s}}/l^2$ 时，式（18）成立。由 I^c 最小的条件，得 $\Delta = l$。

另一方面，如果 $p = q \geqslant 6M_{\mathrm{s}}/l^2$，则 Δ 应满足 $\Delta^2 \leqslant 6M_{\mathrm{s}}/q$。而根据 I^c 为最小的条件，这时有

$$\Delta^2 = 6M_{\mathrm{s}}/q \tag{20}$$

（ii）当 $p \leqslant q$，$\Delta = l$ 时，有 $\max |M| = ql^2/2 - pl^2/3 \leqslant M_{\mathrm{s}}$。由 I^c 为最小的条件，可得 $p = 3q/2 - 3M_{\mathrm{s}}/l^2$。再根据 $0 \leqslant p \leqslant q$，可知 q 应满足以下条件：

$$2M_{\mathrm{s}}/l^2 \leqslant q \leqslant 6M_{\mathrm{s}}/l^2 \tag{21}$$

（iii）当 $p \leqslant q \leqslant (2l/\Delta - 1)p$ 时，有 $\max |M| = (q-p)l^2/2 + p\Delta^2/6 \leqslant M_{\mathrm{s}}$。由 I^c 为最小的条件，可得

$$\Delta = l, p = q \leqslant 6M_{\mathrm{s}}/l^2 \tag{22}$$

以上讨论表明，当式（21）成立时，梁的中点达到极限弯矩，形成一个塑性铰。而对于更大的均布载荷 $q \geqslant 6M_{\mathrm{s}}/l^2$，式（14）需要修正。梁在 $x = \Delta$ 处的弯矩达到极限弯矩，形成塑性铰，其位置由式（20）给出。

当 $t = t_0$ 卸去载荷后，梁的动力响应问题变为初始速度问题，定理2的条件已不再适用。此处就不多讨论了。

4　最终位移的上限

现在来考虑如下的初边值问题。假定：

（a）理想刚-塑性体 V 在初始时刻 $t = 0$ 的位移分布为零，初始速度分布为 $\dot{u}_i |_{t=0} = \tilde{v}_i$，初始时刻的总动能为 $K_0 = \frac{1}{2}\int_V \rho \tilde{v}_i \tilde{v}_i \mathrm{d}V$。

（b）物体上作用的体力 F_i 和面力 T_i 不随时间变化，而且不超过静力极限载荷。位移边界条件为零。

（c）当 $t = t_f$ 时运动终止，终位移为 u_i^f。

满足上述条件的初边值问题称为初边值问题 A。

定理 4：对于初边值问题 A，若与体力 F_i 和面力 T_i 相应的静力可能加速度场为 $\ddot{u}_i^c$，则终位移 u_i^f 满足不等式：

$$- \int_V \rho \ddot{u}_i^c u_i^f \mathrm{d}V \leqslant \frac{1}{2} \int_V \rho \widetilde{v}_i \widetilde{v}_i \mathrm{d}V = K_0 \tag{23}$$

证明：因为体力 F_i 和面力 T_i 不超过静力极限载荷，而且不随时间变化，故可构造一个不随时间变化的静力可能加速度场 $\ddot{u}_i^c$。根据引理，对式（1）积分，有

$$- \int_0^{t_f} \mathrm{d}t \int_V \rho \ddot{u}_i^c \dot{u}_i \mathrm{d}V \leqslant - \int_0^{t_f} \mathrm{d}t \left(\frac{1}{2} \frac{\mathrm{d}}{\mathrm{d}t} \int_V \rho \dot{u}_i \dot{u}_i \mathrm{d}V \right)$$
$$= K_0 \tag{24}$$

注意到 $\ddot{u}_i^c$ 不随时间变化，所以式（23）成立。故证。

Martin 定理[6]仅考虑冲击载荷（Impulsive Loading）的情形，即仅考虑了初始速度对物体最终位移的影响。而定理 4 同时考虑了初始速度分布和外载荷的作用对物体最终位移的影响，因此是对 Martin 定理的一种推广。另外，Martin 定理只能用来估计载荷作用点的终位移，而定理 4 可以用来估计物体内任意点的终位移。对于初边值问题 A，可以构造一个静力可能加速度场，使得它在物体内所要估计点以外的值为零。换言之，这是一个连续分布的静力可能加速度场的极限情形，相当于集中载荷的惯性力。

例 2：理想刚－塑性简支梁的梁长为 $2l$，单位长度上的质量为 ρ，极限弯矩为 M_s，初始向下的速度 v_0 是均布的，如图 2 所示。另外还受到均布载荷 q 的作用，满足 $|q| < 2M_s/l^2$。试估计该简支梁中点的向下最终位移 δ_f 的上限。

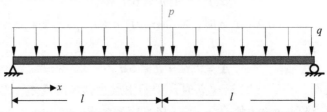

图 2　同时受均布冲击载荷和均布载荷作用的简支梁

取 $-\rho \ddot{u}_i^c$ 为仅在中点有值的集中惯性力，其大小为 $p = -\rho \ddot{u}_i^c$。支座反力为 $Q_0 = p/2 + ql$。弯矩分布为 $M = px/2 + qlx - qx^2/2$。当 $p \geqslant 0$ 时，有 $\frac{\mathrm{d}M}{\mathrm{d}x} \geqslant 0$，在梁的中点达到最大弯矩 M_s。这时可以取 $p = 2M_s/l - ql$。由此得 $(2M_s/l - ql)\delta_f \leqslant \rho l v_0^2$。于是有

$$\delta_f \leqslant \frac{\rho l^2 v_0^2}{2M_s - ql^2} \tag{25}$$

式（25）说明，当 q 的方向与 v_0 的方向一致时（$q \geqslant 0$），δ_f 上限的值会增大。反之，当 q 的方向与 v_0 的方向相反时（$q \leqslant 0$），δ_f 上限的值会减小。

顺便指出，我们不难将定理 4 推广到理想弹－塑性材料的情形，即考虑弹性变形对物体内最终位移的影响。为此，在应变空间中给定一个由 0 到 ε_{ij} 的应变路径，由此可定义比功：$U(\varepsilon_{ij}) = \int_0^{\varepsilon_{ij}} \sigma_{kl} \mathrm{d}\varepsilon_{kl}$。而在应力空间中给定一个由 0 到 σ_{ij} 的应力路径，由

此可定义比余功：$\Omega(\sigma_{ij}) = \int_0^{\sigma_{ij}} \varepsilon_{kl}\mathrm{d}\sigma_{kl}$。如文献 [7] 那样，考虑两种加载路径，第一种的应力由 0 到 σ_{ij}^c，第二种是真实的应变 ε_{ij} 路径和应力 σ_{ij} 路径。对于稳定材料，$U(\varepsilon_{ij})$ 和 $\Omega(\sigma_{ij})$ 都是其变元的凸函数。故有以下不等式：

$$\Omega(\sigma_{ij}^c) + U(\varepsilon_{ij}) \geqslant \sigma_{ij}^c \varepsilon_{ij} \tag{26}$$

因为 σ_{ij}^c 是静力场，它在屈服面内，所以 $\Omega(\sigma_{ij}^c)$ 是唯一确定的，与加载路径无关。而 $U(\varepsilon_{ij})$ 中的应变 ε_{ij} 是真实的应变（其中包括弹性应变），是与应变路径有关的。利用不等式（26），我们便不难将定理 4 推广到弹 – 塑性材料的情形。这时，最终位移的上限满足以下不等式：

$$-\int_V \rho \ddot{u}_i^c u_i^f \mathrm{d}V \leqslant \frac{1}{2} \int_V \rho \widetilde{v}_i \widetilde{v}_i \mathrm{d}V + \int_V \Omega(\sigma_{ij}^c) \mathrm{d}V = K_0 + \int_V \Omega(\sigma_{ij}^c) \mathrm{d}V \tag{27}$$

5 结束语

直到目前，还没有关于塑性动力学上、下限的一般原理，以上简单讨论只能算是一个初步尝试。

在某些特定条件下的定理 2 和定理 3 虽然有较大局限性，但有较为明确的物理意义，并且可以与塑性静力学中的静力定理类比。它们虽然在某些具体问题的求解中不很方便，但毕竟给出了一种求解加速度场的新途径，而且当加速度场不能精确求出时，它可以为计算加速度场提供一种近似方法。定理 4 在具体应用中较为方便，但是由于所得结果仅仅由初始动能的总和决定，而与初始速度的分布无关，而且无法求得任意逼近精确解的结果，因此，我们所能求得的最终位移的上限还是比较粗略的。不过，考虑到刚塑性假定本身的近似性，作为塑性残余变形的数量级估计，这种方法在实际问题中还是有意义的。

参 考 文 献

[1] Hodge P G. Plastic analysis of structures [M]. New York：McGraw – Hill, 1959.

[2] Lee E H, Symonds P S. Large plastic deformations of beams under transverse impact [J]. J Appl Mechanics, 1952, 19：308 – 314.

[3] Hopkins H G, Prager W. On the dynamics of plastic circular plates [J]. J Appl Math Phys（ZAMP）, 1954, 5：317 – 330.

[4] Wang A J, Hopkins H G. On the plastic deformation of built – in circular plates under impulsive load [J]. J Mech Phys Solids, 1954, 3：22 – 37.

[5] Дикович ИЛ. Динамика упруго – пластических балок [M]. Судпромгиз：Ленинград, 1962.

[6] Martin J B. Impulsive loading theorems for rigid – plastic continua [J]. ASCE J Engng Mech Div, 1964, 90（EM5）：27 – 42.

[7] Martin J B. A displacement bound principle for inelastic continua subjected to certain classes of dynamic loading [J]. Trans ASME J Appl Mech, 1965, 32（1）：1 – 6.

Theorems on uniqueness of solutions and displacement bounds in dynamic plasticity

HUANG Zhu – ping

(Peking University, Beijing 100871, China)

Abstract: In this paper, with defining a statically admissible field of accelerations, a fundamental inequality is developed in the lemma form, in which this acceleration field should be satisfied. Based on the inequality, a theorem on uniqueness of solutions for rigid – perfectly plastic continua subjected to dynamic loading is proved. Further, by means of the proposed functional, two theorems on the field of accelerations are derived which are valid under certain special conditions. Finally, the displacement – bound principle given by Martin (1964) is generalized and demonstrated with a rigid – plastic beam example.

Key words: dynamic plasticity; statically admissible field of accelerations; uniqueness of solutions; displacement bounds

软化介质力学及其应用

白以龙

（中国科学院力学研究所，非线性力学国家重点实验室，北京　100190）

摘要：非均匀介质（例如岩石）在压缩载荷峰值以后，处于软化变形阶段，会出现一系列不同于通常力学理论所描述的行为。这些处于软化变形的介质所展示出来的许多新现象和内在的新机理，例如连续分叉、局部化、灾变破坏等，大大地扩展了力学框架的视野，是经典弹、塑性力学，断裂力学和损伤力学的拓展。同时，软化介质力学的研究成果，看来会对一些人类面临的挑战性科学问题，例如地震预测，提供新的思路和解决途径。

关键词：软化介质力学；连续分叉；变形局部化；灾变破坏；可变幂律奇异性；地震预测

非均匀介质（例如岩石）承受压缩载荷时，在峰值载荷之后，会表现出软化变形行为，以及灾变破坏，这超出了经典塑性力学框架的 Drucher 公设，需要我们针对这类会发生软化变形的介质的力学行为，揭示新现象，阐明新机理，解决新问题。

1　软化力学行为的基本特点

简单地唯象观察，软化就是指随着变形的增加，应力反而下降的力学行为，如图 1a 所示。这种不合常理的变形行为一些非均匀介质（例如岩石、混凝土等）在承受单轴及多轴压缩载荷时，在峰值载荷之后，往往就会呈现出来，只是，人们从工程设计角度出发所建立起来的连续介质力学框架，往往遵照 Drucher 公设，不计峰值载荷之后的行为。但是，大自然的运行往往会超出人们设计的预想，地震的出现就是一例。此外，某些工况有时也会超越 Drucher 公设，运行在软化行为区间，从而酿成灾变性的破坏。

我们的研究工作表明，软化介质力学展示出如下一些非同一般的新现象，以及与经典弹、塑性力学，断裂力学和损伤力学理论框架不同的新机理[1]：

（1）连续分叉

例如在图 1a 所示的单轴压缩实验中，软化变形行为在峰值载荷之后，随着控制位移（名义应变）的增加，载荷却逐渐降低。从处于软化阶段的不同状态发生的弹性卸载也不相同。我们采用弹性/统计脆性（ESB）模型，可以简明地刻画出这种软化行为[1]，见图 1b。特别地，在软化阶段，在同一个轴向名义应力（如图 1b 中的 σ 所示）

9

下，岩石试样沿轴向的不同部分，可能分别处于继续变形损伤和弹性卸载两类不同的状态，即分叉（见图1b）。而且，这个分叉过程可以从应力峰值开始，连续地发生，故我们称之为连续分叉。众所周知，多重分叉是导致确定性的随机性—混沌的物理机制。可以想见，这里的连续分叉，将可能使软化变形行为呈现出类似情况，却又不同于混沌的复杂性，例如，灾变破坏的样本个性行为。

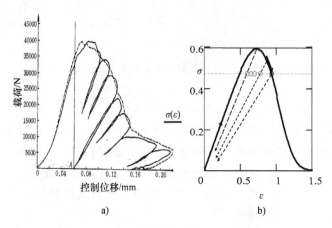

a)   b)

图1 岩石试样在单轴压缩载荷下所表现出来的软化变形行为

a) 反复加、卸载下的软化变形行为 (《大百科全书：矿冶卷》，1984) b) 在软化阶段，处于某一名义轴向应力 σ 时，由于连续分叉，试件中不同部位会处于不同应变状态的图解（引自 Bai et al, 2019 [1]）

（2）变形和损伤局部化

显而易见，软化变形时所涌现出来的连续分叉现象，导致的一个直接后果就是变形和损伤的局部化，也就是说，岩石试件中依然在增长的变形和损伤将逐渐地集中于一个狭窄的区域。与此直接相关，变形和损伤局部化直接导致了最终呈现出来的狭窄的破裂带，见图2a。

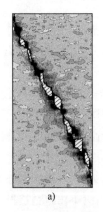 

a)   b)

图2 变形局部化及其造成的破裂带

a) 实验室观察到的局部化破裂带（许向红提供） b) 昆仑山 M8 大地震形成的地表破裂带（新华社发）

（3）灾变破坏（能量自持的破坏过程）

变形和损伤局部化的一个直接后果就是灾变破坏的发生，见图2a。从物理机理上看，灾变破坏是一种能量自持的破坏过程，也就是说，无需任何外力 F（例如材料试验机）提供任何能量（功 W）输入，仅依靠系统内部（甚至仅仅靠试样内部）的能量提供（弹性能释放），试样的破坏过程就能自持地进行下去，即

$$dW = FdU = 0 \qquad (1)$$

式中，U 为控制位移。

（4）可变的幂律奇异性（$-1/2 > \beta_F > -1$）

由于灾变破坏是在载荷 $F \neq 0$ 时发生的，灾变破坏的能量自持原理的一个便于实际测量的表征是相关区域 L 的变形 $u(t)$ 与控制位移 $U(t)$ 的相对变化的响应量 $R(t)$，

$$R(t) = \frac{du}{dU} = \frac{du}{\varepsilon_{\text{governing}} L dt} \qquad (2)$$

在临近灾变破坏时刻 t_F 会表现出趋于无穷的奇异性。采用幂律来刻画这种奇异性，则可表示为

$$R(t) \propto \left(1 - \frac{t}{t_F}\right)^{\beta_F} \qquad (3)$$

岩石实验发现，上述响应量 $R(t)$ 的幂律奇异性在全寿命的最后约 10^{-2} 阶段出现，其大小为 $10^2 \sim 10^3$。灾变破坏临界幂指数 β_F 分布在 $-1/2 \sim -1$ 之间，这表明该非均匀介质向发生灾变破坏的能量自持过程的趋近，是以有限曲率（此时 $\beta_F = -1/2$）甚至是高阶零曲率的方式（$-1/2 > \beta_F > -1$）密切贴近的（见图 3）。这为灾变破坏的预测提供了一个实际可测量的信息。

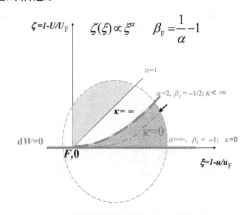

图 3 灾变破坏的能量自持原理 $dW = 0$，以及在灾变破坏点 F（坐标原点）邻域涌现的可变幂律奇异性（$-1/2 > \beta_F > -1$）的图解

2 灾变破坏的预测

在一个实际的变形过程中，在灾变破坏发生以前，人们是不知道未来将要发生灾变破坏的具体时间 t_F 的，因此也就难以知道上述灾变破坏的临界幂指数 β_F。为了实际预测灾变破坏的发生，当数据记录的实时终点时刻 $t_T < t_F$ 时，可以引入如下折合的幂律奇异性指数 $\beta_T (t_T)$。

$$R(t) \propto \left(1 - \frac{t}{t_{\mathrm{T}}}\right)^{\beta_{\mathrm{T}}} \tag{4}$$

根据灾变破坏发生前会呈现可变的幂律奇异性的规律，可以想见，当数据记录的实时终点时刻 t_{T} 向真正的灾变破坏发生的时刻 t_{F} 逼近时，折合的幂律奇异性指数 β_{T}，将会向灾变破坏的临界幂指数 β_{F} 逼近。岩石实验的结果，确实展现出了这个规律（见图 4）。

进一步，为了实现灾变破坏的预测，基于实测的响应量时间序列 $R(t)$，结合三个不同的幂律指数 $-1/2$、β_{T}、-1 的倒数，构造三个时间序列：$R(t)^{-2}$、$R(t)^{1/\beta_{\mathrm{T}}}$ 和 $R(t)^{-1}$。将这三个时间序列分别做线性拟合，然后外推到时间轴（横轴），其与横轴的交点，就分别是截止到数据记录的实时终点时刻 t_{T}，对灾变破坏发生时间的预测下限 $t_{\mathrm{F},-1/2}$（若 $\beta_{\mathrm{T}} > -1/2$）或 $t_{\mathrm{F},\beta_{\mathrm{T}}}$（若 $\beta_{\mathrm{T}} <$

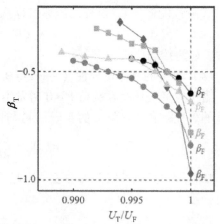

图 4　室内岩石实验所呈现的折合的幂律奇异性指数 β_{T}，随控制位移 U_{T} 的增加而逐渐减小的变化。随控制位移 U_{T} 的增加，β_{T} 逐渐减小和跨越 $-1/2$ 并继续减小向灾变破坏的临界幂指数 β_{F} 逼近。（引自 Xue，等 2018[2]）

$-1/2$）和上限 $t_{\mathrm{F},-1}$。图 5 就是一个对岩石试样发生灾变破坏时刻的实时预测[2]。

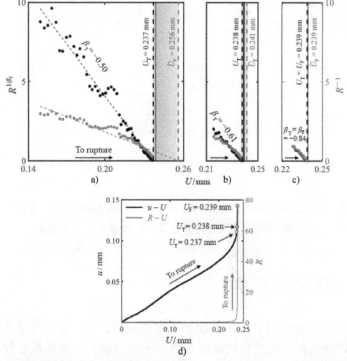

图 5　室内实验中岩石发生灾变破坏的预测。图 a)~c) 为在三个不同的控制位移 U_{T} 时，对发生灾变破坏"时刻"的预测，阴影区为由预测的下限和上限给出的预测区间，图 d) 为该试件的变形 u 随控制位移 U 的变化，以及图 a)~c) 所对应的"时刻"（引自 Xue，等，2018[2]）

3 汶川地震的后验预测

地震（见图2b）是地壳中积累的大量弹性应变能突然释放的灾变破坏过程。*Science*（2005）曾将地震预测列为全球科学界面临挑战的125个科学问题之一。

地震中发生的破坏过程与实验室岩石试件的灾变破裂看起来十分相像（图2），但是，二者之间毕竟有着巨大的差异。例如，实验室岩石试件的尺寸约为 10^{-2} m，加载速率约为 10^{-3}/s；而在一个大地震中，涉及的空间尺度约为 10^{5} m，板块运动的驱动速率约为 10^{-8}/年。也就是说，在尺度上前者为后者的 10^{-7}，在加载速率上前者约为后者的 10^{12} 倍。不过，灾变破坏的能量自持原理的幂律表征给我们提供了一个沟通两者的桥梁。因为，数学物理学家早就发现了幂律指数的标度不变性。这就是说，即使两个体系在标度上相差甚远，但是，如果它们的控制规律都是幂律，那么，其幂律指数是不变的。

利用围绕龙门山断裂带区域的 GPS 连续观测站构成的三角形网格（见图6），计算得到的垂直汶川地震破裂带方向的响应函数表明，2008 年汶川地震（$M_w7.9$）前，响应函数确实呈现出临界幂律加速演化的前兆特征，其临界幂律奇异性指数介于 $-1/2$ 和 -1 之间。这说明，汶川地震确实非常密接于能量自持的破坏过程。

这样，基于上述灾变破坏是由能量自持的物理机理所控制的认识，以及现有的 GPS 网站的测量数据，我们就可以提炼出来

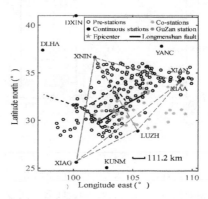

图6　围绕龙门山断裂带（实线）的 GPS 台站的分布。五角星为汶川地震震中，由四个连续记录的 GPS 观测站（西宁、下关、泸州、西安），组成四个虚线围成的三角形，用于计算汶川地震震前相关的相应量 $R(t)$ 的变化（引自薛健，2018[3]）

与地震相关的临界幂律奇异性。特别是所关心的孕震区域，根据当前记录时刻 t_T 的响应量数据集 $R(t, t<t_T)$，从而推算出实时的折合的幂律奇异性指数 $\beta_T(t_T)$。进而，分别构造三个数值时间序列 $R(t)^{-2}$、$R(t)^{1/\beta_T}$ 和 $R(t)^{-1}$，然后利用 $R(t)^{-2}$（或 $R(t)^{1/\beta_T}$）的线性外推与时间轴相交，得到地震发生时间的下界 $t_{F,-1/2}$（若 $\beta_T > -1/2$）或 t_{F,β_T}（若 $\beta_T < -1/2$）；而 $R(t)^{-1}$ 的线性外推与时间轴的交点，则可提供地震发生时间的上界 $t_{F,-1}$。随着 GPS 监测截止时间 t_T 逐渐趋近于发震时间 t_F，预测区间将逐渐向包含真实的地震发生时间收缩和逼近。

对汶川地震后验预测结果的分析表明，响应函数的加速演化行为大约在汶川地震前十多天开始出现。而利用 GPS 数据构造的三个数值时间序列，对汶川地震所做的后验性实时预测表明，预测区间包含地震的真实发震时间（2008 年，5 月 12 日），并且随着 GPS 采样向发震时刻的推进，预测区间逐渐缩小，有效的预测可以提前几天时间

给出，如图 7 所示。

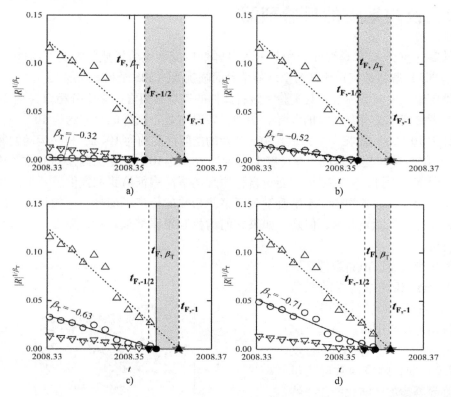

图 7　基于 GPS 连续记录数据对汶川地震发生时刻的后验预测。五角星为汶川地震的发震时间
（2008 年 5 月 12 日）阴影区为由预测的下限和上限给出的预测区间，a，b，c 和 d 4 图分为在四个
不同的震前时间 t_T（5 月 8，9，10，11 日）对该地震发生时间的后验预测（引自薛健，2018[3]）

因此，可变的幂律奇异性（CPS）很可能是大地震的一个重要的、有明确物理机理
的前兆。

然而，从已有的结果来看，目前最关键的环节是 GPS 测量数据的精度与相关的响
应量在震前所涌现的奇异性的矛盾。以汶川地震为例，地质板块驱动的应变速率 $\dot{\varepsilon}_G$ 约
为 10^{-8}/年，两个 GPS 台站间的基线长度约为 $L \times 10^2$ km，数据的时间步长为一天，因
此，倘若 GPS 基线测量的误差为 $\delta L = 2$mm，则，因 GPS 测量数据误差导致的相关的响
应量的误差将为

$$\delta R(t) \sim \propto \frac{\delta L}{\varepsilon_G \Delta t L} \sim 10^2 \qquad (5)$$

按照已有的室内岩石实验和对汶川地震的考察，灾变破坏发生前所实际涌现出来
的响应量的奇异性的量值，大约为 10^2 量级，也就是说，实际观察到的响应量的奇异性
（约比控制驱动应变率高两个量级），与上述误差相当。因此，如何提高 GPS 测量的精
度，乃是将这个前兆推进到实际应用的一个关键。

总之，基于不断改进的 GPS 测量的数据记录，利用可变的临界幂律奇异性（CPS）
这个前兆特征，并结合其他测量和数据处理技术，将可能对地震预测方法的建立起到重要的推动作用。

4 小结

对软化介质变形行为的力学研究，是经典弹、塑性力学，断裂力学和损伤力学的拓展，特别是软化介质所展示出来的许多新现象和内在的新机理，将大大扩展连续介质力学框架的视野。同时，软化介质力学的研究成果，看来会对一些人类面临的挑战性科学问题，例如地震预测，提供新的思路和解决途径。

致谢

感谢国家自然科学基金委员会、科技部 973 计划和中国科学院对本研究持续不断的支持；感谢 LNM 和国家地震局的长期参与和支持这项研究的所有同事、朋友和学生，大量的工作都是在他们的努力下完成的。

参 考 文 献

[1] Bai Y L, Xia M F, Ke F J. Statistical Meso – Mechanics of Damage and Failure [M]. Singapore：Science Press and Springer Nature，2019.

[2] Xue J, Hao S W, Lu C S, et al. The changeable power – law singularity and its application to prediction of catastrophic rupture in uniaxial compressive tests of geo – media [J]. J Geo Res Solid Earth, 2018, 9：455 – 481.

[3] 薛健. 非均匀介质在压缩载荷下灾变破坏的幂律奇异性前兆及灾变预测 [D]. 北京：中国科学院力学研究所，2018.

Mechanics of softening media and its application

BAI Yi – long

（LNM, Institute of Mechanics, Chinese Academy of Sciences, Beijing, 100190）

Abstract：Heterogeneous media like rocks under compression may present softening behavior, namely, beyond the peak load, the load decreases with increasing deformation. Then, the media may show either gradual failure or catastrophic rupture. In the softening phase, several specific features appear, such as continuous bifurcation, localization of deformation and catastrophic rupture. In particular, catastrophic rupture is a process with self – sustainable energy, which can be represented by a changeable power law singularity（CPS）with power index between $-1/2$ and -1 in a response function. Based on the accessible response and the changeable power law index, a prediction of the occurrence of catastrophic rupture can be made with lower and popper bounds. Based on the continuous GPS recordings in field, the above concepts and approach have been applied to the posterior prediction of M7.9 Wenchuan earthquake (May 12, 2008). The results seem to be very promising.

Key words: mechanics of softening; media; continuous bifurcation; localization; catastrophic rupture; changeable power law singularity; earthquake prediction.

饱和冲量与膜力因子法
——强动载荷下结构塑性大变形的分析和预测方法

余同希[1]，朱　凌[2]，陈发良[3]

（1. 香港科技大学机械与航空航天工程系，香港）

（2. 武汉理工大学交通学院，武汉 430061）

（3. 北京应用物理与计算数学研究所，北京 100094）

摘要： 经过多年的研究，膜力因子法和饱和分析方法已被证明是分析和预测冲击、爆炸等强动载荷作用下梁、板等结构件的塑性大变形行为的有力工具。本文将概述这两套方法的最新发展及它们相互结合所获得的成果。通过典型实例展示，我们发展出来的这一系列方法能够准确地计入膜力对结构大变形承载能力的效应，能够涵盖结构动力响应的瞬态阶段和模态阶段，还可以为工程设计提供简明且相当准确的梁、板最大变形的估算公式。饱和分析也对传统的 Youngdahl 脉冲等效方法提出了改进，具有十分广泛的工程应用前景。

关键词： 结构塑性大变形；强动载荷；膜力因子法；饱和冲量；脉冲等效

在过去三十年中，我们提出和研发了两套对结构塑性大变形行之有效的分析方法，即**膜力因子法**和**饱和分析方法**。本文将概述这两套方法的最新发展和它们相互结合所获得的成果。

1　梁和板大变形时的膜力效应

众所周知，在准静态载荷的作用下，板（以及轴向变形受到约束的梁）在变形过程中会因发生大挠度变形而诱发膜力，从而逐渐增强结构自身的承载能力，如图 1 所示。

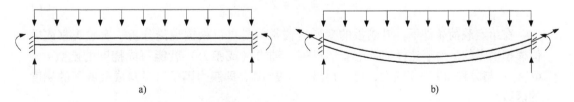

a)　　　　　　　　　　　　　　　　　　　b)

图 1　外载作用下的梁或板

a）小变形下，由弯矩和支承处的剪力承载　b）大变形下，膜力参与承载

同样，在冲击、爆炸等强动载荷作用下，梁或板通常要发生弹塑性大变形，因此梁的中线或板的中面必然发生伸长，从而诱导产生轴力或膜力；而轴力或膜力反过来必将增强梁或板的承载能力。

无论载荷是准静态地或是动态地施加于结构，结构的弹塑性大变形行为都被上述机理所控制，所以，发展相应的理论分析方法时必须尽可能准确地反映这个基本机理。

2 膜力因子法（Membrane Factor Method，MFM）

膜力因子法是系统地计入膜力对结构承载能力的贡献的一种理论方法。它由余同希和陈发良最先提出，并成功地应用于弹塑性地基梁、梁和板的分析[1-4]。

当梁和板发生很大的变形时，塑性占主导地位，弹性变形可以忽略，因此可以采用刚塑性材料模型。这时，考虑到结构的主要内力和变形特征量，引入无量纲参数

$$m \equiv M/M_{\mathrm{p}}, \quad n \equiv N/N_{\mathrm{p}}, \quad \delta \equiv \Delta/h$$

其中，M 和 N 分别代表弯矩和梁中的轴力（或板中的膜力），M_{p} 和 N_{p} 分别是塑性极限弯矩和塑性极限轴力；h 和 Δ 分别是梁或板的厚度和中点挠度。

对于矩形截面梁，$M_{\mathrm{p}} = Ybh^2/4$，$N_{\mathrm{p}} = Ybh$，其中 Y 是材料的屈服应力，b 是梁的宽度。对于板，将这两个式子的 b 取为 1，就得到板的单位宽度上的塑性极限弯矩 M_0 和塑性极限膜力 N_0，于是也可以类似地定义无量纲弯矩和无量纲膜力。

在结构的变形机构确定后，不考虑膜力时的能量耗散率为

$$J_m = M_{\mathrm{p}} \dot{\kappa}$$

其中，$\dot{\kappa}$ 是发生塑性极限弯矩的地方的曲率变化率。同时，考虑膜力时的能量耗散率为

$$J_{mn} = M\dot{\kappa} + N\dot{\varepsilon} = M_{\mathrm{p}}\dot{\kappa}\left[m + n\frac{N_{\mathrm{p}}}{M_{\mathrm{p}}}\frac{\dot{\varepsilon}}{\dot{\kappa}} \right] = M_{\mathrm{p}}\dot{\kappa}(m + 2n^2)$$

其中，$\dot{\varepsilon}$ 是发生塑性极限轴力的地方的伸长变化率。注意这里已用到梁的准确屈服条件，即弯矩与轴力联合作用下的屈服条件[5]：

$$m + n^2 = 1$$

及相关联的流动法则

$$\frac{N_{\mathrm{p}}}{M_{\mathrm{p}}}\frac{\dot{\varepsilon}}{\dot{\kappa}} = 2\frac{N}{N_{\mathrm{p}}} = 2n$$

于是，将有轴力和没有轴力的情况下的能量耗散率进行比较，就引入了膜力因子

$$f_n = \frac{J_{mn}}{J_m} = m + 2n^2 = 1 + n^2 \tag{1}$$

在给定载荷条件下，梁或板的变形机构常常是可以根据理论分析、实验观察或数值模拟确定的。对于这样的特定变形机构，轴力（或膜力）就能写成挠度的函数 $n = \Phi(\delta)$；与方程（1）相联立，可以得出 $f_n = \Psi(\delta)$，即膜力因子可以写成梁或板的挠度的函数。

具体来说，对于特定支承条件的梁，只要根据变形模式从几何关系求出无量纲轴力 n 随无量纲挠度 δ 变化的关系，就可以得到相应的膜力因子。例如，对于支座轴向不可移的简支梁，从位移协调给出[6]

18

$$\frac{N_B}{N_p} = 2\frac{\Delta}{h} = \frac{2v_0t}{h}$$

于是，

$$n = 2\delta,当\ \delta \leqslant 1/2$$
$$m = 0, n = 1,当\ \delta > 1/2$$

再利用方程（1）得到膜力因子是梁的挠度的函数：

$$f_n = \frac{J_{mn}}{J_m} = \begin{cases} 1 + 4\delta^2, & \delta \leqslant 1/2 \\ 4\delta, & \delta \geqslant 1/2 \end{cases}$$

类似地，对于固支梁可以得出[4]

$$f_n \equiv \frac{J_{mn}}{J_m} = \begin{cases} 1 + \delta^2, & \delta \leqslant 1 \\ 2\delta, & \delta \geqslant 1 \end{cases} \tag{2}$$

对于特定支承条件的板，同样可以根据变形模式从几何关系求出无量纲膜力 n 随无量纲挠度 δ 变化的关系，就可以得到相应的膜力因子。例如，对于边界简支可移的圆板[6]有

$$f_n \equiv \frac{J_{mn}}{J_m} = \begin{cases} 1 + \dfrac{1}{3}\delta^2, & \delta \leqslant 1 \\ \delta + \dfrac{1}{3\delta}, & \delta \geqslant 1 \end{cases}$$

图2展示了圆板边界为简支可移和简支不可移时膜力因子随板中点的无量纲挠度的变化。

从上面几个示例看到，梁和板的膜力因子只与它们的边界支承条件有关，而与它们的轴向或面内的尺度无关。因此，分析梁和板的大变形的时候，其膜力因子并不依赖于梁的长度或板的大小，这个性质给膜力因子法的应用带来极大的便利。

现在来看看怎样利用膜力因子法求解在强动载荷作用下梁的动态大挠度。我们以端部轴向不可移的固支梁

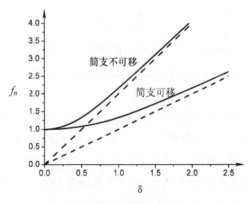

图2 边界为简支可移和简支不可移的圆板的膜力因子随板中点的无量纲挠度的变化

为例[7]。设梁的单位长度质量为 μ'，外加的冲击载荷使得梁在初始时刻沿整个跨度上突然获得一个均布的初速度 V_0，如图3a所示。由于梁是理想刚塑性的，其动力响应由两个阶段构成。在第一阶段（图3b），梁的根部 A 和 A' 形成驻定塑性铰，同时两个移行塑性铰 B 和 B' 对称地由根部向中间移动。当 B 和 B' 移到梁中点相遇之后，响应进入第二阶段，这时中点 O 成为一个驻定塑性铰（图3c），其横向速度逐渐减小。

求解时，首先写出小挠度情况下第一阶段的控制方程[7]

$$\omega\xi l = V_0 \tag{3}$$

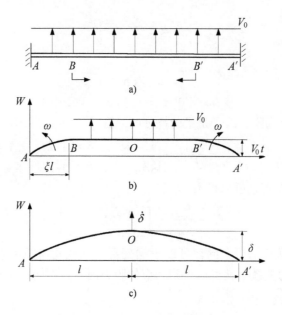

图3 获得均布初始速度的固支梁的动力响应

a) 初始速度分布 b) 第一阶段,移行铰 B 和 B' 对称地由根部向中间移动,BB' 段继续以 V_0 做平动,AB 和 $A'B'$ 段绕支座 A 和 B 转动 c) 移行铰 B 和 B' 在梁的中点会合后的模态运动[7]

$$\int_0^{\xi l} \omega x^2 \mu' \mathrm{d}x + \int_{\xi l}^l V_0 x \mu' \mathrm{d}x - \int_0^l V_0 x \mu' \mathrm{d}x = -2M_p t \qquad (4)$$

其中,方程(3)体现 B 点的横向速度连续性,方程(4)表现冲量矩等于动量矩的改变。在小挠度情况下第二阶段的控制方程则更简单[7]:

$$\mu' l^3 \dot{\omega}/3 = -2M_p \qquad (5)$$

现在到膜力因子法发挥威力的时候了:运动学方程(3)无需做任何改变,只要将方程(4)和方程(5)中的 M_p 用 $f_n M_p$ 来替代,这两个方程立即就转化为大挠度情况的控制方程了,而前面的方程(2)已经给出 f_n 的表达式了,所以求解并非难事。最后得到无量纲最大挠度 δ_f 同无量纲载荷参数 λ' 之间的解析关系[4]

$$\begin{cases} \delta_f + \dfrac{1}{3}\delta_f^3 = \dfrac{1}{6}\lambda', & \lambda' \leqslant 8 \\[2mm] \delta_f = \dfrac{1}{\sqrt{6}}\sqrt{\lambda' - 2}, & \lambda' \geqslant 8 \end{cases} \qquad (固支)$$

类似地,对端部轴向不可移简支梁得到:

$$\begin{cases} \delta_f + \dfrac{4}{3}\delta_f^3 = \dfrac{1}{3}\lambda', & \lambda' \leqslant 2 \\[2mm] \delta_f = \dfrac{1}{\sqrt{6}}\sqrt{\lambda' - \dfrac{1}{2}}, & \lambda' \geqslant 2 \end{cases} \qquad (简支)$$

其中,无量纲载荷参数 λ' 定义为 $\lambda' = \mu' l^2 V_0^2/M_p h$,力学意义是一个能量比。

由此可见,膜力因子法可以预测冲击载荷下梁的塑性大挠度,并给出极为简洁的解析表达式。

膜力因子法的本质是：从能量耗散的观点出发，通过引入膜力因子，把弯矩和轴力共同作用下梁或板的大变形行为转化为仅仅考虑梁或板的弯曲变形的问题。注意，这时梁或板的极限弯矩是随着无量纲挠度的增加而增大的，膜力因子的量值正好表征了随着挠度增加梁或板的承载能力增强的程度，所以，膜力因子也就代表了大挠度所引起的增强因子。

3　饱和现象和饱和冲量

除上面这个例子中见到的冲击载荷（给定初速度）工况之外，工程中还经常需要对强脉冲载荷（如外爆、内爆、砰击、撞击等）作用下的梁板结构预测和评估它们在响应过程中发生的大变形和破坏。

基于前文阐述的在强动载荷作用下梁和板发生塑性大变形时膜力参与承载的力学机制，可以预期，如果外加的动载是一个脉冲载荷，而且施加时间很长，一个可能发生的现象是：

当脉冲施加到一定时间之后，由于结构自身的增强，后继的脉冲载荷已经不能使梁或板的变形继续增加；这时梁或板的变形达到一种饱和状态。

刚塑性结构大变形时的饱和现象最早是由赵亚溥和余同希等人揭示的[8,9]，他们对此现象给予了明确的力学诠释，并由刚塑性结构出现饱和状态时的力学量定义了饱和冲量、饱和挠度和饱和时间。之后，朱凌和余同希[10]基于弹塑性数值模拟发现弹塑性的梁和板在长脉冲作用下也可能出现大变形的饱和，而且对最大挠度和最终挠度可以分别定义出饱和冲量和饱和时间。这样，就把饱和分析从刚塑性结构推广到更广泛的弹塑性结构了。

作为示例，我们来看均布矩形脉冲压力作用下的固支方板（图4）。

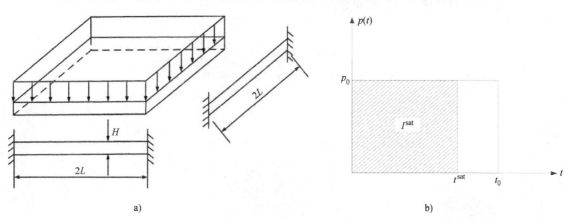

图 4　a）承受均布压力的固支方板　b）矩形脉冲

求解动力响应时，首先引入无量纲冲量

$$\bar{I} = \frac{I}{\sqrt{\mu H p_y}}$$

式中，μ 是单位面积板的质量；H 是板厚；p_y 是板在均布外载作用下的准静态坍塌载荷，对于固支方板，$p_y = 12M_0/L^2$。同时，定义无量纲载荷参数为 $\lambda = p_0/p_y$ 及无量纲时间

$$\tau = (t/L)\sqrt{\mu/Y}$$

下面列出动力响应的主要结果（推导细节可参见文献 [9]，[11] 或 [12]）：

板的最大无量纲挠度
$$\frac{W_0}{H} = \sqrt{1 + 2\lambda\left(1 - \cos\frac{\sqrt{2}I}{\lambda}\right)(\lambda - 1)} - 1$$

无量纲饱和挠度
$$\frac{W_0^{sat}}{H} = 2(\lambda - 1)$$

无量纲饱和冲量
$$\bar{I}^{sat} = \frac{\pi}{\sqrt{2}}\lambda$$

无量纲饱和时间
$$t^{sat} = \frac{\pi}{\sqrt{2}}$$

从这个典型示例看到，只要采用合适的无量纲化，饱和挠度、饱和冲量和饱和时间都可以表达成脉冲强度 λ 的简单函数。

4 饱和分析（Saturation Analysis，SA）的拓展

近三年来，武汉理工大学朱凌研究组同余同希、陈发良合作，在国家自然科学基金的支持下，对饱和现象进行了广泛深入的分析，取得了一系列新进展，例如：
（1）各种不同边界条件的矩形板在矩形脉冲情形下的饱和分析（图5a）[12]
（2）线性衰减脉冲情形下的饱和分析（图5b）[13]
（3）爆炸脉冲情形下的饱和分析（图5c）[14]

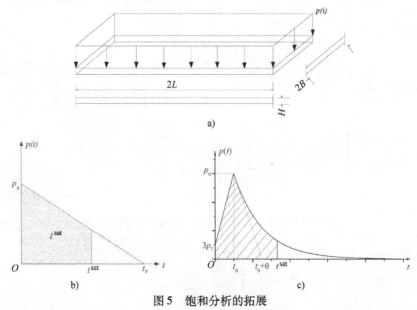

图5 饱和分析的拓展
a）各种不同边界条件的矩形板[12]　b）线性衰减脉冲[13]　c）爆炸脉冲[14]

需要注意，这一系列饱和分析都是基于以下假设条件进行的：

- 理想刚塑性材料；
- 动态响应过程中变形机构保持不变，也就是所得的是模态解；
- 采用方形的近似极限面（图6）代替准确的极限面，因而得到的是板的最大挠度的下界（对应于外接方形屈服面）和上界（对应于内接方形屈服面）。

为了验证刚塑性解的近似程度，可以用弹塑性有限元的结果来做比较。以线性衰减脉冲（图5b）作用下的方板为例，图7显示了这种比较。结果的细节见文献［13］。

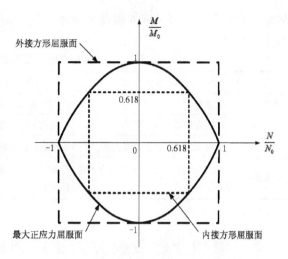

图6 考虑弯矩和膜力的屈服面（即极限曲面）[5]

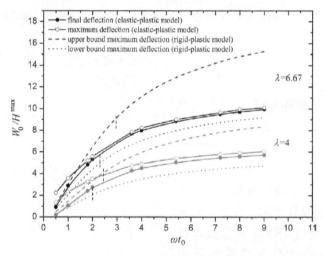

图7 线性衰减脉冲作用下的方板的刚塑性近似解和有限元解的比较[13]

从图7看到，弹塑性解介于刚塑性解的上下界之间，更靠近下界；同时，最终饱和挠度同最大挠度差异很小。其他算例也证实，这两条结论对各种梁和板的塑性动力响应都是适用的。

表1对分析梁板塑性大变形的几类方法进行了比较。有限元等数值方法可以得到梁和板等结构的动力响应中各个变量随时间变化的详尽结果，而且对复杂形状的脉冲都能计算，这是其优点；但是事先必须给定所有的材料、几何和外载参数才能进行模拟，这就限制了结果的普适性。解析方法能够直接导出最大挠度对外载和结构参数的依赖关系，当这些参数改变时无需逐一计算，所以仍具有不可替代的优越性。直接的饱和分析法直观、相对简单、便于应用，但所得到的是近似解；与之相比，膜力因子法虽然在数学上复杂一些，但可以计入瞬态变形场并采用准确的极限曲面，所以能够

更精准地分析和预测结构的塑性大变形。这就启示我们，最好能够把饱和分析和膜力因子法结合起来。

表1 分析梁板塑性大变形的几类方法之比较

方法	饱和分析法（SA）	膜力因子法（MFM）	有限元法（FEM）
适用对象	大变形	准静态或动态大变形	准静态或动态大变形
变形场	模态变形场	瞬态＋模态变形场	瞬态变形场
极限曲面	外接或内接的近似极限曲面	准确的极限曲面	准确的极限曲面
主要结果	最大挠度的上下界及其对脉冲参数的依赖关系	最大挠度，及其对外载参数的依赖关系	最大和最终挠度，但对每组脉冲参数都需要逐一计算

5　饱和分析与膜力因子法的结合（SA + MFM）

仍以方板在矩形脉冲作用下的大变形动力响应为例，阐明如何将膜力因子法引入饱和分析之中。

考虑一块周边固支或简支的方板承受均布矩形脉冲（图4），并假设脉冲持续时间 t_0 相对较长：

$$P(t) = \begin{cases} P_0, & 0 \leq t \leq t_0 \\ 0, & t > t_0 \end{cases}$$

从冲击动力学的分析[15]可知，当脉冲幅值较高时，板的动力响应将由两个阶段构成，即瞬态响应阶段和模态响应阶段。瞬态响应阶段的变形模式如图8a所示。如果板是简支的，那么其周边 $ABB'A'$ 自然是铰；如果板是固支的，那么在板发生弯曲变形时其周边 $ABB'A'$ 将形成塑性铰。瞬态响应的特征是包含移行铰线 $CDD'C'$，它们全都从边界向板中心移动。

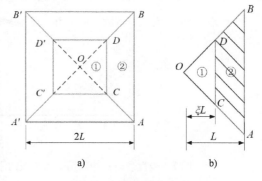

图8　方板的瞬态响应
a）变形场　b）1/4 板块的几何尺寸

根据达朗贝尔原理，若不计板的膜力，板的外载荷对边界的力矩、内力矩与板的惯性力矩构成平衡状态，因此可列出小挠度下区域②的运动控制方程为

$$\int_{\xi L}^{L} \mu \ddot{\theta}(L-x)^2 \mathrm{d}S_x = \int_{\xi L}^{L} P(t)(L-x)\mathrm{d}S_x - 2L\alpha M_0$$

式中，μ 为单位面积板的质量。具体代入图8b的几何形状和尺度，上式演变为

$$\frac{1}{12}\mu L^3(1-\xi)^3(1+3\xi)\ddot{\theta} = \frac{1}{6}L^2(L-\xi)^2(1+2\xi)P(t) - \alpha M_0$$

其中，$\alpha = 1$ 或 2 分别对应于边界简支和边界固支的情形。

考虑膜力的影响，引入膜力因子 f_n，从上式直接得到大挠度运动方程[17]：

$$\frac{1}{12}\mu L^3(1-\xi)^3(1+3\xi)\ddot{\theta} = \frac{1}{6}L^2(1-\xi)^2(1+2\xi)P(t) - \alpha M_0 f_n \tag{6}$$

同时，根据动量守恒定律，列出区域①的运动控制方程为

$$\mu L \frac{\mathrm{d}}{\mathrm{d}t}\left\{(1-\xi)\frac{\mathrm{d}\theta}{\mathrm{d}t}\right\} = P(t) \tag{7}$$

于是，联立方程（6）和方程（7）就能求解 θ 和 ξ，二者都是时间 t 的函数。方板的 SA + MFM 分析的主要结果画在图 9 中，其中 $\eta^{sat} = W_0^{sat}/H$ 是板的无量纲最大饱和挠度，$p_0 = P_0 L^2/M_p$ 为无量纲载荷幅值。

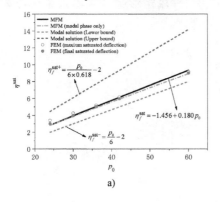 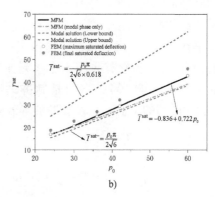

图 9 基于不同方法得到的无量纲饱和参量随载荷幅值的变化曲线
a）饱和挠度 b）饱和冲量[17]

6 SA + MFM 结果的分析讨论

在论文［16］和［17］中我们对梁和板采用 4 种方法进行了检验（部分结果如图 9 所示）：

（1）考虑瞬态响应阶段的膜力因子法；

（2）不考虑瞬态响应阶段的膜力因子法；

（3）弹塑性有限元模拟结果；

（4）模态解（即基本饱和分析的解）。

分析和比较这些结果，发现：

- 无量纲饱和冲量和无量纲最大挠度都同无量纲载荷幅值 p_0 呈线性关系；

- 前 3 种方法的结果都位于模态解的上下限之间，而更接近下限；

- 考虑瞬态响应阶段的膜力因子法与有限元结果较为接近，其差异反映弹性的影响，但这种影响并不显著；

- 屈服准则（极限曲面）的选取对预测板变形的影响要大于考虑瞬态响应阶段的影响，因而方法 2 可以提供简便实用的结果。

由于无量纲饱和挠度和无量纲饱和冲量对载荷幅值的依赖性都呈现为线性关系，由 SA + MFM 的结果可以拟合出一些线性近似公式，便于工程设计应用。例如，对于均

布矩形脉冲作用下的固支方板，有

无量纲饱和冲量 $\bar{I}^{\text{sat}} = 0.722 p_0 - 0.836$

无量纲饱和挠度 $\eta_{\text{f}}^{\text{sat}} = 0.180 p_0 - 1.456$

7 脉冲的等效替代

我们看到，饱和分析只能对最简单和理想的脉冲形状获得解析结果，而工程中遇到的脉冲常常具有复杂或任意的形状，因此，建立一种用矩形脉冲来等效替代任意形状的加载脉冲的方法，是一个极具工程实际意义的课题。

早在 1970 年，Youngdahl 提出了一个脉冲等效替代方法[18]。它首先用 3 个参量来表征任意形状的脉冲（图 10），它们是脉冲的有效冲量 I_{e}、脉冲时间的中值 t_{mean} 及脉冲的等效幅值 p_{e}：

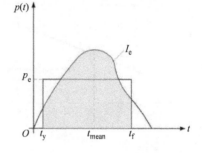

图 10 脉冲的等效替代示意图

$$I_{\text{e}} = \int_{t_{\text{y}}}^{t_{\text{f}}} p(t)\,\mathrm{d}t$$

$$t_{\text{mean}} = \frac{1}{I_{\text{e}}} \int_{t_{\text{y}}}^{t_{\text{f}}} (t - t_{\text{y}}) p(t)\,\mathrm{d}t$$

$$p_{\text{e}} = I_{\text{e}}/2t_{\text{mean}}$$

显然，当脉冲 $p(t)$ 已知时，要确定上述 3 个参量，还必须先标定等效脉冲的起始时间 t_{y} 和终止时间 t_{f}。t_{y} 代表塑性变形开始的时刻，因此通常只要取脉冲值达到 p_{y} 的时刻即可。但是，由于结构运动的惯性，如果未对动力响应进行详细的时程分析，就难以预判结构的塑性变形何时停止，所以塑性变形结束的时刻 t_{f} 是难以确定的。

对此，Youngdahl[18] 建议根据以下经验公式来决定 t_{f}：

$$(t_{\text{f}} - t_{\text{y}}) p_{\text{y}} = \int_{t_{\text{y}}}^{t_{\text{f}}} p(t)\,\mathrm{d}t \tag{8}$$

现在我们知道，饱和时间 t^{sat} 正好表征了结构塑性变形的终结，因此 $t_{\text{f}} = t^{\text{sat}}$ 就是对 t_{f} 的最合理的取法。从图 10 来看，Youngdahl 的经验公式（8）和基于饱和冲量的脉冲等效方法 $t_{\text{f}} = t^{\text{sat}}$ 二者都旨在决定如何在任意脉冲中切除对结构塑性变形不再产生影响的脉冲尾部，但选取 $t_{\text{f}} = t^{\text{sat}}$ 显然具备更清晰、更准确的力学意义，因而是更加合理的。

图 11 给出一个算例[13]，它将对线性衰减脉冲的等效为矩形脉冲的 3 种方法进行了比较。

同有限元数值模拟比较发现，基于饱和时间去尾的第 3 种脉冲等效方法与数值模拟结果最为接近。顺便还发现，对于线性衰减脉冲且载荷幅值 λ 比较小的情形，Youngdahl 的经验公式（8）给出的 t_{f} 恰恰是 t^{sat} 的 Taylor 展开的第一项，所以后者比前者更准确。

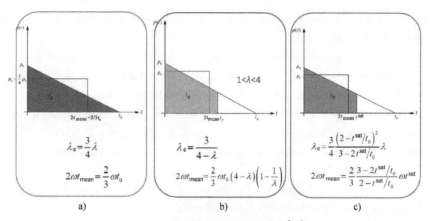

图 11　3 种脉冲等效方法的比较[13]

a）第 1 种方法基于不去尾的全脉冲　b）第 2 种方法基于 Youngdahl 的经验公式（8）去尾

c）第 3 种方法基于饱和时间去尾。

8　结语

将膜力因子法和饱和分析方法有机地结合起来，产生出 SA + MFM 方法，提供了一套完整地分析和预测梁、板结构塑性动态大变形的强大工具。这套工具的特点是：

- 可以采用准确极限面，从而准确计入膜力的效应；
- 对于高载情形，可以考虑瞬态变形机制，它提供了动力响应变量随时间变化的细节；
- 揭示了采用模态变形场的单纯饱和分析的误差，并提出适用于工程设计的简单公式；
- 改进了传统的 Youngdahl 脉冲等效技术；
- 不但可以用于各种支承条件的直梁和平板，还可以推广到夹层板、多层板、加筋板等；若结合脉冲等效技术，更可以适用于任意形状脉冲加载的问题；
- 除脉冲加载外，膜力因子法也被应用于受到刚性体撞击或反复撞击的结构物（如梁、平板、夹层板等）的动力行为的研究。

最后要特别指出，膜力因子法和饱和分析方法都是我们中国学者率先独立开创的、具有自主知识产权的力学理论方法。我们正在继续拓展它们的应用范围，使之发扬光大，服务于工程设计。

致谢：感谢国家自然科学基金面上项目 51579199 的资助。本文的部分示例由研究生白雪玉和田岚仁在武汉理工大学完成，谨此致谢。

参 考 文 献

[1] Yu T X, Stronge W J. Large deflection of a rigid – plastic beam – on – foundation from impact [J]. Int J Impact Engng, 1990, 9（1）：115 – 126.

[2] 余同希，陈发良. 用"膜力因子法"分析简支刚塑性圆板的大挠度动力响应 [J]. 力学学报，1990，22（5）：555 – 565.

[3] Yu T X, Chen F L. The large deflection dynamic response of rectangular plates [J]. Int J Impact Engng, 1992, 12 (4): 603 –616.

[4] Chen F L, Yu T X. Analysis of large deflection dynamic response of rigid – plastic beams [J]. ASCE Journal of Engineering Mechanics, 1993, 119 (EM6): 1293 –1301.

[5] 余同希, 薛璞. 工程塑性力学 [M]. 北京: 高等教育出版社, 2010.

[6] Calladine C R. Simple ideas in the large – deflection plastic theory of plates and slabs [C] //Heyman J, Leckie F A. Engineering Plasticity. London: Cambridge University, 1968: 93 –127.

[7] Symonds P S, Mentel T S. Impulsive loading of plastic beams with axial constraints [J]. J Mech Phys Solids, 1958, 6: 186 –202.

[8] Zhao Y P, Yu T X, Fang J. Large dynamic plastic deflection of a simply supported beam subjected to rectangular pressure pulse [J]. Archive of Applied Mechanics, 1994, 64 (3): 223 –232.

[9] Zhao Y P, Yu T X, Fang J. Saturated impulses for dynamically loaded structures with finite – deflections [J]. Structural Engineering and Mechanics, 1995, 3 (6): 583 –592.

[10] Zhu L, Yu T X. Saturated impulse for pulse – loaded elastic – plastic square plates [J]. Int J Solids Struct, 1997, 34 (14): 1709 –1718.

[11] Jones N. A theoretical study of the dynamic plastic behavior of beams and plates with finite – deflections [J]. Int J Solids Struct, 1971, 7 (8): 1007 –1029.

[12] Bai X Y, Zhu L, Yu T X. Saturated impulse for pulse – loaded rectangular plates with various boundary conditions [J]. Thin – Walled Structures, 2017, 119: 166 –177.

[13] Zhu L, Bai XY, Yu TX. The saturated impulse of fully clamped square plates subjected to linearly decaying pressure pulse [J]. Int J Impact Engng, 2017, 110: 198 –207.

[14] Bai X Y, Zhu L, Yu T X. Saturated impulse for fully clamped square plates under blast loading [J]. Int J Mech Sci, 2018, 146 –147: 417 –431. (online available in August 2017).

[15] Cox A D, Morland L W. Dynamic plastic deformation of simply – supported square plates [J]. J Mech Phys Solids, 1959, 7: 229 –241.

[16] Tian L R, Chen F L, Zhu L, et al. Saturated analysis of pulse – loaded beams based on Membrane Factor Method [J]. Int J Impact Engng, 2019, 131: 17 –26.

[17] Tian L R, Chen FL, Zhu L, Yu TX. Large deformation of square plates under pulse loading by the combination of Saturated Analysis and Membrance Factor Method [J]. Int. J. Impact Engng, 2020, 140: 103546.

[18] Youngdahl C K. Correlation parameters for eliminating the effect of pulse shape on dynamic plastic deformation [J]. J Appl Mech, 1970, 37 (3): 744 –752.

Saturated Impulse and Membrane Factor Method ——Analysis and prediction of large plastic deformation of structures under intense dynamic loading

YU Tongxi[1], ZHU Ling[2], CHEN Faliang[3]

(1. Department of Mechanical and Aerospace Engineering, Hong Kong University of Science and Technology, Hong Kong, China)

(2. School of Transportation, Wuhan University of Technology, Wuhan, 430061, China)

(3. Institute of Applied Physics and Computational Mathematics, Beijing, 100094, China)

Abstract: After three decades' investigation, Membrane Factor Method (MFM) and Saturation Analysis (SA) have been proven as powerful tools for analysis and prediction of large plastic deflection of structural members (e. g. beams and plates) under intense dynamic loading such as impact and blast. The present paper summarizes the newest development of these two theoretical tools and the results obtained by the combination of the two. It is exhibited by typical examples that the methods developed by our systematic studies can accurately take into account of the effect of membrane force on the load – carrying capacity of structures during their large dynamic plastic deformation. Those methods are capable of revealing the dynamic behavior of structures in both transient and modal stages, and of providing appropriate simple formulae for estimating the maximum deflection of beams and plates under intense dynamic loading to facilitate engineering design. In particular, the saturation analysis has made a significant improvement on the conventional Youghdahl approach in replacing a pulse of arbitrary shape with equivalent rectangular pulse, which opens a door for wide engineering applications.

Key Words: large plastic deformation of structures; intense dynamic loading; membrane factor method; saturated impulse; equivalent replacement of pulses.

包含微观组织演化的本构关系及其工程应用

金泉林

（机械科学研究总院，北京 100083）

摘要：本文报告了包含微观组织演化的热塑性本构关系的最新研究成果。与作者以前公布的研究结果的主要区别是，该本构关系的热力学推导去掉了"零温度速率"假设，使得这一本构关系不仅可以用于金属材料晶粒演化，还可以考虑固态相变过程。论文后半部分给出了应用这一本构关系解决热锻工程问题的几个实例。

关键词：微观组织；本构方程；金属材料；热加工；工程应用

1 引言

近年来，"形性控制"已成为制造领域一个热门的研究课题。对于热锻工艺，"形"指的是锻件形状尺寸，"性"指的是锻件性能。由于材料成分和微观组织决定着材料性能，因此当零件材料确定之后，热锻工艺的形性控制可归结为锻件形状尺寸和微观组织的控制。由于问题的复杂性和生产试验的高成本，热锻工艺数值模拟和优化已成为这项研究的主要方法。当然模拟软件中所用的材料本构关系必须包含热锻过程的各类微观组织变化。20 世纪 80 年代后，作者基于几种合金材料热锻过程中的晶粒演化规律在"零温度速率"假设下建立了包含各种晶粒演化的热塑性本构方程，并用于金属热锻件晶粒演化过程的模拟和预测[1]。但是多相合金发生固体相变的条件不满足"零温度速率"假设，因此该模型只能用于无相变的单相或准单相合金。

为了进行单相和多相合金热锻过程中变形和微观组织演化，特别是相变和晶粒演化的数值模拟，本文在不可逆热力学方程推导过程中放弃了"零温度速率"假设，应用 Onsager – Casimir 倒易关系直接导出了多种微观组织演化方程，其中包含了不同微观组织演化的耦合作用。在论文的后半部分，以几个工程实例说明这一本构关系在解决高端锻件制造工艺困难和提高锻件质量的工作中所起到的重要作用。

2 本构关系

2.1 Gibbs 函数热力学分解

本文作者已对伴随微观组织变化的热塑性变形建立了一个不可逆热力学框架[1]。在此框架中热力学外部状态变量为弹性（可逆）应变 $\overline{\varepsilon_r}$ 和熵 s，内部状态变量为 $\overline{x}_\alpha$（$\alpha=1, 2, 3, \cdots, m$），应力 $\overline{\sigma}$ 与 $\overline{\varepsilon_r}$ 共轭，绝对温度 T 与熵 s 共轭。为了建立该热力学框架，对应变速率 $\dot{\overline{\varepsilon}}$，外部功率 $\dot{w}$ 和熵进行加法分解[2]：

$$\begin{cases} \dot{\overline{\varepsilon}} = \dot{\overline{\varepsilon}}_r + \dot{\overline{\varepsilon}}_i, \dot{w} = \dot{w}_r + \dot{w}_i, s = \dot{s}_r + \dot{s}_i \\ \dot{w}_i = \dot{w}_h + \dot{w}_d, \dot{\eta} = \dot{\eta}_r + \dot{\eta}_i, \end{cases} \tag{1}$$

式中，下标 r、i 分别表示可逆部分和不可逆部分；下标 d、h 分别表示不可逆功率的立即耗散部分和存储在材料内部准备用于驱动微观组织演化的部分；$\dot{\eta}$ 表示材料内部微观组织变化时的熵增加率，包括可逆与不可逆两部分。基于上述分解，该框架建立了一个 Gibbs 自由能变化率表达式：

$$\begin{aligned} \dot{G}(\overline{\sigma}, T, \overline{x}_\alpha) &= -\frac{1}{\rho_0} \overline{\sigma} \dot{\overline{\varepsilon}}_r + \frac{\partial G}{\partial \overline{x}_\alpha} \dot{\overline{x}}_\alpha - T\dot{s} \\ &= \dot{G}^*(\overline{\sigma}, T) + \dot{G}^{**}(T, \overline{x}_\alpha) - T\dot{s} \end{aligned} \tag{2}$$

式中，第一项只与可逆过程有关；第二项则与热塑性变形和伴随的微观组织演化有关，第三项是温度变化率和熵之积。该方程假设了微观组织变化不影响可逆过程。实际上金属固体相变引起的体积变化和潜热对可逆过程有影响，但是相变体积变化与锻件变形相比、相变潜热与锻件热量相比都是微不足道的，所以可以忽略相变过程对 $\dot{G}_r$ 的影响。式（2）可改写为

$$\begin{cases} \dot{G}^*(T, \overline{\sigma}) = \frac{\partial G^*}{\partial T} \dot{T} + \frac{\partial G^*}{\partial \overline{\sigma}} \dot{\overline{\sigma}} = \frac{\partial G^*}{\partial T} \dot{T} - \frac{1}{\rho_0} \overline{\varepsilon}_r \dot{\overline{\sigma}} \\ \\ \dot{G}^{**}(T, \chi_m) = \frac{\partial G^{**}}{\partial T} \dot{T} + \frac{\partial G^{**}}{\partial \overline{x}_\alpha} \dot{\overline{x}}_\alpha \\ \\ \qquad\qquad = \frac{\partial G^{**}}{\partial T} \dot{T} + \frac{\partial G}{\partial \overline{x}_\alpha} \dot{\overline{x}}_\alpha \\ \\ -s = \frac{\partial G}{\partial T} = \frac{\partial G^*}{\partial T} + \frac{G^{**}}{\partial T} \end{cases} \tag{3}$$

根据工程问题需要，这里只考虑介观尺度的微观组织变化，Gibbs 函数具体包括单位体积材料内部的金属点缺陷能、线缺陷能、面缺陷能和由成分结构决定的化学势能：

$$\rho G^{**} = (\rho g + e_c \rho_c + \tau b + \gamma S_V) \tag{4}$$

式中，e_c、ρ_c 分别为点缺陷能和点缺陷密度；τ、b 分别为单位长度位错能和位错密度；γ、S_V 分别为单位面积界面能和单位体积内面缺陷的面积，这里面缺陷包括晶界、相界和自由表面。不同的面缺陷有不同的演化过程：晶界演化对应晶粒细化、长大和晶粒形状变化；相界演化对应相变、相的溶解和析出；自由表面演化的例子包括空洞形核、长大、开裂，空洞闭合与焊合。不同组分、不同相有不同化学势 g，g 是温度和内部结构的函数。

2.2 微观组织演化方程

应用 Onsager – Casimir 倒易关系[3]，使相变体积分数演化方程包括了等温变化和非等温变化。考虑 m 个微观组织演化和温度演化，得到如下 Onsager 倒易关系方程：

$$\begin{Bmatrix} \dot{\overline{x}}_1 \\ \vdots \\ \dot{\overline{x}}_m \\ \dot{T} \end{Bmatrix} = \begin{Bmatrix} M_{11} & \cdots & M_{1m} & M_{1T} \\ \vdots & \vdots & \vdots & \vdots \\ M_{m1} & \cdots & M_{mm} & M_{mT} \\ M_{T1} & \cdots & M_{Tm} & M_{TT} \end{Bmatrix} \begin{Bmatrix} f_1 \\ \vdots \\ f_m \\ f_T \end{Bmatrix} \tag{5}$$

式中，$f_\alpha(\alpha = 1,2,3,\cdots,m)$ 为与内变量 $\overline{x}_\alpha$ 共轭的广义力。f_T 为 $\dot{T}$ 的共轭广义力。

$$f_\alpha = -\rho_0 \frac{\partial G}{\partial x_\alpha} = -\rho_0 \frac{\partial G^{**}}{\partial x_\alpha}$$

$$f_T = -\rho_0 \frac{\partial G}{\partial T} = -\left(\rho_0 \frac{\partial G^*}{\partial T} + \rho_0 \frac{\partial G^{**}}{\partial T}\right) = s \tag{6}$$

M 矩阵中，各元素均为热激活控制的温度函数。矩阵中非对角元素表达了不同微观组织演化的耦合因素。Onsager 倒易关系表现为 M 矩阵的对称性：

$$\begin{cases} M_{\alpha i} = M_{i\alpha} = M_{\alpha i 0}\exp(-Q/RT) \\ M_{Ti} = M_{iT} = M_{Ti0}\exp(-Q/RT) \\ M_{TT} = M_{TT0}\exp(-Q/RT) \end{cases}$$

$$(\alpha, i = 1,2,3,\cdots,m) \tag{7}$$

只考虑一种微观组织变化 $\dot{\overline{x}}_\alpha$ 和 $\dot{T}$，得到

$$\begin{Bmatrix} \dot{\overline{x}}_\alpha \\ \dot{T} \end{Bmatrix} = \begin{Bmatrix} M_{\alpha\alpha} & M_{\alpha T} \\ M_{T\alpha} & M_{TT} \end{Bmatrix} \begin{Bmatrix} f_\alpha \\ f_T \end{Bmatrix}$$

$$\begin{cases} \dot{\overline{x}}_\alpha = \left(M_{\alpha\alpha} - \dfrac{M_{\alpha T}^2}{M_{TT}}\right)f_\alpha + \dfrac{M_{\alpha T}}{M_{TT}}\dot{T} \\[3mm] \dot{T} = \left(M_{TT} - \dfrac{M_{\alpha T}^2}{M_{\alpha\alpha}}\right)f_T + \dfrac{M_{\alpha T}}{M_{\alpha\alpha}}\dot{\overline{x}}_\alpha \end{cases} \tag{8}$$

如果 $\dot{T}=0$，上式简化为"零温度速率"情况[4]：

$$\dot{\overline{x}}_\alpha = M_{\alpha\alpha} f_\alpha = -\rho_0 \frac{\partial G^{**}}{\partial \overline{x}_\alpha} = -\rho_0 \frac{\partial G}{\partial \overline{x}_\alpha} \tag{9}$$

按照不可逆热力学的方法，为了建立内变量的演化方程，首先需要根据材料科学对微观组织演化物理过程的研究结果，建立具体的物理模型和 Gibbs 自由能表达式，然后应用式（5）~式（9）导出内变量演化方程。

应用刚塑性假设，将塑性应变演化从普通内变量 x_α 分离出来，考虑不可逆过程的应变速率相关特性，式（4）可改写为

$$G^{**} = G^{**}(T, \varepsilon, \dot{\varepsilon}, x_\alpha) \tag{10}$$

这里的关键是根据对微观组织演化过程的理解建立合理的物理模型，并依据模型构造出正确的内能增量的函数表达式。

3　应用例1：消除大型汽轮机转子混晶缺陷

3.1　工程背景

这里大型转子特指 300MW 火电机组和 1000MW 核电机组所用的低压汽轮机转子。它们在高温下工作，性能质量要求很高。转子由大型钢锭自由锻造而成，所用钢锭重量前者为 240t，后者为 600t，材料为 26Cr2Ni4MoV 转子钢。大型钢锭锻造的目的是成形出合格台阶轴形状，消除铸造组织和空洞疏松缺陷，通过组织性能检验。我国自 20

世纪 80 年代开始生产 300MW 火电低压转子，在消除了钢锭夹杂和锻造压不实问题后，最大的质量问题是转子轴身心部存在混晶缺陷，力学性能不合格。为此国家八五攻关计划立项，最终达成三次正火消除混晶的工艺共识，但并不清楚混晶产生的机理和根除方法，在 1000MW 核电转子国产化中这是更大的技术障碍。本文应用工艺数值模拟方法揭示了混晶缺陷产生的机理并据此提出消除混晶的工艺方案。

3.2 数值模拟方法

3.2.1 模拟的锻造工艺细节

对热运钢锭进入锻造车间加热炉开始，直到锻造工艺结束，将锻件热运到热处理车间的全过程进行工艺数值模拟。300MW 汽轮机低压转子锻造全过程共 8 个火次，每个火次包括炉内加热、出炉、锻造、停锻冷却、回炉加热工步。每工步都严格按设计工艺参数进行模拟计算，计算出的几何参数、温度场、晶粒等微观组织场作为下一工步模拟的初始数据。钢锭自由锻造变形分三阶段：初始准备（压棱滚圆打钳口）、多次镦拔压实（含空冷或水冷中心压实）、台阶轴成形。钢锭在万吨水压机下锻造变形，锻造模拟包括变形场、温度场及动、静态晶粒长大和动、静态再结晶。再结晶对应晶粒细化。模拟中只关注晶粒尺寸，不关注晶粒形状改变。多次镦拔压实阶段特别关注钢锭内孔洞和疏松缺陷闭合与焊合进展。相关组织变量为相对密度或孔隙度。在炉内加热和停锻冷却过程中需要模拟的是温度场变化和静态晶粒长大及静态再结晶。

3.2.2 本构关系及材料参数

使用刚塑性本构模型和正交流动法则模拟钢锭热塑性变形。钢锭内疏松区使用可压缩的刚塑性本构关系，内变量为孔隙度或相对质量密度。

钢锭温度场模拟采用传统热传导方程求解，与外界的热交换包含塑性变形生热、模具接触冷却，自由表面空冷或雾冷、热辐射。锻造全程材料为奥氏体，无相变。每火次锻造钢锭会产生大量氧化皮，需要实验测试氧化皮条件下材料的导热系数。

动、静态再结晶和晶粒细化是大型钢锭锻造消除铸态组织提高力学性能的基本方法，动、静态晶粒长大则是粗晶产生的唯一途径，是要尽力避免的。这是微观组织模拟的重点。

大型钢锭热惯性大，热锻全程降温都很慢，满足"零温度速率"假设，可基于式（9）建立内变量演化方程。转子钢热锻始终处于奥氏体状态，无相变，化学势不变，因此 G^{**} 中不含化学势，只包含塑性变形位错能和与晶粒尺寸有关的晶界能。模型含五个内变量：再结晶体积分数 X，再结晶晶粒尺寸 D_2，未再结晶晶粒尺寸 D_1，平均晶粒尺寸 D，最大晶粒尺寸差 D_C。后者用于描述混晶缺陷。静态再结晶和静态晶粒长大只使用 D 和 D_C 两个内变量，其演化方程基于实验规律导出。

热锻过程中塑性变形、传热和微观组织演化是彼此耦合的，材料变形的流动应力是应变、应变率、温度和各内变量的非线性函数。虽然模型已导出流动应力的表达式，但是为了获得更准确的结果，数值模拟采用了不同温度、不同应变速率下的应力应变实验曲线。

不同的晶粒演化过程需要不同的温度、应变速率和应变条件。除了演化方程以外还需要不同过程存在和转化的临界条件及不同过程转化时二者内变量的衔接条件。

上述模型和方程中包含了大量的材料热物理参数、微观组织参数、本构参数和工艺参数。这些都涉及多种专门实验，用实际转子钢材料实验测试，并研制参数识别软件进行实验结果处理，算出这些参数。这包括大量实验和数据分析工作。

热锻工艺模拟分别使用经过二次开发的商业软件 DEFORM 和自己研制的模拟软件。这保证了模拟所用的微观组织模型和演化方程的正确性。

3.3 工程结果

3.3.1 混晶产生的原因

钢锭锻造温度范围为 800~1250℃，因此加热炉内最高温度为 1200~1250℃，钢锭表面温度低于 800℃ 时停锻，准备回炉加热。每一火次钢锭锻造和空冷总时间超过 2h。对于 300MW 低压转子锻造，全程模拟厂家原始工艺时发现：

（1）无论在炉内加热还是锻造冷却，钢锭心部温度变化不超过几十度，通常不低于 1150℃。

（2）转子钢小试样高温实验证实，晶粒异常长大的临界温度不高于 1150℃。1100℃ 下加热 10h 晶粒正常长大，最大为 300μm 左右，1150℃ 下加热 10h 出现晶粒异常长大，最大晶粒尺寸在 1000~2000μm。

（3）钢锭压实阶段，大塑性变形把钢锭的枝状晶转变为细晶。后续高温会使细晶长大。厂家原始工艺两个成型火次只锻轴端头，心部不变形属于"无锻比加热"，心部长时间持续高温造成晶粒异常长大，粗晶使后续正火相变新相形核数量不足，达不到后续正火晶粒细化的要求，造成正火后出现混晶缺陷。

3.3.2 消除混晶工艺措施

在压实工序的各火次，提高轴身心部应变速率，完全避开高温低应变率时动态晶粒长大。具体数据为：在 1200℃ 时，应变速率应大于 10^{-4}/s；在 1250℃ 时，应变速率应大于 10^{-3}/s。

在成形工序每次无锻比加热的前一火次，将锻完的锻件放在空气中多冷却一段时间，使入炉前的锻造轴身心部温度降至 1050℃ 以下，然后再入炉加热，并控制保温时间使轴身心部温度保持在 1050℃ 左右。具体工艺数据要通过模拟计算确定[5-6]。

本文对有预防混晶缺陷功能的 300MW 低压转子锻造工艺进行了工艺数值模拟验证。模拟结果表明，这些预防措施可保证最后一火次成形时间，成形时间内表面温度不低于终锻温度 800℃，轴身心部温度低于 1100℃。从而完全避免了心部晶粒异常长大，平均晶粒尺寸控制在 500μm 左右。

3.3.3 工业验证

经过近 10 年的讨论和考核，第一重机厂提供两只 205t 钢锭进行了 300MW 低压转子消除混晶工艺措施的生产试验验证，结果表明，该工艺措施是成功的，与该厂原工艺相比，无混晶缺陷的正火热处理由三次减为两次。后续又根据该方法为该厂设计了具有消除混晶缺陷功能 1000MW 低压转子锻造工艺。

4 相变实验规律的理论解释

4.1 工程背景

钛合金是双相合金，在航空航天领域有广泛应用。钛合金的两相组织状态和各相晶粒形态决定了钛合金的性能。热锻中控制钛合金相变和晶粒演化是提高锻件性能的基本手段。传统相变理论只考虑材料成分和温度影响，没有考虑塑性变形对相变的影响，也未考虑晶粒演化与相变的耦合作用，因此讨论钛合金锻件相组织控制时只能粗略估计。本文所建立的含温度变化率影响的本构模型，经进一步完善后可用于多相合金热锻过程中塑性变形对相变组织影响的分析模拟。

这项研究尚处于初始阶段，在此仅通过对某些相变实验规律进行理论解释来验证所建立的相变本构方程的正确性。

4.2 双相合金含 $\alpha \rightleftharpoons \beta$ 相变的塑性本构方程

以 TC4 钛合金为背景讨论双相合金含 $\alpha \rightleftharpoons \beta$ 相变的塑性本构方程。塑性应变演化采用刚塑性、正交流动法则处理，余下的主要问题是建立相变体积分数的演化方程。以 x 表示新相体积分数，母相体积分数为 $1-x$。考虑温度速率的影响，改写方程（8）得到

$$\dot{x}_i = -\rho_0 \left(M_x \frac{\partial G^{**}}{\partial x_i} + M_T \frac{\partial G}{\partial T} \right)$$

$$x_1 + x_2 = 1 \tag{11}$$

用下标 1、2 分别表示 α 相、β 相对应的物理量。对 $\alpha \rightarrow \beta$ 相变，$i=2$；对 $\beta \rightarrow \alpha$ 相变，$i=1$。式中第一项为等温扩散贡献，第二项为变温贡献。

根据一般的相变物理机理，由于材料微结构形态的随机性和环境条件的涨落性，新相是在母相的晶界、位错等缺陷位置形核长大而成的。同相晶粒聚集形成新相颗粒，同时母相被新相分割成大小不等的颗粒。假设新相体积分数 $x < 0.5$ 时新相颗粒都是孤立的，相界面的增加等于新相颗粒界面的增加，$\mathrm{d}(\gamma S_V) = \mathrm{d}(x \gamma S_{V2})$。当新相体积分数 $x > 0.5$ 时新相颗粒会相互接触，此时相界面的增加小于新相颗粒界面的增加，原母相颗粒逐渐变小，彼此孤立，相界面会逐渐减小，此时用母相颗粒界面的减小表示相界面积的改变，$\mathrm{d}(\gamma S_V) = \mathrm{d}((1-x) \gamma S_{V1})$。忽略点缺陷贡献，按式（8），Gibbs 函数表示为

$$\rho_0 G = x_1 (\rho_0 g_1 + \tau_1 b_1 + \gamma_d S_{V1d})$$

$$+ x_2 (\rho_0 g_2 + \tau_2 \overline{b}_2 + \gamma_d S_{V2d}) + \gamma S_V \tag{12}$$

如 β 为新相，式中，$x_2 \overline{b}_2 = x \overline{b}_2 = x_0 b_{20} + \int_{x_0}^{x} b_2(x') \mathrm{d}x'$，

$$\gamma S_V = \begin{cases} x \gamma S_{V2}, & x < 0.5 \\ (1-x) \gamma S_{V1}, & x > 0.5 \end{cases}$$

$\alpha \rightarrow \beta$ 相变中化学势、位错能和晶界能增量为

$$\begin{cases} \mathrm{d}g = g_2 - g_1, \mathrm{d}(\tau b) = \tau_2 b_2 - \tau_1 b_1 \\ \mathrm{d}(\gamma_d S_{Vd}) = \gamma_d S_{V2d} - \gamma_d S_{V1d} \end{cases} \tag{13}$$

$$\rho_0 \frac{\partial G}{\partial x} = \rho_0 \mathrm{d}g + \mathrm{d}(\tau b) + \mathrm{d}(\gamma_d S_{Vd}) + \frac{\partial(\gamma S_V)}{\partial x}$$

$$\rho_0 \frac{\partial G}{\partial T} = \frac{\partial}{\partial T}(\rho_0 g_1 + \tau_1 b_1 + \gamma_d S_{V1d})$$

$$+ x\frac{\partial}{\partial T}(\rho_0 \mathrm{d}g + \mathrm{d}(\tau b) + \mathrm{d}(\gamma_d S_{Vd}) + \frac{\partial(\gamma S_V)}{\partial T}$$

$$\frac{\partial(\gamma S_V)}{\partial x} = \begin{cases} \gamma S_{V2}, & x < 0.5 \\ -\gamma S_{V1} + (1-x)\dfrac{\partial(\gamma S_{V1})}{\partial x}, & x > 0.5 \end{cases} \tag{14}$$

4.3　钛合金相变实验规律

钛合金 TC4、TA15 的圆柱体热压缩实验表明，热塑性变形对其 $\alpha \rightarrow \beta$ 相变的影响规律基本相似（图 1a、b）[7]。钛基金属间化合物 Ti3Al 的板料高温拉伸实验表明，热塑性变形对其 $\alpha_2 \rightarrow \beta_2$ 相变也有类似的影响（图 1c）[8]。这种影响可定性地概括为：变形温度升高促进相变，应变速率增加阻碍相变，应变增加促进相变。

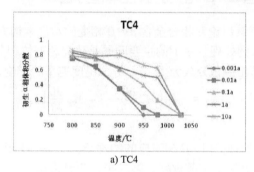

a) TC4

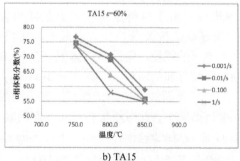

b) TA15

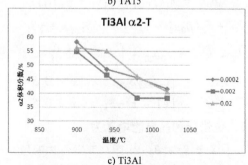

c) Ti3Al

图 1　钛合金初生 α 相体积分数随温度和应变率的变化

图 2 为 TC4 的 CCT 曲线。它表示了冷却速率 $\dot{T}$ 对 $\beta \rightarrow \alpha$ 相变的影响。在从 β 区开始连续冷却条件下，存在一个临界降温速率 $\dot{T}_c < 0$，如果 $\dot{T}_c < \dot{T} < 0$，则发生扩散型相变 $\beta \rightarrow \alpha_w$，生成魏氏体；如果 $\dot{T} < \dot{T}_c < 0$，则发生马氏体相变 $\beta \rightarrow \alpha_m$，生成马氏体。

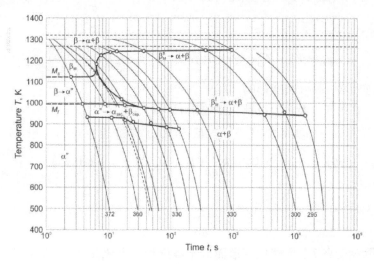

图 2　TC4 的 CCT 曲线

4.4　理论解释

4.4.1　塑性变形对钛合金 $\alpha \rightarrow \beta$ 相变的影响

热塑性变形包括应变速率、应变和变形温度三个因素，这里只对应变速率和应变影响进行理论验证。对钛合金 $\alpha \rightarrow \beta$ 相变的传统认知是，这是一个发生在低于等压相变点 T_m 加热保温过程中的非扩散型同素异构转变。α 体积分数只依赖温度，表达式为

$$x = 1 - \exp[-c(T_m - T)] \quad (T \leqslant T_m, \dot{T} \geqslant 0)$$

改写方程（11）得

$$\dot{x} = \dot{x}_x + \dot{x}_T \tag{15}$$

其中，$\dot{x}_x = M_x f_x = -M_x \rho_0 \dfrac{\partial G^{**}}{\partial x}$ 为等温扩散贡献，$\dot{x}_T = M_T f_T = -M_T \rho_0 \dfrac{\partial G}{\partial T}$ 为变温瞬态贡献。

圆柱体热压缩实验，β 为新相$(x_2 = x)$，α 为母相（$x_1 = 1 - x$），包括从室温到预定变形温度的加热阶段，即 $\dot{T} > 0, \varepsilon = \dot{\varepsilon} = 0, \dot{x}_T > 0$；等温压缩变形阶段，即 $\dot{T} = 0, \varepsilon > 0, |\dot{\varepsilon}| > 0, \dot{x}_T = 0$。塑性变形对相变的影响只能产生于等温变形阶段，因此要求

$$\dot{x} = -M_x \rho_0 \frac{\partial G^{**}}{\partial x} \geqslant 0,$$

$$\rho_0 \frac{\partial G^{**}}{\partial x} = \rho_0 dg + d(\tau b) + d(\gamma_d S_{Vd}) + \frac{\partial (\gamma S_V)}{\partial x} \leqslant 0$$

$$\rho_0 dg \leqslant -\left(d(\tau b) + d(\gamma_d S_{Vd}) + \frac{\partial (\gamma S_V)}{\partial x} \right) \tag{16}$$

已知 $\dfrac{\partial g_2}{\partial T} < \dfrac{\partial g_1}{\partial T} < 0$，$g_2(T_m) = g_1(T_m)$，$T_m$ 为等压相变点。在 T_m 附近线性近似 $\mathrm{d}g = k(T_m - T)$，则 $\rho_0 k(T_m - T) + \mathrm{d}(\tau b) + \mathrm{d}(\gamma_d S_{Vd}) + \dfrac{\partial(\gamma S_v)}{\partial x} \leqslant 0$，设 T_m^* 为实际相变点，则 $T = T_m^*$，上式取等号：

$$\rho_0 k(T_m - T_m^*) = -\mathrm{d}(\tau b) - \mathrm{d}(\gamma_d S_{Vd}) - \frac{\partial(\gamma S_V)}{\partial x} \tag{17}$$

1. 塑性变形对 $\alpha \to \beta$ 相变影响

对于 $\alpha \to \beta$ 相变，新相要重新积累位错 $\tau b_2(x) = 0$，$\mathrm{d}(\tau b) = -\tau b_1 < 0$，即两相塑性变形能差异可使 $\alpha \to \beta$ 实际相变点 T_m^* 低于 T_m，促进相变进行。设 $\tau b = \beta \sigma^2$，$\sigma = k \dot{\varepsilon}^m \varepsilon^n$，得到 $\dfrac{\partial}{\partial \varepsilon}(\tau b) = \dfrac{2n}{\varepsilon} \tau b > 0$，$\rho_0 k \dfrac{\partial}{\partial \varepsilon}(T_m - T_m^*) = -\dfrac{\partial}{\partial \varepsilon}(\mathrm{d}(\tau b)) = -\dfrac{2n}{\varepsilon}\mathrm{d}(\tau b) > 0$。

$$\frac{\partial T_m^*}{\partial \varepsilon} < 0 \tag{18}$$

说明实际相变点 T_m^* 因塑性变形而低于等压相变点 T_m，且随塑性应变的增加而降低。塑性变形越大相变越容易，即塑性应变促进相变的进行。

2. 塑性应变速率对 $\alpha \to \beta$ 相变的影响

新相（β 相）晶粒为稳定晶核，其晶粒尺寸 d_2 比经过长大的母相（α 相）晶粒 d_1 小很多，

$$\mathrm{d}(\gamma_d S_{Vd}) = \frac{a\gamma_{d2}}{d_2} - \frac{a\gamma_{d1}}{d_1} > 0$$

两相晶界能差异可使 $\alpha \to \beta$ 实际相变点 T_m^* 高于 T_m，阻止相变进行。

同相内不同晶粒源于不同形核，应变速率影响相变形核率，进而影响晶粒尺寸，即应变速率越高，形核率越高，晶粒尺寸越小。应用传统晶粒尺寸 d 与 Z 参数的关系式，设 $d = c_1 Z^{-c_2}$，$Z = \dot{\varepsilon}\exp\left(\dfrac{Q}{RT}\right)$，则 $\dfrac{\partial d}{\partial \dot{\varepsilon}} = -\dfrac{c_2}{\dot{\varepsilon}} < 0$，

$$\frac{\partial}{\partial \dot{\varepsilon}}(\mathrm{d}(\gamma_d S_{Vd})) = \frac{c_2}{\dot{\varepsilon}}\mathrm{d}(\gamma_d S_{Vd}) > 0$$

$$\rho_0 k \frac{\partial}{\partial \dot{\varepsilon}}(T_m - T_m^*) = -\frac{\partial}{\partial \dot{\varepsilon}}(\mathrm{d}(\gamma_d S_{Vd})) < 0$$

$$\frac{\partial}{\partial \dot{\varepsilon}} T_m^* = \frac{c_2}{k\dot{\varepsilon}}\mathrm{d}(\gamma_d S_{Vd}) > 0 \tag{19}$$

说明实际相变点 T_m^* 高于等压相变点 T_m，且随应变速率的增加而增加。应变速率越高相变越困难，即应变速率阻止相变进行。

4.4.2　马氏体相变临界冷却速率 $\dot{T}_c$

考虑 TC4 从 β 区连续冷却 $\dot{T} < 0$，慢速冷却发生扩散相变 $\beta \to \alpha_w$，快速冷却发生马氏体相变 $\beta \to \alpha_m$。建立其临界冷却速率 $\dot{T}_c$。因为冷却速率的重要性，使用的演化方程（15）式中必须 $\dot{x}_2 > 0$。

考虑材料在 β 区停锻造后的冷却过程。冷却过程不再发生塑性变形。这种工况的初始条件为

$$t = 0, T = T_0 > T_m, b_2 = b_{20}, \varepsilon = \varepsilon_0, x_1 = 0, x_2 = 1$$

α 为新相，β 为母相，$x_1 = x$，$x_2 = 1 - x$。整个过程中 $\dot{T} < 0$，$\dot{\varepsilon} = 0$，$b_1 = 0$。由于温度逐渐降低，所以新相形核率、晶粒尺寸都随过程变化。无论是马氏体还是魏氏体，α 相都是以片状或针状存在的，与母相 β 间隔排列。设针或片的数目为 N，横截面等效直径为 D，长度为 L，假设 N 不变，相变初期设单位体积材料相界面面积与新相晶界面积表示为

$$x = \frac{N\pi D^2 L}{4V_0}, \frac{\dot{x}}{x} = \frac{2\dot{D}}{D} + \frac{\dot{L}}{L}$$

$$S_{V1d} = 4\left(\frac{1}{D} + \frac{1}{2L}\right), \dot{S}_{V1d} = -4\left(\frac{\dot{D}}{D^2} + \frac{\dot{L}}{2L^2}\right) \tag{20}$$

对于慢速冷却，相变分为两阶段，第一阶段新相 α_{gb} 在母相晶界上形核长大，形核直径为 D_0，$L_0 = D_0$，此时 $\dot{L} = 0$，$\dot{D} > 0$，D 长大到完全覆盖母相晶界进入第二阶段：$\dot{D} = 0$，$\dot{L} > 0$，$D = D_0$，$L_0 = D_0$。此阶段新相向母相晶内生长，形成针状或片状的 α_w。据此物理模型建立 α 相的演化方程：

$$\rho_0 G^{**} = (1-x)(\rho_0 g_2 + \tau b_{20} + \gamma_{2d} S_{V2d})$$

$$+ x\rho_0 g_1 + \int_0^x \gamma_{1d} S_{V1d} \mathrm{d}x' + \gamma S_V$$

$$S_V = x S_{V1d} \tag{21}$$

$$\rho_0 \frac{\partial G^{**}}{\partial x} = -\rho_0 dg - \tau b_{20} - d(\gamma_d S_{Vd})$$

$$+ (1-x)\frac{\partial \gamma_{2d} S_{V2d}}{\partial x} + \frac{\partial(\gamma S_V)}{\partial x}$$

$$\rho_0 \frac{\partial G^{**}}{\partial T} = \rho_0 \left(-x \frac{\partial(dg)}{\partial T} + \frac{\partial g_2}{\partial T}\right)$$

$$+ (1-x)\frac{\partial(\gamma_{2d} S_{V2d})}{\partial T} + \frac{\partial}{\partial T}\int_0^x \gamma_{1d} S_{V1d} \mathrm{d}x' + \frac{\partial(\gamma S_V)}{\partial T}$$

$$\rho_0 \frac{\partial^2 G^{**}}{\partial T \partial x} = -\rho_0 \frac{\partial(dg)}{\partial T} - \frac{\partial(d(\gamma_d S_{Vd}))}{\partial T} + \frac{\partial \gamma}{\partial T}\frac{\partial S_V}{\partial x} \tag{22}$$

$$\frac{\partial S_V}{\partial x} = \frac{\partial x S_{V1d}}{\partial x} = \frac{2}{DL}\left[(D + 2L) - \frac{2\dot{D}L^2 + D^2\dot{L}}{2\dot{D}L + D\dot{L}}\right]$$

在初始时刻 $t = t_0$，$x = 0$，$\dot{T} < 0$，$T = T_0 > T_m$，

$$S_V = \frac{6}{D_0}, \frac{\partial S_{V1}}{\partial x} = \frac{4}{D}, dg < 0, \frac{\partial g_2}{\partial T} < 0,$$

$$\rho_0 \frac{\partial G^{**}}{\partial x} = -(\rho_0 dg + \gamma_{2d} S_{V2d} + \tau b_{20})$$

$$\rho_0 \frac{\partial G^{**}}{\partial T} = \rho_0 \frac{\partial g_2}{\partial T} + \frac{\partial \gamma_{2d}}{\partial T} S_{V2d}$$

$$\dot{x} = M_\alpha(\rho_0 \mathrm{d}g + \gamma_{2d}S_{V2d} + \tau b_{20})$$

$$- M_{\alpha T}\left(\rho_0 \frac{\partial g_2}{\partial T} + \frac{\partial \gamma_{2d}}{\partial T}S_{V2d}\right)$$

设 $\mathrm{d}g = k(T_\mathrm{m} - T)$, $g_2 = g_\mathrm{m} - k_2(T - T_\mathrm{m}) > 0$

$$\dot{x}(t_0) = M_\alpha(-\rho_0 k(T_0 - T_\mathrm{m}) + \gamma_{2d}S_{V2d} + \tau b_{20})$$

$$- M_{\alpha T}\left(-\rho_0 k_2 + \frac{\partial \gamma_{2d}}{\partial T}S_{V2d}\right) \tag{23}$$

如果初始温度 T_0 足够高，不能发生 $\beta \rightarrow \alpha$ 相变，即 $\dot{x}(t_0) < 0$；如果 $t_1 = t_0 + \mathrm{d}t_1$，$T_1 = T_0 + \dot{T}\mathrm{d}t_1$ 时 $\dot{x}(t_1) \geqslant 0$，则发生 $\beta \rightarrow \alpha$ 相变。

$$\dot{x}(t_1) = M_\alpha(-\rho_0 k(T_1 - T_\mathrm{m}) + \gamma_{2d}S_{V2d} + \tau b_{20}) - M_{\alpha T}\left(-\rho_0 k_2 + \frac{\partial \gamma_{2d}}{\partial T}S_{V2d}\right)$$

$$= \dot{x}(t_0) - M_\alpha \rho_0 k\dot{T}\mathrm{d}t_1 \geqslant 0$$

$$\mathrm{d}t_1 \geqslant \frac{-\dot{x}(t_0)}{M_\alpha \rho_0 k\dot{T}} > 0 \tag{24}$$

式中，$\mathrm{d}t_1$ 为 $\beta \rightarrow \alpha_\mathrm{w}$ 相变孕育期。可以看出，降温越慢，孕育期越长。降温前母相内累计位错能为 τb_{20}，细晶都会使孕育期缩短，促进相变发生。高速降温时孕育期变短，但是有可能尚未达到此扩散相变的孕育期，温度已经降到了发生马氏体相变的临界温度以下，这样就会发生马氏体相变，不发生扩散相变。设 $T_\mathrm{ms} < T_0$ 为发生马氏体形变的最高临界温度，那么当 $\mathrm{d}t_2 = (T_\mathrm{ms} - T_0)/\dot{T} < \mathrm{d}t_1$ 时就会在 $t_2 = t_0 + \mathrm{d}t_2$ 时刻发生马氏体相变。否则 $\mathrm{d}t_2 > \mathrm{d}t_1$ 就会在 $t = t_0 + \mathrm{d}t_1$ 时刻发生扩散型相变。对于确定的材料微观组织和降温初始温度 T_0，当 $\mathrm{d}t_1 = \mathrm{d}t_2$ 所对应的降温速率 $\dot{T}_\mathrm{c} < 0$ 即为该材料马氏体相变的最低临界降温速率。

5 结论

本文报告了包含微观组织演化的热塑性本构关系的最新研究成果。与作者以前公布的研究结果相比，该本构关系的热力学框架推导去掉了"零温度速率"假设，使得这一本构关系不仅可以用于金属材料晶粒演化，还可以建立多相合金固态相变过程的演化方程。在论文后半部分，给出了应用这一本构关系解决热锻工程问题的几个实例，包括大型电站设备低压汽轮机转子锻件混晶缺陷消除的工艺改善；钛合金锻件热塑性变形对 $\alpha \rightleftharpoons \beta$ 相变过程与组织的影响的定性理论解释。

参 考 文 献

[1] 王自强，徐秉业，黄筑平. 塑性力学和细观力学文集［M］//金泉林，徐秉业. 包含晶粒长大的超塑性变形的本构关系. 北京：北京大学出版社，1993：142 – 154.

[2] Lehmann, Th. General frame for definition of constitutive laws for large – non – isothermic elastic plastic and elastic – visco – plastic deformation［M］//Lehmann. Th, ed. Constitutive Law in thermoplasticity. CISN Courses and lecture No. 281, Springer – Verlag. Wien – New York. 1984, 399 – 463.

［3］ 杨明阳，冯玉广. 昂萨格倒易关系的简要证明［J］. 大学物理，2009，29（12），19-21.

［4］ 金泉林. 大型锻件的本构关系［J］. 塑性工程学报，2012，19（5）：1-10.

［5］ 金泉林，曾志朋. 300MW 消除大型转子锻件混晶缺陷工艺：ZL 200510114420.3［P］，2005-10-25.

［6］ 金泉林，刘晓飞. 1000MW 核电站汽轮机低压转子的锻造工艺：200810146679. X［P］，2005-09-05.

［7］ 金泉林. 热成形条件下 TC4 钛合金的相变特征［J］. 北京理工大学学报，2014，34（增刊 1）：1-8.

［8］ 梁培新. Ti3Al 基合金热加工过程的组织演化规律研究［D］. 北京：机械科学研究总院，2017.

［9］ J. Sieniawski, W. Ziaja, K Kubiak and M, Motyka. Microstructure and mechanical properties of high strength two-phases Titanium alloys, in Titanium Alloys［M］// Jan Sieniawski and Waldemar Ziaja ed. Advances in Properties Control, INTECH, 2013：15.

Constitutive relation involving microstructure evolution and its industrial application

Jin Quan-lin

（China Academy of Machinery Science & Technology, Beijing 100083, China）

Abstract：An improved recently constitutive relation involving microstructure evolution is presented in this paper. The main improvement is to delete the assumption on zero temperature rate used for deriving the non-inverse thermodynamic frame. The new constitutive relation can be used for prediction of not only grain evolution but also solid phase transformation during hot forging process. The several engineering examples, where the microstructure and properties of the forgings were improved by numerical simulation of the hot forging processing in basis the constitutive relation, are shown here.

Key words：microstructure; constitutive relation; metal and alloys; hot working; industrial application

镍基单晶高温合金微动疲劳性能研究

苏越[1]，韩琦男[1,2]，牛莉莎[1]，施惠基[1*]

（1. 清华大学 航天航空学院，北京 100084）

（2. 南京航空航天大学能源与动力学院，南京 210016）

摘要：本研究设计了高温微动疲劳测试系统，模拟航空发动机涡轮叶片榫槽连接处的微动现象，完成 600℃、700℃ 下两个接触晶向 X、Y 的镍基单晶叶片高温微动疲劳测试。研究表明，相同峰值载荷、接触晶向下 700℃ 的微动疲劳寿命均显著低于 600℃ 时的寿命；Y 晶向的整体微动疲劳寿命均高于 X 晶向，表明接触晶向 Y 有利于提高材料耐微动疲劳的能力。裂纹扩展发生在多个八面体 {111} 滑移面上，表现为晶体学破坏模式。晶体塑性有限元模拟微动接触区，结果表明微动接触区的应力分布与微动损伤密切相关。基于临界平面法的寿命模型预测镍基单晶高温合金的微动疲劳，预测结果与实验结果一致。

关键词：镍基单晶高温合金；微动疲劳；第二晶向；温度；晶体塑性有限元

微动是指在振动等交幅载荷的作用下，在接触面之间发生微米量级的相对运动[1]。航空发动机和燃气轮机中涡轮盘与叶片之间的燕尾榫槽接触是典型的微动疲劳工况，在叶片高速运转引起的离心力、气动力以及不均匀温度场产生的热应力作用下，榫槽接触区产生微米量级的相对运动，使涡轮叶片在接触根部发生断裂，进而导致发动机故障乃至航空事故的发生。微动疲劳实验是确定材料微动性能，理解微动疲劳机理的重要手段之一。微动疲劳试验的测试装置通过多年的发展，更加多样和完善，并从常温测试发展到能够完成高温微动疲劳测试[2,3]。

镍基单晶高温合金以其优良的高温力学性能被广泛运用于先进叶片制造。镍基单晶高温合金的疲劳性能等都强烈地依赖于晶体取向，第二晶向的改变必然导致接触面晶体学取向的变化，但目前缺乏第二晶向对镍基单晶高温合金微动疲劳性能的研究。

本文主要对镍基单晶高温合金不同温度、晶向下的微动疲劳寿命进行研究，探究温度和晶体取向对镍基单晶高温合金微动疲劳性能的影响。

1 高温微动疲劳实验系统

1.1 实验系统设计

为评价航空发动机叶片根部榫槽连接处的微动疲劳寿命，在 Golden 等人的试验方

基金项目：国家自然科学基金（91860101，11632010）。

案基础上，设计了一套高温微动测试装置（见图1），模拟叶片与涡轮盘连接处局部的受力状态。高温微动疲劳实验系统包括上夹具、一对接触块、下夹具、销子以及叶片模拟件。叶片模拟件榫齿部分与接触块配合，模拟涡轮叶片与涡轮盘的榫槽结构。上下夹具分别与疲劳试验机的上下夹头相连。材料选用国产第二代镍基单晶高温合金，其主要应用于先进航空发动机的涡轮叶片构件，具有良好的抗疲劳、蠕变性能。本试验中，考虑了真实的试件

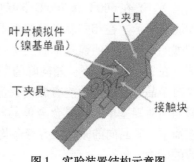

图1　实验装置结构示意图

形貌和接触形貌，并进行了适当简化，因此将叶片模拟件设计为三角状，粗糙度要求在 0.8μm 之内。

1.2　实验方案

镍基单晶高温合金单晶材料因消除了晶界而具有优异的高温力学性能，但同时带来强烈的各向异性，第二晶向的改变也必然导致接触面晶体学取向的变化[4,5]。本实验中控制叶片模拟件的主晶向沿 [001]，设计两种第二晶向，分别为 [010]、[110] 方向，产生不同的接触晶向（标记为 X、Y 晶向），以便探究晶向对微动疲劳性能的影响。具体的晶体取向设计如图2所示。

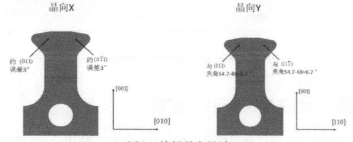

图2　接触晶向设计

高温微动疲劳试验在 INSTRON 8874 疲劳试验机上进行，试验为应力控制，应力比 $R = 0.1$，频率为10Hz。同时，先进发动机内部复杂的温度场分布也是涡轮部件失效的重要原因。目前关于温度对镍基单晶高温合金材料性能的研究主要集中在 LCF、HCF 等方面，对微动疲劳现象的关注不多。为满足先进航空发动机的设计要求，对两种第二晶向，均开展600℃和700℃下微动疲劳试验，研究温度对微动疲劳性能的影响。采用数字观测系统对单晶试样的微动疲劳裂纹萌生位置、扩展方向和断口形貌进行观测分析。

2　高温微动疲劳寿命实验结果及分析

2.1　微动疲劳寿命

为了揭示温度、接触晶向对镍基单晶高温合金单晶材料微动疲劳寿命的影响，将

晶向 X、Y 在 600℃和 700℃下峰值载荷与疲劳失效周次绘于同一坐标系下进行比较，如图 3 所示。在相同温度和接触晶向下，随着峰值载荷的增加，微动疲劳寿命都出现剧烈的下降，表明镍基单晶高温合金单晶材料的微动寿命强烈依赖于工况下的峰值载荷。在 X、Y 晶向下，相同峰值载荷 700℃的微动疲劳寿命均显著小于 600℃，表明温度对单晶微动疲劳性能有影响，温度升高，微动疲劳寿命下降。实验结果也反映出接触晶向对镍基单晶高温合金单晶材料微动性能的影响，如图 3 所示，相同温度、峰值载荷下，Y 晶向的微动疲劳寿命均高于 X 晶向，表明 Y 晶向有利于提高材料耐微动疲劳的能力。

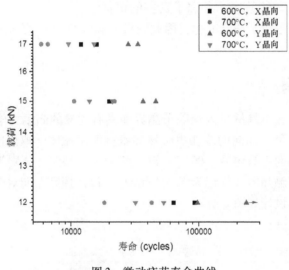

图 3　微动疲劳寿命曲线

2.2　高温微动疲劳裂纹的萌生和扩展

从 600℃、700℃下不同接触晶向叶片模拟件微动疲劳破坏后的宏观断口分析发现，试验中破坏都发生在叶片模拟件上，接触块均完整未断裂。接触块与叶片模拟件相互接触部位有显著的磨损痕迹，表明实验过程中接触面之间发生小幅度往复运动，产生微动损伤，引起裂纹萌生、扩展，造成试样失效。

为了清楚地了解接触晶向对镍基单晶高温合金单晶材料微动疲劳宏观断口的影响，对 Y 晶向宏观断口进行观察。接触晶向 Y 试样在 600℃下宏观断口，裂纹沿 {111} 面萌生。裂纹大致沿直线扩展，扩展方向与接触面法向呈 45°，断面由 $(1\bar{1}11)$、$(11\bar{1})$ 两组晶面组成。在 700℃下观测晶向 Y 的宏观断口可以看到，裂纹同样沿 {111} 滑移面萌生，这表明，在 600 和 700℃下，晶体学滑移是镍基单晶微动疲劳失效的主要形式。

3　数值模拟方法

晶体塑性有限元用于模拟涡轮叶片根部的燕尾接触。基于数值分析，通过临界平面参数预测镍基单晶高温合金的微动疲劳寿命。

3.1 本构关系

本构模型是由 Hill 和 Peirce 提出的晶体弹性塑性框架开发的。本研究的本构模型的简要描述如下。晶体的变形梯度 F 乘法分解为弹性和塑性部分：

$$F = F^e F^p \tag{1}$$

塑性速度梯度 L^p 可表示为

$$L^p = \sum_\alpha \gamma^\alpha s^\alpha \otimes m^\alpha \tag{2}$$

式中，γ^α 是位错滑移速率；s^α 是滑移方向；m^α 是第 α 滑移系中滑移面的法向。位错滑移速率可以表示为背应力 $X^{(\alpha)}$、滑移阻力 $g^{(\alpha)}$ 和临界分切应力 $\tau^{(\alpha)}$ 的函数。

$$\dot{\gamma}^{(\alpha)} = \dot{\gamma}_0 \mathrm{sgn}(\tau^{(\alpha)} - X^{(\alpha)}) \left| \frac{\tau^{(\alpha)} - X^{(\alpha)}}{g^{(\alpha)}} \right|^n \tag{3}$$

式中，$\dot{\gamma}_0$ 是参考应变速率；n 是幂指数；背应力 $X^{(\alpha)}$ 通过 Chaboche 模型确定：

$$\dot{X}^{(\alpha)} = \zeta^{(\alpha)} (r^{(\alpha)} \dot{\gamma}^{(\alpha)} - X^{(\alpha)} |\dot{\gamma}^{(\alpha)}|) \tag{4}$$

$\zeta^{(\alpha)}$ 和 $r^{(\alpha)}$ 是材料参数，滑移阻力 $g^{(\alpha)}$ 通过 Peirce 提出的幂法则确定：

$$\dot{g}^{(\alpha)}(\gamma) = \sum_\beta^n h_{\alpha\beta}(\gamma) |\dot{\gamma}^{(\beta)}| \tag{5}$$

$$h_{\alpha\beta}(\gamma) = h(\gamma)[q + (1 - q)\delta_{\alpha\beta}] \tag{6}$$

$$h(\gamma) = h_0 \mathrm{sech}^2 \left(\frac{h_0 \gamma}{\tau_s - \tau_0} \right) \tag{7}$$

$$\gamma = \int \sum_n^{\beta=1} |\mathrm{d}\gamma^{(\beta)}| \tag{8}$$

式中，q 和 h_0 分别是最终、原始硬化参数；τ_0 和 τ_s 分别是原始和稳定滑移阻力。本构模型中用到的材料参数，通过实验结果拟合得到[6]。

3.2 模拟计算结果

燕尾榫接头的数值模拟使用商业软件 ABAQUS 进行。图 4 显示了有限元模型。考虑几何对称性，创建了四分之一的装配体。元素类型是 C3D8I。边界和载荷条件根据实验过程设定。本文提到了两个载荷步。首先，沿 z 方向施加小的预载荷以在垫和燕尾样品之间建立接触。在第二步中，沿着 z 方向在燕尾夹具顶面上引入循环载荷，同时去除预载荷。通过惩罚方法建立摩擦接触，使用 0.15 的摩擦系数。使用用户材料子程序（UMAT）对所有实验条件执行计算。N–R 迭代用于确定每个滑移系统的剪切速率。

图 5 显示了取向 x 和微动垫的燕尾样品中的 Von Mises 应力场。很明显，燕尾样品的应力高于微动垫。因此，如上所述，失效一般发生在燕尾形试样中。

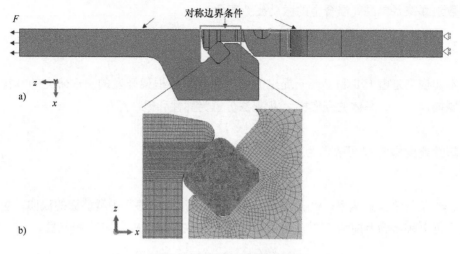

图 4　有限元模型和网格划分

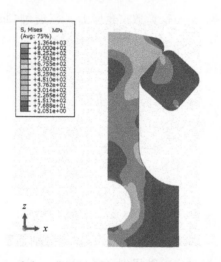

图 5　取向 X 燕尾型式样和微动垫的应力分布场

4　疲劳寿命预测

将两种临界平面准则用于各向异性单晶材料。

（1）Chu – Conle – Bonnen（CCB）参数被定义为

$$2\gamma_a\tau_{\max} + \varepsilon_a\sigma_{\max} = f(N) \tag{9}$$

式中，γ_a 和 ε_a 是剪应变和正应变的幅值；$\tau_{\max}$ 是最大剪应力；$\sigma_{\max}$ 是最大正应力。

（2）最大剪应力（SSR）参数被定义为

$$\Delta\gamma_{\max} = f(N) \tag{10}$$

$\Delta\gamma_{\max}$ 为临界平面上最大的剪应变幅值。

最终两种准则导出用 Basquin 方程拟合临界平面参数和寿命的关系式：

$$f(N) = aN^b \tag{11}$$

式中，a、b 是常数。研究表明，单晶高温合金的晶面被定义为临界平面，裂纹沿晶面萌生、扩展。

用临界平面准则来评估微动疲劳寿命试验，表明幂形式函数［公式（11）］适合于微动疲劳数据的拟合。表 1 记录了每个临界平面标准的拟合参数，包含 a、b 和相关系数 R^2。可以看出，CCB 参数表现出最高的相关因子。

表 1　临界平面参数

临界平面准则	对应拟合参数	相关因子（R^2）
CCB	$2\gamma_a\tau_{max} + \varepsilon_a\sigma_{max} = 304.820N_i^{-0.706}$	0.82
SSR	$\Delta\gamma_{max} = 0.010N_i^{-0.425}$	0.75

5　结论

本研究设计了高温微动疲劳测试系统，模拟航空发动机涡轮叶片榫槽连接处的微动现象，完成 600℃、700℃下两个接触晶向 X、Y 的镍基单晶高温合金单晶叶片模拟件高温微动疲劳测试。研究主要结论如下：

（1）温度、接触晶向对镍基单晶高温合金材料微动疲劳寿命有显著影响。700℃下微动疲劳寿命均显著低于 600℃；Y 晶向寿命均高于 X 晶向，表明晶向 Y 有利于提高材料耐微动疲劳的能力。

（2）接触块与叶片模拟件相互接触部位有显著的磨损痕迹，裂纹萌生于接触区下边缘，造成叶片失效的主要原因是微动疲劳引起的裂纹萌生、扩展。

（3）镍基单晶合金的裂纹扩展表现出晶向相关性：在 X 晶向下，裂纹呈之字形扩展，断口由 {110} 晶面交替组成；而在 Y 晶向下，裂纹沿直线扩展，裂纹扩展发生在多个八面体 {111} 滑移面上。600℃与 700℃下试样均表现为晶体学破坏模式。

（4）燕尾榫接头的数值分析采用晶体塑性有限元进行。在数值模拟和实验结果的基础上，通过临界平面准则估算了镍基单晶高温合金的微动疲劳寿命，预测的寿命与这些实验结果吻合。基于应变能的 CCB 参数显示出更好的预测结果。

参 考 文 献

［1］Nowell D, Dini D, Hills D. Recent developments in the understanding of fretting fatigue［J］. Engineering Fracture Mechanics, 2006, 73（2）: 207 – 222.

［2］Hutson A, Lee H, Mall S. Effect of dissimilar metals on fretting fatigue behavior of Ti – 6Al – 4V［J］. Tribology international, 2003, 39（10）: 1187 – 1196.

［3］Golden P J. Development of a dovetail fretting fatigue fixture for turbine engine materials［J］. International Journal of Fatigue, 2009, 31（4）: 620 – 628.

［4］Arakere N K, Swanson G. Effect of crystal orientation on fatigue failure of single crystal nickel base turbine blade superalloys［J］. Journal of Engineering for Gas Turbines and Power – Transactions of the ASME, 2002, 124（1）: 161 – 176.

［5］Sabnis P, Mazière M, Forest S, et al. Effect of secondary orientation on notch – tip plasticity in superalloy single crystals [J]. International Journal of Plasticity, 2012, 28 (1): 102 –123.

[6] Han Q N, Qiu W H, Shang Y B, et al. In – situ SEM observation and crystal plasticity finite element simulation of fretting fatigue crack formation in Ni – base single – crystal superalloys [J]. Tribology International, 2016, 101: 33 –42.

Fretting fatigue behaviors of Ni – based single crystal superalloys[1]

SU Yue[1], HAN Qi –nan[1,2], NIU Li –sha[1], SHI Hui –ji[1]*

(1. AML, School of Aerospace Engineering, Tsinghua University, Beijing 100084, China)

(2. CEPE, Nanjing University of Aeronautics and Astronautics, Nanjing 210016, China)

Abstract: The high – temperature fretting fatigue test system was designed to simulate the fretting condition at the turbine blade/disc attachment. The high temperature fretting fatigue tests of the nickel – based single crystal with two contact crystal directions (Orientation X and Y) were carried out at 600 °C and 700 °C. The results show that the fretting fatigue life at 700 °C are significantly lower than 600 °C under the same peak load. The fretting fatigue life for Orientation Y is higher than the Orientation X. This indicates that the contact crystal orientation Y can improve the fretting fatigue resistance. Crack propagation occurs on the octahedral {111} slip planes, which is crystallographic failure mode. Crystal plastic finite element is used to simulate the fretting contact, and the stress distribution in the contact zone is closely related to the fretting damage. The life model based on the critical plane method is used for fretting fatigue of nickel – based single crystal superalloys. And the prediction results are consistent with the experimental results.

Key words: nickel – based single crystal superalloys; fretting fatigue; secondary orientation; temperature; crystal plasticity element finite

非椭圆夹杂 Eshelby 问题解析解的最新进展和代表性应用

邹文楠[1]，郑泉水[2]

(1. 南昌大学高等研究院，南昌 330031)

(2. 清华大学工程力学系暨微纳米力学与多学科交叉创新研究中心，北京 100084)

摘要：椭球夹杂的 Eshelby 张量是多数细观力学方法的基石；但是真实夹杂的形状大都是非椭球的，因此，非椭球夹杂的 Eshelby 张量是细观力学研究的基本问题之一。2010 年，我们针对二维空间各向同性弹性体任意形状非椭圆夹杂的 Eshelby 张量给出了解析解，并指出：(1) 一般非椭圆夹杂内的 Eshelby 张量场是非常不均匀的且不能用其平均值替代；(2) 采用椭圆夹杂 Eshelby 张量来近似非椭圆夹杂的平均 Eshelby 张量只对凸形夹杂是可接受的；(3) 在细观力学的非椭圆颗粒问题中引入的广义 Eshelby 张量，无论是取为椭圆夹杂 Eshelby 张量还是平均 Eshelby 张量一般都是不可接受的。这些结果说明了对非椭圆颗粒来说现有的细观力学估计模型存在基础性缺陷。这一工作发表后，我们的相续工作包括：从多边形、完全光滑扩展到分段光滑，从各向同性扩展到各向异性，从无限域扩展到有限域，从弹性单物理场问题扩展到力热电磁多场问题等。这些研究探讨了材料性质、夹杂尺度、形状、相对体积等因素引起的局域场扰动，对真实材料的强度问题非常重要。本文将结合最新进展采用势函数描述对单个夹杂的 Eshelby 问题的解析解的主要结果进行阐述，并介绍其他研究组对我们结果的几个代表性应用。希望这一总结工作能有助于这些成果获得更清楚地理解和更广泛的应用，促进相关细观力学研究的深入发展。

关键词：夹杂；Eshelby 问题；解析解；相对刚体位移；多边形；洛朗多项式形状

1　引言

大量非均质材料可归类为基体 – 颗粒型复合材料，且力学平均场性质和局部场特征是对这类材料及其结构进行强度安全性分析的基础，其中局部场的分布尤为关键。从夹杂问题研究的角度，即把基体内的离散颗粒看作并赋予一定的本征应变的夹杂[1]，这一本征应变也可能就是某种真实的非弹性应变，这时局部场问题就可以转化为有限域内多个异质夹杂的扰动场问题。一般局部场问题的解析处理是极其困难的，往往需要做若干简化，通常把无限域内单个夹杂的扰动问题称为 Eshelby 问题，其中夹杂性质与基体性质相同时是经典的 Eshelby 问题，也称为第一类 Eshelby 问题；而夹杂性质与基体性质不相同时就称为第二类 Eshelby 问题[2,3]。

1957 年，Eshelby[4,5] 成功地求解了无限域内单个椭球夹杂的扰动场问题，发现在均匀本征应变和/或均匀远场加载作用下椭球夹杂内部的应变场是常值，而联系诱导的应变与本征应变的四阶张量系数就被称为 Eshelby 张量。通过 Eshelby 提出的等效夹杂法并把实际颗粒简化为椭球形状，Eshelby 张量成为多数细观力学估计方法的基础。1961 年，Eshelby[6] 猜测非椭球夹杂问题不存在均匀内场，但这个猜测直到 2008 年才得到严格证明[7,8]，期间非椭球夹杂问题的解析解非常稀少，多边形夹杂问题的解析解经多次推演仍繁琐难用[9,10]，其他的一些努力[11,12] 也都未尽全功。

从应用角度讲，平面上任意一个有界的封闭曲线都可以用多边形或用洛朗多项式表示的光滑形状来渐进逼近。2010 年，我们对这两种描述的二维任意形状夹杂问题进行了系统研究[13,14]，在给出 Eshelby 张量的简洁积分表示的基础上，获得了同时适用于内外场的多边形夹杂的极简显式解和洛朗多项式表示的光滑形状夹杂的内场解，利用这些解析解还显式求出了大量形状夹杂的平均 Eshelby 张量。利用这些结果，我们分析得出如下重要结论：（1）一般非椭圆夹杂内的 Eshelby 张量场是非常不均匀的且不能用其平均值替代；（2）采用椭圆夹杂 Eshelby 张量来近似平均 Eshelby 张量只对凸形夹杂是可接受的；（3）在细观力学的非椭圆颗粒问题中引入的广义 Eshelby 张量，无论是取为椭圆夹杂 Eshelby 张量还是平均 Eshelby 张量一般都是不可接受的。这些结果和结论对 Eshelby 问题解在细观力学中的应用具有重要价值。此后，我们进一步获得了光滑形状夹杂的外场解[15]、多边形圆弧光滑形状的显式解[16]，并对传导问题[17]、各向异性弹性及多场问题[18]、有限域问题[19-23]、非均匀本征应变问题[24]、孔洞和刚性夹杂问题[25] 等做了推广研究。在研究方法上，我们也进行了各种探索，包括：发展双势函数解法、引进解析解的 Faber 多项式表示、进行叠加原理的创新应用、发展级数递推解法、应用复变函数的焊接/延拓技术、丰富多场各向异性 Stroh 理论解法，等等。

本文将介绍自 2011 年以来我们在第一类 Eshelby 问题的解析解方面的最新研究进展（2011 年之前的研究情况参见文献［26］及其中引用的文献），对采用势函数的描述进行了简要的结果整理，并增加了夹杂与基体间相对刚体位移的解的结果，最后介绍了其他研究组对我们结果的几个代表性应用。

2　Eshelby 问题的提法和解的表达

无限域由单个同质夹杂上本征应变引起的扰动弹性场问题即第一类 Eshelby 问题[3] 的解可以用 Eshelby 张量 $S^{\omega}(x)$ 表达，即 $\varepsilon_{ij}(x) = S^{\omega}_{ijkl}(x) \varepsilon^{*}_{kl}$，其中 ω 代表夹杂（有限）区域，ε^{*}_{kl} 是 ω 上均匀分布的本征应变夹杂，$\varepsilon(x)$ 是夹杂内、外不同位置 x 处由于 ε^{*} 引起的扰动应变。1957 年，Eshelby[4] 利用格林函数基本解给出了 $S^{\omega}(x)$ 的积分表示；2010 年，基于 Zheng 等[27] 发现的二维和三维各向同性弹性体任意形状夹杂 Eshelby 张量的不可约结构，Zou 等[13] 建立了二维各向同性弹性体 Eshelby 张量的简洁积分表示，并第一次实质性地给出了所有二维各向同性弹性体非椭圆形状夹杂的显式解。这些结果需要用到较多的张量知识，对多数应用研究人员来说不是很熟悉。相对而言，平面弹性问题的复势函数描述对大多数人而言更为熟悉，同时相应结果也能直接计算出位移场，有利于刚度问题的探讨。本文将从弹性势函数描述出发阐述第一类 Eshelby 问题的解析解。

平面弹性问题引入复变函数的解析函数作为弹性势函数，比如各向同性问题的 Kolosov – Muskhelishvili（K – M）双势函数、各向异性问题 Stroh 公式中的本征函数等，用于统一表达位移、应变和应力等弹性场，这样表达的弹性场严格满足了几何方程、本构方程和平衡方程，唯一需要进一步限制的是这些解析函数在边界和/或界面上需要满足位移连续条件和/或面力连续条件。于是，求解平面弹性力学问题可以转化为解析函数的边值问题。对于第一类 Eshelby 问题，夹杂界面处的应变不连续导致弹性势函数在跨越界面时具有跳跃关系，从而利用复变函数的奇异积分理论可以得到弹性势函数的积分公式。由于夹杂问题的势函数是单纯的解析函数，其积分公式比 Eshelby 张量的积分公式要清晰、简单；并且因为从弹性势函数可以直接计算出位移场，在求解过程中非常方便处理由于本征应变引起的夹杂相对基体的刚体位移。下面分别介绍第一类 Eshelby 问题的势函数提法。

本文用复数表示位置矢量（平面上的点），并列两点加上划线表示连接该两点的线段。在开始之前，先确定一下夹杂形状的表示。（1）多边形是通过有序顶点的坐标逐条边进行定义的，比如 $\{t_1, \cdots, t_N\}$ 是多边形的全部 N 个顶点（复数表示），多边形就由直线段 $(\overline{t_1 t_2}, \cdots, \overline{t_{N-1} t_N})$ 组成，第 k 条边 $\overline{t_k t_{k+1}}$ 上的点可以表示为

$$t = t_k + \lambda(t_{k+1} - t_k), \quad 0 \leqslant \lambda \leqslant 1 \tag{1}$$

通常记 $s_k = t_{k+1} - t_k$；（2）洛朗多项式

$$t = h + R\phi(\eta) = h + R\left(\eta + \sum_{k=1}^{N} b_k \eta^{-k}\right) = R\eta \prod_{k=1}^{N}\left(1 - \frac{\alpha_k}{\eta}\right), |\eta| = 1 \tag{2}$$

描述了以 h 为内点的光滑形状，其中 $R > 0$，$|\alpha_k| < 1$。该形状的面积公式 $A = \pi\left(1 - \sum_{k=1}^{N} k |b_k|^2\right)$ 意味着洛朗多项式系数满足约束条件 $\sum_{k=1}^{N} k |b_k|^2 \leqslant 1$。根据 Riemann 映射定理[28]，$N \to \infty$ 的洛朗多项式可以收敛地逼近任意平面单连通形状，且可实现单位圆外 $|w| > 1$ 到该形状外的一对一的亚纯映射。

2.1 各向同性 Eshelby 问题的 K – M 势函数提法

引入 K – M 双势函数 $\gamma(z)$ 和 $\psi(z)$，其中 $z = x_1 + jx_2$ 是复坐标，$j = \sqrt{-1}$ 是单位虚数，则弹性场表示为[29-31]：

$$U \equiv u_1 + \iota u_2 = \frac{1}{2\mu}\left[\kappa\gamma(z) - z\overline{\gamma'(z)} - \overline{\psi(z)}\right] \tag{3}$$

$$\begin{cases} \sigma_{11} + \sigma_{22} = 2\left[\gamma'(z) + \overline{\gamma'(z)}\right], \\ \sigma_{22} - \sigma_{11} + 2j\sigma_{12} = 2\left[\bar{z}\gamma''(z) + \psi'(z)\right] \end{cases} \tag{4}$$

$$\begin{cases} \varepsilon_{11} + \varepsilon_{22} = \frac{\kappa - 1}{4\mu}\left[\gamma'(z) + \overline{\gamma'(z)}\right] \\ \varepsilon_{22} - \varepsilon_{11} + 2\iota\varepsilon_{12} = \frac{1}{\mu}\left[\bar{z}\gamma''(z) + \psi'(z)\right] \end{cases} \tag{5}$$

其中 $\overline{(\cdot)}$ 表示复变量 $(\cdot)$ 的共轭，用弹性模量 E 和泊松比 ν 定义弹性常数如下：

$$\mu = \frac{E}{2(1+\nu)}, \kappa = \begin{cases} \dfrac{3-\nu}{1+\nu}, & \text{平面应力问题} \\ 3-4\nu, & \text{平面应变问题} \end{cases} \tag{6}$$

沿夹杂 ω 边界 $\partial\omega$ 上某点出发累积的、ω 外部对 ω 的 面力 $f \equiv f_1 + \mathrm{j}f_2$ 可以表示为

$$f = -\mathrm{j}\frac{\mathrm{d}}{\mathrm{d}s}[\gamma(z) + z\overline{\gamma'(z)} + \overline{\psi(z)}] \tag{7}$$

其中 s 是沿 $\partial\omega$ 的弧长坐标。K – M 双势函数 $\gamma(z)$ 和 $\psi(z)$ 与刚体位移有关的部分是 $\gamma(0)$、$\psi(0)$ 和 $\mathrm{Im}\gamma'(0)$。

现在回到 Eshelby 问题。夹杂域的本征应变会引起应变和应力等的扰动，也可能会引起夹杂相对基体的刚体位移。可以通过夹杂内的任一点（不妨记为式（2）中的 h 点）来定义逆时针旋转角为 α、平移为 $U_0 = u_1^0 + \mathrm{j}u_2^0$ 的刚体位移，即

$$U_{\mathrm{rigid}}(z) = \mathrm{j}\alpha(z-h) + U_0 \tag{8}$$

而与常值本征应变 $\boldsymbol{\varepsilon}^*$ 对应的、没有刚体位移（即夹杂相对基体没有刚体旋转且在 h 点的刚体平移为零）的本征位移为

$$U^*(\boldsymbol{x}) = C_1(z-h) - \overline{C_2(z-h)} \tag{9}$$

其中实参数 C_1、复参数 C_2 定义为

$$C_1 = \frac{1}{2}(\varepsilon_{11}^* + \varepsilon_{12}^*), C_2 = \frac{1}{2}(\varepsilon_{22}^* - \varepsilon_{11}^* + 2\mathrm{j}\varepsilon_{12}^*) \tag{10}$$

记弹性扰动势 γ、ψ 在夹杂内外的函数分别记为 γ_+、ψ_+ 和 γ_-、ψ_-，则扰动势在夹杂界面上的点 t 处的位移连续条件和面力（合力）连续条件分别为

$$\kappa\gamma_-(t) - t\overline{\gamma'_-(t)} - \overline{\psi_-(t)} = \kappa\gamma_+(t) - t\overline{\gamma'_+(t)} - \overline{\psi_+(t)} +$$
$$2\mu[C_1^*(t-h) - \overline{C_2(t-h)} + U_0] \tag{11}$$
$$\gamma_-(t) + t\overline{\gamma'_-(t)} + \overline{\psi_-(t)} = \gamma_+(t) + t\overline{\gamma'_+(t)} + \overline{\psi_+(t)} + 2\mu f_0 \tag{12}$$

其中 $C_1^* = C_1 + \mathrm{j}\alpha$，$2\mu f_0$ 是界面上面力合力的（待定）积分常数。

2.2 各向异性 Eshelby 问题的 Stroh 提法

各向异性弹性问题（不考虑体力）的提法是弹性问题的一般表达，即

$$\sigma_{ij,j} = 0, \quad \sigma_{ij} = C_{ijkl}u_{k,l} \tag{13}$$

其中 C_{ijkl} 是四阶弹性张量。各向同性问题可以作为它的一个特例来处理。根据 Stroh 提法，二维弹性问题的位移本征解可以写成如下形式：[32-34]

$$\boldsymbol{u} = (u_1, u_2, u_3)^{\mathrm{T}} = \boldsymbol{a}f(x_1 + px_2) \tag{14}$$

其中 p 是本征值，$\boldsymbol{a}$ 是本征矢量。将式（14）代入式（13）给出本征问题：

$$[\boldsymbol{Q} + p(\boldsymbol{R} + \boldsymbol{R}^{\mathrm{T}}) + p^2\boldsymbol{T}]\boldsymbol{a} = \boldsymbol{0} \tag{15}$$

其中二阶张量 $\boldsymbol{Q}$、$\boldsymbol{R}$、$\boldsymbol{T}$ 的定义分别为

$$Q_{ij} = C_{i1j2}, \quad R_{ij} = C_{i1j1}, \quad T_{ij} = C_{i2j2} \tag{16}$$

对稳定弹性材料，本征问题式（15）的六次特征多项式

$$\det[\boldsymbol{Q} + p(\boldsymbol{R} + \boldsymbol{R}^{\mathrm{T}}) + p^2\boldsymbol{T}] = 0 \tag{17}$$

具有三对虚部非零的共轭复根（假设复根均相异，这里不考虑有重根的情况[34]）。取

p_I（$I=1$，2，3）为分别与本征矢量 a_I（$I=1$，2，3）对应的三个具有正虚部的本征值，则位移和弹性势可以表示成

$$\boldsymbol{u} = (u_1, u_2, u_3)^{\mathrm{T}} = 2\mathrm{Re}[\boldsymbol{A}\boldsymbol{f}(z)] \tag{18}$$

$$\boldsymbol{\psi} = (\psi_1, \psi_2, \psi_3)^{\mathrm{T}} = 2\mathrm{Re}[\boldsymbol{B}\boldsymbol{f}(z)] \tag{19}$$

其中，

$$\boldsymbol{A} = (a_1, a_2, a_3), \boldsymbol{B} = (b_1, b_2, b_3); b_I = (\boldsymbol{R}^{\mathrm{T}} + p_I \boldsymbol{T})a_I = -p_I^{-1}(\boldsymbol{Q} + p_I \boldsymbol{R})a_I, I = 1, 2, 3 \tag{20}$$

矢量本征函数 $\boldsymbol{f}(z)$ 由三个解析函数构成：

$$\boldsymbol{f}(z) = [f_1(z_1), f_2(z_2), f_3(z_3)]^{\mathrm{T}}; z_I = x_1 + p_I x_2, p_I = \alpha_I + \mathrm{j}\beta_I, I = 1, 2, 3 \tag{21}$$

弹性势函数与应力关系如下：

$$\sigma_{i1} = -\psi_{i,2}, \sigma_{i2} = \psi_{i,1}, \quad i = 1, 2, 3 \tag{22}$$

由以上表示，可以得到用势函数直接表达的应力和应变：

$$\sigma_{i\alpha} = 2\mathrm{Re}\sum_{I=1}^{3} B_{iI} B_{2I}^{-1} f'_I(z_I) B_{\alpha I}, i = 1, 2, 3, \alpha = 1, 2 \tag{23}$$

$$\varepsilon_{i\alpha} = \mathrm{Re}\sum_{I=1}^{3} [A_{iI} B_{2I}^{-1} f'_I(z_I) B_{nI} K_{n\alpha} + A_{\alpha I} B_{2I}^{-1} f'_I(z_I) B_{nI} K_{ni}], i = 1, 2, 3, \alpha = 1, 2 \tag{24}$$

其中有关系 $B_{1I} = -p_I B_{2I}$（不求和），矩阵 $\boldsymbol{K}$ 定义如下：

$$\begin{pmatrix} B_{21} & -B_{11} & 0 \\ B_{22} & -B_{12} & 0 \\ B_{23} & -B_{13} & 0 \end{pmatrix} = \boldsymbol{B}^{\mathrm{T}} \begin{pmatrix} 0 & -1 & 0 \\ 1 & 0 & 0 \\ 0 & 0 & 0 \end{pmatrix} = \boldsymbol{B}^{\mathrm{T}}\boldsymbol{K} \tag{25}$$

并进一步对应力和应变采用如下列阵记法：

$$\boldsymbol{\sigma}_{\alpha} = [\sigma_{1\alpha}, \sigma_{2\alpha}, \sigma_{3\alpha}]^{\mathrm{T}}, \boldsymbol{\varepsilon}_{\alpha} = [\varepsilon_{1\alpha}, \varepsilon_{2\alpha}, \varepsilon_{3\alpha}]^{\mathrm{T}}, \alpha = 1, 2 \tag{26}$$

以及

$$\widetilde{\boldsymbol{\varepsilon}}_{\alpha} = \boldsymbol{L}\boldsymbol{\varepsilon}_{\alpha}, \alpha = 1, 2; \quad \boldsymbol{f}'(z) = [f'_1(z_1), f'_2(z_2), f'_3(z_3)]^{\mathrm{T}} \tag{27}$$

其中对角阵 $\boldsymbol{L}$ 记为 $\boldsymbol{L} = <1, 1, 2>$。

现在回到二维夹杂问题，设原点为夹杂内点，与常值本征应变 $\boldsymbol{\varepsilon}^*$ 对应的本征位移（原点平移为零，没有夹杂没有相对于基体的绕 z 轴的刚体旋转）为

$$\boldsymbol{u}_* = \begin{pmatrix} \varepsilon_{11}^* x_1 + \varepsilon_{12}^* x_2 \\ \varepsilon_{21}^* x_1 + \varepsilon_{22}^* x_2 \\ 2\varepsilon_{31}^* x_1 + 2\varepsilon_{32}^* x_2 \end{pmatrix} \tag{28}$$

夹杂域的本征应变会引起弹性场扰动，也可能会引起夹杂相对基体的刚体位移。设夹杂相对基体的面内逆时针旋转角为 α、原点平移为 $\boldsymbol{u}_0 = [u_1^0, u_2^0, u_3^0]^{\mathrm{T}}$，即刚体位移为

$$\boldsymbol{u}_{\mathrm{rigid}} = \boldsymbol{u}_0 + [-\alpha x_2, \alpha x_1, 0]^{\mathrm{T}} \tag{29}$$

由此，利用式（18）和式（19）可以把夹杂界面的弹性位移和面力连续条件

$$u_i^- = u_i^+ + u_i^* + u_i^{\mathrm{rigid}}, n_j \sigma_{ij}^- = n_j \sigma_{ij}^+ \tag{30}$$

表达为

$$\boldsymbol{A}\boldsymbol{f}_-(t) + \overline{\boldsymbol{A}\boldsymbol{f}_-(t)} = \boldsymbol{A}\boldsymbol{f}_+(t) + \overline{\boldsymbol{A}\boldsymbol{f}_+(t)} + \boldsymbol{u}_* + \boldsymbol{u}_{\mathrm{rigid}} \tag{31}$$

$$\boldsymbol{B}\boldsymbol{f}_-(t) + \overline{\boldsymbol{B}\boldsymbol{f}_-(t)} = \boldsymbol{B}\boldsymbol{f}_+(t) + \overline{\boldsymbol{B}\boldsymbol{f}_+(t)} + \boldsymbol{f}_0 \tag{32}$$

53

其中 f_0 是待定积分常数，$\boldsymbol{t} = t_1\,\boldsymbol{e}_1 + t_2\,\boldsymbol{e}_2 \in \partial\omega$。再利用正交关系

$$\begin{pmatrix} \boldsymbol{B}^{\mathrm{T}} & \boldsymbol{A}^{\mathrm{T}} \\ \overline{\boldsymbol{B}}^{\mathrm{T}} & \overline{\boldsymbol{A}}^{\mathrm{T}} \end{pmatrix}\begin{pmatrix} \boldsymbol{A} & \overline{\boldsymbol{A}} \\ \boldsymbol{B} & \overline{\boldsymbol{B}} \end{pmatrix} = \begin{pmatrix} \boldsymbol{A} & \overline{\boldsymbol{A}} \\ \boldsymbol{B} & \overline{\boldsymbol{B}} \end{pmatrix}\begin{pmatrix} \boldsymbol{B}^{\mathrm{T}} & \boldsymbol{A}^{\mathrm{T}} \\ \overline{\boldsymbol{B}}^{\mathrm{T}} & \overline{\boldsymbol{A}}^{\mathrm{T}} \end{pmatrix} = \begin{pmatrix} \boldsymbol{1} & \boldsymbol{0} \\ \boldsymbol{0} & \boldsymbol{1} \end{pmatrix} \tag{33}$$

可得

$$\boldsymbol{f}_-(\boldsymbol{t}) = \boldsymbol{f}_+(\boldsymbol{t}) + \boldsymbol{B}^{\mathrm{T}}(\boldsymbol{u}_* + \boldsymbol{u}_{\mathrm{rigid}}) + \boldsymbol{A}^{\mathrm{T}}\boldsymbol{f}_0 \tag{34}$$

记 t_i 为 z_i 在夹杂边界 $\partial\omega$ 上的取值，因为式（34）中的跳跃项可以写成坐标的线性函数，利用

$$x_1 = \frac{p_I\,\overline{t_I} - \overline{p_I}\,t_I}{p_I - \overline{p_I}}（不求和），\quad x_2 = \frac{t_I - \overline{t_I}}{p_I - \overline{p_I}} \tag{35}$$

可得如下解耦界面连续条件[35]：

$$f_I^+(t_I) = f_I^-(t_I) + c_I t_I + d_I\,\overline{t_I} + e_I, \quad I = 1,2,3 \tag{36}$$

其中

$$c_I = \frac{1}{p_I - \overline{p_I}}B_{jI}(p_{\bar{I}}\,\widetilde{\varepsilon}_{j1}^* - \widetilde{\varepsilon}_{j2}^*) - \alpha B_{2I} \tag{37.1}$$

$$d_I = \frac{1}{p_I - \overline{p_I}}B_{jI}(\widetilde{\varepsilon}_{j2}^* - p_I\,\widetilde{\varepsilon}_{j1}^*) \tag{37.2}$$

$$e_I = -B_{jI}u_j^0 - A_{jI}f_j^0 \tag{37.3}$$

这里，利用了关系式 $B_{1I} = -p_I B_{2I}$（不求和）。

3 Eshelby 问题的积分解和显式解析解

3.1 各向同性 Eshelby 问题的解

根据解析函数的奇异积分理论[28]，各向同性 Eshelby 问题的解可以用 Cauchy 积分写成

$$\gamma(z) = -\frac{2\mu\chi^\omega(z)}{\kappa+1}\big[C_1^*(z-h) + U_0 + f_0\big] + \frac{\mu\,\overline{C_2}}{\mathrm{j}\pi(\kappa+1)}\oint_{\partial\omega}\frac{\overline{(t-h)}\mathrm{d}t}{t-z} \tag{38.1}$$

$$\psi(z) = \frac{2\mu\chi^\omega(z)}{\kappa+1}\big[\overline{U_0} - \kappa\overline{f_0} + C_1^*\,\overline{h} - C_2(z-h)\big] + \frac{\mu}{\mathrm{j}\pi(\kappa+1)}\oint_{\partial\omega}\frac{2\,C_1\,\overline{(t-h)}\mathrm{d}t - \overline{C_2}t\mathrm{d}\,\overline{t}}{t-z} \tag{38.2}$$

其中 $\chi^\omega(z)$ 是夹杂域 ω 的示性函数（域内等于 1、域外等于零）。上述势函数积分可以归结为两个基本积分

$$I_1(z) = \frac{1}{2\mathrm{j}\pi}\oint_{\partial\omega}\frac{\overline{(t-h)}\mathrm{d}t}{t-z}, \quad I_2(z) = \frac{1}{2\mathrm{j}\pi}\oint_{\partial\omega}\frac{\overline{(t-h)}\mathrm{d}\,\overline{t}}{t-z} \tag{39}$$

它们的导数对应于之前 Eshelby 张量解里面的两个复参数（或其组合）。若得出这两个积分，则有

$$\frac{\kappa+1}{2\mu}\gamma(z) = -\big[C_1^*(z-h) + U_0 + f_0\big]\chi^\omega(z) + \overline{C_2}\,I_1(z) \tag{40.1}$$

$$\frac{\kappa + 1}{2\mu}\psi(z) = \left[\overline{U_0} - \kappa\overline{f_0} - C_2(z - h) + C_1^* \overline{h}\right]\chi^\omega(z) + 2 C_1 I_1(z) - \overline{C_2}\left[I_2(z) + \overline{h} I_1'(z)\right]$$

$$(40.2)$$

显然，弹性扰动势式（40）要满足在点 h 处刚体位移等于零的条件，为进一步规范以确定参数 U_0、f_0 和 α，我们取如下约束条件：

$$\gamma(h) = 0, \mathrm{Im}[\gamma'(h)] = 0, \overline{h}\gamma'(h) + \psi(h) = 0 \qquad (41)$$

于是可以用夹杂内的 $I_1(z)$ 和 $I_2(z)$ 在 h 点的值及导数表示 U_0、f_0 和 α：

$$\alpha = \mathrm{Im}[\overline{C_2} I_1'(h)] \qquad (42.1)$$

$$U_0 = \frac{1}{\kappa + 1}\left[\kappa \overline{C_2} I_1(h) + C_2 \overline{I_2(h)} - 2 C_1 \overline{I_1(h)}\right] \qquad (42.2)$$

$$f_0 = \frac{1}{\kappa + 1}\left[\overline{C_2} I_1(h) - C_2 \overline{I_2(h)} + 2 C_1 \overline{I_1(h)}\right] \qquad (42.3)$$

对多边形夹杂，将式（1）代入，可得如下显式解：

$$I_1(z) = \frac{1}{2\mathrm{j}\pi}\sum_{k=1}^{N}\left[\overline{t_k} - \overline{h} - \frac{\overline{s_k}}{s_k}(t_k - z)\right]\ln\frac{t_{k+1} - z}{t_k - z} \qquad (43.1)$$

$$I_2(z) = \frac{1}{2\mathrm{j}\pi}\sum_{k=1}^{N}\left\{\frac{\overline{s_k^2}}{s_k} + \left[\overline{t_k} - \overline{h} - \frac{\overline{s_k}}{s_k}(t_k - z)\right]\frac{\overline{s_k}}{s_k}\ln\frac{t_{k+1} - z}{t_k - z}\right\} \qquad (43.2)$$

对洛朗多项式表示的光滑夹杂，记 $x = \dfrac{z - h}{R}, \tau = \dfrac{t - h}{R}$，在夹杂之外也就是 $x = \phi(w)$，基本积分 $I_1(x)$、$I_2(x)$ 的显式表达需要引入 Faber 多项式。黎曼映射 $x = \phi(w)$ 定义了曲线 $\mathcal{L}_a = \{y = \phi(\eta), |\eta| = a \geq 1\}$，其内部记为 $\mathrm{int}(\mathcal{L}_a)$，$\phi(\eta)$ 的 n 阶 Faber 多项式定义为[36-38]

$$\frac{\phi'(w)}{\phi(w) - x} = \sum_{n=0}^{\infty}\frac{F_n(x)}{w^{n+1}} \qquad (44)$$

它可以通过 Cauchy 积分计算：

$$F_n(x) = \frac{1}{2\mathrm{j}\pi}\oint_{\mathcal{L}_a}\frac{\eta^n \phi'(\eta)}{\phi(\eta) - x}\mathrm{d}\eta, \quad x \in \mathrm{int}(\mathcal{L}_a) \qquad (45)$$

Faber 多项式有递推计算公式，对简单形状也可以得到显式表达式。将 $x = \phi(w)$ 代入 Faber 多项式进行展开，有重要性质

$$F_n(\phi(w)) = w^n + \sum_{m=1}^{nN} c_{n,m} w^{-m} = w^n + G_n(w^{-1}) \qquad (46)$$

再引进参数集 $\{b_{k,m}, m = 0, 1, \cdots, kN; k > 0\}$：

$$[\phi(w)]^k = \sum_{m=-k}^{kN} b_{k,m} w^{-m}, b_{k,-k} = 1, b_{k,1-k} = 0; b_{1,m} = b_m, m = 1, \cdots, N \quad (47)$$

至此，我们可以把式（2）定义的光滑夹杂的势函数中的基本积分写成[23]

$$I_1(z) = R\chi^\omega(z)\sum_{k=1}^{N}\overline{b_k} F_k(x) + R\overline{\chi^\omega(z)}\left[\sum_{k=1}^{N}\overline{b_k} G_k(w^{-1}) - w^{-1}\right] \quad (48.1)$$

$$I_2(z) = \frac{R\chi^\omega(z)}{2}\sum_{k=1}^{2N}\overline{b_{2,k}}F_k'(x) - \frac{R\overline{\chi^\omega(z)}}{2 w^2 \phi'(\eta)}\left[\sum_{k=1}^{2N}\overline{b_{2,k}}G_k'(w^{-1}) - 2w^{-1}\right]$$

$$(48.2)$$

其中 $\overline{\chi^\omega}(z) = 1 - \chi^\omega(z)$。式（48）是洛朗多项式光滑夹杂的统一内外场解，代入式

55

（40）并进一步代入式（5），可以得到 Eshelby 张量的全场解。2010 年我们只给出该类形状夹杂的内场的可操作的形式封闭解，即定义了一些操作可以得到内场的显式解，引入 Faber 多项式，则可以完全显式地表达内场解，这个进展可以看作是我们 2010 年论文结果[13]的另一个推导表达；但式（48）的外场解相对 2010 年的结果而言则完全是新的，其技术用于 Eshelby 张量的结果 2016 年发表于 Europ J Mech A/Solids[15]。

3.2 各向异性 Eshelby 问题的解

根据解析函数的奇异积分理论[28]，从解析函数 $f_I(z_I)$ 的界面跳跃关系式（36）可以得到它的积分公式

$$f_I(z_I) = (c_I z_I + e_I)\chi^\omega + d_I J(p_I;z_I), I = 1,2,3 \tag{49}$$

其中

$$J(p_I;z_I) = \frac{1}{2j\pi}\oint_{\partial\omega}\frac{\overline{t_I}}{t_I - z_I}dt_I \tag{50}$$

现在要求扰动弹性位移在原点的平移和应力势为零，给出的夹杂相对基体的刚体旋转为零，即

$$u_i(0) = 0, \psi_i(0) = 0, u_{1,2}(0) - u_{2,1}(0) = 0 \tag{51}$$

利用正交关系式（33），解得

$$\alpha = \frac{\text{Re}\sum_{I=1}^{3}\frac{(p_I A_{1I} - A_{2I})B_{jI}}{p_I - \overline{p_I}}\left[\overline{p_I}\,\widetilde{\varepsilon}_{j1}^{*} - \widetilde{\varepsilon}_{j2}^{*} + (\widetilde{\varepsilon}_{j2}^{*} - p_I\,\widetilde{\varepsilon}_{j1}^{*})J'(p_I;0)\right]}{\text{Re}\sum_{I=1}^{3}(p_I A_{1I} - A_{2I})B_{2I}} \tag{52}$$

$$u_i^0 = 2\text{Re}\sum_{I=1}^{3}A_{iI}\,d_I g J(p_I;0), \quad f_i^0 = \sum_{I=1}^{3}B_{iI}\,d_I J(p_I;0) \tag{53}$$

对多边形夹杂，基本积分 $J(p_I;z_I)$ 对每个本征值 p_I 保持形式不变，记 t_k^I 为第 k 个多边形顶点对应于 p_I 的复坐标，代入边界点表示式（1），得到以下显式公式：

$$J(p_I;z_I) = \frac{1}{2j\pi}\sum_{k=1}^{N}\left[\overline{t_k^I} - \frac{\overline{s_k^I}}{s_k^I}(t_k^I - z_I)\right]\ln\frac{t_{k+1}^I - z_I}{t_k^I - z_I} \tag{54}$$

这个结果与潘尔年[39]利用格林基本解推导的多边形夹杂的结果相比，要简洁得多[16]。并且对于用圆弧光滑多边形的约当曲线形状夹杂，按我们的方法也能导出显式解[16]。

对应用洛朗多项式表达的光滑形状夹杂，基本积分 $J(p_I;z_I)$ 可写成

$$J(p_I;z,\overline{z}) = \overline{z_I}\chi^\omega + \frac{(\epsilon^{-1} - \overline{\epsilon})(1 + j\overline{p_I})}{4j\pi}\oint_{\partial\omega}\ln\left(1 + \epsilon\frac{\overline{t} - \overline{z}}{t - z}\right)dt \tag{55}$$

其中 $\epsilon \equiv \dfrac{1 + j p_I}{1 - j p_I}$。上式中的积分难以显式地获得，考虑小参数 $|\epsilon| < 1$，并同样引入记号 $x = \dfrac{z - h}{R}, \tau = \dfrac{t - h}{R}$，可以用参数 ϵ 展开基本积分为

$$J(p_I;z,\overline{z}) = \overline{z_I}\chi^\omega + \frac{(\overline{\epsilon} - \epsilon^{-1})(1 + j\overline{p_I})}{2}R\sum_{k=1}^{\infty}\frac{(-\epsilon)^k}{k}J_k(x,\overline{x}) \tag{56}$$

其中形状矩积分

56

$$J_k(x,\bar{x}) = \frac{1}{2\mathrm{j}\pi}\oint_{\partial\omega} \left(\frac{\bar{\tau}-\bar{x}}{\tau-x}\right)^k \mathrm{d}\tau \tag{57}$$

可以计算如下。利用式（47）的参数集 $\{B_{k,m}, m = -k,\cdots,0,\cdots,kN\}$，有

$$[\phi(w)-x]^k = (-x)^k + \sum_{m=0}^{k-1}\binom{k}{m}(-x)^m \sum_{j=m-k}^{(k-m)N} b_{k-m,j} w^{-j} \tag{58}$$

利用 Faber 多项式的积分技术，得到形状矩积分的显式表达式为

$$J_k(x,\bar{x}) = \frac{\overline{\chi^\omega}}{(k-1)!}\sum_{m=0}^{k-1}\binom{k}{m}(-\bar{x})^m \frac{\mathrm{d}^{k-1}}{\mathrm{d}x^{k-1}}\left[\sum_{j=1}^{(k-m)N}\overline{b_{k-m,J}}\,G_j(w) - \sum_{j=1}^{k-m}\overline{b_{k-m,-J}}\,w^{-j}\right]$$

$$+ \frac{\overline{\chi^\omega}}{(k-1)!}\sum_{m=0}^{k-1}\binom{k}{m}(-\bar{x})^m \sum_{j=k-1}^{(k-m)N}\overline{b_{k-m,J}}\,F_J^{(k-1)}(x)$$

4 Eshelby 问题解析解的讨论与应用

一般夹杂问题的研究对先进材料的发展具有基础性的意义，在航空航天、船舶、汽车和许多其他应用领域有重要的应用价值。基体材料中夹杂（或缺陷）的出现具有普遍性，夹杂引起的扰动对材料的局部强度和整体特性会产生重大甚至是决定性的影响，但这类问题求解复杂而困难，Eshelby 开创性的工作[4,5]则给这类问题提供了一种简化的思路，获得了广泛的引用，但等效夹杂法只适用于椭球夹杂[6-8]。我们关于非椭圆夹杂问题和有限域夹杂问题的主要结果[13,19]发表后的评述也得到比较多的引用。我们认为，非椭圆夹杂引起的扰动场问题应该引起足够的重视，尤其是局域非均匀场作为一个基础性的问题，其结果表达比较复杂，到目前为止还未引起研究者足够的关注。

在 Eshelby 夹杂问题的研究中，第二类问题是最一般的提法，第一类问题和刚性夹杂/孔洞问题都可以看作第二类问题的特例，非均匀本征应变的引入也不能将第二类问题在本质上予以简化并转变为第一类问题[3]。我们的研究很好地解决了二维情况下的第一类问题[13,16,23]和光滑形状的刚性夹杂/孔洞问题[25]，我们将以此作为第二类 Eshelby 问题求解的起点，而对三维 Eshelby 问题我们正在深入研究中[41]。

通过多年的研究，我们逐渐注意到一个简单但并不为人重视的事实，即夹杂的本征应变（或异质夹杂的远场加载）除引起的弹性场扰动之外，一般还会引起夹杂与基体之间的相对刚体位移（刚体平移和刚体旋转）。Muskhelishvili[29]曾经指出刚性椭圆夹杂的主轴与远场加载的主轴不平行时会出现夹杂与基体之间的相对刚体旋转；Savin[42]在其名著 *Stress Concentration Around Holes* 中给出了很多孔洞形状的弹性扰动势，但由于没有考虑刚体位移，推导的结果无法满足孔洞边界没有外力作用的边界条件[25]；Yang et al[43]则将椭圆夹杂的相对刚体位移公式假设适用于任意夹杂形状。第一类 Eshelby 问题的经典处理是用 Eshelby 张量表示全应变，无法严格确定相对刚体位移，存在着一定的缺陷。本文特别利用夹杂问题的势函数提法，给出了第一类 Eshelby 问题中夹杂与基体之间的相对刚体位移结果，这些结果反映了在界面阶跃的分片解析函数的数学不确定性的物理意义，这种物理意义的考虑直接导致了我们在刚性夹杂/孔洞问题研究中的新解法，也是柔性基体–夹杂问题中考虑多夹杂相互作用的基础[43]。

Eshelby 问题解析解在复合材料的宏观有效性质的研究中起着关键性的作用[44]。Klusemann et al[45] 比较了具有非椭圆异质的材料的三种均匀化策略，其中第一种策略涉及的经典平均、IDD 和 ESCS 三种估计方法都要用到 Eshelby 张量解析解表示，其他两种策略则利用数值模型和有限元计算，通过利用我们得到的结果（包括夹杂内的平均 Eshelby 张量公式），他们的研究表明对凸状夹杂采用平均 Eshelby 张量的宏观性质估计有较好的吻合度，结合较大的体积分数参数也能给出可接受的最窄的估计值界。

氧化石墨烯是一种有前途的纳米器件材料和聚合物复合材料。Xia et al[46] 研究了氧化石墨烯作为矩形夹杂相的材料的性质，利用我们给出的 Eshelby 张量解、采用 Mori – Tanaka 估计方法分析氧化石墨烯材料的功能群效应，捕捉到了微结构参数对复合材料宏观有效性质的影响。

5　展望

我们在 Eshelby 夹杂问题解析解方面的研究深入探讨了夹杂形状、材料性质、有限域尺度及本征应变对弹性扰动场的影响，系统地获得了非椭圆夹杂 Eshelby 问题的解析解。本文着重介绍了用势函数表达的无限域单个同质夹杂发生均匀本征应变时引起的扰动场，特别求解了往往为人们所忽略的夹杂和基体之间的相对刚体位移，给出了它们的完整解析解，并讨论了刚体位移的应用价值。此外，也对 Eshelby 夹杂问题解析解的应用做了举例说明。由于在实际基体 – 颗粒问题中，大部分颗粒都不是椭球，希望本文的介绍和讨论，能够引导大家正确有效地利用好我们获得的夹杂问题解析解的结果，开展高水平的基础和应用研究，期待未来有更多的结果出现。由于作者认识和水平所限，如有错误疏漏之处，敬请原谅。

致谢：本文工作得到中国自然科学基金（11962017）的资助。

参 考 文 献

[1] Mura T. Micromechanics of Defects in Solids [M]. Dordrecht：Martinus Nijhoff Publishers, 1987.

[2] Sevostianov I, Kachanov M. Relations between compliances of inhomogeneities having the same shape but different elastic constants [J]. Int J Engng Sci, 2007, 45：797 – 806.

[3] Zou W N, Zheng Q S. The second Eshelby problem and its solvability [J]. Acta Mechanica Sinica, 2012, 28 (5)：1331 – 1333.

[4] Eshelby J D. The determination of the elastic field of an ellipsoidal inclusion and related problems [J]. Proc R Soc A, 1957, 241：376 – 396.

[5] Eshelby J D. The elastic field outside an ellipsoidal inclusion [J]. Proc R Soc A, 1959, 252：561 – 569.

[6] Eshelby J D. Elastic inclusions and inhomogeneities [C]. In N Sneddon, R Hill (Eds.). Progress in Solid Mechanics, Amsterdam：North – Holland, 1961, 2：89 – 140.

[7] Kang H, Milton G W. Solutions to the Pólya – Szegö conjecture and the weak Eshelby conjecture [J]. Arch Ration Mech Anal, 2008, 188 (1)：93 – 116.

[8] Liu L P. Solutions to the Eshelby conjectures [J]. Proc R Soc A, 2008, 464: 573 – 594.

[9] Nozaki H, Taya M. Elastic fields in a polygon – shaped inclusion with uniform eigenstrains [J]. J Appl Mech, 1997, 64: 495 – 502.

[10] Kawashita M, Nozaki H. Eshelby tensor of a polygonal inclusion and its special properties [J]. J Elast, 2001, 74: 71 – 84.

[11] Ru C Q. Analytic solution for Eshelby's problem of an inclusion of arbitrary shape in a plane or half – plane [J]. J Appl Mech, 1999, 66: 315 – 322.

[12] Huang M J Wennan Zou W N, Zheng Q S. Explicit expression of Eshelby tensor for arbitrary weakly non – circular inclusion in two – dimensional elasticity [J]. Int J Engng Sci, 2010, 47: 1240 – 1250.

[13] Zou W N, He Q C, Huang M J, et al. Eshelby's problem of non – elliptical inclusions [J]. J Mech Phys Solids, 2010, 58 (3): 346 – 372.

[14] Zou W N. Limitation of average Eshelby tensor and its application in analysis of ellipse approximation [J]. Acta Mechanica Solida Sinica, 2011, 24 (2): 176 – 184.

[15] Lee Y G, Zou W N. Exterior elastic fields of non – elliptical inclusions characterized by Laurent polynomials [J]. Europ J Mech A/Solids, 2016, 60: 112 – 121.

[16] Zou W N, He Q C, Zheng Q S. General solution for Eshelby's problem of 2D arbitrarily shaped piezoelectric inclusions [J]. Int J Solids Struct, 2011, 48: 2681 – 2694.

[17] Zou W N, He Q C, Zheng Q S. Solutions to Eshelby's problems of non – elliptical thermal inclusions and cylindrical elastic inclusions of non – elliptical cross section [J]. Proc R Soc A, 2011, 467: 607 – 626.

[18] Zou W N, Pan E. Eshelby's problem in an anisotropic multiferroic bimaterial plane [J]. Int J Solids Struct, 2012, 49: 1685 – 1700.

[19] Zou W N, He Q C, Zheng Q S. Inclusions in a finite elastic body [J]. Int J Solids Struct, 2012, 49 (13): 1627 – 1636.

[20] Zou W N, He Q C, Zheng Q S. Thermal inclusions inside a bounded medium [J]. Proc R Soc A, 2013, 469: 2157.

[21] Zou W N, Lee Y G, He Q C. Inclusions inside a bounded elastic body undergoing anti – plane shear [J]. Mathematics and Mechanics of Solids, 2017, DOI: 10. 1177/108128651668 1195.

[22] Lee Y G, Zou W N, Ren H H. Eshelby's problem of inclusion with arbitrary shape in anisotropic elastic half – plane [J]. Int J Solids Struct, 2016, 81: 399 – 410.

[23] Zou W N, Lee Y G. Completely explicit solutions of Eshelby's problems of smooth inclusions embedded in a circular disk, full – and half – planes [J]. Acta Mechanica, 2017, https: //doi. org/10. 1007/ s00707 – 017 – 2058 – 2.

[24] Lee Y G, Zou W N, Pan E. Eshelby's problem of polygonal inclusions with polynomial eigenstrains in an anisotropic magneto – electro – elastic full plane [J]. Proc R Soc A, 2015, 471: 2179.

[25] Zou W N, He Q C. Revisiting the problem of a 2D infinite elastic isotropic medium with a rigid inclusion or a cavity [J]. Int J Engng Sci, 2018, 126: 68 – 96.

[26] 邹文楠, 郑泉水. 非均匀 Eshelby 场研究最新进展 [C] //. 陈建康, 白树林, 胡更开. 材料的非线性力学性能论文集. 北京: 国防工业出版社, 2012: 64 – 73.

[27] Zheng Q S, Zhao Z H, Du D. XIrreducible structure, symmetry and average of Eshelby's tensor fields in isotropic elasticity [J]. J Mech Phys Solids. 2006, 54: 368 – 383.

[28] Henrici P. Applied and Computational Complex Analysis [M]. New York: John Wiley & Sons, 1986.

[29] Muskhelishvili N I. Some Basic Problems of the Mathematical Theory of Elasticity [M]. Dordrecht: Springer, 1963.

[30] England A H. Complex Variable Methods in Elasticity [M]. New York: Wiley – Interscience, 1971.

[31] Lu J K. Complex Variable Method in Plane Elasticity [M]. Singapore: World Scientific, 1995.

[32] Tanuma K. Stroh Formalism and Rayleigh Waves [J]. J Elast, 2007, 89: 1 – 3.

[33] Ting T C T. Anisotropic Elasticity: Theory and Applications [M]. Oxford : Oxford University Press, 1996.

[34] Pan E. 2004. Eshelby problem of polygonal inclusions in anisotropic piezoelectric full – and half – planes [J]. J Mech Phys Solids, 2004, 52: 567 – 589.

[35] Ru C Q. 2000. Eshelby's problem for two – dimensional piezoelectric inclusions of arbitrary shape [J]. Proc R Soc A, 2000, 456: 1051 – 1068.

[36] Schur I. On Faber polynomials [J]. Amer J Math, 1945, 67: 33 – 41.

[37] Suetin P K. Series of Faber polynomials, Analytical Methods and Special Functions 1 [M]. New York: Gordon and Breach Science Publishers, 1998.

[38] Todorov P G. Explicit formulas for the coefficients of Faber polynomials with respect to univalent function of the class S [J]. Proc Amer Math Soc, 1981, 82 (3): 431 – 438.

[39] Jiang X, Pan E. Exact solution for 2D polygonal inclusion problem in anisotropic magnetoelectroelastic full – , half – , and bimaterialplanes [J]. Int J Solids Struct, 2004, 41: 4361 – 4382.

[40] Zhou K, Hoh H J, Wang X, et al. A review of recent works on inclusions [J]. Mech Mater, 2013, 60: 144 – 158.

[41] Zou W N, He Q C. Eshelby's problem of a spherical inclusion eccentrically embedded in a finite spherical body [J]. Proc R Soc A, 2017, 473: 20160808. http: //dx. doi. org/10. 1098/ rspa. 2016. 0808.

[42] Savin G N. Stress concentration around holes [M]. Oxford : Pergamon Press, 1961.

[43] Yang Q Z, Liu Q C, Yue Z F, et al. Rotation of hard particles in a soft matrix [J]. J Mech Phys Solids, 2017, 101: 285 – 310.

[44] Nemat – Nasser S, Hori M. Micromechanics: Overall Properties of Heterogeneous Materials [M]. Amsterdam: Elsevier, 1993.

[45] Klusemann B, Böhm H J, Svendsen B. Homogenization methods for multi – phase elastic composites with non – elliptical reinforcements Comparisons and benchmarks [J]. Europ J Mech A/Solids, 2012, 34: 21 – 37.

[46] Xia Z M, Wang C G, Tan H F. Strain – dependent elastic properties of graphene oxide and its composite [J]. Comput Mater Sci, 2018, 150: 252 – 258.

Advances and applications of analytical solutions for the Eshelby problem of the first kind of non – elliptical inclusions

ZOU Wen – nan [1], ZHENG Quan – shui [2]

(1. Institute for Advanced Study, Nanchang University, Nanchang 330031)

(2. Department of Engineering Mechanics/Center for Micro/Nano Mechanics,

Tsinghua University, Beijing 100084)

Abstract: Eshelby tensor of ellipsoidal inclusions is the basis of micromechanics, but the shape of real inclusions is mostly non – ellipsoidal. Therefore, Eshelby problem of non – ellipsoidal inclusions is one of the basic problems of micromechanics. In 2010, we systematically obtained the analytical solutions of Eshelby tensor for the two – dimensional non – elliptical inclusion in various shapes, and pointed out that (1) it is acceptable to use Eshelby tensor to approximate the average Eshelby tensor only for the convex inclusion; (2) the Eshelby tensor field in the general non – elliptical inclusion is very uneven and cannot be replaced by its average value; (3) it is not acceptable to use generalized Eshelby tensor in the micromechanics, whether it is taken as the Eshelby tensor of some elliptical inclusion or the average Eshelby tensor. It is proved that the existing micromechanical estimation model for non – elliptical particles has fundamental flaw, which was called a major progress in this field. Since then on, we have made some advances, including considerations from polygon, smooth shapes to piecewise smooth shapes, from isotropic to anisotropic, from infinite to finite, from elastic single physical field problem to magneto – mechanical multi field problem, etc. . In addition to the value of the solved problems themselves, these results have also been applied in some specific problems such as average field theory, and so on. In this paper, the main results of Eshelby problem of the first kind will be systematically summarized, and the main applications of related results will be introduced. It is hoped that this work will help to get a clearer understanding and wider applications, and promote the in – depth development of micromechanics research.

Key words: inclusion; Eshelby problem; analytical solution; relative rigid – body displacement; polygon; Laurent polynomial shape

A Trans – Scale Linkage Model and Application to Analyses of Nanocrystalline Al – alloy Material

Yueguang Wei[1], Xiaolei Wu[2]

(1. Department of Mechanics and Engineering Science, College of Engineering,

BIC – ESAT, Peking University, Beijing 100871, China)

(2. LNM, Institute of Mechanics, Chinese Academy of Science, Beijing 100080, China)

Abstract: The mechanism of strengthening and toughening materials by nanotechnology has always been concerned in world – wide. Based on the multi – scale fracture model of Wei and Xu (Int J. Plast. 2005) for ductile materials, a generalized trans – scale connection model without "ghost force" on linkage boundary is proposed in this paper, and the trans – scale fracture toughness of surface – nanocrystalline aluminum alloy materials is analyzed by using this model. In the macroscopic fracture analysis, the "elastic core" model is used to describe the fracture stress – strain field and fracture toughness of materials with the strain gradient plasticity theory. The trans – scale crack tip field and stress singularity index are obtained. The plastic shielding mechanism represented by the normalized macroscopic energy release rate is further studied. In microscale fracture analysis, discrete dislocation model is used to describe the shielding effect of discrete dislocation on microscale crack growth. Based on the analysis of trans – scale theory, the boundary conditions of microscale fracture are obtained firstly, and then the discrete dislocation distribution is obtained based on dislocation dynamics. Based on the principle of energy equivalence, the relationship between macroscopic fracture and microscale fracture is realized, and the radius of micro K field is determined.

Key words: strength and toughness mechanism; trans – scale; fracture toughness; surface – nanocrystalline aluminum alloy

1 Introduction

Compared with traditional materials, nanostructured materials have excellent mechanical properties, such as strength, toughness, fracture toughness and so on. The characterization of the strength and toughness of nanostructured materials has been a hot research direction for a long time[1-3]. As for the characterization of fracture toughness of nanostructured materials, it not only includes the characterization of macroscopic fracture process, but also the characterization of microscale fracture process, and also needs to establish the connection mechanism between them[4]. For the ductile fracture problem of nanostructured materials, the fracture behavior is reflected by the process occurring in different length range. However, most of the fracture process models usually focus on a limited length scale. The continuum models based on elastic, elastic – plastic and strain gradient constitutive relations are suitable for analyzing the macro – / micro – scale mechanical response of solids, but they can not accurately describe the influence mechanism of micro – scale discrete microstructures, such as crystal defects, discrete dislocations and dislocation slip structure. On the other hand, discrete / continuous models, such as discrete dislocation theory, can explain the basic dislocation mechanism in the process of deformation and fracture, but in the current development stage, this model is limited to the nominal elastic behavior (i. e. relatively small or nonexistent dislocation density) at a very small scale. The multi – scale method of material modeling leads to a great deal of understanding of material mechanical behavior in every field of model applicability. However, in order to establish the mechanical behavior model of materials based on mechanism, it is still of great significance to solve the relationship between models at different length scales.

Based on the Wei and Xu models[4], this paper studies trans – scale fracture toughness of the surface – nanocrystalline aluminum alloy (SNCA) materials. In the macroscopic scale, the strain gradient increment theory is used, and in the submicron or nanon scale, the discrete dislocation model is used. In view of the situation of surface – nanocrystalline aluminum alloy materials, the macro – / micro – trans – scale correlation mechanism is established, and the parameter dependence law of fracture toughness of this kind of materials is obtained.

In the past few decades, based on continuum mechanics and discrete dislocation dynamics, the fracture process of ductile materials has been studied extensively. In the model based on continuum mechanics, the stress field at the tip of the elastic – plastic crack is solved by the asymptotic method and the finite element method, and the fracture criterion[5 – 11] is established. These studies show that the crack separation strength is about 4 ~ 6 times of the yield strength of the material in the process of crack growth. However, the strength is relatively low, which is inconsistent with the results of microscopic fracture analysis[12 – 14]. The elastic – plastic crack tip field reflecting the strain gradient effect has been obtained[15 – 19]. The results show that the separation strength is higher than the original one when the strain gradient effect is considered. This seems to provide a hope for the establishment of the connection model between macroscopic fracture and microscale fracture. On the other hand, the competition mechanism between cleavage crack growth and dislocation emission has been studied on the atomic scale[19 – 25]. In addition, brittle plastic transition and crack growth considering the shielding effect of discrete dislocations are also studied [26 – 31]. Although these models reveal the local physical mechanism of the material fracture process, in practical application, they are only limited to combine the large – scale plastic deformation around the crack tip to accurately predict the macroscopic mechanical behavior of the material. Elastic plastic continuum theory and discrete dislocation theory are two different methods to simulate the shielding effect of crack growth. One is based on microscale analysis, the other is based on macroscopic analysis. In addition, some bridging models related to the characteristics of small – scale fracture process[32–37] and the ductile damage of polycrystalline materials[38] are proposed. In particular, Suo, Shih and Varias[33] proposed a model of "elastic core" region (or dislocation free region on viewing at macroscopic level) near the growth crack tip, commonly known as SSV model, and beltz et al estimated the size of this region[34], dislocation method is used. Combining macroscopic continuum method with microscale discrete dislocation analysis, Wei and Xu[4] proposed a multi – scale fracture model connecting microscale and macroscopic fracture processes. In the model, the macroscopic fracture process is analyzed by the continuum mechanics model, and the microscale fracture process is analyzed by the discrete dislocation theory. The fracture work at the macroscopic crack tip is connected with the K – field acting on the microscale fracture problem, and the analysis results are consistent (without "ghost force" on linkage boundary) . Based on Wei Xu model [4], this paper attempts to establish a trans – scale linkage model to study the macroscopic/microscale linkage process in detail. As an application of the model, we will discuss the trans – scale fracture toughness of the SNCA.

2 Wei – Xu Model descriptions

A macro –/micro – scale fracture linkage model was presented by Wei and Xu[4]. The model is briefly summarized as follows. The entire description of a material fracture process should consist of both the macroscopic fracture process and the microscopic fracture process. These fracture characteristics can be completely described by using both the continuum model and the discrete dislocation model, as sketched in figures 1a and 1b. In figure 1a, material macroscopic fracture behavior can be predicted by using the continuum mechanics model, i. e. the strain gradient theory. In figure 1b, within about a micron scale, the material fracture behavior can be predicted by using the discrete dislocation model. In this scale, with loading, dislocations nucleate and emit from the crack tip, and there is a distribution of the discrete dislocations within the region. In the Wei – Xu model, both the macroscale fracture analysis and the microscale fracture analysis are matched through exerting the macroscale crack – tip fracture solution (another equivalent K' field) on the microscale fracture problem as its remote boundary condition.

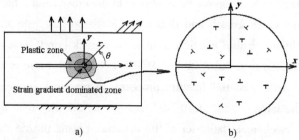

a)   b)

Figure1   The sketch of the macro –/ micro – scale model[4]

3 Macro – /micro – scale fracture analyses under steady – state crack growth

Using the Wei – Xu model, condition of the steady – state crack growth will be considered here, as described in sketch figure 2. In figure 2a for macroscopic fracture analysis, the continuum mechanics theory considering the strain gradient plasticity effects[39-41] is used, and a modified elastic core model of Suo, Shih and Varias[33] is introduced to our macroscopic fracture model. In figure 2b for microscale fracture model, the usual analysis model, discrete dislocation slip band model is adopted, and the dislocation positions will be solved by using the Lin and Thomson' solution[20].

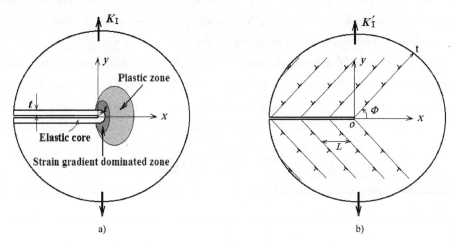

Figure 2   Mode I crack under steady – state growing
a) Macroscopic elastic core model   b) Microscopic dislocation slip model

3.1   Trans – scale fracture analyses using the continuum model

For simplicity, consider the case of a semi – infinite length crack under the steady – state growing, plane strain and the mode I loading conditions. The radius of the elastic core (or thickness of the elastic layer), t, is taken as a model parameter (referring to Wei and Hutchinson [37,42]). The modified SSV model and the mechanism – based strain gradient (MSG) plasticity flow theory[39-41] allow the relations of the normalized total energy release rate with the material parameters and the model parameters to be obtained through a dimensional analysis,

$$\frac{G_{ss}}{G'_0} = f\left(\frac{E}{\sigma_Y}, \nu, N, \frac{l}{R_0}, \frac{R_0}{t}\right) \qquad (1)$$

Where E, σ_Y, ν, N are the conventional parameters of an elastic – plastic material, Young's modulus, yield strength, Poisson's ratio and strain hardening exponent; the length parameter l describes the strain gradient effect; t is the elastic core size, or intersection radius of the microscopic and macroscopic fields which is to be determined. The total energy release rate G_{ss} and the length parameter R_0 are defined as follows

$$G_{ss} = \frac{K_I^2(1 - \nu^2)}{E}, \quad R_0 = \frac{EG_0'}{3\pi(1 - \nu^2)\sigma_Y^2}$$

(2)

Where K_I is the stress intensity factor (external applied load); R_0 is the plastic zone size at the small scale yielding; G_0' is the macroscopic crack tip fracture toughness, or the crack surface separation energy. Through finite element calculations, the details of the parameter relation in (1) are plotted in figure 3. The numerical process is similar to that described in Wei et al. [43]. Figure 3a shows that the variation of the normalized energy release rate is very sensitive to the ratio of the length parameter R_0 to the elastic core size t. For the typical metallic materials, $E/\sigma_Y \approx 500, G_0' = 1 \sim 4\text{Jm}^{-2}, \sigma_Y = 200\text{MPa}$ and $\nu = 0.3$, one can easily find that R_0 equals to about one micron. Therefore, when the elastic core size t is taken to be submicron, the normalized energy release rate is quite sensitive to t value.

In order to determine the remote boundary condition for the microscale fracture analysis, we investigate the characteristics of the macroscopic crack – tip stress field and its singularity. The effective stress distribution near the macroscopic crack tip under the action of external K_I field is calculated here, and the normalized relation can be dictated by dimensional analysis

$$\frac{\sigma_e}{\sigma_Y} = g\left(\frac{R_P}{r}; \frac{E}{\sigma_Y}, \nu, N, \frac{l}{R_P}\right)$$

(3)

Where R_P, plastic zone size, is defined as

$$R_P = \frac{K_I^2}{3\pi\sigma_Y^2} = \frac{EG_{ss}}{3\pi(1 - \nu^2)\sigma_Y^2}$$

(4)

Figure 3 b shows the variations of the effective stress ahead of crack tip. In the figure, the relationship of the normalized effective stress with the distance away from crack tip is plotted on a logarithmic scale for easy checking of the singularity. From figure 3b, for small values of R_P/r (corresponding to small external loading (small K_I) or large r (the location far away from the crack tip)), conventional (1/2) singularity is observed. For large values of R_P/r (corresponding to large external loading exerted or small r (the location very near the crack tip)), the material undergoes a strong plastic deformation. For the conventional elastic – plastic case ($l/R_P = 0.0$), in the plastic zone the effective stress has the ($1/1 + N^{-1}$) singularity (HRR field). As we further approach the crack tip, the strain gradient effect prevails and the stress singularity appears approximately to be (1/2) again as in the elastic case. However, within the strain gradient zone the corresponding equivalent stress intensity factor $K' = \sqrt{EG_0'/(1 - \nu^2)}$ is considerably smaller than that exerting on the remote boundary, $K = \sqrt{EG_{ss}/(1 - \nu^2)}$, due to $G_0' \ll G_{ss}$, especially for small value of l/R_P, asshown in figure 3b. The ratio K/K' corresponds to the ratio of effective stresses at both point 1 and point 2. This implies that the external boundary condition of the microscopic model (see figure 1b) can be approximately taken as a K' – field (we refer to it as K' – field in the present paper for

66

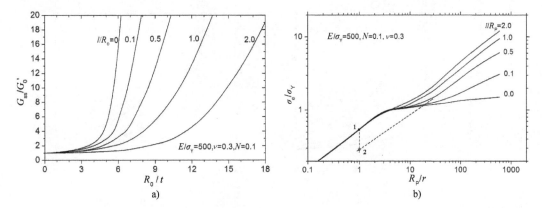

Figure 3   a) Macroscopic fracture solutions of the normalized energy release rate based on the strain gradient theory and the elastic core model (t is elastic core thickness)   b) Effective stress distribution near growing crack tip. Within the strain gradient dominated zone, solution behaves the $1/2$ singularity. Stress ratio at point 1 and point 2 corresponds to the ratio of stress intensity factors: K_I/K'_I

the purpose of distinguishing from the macroscopic case in figure 3a). Thus, the linkage conditions will include the stress level from figure 3b and the following relation:

$$G'_0 = \frac{K'^2_I(1 - \nu^2)}{E} \qquad (5)$$

3.2   Microscale fracture analyses using the discrete dislocation model

Under the steady – state crack growing condition, the adopted analysis model for the microscopic fracture has been shown in figure 2b. Naturally, the equivalent K'field solution discussed above in the macroscopic fracture analysis will be imposed on the outer boundary of the present microscopic fracture problem. The radius of the outer boundary, t, will be determined through bridging the macroscopic continuum solution with the microscopic solution after the discrete dislocation analysis. In the microscopic fracture analysis, our attention will be focused on the dislocation shielding effects on the crack growing by using Lin and Thomson's solutions[20]. The arrangement and number of the discrete dislocations along each slip plane is found according to the dislocation equilibrium requirement: $-1 \leqslant f_d/f^c_d \leqslant 1$, where f_d is dislocation active force, $f^c_d = \sigma_f b$ is referred to as the lattice frictional resistance, σ_f and b are the critical shear strength along the slip plane and Burgers vector, respectively. When $f_d = f^c_d$, a dislocation is in the limit equilibrium state. The limit equilibrium state is considered in the present research. In our investigation, referring to the analysis in Wei and Xu [4], four dislocations on each slip surface are considered. Several slip plane space values, $L/b = 600$, 300, 200 and 100, are considered. The other parameters are taken as follows: $\Phi = 60°$, $E_b/G_0(1 - \nu^2) = 100$ and $E/\sigma_f(1 - \nu^2) = 1000$. For comparison and for deep investigation on the effects of microscopic crack tip fracture work G_0 and the lattice frictional resistance σ_f, we also consider the other two cases here: (1) $E_b/G_0(1 - \nu^2) = 100$,

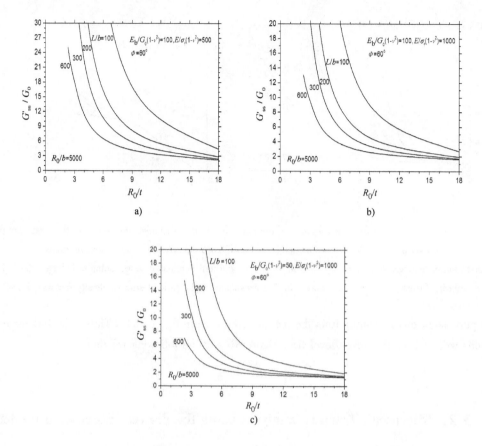

Figure 4　Microscale energy release rate normalized by crack tip fracture energy based
on the discrete dislocation slip model

$E/\sigma_f(1-\nu^2) = 500$;　(2)　$E_b/G_0(1-\nu^2) = 50$, $E/\sigma_f(1-\nu^2) = 1000$. The variations of
the dislocation shielding effects (characterized by microscopic energy release rates) are plotted
in figure 4a ~ c. From figure 4, the normalized energy release rate increases with the elastic
core size increase or with the slip plane space decrease. Comparing figure 4a with figure 4b,
and figure 4b with figure 4c, one can observe that the normalized energy release rate decreases
as σ_f decreases, and as G_0 increases.

4　A trans – scale linkage model and the determination of the elastic core size

Comparing the results of both microscale and macroscopic fracture analyses, we can observe that both are sensitive to the selection of the elastic core size t. If t is selected too small, the value G_{ss}/G'_0 obtained from macroscopic analysis will be too large. If t is selected too large, the value G'_{ss}/G_0 obtained from microscale analysis will be too large. A proper selection of the elastic core size t should be such that total energy release rate should be relatively insensitive to the selected t value. For seeking the proper selection of t, let us examine the variations of the total energy release rate normalized by the microscale crack tip fracture energy

$$\frac{G_{ss}}{G_0} = \frac{G_{ss}}{G'_{ss}}\frac{G'_{ss}}{G_0} = \frac{G_{ss}}{G'_{ss}}\frac{G'_{ss}}{G_0} = \frac{G_{ss}}{G'_0}\frac{G'_{ss}}{G_0} = F\left(\frac{E}{\sigma_Y}, \nu, N, \frac{l}{R_0}, \frac{R_0}{t}, \frac{R_0}{b}, \frac{L}{b}, \frac{E_b}{G_0(1-\nu^2)}, \frac{E}{\sigma_f(1-\nu^2)}\right) \quad (6)$$

where $G'_0 = G'_{ss}$ in present analysis. From equation (6), an important conclusion is reached: the total energy release rate normalized by the microscale fracture work equals to the product of both normalized macroscopic energy release rate and microscale energy release rate. The proper selection of t corresponds to the stationary value point of G_{ss}/G_0 :

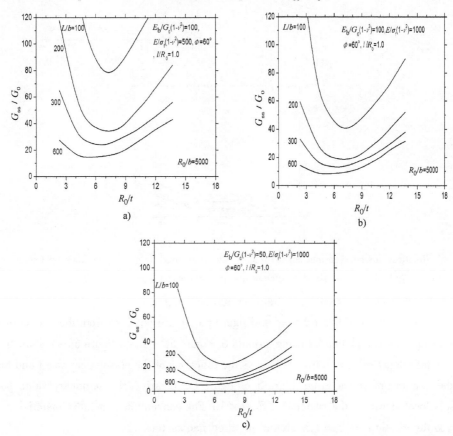

Figure 5   Relationships between total energy release rate normalized by microscopic crack tip fracture energy with elastic core size for different material and model parameters. $l/R_0 = 1.0$

$$\frac{\partial(G_{ss}/G_0)}{\partial t}\Big|_{t=t_0} = 0 \quad (7)$$

where t_0 is the radius of intersection surface between microscale field and macroscopic field. The trans – scale linkage model described in (6) reflects the effects of both microscale parameters and macroscopic parameters on the total energy release rate.

From above analysis, a generalize trans – scale model with multistage can be presented based on the Wei and Xu multi – scale model as follows

$$\frac{G_{ss}}{G_0} = \frac{G_{ss}}{G_0}{}^{(1)} \frac{G_0}{G_0}{}^{(1)}_{(2)} \frac{G_0}{G_0}{}^{(2)}_{(3)} \cdots \qquad (8)$$

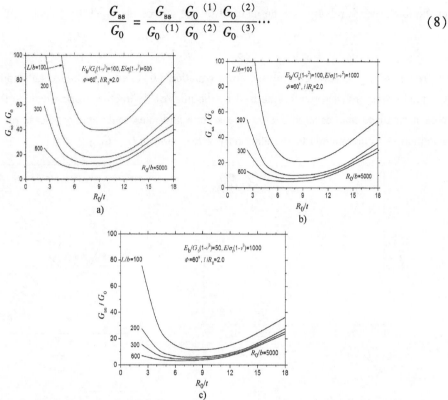

Figure 6   Relationships between total energy release rate normalized by microscale crack tip fracture energy with elastic core size for different material and model parameters. $l/R_0 = 2.0$

In which the Wei and Xu model is a trans – scale model with two – stage.

The results shown in figure 5a ~ c and figure 6a ~ c are obtained from the results in figure 3a and in figure 4 calculating by using formula 6. Figure 5a ~ c and figure 6a ~ c show the normalized total energy release rate variations as the functions of the elastic core size t and for several other parameter values. From figure 5 or figure 6, clearly, the stationary value point of G_{ss}/G_0 is located within the region $5 < R_0/t < 10$. For conventional metallic materials, $R_0 \approx 1\,\mu m$, so the elastic core size t_0 is around hundred nanometers.

5   Trans – scale linkage model application to nanocrystalline Al – alloy

Here we shall use the two – stage trans – scale model. The multi – scale fracture model presented by Wei and Xu [4] and the generalized linkage model in the present research can be simplified and roughly applied to the analysis of surface – nanocrystalline materials. From the analysis in last section, the elastic core size is at about submicron scale. So the elastic core can approximately characterize a submicron grain behavior in surface – nanocrystalline material. One can use the microscale fracture analysis to model a crack growing process within a submicron grain. Discrete dislocation slip mechanism is often observed in micron or submicron grain, and the dislocation density can be evaluated. Figure 7 shows the formed dislocation slip bands within the grain in the surface – nanocrystalline Al – alloy during the fracture process of the grain. In order to investigate the microscale fracture toughness, entire problem can be modeled roughly by using the Wei – Xu model[4]. The material region outside the observed submicron grain can be homogenized into an equivalent continuum described by the strain gradient plasticity theory [39-41]. Parameter l describes the strain gradient strength of the

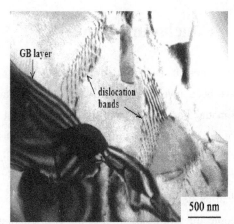

Figure 7   The formed dislocation slip bands near grain boundary layer for the surface – nanocrystalline Al – alloy (SNCA)

equivalent continuum. From nanoindentation test, Young's modulus of the surface – nanocrystalline Al – alloy is directly measured, about 70 GPa, and the relationship between Young's modulus with indent depth h is roughly a constant for different measuring points. From Figure 7, maximum value of dislocation density can be evaluated through measuring dislocation space which is about 80 ~ 100nm, as $(1 \sim 2.5) \times 10^{14}/m^2$. So $L/b = (200 \sim 250)$.

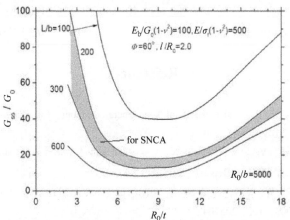

Figure 8   A comparison of modeling and measurement of trans – scale fracture toughness for surface – nanocrystalline Al – alloy

A qualitative analyses can be performed based on the results shown in figure 5 and figure 6 for the other parameter effects. From figures, one can observe the influences of the microscale material and failure mechanism parameters, such as σ_f, G_0, b and L, on the macroscopic mechanics properties, such as the total energy release rate G_{ss} which characterizes the material strength and ductility. A comparison of modeling and measurement of trans – scale fracture toughness for surface – nanocrystalline Al – alloy is shown in Figure 8.

6　Concluding remarks

In the present research, the complete fracture processes for surface – nanocrystalline Al – alloy have been investigated. The multiscale linkage model based on the Wei – Xu multiscale fracture model has been proposed. In the present research, the macroscopic fracture process has been analyzed by using the strain gradient plasticity theory, while the microscopic fracture process has been analyzed based on the discrete dislocation model and the linkage model. In the linkage model, the macroscopic fracture solution (crack tip field) is exerted on the microscopic problem as its outer boundary condition based on the result that the crack tip field of the macroscopic fracture problem is of the 1/2 singularity, but of a different magnitude. The shielding effect of discrete dislocations on crack growth has been considered. The determination of the elastic core size t, the intersection radius between macro – scale and micro – scale, has been determined from the requirement that the total energy release rate should be insensitive to the value of t. The elastic core size has been determined, which is taken within the region $5 < R_0/t < 10$. Finally, the multi – scale linkage model has been used to qualitatively analyze the strength and ductility properties for the surface – nanocrystalline Al – alloy based on the experimental observation of dislocation density.

Acknowledgements

This work was supported by the National Natural Science Foundation of China, China grants of China (Nos. 11890681, 11672301, 11511202, 11672296, 91860102, 11432014).

References

[1] Zhu Y T, Wu X L. Ductility and Plasticity of Nanostructured Metals: Differences and Issues [J]. Materials Today Nano, 2018, 2: 15 – 20.

[2] Wu X L, Yuan F P, Yang M X, et al. Nanodomained nickel unite nanocrystal strength with coarse – grain ductility [J]. Scientific Reports, 2015, 5: 11728.

[3] Wu X L, Zhu Y T, Wei Y G, et al. Strong Strain Hardening in Nanocrystalline Nickel [J]. Physical Review Letters, 2009, 103: 205504 .

[4] Wei Y G, Xu G. A multiscale model for the ductile fracture of crystalline materials [J]. Int J Plasticity, 2005, 21: 2123 – 2149.

[5] Betegon C, Hancock J W. Two – parameter characterization of elastic – plastic crack – tip fields [J]. J Appl Mech, 1991, 113: 104 – 110 .

[6] O'Dowd N P, Shih C F. Family of crack tip fields characterized by a triaxiality parameter – I. Structure of fields [J]. J Mech Phys Solids, 1991, 39: 989 – 1015.

[7] Xia L, Wang T C, Shih C F. Higher – order analysis of crack tip fields in elastic power – law hardening materials [J]. J Mech Phys Solids, 1993, 41: 665 – 687.

[8] Tvergaard V, Hutchinson J W. The influence of plasticity on mixed mode interface toughness [J]. J Mech Phys Solids, 1993, 41: 1119 – 1135.

[9] Wei Y G, Wang T C. Fracture criterion based on the higher – order asymptotic fields [J]. Int J Fracture, 1995, 73: 39 – 50.

[10] Wei Y G, Wang T C. Characterization of elastic – plastic fields near stationary crack tip and fracture criterion [J]. Engin Fract Mech, 1995, 51: 547 – 553.

[11] Khan S M A, Khraisheh M K. A new criterion for mixed mode fracture initiation based on the crack tip plastic core region [J]. Int J Plasticity, 2004, 20: 55 – 84.

[12] Hong T, Smith J R, Srolovitz D J. Metal – ceramic adhesion – a first principle study of MgO/Al and MgO/Ag [J]. J Adhes Sci Technol, 1994, 8: 837 – 851.

[13] Raynolds J E, Smith J R, Zhao G L, Srolovitz D J. Adhesion in NiAl – Cr from first principles [J]. Phys Rev, 1996, B 53: 13883 – 13890.

[14] Evans A G, Hutchinson J W and Wei Y. Interface adhesion: effects of plasticity and segregation [J]. Acta Mater, 1999, 47: 4093 – 4113.

[15] Wei Y, Hutchinson J W. Steady – state crack growth and work of fracture for solids characterized by strain gradient plasticity [J]. J Mech Phys Solids, 1997, 45: 1253 – 1273.

[16] Fleck N A, Hutchinson J W. Strain Gradient Plasticity Advances in Applied Mechanics, 1997, 33: 295 – 361.

[17] Jiang H, Huang Y, Zhuang Z, Hwang K C. Fracture in mechanism – based strain gradient plasticity [J]. J. Mech. Phys. Solids, 2001, 49: 979 – 993.

[18] Chen S H and Wang T C. Finite element solutions for plane strain mode I crack with strain gradient effects [J]. Int. J. Solids Structures, 2002, 39: 1241 – 1257.

[19] Rice J R, Thomson R. Ductile versus brittle behaviour of crystals [J]. Phil. Mag, 1974, 29: 73 – 97.

[20] Lin I H, Thomson R. Cleavage, dislocation emission, and shielding for cracks under general loading [J]. Acta Metall, 1986, 34: 187 – 206.

[21] Rice J R. Dislocation nucleation from a crack tip: an analysis based on the Peierls concept [J]. J Mech Phys Solids, 1992, 40: 239 – 271.

[22] Xu G, Argon A S, Ortiz M. Nucleation of dislocations from crack tips under mixed modes of loading: implications for brittle against ductile behaviour of crystals [J]. Phil Mag, 1995, A. 72: 415 – 451.

[23] Xu G, Argon A S. Critical configurations for dislocation nucleation from crack tips [J]. Phil Mag, 1997, A. 75: 341 – 367.

[24] Wang T C. Dislocation behaviours ahead of crack tip [J]. Int J Solids Structures, 1998, 35 5033 – 5050.

[25] Yang W, Tang J C, Ing Y S and Ma C C. Transient dislocation emission from a crack tip [J]. J Mech Phys Solids, 2001, 49: 2431 – 2453.

[26] Hsia K J, Suo Z and Yang W. Cleavage due to dislocation confinement in layered materials [J]. J Mech Phys Solids, 1994, 42: 877 – 896.

[27] Giessen V D E, Needleman A. Discrete dislocation plasticity: simple plannar model [J]. Model Simul Sci Eng, 1995, 3: 689 – 735.

[28] Mao S X, Evans A G. The influence of blunting on crack growth at oxide/metal interfaces [J]. Acta Mater, 1997, 45: 4263 – 4270.

[29] Xin Y B, Hsia K J. Simulation of the brittle – ductile transition in silicon single crystals using dislocation mechanics [J]. Acta Mater, 1997, 45: 1747 – 1759.

[30] Mao S X, Li M Z. Effects of dislocation shielding on interface crack initiation and growth in metal/ce-

ramic layered materials [J]. J Mech Phys Solids, 1999, 47: 2351 - 2379.

[31] Argon A S. Mechanics and physics of brittle to ductile transitions in fracture [J]. J Eng Mater Tech, 2001, 123: 1 - 11.

[32] Needleman A. A continuum model for void nucleation by inclusion debonding [J]. J Appl Mech, 1987, 54: 525 - 531.

[33] Suo Z, Shih C F, Varias A G. A theory for cleavage cracking in the presence of plastic flow [J]. Acta Metall Mater, 1993, 41: 151 - 1557.

[34] Beltz G E, Rice J R Shih C F, Xia L. A self - consistent model for cleavage in the presence of plastic flow [J]. Acta Mater, 1996, 44: 3943 - 3954.

[35] Lipkin D M, Clarke D R, Beltz G E. A strain gradient model of cleavage fracture in plastically deforming materials [J]. Acta Mater, 1996, 44: 4051 - 4058.

[36] Tvergaard V. Cleavage crack growth resistance due to plastic flow around a near - tip dislocation - free region [J]. J Mech Phys Solids, 1997, 45: 1007 - 1023.

[37] Wei Y, Hutchinson J W. Models of interface separation accompanied by plastic dissipation at multiple scales [J]. Int J Fracture, 1999, 95: 1 - 17.

[38] Bonfoh N, Lipinski P, Carmasol A, et al. Micromechanical modeling of ductile damage of polycrystalline materials with heterogeneous particles [J]. Int J Plasticity, 2004, 20: 85 - 106.

[39] Gao H, Huang Y, Nix W D, et al. Mechanism - based strain gradient plasticity - I Theory [J]. J Mech Phys Solids, 1999, 47: 1239 - 1263.

[40] Huang Y, Gao H, Nix W D, et al. Mechnism - based strain gradient plasticity - II Analysis [J]. J Mech Phys Solids, 2000, 48: 99 - 128.

[41] Qiu X, Huang Y, Wei Y, Gao H, et al. The flow theory of mechanism - based strain gradient plasticity [J]. Mechanics of Materials, 2003, 35: 245 - 258.

[42] Wei Y, Hutchinson J W. Nonlinear delamination mechanics for thin films [J]. J Mech Phys Solids, 1997, 45: 1137 - 1159.

[43] Wei Y, Qiu X, Hwang K C. Steady - state crack growth and fracture work based on the theory of mechanism - based strain gradient plasticity [J]. Engineering Fracture Mechanics, 2004, 71: 107 - 125.

连续介质力学中定解问题解的存在唯一性

赵亚溥[1,2]，高梦霓[1,2]

（1. 中国科学院力学研究所，非线性力学国家重点实验室，北京 100190）

（2. 中国科学院大学工程科学学院，北京 100049）

摘要：建立具有普遍意义的本构关系，给出连续介质定解问题的一般提法，并对基本方程组的光滑解的存在性、唯一性、稳定性进行分析，是连续介质力学的核心以及最困难的问题。通过数学方法描述研究对象的物理行为，并对控制方程进行数学分析可以提供重要见解和结果。流体力学中三维空间和全局时间内 Navier – Stokes 方程组解的存在性和光滑性问题是七大"千禧大奖难题"之一。相应地，固体力学中对于给定本构关系的弹性体，给定外作用力和弹性体边界条件的具体形式以及其正则性，判断弹性力学边值问题解的唯一性成立与否是数学弹性理论的基本难题。本文针对流体力学中 Navier – Stokes 方程以及固体力学中弹性力学问题光滑解的存在唯一性问题，给出定解问题的一般提法，着重介绍了已有研究结论以及研究方法，并给出了其中待解决的开放性问题。

关键词：连续介质力学；希尔伯特第六问题；弹性理论；Navier – Stokes 方程；解的存在性和唯一性

1750 年，欧拉（Leonhard Euler，1707—1783）明确指出："连续介质力学的真正基础在于牛顿第二定律作用于物体的微元体。"理性力学或者连续介质力学亦称为公理化的非线性场论。连续介质力学的公理化可追溯到 1900 年德国数学家大卫·希尔伯特（David Hilbert，1862—1943）在第二届世界数学家大会上所提出的二十三问题之六——"物理公理化的数学处理"，希尔伯特第六问题陈述道："对几何学基础的研究提出了这样一个问题：以同样的方式，通过公理来对待那些数学起重要作用的物理科学；第一级是概率论和力学。"其中概率论的公理化问题已经被著名数学家柯尔莫戈洛夫（Andrey N. Kolmogorov，1903—1987）于 1933 年解决。希尔伯特第六问题中的"力学公理化的数学处理"问题仍未最终解决，因此，希尔伯特第六问题仍被认为只是"部分解决的"（partially solved）重大基本科学难题。

如何建立具有普遍意义的本构关系，是连续介质力学核心和最困难的问题。在三维向量空间中，为了反映系统的历史与环境的影响，增加了初始条件和边界条件等定解条件。结合基础方程和定解条件，对实际物理问题进行数学建模并寻找方程组的一

基金项目：国家自然科学基金（11872363，U1562105）；中国科学院前沿重点研究计划（编号：QYZDJ – SSW – JSC019）。

种确定的解。用数学方法能够描述研究对象的物理行为，通过对控制方程进行数学分析为材料物理行为的分析提供重要见解和结果。一个好的数学模型，需要研究其定解问题的适定性，包括三方面：存在一个足够光滑的函数满足定解方程；一个定解问题最多存在一个解；解对定解条件的连续依赖性（稳定性）。由于连续介质力学的复杂性，尤其是非线性理论方程的复杂性，给出定解问题的一般提法以及其解的适定性的一般条件这项工作仍然存在着较大的困难。

近几十年来，广义连续介质力学（包括非局部、微极、梯度、近场、表面等）、相对论连续介质力学、软物质连续介质力学等得到了迅速的发展。页岩气等非常规能源的开采又提出了初始应力的影响等重大工程的应用问题。可以说连续介质力学仍然是一门新问题不断涌现，充满生命力的学科。我们不禁要问：连续介质力学中是否还有基本的科学难题值得青年才俊为之奋斗终生？本文试图从连续介质力学定解问题解的存在唯一性方面做些阐述，以期为进一步的深入研究提供一些帮助。

1 流体力学 N–S 方程组和一般弹性理论的提法

1744 年，欧拉创立了变分法并给出了压杆失稳问题[1]，连续介质力学自此发端，欧拉也成为稳定性问题的先驱。基于 19 世纪末流体流动和弹性力学的数学理论的发展，连续介质力学得以创立[2-3]；1945 年 Reiner[4] 和 1948 年 Rivlin[5-6] 对流变体及超弹性本构关系的标志性工作则意味着理性力学的复兴和近代连续介质力学开始发展[7]。众多学者出版或翻译了有关连续介质的著作[8-11]，也大力推动了国内在这一领域的研究。随着计算机技术和数值方法的广泛发展，连续介质力学的研究范围逐渐拓宽，建立研究对象物理行为的数学模型成为头等重要的事。为建立描述连续介质变形和运动的封闭方程组，需要在力学和物理学一般原理的基础方程上，增加相应的边界条件或初始条件，建立该连续介质的数学模型。

在连续介质的假设条件下，连续性方程、动量方程、能量方程这些一般原理，对所有连续介质的连续运动都成立，结合实际流体的本构方程和其他的外部条件，得到完备的流体力学方程组。

对于向量空间 $\mathbb{R}^n (n = 2,3)$ 中的流体，空间中任何给定点 $x \in \mathbb{R}^n$ 在时刻 $t \geq 0$，流场的流速 $v(x,t) = (v_i(x,t))_{1 \leq i \leq n} \in \mathbb{R}^n$ 和压强 $p(x,t) \in \mathbb{R}$ 需满足基本方程组：

$$\frac{\partial \rho}{\partial t} + \mathrm{div}(\rho v) = 0 \tag{1}$$

$$\frac{\mathrm{d}v}{\mathrm{d}t} = \frac{\partial v}{\partial t} + v \cdot \mathbf{grad}v = -\frac{1}{\rho}\mathbf{grad}p + \frac{1}{\rho}\mathbf{grad}(\lambda \mathrm{tr}d) + \frac{1}{\rho}\mathrm{div}(2\mu d) + f \tag{2}$$

$$\frac{\mathrm{d}E}{\mathrm{d}t} = \frac{\partial E}{\partial t} + v \cdot \mathbf{grad}\varepsilon = -\frac{p}{\rho}\mathrm{div}v + \frac{1}{\rho}\Phi + \frac{1}{\rho}\mathrm{div}(k\mathbf{grad}T) \tag{3}$$

式中，f 为单位质量流体上的体积力；$d = (\mathbf{grad}v + \mathbf{grad}^\mathrm{T}v)/2$ 为应变速率；μ、λ 分别为第一、第二黏性系数；E 为单位质量流体的内能；$\Phi = (\sigma + p\mathbf{I}):d$ 为黏性应力做功得到的耗散函数；k 为导热系数；T 为温度。

然而一般来说，无论是用解析的方法还是数值的方法，求解这一方程组的解析解是一项非常困难的任务。针对具体的实际问题，可以在一定的条件下简化问题进而求解。其中描述流体力学均匀黏性流体的不可压缩流动的 Navier – Stokes（N – S）方程作为改变世界的十七个方程之一[12]，奠定了研究流体运动理论的基础。流体力学运动基本方程结合不可压缩条件和初始条件，对 $x \in \mathbb{R}^n$，$t \geq 0$，得到 N – S 方程组：

$$\frac{\partial \boldsymbol{v}}{\partial t} + \boldsymbol{v} \cdot \mathbf{grad}\boldsymbol{v} = -\frac{1}{\rho}\mathbf{grad}p + \frac{\mu}{\rho}\Delta\boldsymbol{v} + \boldsymbol{f} \tag{4}$$

$$\mathrm{div}\boldsymbol{v} = 0 \tag{5}$$

$$\boldsymbol{v}(\boldsymbol{x}, 0) = \boldsymbol{v}^0(\boldsymbol{x}) \tag{6}$$

式中，给定初始条件 $\boldsymbol{v}^0(\boldsymbol{x}) \in C^\infty(\mathbb{R}^n)$ 为光滑函数；体力函数 $\boldsymbol{f} = (f_i(\boldsymbol{x}, t))_{1 \leq i \leq n}$ 为给定条件；$\nu = \mu/\rho$ 为运动黏度；拉普拉斯算子 $\Delta = \frac{\partial^2}{\partial x_i^2}$。当密度为常数时，式(4)~(6)三式构成了完备的 N – S 方程组；当运度黏度 $\nu = 0$ 时，退化为 Euler 方程组。

为了研究连续变形的固体各物质点的运动和其形变，需要引入拉格朗日坐标系 X_i 和坐标系 x_i、变形前初始状态的参考构形和变形后状态的当前构形。一个弹性体的物质流形 B（简单物质）变形前在欧氏空间 $\mathbb{R}^n$（$n = 2, 3$）中有微分同胚 $X: B \to \Omega_0 \overset{X_i}{\longleftrightarrow} \mathbb{R}^n$，经过足够光滑的变形映射 $\chi: X \in \Omega_0 \to x = \chi(X) \in \Omega \subset \mathbb{R}^n$ 到当前构形区域 Ω，位移为 $\boldsymbol{u} = \boldsymbol{x} - \boldsymbol{X} \in \mathbb{R}^n$。其中区域 Ω_0 为非空的、有界的、开的单联通区域，且弹性体有足够光滑的边界 $\partial\Omega_0$，闭包为 $\overline{\Omega}_0 = \Omega_0 \cup \partial\Omega_0$。根据变形几何分析、应力应变关系、连续性方程、Cauchy 第一运动定理建立在参考构形上的一般方程组：

$$\boldsymbol{F} = \mathbf{Grad}\boldsymbol{x}, \quad \boldsymbol{E} = \frac{1}{2}(\boldsymbol{F}^{\mathrm{T}}\boldsymbol{F} - \boldsymbol{I}) \tag{7}$$

$$\boldsymbol{P} = \hat{P}(\boldsymbol{X}, \boldsymbol{P}_0, \boldsymbol{F}) \quad \text{或} \quad \boldsymbol{P} = \frac{\partial\hat{W}(\boldsymbol{X}, \boldsymbol{P}_0, \boldsymbol{F})}{\partial\boldsymbol{F}} \tag{8}$$

$$\rho_0(\boldsymbol{X}) = \rho(\chi(\boldsymbol{X}), t)J(\boldsymbol{X}, t) \tag{9}$$

$$\mathrm{Div}\boldsymbol{P} + \rho_0\boldsymbol{f} = \rho_0\ddot{\boldsymbol{x}} \tag{10}$$

式中，变形梯度 $\boldsymbol{F} = \mathbf{Grad}\boldsymbol{x}$ 为两点张量；格林应变 $\boldsymbol{E}$ 为对称张量；$\boldsymbol{P}$ 为 PK1（Piola – Kirchhoff 1）应力；变形前后体积变化为雅可比行列式 $J = \det\boldsymbol{F}$；$\boldsymbol{P}_0$ 为参考构形上的初始应力；$\hat{W}(*)$ 为应变能函数。

无论是 N – S 方程组，还是固体一般弹性理论，只有在极个别简化情况下能够得到方程组的解析解。随着计算机技术的迅速发展，方程组的数值求解有了进展，然而求解解析解的思路和技术没有进一步的突破。同时由于连续介质区域的多样性，边界条件的一般提法以及从数学上分析方程组光滑解满足存在性、唯一性和稳定性的一般条件的讨论，至今仍是非常困难。因此，对具体的定解问题给出相应的提法，并对其进行数学分析，能够对连续介质运动和变形有更深入的认识。

2　流体力学中 N – S 方程组的存在性和光滑性

美国克雷数学研究所（Clay Mathematics Institute，CMI）于 2000 年 5 月 24 日公布了七个"千禧年大奖难题（Millennium prize problems）"，其中"纳维 – 斯托克斯（方程

解的）存在性与光滑性（Navier-Stokes existence and smoothness）"[13]作为唯一和连续介质力学相关的问题位列其中，至今尚未解决。这一难题的提法限制在两个 N-S 方程问题中，即柯西初值问题和周期初值问题。

第一部分的问题是在全空间 $\mathbb{R}^n$ 上，在一定的初值函数与外力函数的增长条件和方程解的正则性条件下，讨论和研究 N-S 方程解的存在性和光滑性。为了使得所求问题的光滑解符合物理规律，在方程（4）、（5）、（6）的基础上，在全空间 $\mathbb{R}^n$ 上，初值函数 $\boldsymbol{v}^0(\boldsymbol{x})$ 对指标 α、任意 M 和 $C_{\alpha M} = C(\alpha, M) > 0$ 有增长条件

$$|\partial_x^\alpha \boldsymbol{v}^0(\boldsymbol{x})| \leqslant C_{\alpha M} (1 + |\boldsymbol{x}|)^{-M} \tag{11}$$

光滑的外力函数 $\boldsymbol{f}(\boldsymbol{x}, t)$ 对指标 α 和 m、任意 M 以及 $C_{\alpha m M} = C(\alpha, m, M) > 0$ 有增长条件

$$|\partial_x^\alpha \partial_t^m \boldsymbol{f}(\boldsymbol{x}, t)| \leqslant C_{\alpha m M} (1 + |\boldsymbol{x}| + t)^{-M} \tag{12}$$

此时若方程组的解 $(p, \boldsymbol{v})$ 符合物理要求，需满足光滑性

$$\boldsymbol{v} \in [C^\infty(\mathbb{R}^n \times [0, \infty))]^n, p \in C^\infty(\mathbb{R}^n \times [0, \infty)) \tag{13}$$

且当 $|\boldsymbol{x}| \to \infty$，动能有界，即对任意 $t \geqslant 0$，存在常数 $C > 0$，

$$\int_{\mathbb{R}^n} |\boldsymbol{v}(\boldsymbol{x}, t)|^2 \mathrm{d}x < C \tag{14}$$

第二部分的问题是排除无穷远处的问题并寻找方程组的周期解，定义在三维拓扑环面 $\mathbb{T}^n = \mathbb{R}^n / \mathbb{Z}^n$（商空间 Quotient Space）中的 N-S 方程组，对任意 $1 \leqslant j \leqslant n$ 的基矢量 $\boldsymbol{e}_j$，有

$$\boldsymbol{v}^0(\boldsymbol{x} + \boldsymbol{e}_j) = \boldsymbol{v}^0(\boldsymbol{x}), \boldsymbol{f}(\boldsymbol{x} + \boldsymbol{e}_j, t) = \boldsymbol{f}(\boldsymbol{x}, t) \tag{15}$$

此时初值函数为光滑函数

$$\boldsymbol{v}^0(\boldsymbol{x}) \in [C^\infty(\mathbb{T}^n)]^n \tag{16}$$

光滑的外力函数增长条件式（12）变为对指标 α 和 m、任意 M 以及 $C_{\alpha m M} = C(\alpha, m, M) > 0$ 有

$$|\partial_x^\alpha \partial_t^m \boldsymbol{f}(\boldsymbol{x}, t)| \leqslant C_{\alpha m M} (1 + t)^{-M} \tag{17}$$

此时若方程组的解 $(p, \boldsymbol{v})$ 符合物理要求，包括光滑性：

$$\boldsymbol{v} \in [C^\infty(\mathbb{T}^n \times [0, \infty))]^n, p \in C^\infty(\mathbb{T}^n \times [0, \infty)) \tag{18}$$

以及周期性，对任意 $1 \leqslant j \leqslant n$ 的基矢量 $\boldsymbol{e}_j$，有

$$\boldsymbol{v}(\boldsymbol{x} + \boldsymbol{e}_j, t) = \boldsymbol{v}(\boldsymbol{x}, t), p(\boldsymbol{x} + \boldsymbol{e}_j, t) = p(\boldsymbol{x}, t) \tag{19}$$

值得注意的是，这两种提法中流体均充满整个空间，并未对流体区域的边界条件给予限制。同时这也反映出对仅充满 $\mathbb{R}^n$ 中部分空间 Ω 时的初-边值的复杂性。

对上述两个问题以及相应的条件，是否存在上述符合物理规律的光滑解是对 N-S 方程组数学分析的基本问题：

基本问题 1：对于不可压缩的黏性流体，约定初始条件和给定外力的正则性及增长条件的 N-S 方程组，在欧氏空间 $\mathbb{R}^n$ 中（或约束流体区域边界条件 $\Omega \subset \mathbb{R}^n$），或者在商空间 $\mathbb{T}^n = \mathbb{R}^n / \mathbb{Z}^n$ 中，在无限时间内任意时刻是否存在光滑解？是否存在一个有限的最终时刻 T，在这个时刻之后，解不再满足光滑性？

若解决此 N-S 方程组解的存在性和光滑性问题，其等价的四种描述表示为：

（A）在三维欧氏空间 $\mathbb{R}^3$ 中 N-S 方程组的解的存在性与光滑性：当 $n = 3$，$\boldsymbol{v} > 0$，体力为零 $\boldsymbol{f}(\boldsymbol{x}, t) \equiv 0$，初值函数 $\boldsymbol{v}^0(\boldsymbol{x})$ 为满足条件式（11）的任意光滑无散度矢量函数。此时在 $\mathbb{R}^3 \times [0, \infty)$ 上存在一组光滑解 $(p, \boldsymbol{v})$ 满足方程（4）、（5）、（6）、（13）、（14）。

（B）在三维拓扑环$\mathbb{T}^3$中 N－S 方程组解的存在性与光滑性：当$n=3$，$v>0$，体力为零$\boldsymbol{f}(\boldsymbol{x},t)\equiv\boldsymbol{0}$。初值函数$\boldsymbol{v}^0(\boldsymbol{x})$为满足条件式（15）的任意光滑无散度矢量函数。此时在$\mathbb{R}^3\times[0,\infty)$上存在一组光滑解（$p$，$\boldsymbol{v}$）满足方程（4）、（5）、（6）、（18）、（19）。

（C）在三维欧氏空间$\mathbb{R}^3$中 N－S 方程组的解的非存在性：当$n=3$，$v>0$，在$\mathbb{R}^3$上存在一个满足条件式（11）的光滑无散度矢量函数$\boldsymbol{v}^0(\boldsymbol{x})$，在$\mathbb{R}^3\times[0,\infty)$上存在满足条件式（12）的光滑函数$\boldsymbol{f}(\boldsymbol{x}，t)$。此时在$\mathbb{R}^3\times[0,\infty)$上不存在光滑解（$p$，$\boldsymbol{v}$）满足方程式（4）、（5）、（6）、（13）、（14）。

（D）在三维拓扑环$\mathbb{T}^3$中 N－S 方程组的解的非存在性：当$n=3$，$v>0$，在$\mathbb{R}^3$上存在一个满足条件式（15）的光滑无散度矢量函数$\boldsymbol{v}^0(\boldsymbol{x})$，在$\mathbb{R}^3\times[0,\infty)$上存在满足条件式（17）的光滑函数$\boldsymbol{f}(\boldsymbol{x},t)$。此时在$\mathbb{R}^3\times[0,\infty)$上不存在光滑解（$p$，$\boldsymbol{v}$）满足方程（4）、（5）、（6）、（18）、（19）。

上述四种描述根据部分已解决的 N－S 方程问题提出，对于欧拉方程同样重要且待解决。在克雷研究所公布的问题中，给出了两种（A）（B）问题成立的情况，进一步增加限制条件，此时 N－S 方程组存在光滑且全局定义的解（p，$\boldsymbol{v}$）：

① 当初值函数 $\boldsymbol{v}^0(\boldsymbol{x})$足够小；

② 给定初值函数 $\boldsymbol{v}^0(\boldsymbol{x})$，并存在某个依赖于$\boldsymbol{v}^0(\boldsymbol{x})$的有限爆破时间$T$，在$\mathbb{R}^3\times[0,T)$上存在光滑解[14]。

不同于三维空间$\mathbb{R}^3$，二维空间$\mathbb{R}^2$中 N－S 方程的存在性和光滑性问题（A）（B）已在 20 世纪 60 年代由 Ladyzhenskaya[15]解决：存在光滑且全局定义的解（p，$\boldsymbol{v}$）。在 1999 年，Mattingly 和 Sinai[16]给出了二维 N－S 方程组的存在唯一性定理，并提出了唯一性相关的开放性问题：在三维欧氏空间，假设初始条件为光滑函数，在周期性边界条件下，对于$t>0$，N－S 方程组是否存在唯一的光滑解（p，$\boldsymbol{v}$）？

除了 N－S 方程组强解的存在性与光滑性，通过构造偏微分方程的弱解来证明 N－S 方程组解的存在性和正则性，进而证明任何弱解都是光滑的。对式（4）、式（5）成立，对任意光滑的矢量场$\boldsymbol{\phi}(\boldsymbol{x},t)=(\phi_i(\boldsymbol{x},t))_{1\leqslant i\leqslant n}$和标量场$\varphi(\boldsymbol{x},t)$在时空$\mathbb{R}^n\times[0,\infty)$上紧支撑，则有积分

$$-\iint_{\mathbb{R}^n\times\mathbb{R}}\boldsymbol{v}\cdot\frac{\partial\boldsymbol{\phi}}{\partial t}\mathrm{d}x\mathrm{d}t-\iint_{\mathbb{R}^n\times\mathbb{R}}\boldsymbol{v}\cdot\mathbf{grad}\boldsymbol{\phi}\cdot v\mathrm{d}x\mathrm{d}t$$

$$=\nu\iint_{\mathbb{R}^n\times\mathbb{R}}\boldsymbol{v}\cdot\Delta\boldsymbol{\phi}\mathrm{d}x\mathrm{d}t+\iint_{\mathbb{R}^n\times\mathbb{R}}\boldsymbol{f}\cdot\boldsymbol{\phi}\mathrm{d}x\mathrm{d}t+\frac{1}{\rho}\iint_{\mathbb{R}^n\times\mathbb{R}}p\cdot(\mathrm{div}\boldsymbol{\phi})\mathrm{d}x\mathrm{d}t \qquad(20)$$

$$\iint_{\mathbb{R}^n\times\mathbb{R}}\boldsymbol{v}\cdot\mathbf{grad}\varphi\mathrm{d}x\mathrm{d}t=0 \qquad(21)$$

式中，$\boldsymbol{v}\in L^2$；$\boldsymbol{f}\in L^{-1}$；$p\in L^1$。满足式（20）、式（21）的解（p，$\boldsymbol{v}$）称为 N－S 方程组的弱解。Leray[17]在 1934 年给出二维空间上 N－S 方程的弱解的存在唯一性定理，证明了三维 N－S 方程组在一定的增长条件下总是存在弱解（p，$\boldsymbol{v}$）。二维时空$\mathbb{R}^2\times\mathbb{R}$上，Euler 方程的具有紧支撑的弱解的存在性被 Scheffer[18]和 Shnirelman[19]证明。在使用 Leray 解时，为准确描述同一初始条件下的实际发生的物理状态，要求 Leray 解在解所在空间中是唯一的。Leray 的工作是 N－S 方程问题研究中重要的基础工作，为 N－S 方程求解提供了一种新的解决方法，也成为此后研究者们处理此类方程时借鉴的重要

方法[20]。

对千禧年大奖难题中的 N-S 方程问题的相应讨论和相关研究涌现了不少成果[21-25]。2003 年，Ladyzhenskaya[22]基于多年的对 N-S 方程和初边值问题的研究经验，对 N-S 方程中的主要问题进行了新阐述：结合边界条件和初始条件时，N-S 方程组是否能够确定描述流体不可压缩流动？2016 年，Tao[26]在爆破时间的研究上取得进一步的研究结果，给出了平均 N-S 方程的爆破时间，这一证明方法对真实的 N-S 方程全局正则性问题的解决以及有限爆破时间的确定起到重要作用。但是，囿于我们对偏微分方程的有限认识，在三维时空 $\mathbb{R}^3 \times [0, \infty)$ 上，N-S 方程组的适定性问题，尚需要更深刻的认识和更深入的研究。

希尔伯特第六问题还提出："…玻尔兹曼的工作提出了从数学上严格证明从原子论的观点（玻尔兹曼方程）到连续流体定律（宏观流体方程）的极限过程的问题。"玻尔兹曼方程是统计力学中的基本方程，描述介观尺度下分子的运动方程。法国数学家皮埃尔-路易·利翁（Pierre-Louis Lions，1956— ）是首位给出玻尔兹曼方程解的人，于 1994 年荣获菲尔兹奖。中国数学家丁夏畦等于 1989 年、张平和江松于 2011 年、黄飞敏等于 2013 年，因在 N-S 方程方面的工作获得国家自然科学二等奖。值得力学工作者注意的是，上述数学家工作的出发点均是为增进对希尔伯特第六问题的理解和解决。

3　固体力学定解问题的适定性

对满足式(7)~式(10)弹性体，结合静力学问题给出的边界条件、动力学问题的初始条件和边界条件，求解位移、应力和应变。对于参考构形为 $\overline{\Omega}_0 = \Omega_0 \cup \partial\Omega_0$ 的弹性体的典型的位移-力边值问题，其边界条件包括三种：位移边界条件、力边界条件和混合边界条件：

$$u = \overline{u}(X), \quad X \in \partial_d\Omega_0 \tag{22}$$

$$PN = t_0, \quad X \in \partial_t\Omega_0 \tag{23}$$

$$\partial_t\Omega_0 \cup \partial_d\Omega_0 = \partial\Omega_0, \quad \partial_t\Omega_0 \cap \partial_d\Omega_0 = \varnothing \tag{24}$$

式中，N 为参考构形面积元法向单位向量；面力密度函数 t_0（X）是与变形无关的恒载。除了边界条件对变形的限制，根据变形的物理规律，有几种容许变形的内部限制条件[27]，包括保方向性

$$\det F > 0, \quad X \in \Omega_0 \tag{25}$$

单射性

$$\det F > 0, \quad v = \int_\Omega \mathrm{d}v \geqslant \int_{\Omega_0} J\mathrm{d}V \tag{26}$$

和应变能函数限制条件

$$\det F \to 0^+, \quad \hat{W}(F) \to +\infty, F \in \mathbb{M}^3_+ \tag{27}$$

由此构成了恒载作用力下一般弹性体的典型的位移-力边值问题。

不同于流体力学 N-S 方程组中本构关系已知，弹性力学问题的基本方程仅为一般提法，针对具体的材料，其力学响应（本构关系）有较大差异。因此，对满足式(7)~式(10)、边界条件和限制条件式(22)~式(27)的弹性体静力学问题，其解的存在性和唯一性定理的统一提法过于复杂。因此，在具体的假设条件下，应给出本构关系和定

解条件，并对方程进行简化。从而，具体定解问题的提法和数学分析过程将更加清晰。

基本问题 2：对于给定本构关系的弹性体，给定外作用力和弹性体边界条件的具体形式以及其正则性，即满足式（7）~式（10）、边界条件和限制条件式（22）~式（27），判断弹性力学边值问题解的唯一性成立与否是数学弹性理论的基本难题。

3.1　线弹性理论解的存在唯一性问题

在连续性和弹性假设的基础上，对于应变为变形的线性函数的无限小应变 $\widetilde{\boldsymbol{E}}$，弹性体满足弹性张量为 $\mathbb{L}$ 的线性物理关系，此时不再区分参考构形和当前构形，建立线弹性的经典位移－力边值问题：

$$
\begin{cases}
\widetilde{\boldsymbol{E}} = \dfrac{1}{2}(\boldsymbol{u} \otimes \nabla + \nabla \otimes \boldsymbol{u}) \\[2mm]
\boldsymbol{\sigma} \cdot \nabla + \rho \boldsymbol{f} = \boldsymbol{0} \\[2mm]
\boldsymbol{\sigma} = \mathbb{L}(\boldsymbol{P}_0, \widetilde{\boldsymbol{E}}) \\[2mm]
\boldsymbol{u} = \overline{\boldsymbol{u}}(\boldsymbol{x}), \boldsymbol{x} \in \partial_d \Omega \\[2mm]
\boldsymbol{n} \cdot \boldsymbol{\sigma} = \boldsymbol{t}, \boldsymbol{x} \in \partial_t \Omega
\end{cases}
\tag{28}
$$

方程组（28）是否存在唯一的解 $(\boldsymbol{u}, \boldsymbol{\sigma}, \widetilde{\boldsymbol{E}})$ 是线弹性理论最基本的重要问题之一，此线弹性力学问题解的存在唯一性定理奠定和夯实了线弹性力学的数学基础。Knops 等[28]以及 Gurtin[29]对较成熟的研究成果做了详细的论述。

方程组（28）的唯一性并非无条件成立的，其重要条件为材料参数的限制条件不等式。根据弹性张量 $\mathbb{L}$ 的正定性，对任意不为零的对称张量 $S_{ij} \in S^n$ 有

$$
L_{ijkl} S_{ij} S_{kl} > 0, \quad \forall S_{ij} \neq 0 \in S^n
\tag{29}
$$

和平衡方程的强椭圆性，对任意不为零的矢量 $a_i, b_i \in \mathbb{R}^n$ 有

$$
\mathbb{L}_{ijkl} a_i b_j a_k b_l > 0, \quad \forall a_i, b_i \neq 0 \in \mathbb{R}^n
\tag{30}
$$

对满足方程组（28）且初始状态为自然状态（$\boldsymbol{P}_0 = \boldsymbol{0}$）的非均质弹性体以及各向异性弹性体，在理论上使用泛函方法对定解问题经典解和变分解（弱解）是否满足唯一性进行研究。当弹性张量满足正定条件时，有界域中二维和三维弹性体的位移－力边值问题存在唯一的变分解[30]；在弹性张量满足强椭圆条件时，对于各向异性弹性体的纯位移边值问题，变分解唯一[31]。

在方程组（28）的基础上，增加自然初始状态（无初始应力）、均质性、各向同性等辅助性假设，此时各向同性弹性张量为 $\boldsymbol{E} = \mu(\mathbb{II} + \mathbb{II}^{\mathrm{T}}) + \lambda(\boldsymbol{I} \otimes \boldsymbol{I})$，本构关系为 $\boldsymbol{\sigma} = \boldsymbol{E} : \widetilde{\boldsymbol{E}} = \lambda \mathrm{tr}(\widetilde{\boldsymbol{E}}) \boldsymbol{I} + 2\mu \widetilde{\boldsymbol{E}}$，有

$$
\begin{cases}
\widetilde{\boldsymbol{E}} = \dfrac{1}{2}(\boldsymbol{u} \otimes \nabla + \nabla \otimes \boldsymbol{u}) \\[2mm]
\boldsymbol{\sigma} \cdot \nabla + \rho \boldsymbol{f} = \boldsymbol{0} \\[2mm]
\boldsymbol{\sigma} = \boldsymbol{E} : \widetilde{\boldsymbol{E}} = \lambda \mathrm{tr}(\widetilde{\boldsymbol{E}}) \boldsymbol{I} + 2\mu \widetilde{\boldsymbol{E}} \\[2mm]
\boldsymbol{u} = \overline{\boldsymbol{u}}(\boldsymbol{x}), \boldsymbol{x} \in \partial_d \Omega \\[2mm]
\boldsymbol{n} \cdot \boldsymbol{\sigma} = \boldsymbol{t}, \boldsymbol{x} \in \partial_t \Omega
\end{cases}
\tag{31}
$$

在三维欧氏空间，各向同性张量性质与材料参数取值范围相联系[32]，各向同性弹性张量满足正定性时，式（29）等价于 $\mu > 0$，$3\lambda + 2\mu > 0$；满足强椭圆性时，式（30）等价

于 $\lambda > 0$, $\lambda + 2\mu > 0$。

经典线弹性力学边值问题方程组（31）解的唯一性定理已有经典的结论：当材料的弹性张量满足正定性 $\mu > 0$，$3\lambda + 2\mu > 0$ 时，至多存在一个经典解（$\boldsymbol{u}$，$\boldsymbol{\sigma}$，$\widetilde{\boldsymbol{E}}$），两个位移解之差别为一刚性位移。在 1850 年，Kirchhoff[33] 推导板壳方程时给出这一经典定理，并于 1859 年发表。这一结果至今仍是弹性力学经典教材中的重要内容。1898 年，这一唯一性定理成立的充分条件重新被考虑，Cosserat 兄弟[34] 证明了强椭圆条件下纯位移边值问题解的唯一性定理：当各向同性材料的弹性张量满足强椭圆性时，$\mu > 0$，$\lambda + 2\mu > 0$，纯位移边值问题至多存在一个经典解。

然而这两个经典结论都只说明了解的唯一性成立的充分条件，并将弹性张量不满足正定性或椭圆性要求的材料排除在研究范围之外。并且，由于常规材料的实验结果总是显示 $\mu > 0$，$\lambda > 0$，以至于很长时间内，在 $\mu > 0$，$3\lambda + 2\mu > 0$ 条件下解的唯一性成立的必要性的验证被忽略。

在数学上，方程组（31）解的唯一性定理成立的必要条件因边界条件而异。纯位移边值问题的必要条件为材料的弹性张量满足 $\mu(\lambda + 2\mu) > 0$ 或 $\nu = \dfrac{1}{2}$[35]，混合边值问题的必要条件为 $\mu(3\lambda + 2\mu) > 0$ 或 $\nu = -1, \dfrac{1}{2}$[36]，纯力边值问题的必要条件为 $-1 \leqslant \nu < 1$[36,37]。

二维经典弹性理论的唯一性定理的研究略晚于三维情况，Muskhelishvili[38] 在 1933 年证明了纯位移边值问题和混合边值问题解的唯一性成立的充分条件：材料的弹性张量满足正定性；并给出了力边值问题解的唯一性成立的必要条件。

当 $\ddot{\boldsymbol{x}} \neq \mathbf{0}$ 时，方程组（31）中的平衡方程替换为运动方程，结合初始条件，构成线弹性动力学初边值问题

$$
\begin{cases}
\boldsymbol{\sigma} \cdot \nabla + \rho \boldsymbol{f} = \rho \ddot{\boldsymbol{x}} \\
\boldsymbol{\sigma} = \boldsymbol{E} : \widetilde{\boldsymbol{E}} = \lambda \mathrm{tr}(\widetilde{\boldsymbol{E}}) \mathbf{I} + 2\mu \widetilde{\boldsymbol{E}} \\
\ddot{\boldsymbol{x}} = \boldsymbol{v}^0(\boldsymbol{X}), t = 0 \\
\boldsymbol{u} = \overline{\boldsymbol{u}}(\boldsymbol{x}), \boldsymbol{x} \in \partial_d \Omega \\
\boldsymbol{n} \cdot \boldsymbol{\sigma} = \boldsymbol{t}, \boldsymbol{x} \in \partial_t \Omega
\end{cases}
\tag{32}
$$

方程组（32）的经典解唯一性定理由 Neumann 在 1885 年[39] 给出：若弹性张量满足正定条件 $\mu > 0$，$3\lambda + 2\mu > 0$，弹性体的位移边值、力边值、混合初边值问题解的唯一性定理成立；Gurtin[40,41] 给出定理：若材料密度满足 $\rho > 0$，弹性张量满足强椭圆条件，各向同性弹性体和各向异性弹性体位移初边值问题至多存在一个解。

对于经典弹性力学问题，由 Fichera[42,43] 于 1971 年给出了位移边值问题的存在性定理。事实上，早在 1880 年，Thomson[44] 就对此问题进行了研究，而后 Korn[45] 和 Fred-holm[46] 分别采用连续逼近法和积分法对此问题重新研究。另外，Browder[47] 和 Ericksen[48-50] 在对线弹性力学问题混合边值（零边界值）问题的研究中，得到存在性和唯一性的关系，即此时解的存在性可以推出解的唯一性，而非唯一性可以推出非存在性。

3.2 有限变形理论中的存在唯一性问题

满足解的存在唯一性定理的线弹性理论应该能够预测一个弹性体特定的物理问题，

但线弹性问题不能描述和解决所有材料的变形问题，对非线性弹性理论进行研究并对其数学性质进行讨论是必要的。由于在同样的边界条件下，弹性体的非线性变形存在多解情况[51]，三维非线性弹性理论中一个重要内容是构造容许存在多解且合适的本构关系，同时增加限制条件使得建立的数学模型满足解的唯一性，即能够准确描述弹性体的一种连续变形以及最终的物理状态，这也是非线性弹性理论的基本难题之一。

在非线性弹性力学问题中，主要通过两种方法对平衡方程的解的存在唯一性进行研究。第一种方法是通过隐函数定理，对自然状态附近的变形（以小的扰动表示）进行研究，得到解的存在唯一性定理。第二种方法是通过变分法求得总能量的极小值点的存在性与唯一性，进而得到平衡方程解的存在性与唯一性。

通过第一种方法，满足式（7）~式（10）、式（22）~式（27）的三维弹性理论的数学分析中一个划时代的工作是 1933—1947 年 Signorini[52-54] 对有限变形的研究工作。这一工作主要研究与无限小应变相差不大的有限变形问题。对任意应力响应关系，纯力边值问题的平衡方程和边界条件为

$$\mathrm{Div}\boldsymbol{P} + \rho_0\boldsymbol{f} = \boldsymbol{0}$$
$$\boldsymbol{P}\boldsymbol{N} = \boldsymbol{t}_0, \boldsymbol{X} \in \partial_t\Omega_0 = \partial\Omega_0 \tag{33}$$

通过构造单参数 ε 表述的位移解，Signorini 利用隐函数定理证明了一类纯力边值问题的解的唯一性。将作用力表示为单参数 ε 的解析函数，有

$$\boldsymbol{f} = \sum_{n=1}^{\infty} \varepsilon^n \boldsymbol{f}_n, \text{在} \Omega_0 \text{上}$$

$$\boldsymbol{t}_0 = \sum_{n=1}^{\infty} \varepsilon^n \boldsymbol{t}_{0n}, \text{在} \partial\Omega_0 \text{上} \tag{34}$$

其中参考构形上的体力和面力均为恒载，并且满足合力与合力矩平衡。同样将位移表示为单参数 ε 的解析函数：

$$\boldsymbol{u} = \sum_{n=1}^{\infty} \varepsilon^n \boldsymbol{u}_n \tag{35}$$

将 PK1 应力展开为多项式函数：

$$\boldsymbol{P} = \hat{\boldsymbol{P}}(\boldsymbol{F}) = \widetilde{\boldsymbol{P}}(\boldsymbol{H}) = \sum_{s=1}^{\infty} \widetilde{\boldsymbol{P}}_s(\boldsymbol{H}) \tag{36}$$

式中，$\widetilde{\boldsymbol{P}}(\boldsymbol{H})$ 为 $\boldsymbol{H}$ 的解析函数；$\widetilde{\boldsymbol{P}}_s(\boldsymbol{H})$ 为 $\boldsymbol{H}$ 的 s 次均匀齐次多项式。通过式（33）~式（36），将有限变形转化为 n 个无限小变形，并得到对应于 $\boldsymbol{f}_n$、$\boldsymbol{t}_{0n}$ 的纯力边值问题的方程组。首先，Signorin 证明了若对于无限小变形的解存在，即 $\boldsymbol{u}_1$ 存在，则必然有 $\boldsymbol{u}_n$ 满足其对应的平衡方程，即 $\boldsymbol{u}_n$ 所满足的控制方程是完备的。其次，Signorin 给出唯一性定理：若对于无限小变形的解 $\boldsymbol{u}_1$ 满足唯一性要求，则任意阶的方程的解 $\boldsymbol{u}_n$ 是唯一的。

对于上述 Signorini 唯一性问题，假定 $n \geqslant 2$ 时，$\boldsymbol{f}_n = \boldsymbol{0}$，$\boldsymbol{t}_{0n} = \boldsymbol{0}$，则有

$$\boldsymbol{f} = \varepsilon\boldsymbol{f}_1(\boldsymbol{X}), \boldsymbol{X} \in \Omega_0$$
$$\boldsymbol{t}_0 = \varepsilon\boldsymbol{t}_{01}(\boldsymbol{X}), \boldsymbol{X} \in \partial\Omega_0 \tag{37}$$

若参数 ε 足够小，可将问题线性化。1954—1957 年，Stoppelli[55-58] 同样采用无限小应变来近似表示有限应变，解决了这一类力边值问题的局部解的存在性和唯一性问题。

除了通过应力响应函数这一方法，对于超弹性体的应变能函数的性质分析是研究有限变形的有力工具[59-60]。若应变能函数 $\hat{W}(\boldsymbol{F})$ 定义在集合 $\mathbb{U} \subset \mathbf{M}^3_+$ 上，令 $[\boldsymbol{F}, \boldsymbol{G}] \in \mathbb{U}$，若函数为凸函数，即当不等式

$$\hat{W}(\lambda \boldsymbol{F} + (1-\lambda)\boldsymbol{G}) \leqslant \lambda \hat{W}(\boldsymbol{F}) + (1-\lambda)\hat{W}(\boldsymbol{G}) \tag{38}$$

成立。等号仅仅在 $\boldsymbol{F} = \boldsymbol{G}$ 时成立，$\hat{W}(\boldsymbol{F})$ 为严格凸函数。这一条件对于非均匀的超弹性体的应变能函数 $\hat{W}(\boldsymbol{X},\boldsymbol{F})$ 依旧成立。当应变能函数为凸函数且一阶连续可微，根据 PK1 应力关系 $\boldsymbol{P} = \dfrac{\partial \hat{W}}{\partial \boldsymbol{F}}$，凸函数的一阶导数等价条件为 PK1 应力的单调性

$$\mathrm{tr}\{[\hat{\boldsymbol{P}}(\boldsymbol{F}_1) - \hat{\boldsymbol{P}}(\boldsymbol{F}_2)](\boldsymbol{F}_1 - \boldsymbol{F}_2)^{\mathrm{T}}\} = [\hat{\boldsymbol{P}}(\boldsymbol{F}_1) - \hat{\boldsymbol{P}}(\boldsymbol{F}_2)] : (\boldsymbol{F}_1 - \boldsymbol{F}_2) \geqslant 0 \tag{39}$$

与 GCN 不等式（General Coleman – Noll inequality）等价[61]。若应变能函数为二阶连续可微，则它的二阶导数等价条件为弹性张量满足半正定性条件

$$\boldsymbol{D} : \dfrac{\partial^2 \hat{W}}{\partial \boldsymbol{F} \partial \boldsymbol{F}}\bigg|_{\boldsymbol{F}=\boldsymbol{F}_1} : \boldsymbol{D} \geqslant 0 ; \dfrac{\partial^2 \hat{W}}{\partial F_{ij} \partial F_{kl}} D_{ij} D_{kl} \geqslant 0 \tag{40}$$

式中，$\boldsymbol{D} \in \mathbf{M}^3$ 为任意非零张量。式（40）为弹性模量 $A_{ijkl}(\boldsymbol{F}) = A_{klij}(\boldsymbol{F}) = \dfrac{\partial^2 \hat{W}(\boldsymbol{F})}{\partial F_{ij} \partial F_{kl}}$ 的正定性与 CN 不等式（Coleman – Noll inequality）等价[62]。

Ericksen 和 Toupin [63] 以及 Hill[64] 根据给定有限变形上叠加无限小变形问题的稳定性，以及应变能函数的局部严格凸性，证明了有限变形理论解的局部唯一性：当弹性体处于有限变形下的平衡状态，满足超稳定不等式，对于给定位移 – 力边值问题，给定有限变形在叠加小变形范围内至多存在一个解（相差任意无限小旋转）。同时 John[65] 在 1972 年通过对两组相差不大的有限变形，给出了位移边值问题解的唯一性定理，Spector[66] 在 2019 年利用泛函方法再次给出证明。

尽管应变能为严格凸函数能够保证解的唯一性，但是根据物理经验，应变能函数不能对所有 $\boldsymbol{F} \in \mathbf{M}^3_+$ 为严格凸函数。首先，这与物理限制 $\det \boldsymbol{F} \to 0^+$，$\hat{W}(\boldsymbol{F}) \to +\infty$，$\boldsymbol{F} \in \mathbf{M}^3_+$ 不相容[27]；其次，应变能函数满足客观性公理，对任意正常正交张量 $\boldsymbol{Q} \in \mathbf{O}^3_+$，有 $W(\boldsymbol{Q}\boldsymbol{F}) = (\boldsymbol{X},\boldsymbol{F})$。当应变能函数为严格凸函数，不难得到 Cauchy 应力为

$$\boldsymbol{\sigma}^* = \{\lambda_1 + \lambda_2 > 0, \lambda_1 + \lambda_3 > 0, \lambda_3 + \lambda_2 > 0\} \tag{41}$$

式中，λ_i 为应力特征值。

在 Truesdell 和 Noll[7] 的研究之后，除了 CN 不等式，应变能函数 L – H 不等式（Legendre – Hadamard inequality）逐渐在非线性弹性理论中偏微分方程分析中起到重要作用，即对任意不为零的矢量 $\boldsymbol{a}$，$\boldsymbol{b} \neq \boldsymbol{0} \in \mathbb{R}^n$，应变能函数（弹性张量）表示的强椭圆条件 $\boldsymbol{a} \otimes \boldsymbol{b} : \dfrac{\partial^2 \hat{W}}{\partial \boldsymbol{F} \partial \boldsymbol{F}} : \boldsymbol{a} \otimes \boldsymbol{b} > 0$。在 L – H 条件下，Hughes 等[67]、Dafermos 和 Hrusa[68] 对可压缩弹性体的弹性动力学初值问题，Hrusa 和 Renardy[69]、Ebin 和 Simanca[70] 对不可压缩弹性体的弹性动力学初值问题，给出了解的存在性（局部时间）的证明。

因此，需要构造非凸函数的应变能函数，并对其数学性质进行研究。其中取得重大突破的工作，是 Ball[71] 于 1977 年提出的多凸函数的概念，并将其引入有限变形理论：函数 $\hat{W}(\boldsymbol{F})$ 定义在集合 $\mathbf{U} \subset \mathbf{M}^3_+$ 上，若对于每个物质点，在集合 $\mathbf{U}' := \{(\boldsymbol{F}, \mathbf{Cof}\boldsymbol{F}, \det\boldsymbol{F}) \in \mathbf{M}^3 \times \mathbf{M}^3 \times \mathbb{R}\}$ 的凸壳 $\mathrm{co}\mathbf{U}' := \mathbf{M}^3 \times \mathbf{M}^3 \times (0, +\infty)$ 上，都存在凸函数 $\hat{W}^*(\boldsymbol{F}, \mathbf{Cof}\boldsymbol{F}, \det\boldsymbol{F}) : \mathbf{M}^3 \times \mathbf{M}^3 \times (0, +\infty) \to \mathbb{R}$，使得 $\hat{W}(\boldsymbol{F})$ 与之相等，则称 $\hat{W}(\boldsymbol{F})$ 为多凸函数。

当应变能函数为多凸函数时，Ball[71] 给出了能量最小值的存在性定理。根据弹性

变形限制条件，有容许变形 p 的集合

$$P : = \left\{ \begin{array}{l} p : \overline{\Omega}_0 \rightarrow \mathbb{R}^n ; \det(p \otimes \nabla) > 0, \forall X \in \overline{\Omega}_0 ; \\ p(X) = \overline{x}, \forall X \in \partial_d \Omega_0 \end{array} \right\} \tag{42}$$

在容许变形集合中存在极小化序列 φ^k，其子序列 φ^l 收敛于 φ，且在变形 φ 处对应的切空间：

$$T_\varphi P : = \{ q : \overline{\Omega}_0 \rightarrow \mathbb{R}^n ; q = 0, X \in \partial_d \Omega_0 \} \tag{43}$$

此切空间中的元素为光滑的向量场 q。在变形 φ 处弹性体总能量为

$$I(\varphi) = \int_{\Omega_0} \hat{W}(X, F) \mathrm{d}V - \int_{\Omega_0} \rho_0 f \cdot \varphi \mathrm{d}V - \int_{\partial_t \Omega_0} t_0 \cdot \varphi \mathrm{d}S \tag{44}$$

在变形 φ 处的 Euler – Lagrange 方程

$$I'(\varphi) q = \int_{\Omega_0} \{ \hat{P} : q \otimes \nabla \} \mathrm{d}V - \int_{\Omega_0} \rho_0 f \cdot q \mathrm{d}V - \int_{\partial_t \Omega_0} t_0 \cdot q \mathrm{d}S = 0 \tag{45}$$

为证明总能量在 φ 处存在极小值，有以下几个要点：

（1）应变能函数多凸性：$\hat{W}(F) = \hat{W}^*(F, \mathbf{Cof}F, \det F) : \mathbb{M}^3 \times \mathbb{M}^3 \times (0, +\infty) \rightarrow \mathbb{R}$；

（2）强制不等式：$\hat{W}(F) \geqslant \alpha \{ \|F\|^p + \|\mathbf{Cof}F\|^q + (\det F)^r \} + \beta, \ \forall F \in \mathbb{M}_+^3$，对 $\alpha > 0, \beta \in \mathbb{R}$，且 p、q、r 充分大；

（3）容许变形的正则性：$P : = \left\{ \begin{array}{l} p \in W^{1,p}(\Omega_0) ; \mathbf{Cof}(p \otimes \nabla) \in L^q(\Omega_0), \det(p \otimes \nabla) \in L^r(\Omega_0), \\ p = \overline{p} \ \text{在} \partial_d \Omega_0 \ \text{上}, \det(p \otimes \nabla) > 0 \ \text{在} \Omega_0 \ \text{上} \end{array} \right\}$；

（4）物理限制条件：$\det F \rightarrow 0^+, \ \hat{W}(F) \rightarrow \infty$；

（5）子序列的收敛性质：$\left. \begin{array}{l} \varphi^l \rightarrow \varphi, \text{在} W^{1,p}(\Omega_0) \text{上} \\ \mathbf{Cof}\varphi^l \otimes \nabla \rightarrow H, \text{在} L^q(\Omega_0) \text{上} \\ \det \varphi^l \otimes \nabla \rightarrow \delta, \text{在} L^r(\Omega_0) \text{上} \end{array} \right\} \Rightarrow \left\{ \begin{array}{l} \mathbf{Cof}\varphi \otimes \nabla = H \\ \det \varphi \otimes \nabla = \delta \end{array} \right.$。

对有 Lipschitz 连续边界的有界联通开集 Ω_0，载荷为恒载，有限变形的纯位移边值问题和位移 – 力边值问题，满足以上（1）~（5）所有要点时，至少存在一个变形函数 φ 使得总能量取得极小值

$$\varphi \in P \text{ 且 } I(\varphi) = \inf I(p) \tag{46}$$

虽然通过构造超弹性体的应变能函数为多凸函数，满足了应变能函数的物理性质，且其解的存在性在一定条件下得以证明，然而仍有一些问题待解决[72]。2010 年，Ball[73] 对其中重要的两个待解决问题的部分研究成果给出了总结。

Ball 开放问题 1：当多凸性应变能函数 $\hat{W}(F)$ 在合理增长（速率）条件下取得极小值时，总是满足总能量的 Euler – Lagrange 方程（45），即为平衡方程的弱解。

Ball 开放问题 2：当应变能函数 $\hat{W}(F)$ 为严格多凸函数时，给定一个所占区域同胚于球的均质弹性体，其纯位移边值问题的光滑平衡解存在且唯一。

3.3 具有初始应力场的弹性理论解的存在唯一性

利用隐函数定理证明与无限小变形差别不大的有限变形问题中解的存在唯一性时，其中一个重要要求就是无初始应力假设，即初始构形为自然状态。然而，初始应力无

处不在，在自然和工程应用上都有重要作用，如在残余应力作用下微纳系统中结构的开裂、翘曲和变形[73-74]。具有初始应力场的参考构形上发生大变形的弹性力学问题，如动脉壁的变形等，对变形的研究有着重要的实践应用价值。同时，初始应力场问题也并非是无条件满足解的唯一性。因此，建立具有初始应力场的弹性理论，并对其进行数学分析的重要性不言而喻。

对于超弹性材料，应变能函数为初始应力场与叠加大变形的函数 $\hat{W}(\boldsymbol{F}, \boldsymbol{P}_0)$。然而，在有限变形上叠加有限变形的这一有限变形理论仍未成熟，其应变能响应函数的具体形式尚未得到验证。对于未知初始应力场，需进一步证实应变能函数的凸性与解的唯一性的关系。所以这里主要针对具有初始应力场的构形上叠加小变形的增量弹性理论[76]进行讨论，即考虑应力响应为叠加小变形的线性函数 $\boldsymbol{P} = \boldsymbol{A}(\boldsymbol{P}_0, \boldsymbol{F})$。

从自然状态（无应力状态）的参考构形上发生的有限变形，其混合位移–力边值问题用 PK1 应力表示为

$$\begin{cases} \mathrm{Div}\boldsymbol{P} + \rho_0 \boldsymbol{f} = \boldsymbol{0} \\ \boldsymbol{P}\boldsymbol{N} = \boldsymbol{t}_0, 在 \partial_t \Omega_0 \text{上} \\ \boldsymbol{u} = \bar{\boldsymbol{u}}, 在 \partial_d \Omega_0 \text{上} \end{cases} \tag{47}$$

其中，$\boldsymbol{P} = \dfrac{\partial \mathrm{W}}{\partial \boldsymbol{F}}$，$\boldsymbol{A} = \dfrac{\partial^2 \mathrm{W}}{\partial \boldsymbol{F} \partial \boldsymbol{F}}$。不妨设方程组（47）的一组解为 $(\boldsymbol{P}^0, \boldsymbol{F}^0, \boldsymbol{X}^0, \boldsymbol{u}^0)$，并将此状态引入为中间构形，在中间构形的基础上叠加一个无限小变形，达到平衡的当前构形（见图 1）。

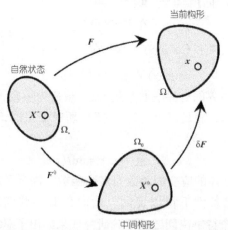

图 1   给定变形上叠加无限小变形问题的构形[32]

从中间构形到当前构形的变形梯度为 $\delta\boldsymbol{F}^0 = \widetilde{\boldsymbol{H}}\boldsymbol{F}^0$，相对于中间构形，叠加小变形的位移梯度 $\widetilde{\boldsymbol{H}}(\boldsymbol{X}^0) = \mathrm{Grad}_{\boldsymbol{X}^0}\delta\boldsymbol{u}$。将 PK1 应力 $\boldsymbol{P} = \boldsymbol{P}^0(\boldsymbol{F})$ 在 $\boldsymbol{F} = \boldsymbol{F}^0$ 附近泰勒展开并保留一阶项，

$$\begin{aligned} \boldsymbol{P} &= \boldsymbol{P}^0(\boldsymbol{F}) = \boldsymbol{P}^0 + \delta\boldsymbol{P}^0 = \boldsymbol{P}^0 + \left.\frac{\partial \boldsymbol{P}^0}{\partial \boldsymbol{F}}\right|_{\boldsymbol{F}^0} : \delta\boldsymbol{F}^0 \\ &= \boldsymbol{P}^0 + \boldsymbol{A}^0[\widetilde{\boldsymbol{H}}\boldsymbol{F}^0] = \boldsymbol{P}^0 + \boldsymbol{A}^0 : \widetilde{\boldsymbol{H}}\boldsymbol{F}^0 \end{aligned} \tag{48}$$

中间构形上的 PK1 应力为初始应力 $\boldsymbol{P}^0 = \boldsymbol{P}^0(\boldsymbol{F}^0)$。从中间构形到当前构形的 PK1 应力

86

增量响应为

$$\delta\boldsymbol{P}^0 = \boldsymbol{A}^0[\delta\boldsymbol{F}^0] = \boldsymbol{A}^0[\tilde{\boldsymbol{H}}\boldsymbol{F}^0] \tag{49}$$

建立增量的位移 – 力边值问题，其基本方程和边界条件为

$$\begin{cases} \mathrm{Div}\delta\boldsymbol{P}^0 + \rho_0\delta\boldsymbol{f} = \boldsymbol{0} \\ \delta\boldsymbol{u} = \delta\overline{\boldsymbol{u}}, 在\partial_d\Omega_0 \text{ 上} \\ (\delta\boldsymbol{P}^0)\boldsymbol{N} = \delta\boldsymbol{t}_0, 在\partial_t\Omega_0 \text{ 上} \end{cases} \tag{50}$$

其中有效作用力为

$$\begin{cases} \delta\boldsymbol{f} = \boldsymbol{f} + \dfrac{1}{\rho_0}\mathrm{Div}\boldsymbol{P}^0 \\ \delta\boldsymbol{t}_0 = \boldsymbol{t}_0 - \boldsymbol{P}^0\boldsymbol{N} \end{cases} \tag{51}$$

由上述方程易发现，增量方程中的作用力，即体力和面力，均依赖于给定变形，即依赖于初始应力场。若认为初始应力场为给定函数，则有效作用力为恒载。

为了证明式（50）、式（51）组成的叠加小变形理论解的唯一性，根据无限小应变的线弹性理论，对于给定初始应力场，只需证明应变能函数在点 $\boldsymbol{F}^0$ 处为严格凸函数，或 $\boldsymbol{A}^0$ 在点 $\boldsymbol{F}^0$ 处满足严格正定性。假设存在两组解满足式（50）、式（51），即 $(\delta\boldsymbol{P}_1^0,\ \delta\boldsymbol{u}_1)$ 和 $(\delta\boldsymbol{P}_2^0,\ \delta\boldsymbol{u}_2)$，且两组解之差为

$$\begin{cases} \Delta\delta\boldsymbol{P}^0 = \delta\boldsymbol{P}_1^0 - \delta\boldsymbol{P}_2^0 \\ \Delta\delta\boldsymbol{u} = \delta\boldsymbol{u}_1 - \delta\boldsymbol{u}_2 \end{cases} \tag{52}$$

当给定同一初始状态，同一组作用力和边界条件下，有效作用力为恒载，式（52）满足：

$$\begin{cases} \mathrm{Div}(\Delta\delta\boldsymbol{P}^0) = \boldsymbol{0} \\ \Delta\delta\boldsymbol{u} = \boldsymbol{0}, 在\partial_d\Omega_0 \text{ 上} \\ (\Delta\delta\boldsymbol{P}^0)\boldsymbol{N} = \boldsymbol{0}, 在\partial_t\Omega_0 \text{ 上} \end{cases} \tag{53}$$

则通过高斯定理作用在参考构形上的积分，得到应变能与外力做功

$$\begin{aligned} 0 &= \int_{\partial_t\Omega_0}\Delta\boldsymbol{t}_0 \cdot \Delta\delta\boldsymbol{u}\mathrm{d}S + \int_{\Omega_0}\rho_0\Delta\boldsymbol{f} \cdot \Delta\boldsymbol{x}\mathrm{d}V \\ &= \int_{\Omega_0}\mathrm{Div}(\Delta\delta\boldsymbol{P}^0 \cdot \Delta\delta\boldsymbol{u})\mathrm{d}V - \int_{\Omega_0}[\mathrm{Div}(\Delta\delta\boldsymbol{P}^0) \cdot \Delta\boldsymbol{x}]\mathrm{d}V \\ &= \int_{\Omega_0}(\Delta\delta\boldsymbol{P}^0):(\Delta\delta\boldsymbol{F}^0)\mathrm{d}V \end{aligned} \tag{54}$$

由增量本构关系式（49），可进一步得到

$$\int_{\Omega_0}(\Delta\delta\boldsymbol{F}^0)^\mathrm{T}:\boldsymbol{A}^0:(\Delta\delta\boldsymbol{F}^0)\mathrm{d}V = 0 \tag{55}$$

显然当 $\boldsymbol{A}^0$ 在点 $\boldsymbol{F}^0$ 处满足严格二阶正定性，即

$$(\Delta\delta\boldsymbol{F}^0)^\mathrm{T}:\boldsymbol{A}^0:(\Delta\delta\boldsymbol{F}^0) > 0 \tag{56}$$

则当且仅当两组解之差为零时式（55）成立，即若式（50）存在解，则此解唯一。

若将上述理论以及证明过程以率形式给出，则也可在弹塑性体边值问题中应用[10]。Carlson 和 Man[77] 给出 PK1 应力表示的具有初始应力场的线弹性本构关系

$$P = P^0 + HP^0 + A'[E] + o(H), H \to 0 \tag{57}$$

定义初始弹性张量 A' 正定：存在常数 $\gamma > 0$ 依赖于 A'，$\forall u \in H^1(\Omega_0) = W^{1,2}(\Omega_0)$，使得

$$\int_{\Omega_0} \mathrm{sym}H : A' : \mathrm{sym}H \mathrm{d}V \geq \gamma \int_{\Omega_0} |\mathrm{sym}H|^2 \mathrm{d}V \tag{58}$$

式中，$\mathrm{sym}H = (u \otimes \nabla + \nabla \otimes u)/2$。Carlson 和 Man 研究了力边值（恒载）问题的解的唯一性：当初始应力足够小，且弹性张量 A' 满足正定性式（58）时，问题的解是唯一的。

4 结论

本文主要通过对 N-S 方程的存在性和光滑性、弹性理论中解的存在唯一性两部分内容进行讨论，对近代连续介质力学中定解问题的提法、光滑解的存在唯一性定理以及待解决问题进行总结。在现有研究的基础上，进一步解决连续介质力学中定解问题光滑解的存在唯一性问题，面临着物理现实的挑战，结合本文的总结，其中主要开放性问题的难点在：

（1）确定 N-S 方程的有限爆破时间 T 以及爆破时间之后解的光滑性；

（2）在 $\mathbb{R}^3 \times [0, \infty)$ 上满足条件的 N-S 方程组的光滑解的存在性；

（3）N-S 方程组的弱解在所在空间中的唯一性，广义解存在性转化为光滑解存在性；

（4）弹性理论中的实际作用力时常依赖于弹性体变形过程，即为活载荷。力边界条件为活载荷时，提出参考构形上弹性力学问题的一般提法；

（5）构造一般形式的应变能函数，在满足物理限制的同时，与建立的弹性力学问题的解的存在性和唯一性相容，且在有限变形时允许分叉（屈曲），即多解的存在性；

（6）建立具有初始应力场的有限变形理论，构造应变能函数应是初始应力场和变形的函数；并给出此应变能函数的数学性质（凸性）与平衡方程解的存在唯一性的关系。

弗兰西斯·培根（Francis Bacon, 1561—1626）曾富有哲理地说过："没有奇特的奇异性，也就不存在与众不同的美丽。"可以说，连续介质力学中解的存在唯一性问题就具有特殊的奇异性和与众不同的优美。对该问题的深入研究和实质性推进，不仅能促进希尔伯特第六问题的完全解决，同时还能为国家重大工程卡脖子问题的攻克奠定坚实的基础。

我们仍有充分理由相信[27]：理性力学远不是什么所谓布满灰尘的古典领域，相反这是一个充满未解决难题的巨大源泉！

参 考 文 献

[1] Euler L. Methodus inveniendi lineas curvas maximi minimive proprietate gaudentes sive solutio problematis isoperimetrici latissimo sensu accepti [M]. Lausanne, Geneva: Marc – Michel Bousquet & Co. 1744.

[2] Lamb H. A treatise on the mathematical theory of the motions of fluids [M]. Cambridge: The University Press, 1879.

［3］ Love A E H. A treatise on the mathematical theory of elasticity（1st Edition）［M］. Cambridge：The University Press, 1892.

［4］ Reiner M. A mathematical theory of dilatancy ［J］. Am J Math, 1945, 67：350 – 362.

［5］ Rivlin R S. Large elastic deformations of isotropic materials. 4. Further developments of the general theory ［J］. Philos T R Soc A, 1948, 241：379 – 397.

［6］ Rivlin R S. The hydrodynamics of non – Newtonian fluids ［J］. Proc R Soc Lond A, 1948, 193：261 – 281.

［7］ Truesdell C, Noll W. The non – linear field theories of mechanics ［M］. Berlin：Springer, 2004：1 – 579.

［8］ 郭仲衡. 非线性弹性理论 ［M］. 北京：科学出版社, 1980.

［9］ 黄克智. 非线性连续介质力学 ［M］. 北京：清华大学出版社, 1989.

［10］ 黄筑平. 连续介质力学基础 ［M］. 北京：高等教育出版社, 2012.

［11］ 赵亚溥. 近代连续介质力学 ［M］. 北京：科学出版社, 2016.

［12］ Stewart I. In pursuit of the unknown：17 equations that changed the world ［M］. New York：Basic Books, 2012.

［13］ Fefferman C L. Existence and smoothness of the Navier – Stokes equation ［J］. The millennium prize problems, 57 – 67, Clay Math Inst, Cambridge, MA, 2006.

［14］ Bertozzi A, Majda A. Vorticity and incompressible flows ［M］, Cambridge：Cambridge University Press, 2002.

［15］ Ladyzhenskaya O A. The mathematical theory of viscous incompressible flows（2nd edition）［M］. New York：Gordon and Breach, 1969.

［16］ Mattingly J C, Sinai Y G. An elementary proof of the existence and uniqueness theorem for the Navier – Stokes equations ［J］. Commun Contemp Math, 1999, 1（4）：497 – 516.

［17］ Leray J. Essai sur le mouvement d'un liquide visqueux emplissant l'espace ［J］. Acta Math, 1934, 63 （1）：193 – 248.

［18］ Scheffer V. An inviscid flow with compact support in spacetime ［J］. J Geom Analysis, 1993, 3：343 – 401.

［19］ Shnirelman A. On the nonuniqueness of weak solutions of the Euler equation ［J］. Comm Pure& Appl Math, 1997, 50：1260 – 1286.

［20］ Fefferman C, Robinson J, Rodrigo J. Leray's fundamental work on the Navier – Stokes equations：A modern review of "sur le mouvement d'un liquide visqueux emplissant l'espace". In：Partial differential equations in fluid mechanics ［M］. 2019：113 – 203.

［21］ 赵亚溥. 理性力学教程 ［M］. 北京：科学出版社, 2020.

［22］ Ladyzhenskaya O A. Sixth problem of the millennium：Navier – Stokes equations, existence and smoothness ［J］. Russ Math Surv, 2003, 58（2）：251.

［23］ Constantin P. Euler and Navier – Stokes equations ［J］. Publ Mat, 2008, 52（2）：235 – 265.

［24］ Robinson J C, Sadowski W. Numerical verification of regularity in the three – dimensional Navier – Stokes equations for bounded sets of initial data ［J］. Asymptotic Anal, 2008, 8（1 – 2）：39 – 50.

［25］ Robinson J C, Rodrigo J L, Sadowski W. The three – dimensional Navier – Stokes equations ［M］. Cambridge：Cambridge University Press, 2016.

［26］ Tao T. Finite time blowup for an averaged three – dimensional Navier – Stokes equation ［J］. J Am Math Soc, 2016, 29（3）：601 – 674.

［27］ 希亚雷. 数学弹性理论（卷 I 三维弹性理论）［M］. 石钟慈, 王烈衡, 译. 北京：科学出版

社, 1991.

[28] Knops R J, Trimarco C, Williams H T. Uniqueness and complementary energy in nonlinear elastostatics [J]. Meccanica, 2003, 38 (5): 519 – 534.

[29] Gurtin M E. The linear theory of elasticity. In: Linear theories of elasticity and thermoelasticity [M]. Berlin, Heidelberg: Springer, 1973: 1 – 295.

[30] Russo R, Starita G. Uniqueness in linear elastostatics [J]. Encyclopedia of Thermal Stresses, 2014: 6311 – 6325.

[31] Hayes M. On the displacement boundary – value problem in linear elastostatics [J]. Q J Mech Appl Math, 1966, 19 (2): 151 – 155.

[32] 高梦霓, 赵亚溥. 若干弹性力学问题解的唯一性定理 [J]. 中国科学: 物理学 力学 天文学, 2020, 50: 084601.

[33] Kirchhoff G. Über das gleichgewicht und die bewegung eines unendlich dünnen elastischen stabes [J]. J reine angew Math, 1859, 56: 285 – 313.

[34] Cosserat E, Cosserat F. Sur les équations de la théorie de l'élasticité [J]. CR Acad Sci Paris, 1898, 126: 1089 – 1091.

[35] Zorski H. On the equations describing small deformations superposed on finite deformation [C]. Proc Int Symp on 2nd Order Effects, Haifa, 1962: 109 – 128.

[36] Edelstein W S, Fosdick R L. A note on non – uniqueness in linear elasticity theory [J]. Z Angew Math Phys, 1968, 19 (6): 906 – 912.

[37] Cosserat E, Cosserat F. Sur la déformation infiniment petite d'un ellipsoid elastique soumis à des efforts donnés sur la frontiére [J]. CR Acad Sci Paris, 1901, 133: 361 – 364.

[38] Muskhelishvili N I. Some basic problems of the mathematical theory of elasticity [M]. Springer Science & Business Media, 2013.

[39] Neumann F E, Meyer O E. Vorlesungen über die theorie der elastizität der festen körper und des lichtäthers: Gehalten an der universität königsberg [M]. BG Teubner, 1885.

[40] Gurtin M E, Sternberg E. A note on uniqueness in classical elastodynamics [J]. Quart Appl Math, 1961, 19 (2): 169 – 171.

[41] Gurtin M, Toupin R. A uniqueness theorem for the displacement boundary – value problem of linear elastodynamics [J]. Quart Appl Math, 1965, 23 (1): 79 – 81.

[42] Fichera G. Sull'esistenza e sui calcolo delle soluzioni dei problemi al contorno relativi all'equilibrio di un corpo elastico [J]. Ann Scuola Norm Sup Pisa, 1950, 4 (3): 35 – 99.

[43] Fichera G. Existence theorems in elasticity. In: Truesdell C (eds) Linear Theories of Elasticity and Thermoelasticity [M]. Berlin: Springer, 1973.

[44] Thomson W. Mathematical and Physical Papers [M], I – III, (1882, 1884, 1890).

[45] Korn A. Solution générale du problème d'équilibre dans la théorie de l'élasticité dans le cas où les efforts sont données à la surface [J]. Ann Fac Sci Univ Toulouse, 1908, 10: 165 – 269.

[46] Fredholm I. Solution d'un probleme fundamental de la tMorie de l'elasticite [J]. Ark Mat Ast Fysik, 1906, 2 (28): 1 – 8.

[47] Browder F E. Strongly elliptic systems of differential equations [J]. Ann Math Studies, 1954, 33: 15 – 51.

[48] Ericksen J L. Non – existence theorems in linear elasticity theory [J]. Arch Rational Mech Anal, 1963, 14: 180 – 183.

[49] Ericksen J L. Non – uniqueness and non – existence in linearized elasticity theory [J]. Contrib Differen-

tial Eqns, 1964, 3: 295 – 300.

[50] Ericksen J L. Non – existence theorems in linearized elastostatics [J]. J Differential Eqns, 1965, 1: 446 – 451.

[51] Antman S S. Nonlinear Problems of Elasticity [M]. New York: Springer – Verlag, 1995.

[52] Signorini A. Sopra alcune questioni di elastostatica. Atti della Societa Italiana per il Progresso delle Scienze [J], 1933, 21 (II): 143 – 148.

[53] Signorini A. Trasformazioni termoleastiche finite [J]. Ann Math Pura Appl, 1949, 30 (1): 1 – 72.

[54] Signorini A. Un semplice esempio di incompatibilità tra la elastostatica classica e la teoria delle deformazioni elastiche finite [J]. Rend Accad Naz, 1950, Lincei (VIII) (3): 276 – 281.

[55] Stoppelli F. Un teorema di esistenza e di unicita relativo alle equazioni dell'elastostatica isoterma per deformazioni finite [J]. Ricerche mat, 1954, 3: 247 – 267.

[56] Stoppelli F. Sulla sviluppabilità in serie di potenze di un parametro delle soluzioni delle equazioni dell'elastostatica isoterma [J]. Ricerche Mat, 1955, 4: 58 – 73.

[57] Stoppelli F. Sull'esistenza di soluzioni delle equazioni dell'elastostatica isoterma nel caso di sollecitazioni dotate di assi di equilibrio [J]. Ricerche Mat, 1957, 6: 241 – 287.

[58] Stoppelli F. Su un sistema di equazioni integro – differenziali interessante l'elastostatica [J]. Ricerche Mat, 1957, 6: 11 – 26.

[59] Valent T. Boundary value problems of finite elasticity: Local theorems on existence, uniqueness, and analytic dependence on data [M]. Berlin: Springer Science & Business Media, 1988.

[60] Haidar S. Convexity conditions and uniqueness and regularity of equilibria in nonlinear elasticity [C]. Integral methods in science and engineering. Berlin: Springer, 2008: 109 – 118.

[61] Coleman B D, Noll W. Material symmetry and thermostatic inequalities in finite elastic deformations [J]. Arch Ration Mech Anal, 1964, 15 (2): 87 – 111.

[62] Coleman B D, Noll W. On the thermostatics of continuous media [J]. Arch Ration Mech Anal, 1959, 4 (1): 97 – 128.

[63] Ericksen J L, Toupin R A. Implications of hadamard's conditions for elastic stability with respect to uniqueness theorems [J]. Can J Math, 1956, 8: 432 – 436.

[64] Hill R. On uniqueness and stability in the theory of finite elastic strain [J]. J Mech Phys Solids, 1957, 5 (4): 229 – 241.

[65] John F. Uniqueness of non – linear elastic equilibrium for prescribed boundary displacements and sufficiently small strains [J]. Commun Pure Appl Math, 1972, 25 (5): 617 – 634.

[66] Spector D E, Spector S J. Uniqueness of equilibrium with sufficiently small strains in finite elasticity [J]. Arch Ration Mech Anal, 2019, 233 (1): 409 – 449.

[67] Hughes T J R, Kato T, Marsden J E. Well – posed quasilinear second – order hyperbolic systems with applications to nonlinear elastodynamics and general relativity [J]. Arch Rational Mech Anal, 1977, 63: 273 – 294.

[68] Dafermos C M, Hrusa W J. Energy methods for quasilinear hyperbolic initial – boundary value problems. Applications to elastodynamics [J]. Arch Rational Mech Anal, 1985, 87: 267 – 292.

[69] Renardy M, Hrusa W S, Nohel J. Mathematical problems in viscoelasticity [M]. London: Longman, 1988.

[70] Ebin D G, Simanca S R. Deformation of incompressible bodies with free boundary [J]. Arch Rational Mech Anal, 119, 61 – 97.

[71] Ball J M. Convexity conditions and existence theorems in nonlinear elasticity [J]. Arch Ration Mech

Anal, 1977, 63 (4): 337 –403.

[72] Ball J M. Some open problems in elasticity [C]. Geometry, mechanics, and dynamics. New York: Springer, 2002: 3 –59.

[73] Ball J M. Progress and puzzles in nonlinear elasticity [C]. Poly, quasi – and rank – one convexity in applied mechanics. Vienna: Springer, 2010: 1 –15.

[74] Gao M N, Huang X F, Zhao Y – P. Formation of wavy – ring crack in drying droplet of protein solutions [J]. Sci China Technol Sc, 2018, 61 (7): 949 –958.

[75] 赵亚溥. 表面与界面物理力学 [M]. 北京: 科学出版社, 2012.

[76] Biot M A. Mechanics of incremental deformations [M]. New York: John Wiley & Sons, 1965.

[77] Carlson D E, Man C S. On the traction problem in linear elasticity with initial stress [C], Characterization of Mechanical Properties of Materials. New York: American Society of Mechanical Engineers, 1992. 83 –92.

On the existence and uniqueness of solutions to the definite problems in continuum mechanics

ZHAO Ya – Pu[1,2] and GAO Meng – Ni[1,2]

(1. Institute of Mechanics, Chinese Academy of Sciences, Beijing 100190)

(2. College of Engineering Science, University of Chinese Academy of Sciences, Beijing 100049)

Abstract: Establishing a general constitutive relationship, giving a general formulation of the definite solution of continuum, and mathematically analyzing the existence, uniqueness and stability of solutions of the basic equations is the core and the most difficult problem of continuum mechanics. By describing the physical behavior of the research object with mathematical methods, the mathematical analysis of the control equation can provide important insights and results. The existence and smoothness of solutions of the Navier – Stokes equations in three – dimensional space and global time in fluid mechanics is one of the seven "Millennium Award Problems". Correspondingly, for an elastic body with a given constitutive relationship in solid mechanics, given the specific form of the external force and the boundary conditions of the elastic body and its regularity, the determination of the uniqueness of solutions of boundary value problems in elasticity are the basic problems in mathematical elasticity theory. In this paper, aiming at the existence and uniqueness theorems of smooth solutions of N – S equations in fluid mechanics and elastic problems in solid mechanics, the general formulation of definite solutions is given. The existing research conclusions and research methods are mainly introduced, and then the open problems to be solved are given.

Key words: Continuum mechanics; Hilbert's sixth problem; elasticity theory; N – S equations; existence and uniqueness of Solutions

Determination of Eshelby Tensor in MFH Schemes for Mechanical Properties of Elastoplastic Composites

Xianghe Peng, Shan Tang, Ning Hu, Jia Han

(College of Aerospace Engineering, Chongqing University. Chongqing 400044.)

ABSTRACT: The conventional Eshelby solution based mean – field schemes may dramatically over – estimate the stress in composites consisting of elastoplastic matrix and elastic reinforcement particles. A new and rational approach is presented to determine the Eshelby tensor of elastoplastic medium to solve this problem. We assume that, during an increment of loading in the Eshelby problem for an elastoplastic medium (EPM), the mechanical property is homogeneous, isotropic and incrementally linearized, and introduce a reference elastic medium (REM) with the identical configuration and elastic property of the EPM studied. For a purely traction boundary value problem, the distribution of the stress increment as well as the constrained elastic strain increment in the EPM can be approximated with that in the REM if both of them are subjected to exactly identical traction boundary condition. As the surface traction increment induced by the eigenstrain increment in an ellipsoidal subdomain Ω in the EPM is applied to the REM, the Eshelby tensor of the REM, S^e, can be easily derived with the regular procedure of the traditional Eshelby problem. Then, the Eshelby tensor for the EPM can easily be obtained as $S = [(L^e) - 1:L]^{-1}:S^e:[(L^e)^{-1}:L]$, where L^e and L are the elastic and the tangent elastoplastic moduli of the EPM respectively. The developed Eshelby tensor is embedded in the conventional Mori – Tanaka scheme to predict the responses of particulate composites subjected respectively to tensile, shear, combined biaxial tensile and shear, and cyclic tensile – compressive, and non – proportional tensile and shear loadings. The comparison with the results obtained with the approaches using isotropic approximation of the tangent elastic modulus, and with the reference ones obtained using full – field FE analyses showed satisfactory agreement, demonstrating the validity of the proposed approach. The approach to determine the Eshelby tensor for elastoplastic media has the following distinct advantages: (1) it employs the regular anisotropic tangent modulus and has a unified form in both elastic and elastoplastic cases; (2) it can easily be embedded in the conventional mean – field homogenization schemes (MFHs) and used for the analyses of ef-

Financially supported by NSFC under Grant Number 11332013.

fective properties of composites subjected to complex loading histories; (3) it possesses high computational efficiency, since the Eshelby tensor can be simply computed using the elastic and elastoplastic properties of composites with no need of time – consuming numerical ellipsoidal integral in each increment.

Keywords: Composites; Elastoplasticity; Eshelby tensor; Mean field homogenization

The validity, capability and efficiency of the Eshelby solution – based (Eshelby, 1957) mean – field homogenization (MFH) methods in the evaluation of the mechanical properties of heterogeneous materials consisting of linearly elastic constituents have already been demonstrated. In fact, over the past several decades, a variety of micromechanics approaches have been developed for the evaluation of the overall elastic properties of multiphase materials and composites. The representatives are the self – consistent schemes (Hershey, 1954; Kröner, 1958; Budiansky, 1965; Hill, 1965), the double – inclusion model (Nemat – Nasser and Hori, 1993; Hori and Nemat – Nasser, 1993), the Mori – Tanaka scheme (Mori and Tanaka, 1973; Weng, 1984; Benveniste, 1987), and the generalized self – consistent scheme (Huang *et al.*, 1994). For multiphase materials or composites consisting of elastoplastic or elastic – viscoplastic matrices with randomly distributed reinforcements, the tangent stiffness approaches embedded in the MFH have been developed and widely used in the evaluation of their nonlinear properties; for example, Hill's approach (Hill, 1965) for rate – independent plasticity, and Hutchinson's approach (Hutchinson, 1976) for viscoplasticity, to name a few.

As had already been realized, high matrix – inclusion interactions could result in high flow stresses. Zaoui and Masson (1998) suggested an "affine procedure" (AFF). Pindera and Aboudi (1988) found that the mean – field approach applied to metal – matrix composites would not predict yielding in certain directions in stress space, and the subsequent elastoplastic responses may also be substantially stiffer than experimental results (Aboudi and Pindera, 1991). Dvorak and Rao (1976), and Dvorak and Benveniste (1992) proposed a transformation fields analysis (TFA) for elastoplastic composites. Unfortunately, application of the analytical TFA method also delivers a much too stiff overall stress – strain response (Suquet, 1997; Chaboche *et al.*, 2005).

Berveiller and Zaoui (1979) proposed an extension of the self – consistent scheme to plastically – flowing polycrystals by making use of an isotropic elastoplastic approximation of the "constraint" tensor associated with an isotropic approximation of the tangent elastoplastic modulus of the whole aggregate. Chaboche *et al.* (2005) made a detailed investigation to different MFH approaches, such as those with conventional tangent elastoplastic modulus (TEP), the TFA and the AFF, for composites consisting of elastic particles and elastoplastic matrix. For the elastoplastic matrix, elastic – perfectly plastic, power – law isotropic hardening, and Prager's linear kinematic hardening rules were adopted, respectively. It was shown that, compared with the reference results obtained with elaborately designed FE calculations, either TEP, TFA or AFF yielded too stiff responses. To solve this problem, they attempted to develop a sufficiently general scheme without specifying the local constitutive equations of the constituents in such composites. They found that a suitable definition of the Eshelby tensor plays a key role, and suggested an isotropic approximation of the tangent elastoplastic modulus and used it to replace the original one when evaluating the polarization or the Eshelby tensor. This modification greatly reduces the tangent stiffness of the composites evaluated with the conventional Eshelby solution based MFH methods, leading to satisfactory agreement with the FE reference results.

However, some important issues remain unsolved. For example, what is the physical foundation of such an isotropic approximation of the tangent stiffness matrix for the polarization tensor? Besides, as mentioned by Chaboche *et al.* (2005), there were some other controversial aspects in the justification of choosing the isotropic approximation of the tangent stiffness when evaluating the polarization tensor. Because of the above issues, the validity of this approach was doubted, and people turned to look for other more effective approaches.

To date, the Eshelby solution based MFH methods are effective for the composites consisting of elastic constituents. They should also be suitable for the composites consisting of elastoplastic constituents provided a reasonable method could be developed. It was known that the over – prediction of the stress in the elastoplastic media is closely related to the Eshelby tensor defined (Chaboche, *et al.*, 2005). In this article, a rational approach is proposed to determine the Eshelby tensor of elastoplastic medium (EPM) by making use of a reference elastic medium (REM). In an incremental eigenstrain problem of an EPM, the stress increment in the EPM is approximated with that in the REM, under the assumption that the mechanical property of the EPM is homogeneous, isotropic and incrementally linearized. The Eshelby tensor for the REM and in turn the Eshelby tensor for the EPM can be obtained. The derived Eshelby tensor is then embedded in the conventional Mori – Tanaka scheme for the prediction of the responses of particulate composites subjected to simple tension, pure shear, reversed tension – compression, and combined biaxial tensile – shear loadings. The obtained results are compared with the reference results from the corresponding full – field FE analyses, and the predictions by Chaboche (2005), Brassart *et al.* (2011), Wu, *et al.* (2013) and Lahellec and Suquet (2013).

For the sake of simple and direct description, in this initial stage, we restrict our analysis to the composites consisting of rate – independent elastoplastic constituents and elastic ellipsoidal particle inclusions. The methods like variational and second – order estimates, essentially based on phase descriptions by nonlinear elasticity, or the total deformation theory of plasticity (which precludes unloading), will not be considered. Moreover, continuity is assumed between the phases (no cracks, no voids and no debonding).

1 Determination of Eshelby tensor for elastoplastic mediums

In this section, a new approach is to be developed for the determination of the Eshelby tensor for elastoplastic mediums.

It is known that the conventional Eshelby equivalent inclusion theory based MFH can successfully evaluate the effective mechanical properties of elastic composites, and it has been found that the modification of the Eshelby tensor plays a critical role in the improvement of the evaluation of the mechanical property of elastoplastic composites (Chaboche, *et al.* , 2005) . In the Eshelby problem, the medium is assumed to be uniform and elastic. As it is applied to an inclusion problem, one may assume that some kind of phase transformation occurs to the inclusion, and the corresponding transformation strain can be regarded as some kind of eigenstrain. If we further consider elastoplastic deformation, the plastic strain involved can also be considered as a kind of eigenstrain. In order to properly apply the Eshelby equivalent inclusion theory based MFH to the evaluation of the mechanical property of inelastic composites, it is necessary to distinguish the effects of these two kinds of eigenstrains.

It is known that the Eshelby tensor of an elastoplastic medium is related to the elastoplastic property of the medium and the geometry of the inclusion. For elastic mediums, the elastic property distributes uniformly, and the Eshelby tensor can be determined by making use of Green formula. If the elastic medium in the conventional Eshelby problem is replaced with an elastoplastic one, either its plastic strain or its tangent elastoplastic modulus will no longer be uniform. In order to extend the Eshelby solution based approach to the case of elastoplastic media, it was assumed in the KBW's self – consistent scheme that the plastic strain distributes uniformly and is the same as the macroscopic plastic strain (Kröner, 1961; Budiansky and Wu, 1962). It was also assumed in the Hill's self – consistent scheme that the tangent elastoplastic modulus is uniform and is the same as the macroscopic tangent elastoplastic modulus (Hill, 1965). In the above two schemes, the elastoplastic behavior of a medium is determined based on the assumption of homogeneous elastoplastic property. This assumption will be followed in our work for the determination of the Eshelby tensor for elastoplastic mediums. The incremental approach will be used in the following for elastoplastic problems. For simplicity, isothermal and infinitesimal strain conditions are considered. Except the condition of elasticity, all other assumptions used in the Eshelby problem are retained in this section.

Suppose an infinite homogeneous elastoplastic medium has undergone some kind of elastoplastic deformation, its elastic and tangent elastoplastic moduli are assumed homogeneous and denoted by L^e and L, respectively, in which L is equal to the macroscopic local tangent elastoplastic modulus and is linearized in the following increment of loading. Assuming an ellipsoidal region Ω (we call it "inclusion" in the following of this section, and call the remainder "matrix") in the medium further undergoes an eigenstrain increment, $\Delta\varepsilon^*$, and the displacement and the stress increments vanish at infinite, the constrained strain increment $\Delta\varepsilon^t$ in Ω is assumed to be expressed as (Eshelby, 1957)

$$\Delta\varepsilon^t = S : \Delta\varepsilon^* \qquad (1)$$

where S is the Eshelby tensor for the elastoplastic medium. It should be noted that Eq. (1) just takes the form the conventional Eshelby tensor for an elastic medium, in which the determination of S will be developed in the following.

It is known that $\Delta\varepsilon^t$ should be the summation of the mechanical component (or elastoplastic strain increment in this problem) $\Delta\varepsilon^{ep}$ and the eigenstrain increment $\Delta\varepsilon^*$, i. e. ,

$$\Delta\varepsilon^t = \Delta\varepsilon^{ep} + \Delta\varepsilon^* \qquad (2)$$

Therefore, the stress increment in the inclusion can be determined with

$$\Delta\sigma = L : \Delta\varepsilon^{ep} = L : (\Delta\varepsilon^t - \Delta\varepsilon^*) \qquad (3)$$

We further separate $\Delta\varepsilon^t$ in Ω into $\Delta\varepsilon^{te}$ and $\Delta\varepsilon^{tp}$ as follows, corresponding respectively to the elastic and plastic responses of the inclusion,

$$\Delta\varepsilon^t = \Delta\varepsilon^{te} + \Delta\varepsilon^{tp} \qquad (4)$$

in which $\qquad \Delta\varepsilon^{te} = \Delta\varepsilon^e + \Delta\varepsilon^{*e}, \quad \Delta\varepsilon^{tp} = \Delta\varepsilon^p + \Delta\varepsilon^{*p}, \quad \Delta\varepsilon^{ep} = \Delta\varepsilon^e + \Delta\varepsilon^p \qquad (5)$

where $\Delta\varepsilon^e$ and $\Delta\varepsilon^p$ are the elastic and plastic parts of $\Delta\varepsilon^{ep}$, $\Delta\varepsilon^e$, $\Delta\varepsilon^{*e}$ and $\Delta\varepsilon^p$, $\Delta\varepsilon^{*p}$ are the elastic and plastic parts of $\Delta\varepsilon^*$, respectively.

The stress increment in the inclusion can also be determined with

$$\Delta\sigma = L^e : \Delta\varepsilon^e = L^e : (\Delta\varepsilon^{te} - \Delta\varepsilon^{*e}) \qquad (6)$$

It is known that the stress and strain increments distribute uniformly in an ellipsoidal inclusion (Eshelby, 1957). Now we assume to apply a surface traction increment $\Delta T^* = \Delta\sigma^*$ · n to the inclusion that has already been removed from the matrix and subjected to an eigenstrain increment $\Delta\varepsilon^*$, which brings it back to the configuration without undergoing $\Delta\varepsilon^*$, where n is the outward normal of the region Ω, and

$$\Delta\sigma^* = -L : \Delta\varepsilon^* \qquad (7)$$

can be regarded as the eigenstress increment corresponding to $\Delta\varepsilon^*$, the induced strain increment can be separated into elastic and plastic parts, in which the elastic part, $-\Delta\varepsilon^{*e}$, can be determined with

$$-\Delta\varepsilon^{*e} = L^{e-1} : \Delta\sigma^* \qquad (8)$$

Substituting Eq. (7) into Eq. (8) yields

$$\Delta\varepsilon^{*e} = (L^e)^{-1} : L : \Delta\varepsilon^* \qquad (9)$$

which can be regarded as the elastic part of $\Delta\varepsilon^*$.

In order to derive the Eshelby tensor S (in Eq. (1)) of an elastoplastic medium (EPM), we introduce a reference elastic medium (REM), which possesses exactly the same configuration and the elastic property and undergoes exactly the same boundary condition as those of the EPM studied. If we further assume that the anisotropy induced by plastic deformation could be ignored (Berveiller and Zaoui, 1979; Chaboche et al. , 2005), and let the inclusion in the REM (the region Ω) undergo an eigenstrain increment $\Delta\varepsilon^{*e} = -L^{e-1} : \Delta\sigma^*$, the constrained strain increment can be obtained by following the regular procedure as in the conventional Eshelby's problem as

$$\Delta \widetilde{\varepsilon}^{te} = S^e : \Delta \varepsilon^{*e} \tag{10}$$

where S^e is the Eshelby tensor of the REM. The constrained stress increment in the inclusion

$$\Delta \widetilde{\sigma} = L^e : \Delta \widetilde{\varepsilon}^e = L^e : (\Delta \widetilde{\varepsilon}^{te} - \Delta \varepsilon^{*e}) \tag{11}$$

Since we have assumed that both the EPM and the REM are homogeneous, isotropic and incrementally linearized, as the inclusions in which are subjected to surface traction determined by the eigenstrain increment $\Delta \varepsilon^*$, the constrained stress increments in the EPM (Eq. (6)) could be approximated with that in the REM (Eq. (11)), i. e. , $\Delta \sigma = \Delta \widetilde{\sigma}$ and (see Appendix). Thus, from Eqs. (6) and (11), we have $\Delta \varepsilon^e = \Delta \widetilde{\varepsilon}^e$, and

$$\Delta \varepsilon^{te} = \Delta \widetilde{\varepsilon}^{te} = S^e : \Delta \varepsilon^{*e} \tag{12}$$

Combining Eq. (3) with Eq. (6) and making use of Eqs. (1) and (12), we have

$$L : (S - I_4) : \Delta \varepsilon^* = L^e : (S^e - I_4) : \Delta \varepsilon^{*e} = L^e : (S^e - I_4) : (L^e)^{-1} : L : \Delta \varepsilon^* \tag{13}$$

Noticing that $\Delta \varepsilon^*$ is arbitrary, Eq. (12) yields

$$L : (S - I_4) = L^e : (S^e - I_4) : (L^e)^{-1} : L \tag{14}$$

It immediately leads to

$$S = [(L^e)^{-1} : L]^{-1} : S^e : [(L^e)^{-1} : L] \tag{15}$$

Eq. (15) gives the Eshelby tensor of the EPM. It can be seen that the Eshelby tensor obtained has the following main advantages: (1) It is of distinct physical sense. Compared with that using the isotropic approximation of the tangent elastoplastic modulus for the Eshelby tensor (Chaboche *et al.* , 2005) , the approach developed seems more rational; on the other hand, the regular tangent modulus is employed in Eq. (15) , instead of its isotropic approximation. (2) For an elastic medium, $L = L^e$ and $(L^e)^{-1} : L = I_4$, therefore Eq. (15) is automatically reduced to $S = S^e$, i. e. , the obtained Eshelby tensor for the EPM returns to the conventional one for pure elastic medium, which also indicates that Eq. (15) can be used unifiedly for both elastic and elastoplastic deformation stages; (3) It possesses very high computational efficiency. It can be seen in Eq. (15) that S is determined by L^e, L and S^e only, in which S^e is constant. Hence, at any stage of a plastic deformation, S can be computed simply and directly, with no need of time – consuming numerical ellipsoidal integrals.

2 Simulation and Verification

2.1 Conventional Mori – Tanaka Scheme

In this section the evaluation capability of the developed approach is demonstrated and compared with that of some existing ones. We embed the obtained Eshelby tensor in the conventional Mori – Tanaka scheme for the evaluation of the mechanical properties of composites consisting of elastoplastic matrix and purely elastic reinforcement particles. The strain increment in a particle inclusion, $\Delta \varepsilon^c$, is related to the strain increment in the matrix, $\Delta \varepsilon^m$, by

$$\Delta \pmb{\varepsilon}^c = \pmb{A}^c : \Delta \pmb{\varepsilon}^m \qquad (16)$$

where
$$\pmb{A}^c = [\pmb{L}^* + \pmb{L}^c]^{-1} : [\pmb{L}^* + \pmb{L}^m] \qquad (17)$$

with
$$\pmb{L}^* = \pmb{L}^m : (\pmb{S}^{-1} - \pmb{I}_4) \qquad (18)$$

and
$$\pmb{S} = [(\pmb{L}^{me})^{-1} : \pmb{L}^m] - 1 : \pmb{S}^e : [(\pmb{L}^{me})^{-1} : \pmb{L}^m] \qquad (19)$$

in which $\pmb{L}^{me}$ and $\pmb{L}^m$ denote respectively the elastic and tangent elastoplastic moduli of the matrix, $\pmb{L}^c$ is the elastic modulus of the particle inclusion, and $\pmb{S}^e$ is the Eshelby tensor determined by the elastic property of the matrix and the shape of the inclusion. For isotropic and elastic matrix and spherical elastic inclusions, $\pmb{S}^e$ can be expressed in following explicit form (Berveiller and Zaoui, 1979),

$$\pmb{S}^e = (1 - 2\beta)\pmb{I}_2 \otimes \pmb{I}_2 + \beta \pmb{I}_4 \qquad (20)$$

with
$$\beta = \frac{2(4 - 5\nu)}{15(1 - \nu)} \qquad (21)$$

where ν is the Poisson's ratio of the matrix. The incremental constitutive relations of the matrix and the inclusions can be expressed respectively as

$$\Delta \pmb{\sigma}^m = \pmb{L}^m : \Delta \pmb{\varepsilon}^m, \ \Delta \pmb{\sigma}^c = \pmb{L}^c : \Delta \pmb{\varepsilon}^c = \pmb{L}^c : \pmb{A}^c : (\pmb{L}^m)^{-1} : \Delta \pmb{\sigma}^m \qquad (22)$$

where $\Delta \pmb{\sigma}^m$ and $\Delta \pmb{\varepsilon}^m$ are the stress and the strain increments in the matrix, respectively, and $\Delta \pmb{\sigma}^c$ and $\Delta \pmb{\varepsilon}^c$ are those in the particle inclusions.

For a particulate composite with particle volume fraction c, taking into account the interaction between mediums and making use of the following relationships

$$\Delta \overline{\pmb{\sigma}} = c \Delta \pmb{\sigma}^c + (1 - c) \Delta \pmb{\sigma}^m \quad \text{and} \quad \Delta \overline{\pmb{\varepsilon}} = c \Delta \pmb{\varepsilon}^c + (1 - c) \Delta \pmb{\varepsilon}^m \qquad (23)$$

one obtains
$$\Delta \overline{\pmb{\sigma}} = \overline{\pmb{L}} : \Delta \overline{\pmb{\varepsilon}} \qquad (24)$$

where $\Delta \overline{\pmb{\varepsilon}}$ and $\Delta \overline{\pmb{\sigma}}$ denote the overall strain and stress increments respectively, and

$$\overline{\pmb{L}} = \pmb{L}^m + c(\pmb{L}^c - \pmb{L}^m) : \pmb{A}^c : [(1 - c)\pmb{I}_4 + c\pmb{A}^c]^{-1} \qquad (25)$$

is the effective tangent elastoplastic modulus of the composite (Benveniste, 1987).

The strain increment in the matrix can be obtained as

$$\Delta \pmb{\varepsilon}^m = [(1 - c)\pmb{I}_4 + c\pmb{A}^c]^{-1} : \Delta \overline{\pmb{\varepsilon}} \qquad (26)$$

Given $\Delta \overline{\pmb{\sigma}}$ (or $\Delta \overline{\pmb{\varepsilon}}$), the response of $\Delta \overline{\pmb{\varepsilon}}$ (or $\Delta \overline{\pmb{\sigma}}$) can be obtained with Eq. (24).

The capabilities of the Eshelby tensors using the two kinds of isotropic approximations of the tangent elastoplastic modulus suggested by Chaboche et al. (2005) will be exhibited for comparison. One is the general projection method (Bornert, 2001; Doghri and Ouaar, 2003), in which the following isotropic approximation of the tangent elastoplastic modulus is defined

$$(\pmb{L}^m)^{iso} = (\pmb{J} : : \pmb{L}^m)\pmb{J} + \frac{1}{5}(\pmb{K} : : \pmb{L}^m)\pmb{K} \qquad (27)$$

where $\pmb{L}^m$ is the tangent elastoplastic modulus of the matrix, $(\pmb{L}^m)^{iso}$ is the isotropic approximation of $\pmb{L}^m$, $\pmb{J} = \frac{1}{3}(\pmb{I}_2 \otimes \pmb{I}_2)$ and $\pmb{K} = \pmb{I}_4 - \pmb{J}$.

The other was defined by Chaboche et al. (2005) as

$$(L^m)^* = 3K^m J + 2\gamma^m K \tag{28}$$

where $(L^m)^*$ is the isotropic approximation of L^m, and

$$\gamma^m = \frac{G^m h^{mp}}{3G^m + h^{mp}} \tag{29}$$

Here K^m and G^m are the bulk and elastic shear moduli of the matrix, respectively, and $h^{mp} = \frac{\partial \sigma_{eq}}{\partial p}$ denotes the current plastic modulus.

The isotropic approximations of the tangent elastoplastic modulus defined in Eqs. (27) and (28) will be used for the determination of the Eshelby tensor S by following the approach by Chaboche et al. (2005). The obtained S will also be embedded in the Mori – Tanaka scheme for the evaluation of the mechanical properties of composites for comparison.

2. 2　Finite element simulation

We assume the composite studied has a regular or nearly regular microstructure, which is composed of many repetitive 3D square unit cells. Then its mechanical properties can be evaluated by making use of the periodic homogenization approach (Kanouté et al. , 2009). A unit cell is shown in Fig. 1, with which one can obtain the equivalent or overall properties of the composite by applying the periodic boundary conditions.

We compare the proposed model with FE simulations. The material configuration is a nonlinear composite, with spherical isotropic elastic inclusions embedded in an elastoplastic matrix. The inclusion is perfectly bonded to the matrix. Three different loading conditions are assumed: uniaxial tension, pure shear, and combined biaxial tension and shear. For the biaxial stress states shown in Fig. 1, proportional paths in the $\sigma - \tau$ plane are assumed. Periodic boundary conditions are imposed in all three directions.

In order to verify the FE approach, the overall response of an Al – SiC composite with the same material parameters as Chaboche et al. (2005) subjected to monotonic tensile loading are simulated. The excellent agreement between the obtained results and those by Chaboche et al. (2005) ensures the validity and accuracy of the adopted FE approach.

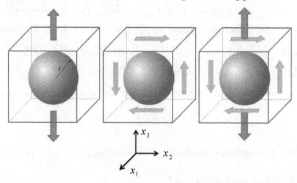

Fig. 1　Single unit cell of the composite under three different loading conditions

2.3　Constitutive models

For convenience of the comparison between the proposed MFH approach and the existing models, in addition to Hooke's law for the elastic response, the following loading function, related to a von – Mises type of elastoplasticity for mixed hardening materials, is adopted, in accordance with that used by Chaboche *et al.* (2005),

$$f = \|\boldsymbol{\sigma} - \boldsymbol{\alpha}\| - (\sigma_0 + \kappa) \leqslant 0 \tag{30}$$

where
$$\dot{\boldsymbol{\alpha}} = H \dot{\boldsymbol{\varepsilon}}^p, \quad \kappa = hp^\alpha, \quad \dot{p} = \sqrt{\frac{2}{3}\dot{\boldsymbol{\varepsilon}}^p : \dot{\boldsymbol{\varepsilon}}^p} \tag{31}$$

in which $\boldsymbol{\sigma}$ is the current state of stress, σ_0, H, h and α are material constants. If $H = 0$, Eq. (30) is reduced to that of isotropic hardening; if $h = 0$, it corresponds to linearly kinematic hardening; and if both $H = 0$ and $h = 0$, Eq. (30) returns to that for perfectly plastic materials.

The elastoplastic behavior of an Al – SiC composite is to be evaluated, which consists of aluminum matrix and reinforcement SiC particles, . The matrix is elastoplastic, while the SiC particles are approximately assumed to be elastic and spherical. For easy comparison, the material constants used by Chaboche *et al.* (2005) are adopted and listed in Table 1, in which G and ν are the elastic shear modulus and the Poisson's ratio, respectively. The particle volume fraction $c = 0.3$.

2.4　Simulation and verification

Five different approaches are used for comparison: (1) the proposed approach (PRO-A), i. e. , Mori – Tanaka scheme where the Eshelby tensor is determined with Eq. (15); (2) Mori – Tanaka scheme with the Eshelby tensor determined by the original tangent elastoplastic modulus (TEP); (3) Mori – Tanaka scheme with the Eshelby tensor determined using the isotropic approximation of the tangent elastoplastic modulus, Eq. (27), (ISOA_I); (4) Mori – Tanaka scheme with the Eshelby tensor determined using the isotropic approximation of the tangent elastoplastic modulus, Eq. (28), (ISOA_II); and (5) FE simulation result as the reference of the other approaches (FE reference, FERE).

Table 1　Material constants

Material	G(GPa)	ν	σ_0(MPa)	H(MPa)	h(MPa)	α
SiC	166. 67	0. 20	—	—	—	—
Al (E – PP)	28. 85	0. 30	75	0	0	—
Al (E – KH)	28. 85	0. 30	75	1000	0	—
Al (E – IH)	28. 85	0. 30	75	0	416	0. 3895

E – PP: elastic – perfectly plastic; E – KH: elastic – linearly kinematic hardening; E – IH: elastic – isotropic hardening

2.4.1　Elastic – perfectly plastic matrix

The tensile responses of the composite with elastic – perfectly plastic matrix (E – PP in Table 1) are shown in Fig. 2. Compared with FERE (Chaboche, *et al.* , 2005), either PRO-

101

A, ISOA_I or ISOA_II yields slightly higher stresses. However, TEP predicts a much stiffer response. Insignificant differences can be detected between the results by PROA, ISOA_I and ISOA_II. It is known that the material parameter involved in the Eshelby tensor for an isotropic medium is only the Poisson's ratio, and since in ISOA_I and ISOA_II the tangent elasto-plastic moduli are isotropized, the difference between the Poisson's ratios used in the determination of the Eshelby tensor should account for the difference between the solutions. In the last increment of loading, the Poisson's ratios of the matrix in ISOA_I and ISOA_II are 0.336 and 0.50, respectively. Although the difference seems remarkable, it does not affect distinctly the overall stress – strain curves.

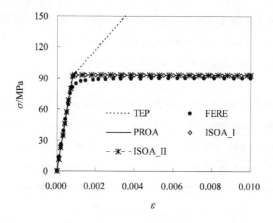

Fig. 2　Comparison between tensile σ –ε curves of Al – SiC with elastic – perfectly plastic matrix

In order for the readers to compare the efficiency of PROA with the other approaches, the CPU time intervals for the computations for the results shown in Fig. 2 were recorded: the CPU time intervals for the whole processes with PROA, ISOA_I and ISOA_II are respectively less than 0.2 second on a personal computer, but the total CPU time interval for the whole process with TEP is about 192.8 seconds, because it involves numerical ellipsoidal integral for the Eshelby's tensor in each iteration of each incremental loading. In the computations related to PROA, ISOA_I and ISOA_II, the computational efficiencies are extremely high, because none of which involves the time – consuming numerical ellipsoidal integral. In PROA Eqs. (20) and (15) are used to calculate directly the Eshelby tensor; in ISOA_I and ISOA_II the Eshelby tensor can be calculated directly with Eq. (20), where the Poisson's ratios are obtained from the tangent elastoplastic moduli isotropized with Eq. (27) and Eq. (28), respectively.

2.4.2　Elastic – isotropic hardening matrix

The tensile responses of the composite with elastic – isotropic hardening matrix (E – IH in Table 1) are shown in Fig. 3, where PROA, ISOA_I and ISOA_II predict slightly lower stresses compared with FERE (Chaboche, et al., 2005). The maximum stresses at ε = 0.04 by PROA, ISOA_I and ISOA_II are 270.65 MPa, 272.20 MPa and 270.65 MPa, respectively. However, TEP yields a too stiff a stress response (Chaboche, et al., 2005).

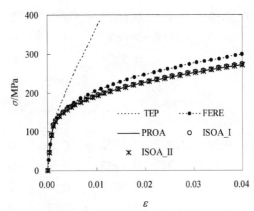

Fig. 3　Comparison between tensile $\sigma - \varepsilon$ curves of Al – SiC with elastic – isotropic hardening matrix.

2. 4. 3　Elastic – linearly kinematic hardening matrix

Fig. 4 shows the tensile responses of the composite with elastic – linear kinematic harden-ing matrix (E – KH in Table 1). Compared with FERE (Chaboche *et al.* , 2005) , each of PROA, ISOA _ I and ISOA _ II delivers a slightly lower stress response. The difference between the results by PROA, ISOA _ I and ISOA _ II is negligible, and the stresses at ε = 0. 01 by PROA, ISOA _ I and ISOA _ II are 118. 17 MPa, 118. 42 MPa and 120. 42 MPa, respective-ly. At the end of loading, the Eshelby matrixes $[S_{PROA}]$, $[S_{ISOA\_I}]$ and $[S_{ISOA\_II}]$, obtained respectively by the PROA, ISOA _ I and ISOA _ II, are shown in Eqs. (32) , (33) and (34) for comparison. It can be seen that in all the three cases the Eshelby matrixes are iso-tropic, and although there is some difference between the Eshelby tensors in these three cases, the effect of the differences on the stress – strain curves is insignificant.

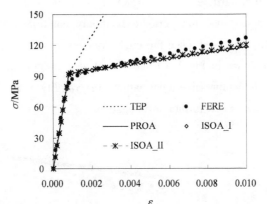

Fig. 4　Comparison between tensile $\sigma - \varepsilon$ curves of Al – SiC with elastic – linearly kinematic hardening matrix.

$$[S_{PROA}] = \begin{bmatrix} 0.5238 & 0.0476 & 0.0476 & 0 & 0 & 0 \\ & 0.5238 & 0.0476 & 0 & 0 & 0 \\ & & 0.5238 & 0 & 0 & 0 \\ & & & 0.4672 & 0 & 0 \\ & \text{symm.} & & & 0.4672 & 0 \\ & & & & & 0.4672 \end{bmatrix} \quad (32)$$

$$[S_{\text{ISOA\_I}}] = \begin{bmatrix} 0.5339 & 0.0678 & 0.0678 & 0 & 0 & 0 \\ & 0.5339 & 0.0678 & 0 & 0 & 0 \\ & & 0.5339 & 0 & 0 & 0 \\ & & & 0.4661 & 0 & 0 \\ \text{symm.} & & & & 0.4661 & 0 \\ & & & & & 0.4661 \end{bmatrix} \quad (33)$$

$$[S_{\text{ISOA\_II}}] = \begin{bmatrix} 0.5987 & 0.1973 & 0.1973 & 0 & 0 & 0 \\ & 0.5987 & 0.1973 & 0 & 0 & 0 \\ & & 0.5987 & 0 & 0 & 0 \\ & & & 0.4013 & 0 & 0 \\ \text{symm.} & & & & 0.4013 & 0 \\ & & & & & 0.4013 \end{bmatrix} \quad (34)$$

Fig. 5 shows the responses of the composite with elastic – linear kinematic hardening matrix (E – KH in Table 1) subjected to pure shear deformation. It can be seen that the shear stresses predicted by PROA, ISOA _ I and ISOA _ II are almost identical, but distinctly larger than that of FERE. The comparison between the results in Fig. 4 and Fig. 5 shows that, when using the PROA ISOA _ I and ISOA _ II, the obtained equivalent overall stresses of the composite subjected to pure tension are quite close to those subjected to pure shear. However, for FERE, the equivalent stress of the composite under pure shear deformation is distinctly lower than that under pure tensile deformation. Further analysis showed that the distribution of the particles in the adopted unit cell may affect the result, for example, if we arrange one particle at the center and an eighth particle in each corner of the cubic unit cell, keep the particle volume fraction unchanged and use the periodic boundary condition, the corresponding shear stress could be distinctly increased (see the curve labeled by FERE1 in Fig. 5). In the previous work, the unit cell shown in Fig. 1 (Chaboche $et\ al.$, 2005) was mainly used and verified in the case of tensile/compressive deformation, the validity of the unit cell for more complicated states of stress may need further investigation.

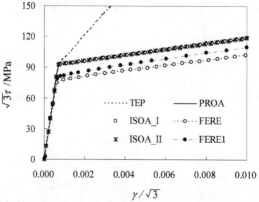

Fig. 5   Comparison between $\tau - \gamma$ curves of Al – SiC with E – KH matrix subjected to

overall pure shear deformation

The $\sigma - \varepsilon$ curves of the composite subjected to reversed symmetrical tensile – compressive strain calculated with different approaches are shown in Fig. 6. It can be seen that, the stress – strain curves obtained with PROA, ISOA _ I and ISOA _ II almost coincide with each other, and agree reasonbaly with that of FERE. In contrast, TEP markedly over – evaluates the stress.

The $\sigma - \varepsilon$ and $\tau - \gamma$ curves of the composite subjected to a biaxial stress by a proportional path with $\sigma : \sqrt{3}\tau = 1$ calculated with different approaches are shown in Fig. 7, respectively, where the tensile $\sigma - \varepsilon$ curves obtained with PROA and ISOA _ I are close to that of FERE, while the shear $\tau - \gamma$ curves obtained with PROA and ISOA _ I appear slightly higher than that with FERE. The relationships of the equivalent stresses σ_{equ} against equivalent strains ε_{equ} are shown in Fig. 7c, where satisfactory agreement between the results with PROA and ISOA _ I and that of FERE can be found.

2.4.4　Porous materials

We demonstrate the validity of the proposed approach in the evaluation of the mechanical responses of some other heterogeneous materials rather than the composites reinforced by elastic particles. A discriminant test (since the contrast between the phases is infinite) is to be performed, in which we apply PROA to elastoplastic porous materials consisting of spherical voids randomly distributed in an elastoplastic J_2 matrix involving different hardenings.

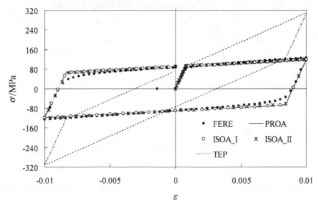

Fig. 6　Comparison between $\sigma - \varepsilon$ curves during reversed tension – compression of Al – SiC with E – KH matrix

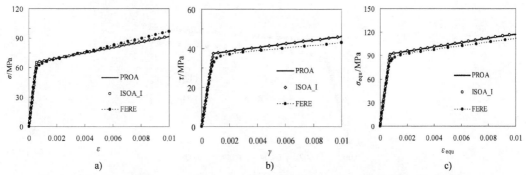

Fig. 7　Comparison between results during proportional loading of Al – SiC with E – KH matrix.

a) $\sigma - \varepsilon$ curve　b) $\tau - \gamma$ curve　c) Equivalent stress – strain curve

The numerical examples in this subsection are related to the mechanical responses of porous aluminums with various kinds of hardening, the mechanical properties of the matrix are the same as those listed in Table 1, where the voids are treated as spherical inclusions with vanishing elastic shear modulus.

The tensile $\sigma - \varepsilon$ curves of porous aluminum with elastic – perfectly plastic matrix are shown in Fig. 8, where the results obtained with PROA, ISOA_I and ISOA_II almost identical, the maximum stress are all 52.65 MPa, about 10% higher than the $\sigma - \varepsilon$ curve by FERE. TEP predicted a little stiffer response. The over estimation of the MFH approaches could be partly attributed to that the Mori – Tanaka scheme may under – estimate the contribution of the voids to the response of porous materials (Christensen and Lo, 1979).

Fig. 9 shows the tensile $\sigma - \varepsilon$ curves of porous aluminum with elastic – perfectly plastic matrix, where the tendency is almost identical with that shown in Fig. 8. The $\sigma - \varepsilon$ curves obtained with PROA, ISOA_I and ISOA_II are higher that by FERE, but insignificant different can be found between the curves by PROA, ISOA_I and ISOA_II, the stress at $\varepsilon = 0.01$ in the three cases are 59.70 MPa, 59.75 MPa, and 59.70 MPa, respectively. The $\sigma - \varepsilon$ curve by TEP is slightly higher and the stress at $\varepsilon = 0.01$ is 61.80 MPa.

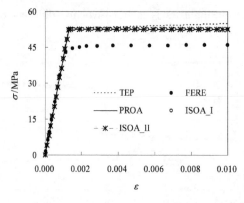

Fig. 8　Comparison between tensile $\sigma - \varepsilon$ curves of porous aluminum with elastic – perfectly plastic matrix

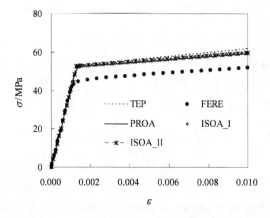

Fig. 9　Comparison between tensile $\sigma - \varepsilon$ curves of porous aluminum with linearly kinematic hardening matrix

106

It can be seen in Fig. 10 that the tensile $\sigma - \varepsilon$ curves of porous aluminum with isotropic hardening matrix obtained with PROA, ISOA _ I and ISOA _ II are higher that that with FERE. Some minor difference can be detected between the results by PROA, ISOA _ I and ISOA _ II, for example the stresses at $\varepsilon = 0.01$ are 126.11 MPa, 131.42 MPa and 126.03 MPa for the three cases, respectively.

The comparison between the responses of the porous aluminum with linearly kinematic hardening matrix subjected to reversed symmetrical tensile – compressive straining predicted with different approaches are shown in Fig. 11. It can be seen that the difference between the results by PROA, ISOA _ I and ISOA _ II is insignificant, each of which predicts larger stress than FERE. TEP yields a little larger stress than PROA, ISOA _ I and ISOA _ II.

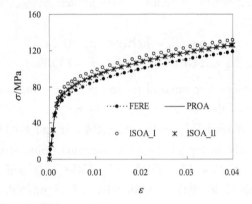

Fig. 10 Comparison between tensile $\sigma - \varepsilon$ curves of porous aluminum with isotropic hardening matrix

It can be seen that, compared with the responses of the composites with elastic reinforcement particles, the responses of porous aluminum predicted with TEP are just slightly larger than the results by PROA, ISOA _ I and ISOA _ II, which may be attributed to the extremely low stiffness of the inclusions (voids).

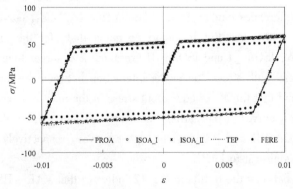

Fig. 11 Comparison between $\sigma - \varepsilon$ curves during reversed tension – compression of
porous aluminum with E – KH matrix

2.4.5 Some other numerical examples

Many previous examples showed that a model might be less accurate in describing the mechanical properties when the matrix presents weak hardening, and the limit case would be obtained considering a perfectly plastic matrix (Brassart *et al.* , 2011). Therefore, it may be critical to verify our approach in this case, i. e. , the composite adopted consists of elastic and perfectly – plastic metal matrix and elastic reinforcement particle inclusions. Brassart *et al.* (2011) verified in this case the validity of the two incremental variational principle based approaches (VAR + FE and VAR + HS) by comparing with the reference result obtained with FE simulation. In VAR + FE, the linear comparison composite (LCC) is homogenized "exactly" using FE method, where first – and second – order moments of stress and strain fields involved are computed from direct volume averaging of the local fields in the LCC. In VAR + HS, the estimates of the effective response of inclusion – reinforced linear elastic composites are provided by Hashin – Shtrikman (HS) lower bound. The mechanical properties of the matrix (Phase m) and the reinforcement particles (Phase p) are given as follows, with the particle volume fraction $c = 0.15$,

Particle inclusions (Phase p), $E_p = 400\text{GPa}$, $\nu_p = 0.2$;

Matrix (Phase m), $E_m = 75\text{GPa}$, $\nu_m = 0.3$, $\sigma_s = 75\text{MPa}$

The composite is subjected to uniaxial tension in the z – direction. The overall $\overline{\sigma}_{33} - \overline{\varepsilon}_{33}$ curves and the variations of the ratios $(\sigma_{33})_r / \sigma_s$ ($r = p$, m) in different phases, obtained with FERE, VAR + FE, VAR + HS, ISOA _ I, ISOA _ II and PROA, are shown in Figs. 12 (a) and (b), respectively. In Fig. 12 (a) the maximum values of the effective tensile stress of FERE, VAR + FE, VAR + HS, ISOA _ I, ISOA _ II and PROA are 79. 64MPa, 83. 86MPa, 81. 31 MPa, 83. 91 MPa, 83. 68 MPa and 83. 68 MPa, respectively. It can be seen that, compared with FERE, the VAR + FE model most overestimates the effective response, due to an unsuccessful prediction of the inclusion response; but the predictions are more accurate using HS lower bound to homogenize the LCC (Brassart *et al.* , 2011). The curve obtained with PROA is about 5% higher than that with FERE and a little higher than that with VAR + HS but a little lower than that with VAR + FE. The overall effective tensile stress by ISOA _ II is the same as that by PROA, and ISOA _ II yields a slightly high maximum stress. Insignificant differences can be found between the $\sigma_{33} - \varepsilon_{33}$ curves of the matrix obtained with different approaches. But it should be noted that, for the matrix, the values of $(\sigma_{33})_m / \sigma_s$ by PROA, ISOA _ I and ISOA _ II are about 2% larger than unit, which can be attributed the additional bulk stress due to the interaction between the matrix and inclusions, because it can be found that the Mises equivalent stress in the matrix is exactly equal to σ_s after yield. For the $\sigma_{33} - \varepsilon_{33}$ curves of the particle inclusions, it can be seen that VAR + FE, VAR + HS, ISOA _ I, ISOA _ II and PROA yield higher curves, respectively, among which, the one with VAR + HS is closest to FERE.

The comparison between the results in Fig. 12 indicates that VAR + HS delivers better prediction than PROA, which can be attributed to that, (1) in VAR + HS, the estimates are provided by Hashin – Shtrikman (HS) lower bound, for this particle reinforcement composite, which should be lower than those with PROA, ISOA _ I and ISOA _ II, in which the Mori – Tanaka scheme are adopted (Christensen and Lo, 1979); (2) in VAR + HS the second moment of stress (or strain) is used to take into account the field fluctuations within the phases, which may also help reducing the over – stiff evaluation for the effective properties of composites.

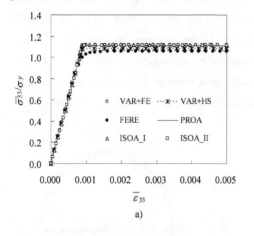 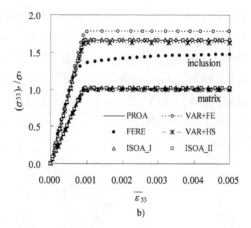

a) b)

Fig. 12 Macroscopic a) and phase b) response of a periodic composite with
an elastic – perfectly plastic matrix and elastic inclusions (c = 0.15)

a) Overall stress $\bar{\sigma}_{33}$ against overall strain $\bar{\varepsilon}_{33}$ b) $(\sigma_{33})_m$ and $(\sigma_{33})_p$ against overall strain $\bar{\varepsilon}_{33}$

In order to verify the validity of the proposed approach in the prediction of the response of particulate composites subjected to non – radial loading, the results obtained by Lahellec and Suquet (2013) with a Fast Fourier Transforms (FFT) – based numerical method are simulated and shown in Fig. 13. The process is controlled by the overall strain defined as

$$\bar{\varepsilon}_{ij}(t)e_ie_j = \bar{\varepsilon}_{33}(t)\left(-\frac{1}{2}e_1e_1 - \frac{1}{2}e_2e_2 + e_3e_3 \right) + \bar{\varepsilon}_{13}(t)(e_1e_3 + e_3e_1 + e_2e_3 + e_3e_2).$$

(35)

The variations of $\bar{\varepsilon}_{33}(t)$ and $\bar{\varepsilon}_{13}(t)$ are shown in Fig. 13a, where $\bar{\varepsilon}_{33}(t)$ is applied first at a constant rate without applying $\bar{\varepsilon}_{13}(t)$; when $\bar{\varepsilon}_{33}(t)$ reaches the maximum, $\bar{\varepsilon}_{13}(t)$ is increased at a constant rate while $\bar{\varepsilon}_{33}(t)$ is kept constant. $\bar{\varepsilon}_{33}(t)$ begins to decrease once $\bar{\varepsilon}_{13}(t)$ reaches the maximum, and $\bar{\varepsilon}_{13}(t)$ keeps constant during the decrease of $\bar{\varepsilon}_{33}(t)$ until $\bar{\varepsilon}_{33}(t)$ =0; finally, $\bar{\varepsilon}_{13}(t)$ is decreased to zero. The variations of $\bar{\varepsilon}_{33}(t)$ and $\bar{\varepsilon}_{13}(t)$ against time t are also shown in Fig. 13a.

The present composite consists of elastic and perfectly – plastic matrix and elastic particles, with the following material constants:

Matrix: λ =20GPa, μ =6GPa, (identical with G = 6GPa, ν = 0.3636)

Particles : λ = 10GPa, μ =3GPa, (identical with G = 3GPa, ν = 0.3636) and σ_s = 100MPa

where λ and μ are the two Lame constants.

Figs. 13b ~ d show the resulting stress trajectory, and the variations of the overall $\bar{\sigma}_{33}$ and $\bar{\sigma}_{13}$ against time, respectively. The peak values of $\bar{\sigma}_{33}$ in Fig. 10c are 70.78 MPa (FFT),

74. 84 MPa (RVP), 70. 92 MPa (ISEC), 71. 72 MPa (ISOA _ I), 71. 44 MPa (ISOA _ II) and 71. 03 MPa (PROA); and the peak values of $\overline{\sigma}_{13}$ in Fig. 13d are 43. 40 MPa (FFT), 45. 77 MPa (RVP), 43. 32 MPa (ISEC), 43. 98 MPa (ISOA _ I), 43. 81 MPa (ISOA _ II) and 43. 58 MPa (PROA), respectively. It can be seen in Figs. 13b ~ d that ISEC, PROA, ISOA _ I and ISOA _ II can reasonably replicate the reference FFT results. Among these approaches, ISEC yields the results most close to the reference FFT results, and PROA, ISOA _ II and ISOA _ I replicate satisfactorily the reference results. However, RVP yields a little stiffer result.

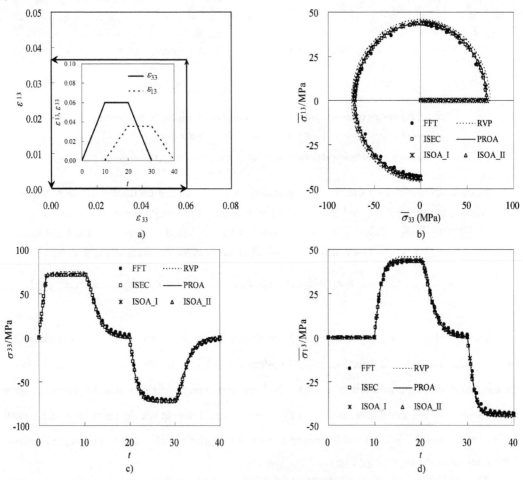

Fig. 13 Particulate composite with elastic and perfectly – plastic matrix and elastic particles ($c = 0.17$), subjected to non – radial path in strain space

a) Prescribed path in strain space.   b) Resulting path in stress space   c) Variation of overall $\overline{\sigma}_{33}$ against t

d) Variation of overall $\overline{\sigma}_{13}$ against t

It should be noted that in all the results shown in this article, the differences between the results obtained with ISOA _ I and ISOA _ II are insignificant. It was noted by Pierard and Doghri (2006) that the effective behavior derived by making use of Eq. (27) (used in ISOA

_ I) is generally stiffer than that derived by making use of Eq. (28) (used in ISOA _ II), it should be true but the effect does not seem quite distinct in all the results in this article. This can be attributed to that Eqs. (27) and (28) are only used for the derivation of the Eshelby tensor, where only the equivalent Poisson's ratio works. In the constitutive equation, the original tangent elastoplastic modulus keeps working, which should dominantly govern the effective behavior of the materials.

3   Conclusions

A new approach was proposed for predicting the mechanical properties of composites consisting of elastic particles and elastoplastic matrix. The approach is based on a rational derivation of the Eshelby tensor, which was then embedded in the Mori – Tanaka scheme. The responses of some particulate composites consisting of elastic particles and elastoplastic matrix of three different plastic constitutive laws, were analyzed and compared with the reference results by finite element simulations or Fast Fourier Transforms (FFT) – based numerical method. The main conclusions can be drawn as follows:

(1) The proposed Eshelby tensor for elastoplastic midiums has a simple and elegant form, which can easily be embedded in the conventional mean – field homogenization schemes.

(2) The proposed determination approach of the Eshelby tensor possesses distinct advantages. It is more rational and of definite physical sense; it can be used unifiedly for both elastic and elastoplastic media; it has very high computational efficiency, since it can be computed directly with the Eshelby tensor for its reference elastic medium as well as the elastic and elastoplastic moduli of the medium, without performing time – consuming numerical ellipsoidal integral in each increment of loading; and it can easily be extended to the analysis of the elasto – viscoplastic behavior of composites.

(3) The predictions to the responses of some particulate composites and porous materials subjected to monotonic and reversed stress histories by different paths in $\sigma - \tau$ plane showed that the results obtained with the proposed approach agree reasonably with the FE reference results and FFT – based computational results. It is interesting that in almost all the cases the results obtained with the Eshelby tensor determined using the two isotropic approximations of the tangent elastoplastic modulus (Chaboche et al., 2005) coincides well with that obtained with those using the proposed approach.

(4) Compared with the conventional Eshelby solution – based MFH approaches for the equivalent properties of composites, it can be seen that the only difference in the proposed approach is the determination of the Eshelby tensor. Therefore, although in this article we combined the developed Eshelby tensor with the Mori – Tanaka scheme, there is no difficulty for the approach to be further used in other popular Eshelby equivalent inclusion theory based schemes, e. g. , the self – consistent scheme and the generalized self – consistent scheme, etc.

REFERENCES

[1] Aboudi J, Pindera M J. Matrix mean – field and local – field approaches in the analysis of metal matrix composites [C]. In: Dvorak G J (Ed), Inelastic Deformation of Composite Materials [M]. New York: Springer, 1991, 761 – 779.

[2] Benveniste Y. A new approach to the application of Mori – Tanaka's theory in composite materials [J]. Mech Mater, 1987, 6 (2): 147 – 157.

[3] Berveiller M, Zaoui A. An extension of the self – consistent scheme to plastically – flowing polycrystals [J]. J Mech. Phys Solids, 1979, 26: 325 – 344.

[4] Bornert M. Homogénéisation des milieux aléatoires; bornes et estimations [C]. In: Bornert M, Bretheau T, Gilormini P (Eds), Homogénéisation en Mécanique des Matvériaux, 2001, Hermés Science Publications, 1: 133 – 221.

[5] Brassart L, Stainier L, Doghri I, et al. A variational formulation for the incremental homogenization of elasto – plastic composites [J]. J Mech Phys Solids, 2011, 59: 2455 – 2475.

[6] Budiansky B. On the elastic moduli of some heterogeneous materials [J]. J Mech Phys Solids, 1965, 13 (4): 223 – 227.

[7] Budiansky B, Wu T T. Theoretical prediction of plastic strains of polycrystals [C]. In Proc 4th U. S. Nat Congr Appl Meek, 1962, 1175 – 1185.

[8] Carlson D E. Dependence of linear elasticity solutions on the elastic constants, I. Dependence on Poisson's ratio in elastostatics [J]. J Elast, 1971, 1 (2): 145 – 151.

[9] Chaboche J L, Kanouté P, Roos A. On the capabilities of mean – field approaches for the description of plasticity in metal matrix composites [J]. Int J Plast, 2005, 21: 1409 – 1434.

[10] Christensen R M, Lo K H. Solutions for effective shear properties in three phase sphere and cylinder models [J]. J Mech Phys Solids, 1979, 27: 315 – 330.

[11] Doghri I, Ouaar A. Homogenization of two – phase elasto – plastic composite materials and structures. study of tangent operators, cyclic plasticity and numerical algorithms [J]. Int J Solids Struct, 2003, 40: 1681 – 1712.

[12] Dvorak G, Rao M. Axisymmetric plasticity theory of fibrous composites [J]. Int J Eng Sci, 1976, 14: 361 – 373.

[13] Dvorak G, Benveniste Y. On transformation strains and uniform fields in multiphase elastic media [J]. Proc R Soc Lond, 1992, A 437: 291 – 310.

[14] Eshelby J D. The determination of the elastic field of an ellipsoidal inclusion, and related problems [J]. Proc Roy Soc Lond, 1957, A241: 376 – 397.

[15] Hershey A V. Cubic crystals [J]. J Appl Mech, 1954. 21 (3): 236 – 240.

[16] Hill R. A self – consistent mechanics of composite materials [J]. J Mech Phys Solids, 1965, 13 (4): 213 – 222.

[17] Hori M, Nemat – Nasser S. Double – inclusion model and overall moduli of multi – phase composites [J]. Mech Mater, 1993, 14 (3): 189 – 206.

[18] Huang Y, Hu K X, Wei X, et al. A generalized self – consistent mechanics method for a composite with multi – phase inclusions [J]. J Mech Phys Solids, 1994, 42: 491 – 504.

[19] Hutchinson J W. Bounds and self – consistent estimates for creep and polycrystalline materials [J]. Proc R Soc Lond, 1976, A 348: 101 – 127.

[20] Kanouté P, Boso D P, Chaboche J L, et al. Multiscale methods for composites: a review [J]. Arch

Comput Methods Eng, 2009, 16: 31 – 75.

[21] Knops R J. On the variation of Poisson's ratio in the solution of elastic problems [J]. Q J Mech Appl Math, 1958, 11: 326 – 350.

[22] Kröoner E. Berechung der elastischen konstanten des vielkristalls aus den konstanten des einkristalls [J]. Z für Phys, 1958, 151 (4): 504 – 518.

[23] Kröner E. Zur plastichen Verformung des Vielkristalls [J]. Acta Metall, 1961, 9: 155 – 161.

[24] Lahellec N, Suquet P. Effective response and field statistics in elasto – plastic and elasto – viscoplastic composites under radial and non radial loadings [J]. Int J Plast, 2013, 42: 1 – 30.

[25] Mori T, Tanaka K. Average stress in matrix and average elastic energy of materials with misfitting inclusions [J]. Acta Metall, 1973, 21 (5): 571 – 574.

[26] Nemat – Nasser S, Hori M. Micromechanics: Overall Properties of Heterogeneous Materials [M]. North – Holland: Elsevier, 1993.

[27] Pindera M J, Aboudi J. Micromechanical analysis of yielding of metal matrix composites [J]. Int J Plast, 1988, 4 (3): 195 – 214.

[28] Pierard O, Doghri I. Study of various estimates of the macroscopic tangent operator in the incremental homogenization of elastoplastic composites [J]. Int J Multiscale Comput Eng. 2006, 4: 521 – 543.

[29] Sternberg E, Muki R. Note on the expansion in powers of Poisson's ratio of solutions in elastostatics [J]. Arch Ration Mech Anal, 1959, 3: 229 – 234.

[30] Suquet P. Effective properties of nonlinear composites [C]. In: Suquet P. (Ed.), Continuum Micromechanics, Berlin: Springer Verlag, 1997, 197 – 264.

[31] Weng G J. Some elastic properties of reinforced solids, with special reference to isotropic ones containing spherical inclusions [J]. Int J Eng Sci, 1984, 22 (7): 845 – 856.

[32] Westergaard H M. Effects of a change of Poisson's ratio analyzed by twinned gradients [J]. J Appl Mech, 1940, 7: 113 – 116.

[33] Wu L, Noels L, Adam L, Doghri I. An implicit – gradient – enhanced incremental – secant mean – field homogenization scheme for elasto – plastic composites with damage [J]. Int J Solids Struct, 2013, 50: 3843 – 3860.

[34] Zaoui A, Masson, R. Modelling stress – dependent transformation strains of heterogeneous materials [C]. IUTAM Symposium. Cairo: Kluwer Academic Publishers, 1998, 3 – 15.

Appendix

In general, for a pure traction boundary value problem of a structure composed of uniform linear and isotropic material, if a stress increment $\Delta\sigma_{ij}$ satisfies both equilibrium differential equation and the traction boundary condition, then $\Delta\sigma_{ij}$ is statically admissible. It can be seen that the distribution of the stress increment in the REM can serve as some kind of statically admissible one in the EPM, because it meets exactly the equilibrium differential equation and the traction boundary condition for the EPM. If the stress version of the condition of compatibility $\nabla^2(\Delta\sigma_{ij}) + \frac{1}{1+\nu}\Delta\sigma_{kk,ij} = 0$ (in the case of a constant body force, and the change of ν in an increment can be neglected provided the increment is sufficiently small) is further satisfied, $\Delta\sigma_{ij}$ will be the true solution of the problem. It can be seen that $\Delta\sigma_{ij}$ depends only on ν, and the effect of ν would be limited in many cases because of its limited varying range.

On the other hand, the dependence of solutions of standard boundary value problems on Poisson's ratio,

ν, has been investigated by many researchers. Westergaard (1940) investigated the dependence on ν in three – dimensional elasticity, but his twinned gradient is a very limited representation for the displacement of solution. Knops (1958) delivered a clearer version of Westergaard's analysis with the Maxwell stress functions. Sternberg and Muki (1959) found that in a traction boundary value problem the stress is independent of ν if and only if the dilatation is affine. Carlson (1971) presented the following theorem for the traction boundary value problem:

In a pure traction boundary value problem, if the stress is independent of ν, then, the dilatation is affine, i. e. , of the form

$$\mathrm{tr}\widetilde{\varepsilon}(\boldsymbol{x}) = \boldsymbol{a} \cdot (\boldsymbol{x} - \boldsymbol{x}_0) + b \qquad (A.1)$$

where $\boldsymbol{a}$, $\boldsymbol{x}_0$ and b are constants. Conversely, if for one value of ν the dilatation is affine, then the stress is independent of ν. In fact, if the dilatation has the above affine form, the stress distribution is independent of ν, i. e. ,

$$\widetilde{\boldsymbol{\sigma}} = \hat{\boldsymbol{\sigma}}, \hat{\boldsymbol{u}} = \widetilde{\boldsymbol{u}} + \alpha\left\{ \left[\boldsymbol{a} \cdot (\boldsymbol{x} - \boldsymbol{x}_0) + b \right](\boldsymbol{x} - \boldsymbol{x}_0) - \frac{1}{2}\boldsymbol{a}\left[(\boldsymbol{x} - \boldsymbol{x}_0) \cdot (\boldsymbol{x} - \boldsymbol{x}_0) \right] + \boldsymbol{u}^0 \right\} \qquad \text{in } V \quad (A.2)$$

where $\widetilde{\boldsymbol{\sigma}}$ and $\hat{\boldsymbol{\sigma}}$ represent the stresses and $\widetilde{\boldsymbol{u}}$ and $\hat{\boldsymbol{u}}$ represent the displacements in the bodies with the Poisson's ratios $\widetilde{\nu}$ and $\hat{\nu}$, respectively.

We extend the theorem to the case of the Eshelby problem of elastoplastic medium. when an ellipsoidal subregion Ω in an isotropic, homogeneous and incrementally linearized medium is subjected to an eigenstrain. , corresponding equivalently to "eigen surface traction" applied over the interface, if the effects of the fluctuation of the Prisson's ratio or the deviation of the dilatation increment from the linear distribution (the incremental form of Eq. (A.1)) is insignificant, the stress in the EPM could be approximated with that in the REM. There are some special cases where the stress increment and its distributions are independent of the Poisson's ratio and the assumption becomes exact. For example, the simply connected plane stress or plane strain problems, and spherical Ω with thermal eigenstrain, etc.

In addition, the following reasons may also additionally account for the rationality of this assumption.

For all the examples exhibited in this article, the results obtained with the proposed approach (PROA) coincide well with the approach suggested by Chaboche et al. (2005), corresponding to the Poisson's ratios related to the isotropic approximations of the tangent elastoplastic modulus of the EPM (ISOA _ I and ISOA _ II), and the references obtained with FE approach. It is known that in ISOA _ I and ISOA _ II, the differences between the obtained Poisson's ratios are remarkable in some cases, but the difference between the responses of the composite is insignificant. This implies insignificant effects of the Poisson's ratio on the responses of the composites, and in turn, the rationality of the proposed approach.

In general, the approach developed should be available if the effect of the fluctuation of the Poisson's ratio or the deviation of the dilatation increment from the linear distribution is limited. It should be noted that the deviation of the distribution of the stress increment in the EPM from that in the REM may induce error in the evaluation of the effective properties and the responses of materials, therefore, the validity of the developed approach should be verified. We tried to deliver as many as possible the examples for it, and the results shows the rationality and validity of the developed approach.

重访圆柱形动物运动的能量储存与释放：躯体物理模型的椭圆化改进

靳世成，杨嘉陵*，邢运，杨先锋*

(北京航空航天大学固体力学研究所，北京100191)

摘要： 自然界中的圆柱形动物在运动过程中为提高运动效率，所进化出的皮肤表层或角质层中的螺旋纤维会不断储存和释放能量。为了了解表皮纤维在运动过程中的变形与能量耗散规律，Alexander 等人构建了圆截面模型，分析了纤维自由缠绕和纤维受限制缠绕两类动物运动过程中纤维应变随其角度变化的规律。然而，由于重力效应以及为快速运动增大摩擦接触面的进化机制作用，陆地圆柱形动物躯体更接近于一个扁椭圆。另一方面，水生动物受重力与浮力相互抵消作用，同时为使躯体在拍打水流时获得更大推力的进化效应，其截面形状更接近于一个长椭圆。本文在前人工作的基础上，重新建立动物躯体截面为椭圆的物理模型，并计算了运动过程中螺旋纤维长度的变化和能量耗散。结果表明，椭圆模型提高了纤维应变的计算精度，更加实际地揭示了圆柱形动物运动过程中能量的储存和释放机理，具有一定的仿生学启示。

关键词： 圆柱形动物；螺旋纤维；椭圆模型；纤维应变；能量储存与释放

在亿万年的生物进化过程中，许多生物进化出了圆柱或近似于圆柱形的身体形状，例如，有脊椎动物中的大部分鱼类和鲸鱼，无脊椎动物中的线虫和蠕虫。圆柱或类似于圆柱形的身躯，为这些动物的运动提供了很大的便利。为了维持自身的躯体结构，这些动物的皮肤表层或角质层进化出了多束螺旋形状的纤维[1]，更重要的是，运动过程中通过摆动或扭动身体使得这些纤维束的长度发生变化，储存和释放动物身体在运动过程中的能量，在提高运动效率的同时，大大节省了新陈代谢。纤维束的储能和转换优势很大程度上提高了此类动物体在激烈的捕食和被捕食关系中的存活率，对其在自然界中的生存和竞争有至关重要的作用[2]。因此，研究纤维束能量吸收和转换机制，对于揭示鱼类和鲸鱼类动物快速游动自然优选路径，启迪人类仿生学研究有重要的理论指导价值。

1 引言（历史回顾和存在的问题）

早在 20 世纪 50 年代，Harris 和 Crofton[3]就发现了蛔虫样本表皮纤维的螺旋角，并

基金项目：国家自然科学基金（11032001）；博新计划和博士后基金资助（BX20190024；2019M650443）

进行了测量，认为纤维与躯体中心轴的夹角为 75.5°，Clark 和 Cowey 在他们的论文中[4] 研究了纽虫和涡虫的表皮纤维，发现了纤维束可以控制其躯体的伸长和缩短，他们假定纤维缠绕的线虫、纽虫和涡虫的刚度明显大于无纤维躯体材料的刚度，纤维没有明显弹性，不能吸收和释放能量。20 世纪 60 年代，Clark[5] 在多种蠕虫和鱼类的皮肤层发现了螺旋型纤维结构，Woodley[6] 对海蛇尾纲动物的管状足的躯体膨胀进行了讨论，文中假设当躯体弯曲时体积保持不变，而纤维束会弹性伸长，纤维的张力依赖于纤维的应变且会影响躯体的内压。20 世纪 70 年代，Swanson[7] 运用纤维强化叠层组合材料的理论研究了线形动物角质层的力学性能，他的分析可以扩展到运用传统梁理论对躯体弯曲进行研究。但是传统的梁理论只适用于各向同性材料，对于动物躯体的同一横截面，在弯曲凸侧表现为拉力，凹侧表现为压力，在拉压模量不同的情况下，运用传统梁理论进行分析会产生一定的误差[6]。20 世纪 80 年代，Hebrank[8] 测量并绘制了鳗鱼皮肤的应力－应变曲线，当忽略动物躯体的刚度时，该模型可以很好地解释曲线的形状，但是不能解释周向刚度与径向刚度的比值问题。后来，Wainwright 等人在鲸鱼的表面也发现了螺旋纤维[9]。1986 年，Alexander 等[6] 采用简化理论模型分析了圆柱形动物表皮螺旋纤维在弯曲状态下长度的改变，他认为对于纤维自由缠绕的动物，弯曲后的纤维长度都会缩短，并且与纤维的螺旋角度和弯曲曲率有关；而对于纤维受限缠绕的动物，弯曲后凸侧纤维伸长，凹侧纤维缩短。他分别对纤维自由缠绕的动物（蠕虫、黄鳝等）和纤维受限缠绕的动物（鱼类、鲸鱼等）构建模型并进行仿真计算，得出弯曲后不同纤维螺旋角度所对应的应变变化规律。1989 年，Wadepuhl 和 Beyn[10] 用有限元的方法建立了蠕虫类型的躯体结构的物理平衡方程，并构建出其一般情况下的数学模型。20 世纪 90 年代，Maitland 在自然杂志上发表文章介绍了地中海果蝇幼体的跳跃模式，文中提到了幼体表面具有交错的螺旋纤维结构，纤维角度与水平线夹角约为 75°[11]。1994 年，Frolich，Labarbera 和 Stevens[12] 研究了具有交错螺旋纤维结构的水栖蝾螈皮肤的泊松比，文中指出不同位置的纤维螺旋角度不同，从 20° 到 80° 不等，并绘制了泊松比随应变变化而变化的曲线。1995 年，Schmitz[13] 用电镜观察了黄鲈鱼的显微结构，观察到了内含纤维的鞘结构。同年，Zanger、Schwinger 和 Greven[14] 研究了一种名为 Rana esculenta 的两栖类无尾目动物的皮肤的力学性能，并测量出其表皮螺旋纤维的与水平轴的夹角为 50° ~ 70°。1996 年，Ann Pabst[15] 研究了海豚真皮下的结缔组织鞘的形态，并构建出一种适用于水下脊椎动物的纤维缠绕的薄壁压力圆筒模型。1999 年，Lingham－Soliar[16] 通过观察英国的龙鱼化石，发现了带有纤维结构的软组织；两年后，他又对龙鱼化石表皮的纤维进行进一步观察，发现其表皮有三层纤维结构，最外面一层的螺旋纤维与水平轴夹角为 25° ~ 75°，中间层的夹角为 50° ~ 75°，最内层的夹角为 90°[17]。2000 年，Koehl、Quillin 和 Pell[18] 研究了非洲爪蟾（Xenopus laevis）胚胎的力学性能，文中指出其表皮上的螺旋纤维保护鞘会限制躯体弯曲过程中的膨胀，以此维持躯体的形状；此外，他们还用纤维增强的液压圆筒研究纤维角度对力学性能的影响，实验表明当螺旋角度大于 54° 时，躯体在伸直的过程中会变长变窄，小于 54° 时，则会变短变宽，这一结果与 Harris 和 Crofton 用公式推导的结果相吻合[3]。同年，Koob[19] 总结了脊索动物身体轴线的进化过程和机械性能，文中大量篇幅提到了弹性螺旋纤维的功能。2003 年，Koehl[20] 总结了生物力学中的物理模型，其中一个模

116

型就是纤维增强的圆柱体生物，并说明了该模型的力学特点。2004 年，Gemballa 和 Roder[21]对辐鳍鱼的肌球蛋白系统进行了研究，并通过电镜发现了其体内的螺旋纤维结构。2005 年，Lingham - Soliar 研究了大白鲨的背鳍和尾鳍结构，在其结构体内发现了交错排布的胶原蛋白螺旋纤维束[22-23]。2008 年，Danos、Fisch 和 Gemballa 研究了美洲鳗的结构，在电镜下观察的皮肤结构中发现了胶原蛋白构成的螺旋纤维束[24]。同年，Lingham - Soliar[25]观察了鹦鹉嘴龙的化石结构，也在皮肤中发现了螺旋纤维。2012 年，Kier[26]总结了圆柱形生物结构的多样性，在介绍螺旋纤维增强的结构中，指明不同生物纤维与中心轴的夹角不同，变化范围在 30° ~80°不等。2013 年，Lingham - Soliar 和 Murugan 在鸟类的羽毛中也发现了螺旋纤维结构，并研究了纤维结构的作用[27]。2018 年，Kenaley 等人研究了条鳍鱼皮肤的刚度，在皮肤表面发现了螺旋纤维结构，其与中心轴的平均夹角为 50°[28]。

到目前为止，大量的文章对圆柱形躯体表皮的螺旋纤维进行了研究。但是，前人的研究都基于动物躯体的横截面为圆形的假设，所采用的躯体物理模型几乎全部采用 Alexander 早期构建的模型来计算纤维自由缠绕动物和纤维受限缠绕动物在运动过程中纤维长度的变化[6]。然而在自然界中，圆柱形动物躯体横截面更接近于椭圆。对于陆地动物，由于地球引力作用，使得软体垂直向下受力变形，横截面朝扁椭圆化方向进化（椭圆长轴与地面保持平行），同时也达到了增加与地面的接触面积，提高借助摩擦力快速运动的效果，如蛇类、蠕虫等（见图 1）。对于水生动物，如鱼类、黄鳝等，由于在水中运动，身体重力与浮力保持平衡，前进的动力主要为躯体左右的摆动，因此为了增加受力面积，其躯体的横截面相对海平面为一个长椭圆，椭圆短轴与海平面保持平行。需要说明的是 Alexander 的圆截面躯体物理模型在数学处理上比较简单，可以得到封闭形式的解析解，且预测结果合理，但缺点是与真实躯体截面形状有明显差别。本文在前人研究的基础上，重新建立动物躯体横截面为椭圆时的物理模型，并对其运动过程中螺旋纤维长度的变化进行计算，并与前人工作进行比较，有明显改进。

a)   b)

图 1   a) 陆地生活的圆柱形动物截面形状为一个扁椭圆
b) 海洋中生活的圆柱形动物截面形状为长椭圆

2 椭圆物理模型构建

本文分别对纤维自由缠绕动物和纤维受限缠绕动物构建物理模型。

对于纤维自由缠绕动物中的蠕虫等，由于受地球引力、地面摩擦力等因素的影响，它们躯体的横截面相对于地面为一个扁椭圆，椭圆长轴与地面保持平行；对于纤维受限缠绕动物，主要为生活在水中的鱼类或者鲸鱼，所以仅构建其截面为长椭圆的模型，即椭圆短轴与海平面平行。

2.1 纤维自由缠绕动物的扁椭圆躯体模型

对于多数圆柱形躯体动物，实际的躯体形状往往是不规则的，而且截面尺寸在轴线方向上是渐变的，中间部分躯体尺寸较大，头部和尾部的躯体尺寸较小，为了简化数学模型，忽略躯体端部的效应，Alexander 将其每个横截面近似看作一个圆，本文则放弃这一假定，取而代之假定截面为更接近实际情况的椭圆，由此数学模型处理要复杂一些，但结果更好地描述了纤维自由缠绕动物和纤维受限缠绕动物的区别与不同特性。其他假设与前人一致，即动物躯体伸直时，轴线为一条直线，而当躯体弯曲后，动物躯体的轴线从直线变成圆弧，圆弧的曲率保持不变，无论弯曲前后，其横截面椭圆的尺寸保持不变，无论是伸直状态还是弯曲状态，纤维与皮肤永远保持紧密相连，并且每束纤维保持连续；在伸直状态下，纤维与躯体所成角度处处相同，而在弯曲状态下，纤维仅发生弹性范围内的拉伸，不发生断裂。

设椭圆的半长轴为 a，半短轴为 b，纤维的螺旋角度为 α_s，不失一般性，这里考虑纤维缠绕一周的情形，假设此时纤维的长度为 s_s，截取对应长度的躯体，展开为一个矩形，如图 2 所示。

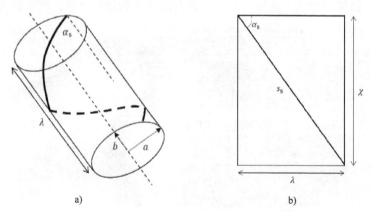

图 2　椭圆柱及其侧面展开图

由几何关系可知：

$$\chi = 2\pi b + 4(a-b) \tag{1}$$

$$\lambda = \chi \cdot \cot\alpha_s \tag{2}$$

$$s_s = \chi \cdot \cot\alpha_s \tag{3}$$

当动物躯体弯曲后，建立如图 3 所示空间坐标系，坐标轴为 ρ、φ、z，其中 φ 位于 XOY 平面内，R 为旋转中心到椭圆环截面中心的距离，r 为椭圆中心到椭圆上任意一点的距离，β 为椭圆上任意一点与椭圆中心连线和 XOY 平面的夹角，ρ 为椭圆上任意一点在 XOY 平面上的投影距坐标轴中心的距离。

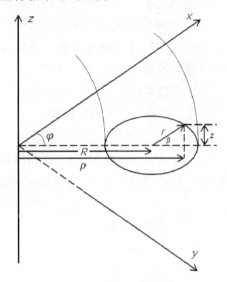

图 3 纤维自由缠绕动物躯体在空间坐标系中的结构

所以

$$r(\beta) = \cfrac{}{\sqrt{a^2 \cos^2\left(\arctan\left(\dfrac{a}{b}\tan\beta\right)\right) + b^2 \sin^2\left(\arctan\left(\dfrac{a}{b}\tan\beta\right)\right)}} \tag{4}$$

$$\rho(\beta) = R + r(\beta)\cos\beta \tag{5}$$

$$z(\beta) = r(\beta)\sin\beta \tag{6}$$

椭圆环在空间中的方程可以表示为

$$x = (R + r(\beta)\cos\beta)\cos\varphi \tag{7a}$$

$$y = (R + r(\beta)\cos\beta)\sin\varphi \tag{7b}$$

$$z(\beta) = r(\beta)\sin\beta \tag{7c}$$

设 s 为测地线的长度，则由旋转体测地线性质可证明：（详细证明见本文附录）

$$\rho^2 \cdot \mathrm{d}\varphi = C \cdot \mathrm{d}s \tag{8}$$

其中，C 为常数。由空间中距离的计算公式可知

$$\delta s^2 = \delta\rho^2 + \rho^2 \delta\varphi^2 + \delta z^2 \tag{9}$$

由式（5）、式（6）、式（8）可得

$$\mathrm{d}s = \sqrt{\rho^2(\rho'^2 + z'^2)/(\rho^2 - C^2)}\,\mathrm{d}\beta \tag{10}$$

再将式（10）代入式（8）可得

$$\mathrm{d}\varphi = C/\rho^2 \cdot \sqrt{\rho^2(\rho'^2 + z'^2)/(\rho^2 - C^2)}\,\mathrm{d}\beta \tag{11}$$

再由几何关系得到

$$\lambda/R = 2\int_0^\pi C/\rho^2 \cdot \sqrt{\rho^2(\rho'^2 + z'^2)/(\rho^2 - C^2)}\,\mathrm{d}\beta \tag{12}$$

119

根据式（10）和式（12），通过 MATLAB 计算常数 C，即可求出弯曲后的应变。

2.2 纤维受限缠绕动物的长椭圆躯体模型

对于鱼类、鲸鱼等长椭圆躯体动物，当躯体伸直时，形状为一个椭圆柱，但是由于脊柱和神经节等因素的影响，纤维会在此处打断，但其他位置保持连续。假设躯体弯曲后，躯体弯曲的曲率处处相同，以脊柱所在平面为分界面，弯曲内外两侧分别为椭圆环的一半，弯曲前后，脊柱的长度和躯体内外两侧的体积保持不变，仅短轴的尺寸不同。此外，纤维与皮肤始终保持紧密贴合。在伸直状态下，纤维与躯体所成角度处处相同；弯曲状态下，纤维仅发生弹性范围内的拉伸。

如图 4 所示，AB 为鱼类或者鲸鱼的脊柱，脊柱的长度即为椭圆长轴的长度，半长轴长度为 b，半短轴长度为 a；弯曲后，凹侧和凸侧的横截面依旧为椭圆，由于躯体体积假设不变，所以凹侧的短轴半径增加，凸侧的短轴半径减小，半长轴 b 保持不变，即

$$a_{cv} > a \tag{13a}$$

$$a_{cx} < a \tag{13b}$$

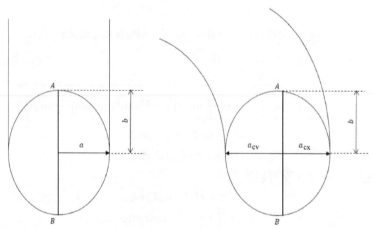

图 4 纤维受限制缠绕动物躯体弯曲前后的参数

与纤维自由缠绕动物构建相同的坐标系，如图 5 所示。

分别用 a_{cv} 与 a_{cx} 替换式（4）中的 a 可得

$$r_{cx}(\beta) = \sqrt{a_{cx}^2 \cos^2\left(\arctan\left(\frac{a_{cx}}{b}\tan\beta\right)\right) + b^2 \sin^2\left(\arctan\left(\frac{a_{cx}}{b}\tan\beta\right)\right)} \tag{14a}$$

$$r_{cv}(\beta) = \sqrt{a_{cv}^2 \cos^2\left(\arctan\left(\frac{a_{cv}}{b}\tan\beta\right)\right) + b^2 \sin^2\left(\arctan\left(\frac{a_{cv}}{b}\tan\beta\right)\right)} \tag{14b}$$

为确定 a_{cv} 与 a_{cx} 的长度，运用弯曲前后体积不变的假设，并研究动物体环绕一周的情形

$$\frac{1}{2}\pi ab = \frac{2}{R}\int_R^{R+a_{cx}} (\rho \cdot z)\,\mathrm{d}\beta \tag{15}$$

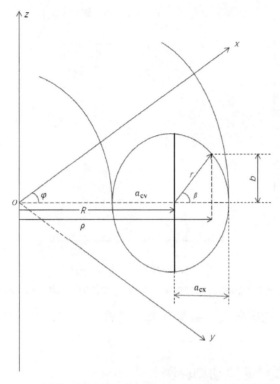

图 5　纤维受限缠绕动物躯体在空间坐标系中的结构

令

$$R = n \cdot a_{cx} \tag{16}$$

n 的不同取值代表不同的弯曲弧度，由此可计算出不同弯曲弧度下凸侧短轴半径的值 a_{cx}。同理可计算凹侧短轴半径的值 a_{cv}。由此替换式（10）和式（12）中的 ρ 和 z，更改式（12）的积分区间为（$0, \pi/2$）可求得凸侧纤维弯曲后的应变，同理可求得凹侧纤维弯曲后的应变。

3　典型算例

3.1　纤维自由缠绕动物算例

对于纤维自由缠绕动物，动物体弯曲的曲率半径对纤维应变的影响较大，动物在实际运动过程中，弯曲半径为椭圆短轴的 5～10 倍的情形经常出现，本算例考虑弯曲半径为椭圆短轴 5 倍的状况，即 $R = 5a$。此外，由于实际动物椭圆截面的离心率较小，对于扁椭圆模型，考虑不同弯曲半径下，长轴短轴比为 1.2 和 1.1 的情形，并与 $a/b = 1$ 圆柱假设情形的纤维应变曲线对比，计算结果如图 6 所示。

由图 6 可知，对于纤维自由缠绕动物，躯体弯曲后纤维缩短，应变绝对值增加，并且螺旋纤维角度越大，应变变化程度越小，当躯体为圆截面时，纤维角度为 90°的极限状态下应变为 0；此外，当螺旋纤维角度确定时，躯体形状越扁，应变变化程度越

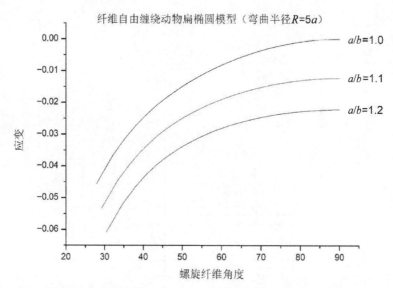

图6　纤维自由缠绕动物扁椭圆模型应变与螺旋纤维角度的关系，算例中弯曲半径 $R=5a$

大。由此可以看出，椭圆截面比圆截面具有更高的应变，说明其储存和释放应变能更大。

3.2　纤维受限制缠绕动物算例

对于纤维受限制缠绕动物，考虑弯曲半径为椭圆短轴 10 倍的情形，即 $R=10a$，并考虑截面椭圆短轴长轴比分别为 0.8、0.9 和 1.0 的情形，分别考虑凸侧和凹侧纤维变化趋势的不同，计算结果如图 7 所示。

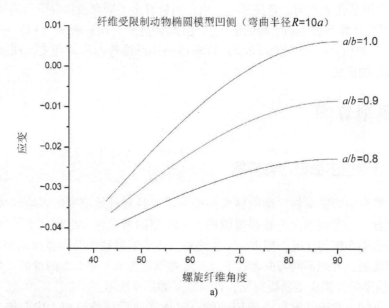

a)

图7　纤维受限制动物椭圆模型凹侧和凸侧应变随螺旋纤维角度的关系，算例中 $R=10a$

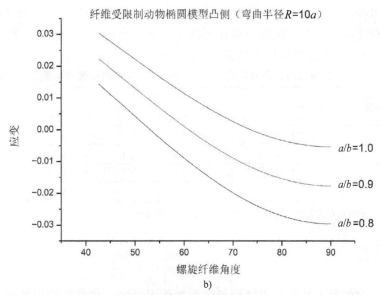

纤维受限制动物椭圆模型凸侧（弯曲半径$R=10a$）

b)

图7　纤维受限制动物椭圆模型凹侧和凸侧应变随螺旋纤维角度的关系，算例中$R=10a$（续）

由图7可知，对于纤维受限制缠绕动物，凹侧纤维和凸侧纤维变化趋势不同，对于凹侧纤维，躯体弯曲后，应变数值随螺旋纤维角度的增加而增加，而凸侧纤维的变化规律相反。受截面形状的影响，在数值上，椭圆截面凹侧和凸侧纤维的应变均小于圆截面，当圆截面纤维伸长时，椭圆截面的应变会相对减小；而圆截面纤维缩短时，椭圆截面的应变会加剧。综合考虑凹凸两侧的纤维变化，椭圆截面对圆截面具有更大的纤维变化程度，因此会储存和释放更多能量。

4　能量分析

纤维应变的变化，必然伴随能量的变化，胶原纤维的弹性模量在$2 \times 10^7 \sim 1.4 \times 10^8 \mathrm{N/m^2}$之间[1]，而动物体表皮的螺旋纤维也是胶原纤维的一种，为便于计算纤维能量，本文取$E = 1 \times 10^8 \mathrm{N/m^2}$为螺旋纤维的弹性模量。应变能密度计算公式为

$$v_{\varepsilon} = \sigma \varepsilon / 2 = E \varepsilon^2 / 2 \qquad (17)$$

其中，σ为纤维所受应力，ε为纤维应变，通过计算发现，对于纤维自由缠绕动物，虽然弯曲后纤维缩短，但应变的绝对值增加，因此椭圆模型相对于圆模型，具有更高的应变能密度。纤维自由缠绕动物弯曲半径$R=5a$时的应变能密度和能量提升比值如表1所示。

表1　纤维自由缠绕动物弯曲半径$R=5a$时的应变能密度和能量提升比值

螺旋纤维角度	应变能密度			能量提升比值
	$a/b = 1$	$a/b = 1.1$	$a/b = 1.2$	
40	3.0	6.3	9.2	1∶2.10∶3.06
50	1.1	3.2	5.6	1∶2.84∶4.87
60	0.31	1.8	3.9	1∶5.67∶12.6
70	0.064	1.1	3.0	1∶17.8∶47.3
80	0.0037	0.84	2.6	1∶222∶689

注：螺旋纤维角度的单位为度（°），应变能密度的单位为$10^4 \mathrm{N/m^3}$。

对于纤维受限制动物，从总体角度综合考虑凸侧和凹侧应变能总和的大小，在螺旋纤维角度确定的情况下，椭圆模型比圆模型具有更高的应变能密度。纤维受限制缠绕动物弯曲半径 $R = 10a$ 时的应变能密度和能量提升比值如表 2 所示。

表 2　纤维受限制缠绕动物弯曲半径 $R = 10a$ 时的应变能密度和能量提升比值

螺旋纤维角度	应变能密度			能量提升比值
	$a/b = 1$	$a/b = 0.9$	$a/b = 0.8$	
50	1.9	2.6	4.4	1:1.33:2.26
60	0.011	0.88	3.8	1:82.8:357
70	1.3	1.9	5.3	1:1.46:4.16
80	3.5	3.7	7.4	1:1.05:2.11

注：螺旋纤维角度的单位为度（°），应变能密度的单位为 $10^4 N/m^3$。

5　结论

本文针对自然界中具有表皮螺旋纤维的圆柱形动物，在现有圆模形的基础上进行椭圆化改进，重新构建了更贴近自然界真实情况的椭圆模型，提高了圆柱形动物运动过程中螺旋纤维变化的计算精度。通过对椭圆模型的计算和分析发现，在椭圆模型下，无论是纤维自由缠绕动物还是纤维受限制动物，其躯体在弯曲前后，纤维具有更高的收缩率和应变，因此具有更高的应变能密度，从而提高了运动的速度和效率，使其在自然界的竞争过程中取得优势。椭圆模型更加贴近实际地揭示了圆柱形动物运动过程中，纤维对能量的储存和释放机理，为生物纤维结构的进化提供了更加理性的认知，为今后能量储存装置的设计提供了仿生学启示。

参 考 文 献

[1] Wainwright S A, BIGGS W D, CURREY J D, et al. Mechanical Design in Organisms [M]. London：Arnold, 1976.

[2] Alexander. Elastic Mechanisms in Animal Movement [M]. Cambridge：Cambridge University Press, 1989.

[3] Harris J E, Crofton H D. Structure and Function in the Nematodes：Internal Pressure and Cuticular Structure in Ascaris [J]. J Exp Biol, 1957, 34 (1)：116 – 130.

[4] Clark R B, COWEY J B. Factors controlling the change of shape of certain nemertean and turbellarian worms [J]. J Exp Biol, 1958, 35：731.

[5] Clark R B. Dynamics in metazoan evolution [M]. Oxford：Clarendon Press, 1964.

[6] Alexander R M. Bending of cylindrical animals with helical fibres in their skin or cuticle [J]. J Theor Biol, 1987, 124 (1)：97 – 110.

[7] Swanson C J. Application of thin shell theory to helically – wound fibrous cuticles [J]. J Theor Biol, 1974, 43 (2)：293 – 304.

[8] Hebrank M R. Mechanical Properties and Locomotor Functions of Eel Skin [J]. Biol Bull, 1980, 158 (1)：58 – 68.

[9] WAINWRIGHT S A, PABST D A, BRODIE P F. Abstract [J]. Am Zool, 1985, 24 (4)：146A.

[10] Wadepuhl M, Beyn W J. Computer simulation of the hydrostatic skeleton. The physical equivalent, mathematics and application to worm – like forms [J]. J Theor Biol, 1989, 136 (4): 379 – 402.

[11] Maitland D P. Locomotion by jumping in the Mediterranean fruit – fly larva Ceratitis capitata [J]. Nature, 355 (6356): 159 – 161.

[12] Frohlich L M, Labarbera M, Stevens WP. Poisson's ratio of a crossed fibre sheath: The skin of aquatic salamanders [J]. J Zool Lond, 1994, 232: 231 – 252.

[13] Schmitz R J. Ultrastructure and function of cellular components of the intercentral joint in the percoid vertebral column [J]. J Morphol, 1995, 226 (1): 1 – 24.

[14] Zanger K, Schwinger G, Greven H. Mechanical properties of the skin of Rana esculenta (Anura, Amphibia) with some notes on structures related to them [J]. Ann Anat – Anat Anz, 1995, 177 (6): 509 – 514.

[15] Pabst D A. Morphology of the subdermal connective tissue sheath of dolphins: a new fibre – wound, thin – walled, pressurized cylinder model for swimming vertebrates [J]. J Zool Lond, 1996, 238 (1): 35 – 52.

[16] Lingham – Soliar T. Rare soft tissue preservation showing fibrous structures in an ichthyosaur from the Lower Lias (Jurassic) of England [J]. Proc R Soc B – Biol Sci, 1999, 266 (1436): 2367 – 2373.

[17] Lingham – Soliar T. The ichthyosaur integument: skin fibers, a means for a strong, flexible and smooth skin [J]. Lethaia, 2001, 34 (4): 287 – 302.

[18] Koehl MAR. Mechanical Design of Fiber – Wound Hydraulic Skeletons: The Stiffening and Straightening of Embryonic Notochords [J]. Integr Comp. Biol, 2000, 40 (1): 28 – 41.

[19] Koob T J, Long JH. The Vertebrate Body Axis: Evolution and Mechanical Function [C]. Amer Zool: Oxford University Press, 2000.

[20] Koehl MAR. Physical modelling in biomechanics [J]. Philos Trans R Soc B – Biol Sci, 2003, 358 (1437): 1589 – 1596.

[21] Gemballa S, Katrin R. From Head to Tail: The Myoseptal System in Basal Actinopterygians [J]. J Morphol, 2004, 259 (2): 155 – 171.

[22] Lingham – Soliar T. Dorsal fin in the white shark, Carcharodon carcharias: A dynamic stabilizer for fast swimming [J]. J Morphol, 2005, 263 (1): 1 – 11.

[23] Lingham – Soliar T. Caudal fin in the white shark, Carcharodon carcharias (Lamnidae): A dynamic propeller for fast, efficient swimming [J]. J Morphol, 2005, 264 (2): 233 – 252.

[24] Danos N, Fisch N, Gemballa S. The Musculotendinous system of an Anguilliform swimmer: muscles, myosepta, dermis, and their interconnections in Anguilla rostrata [J]. J Morphol, 2008, 269 (1): 29 – 44.

[25] Lingham – Soliar T. A unique cross section through the skin of the dinosaur Psittacosaurus from China showing a complex fibre architecture [J]. Proc R Soc B – Biol Sci, 2008, 275: 775 – 780.

[26] Kier W M. The diversity of hydrostatic skeletons [J]. J Exp Biol, 2012, 215 (8): 1247 – 1257.

[27] Lingham – Soliar T, Nelisha M, Daniel O. A New Helical Crossed – Fibre Structure of β – Keratin in Flight Feathers and Its Biomechanical Implications [J]. PLoS ONE, 2013, 8 (6): e65849.

[28] Kenaley C P, Andres S, Jeanelle A, et al. Skin stiffness in ray – finned fishes: Contrasting material properties between species and body regions [J]. J Morphol, 2018, 10: 1002.

[29] Frost P. Soild Geometry, 3rd end [M]. London: Macmillan, 1886.

附件

式 (8) $\rho^2 \cdot \mathrm{d}\varphi = C \cdot \mathrm{d}s$ 中 C 为常数的证明：

设椭圆环上任意一点 A 的坐标为 (x, y, z)，则

$$x = [R + r(\beta)\cos\beta]\cos\varphi \tag{1A}$$

$$y = [R + r(\beta)\cos\beta]\sin\varphi \tag{2A}$$

$$z(\beta) = r(\beta)\sin\beta \tag{3A}$$

可知 A 在 XOY 平面上的投影到椭圆中心的距离为

$$\sqrt{x^2 + y^2} - R$$

对任意截面，椭圆方程可表示为

$$\frac{\left(\sqrt{x^2 + y^2} - R\right)^2}{a^2} + \frac{z^2}{b^2} = 1 \tag{4A}$$

可得

$$z^2 = 1 - \frac{b^2}{a^2}\left(\sqrt{x^2 + y^2} - R\right)^2 \tag{5A}$$

即

$$z = f(x^2 + y^2) \tag{6A}$$

对绕 z 轴旋转的旋转体

$$x\frac{\mathrm{d}z}{\mathrm{d}y} - y\frac{\mathrm{d}z}{\mathrm{d}x} = 0 \tag{7A}$$

应用测地线方程[29]

$$\frac{\mathrm{d}z}{\mathrm{d}x}y'' - \frac{\mathrm{d}z}{\mathrm{d}y}x'' = 0 \tag{8A}$$

由式 (7A) 和式 (8A) 得到

$$xy'' - yx'' = 0 \tag{9A}$$

即

$$xy' - yx' = C \tag{10A}$$

可知 C 为常数，引入柱坐标系参数 ρ 和 φ：

$$x = \rho \cdot \cos\varphi \tag{11A}$$

$$y = \rho \cdot \sin\varphi \tag{12A}$$

有

$$x' = \rho' \cdot \cos\varphi - \rho \cdot \sin\varphi \cdot \varphi' \tag{13A}$$

$$y' = \rho' \cdot \sin\varphi - \rho \cdot \cos\varphi \cdot \varphi' \tag{14A}$$

由上式得

$$xy' = \rho \cdot \cos\varphi \cdot \rho' \cdot \sin\varphi - \rho \cdot \cos\varphi \cdot \rho \cdot \cos\varphi \cdot \varphi' \tag{15A}$$

$$yx' = \rho \cdot \sin\varphi \cdot \rho' \cdot \cos\varphi - \rho \cdot \sin\varphi \cdot \rho \cdot \sin\varphi \cdot \varphi' \tag{16A}$$

结合式 (10A) 得到

$$xy' - yx' = \rho^2\varphi' = C \tag{17A}$$

所以推得

$$\rho^2 \cdot \mathrm{d}\varphi = C \cdot \mathrm{d}s \tag{18A}$$

Revisiting the energy storage and release during the movement of cylindrical animals: an elliptical improvement of the physical model of the body

JIN Shi – cheng, YANG Jia – ling*, XING Yun, YANG Xian – feng*

(Institute of Solid Mechanics, Beihang University, Beijing, 100191)

Abstract: The helical fibers, which is in the surface layer or cuticle of cylindrical animals, will continuously store and release energy in order to improve the efficiency of movement. For study of the deformation and energy dissipation of the fibers in the movement process, Alexander et al. proposed a circular model, analyzed the fiber strain and regular pattern of both free fiber – winding and fibers attached to vertebral processes animals. However, due to the effect of gravity and the purpose of improving friction for rapid movement, the cylindrical animal body living on land is closer to a flat ellipse. But for animals living in the sea, the gravity and buoyancy offset each other, so the body is closer to a long ellipse in order to obtain more propulsive force when the body beats the water. Therefore, instead of circular shape, a physical model of animal body with elliptical cross section is proposed, and the strain and the energy storage of helical fiber are calculated in the process of movement. The results show that the elliptical model improves the calculation accuracy of fiber strain, and more practically reveals the energy storage and release mechanism in the movement process of cylindrical animal, which has some bionic enlightenment.

Key words: cylindrical animals; helical fibers; elliptical model; fiber strain; energy storage and release

多轴疲劳寿命预测中的有效应变能法

仲 政[1,2]*，甘 磊[1]，芦迎亚[2]，吴 昊[2]

(1. 哈尔滨工业大学（深圳）理学院，深圳 518055)

(2. 同济大学 航空航天与力学学院，上海 200092)

摘要：多轴疲劳寿命预测对于确保工程构件在服役期的安全性与可靠性具有重要意义。本文对多轴疲劳寿命预测中的应变能法进行了简要回顾，并在此基础上介绍了基于有效应变能的预测方法。相比于传统方法，有效应变能法通过引入非比例系数可有效地考虑非比例路径对寿命的影响，同时避免了增量型塑性理论的使用；此外，通过结合线性损伤累积理论，该法可适用于不规则路径下的多轴疲劳寿命预测。为进一步简化计算流程，通过引入基于转动惯量法的路径特征系数，降低了有效应变能法对材料参数的依赖性。通过 316L 不锈钢在 18 种不同加载路径下的试验数据，验证了有效应变能法在多轴疲劳寿命预测中的有效性。

关键词：多轴疲劳；寿命预测；有效应变能；非比例系数；转动惯量法

由多轴循环应力应变状态导致的多轴疲劳失效是工程中常见的失效形式之一[1]。一方面，大多数工程构件受到多轴循环载荷的作用；另一方面，由于构件通常存在键槽、开孔等特殊设计，使得构件即使承受单轴循环载荷，其局部也实际处于多轴应力应变状态。相比于单轴疲劳，多轴疲劳由于涉及更为复杂的加载条件、构件几何、材料响应，理论分析更为困难，迄今尚未发展出普遍适用的多轴疲劳失效理论[2]。

多轴疲劳研究的目的是在非比例加载路径下对材料和结构进行寿命预测。不同于比例加载路径，非比例加载下的应力主轴和应变主轴独立变化，导致材料内部难以形成稳定的位错结构，疲劳裂纹也因此可能在不同材料平面不同方向上形成。对于低层错能材料，非比例加载路径还将引起材料应力应变关系上的变化，使其数学描述更为复杂[3]。目前多轴疲劳寿命预测模型分为三类：应力模型、应变模型、应变能模型。一般而言，应力模型适用于塑性变形较小的高周疲劳，应变模型适用于塑性变形较大的低周疲劳；而应变能模型则由于集成了应力及应变分量，因此既适用于高周疲劳，也适用于低周疲劳，可更有效地描述材料在循环载荷下的弹塑性性质和硬化/软化效应[4]。此外，应变能模型大多具有明确的物理意义，理论上也可计及各种载荷类型。上述优点使得应变能模型近年来得到了广泛应用。

基金项目：国家重点研发计划资助（2018YFB1502600）；国家自然科学基金（11932005，11972255，11772106）。

1 应变能模型

1.1 传统的应变能模型

20 世纪 60 年代，Morrow[5]指出塑性应变能的累积是疲劳失效的主要原因，并据此建立了经典的塑性应变能模型。随后，Ostergren[6]将 Morrow 模型应用于单轴疲劳分析，验证了该模型的合理性。1981 年，Garud[7]进一步建立了可用于多轴疲劳寿命预测的塑性应变能模型，并通过引入一个权重因子区分了剪切、拉伸塑性应变能对疲劳损伤的不同贡献，Garud 模型可表示为

$$\Delta W_{\mathrm{p}} = \int_{\text{cycle}} \sigma \mathrm{d}\varepsilon_{\mathrm{p}} + \varphi \int_{\text{cycle}} \tau \mathrm{d}\gamma_{\mathrm{p}} \tag{1.1.1}$$

$$\Delta W_{\mathrm{p}} = A \left(2N_{\mathrm{f}} \right)^r \tag{1.1.2}$$

式中，ΔW_{p} 表示每个加载循环产生的塑性应变能；σ 为正应力；τ 为剪应力；ε_{p} 为塑性正应变；γ_{p} 为塑性剪应变；φ 为权重因子，其具体取值与材料特性相关[8]；A、r 为材料参数。

同样在 1981 年，Lefebvre [9]基于 von − Mises 等效应力和等效应变，将材料破坏时的多轴塑性累积应变能与单轴塑性累积应变能进行等效，提出了如下模型：

$$\Delta \sigma_{\mathrm{eq}} \Delta \varepsilon_{\mathrm{p,eq}} = J \left(2N_{\mathrm{f}} \right)^l \tag{1.1.3}$$

式中，$\Delta \sigma_{\mathrm{eq}}$、$\Delta \varepsilon_{\mathrm{p,eq}}$ 分别代表 von − Mises 等效应力幅和 von − Mises 等效塑性应变幅，二者可通过循环应力应变曲线相关联；J、l 为与应力比相关的材料参数。

Kliman[10]进一步考虑荷载路径幅值效应，研究了程序块加载下塑性应变能的变化规律及其对材料参数的敏感性。他认为当使用应力幅计算疲劳寿命时不必将循环应变硬化指数当作变量，并据此提出一个适用于随机荷载的塑性应变能模型。

由于在高周疲劳范畴，材料所发生的塑性变形极小，塑性应变能难以测量，因此上述基于塑性应变能的模型通常难以直接应用于高周疲劳寿命预测。为此，Ellyin[11]提出了以每循环总应变能为损伤参量的寿命预测模型，其中每循环总应变能被定义为塑性应变能和正弹性应变能之和：

$$\Delta W_{\mathrm{t}} = \Delta W_{\mathrm{p}} + \Delta W_{\mathrm{e}}^+$$
$$\Delta W_{\mathrm{e}}^+ = \int_{\text{cycle}} H(\sigma_{\mathrm{i}}) H(\mathrm{d}\varepsilon_{\mathrm{i}}^{\mathrm{e}}) \sigma_{\mathrm{i}} \mathrm{d}\varepsilon_{\mathrm{i}}^{\mathrm{e}} \tag{1.1.4}$$

式中，ΔW_{t}、ΔW_{e}^+ 分别为每循环总应变能及正弹性应变能；σ_{i} 是主应力；$\varepsilon_{\mathrm{i}}^{\mathrm{e}}$ 是主应变的弹性部分；$H(x)$ 为 Heaviside 函数。图 1 展示了单轴加载下 ΔW_{p} 和 ΔW_{e}^+ 所对应的应力 − 应变滞回环面积，图中 ε 及 γ 分别代表正应变及剪切应变。

Koh[12]认为 Ellyin 模型对正弹性应变能的定义实际上要求荷载条件包含负值荷载，否则无法按照式（1.1.4）计算正弹性应变能。故此，Koh 建议对于最小应力大于 0 的情况，采用应力幅计算弹性功，对于最小应力小于等于 0 的情况，则采用应力幅与平均应力之和计算弹性功：

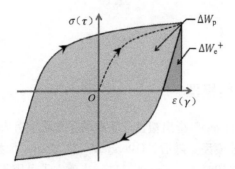

图1　单轴加载下每循环塑性应变能及正弹性应变能图示

$$\Delta W_e^+ = \begin{cases} \dfrac{(\sigma_{max} - \sigma_{min})^2}{2E} = \dfrac{\Delta \sigma^2}{2E}, \sigma_{min} > 0 \\[3mm] \dfrac{(\Delta \sigma/2 + \sigma_m)^2}{2E} = \dfrac{\sigma_{max}^2}{2E}, \sigma_{min} \leqslant 0 \end{cases} \qquad (1.1.5)$$

式中，E 为弹性模量；σ_{max} 与 σ_{min} 代表一个加载循环内的最大及最小应力；$\Delta \sigma$ 代表应力幅；σ_m 代表平均应力。

1.2　临界面 – 应变能模型

传统的应变能模型旨在寻找一个可有效刻画材料全局损伤的应变能参数，然而大量的试验表明：疲劳损伤的演化通常只与特定的材料平面相关，具有明显的方向性。据此，众多学者尝试将应变能模型与临界面法相结合，临界面 – 应变能模型由此兴起。

Socie[13] 根据疲劳失效机理的不同，将材料的疲劳失效形式笼统地区分为拉伸型失效与剪切型失效。针对拉伸型失效，Socie 以历经最大正应变幅的材料平面为临界面，同时以具有能量性质的 Smith – Waston – Topper（SWT）参数为损伤参量，建立起了著名的 SWT 模型：

$$\sigma_{max} \frac{\Delta \varepsilon}{2} = \frac{\sigma_f'^2}{E}(2N_f)^{2b} + \sigma_f' \varepsilon_f' (2N_f)^{b+c} \qquad (1.2.1)$$

式中，$\Delta \varepsilon$ 为正应变幅；σ_{max} 为最大正应力；σ_f'、ε_f'、b、c 分别是疲劳强度系数、疲劳延性系数、疲劳强度指数和疲劳延性指数。

由于 SWT 模型完全忽略了临界面上剪切应力和剪切应变对损伤的贡献，因此 SWT 模型通常不适用于非典型拉伸型失效问题的疲劳分析。针对此问题，Chu 等[14] 在 SWT 模型内引入了剪切项，并将临界面定义为历经最大损伤的材料平面：

$$(\Delta \varepsilon \sigma_{max} + \Delta \gamma \tau_{max})_{max} = 2.04 \frac{\sigma_f'^2}{E}(2N_f)^{2b} + 2.08 \sigma_f' \varepsilon_f' (2N_f)^{b+c} \qquad (1.2.2)$$

式中，$\Delta \gamma$ 为剪应变幅；τ_{max} 为最大剪应力。

同样针对 SWT 模型的不足，Jiang 和 Sehitoglu[15] 不仅引入了剪切项，还同时引入了一个反映疲劳裂纹行为的材料常数，该常数可看作是一个对剪切应变能进行加权的权重因子。该模型经 Ma 等[16] 进一步发展，可表达为

130

$$\left(2\zeta\langle\sigma_{\max}\rangle\Delta\varepsilon+\frac{1-\zeta}{2}\Delta\tau\Delta\gamma\right)_{\max}=4\zeta\frac{\sigma_{f}'^{2}}{E}(2N_{f})^{2b}+4\zeta\sigma_{f}'\varepsilon_{f}'(2N_{f})^{b+c} \quad (1.2.3)$$

式中，ζ 为引入的新材料常数；$\Delta\tau$ 为剪应力幅；$\langle\cdot\rangle$ 为 Macaulay 括号：$\langle x\rangle=(x-|x|)/2$。

Liu[17] 在考虑不同疲劳失效形式的基础上，提出通过临界面上的虚应变能进行寿命预测。对于拉伸型失效，该模型使用拉伸应变能最大的面为临界面，而对于剪切型失效，则使用剪切应变能最大的面为临界面，模型表达式为

$$(\Delta\sigma\Delta\varepsilon)_{\max}+(\Delta\tau\Delta\gamma)=\frac{4\sigma_{f}'^{2}}{E}(2N_{f})^{2b}+4\sigma_{f}'\varepsilon_{f}'(2N_{f})^{b+c} \quad (1.2.4)$$

$$(\Delta\sigma\Delta\varepsilon)+(\Delta\tau\Delta\gamma)_{\max}=\frac{4\tau_{f}'^{2}}{G}(2N_{f})^{2b_{0}}+4\tau_{f}'\gamma_{f}'(2N_{f})^{b_{0}+c_{0}} \quad (1.2.5)$$

式中，$\Delta\sigma$ 为正应力幅；G 为剪切弹性模量；而 τ_{f}'、γ_{f}'、b_{0}、c_{0} 分别是剪切疲劳强度系数、剪切疲劳延性系数、剪切疲劳强度指数和剪切疲劳延性指数。

Glinka 等[18] 认为当加载的正应变幅为 0 且正应力为常数时，Chu 等人所建立的模型将无法有效地反映平均应力效应影响，基于此，他们结合最大剪切应变幅平面提出了如下模型：

$$\frac{\Delta\gamma}{2}\frac{\Delta\tau}{2}\left[\frac{\sigma_{f}'}{\sigma_{f}'-\sigma_{\max}}+\frac{\tau_{f}'}{\tau_{f}'-\tau_{\max}}\right]=\left[\frac{\tau_{f}'^{2}}{G}(2N_{f})^{2b_{0}}+\tau_{f}'\gamma_{f}'(2N_{f})^{b_{0}+c_{0}}\right]\left[1+\frac{1}{1-(2N_{f})^{2b_{0}}}\right]$$

$$(1.2.6)$$

Pan[19] 认为最大剪切应变幅平面上的正应变能与剪切应变能对疲劳寿命的影响存在差异，二者的影响可通过一个与材料疲劳性能参数相关的权重因子进行区分，表达式为

$$\frac{\sigma_{f}'\gamma_{f}'}{\varepsilon_{f}'\tau_{f}'}\Delta\sigma\Delta\varepsilon+\Delta\tau\Delta\gamma=\frac{\tau_{f}'^{2}}{G}(2N_{f})^{2b_{0}}+\tau_{f}'\gamma_{f}'(2N_{f})^{b_{0}+c_{0}} \quad (1.2.7)$$

Varvani–Farahani 等[20] 在对正、剪切应变能进行加权区分的基础上，采用应力和应变莫尔圆在加载过程中达到最大的平面为临界面，提出如下模型：

$$\frac{1}{\varepsilon_{f}'\sigma_{f}'}\Delta\sigma\Delta\varepsilon+\frac{1+\sigma_{m}/\sigma_{f}'}{\gamma_{f}'\tau_{f}'}\Delta\tau\Delta\left(\frac{\gamma}{2}\right)$$
$$=\left[\frac{\sigma_{f}'}{E}(2N_{f})^{b}+\varepsilon_{f}'(^{2}N_{f})^{c}\right]+\left[\frac{\tau_{f}'}{G}(2N_{f})^{b_{0}}+\gamma_{f}'(2N_{f})^{c_{0}}\right] \quad (1.2.8)$$

式中，σ_{m} 为平均正应力。

最近，Gan 等[21] 通过评估包括 SWT 模型及 Glinka 模型在内的数种经典模型，提出了一个新模型。该模型根据不同的失效机制，选用不同的临界面，表达式为

$$\frac{\Delta\varepsilon}{2}\sigma_{\max}\left(1+\frac{\Delta\tau}{2\tau_{f}'}\right)=\frac{\sigma_{f}'^{2}}{E}(2N_{f})^{2b}+\sigma_{f}'\varepsilon_{f}'(2N_{f})^{b+c} \quad (1.2.9)$$

$$\frac{\Delta\tau}{2}\frac{\Delta\gamma}{2}\left(1+\frac{\sigma_{\max}}{\sigma_{f}'}\right)=\frac{\tau_{f}'^{2}}{G}(2N_{f})^{2b_{0}}+\tau_{f}'\gamma_{f}'(2N_{f})^{b_{0}+c_{0}} \quad (1.2.10)$$

式（1.2.9）用于拉伸型失效，以最大正应变幅平面为临界面；式（1.2.10）则用于剪切型失效，以最大剪应变幅平面为临界面。

2 有效应变能模型

不管是否与临界面法结合,应用应变能法由于集成了应力及应变分量,其前提条件为应力应变信息同时已知,而这在工程实际中通常难以实现,往往需通过材料本构关系由应力求取应变,或由应变求取应力。对于比例加载路径,Osgood – Ramberg 方程可较好地刻画大部分金属材料的本构关系。对于非比例加载路径,由于其固有的复杂性[1],目前只能依赖于增量型塑性理论来描述本构关系。实际上,目前很难获得材料精确的非比例加载增量型塑性本构方程,而且相应的增量计算也过于复杂,难以真正在工程上得到应用。

从微观尺度上看,非比例加载路径下的应力应变主轴旋转将使材料内部形成更多的滑移系,从而更易萌生疲劳裂纹,反映在宏观上即为非比例加载路径下的寿命缩减现象。大量试验表明,加载路径与材料微观结构是控制非比例加载下材料寿命缩减幅度的主要因素,二者的影响均可通过宏观力学参数进行量化。为有效地考虑非比例加载路径效应,同时避免使用增量型塑性理论,可以引入一个非比例系数修改传统应变能法,下面加以介绍。

2.1 规则路径下的有效应变能模型[22]

非比例路径形式对寿命的影响一般可通过非比例因子 f_{NP} 表征:

$$f_{NP} = \frac{\sigma^0/\sigma^{IP} - 1}{\sigma^{OP}/\sigma^{IP} - 1} \qquad (2.1.1)$$

式中,σ^0、σ^{IP}、σ^{OP} 分别是在相当应变荷载水平下被测路径的 von – Mises 等效应力、比例路径下的 von – Mises 等效应力和圆形路径下的 von – Mises 等效应力。

为降低使用成本,在实际应用中常通过积分路径几何形状估算非比例因子[23-24]:

$$f_{NP} = \frac{\pi}{2T\varepsilon_{Imax}} \int_0^T \varepsilon_I(t) \cdot |\sin\xi(t)| \cdot dt \qquad (2.1.2)$$

式中,$\xi(t)$ 是每一时刻最大主应变绝对值 ε_I 和最大主应变绝对值的全局最大值 ε_{Imax} 之间的夹角;T 为路径周期;t 是时间。

材料的微观结构决定材料对非比例加载路径影响的敏感性,可通过如下材料参数表征:

$$\alpha_{NP} = \frac{\Delta W_p^{OP}}{\Delta W_p^{IP}} - 1 \qquad (2.1.3)$$

式中,α_{NP} 是从能量角度定义的材料参数,表征材料对非比例加载路径影响的敏感程度;ΔW_p^{IP} 和 ΔW_p^{OP} 分别为相当高应变荷载水平下比例及圆形路径所导致的塑性应变能。

将材料相关的 α_{NP} 与加载路径相关的 f_{NP} 进行整合,定义如下非比例系数 F_{NP}:

$$F_{NP} = 1 + \alpha_{NP}f_{NP} \qquad (2.1.4)$$

进一步结合非比例系数 F_{NP},定义如下有效应变能 ΔW_{eff}:

$$\Delta W_{eff} = F_{NP} \cdot \Delta W_p^{IP} = \left[1 + f_{NP}\left(\frac{\Delta W_p^{OP}}{\Delta W_p^{IP}} - 1\right)\right] \Delta W_p^{IP} \qquad (2.1.5)$$

可以看出，上式对于单轴和比例路径有 $f_{\text{NP}} = 0$，$\Delta W_{\text{eff}} = \Delta W_{\text{p}}^{\text{IP}}$；对于圆形路径有 $f_{\text{NP}} = 1$，$\Delta W_{\text{eff}} = \Delta W_{\text{p}}^{\text{OP}}$；对于一般的非比例路径有 $0 < f_{\text{NP}} < 1$，$\Delta W_{\text{p}}^{\text{IP}} < \Delta W_{\text{eff}} < \Delta W_{\text{p}}^{\text{OP}}$。

结合传统应变能模型，基于有效应变能的寿命预测模型可表达为

$$\Delta W_{\text{eff}} = A \left(2 N_{\text{f}}\right)^r \tag{2.1.6}$$

在有效应变能模型中，由于非比例加载路径的影响被所引入的非比例系数进行了分离与量化，因此其在不使用增量型塑性理论的情况下也可有效地用于非比例加载路径下的疲劳寿命预测。

2.2 不规则路径下的有效应变能模型[25]

不规则路径是具有一般性的荷载形式，变幅荷载和随机荷载在经计数法处理后，所得到的每个循环通常都是不规则路径。本节基于线性损伤累积理论，将有效塑性应变能模型进一步推广应用于不规则路径下的寿命预测。

对于不规则加载路径，首先可以将其分割为若干规则的子路径，对每一个子路径分别运用有效塑性应变能模型，求得相应的疲劳损伤后，再根据线性损伤累积理论求取不规则路径一个循环下的总损伤，最后计算疲劳寿命。不规则路径几何分割时，以加载路径的周长中心为分割的参考中心，以第 i 个分割曲线段所对应的圆心角 θ_i 占整个周期（圆心角 360 度）的比值 T_i 为该分割曲线段对应的子周期数：

$$T_i = \frac{\theta_i}{2\pi} \tag{2.2.1}$$

不规则路径一个加载循环造成的疲劳损伤为

$$D_{\text{block}} = \sum_{i=1}^{k} \left(T_i / N_{\text{f}}^i\right) \tag{2.2.2}$$

式中，k 是不规则路径分割成的子路径个数；N_{f}^i 是材料在第 i 个子路径单独加载时的疲劳寿命。

定义 $D = 1$ 时疲劳失效发生，不规则路径导致的疲劳寿命可表达为

$$N_{\text{f}} = 1 / \sum_{i=1}^{k} \left(T_i / N_{\text{f}}^i\right) \tag{2.2.3}$$

在不规则路径下难以定义比例塑性功，因此基于 von-Mises 准则将有效应变能改写为

$$\Delta W_{\text{eff}} = F_{\text{NP}} \cdot \Delta W_{\text{eq}} \tag{2.2.4}$$

式中，ΔW_{eq} 为参考塑性应变能，表达式为

$$\Delta W_{\text{eq}} = \Delta \sigma_{\text{eq}} \Delta \varepsilon_{\text{p,eq}} \left(\frac{1 - n'}{1 + n'}\right) \tag{2.2.5}$$

式中，n' 为循环硬化指数。

采用改写后的有效应变能度量各子路径造成的疲劳损伤，并将式（2.1.6）代入式（2.2.3），不规则路径下的疲劳寿命可表达为

$$N_{\text{f}} = A / \sum_{i=1}^{k} \left[T_i \cdot \left(1 + \left(\frac{\Delta W_{\text{p}}^{\text{OP}}}{\Delta W_{\text{p}}^{\text{IP}}} - 1\right) f_{\text{NP}}^i \right)^{-r} \cdot \left(\Delta W_{\text{eq}}^i\right)^{-r} \right] \tag{2.2.6}$$

式中，f_{NP}^i 和 ΔW_{eq}^i 分别为第 i 个规则子路径的非比例度和参考塑性应变能。

2.3 结合转动惯量法的简化模型[26]

在应用有效应变能模型时，需同时输入轴向及剪切材料参数方可得到作为基本损伤参量的比例塑性应变能。本节为进一步加强模型的工程适用性，通过引入转动惯量法来降低模型对剪切材料参数的依赖，从而提出一个简化的有效应变能模型。

转动惯量法[27]将加载路径类比为具有单位质量的均匀细线，如图 2 所示，图中 (X_c, Y_c) 为二维加载路径的周长中心，(X, Y) 为加载路径上一点，$\mathrm{d}p$ 为加载路径上的线元，r_0 与 r 分别为点 (X, Y) 到周长中心及原点的距离。

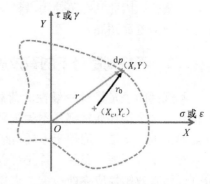

图 2 中，周长 p 和周长中心 (X_c, Y_c) 可由下式计算得到：

$$p = \oint \mathrm{d}p, X_c = \frac{1}{p}\oint X\mathrm{d}p, Y_c = \frac{1}{p}\oint Y\mathrm{d}p \tag{2.3.1}$$

图 2 转动惯量法图示

设 (I_{XX}^0, I_{YY}^0) 为加载路径对 X、Y 轴的转动惯量，二者可表达为

$$I_{XX}^0 = \frac{1}{p}\oint Y^2\mathrm{d}p, \ I_{YY}^0 = \frac{1}{p}\oint X^2\mathrm{d}p \tag{2.3.2}$$

利用平行移轴定量进一步求得路径对周长中心的各项转动惯量 (I_{XX}, I_{YY})，有

$$I_{XX} = I_{XX}^0 - Y_c^{\ 2}, \ I_{YY} = I_{YY}^0 - X_c^{\ 2} \tag{2.3.3}$$

为便于区分不同加载方向上的应变能，本文定义路径特征系数为

$$K = \left(\varphi\sqrt{\frac{12I_{XX}}{R^2}} + \sqrt{\frac{12I_{YY}}{R^2}} \right) \tag{2.3.4}$$

式中，R 是加载路径最小包络圆的直径；φ 为权重因子，表达为单轴剪切塑性应变能 ΔW_p^τ 与拉伸塑性应变能 $\Delta W_\mathrm{p}^\sigma$ 之比，即 $\varphi = \Delta W_\mathrm{p}^\tau / \Delta W_\mathrm{p}^\sigma$。

通过单轴拉伸塑性应变能 $\Delta W_\mathrm{p}^\sigma$ 与路径特征系数 K，可将有效应变能模型简化为

$$\Delta W_\mathrm{eff} = F_\mathrm{NP} \cdot K \cdot \Delta W_\mathrm{p}^\sigma = A\,(2N_\mathrm{f})^r \tag{2.3.5}$$

上式对于纯剪加载，有 $I_{YY} = 0$，$\Delta W_\mathrm{eff} = \varphi\Delta W_\mathrm{p}^\sigma = \Delta W_\mathrm{p}^\tau$；对于单轴拉伸有 $I_{XX} = 0$；$\Delta W_\mathrm{eff} = \Delta W_\mathrm{p}^\sigma$；对于45度比例加载路径有 $\Delta W_\mathrm{eff} = (1 + \varphi)\Delta W_\mathrm{p}^\sigma = \Delta W_\mathrm{p}^\sigma + \Delta W_\mathrm{p}^\tau$。可以看出，使用简化的有效应变能模型预测多轴疲劳寿命时，在权重因子已确定的情况下，可通过转动惯量法求得路径特征系数，然后结合单轴拉伸塑性应变能求得有效应变能，进而计算疲劳寿命，这避免了对单轴剪切塑性应变能的计算，从而降低了模型对相应剪切材料参数的依赖。

3 试验验证

为验证有效应变能模型在多轴疲劳寿命预测中的有效性与适用性，我们对由 316L 不锈钢制备的标准薄壁管状试样展开了一系列多轴疲劳试验，试验机器为 MTS 809.25

拉－扭电液伺服疲劳试验机，试验温度为室温，所有试验均为应变控制方式。图 3 为加载路径，包括九种规则路径（C1～C9）及九种不规则路径（V1～V9），表 1 为试验寿命结果，表中 ε_a 与 γ_a 分别为施加的正应变及剪应变幅值。

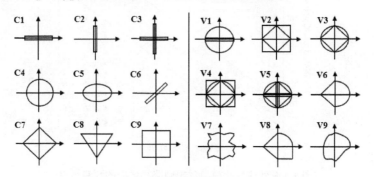

图 3　加载路径

图 4～图 6 为有效应变能模型对 316L 不锈钢疲劳试验的预测结果，其中，图 4 为模型对规则路径的预测结果，图 5 为结合线性损伤累积理论的模型对所有路径的预测结果，图 6 为简化模型对规则路径的预测结果。由图 4～图 6 可知，有效应变能模型具有良好的预测精度，绝大多数的预测点均落在两倍误差带内，在结合损伤累积理论后，其仍保持着较高的预测精度，可同时适用于规则及不规则路径下的寿命预测；简化后的模型做出的预测结果虽相对保守，但全部位于三倍误差带内，依旧保持着良好的寿命预测能力。

表 1　316L 不锈钢疲劳试验结果

路径	正应变幅 $\varepsilon_a/\%$	剪应变幅 $(\gamma_a/\sqrt{3})/\%$	寿命 N_f /Cycles	路径	正应变幅 $\varepsilon_a/\%$	剪应变幅 $(\gamma_a/\sqrt{3})/\%$	寿命 N_f /Cycles
C1	0.4	0	9050	V1	0.4	0.4	3137
C1	0.6	0	1115	V1	0.6	0.6	454
C2	0	0.4	>200000	V2	0.4	0.4	1451
C2	0	0.6	27149	V2	0.6	0.6	348
C3	0.4	0.4	7944	V3	0.4	0.4	1766
C3	0.6	0.6	1535	V3	0.6	0.6	358
C4	0.4	0.4	4874	V4	0.4	0.4	917
C4	0.5	0.5	2404	V4	0.6	0.6	288
C4	0.6	0.6	837	V5	0.4	0.4	1942
C5	0.6	0.4	906	V5	0.6	0.6	294
C5	0.6	0.2	1086	V6	0.4	0.4	5983
C5	0.1	0.8	11303	V6	0.6	0.6	983
C6	0.6	0	1133	V7	0.4	0.4	6097
C7	0.4	0.4	7212	V7	0.6	0.6	936
C7	0.6	0.6	976	V8	0.4	0.4	3278
C8	0.6	0.6	842	V8	0.6	0.6	923
C9	0.4	0.4	3117	V9	0.4	0.4	2488
C9	0.6	0.6	772	V9	0.6	0.6	751

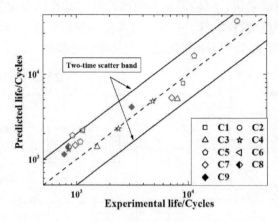

图4 有效应变能模型对规则路径数据的预测结果

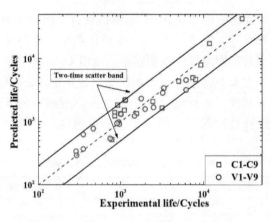

图5 结合线性损伤理论的有效应变能模型对所有数据的预测结果

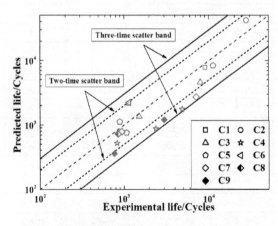

图6 简化模型对规则路径数据的预测结果

4 结论

本文简要回顾了用于多轴疲劳寿命预测的应变能法,并进一步介绍了基于有效应变能的寿命预测方法和疲劳试验验证,主要结论如下:

(1)通过引入非比例系数,所提出的有效应变能法在不使用增量型塑性理论的情况下,可有效地考虑非比例路径效应,因此相比于经典的应变能法,具有更强的工程适用性。

(2)结合线性损伤累积理论与所建立的路径切割算法,可将有效应变能法推广用于不规则路径下的疲劳寿命预测,这为进一步结合计数法进行变幅疲劳分析奠定了基础。

(3)通过引入基于转动惯量法的路径特征系数,对有效应变能法进行了简化。相比于原方法,简化方法仅根据单轴应变能便可预测多轴加载下的疲劳寿命,具有更高的计算效率。

参 考 文 献

[1] 吴昊,仲政. 金属材料多轴非比例低周疲劳寿命预测概述 [J]. 力学季刊,2016,37 (2):201 – 213.

[2] Fatemi A, Shamsaei N. Multiaxial fatigue: An overview and some approximation models for life estimation [J]. Int J Fatigue, 2011, 33 (8): 948 – 958.

[3] Meggiolaro M A, de Castro JTP, Wu H. On the use of tensor paths to estimate the nonproportionality factor of multiaxial stress or strain histories under free – surface conditions [J]. Acta Mechanica, 2016, 227 (11): 3087 – 3100.

[4] Lu C, Melendez J, Martínez – Esnaola J M. Fatigue damage prediction in multiaxial loading based on a new energy – based parameter [J]. Int J Fatigue, 2017, 104: 99 – 111.

[5] Morrow J D. Cyclic plastic strain energy and the fatigue of metals [G]. In: Internal friction, damping and cyclic plasticity, ASTM STP 378, 1965: 45 – 84.

[6] Ostergren W J. A damage foundation hold time and frequency effects in elevated temperature low cycle fatigue [J]. J Testing Eval, 1967, 4: 327 – 339.

[7] Garud Y S. A new approach to the evaluation of fatigue under multiaxial loadings [J]. J Eng Mater Technol, 1981, 103 (2): 118 – 125.

[8] Skibicki D, Pejkowski Ł. Low – cycle multiaxial fatigue behaviour and fatigue life prediction for CuZn37 brass using the stress – strain models [J]. Int J Fatigue, 2017, 102: 18 – 36.

[9] Lefebvre D, Neale K W, Ellyin F. A criterion low – cycle fatigue failure under biaxial states of stress [J]. J Eng Mater Technol, 1988, 103: 1 – 6.

[10] Kliman V, Bílý M. Hysteresis energy of cyclic loading [J]. Mat Sci Eng, 1984, 68 (1): 11 – 18.

[11] Ellyin F, Gołos´K, Golos´K. Multiaxial fatigue damage criterion [J]. J Eng Mater Technol, 1988, 110: 63 – 80.

[12] Koh S K. Fatigue damage evaluation of a high pressure tube steel using cyclic strain energy density [J]. Int J Pres Ves Pip, 2002, 79 (12): 791 – 798.

[13] Socie D F. Multiaxial fatigue damage models [J]. J Eng Mater Technol, 1987, 109: 293 –298.

[14] Chu C C, Conle F A, Bonnen J J. Multiaxial stress – strain modeling and fatigue life prediction of SAE axle shafts [G]. In: Advances in Multiaxial Fatigue, ASTM STP VOL 1191, 1993: 37 –54.

[15] Jiang Y Y, Sehitoglu H. Fatigue and stress analysis of rolling contact [R]. Report no. 161, UILU – ENG 92 –3602, College of Engineering, University of Illinois at Urbana – Champaign, 1992.

[16] Ma S, Markert B, Yuan H. Multiaxial fatigue life assessment of sintered porous iron under proportional and non – proportional loadings [J]. Int J Fatigue, 2017, 97: 214 –226.

[17] Liu K C. A method based on virtual strain – energy parameters for multiaxial fatigue life prediction [G]. In: Advances in multiaxial fatigue, ASTM STP Vol 1191, 1993: 67 –84.

[18] Glinka G, Wang G, Plumtree A. Mean stress effects in multiaxial fatigue [J]. Fatigue Fract Eng Mater Struct, 1995, 18 (7 –8): 755 –764.

[19] Pan W F, Hung C Y, Chen L L. Fatigue life estimation under multiaxial loadings [J]. Int J Fatigue, 1999, 21 (1): 3 –10.

[20] Varvani – Farahani A, Kodric T, Ghahramani A. A method of fatigue life prediction in notched and un – notched components [J]. J Mater Process Tech, 2005, 169 (1): 94 –102.

[21] 甘磊, 吴昊, 仲政. 基于能量法的多轴疲劳寿命预测方法 [J]. 固体力学学报, 2019, 40 (3): 260 –268.

[22] Lu Y, Wu H, Zhong Z. A simple energy – based model for nonproportional low – cycle multiaxial fatigue life prediction under constant – amplitude loading [J]. Fatigue Fract Eng Mater Struct, 2018, 41 (6): 1402 –1411.

[23] Itoh T, Sakane M, Ohnami M, et al. Nonproportional low cycle fatigue criterion for type 304 stainless steel [J]. J Eng Mater Technol, 1995, 117 (3): 285 –282.

[24] Socie D F, Marquis G B. Multiaxial Fatigue [M]. New York: SAE Publication Press, 2000.

[25] Lu Y, Wu H, Zhong Z. A modified energy – based model for low – cycle fatigue life prediction under multiaxial irregular loading [J]. Int J Fatigue, 2019, 128: 105187.

[26] Zhu H, Wu H, Lu Y, et al. A novel energy – based equivalent damage parameter for multiaxial fatigue life prediction [J]. Int J Fatigue, 2019, 121: 1 –8.

[27] Meggiolaro M A, de Castro J T P. Prediction of non – proportionality factors of multiaxial histories using the Moment Of Inertia method [J]. Int J Fatigue, 2014, 61: 151 –159.

Use of the effective strain energy to evaluate fatigue life under multiaxial loading

Zhong Zheng [1,2*], Gan Lei [1], LuYingya [2], WuHao [2]

(1. School of Science, Harbin Institute of Technology, Shenzhen 518055)

(2. School of Aerospace Engineering and Applied Mechanics, Tongji University, Shanghai 200092)

Abstract: Multiaxial fatigue life prediction is significant for ensuring the reliability and security of engineering components in service. This work briefly reviews strain energy – based models for multiaxial fatigue analysis, and introduces a new model, called the effective strain energy – based model. This new model incorporates the effect of non – proportional loading by introducing a non – proportional factor, so that it can work without the use of complex incremental plasticity theories. By combining with the linear cumulative damage theory, it is further used to estimate the fatigue life under irregular loading paths. Moreover, to minimize the requirement for material constants, a loading path eigenvalue is defined based on the Moment of Inertia method, from which a simplified model is obtained. The availability of the effective strain energy – based models in multiaxial fatigue life prediction is validated by experimental results of 316 L stainless steel subjected to diverse loading paths.

Key words: Multiaxial fatigue; Life prediction; Effective strain energy; Non – proportional factor; Moment of Inertia method

玻璃态向列液晶涂层弹性各向异性效应模拟

钱文欣，何陵辉*

（中国科学技术大学近代力学系，合肥 230026）

摘要：基于玻璃态向列液晶涂层的形貌可切换智能表面具有重要应用前景，其设计主要依据液晶指向矢分布与光激发表面非线性变形形貌的定量关系。然而，目前的理论研究几乎全部忽略了液晶聚合物弹性各向异性的影响，误差难以确切评价。本文将涂层和衬底系统的变形过程视为过阻尼系统的状态演化，在等效夹杂方法的基础上发展了一种能够考虑任意指向矢分布下涂层弹性各向异性影响的光致表面形貌模拟方法。该方法的主要特点是计算量与指向矢分布的复杂性无关。作为应用，详细给出了具有周期性锯齿形指向矢分布的玻璃态液晶聚合物涂层三维光致形貌。

关键词：玻璃态向列液晶涂层；非线性变形；表面形貌；弹性各向异性

含偶氮苯分子的玻璃态向列液晶是一类高度交联的液晶聚合物网络，具有吉帕斯卡量级的弹性模量，且液晶指向矢不能独立于基体自由转动[1,2]。紫外光照射下，由于偶氮苯分子的反式－顺式异构化反，材料发生沿平行和垂直于指向矢方向的自发收缩和膨胀[2,3]。受可见光照射或置于黑暗处则变形消失。这种独特的光响应行为在非接触式调控器件方面有重要应用前景。目前玻璃态向列液晶已被用作涂层材料来设计形貌可切换的智能表面[4]，对应的衬底可以是刚性的[5,6]或者柔性的[7,8]。对于刚性衬底，表面形貌源自特定指向矢下涂层的非均匀线弹性变形，可以通过有限元计算准确地预测[9]。对于柔性衬底，表面形貌则产生于涂层的屈曲[10-12]，其模拟就变得非常困难。一方面，屈曲形貌对应于几何非线性变形；另一方面，涂层是弹性各向异性的[2]，当液晶指向矢面内变化时弹性常数为面内坐标的函数。现有的数值方法[12]忽略了涂层的弹性各向异性效应，其结果的可靠性难以判断。为此，本文基于等效夹杂的概念和相场微弹性理论[13]，发展一种计及涂层几何非线性变形和弹性各向异性的表面形貌计算方法。作为算例，将详细模拟指向矢分布为锯齿形时涂层的屈曲形貌，通过与各向同性近似下结果[12]的比较检验弹性各向异性效应的影响。

1 理论模型

如图 1 所示，考虑由厚度为 h 的玻璃态向列液晶涂层理想黏附与占据半空间 $x_3 < -h/2$ 的软弹性衬底构成的系统。涂层内液晶指向矢与衬底表面平行且与 x_1 轴成

基金项目：国家自然科学基金（11572308）资助项目。

$\theta(x_1, x_2)$ 夹角。假设涂层非常薄，以致当紫外光垂直照射时其光强 I_0 沿厚度方向的衰减可以忽略。此时涂层内平行和垂直于指向矢方向分别产生自发收缩 $\varepsilon_{\parallel} = P_{\parallel} I_0$ 和膨胀 $\varepsilon_{\perp} = P_{\perp} I_0$，其中 $P_{\parallel}$ 和 $P_{\perp}$ 为对应的光吸收系数。相应于整体坐标，涂层的光应变场可表示为

$$\varepsilon_{\alpha\beta}^* = (\varepsilon_{\parallel} - \varepsilon_{\perp}) n_\alpha n_\beta + \varepsilon_{\perp} \delta_{\alpha\beta} \tag{1}$$

其中，$n_1 = \cos\theta$，$n_2 = \sin\theta$，$\delta_{\alpha\beta}$ 为 Kronecker 记号。为方便计，以下采用哑指标求和约定，即重复的拉丁和希腊下标分别从 1 到 3 和从 1 到 2 求和。此外，逗号表示求导。

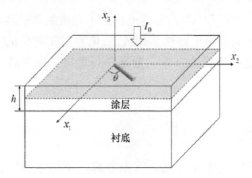

图 1 软弹性衬底上的玻璃态向列液晶涂层

上述光应变一般是非协调的，导致涂层和衬底的弹性变形。本文采用 Föppl – von Kármán 板理论[14]描述涂层的非线性变形。为此，取涂层中面为参考面并记参考面的位移为 u_i。于是涂层内任意一点的总应变为 $\varepsilon_{\alpha\beta} = \varepsilon_{\alpha\beta}^0 - x_3 u_{3,\alpha\beta}$，其中

$$\varepsilon_{\alpha\beta}^0 = \frac{1}{2}(u_{\alpha,\beta} + u_{\beta,\alpha} + u_{3,\alpha} u_{3,\beta}) \tag{2}$$

涂层关于指向矢横观各向同性，弹性性能可由五个独立的弹性常数描述：剪切模量 G，平行和垂直指向矢方向的弹性模量 $E_{\parallel}$ 和 $E_{\perp}$，以及泊松比 $\nu_{\parallel}$ 和 $\nu_{\perp}$。略去涂层厚度方向应力，则应力 – 应变关系可写成[15]

$$\sigma_{\alpha\beta} = \Lambda_{\alpha\beta\kappa\rho}(\varepsilon_{\kappa\rho}^0 - \varepsilon_{\kappa\rho}^* - x_3 u_{3,\kappa\rho}) \tag{3}$$

其中，$\Lambda_{\alpha\beta\kappa\rho}$ 为面内弹性系数。定义涂层的膜力 $N_{\alpha\beta}$ 和弯矩 $M_{\alpha\beta}$ 为

$$N_{\alpha\beta} = \int_{-h/2}^{h/2} \sigma_{\alpha\beta} \mathrm{d}x_3 = h\Lambda_{\alpha\beta\kappa\rho}(\varepsilon_{\kappa\rho}^0 - \varepsilon_{\kappa\rho}^*)$$

$$M_{\alpha\beta} = \int_{-h/2}^{h/2} x_3 \sigma_{\alpha\beta} \mathrm{d}x_3 = -\frac{1}{12}h^3 \Lambda_{\alpha\beta\kappa\rho} u_{3,\kappa\rho} \tag{4}$$

不难导出其弹性能的变分为

$$\delta U_{\mathrm{c}} = -\int_A \{N_{\alpha\beta,\beta}\delta u_\alpha + [(N_{\alpha\beta}u_{3,\alpha})_\beta + M_{\alpha\beta,\alpha\beta}]\delta u_3\}\mathrm{d}A \tag{5}$$

这里 A 为涂层中面面积。由于衬底的变形因界面剪切力 T_i 产生，其弹性能的变分为

$$\delta U_{\mathrm{s}} = \int_A [T_\alpha \delta u_\alpha + (T_3 - T_{\alpha,\alpha})\delta u_3]\mathrm{d}A \tag{6}$$

进一步假设衬底弹性不可压缩，按照半空间表面格林函数可知在傅里叶空间中 T_i 和 u_i 满足关系[12] $\mathscr{F}[T_\alpha] = \Omega_{\alpha\beta}\mathscr{F}[u_\beta + hu_{3,\beta}/2]$ 和 $\mathscr{F}[T_3] = 2\mu\xi\mathscr{F}[u_3]$，其中 F 表示傅里叶变换，而 $\Omega_{\alpha\beta}$ 由式（7）给出：

$$\Omega_{\alpha\beta} = \mu\xi \begin{bmatrix} 2 - \xi^{-2}\xi_2^2 & \xi^{-2}\xi_1\xi_2 \\ \xi^{-2}\xi_1\xi_2 & 2 - \xi^{-2}\xi_1^2 \end{bmatrix} \tag{7}$$

此处 μ 为衬底剪切模量，ξ_α 为傅里叶空间中的波矢量，而 $\xi = (\xi_\lambda\xi_\lambda)^{1/2}$。由于系统总的弹性能 $U = U_c + U_s$ 取驻值，容易得到平衡方程为

$$\delta U/\delta u_\alpha = T_\alpha - N_{\alpha\beta},_\beta = 0$$

$$\delta U/\delta u_3 = T_3 - \frac{h}{2}T_\alpha,_\alpha - M_{\alpha\beta},_{\alpha\beta} - (N_{\alpha\beta}u_3,_\alpha),_\beta = 0 \tag{8}$$

方程（2）、（4）、（7）和（8）完整地描述了系统的非线性变形，独立的未知量共有 3 个，即参考面位移 u_i。由于弹性系数 $\Lambda_{\alpha\beta\kappa\rho}$ 依赖于指向矢的方向，通常是面内坐标 x_α 的函数，直接求解这些非线性方程一般是不可能的。本文将发展一种新的数值求解方法。

2 模拟方法

为了求解系统的非线性平衡方程，首先考虑一个与涂层形状完全相同的各向同性等效弹性板，其弹性系数为

$$\Lambda_{\alpha\beta\kappa\rho}^0 = \frac{E}{1-\nu^2}\Big[\frac{1-\nu}{2}(\delta_{\alpha\kappa}\delta_{\beta\rho} + \delta_{\alpha\rho}\delta_{\beta\kappa}) + \nu\delta_{\alpha\beta}\delta_{\kappa\rho}\Big] \tag{9}$$

而内部特征应变场为 $e_{\alpha\beta}^* + u_3,_\alpha u_3,_\beta/2 + x_3 k_{\alpha\beta}^*$。这里 E 和 ν 分别为杨氏模量和泊松比，$e_{\alpha\beta}^* = e_{\alpha\beta}^*(x_1, x_2)$ 和 $k_{\alpha\beta}^* = k_{\alpha\beta}^*(x_1, x_2)$ 为待定函数。于是板的膜力和弯矩为

$$N_{\alpha\beta} = h\Lambda_{\alpha\beta\kappa\rho}^0(u_\kappa,_\rho - e_{\kappa\rho}^*)$$

$$M_{\alpha\beta} = -\frac{1}{12}h^3\Lambda_{\alpha\beta\kappa\rho}^0(k_{\kappa\rho}^* + u_3,_{\kappa\rho}) \tag{10}$$

现要求板中的位移、膜力和弯矩与涂层完全相同，则有

$$h\Lambda_{\alpha\beta\kappa\rho}^0(u_\kappa,_\rho - e_{\kappa\rho}^*) = h\Lambda_{\alpha\beta\kappa\rho}(\varepsilon_{\kappa\rho}^0 - \varepsilon_{\kappa\rho}^*)$$

$$\frac{1}{12}h^3\Lambda_{\alpha\beta\kappa\rho}^0(k_{\kappa\rho}^* + u_3,_{\kappa\rho}) = \frac{1}{12}h^3\Lambda_{\alpha\beta\kappa\rho}u_3,_{\kappa\rho} \tag{11}$$

进而可得

$$\Lambda_{\alpha\beta\kappa\rho}^0(u_\kappa,_\rho - e_{\kappa\rho}^*) = -A_{\alpha\beta\kappa\rho}\Big(e_{\kappa\rho}^* + \frac{1}{2}u_3,_\kappa u_3,_\rho - \varepsilon_{\kappa\rho}^*\Big)$$

$$\Lambda_{\alpha\beta\kappa\rho}^0 k_{\kappa\rho}^* = (\Lambda_{\alpha\beta\kappa\rho} - \Lambda_{\alpha\beta\kappa\rho}^0)u_3,_{\kappa\rho} \tag{12}$$

其中，$A_{\alpha\beta\kappa\rho} = \Lambda_{\alpha\beta\kappa\rho}^0 + \Lambda_{\alpha\beta\omega\chi}^0(\Lambda_{\omega\chi\lambda\gamma} - \Lambda_{\omega\chi\lambda\gamma}^0)^{-1}\Lambda_{\lambda\gamma\kappa\rho}^0$。将式（10）中的 $N_{\alpha\beta}$ 代入方程（8）第一式，再利用傅里叶变换及 T_α 与 u_β 的关系，不难求得

$$u_\alpha = \mathscr{F}^{-1}[iS_{\alpha\beta}\xi_\lambda(\Omega_{\beta\lambda}\mathscr{F}[u_3] + 2\Lambda_{\beta\lambda\kappa\rho}^0\mathscr{F}[e_{\kappa\rho}^*])] \tag{13}$$

其中，$i = \sqrt{-1}$，$S_{\alpha\beta} = -h(\Omega_{\alpha\beta} + h\Lambda_{\alpha\kappa\beta\rho}^0\xi_\kappa\xi_\rho)^{-1}/2$。于是面内位移 u_α 可由 $e_{\kappa\rho}^*$ 和 u_3 表示。另一方面，从方程（12）第二式可知，$k_{\alpha\beta}^*$ 可直接通过 u_3 表示。

以上分析表明，任意各向异性涂层可以用一块含特征应变的相同形状各向同性板代替。求得各向同性板的特征应变 $e_{\alpha\beta}^*$ 和面外位移 u_3，便可给出涂层的其他所有变形

142

量。因此，以下选择 $e_{\alpha\beta}^*$ 和 u_3 作为系统的状态变量。此时涂层的弹性能为

$$U_{\mathrm{c}} = \frac{1}{2}\int_A \left[h\Lambda_{\alpha\beta\kappa\rho} \left(\varepsilon_{\kappa\rho}^0 - \varepsilon_{\kappa\rho}^* \right) \left(\varepsilon_{\alpha\beta}^0 - \varepsilon_{\alpha\beta}^* \right) + \frac{1}{12}h^3\Lambda_{\alpha\beta\kappa\rho}u_3,_{\kappa\rho}u_3,_{\alpha\beta} \right]\mathrm{d}A \quad (14)$$

而等效板的弹性能为

$$U_{\mathrm{c}}^{\mathrm{eq}} = \frac{1}{2}\int_A \left[h\Lambda_{\alpha\beta\kappa\rho}^0 \left(u_\kappa,_\rho - e_{\kappa\rho}^* \right) \left(u_\alpha,_\beta - e_{\alpha\beta}^* \right) \frac{1}{12}h^3\Lambda_{\alpha\beta\kappa\rho}^0 \left(k_{\kappa\rho}^* + u_3,_{\kappa\rho} \right) \left(k_{\alpha\beta}^* + u_3,_{\alpha\beta} \right) \right]\mathrm{d}A$$

$$(15)$$

利用方程（12），二者之差 $\Delta U_{\mathrm{c}} = U_{\mathrm{c}} - U_{\mathrm{c}}^{\mathrm{eq}}$ 可表示为

$$\Delta U_{\mathrm{c}} = -\frac{1}{2}\int_A \left[hA_{\alpha\beta\kappa\rho} \left(e_{\kappa\rho}^* + \frac{1}{2}u_3,_\kappa u_3,_\rho - \varepsilon_{\kappa\rho}^* \right) \left(e_{\alpha\beta}^* + \frac{1}{2}u_3,_\alpha u_3,_\beta - \varepsilon_{\alpha\beta}^* \right) \right. \quad (16)$$

$$\left. + \frac{1}{12}h^3\Lambda_{\alpha\beta\kappa\rho}^0 \left(k_{\kappa\rho}^* + u_3,_{\kappa\rho} \right) k_{\alpha\beta}^* \right]\mathrm{d}A$$

上两式相加消去 $k_{\alpha\beta}^*$，得到以 $e_{\alpha\beta}^*$ 和 u_3 为独立变量涂层的弹性能表达式

$$U_{\mathrm{c}} = \frac{1}{2}\int_A \left[h\Lambda_{\alpha\beta\kappa\rho}^0 \left(u_\kappa,_\rho - e_{\kappa\rho}^* \right) \left(u_\alpha,_\beta - e_{\alpha\beta}^* \right) - \frac{1}{12}h^3\Lambda_{\alpha\beta\kappa\rho}u_3,_{\kappa\rho}u_3,_{\alpha\beta} \right.$$

$$\left. - hA_{\alpha\beta\kappa\rho} \left(e_{\kappa\rho}^* + \frac{1}{2}u_3,_\kappa u_3,_\rho - \varepsilon_{\kappa\rho}^* \right) \left(e_{\alpha\beta}^* + \frac{1}{2}u_3,_\alpha u_3,_\beta - \varepsilon_{\alpha\beta}^* \right) \right]\mathrm{d}A \quad (17)$$

而衬底的弹性能为

$$U_{\mathrm{s}} = \frac{1}{2}\int_A \left[T_\alpha \left(u_\alpha + \frac{h}{2}u_3,_\alpha \right) + T_3 u_3 \right]\mathrm{d}A \quad (18)$$

考虑到特征应变的选择已使涂层面内平衡方程 $T_\alpha - N_{\alpha\beta},_\beta = 0$ 自动满足，不难导出系统弹性能变分为

$$\delta U = \int_A \left\{ - \left[N_{\alpha\beta} + hA_{\alpha\beta\kappa\rho} \left(e_{\kappa\rho}^* + \frac{1}{2}u_3,_\kappa u_3,_\rho - \varepsilon_{\kappa\rho}^* \right) \right]\delta e_{\alpha\beta}^* \right.$$

$$\left. + \left[T_3 - \frac{h}{2}T_\alpha,_\alpha - M_{\alpha\beta},_{\alpha\beta} - \left(N_{\alpha\beta}u_3,_\alpha \right),_\beta \right]\delta u_3 \right\}\mathrm{d}A \quad (19)$$

相应的平衡方程为

$$\frac{\delta U}{\delta e_{\alpha\beta}^*} = -N_{\alpha\beta} - hA_{\alpha\beta\kappa\rho} \left(e_{\kappa\rho}^* + \frac{1}{2}u_3,_\kappa u_3,_\rho - \varepsilon_{\kappa\rho}^* \right) = 0$$

$$\frac{\delta U}{\delta u_3} = T_3 - \frac{h}{2}T_\alpha,_\alpha - M_{\alpha\beta},_{\alpha\beta} - \left(N_{\alpha\beta}u_3,_\alpha \right),_\beta = 0 \quad (20)$$

为了数值求解上述非线性偏微分方程，将系统变形设想为过阻尼演化过程。采用 Ginzburg – Landau 动力学方程 $\partial e_{\alpha\beta}^*/\partial t = -\Gamma_1\delta U/\delta e_{\alpha\beta}^*$ 和 $\partial u_3/\partial t = -\Gamma_2\delta U/\delta u_3$ 描述系统演化，则有

$$\frac{\partial e_{\alpha\beta}^*}{\partial t} = \Gamma_1 \left[N_{\alpha\beta} + hA_{\alpha\beta\kappa\rho} \left(e_{\kappa\rho}^* + \frac{1}{2}u_3,_\kappa u_3,_\rho - \varepsilon_{\kappa\rho}^* \right) \right]$$

$$\frac{\partial u_3}{\partial t} = -\Gamma_2 \left[T_3 - \frac{h}{2}T_\alpha,_\alpha - \left(N_{\alpha\beta}u_3,_\alpha \right),_\beta - M_{\alpha\beta},_{\alpha\beta} \right] \quad (21)$$

其中，Γ_1 和 Γ_2 为正的动力学系数。前一方程不包含 $e_{\alpha\beta}^*$ 的高阶项，可通过欧拉有限差分直接求解；后一方程右边包含面外位移的高阶项，可利用半隐式谱方法求解。显然，演化系统的稳态解对应真实系统的平衡解。

3 算例与讨论

作为理论模型和模拟方法的应用，现研究具有锯齿形指向矢分布的涂层光致屈曲形貌。如图 2 所示，液晶指向矢的分布周期为 $2d$，在 $2nd < x_1 < (2n+1)d$ 和 $(2n-1)d < x_1 < 2nd$（$n = 0, \pm1, \pm2\cdots$）的区域内与 x_1 轴正方向的夹角分别为 θ 和 $-\theta$。该问题的数值模拟结果近期已经报道[12]，但涂层被近似为弹性各向同性。本文将着重检验涂层弹性各向异性对形貌的影响。计算中采用周期性边界条件，长度和时间分别基于 h 和 $h\Gamma/\mu$ 进行无量纲化，计算区域为 1024×1024。相关材料参数设定为[1] $P_\parallel = -0.01\ \mathrm{cm^2/W}$，$P_\perp = 0.02\ \mathrm{cm^2/W}$，$E_\parallel = 1.1\mathrm{GPa}$，$E_\perp = 0.5\mathrm{GPa}$，$G = 0.24\mathrm{GPa}$，$\nu_\parallel = \nu_\perp = 0.25$，$\mu = 0.5\mathrm{MPa}$。对于等效板则取 $E = 2\mathrm{GPa}$ 和 $\nu = 0.25$。模拟的每一时间步引入随机面外位移扰动以保证能量极小状态。

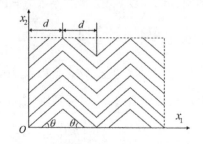

图 2　锯齿形液晶指向矢分布示意图

首先考虑 $\theta = 0$ 的特殊情形。此时涂层具有平行于 x_1 轴的单向指向矢分布，可形成平行于 x_1 轴的条纹状屈曲形貌。临界入射光强 I_c 和无量纲屈曲波数 hk 均可通过线性稳定性分析获得[7]，对于前面给出的材料参数，其结果为 $I_c \approx 0.741\mathrm{W/cm^2}$ 和 $hk \approx 0.226$。如果按照本文方法模拟，则发现当 $I_0 = 0.74\mathrm{W/cm^2}$ 时涂层保持平坦，而当 $I_0 = 0.75\mathrm{W/cm^2}$ 时涂层发生屈曲，在 1024×1024 计算网格内形成周期数为 37 的平行于 x_1 轴的条纹状形貌，对应的无量纲波数为 $hk \approx 0.227$。这一结果与理论预测吻合得很好，充分反映了本文模拟方法的可靠性。

以下检验 θ 非零的情形。图 3 给出了 $\theta = \pi/6$、$\pi/4$ 和 $\pi/3$ 时涂层屈曲形貌的俯视图，其中 $d/h = 256$ 而 $I_0 = 2\mathrm{W/cm^2}$。结果显示涂层同样屈曲为锯齿形条纹，但条纹相对于 x_1 轴的倾斜角 φ 在 $\theta = \pi/6$ 和 $\pi/3$ 时分别远小于和远大于指向矢的倾斜角 θ，而仅当 $\theta = \pi/4$ 时二者基本相等。这与忽略涂层弹性各向异性时的模拟结果[12]一致，原因在于涂层面内剪切变形改变了最大面内压应力的方向。进一步减小指向矢分布周期使 $d/h = 8$ 而其他条件不变，涂层的屈曲形貌如图 4 所示。可以看到，类似于各向同性近似下的结果，当 $\theta = \pi/6$ 和 $\pi/3$ 时分别形成了平行于 x_1 轴和 x_2 轴的条纹状形貌。但出乎所料的是，当 $\theta = \pi/4$ 时，屈曲形貌不再是无序的[12]，而是出现如图 4c 所示的由平行于 x_1 轴和 x_2 轴的条纹构成的交替畴，畴界与 x_1 轴正向夹角约为 $3\pi/4$。从放大图可以看到，沿 x_2 方向的条纹由平行直线构成，而沿 x_1 方向的条纹母线有小幅度的侧向波动，具有锯齿形特征。增大光强，两种畴的内部特征不变，畴界仍与 x_1 方向近似成 $3\pi/4$ 夹角，但如图 5a 所示，畴的分布变得没有规律。为便于比较，图 5b 也给出了弹性各向同性近似下的模拟结果。不难发现此时涂层屈曲形貌不再具有上述特征，而是呈现无序状态。总体上看，涂层弹性各向异性大多数情况下并不显著影响屈曲形貌，少数特殊情况下却明显改变局部几何特征。

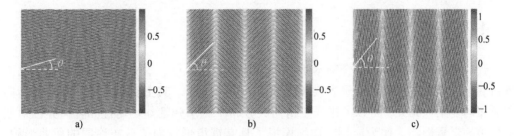

图 3   当 $d/h=256$，$I_0=2\mathrm{W/cm^2}$ 时的形貌俯视图

a) $\theta=\pi/6$ b) $\theta=\pi/4$ c) $\theta=\pi/3$

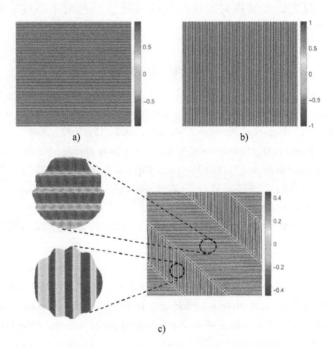

图 4   当 $d/h=8$，$I_0=2\mathrm{W/cm^2}$ 时的形貌俯视图

a) $\theta=\pi/6$ b) $\theta=\pi/4$ c) $\theta=\pi/3$

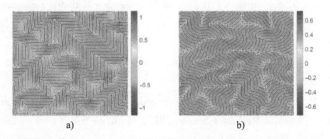

图 5   当 $d/h=8$，$I_0=2.5\mathrm{W/cm^2}$ 和 $\theta=\pi/4$ 时的形貌俯视图

a) 各向异性   b) 各向同性

4　结论

针对玻璃态向列液晶聚合物本质的弹性各向异性特点，本文发展了一种模拟软弹性衬底上玻璃态向列液晶涂层光致屈曲形貌的数值方法。其主要优点是计算量与指向矢分布的复杂性无关，可以考虑任意指向矢分布下涂层弹性非均匀性和各向异性对屈曲形貌的定量影响。作为应用，详细模拟了具有锯齿形指向矢分布涂层的屈曲形貌，并与各向同性近似下的情形进行了比较。结果表明，如果指向矢场变化的特征波长相对于厚度较大，涂层弹性各向异性对屈曲形貌的影响并不显著，各向同性近似下的预测结果较为可靠。反之，如果指向矢场变化的特征波长相对于厚度较小，则各向同性近似下的预测结果偏差较为明显。

参 考 文 献

［1］ Harris K D, Cuypers R, Scheibe P, et al. Large amplitude light – induced motion in high elastic modulus polymer actuators ［J］. Journal of Materials Chemistry, 2005, 15: 5043 – 5048.

［2］ Van Oosten C L, Harris K D, Bastiaansen C W M, et al. Glassy photomechanical liquid – crystal network actuators for microscale devices ［J］. The European Physical Journal E, 2007, 23: 329 – 336.

［3］ Finkelmann H, Nishikawa E, Pereira G G, et al. A new opto – mechanical effect in solids ［J］. Physical Review Letters, 2001, 87: 015501.

［4］ Visschers F, Hendrikx M, Zhan Y, et al. Liquid crystal polymers with motile surfaces ［J］. Soft Matter, 2018, 14: 4898 – 4912.

［5］ Liu D, Bastiaansen C W M, den Toonder J M J, et al. Photo – switchable surface topologies in chiral nematic coatings ［J］. Angewandte Chemie International Edition, 2012, 51: 892 – 896.

［6］ Liu D, Liu L, Onck P R, et al. Reverse switching of surface roughness in a self – organized polydomain liquid crystal coating ［J］. Proceedings of the National Academy of Sciences of the United States of America, 2015, 112: 3880 – 3885.

［7］ Yang D, He L H. Photo – triggered wrinkling of glassy nematic films ［J］. Smart Materials and Structures, 2014, 23: 045012.

［8］ Hendrikx M, Sırma B, Schenning A P H J, et al. Compliance – Mediated Topographic Oscillation of Polarized Light Triggered Liquid Crystal Coating ［J］. Advanced Materials Interfaces, 2018, 5 (20): 1800810.

［9］ Liu L, Onck P R. Topographical changes in photo – responsive liquid crystal films: a computational analysis ［J］. Soft Matter, 2018, 14: 2411 – 2428.

［10］ Yang D, He L H. Nonlinear analysis of photo – induced wrinkling of glassy twist nematic films on compliant substrates ［J］. Acta Mechanica Sinica, 2015, 31: 672 – 678.

［11］ Fu C, Xu F, Huo Y. Photo – controlled patterned wrinkling of liquid crystalline polymer films on compliant substrates ［J］. International Journal of Solids and Structures, 2018, 132 – 133: 264 – 277.

［12］ Qian W X, Ni Y, He L H. Photoswitchable chevron topographies of glassy nematic coatings ［J］. Physical Review E, 2019, 99: 052702.

［13］ Wang Y, Jin Y M, Khachaturyan A G. Phase field microelasticity theory and modeling of elastically and

146

structurally inhomogeneous solid [J]. Journal of Applied Physics, 2002, 92: 1351 –1360.

[14] Landau D L, Lifshitz E. Theory of Elasticity [M]. Moscow: Butterworth – Heinemann, 1991.

[15] He L H, Zheng Y, Ni Y. Programmed shape of glassy nematic sheets with varying in – planedirector fields: A kinetics approach [J]. International Journal of Solids and Structures, 2018, 131 – 132: 183 – 189.

Modeling the effect of elastic anisotropy in glassy nematic coatings

QIAN Wen – xin, HE Ling – hui *

(Department of Modern Mechanics, University of Science and Technology of China, Hefei, 230026)

Abstract: Smart surfaces with switchable morphologies based on glassy nematic coatings have important application prospects, and the design relies on the quantitative relation between director distribution and photo – induced nonlinear deformation topographies. However, in almost all the existing theoretical studies the effects of elastic anisotropy of the nematic polymers are ignored, so the errors of the results are hard to estimate. In the present work, by using the e- quivalent inclusion approach and treating the deformation of the system as an overdamped evo- lution, a methodology is proposed to simulate photo – induced topographies of anisotropic coat- ings with arbitrary director fields. The main advantage of the method is that the computational cost is irrelevant to the complexity of director distribution. As an application, the photo – in- duced three – dimensional topography of a glassy nematic coating with zig – zag director align- ment is predicted in detail.

Key words: glassy nematic coating; nonlinear deformation; topography; elastic anisotropy

蜘蛛网黏附的力学机制研究

郭洋[1]，肖圣圣[1]，赵红平[1]，冯西桥[1*]，高华健[2*]

(1. 清华大学工程力学系，北京100084)

(2. 新加坡南洋理工大学工学院，新加坡)

摘要：本文通过实验测量、理论分析和数值模拟，研究了蜘蛛网黏附猎物的力学机制。结果表明，蜘蛛丝在黏附猎物过程中具有高鲁棒性，蜘蛛网环向丝的力学性能沿着网的径向呈现梯度变化，这有助于蜘蛛网优化全网的能量吸收，使其具备更加均衡的抗冲击能力。本文建立了蛛网黏附力学的理论模型，发现蜘蛛网丝与黏性胶滴在黏附猎物过程中具有很好的协同黏附作用机制，在给定的胶滴黏附强度下存在最优的蜘蛛丝刚度，使蜘蛛丝拥有最优的黏附性能。本文工作表明，为了高效地捕获猎物，蜘蛛网很好地实现了结构－材料－功能的一体化设计，可以为工程黏附器件和结构的设计提供仿生启示。

关键词：蜘蛛网；黏附；力学机制；能量吸收；协同效应

1 引言

很多生物体通过黏附机制实现其生物学功能，例如壁虎通过其脚趾上数百万根刚毛与物体表面形成可以调控的范德华力，因而能够在物体表面快捷爬行[1]；树蛙通过其脚掌表面微结构间的黏性液体与物体表面形成湿黏附力作用，可在树表面自由爬行[2]；海洋贻贝分泌的贻贝黏蛋白具有防水功能，以保证其在水下具有极强的黏性[3]；为了实现超强的黏附，青蛙舌头一方面分泌黏性很强的黏液，另一方面，其舌头的超弹性变形能力也有助于能量吸收，使得猎物难以挣脱[4]。自然界中的生物体为人类利用表面黏附机制提供了很多仿生范例。基于仿生学原理，人们研制了仿壁虎脚趾胶带等新型黏附材料与器件[5]，在机械工程、生物医学[6]、微机电系统[7]、机器人[8]等领域具有广泛的应用价值。

蜘蛛网是自然界中一个典型的生物黏附结构。蜘蛛通过结构轻质的蜘蛛网丝黏附飞虫并进行捕食。图1a是一个园蛛网，它由径向丝和覆有黏性胶滴的环向丝（亦称为黏性丝）等组成（图1b）[9]。蜘蛛丝的力学性能对蜘蛛网捕食猎物等功能有重要影响。Aoyanagi 和 Okumura[10]通过理论分析发现，径向丝和环向丝具有较大的刚度比，有助

基金项目：国家自然科学基金（11921002，11602294，11872232）。

通讯作者：冯西桥（Email：fengxq@ tsinghua. edu. cn）；高华健（Email：huajian. gao@ ntu. edu. sg）

于消除局部蜘蛛网断裂所带来的应力集中。Cranford 等[11]的研究表明，径向丝很强的力学性能可以大幅提高蜘蛛网的承载能力。Tarakanova 和 Buehler 等[12]通过数值模拟，揭示了环向丝力学性能对蜘蛛网捕食行为的影响。Amarpuri 等[13]的研究结果表明，蜘蛛网上胶滴黏性最大时的相对湿度与蜘蛛所在的环境湿度一致。在以往的研究中，人们通常将蜘蛛网优异的黏附能力主要归因于胶滴的超强黏性，而很少考虑环向蛛丝力学性能的影响。然而，进一步的研究表明，在蛛网捕食过程中变形伸长的黏性胶滴与蛛丝形成了悬索桥结构，这说明蛛丝和胶滴均参与了对猎物的黏附[14]，两者同时影响着蜘蛛网的黏附性能。目前，蛛丝与胶滴在蛛网黏附过程中各自的作用仍不清楚。

作为一种典型的天然生物材料，蜘蛛网丝优异的力学性能与物理性能得到了研究者的极大兴趣[10-12,15,16]。深入理解蜘蛛网丝黏附猎物背后的物理机制，不仅有助于认识蜘蛛在自然界中的性能优化，对工程仿生黏附结构的设计也具有启示意义。基于此，本文拟通过实验测量、理论分析与数值模拟，对蜘蛛网丝捕食猎物的黏附力学机制进行系统研究。首先，通过实验测量蜘蛛丝在蜘蛛全网中的力学性能分布情况，探究蜘蛛网黏附猎物时的能量吸收机理；其二，建立蜘蛛网丝的黏附力学模型，从理论角度分析蜘蛛网丝黏附猎物的过程；然后，基于蛛网黏附力学模型，研究蜘蛛网在黏附猎物时蜘蛛丝和黏性胶滴的协同黏附行为，获得了蛛丝模量与胶滴强度的最优匹配关系。

 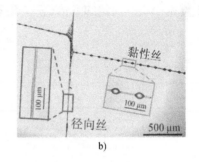

图 1 a）园蛛网 b）局部放大照片[17]

2 蛛丝力学性能

蜘蛛网是一种力学性能优异的典型轻质网状结构，蛛丝的力学性能在其黏附过程中起着重要作用。由于猎物撞击蛛网的随机性，蜘蛛网丝在网内不同位置处均要有较好的承载能力。我们首先对蜘蛛网上不同位置的环向丝和径向丝的拉伸力学性能进行了实验测量，然后结合有限元模拟，分析蜘蛛网能量吸收的力学机理与特点。

2.1 蜘蛛网丝力学性能的实验测量

本文选取园蛛目大腹园蛛蜘蛛网作为实验对象。采用纳米拉伸仪（T150 UTM，Agilent，美国）测量蜘蛛网上环向丝和径向丝的拉伸力学性能。每个蛛网约有 10 个扇形区域，我们随机选取其中的三个扇形区域，并对三组扇形区域内所有的环向丝与径向丝进行测量，具体方法详见文献 [17，18]。

　　首先统计蜘蛛网靠近圆心处和靠近边缘处环向丝的胶滴密度和蛛丝直径。测量结果发现，靠近圆心处环向丝的直径约为 6.26μm，每毫米长度的蛛丝上大约有 16 个胶滴；靠近边缘处环向丝的直径为 6.46μm，每毫米长度的蛛丝上大约有 14 个胶滴。进一步的测量表明，蜘蛛网上环向丝的直径与胶滴密度在整个蛛网上几乎是均匀的，即不随其在蛛网的位置而变化。随后，我们进行了全网环向丝与径向丝的拉伸实验，其应力应变曲线如图 2 所示，其中黄色、红色和蓝色曲线分别代表来自内侧、中间和外侧的环向丝或径向丝的测量结果。

　　图 2 与图 3 的拉伸实验结果表明，沿着蛛网的半径方向，三组环向丝的力学性能均呈现显著的梯度变化特征，其中图 3 的横坐标表示环向丝编号，编号数字从圆心向边缘逐渐增大。以第一组数据为例，对于靠近蛛网边缘的环向丝，其杨氏模量、拉伸强度和断裂功分别为靠近蛛网中心环向丝的 9.9 倍、6.0 倍和 6.4 倍，即靠近蛛网边缘的环向丝要比靠近中心的环向丝力学性能更优。相较于环向丝，不同位置径向丝的力学性能差别较小，没有明显的梯度变化，详见图 2b 与表 1。此外，径向丝的拉伸强度、杨氏模量和断裂功都远高于环向丝，分别是靠近蛛网边缘环向丝的 1.3 倍、72 倍和 1.6 倍，是靠近蛛网中心环向丝的 8 倍、714 倍和 10 倍。

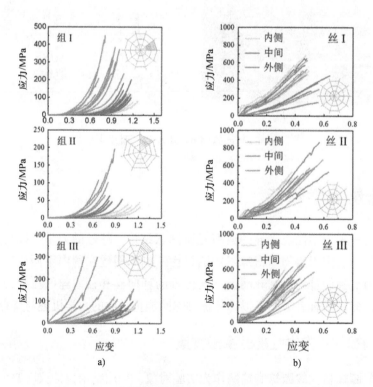

图 2　三组不同扇形区域蜘蛛丝的拉伸应力应变曲线

a）环向丝　b）径向丝

表 1　径向丝在蜘蛛网内侧、中部和外侧的力学性能实验结果

类别	内侧	中部	外侧
直径/μm	12.1±3.3	11.5±3.9	11.5±3.1
极限应变	0.42±0.13	0.46±0.10	0.46±0.11
拉伸强度/MPa	539±303	647±339	642±426
极限载荷/mN	55.2±16.3	57.6±20.2	56.7±20.3
杨氏模量/GPa	1.68±2.04	1.23±1.67	1.45±1.91
断裂功/(MJ/m³)	108±93	123±69	125±98

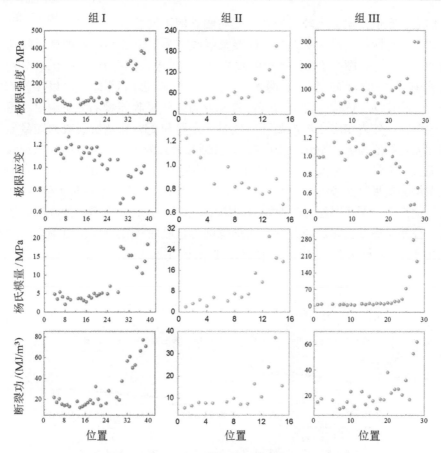

图 3　环向丝的力学性能沿蛛网半径方向的变化趋势

2.2　蜘蛛网丝能量吸收机制的数值计算

通过上述实验测量,我们发现了在蜘蛛网上环向丝的力学性能呈现梯度分布特征,下面我们通过有限元模拟,分析这种梯度特征在蜘蛛网能量吸收功能中的作用。所建立的蜘蛛网模型如图 4 所示,采用位移边界条件来固定径向丝最外端部[10,12],并假设猎物撞击在环向丝的中点位置,作用力为 50μN,方向垂直于蜘蛛网平面。猎物的动能被蜘蛛网吸收,并转换为全网的弹性应变能。从预拉伸状态到冲击峰值的应变能增量,定义为全网应变能吸收,记为 U_{web}。由于蛛丝在无猎物情况下处于单轴拉伸应力状

态[19]，本文采用了具有预应力的桁架单元来模拟蜘蛛丝[20,21]。为简便起见，假设所有的径向丝和环向丝均为线弹性材料[10,22]。基于上一节的实验数据，径向丝的杨氏模量取为 $E_r = 1.0$GPa。我们比较了四种具有不同环向丝模量蜘蛛网的能量吸收情况，其环向丝杨氏模量分别为：（I）均匀值 $E_s = 5.0$MPa，（II）均匀值 $E_s = 25.0$MPa，（III）均匀值 $E_s = 50.0$MPa，（IV）由最内侧 5.0 MPa 线性变化为最外侧 50.0MPa。

图4　蜘蛛网捕获猎物的有限元模型

我们通过数值模拟，比较当外力作用在蜘蛛网不同位置时，这四个蜘蛛网的全网和受力蛛丝的能量吸收。为了清楚地显示能量吸收随着作用力位置的变化趋势，图5给出了能量吸收的归一化结果，其中 U_{web1} 和 U_{silk1} 分别表示当外力作用在最内侧环向丝时全网和受力蛛丝所吸收的能量，并以 U_{web}/U_{web1} 和 U_{silk}/U_{silk1} 分别表示当外力位置改变时全网和受力蛛丝吸收能量的无量纲值。图5的计算结果表明，当外力作用在最内侧环向丝时，全网和受力蛛丝所吸收的能量最低，吸收能量的无量纲值为1；当外力作用在最外侧或接近最外侧的环向丝时，全网和受力蛛丝吸收能量的无量纲值最大。对于环向丝力学性能呈梯度分布的蜘蛛网（即情况 IV），全网无量纲能量吸收的最大值为1.65，受力蛛丝无量纲能量吸收的最大值为3.0，两者均小于其他三个全网环向丝力学性能均匀的蜘蛛网，如图5b所示。这表明，蜘蛛网环向丝力学性能呈梯度变化是一种有效的蜘蛛网能量吸收优化机理，使得全网对不同位置外载的能量吸收更加均衡，最大程度地保证了猎物随机撞击时蛛网结构的完整性[23]。

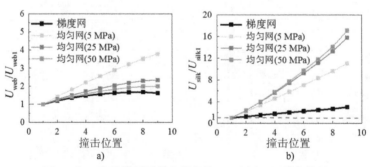

图5　归一化的能量吸收变化规律 a）全网 b）受力蛛丝

3　蜘蛛网丝的黏附力学模型

在蜘蛛网捕食猎物时，猎物常被覆盖有黏性胶滴的环向丝所黏附，变形伸长的黏性胶滴与蛛丝共同形成一个类似悬索桥的结构[14]。本文拟建立蜘蛛网丝的黏附力学模型，研究猎物在被蛛丝黏附后的挣脱过程中蜘蛛丝的变形特点，以此揭示蛛丝和胶滴在防止猎物逃脱中的协同作用机制。为简单起见，本节考虑猎物黏附在单根蛛丝中点并向垂直于蜘蛛丝方向逃生的情形[24]，如图6所示。

在计算中，我们采用如下假设：胶滴和蜘蛛丝均为线弹性材料；黏性胶滴沿着蜘蛛丝均匀分布，固着在蜘蛛丝纤维上不发生侧向滑移；每个胶滴具有相同的力学性能，胶滴与猎物之间的界面为理想黏接；黏附区的长度和胶滴的伸长相对于蜘蛛丝的总长度可以忽略；被黏附的猎物为刚体，脱黏过程中猎物仅发生平动，而不发生刚体转动；猎物挣脱的整个过程近似为准静态加载，即忽略蛛丝和胶滴的惯性力。值得说明的是，在实际的蛛网捕食问题中，存在胶滴分布、黏附强度、猎物黏附位置和挣脱角度等因素的随机性，本文描述的黏附力学模型亦可推广以进一步考虑这些因素的影响[18]。

在猎物挣脱过程中，蜘蛛黏性丝被猎物拉长，产生离面位移 d，胶滴被拉长 Δ，此时猎物相对于初始黏附位置有 $d+\Delta$ 的离面位移。在变形过程中，黏附区两侧的蜘蛛丝（称为"悬挂丝"）受到拉伸，产生拉伸应变和方向改变。

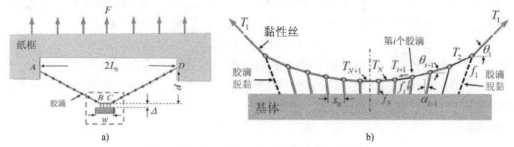

图 6   猎物逃离蜘蛛丝的脱黏过程的力学模型
a）整体几何构型　b）黏附区放大示意图

由几何关系可知，图 6 中悬挂丝的拉伸应变为 $\varepsilon = (1-\cos\theta_1)/\cos\theta_1$，其旋转角满足 $\theta_1 = \arctan[2d/(2L_0 - w)]$。利用蜘蛛丝的线弹性本构关系，悬挂丝内的拉力 T_1 表示为

$$T_1 = E_s A_0 \frac{1-\cos\theta_1}{\cos\theta_1} \tag{1}$$

式中，E_s 是黏性丝的弹性模量；A_0 是黏性丝的横截面面积。悬挂丝内的拉力 T_1 是由猎物挣扎产生的外力 F 导致的，二者之间的关系为

$$F = 2T_1\sin\theta_1 \tag{2}$$

不妨假设在黏附区内有 $2N$ 个胶滴，如图 6b 所示。在模型对称轴右侧的黏附区中，N 个胶滴从右端向内依次编号。由于胶滴拉伸力的存在，蜘蛛丝被分成了张力不同的若干区域，分别用 T_i 和 θ_i 表示第 i 段蜘蛛丝上的张力和转角，其中 i 指的是黏附区中第 i 个胶滴右侧的蜘蛛丝。以 f_i 和 α_i 分别表示第 i 个黏性胶滴被拉长后的张力和转角，T_{N+1} 和 θ_{N+1} 分别表示位于模型正中间的蛛丝的张力和转角。

下面给出参数 T_i、θ_i、f_i 和 α_i 之间的约束关系。对每个胶滴进行水平和竖直方向的受力分析，可得力的平衡关系式：

$$T_{i+1}\cos\theta_{i+1} - T_i\cos\theta_i + \overline{f}_{i+1} = 0 \tag{3}$$

$$T_{i+1}\sin\theta_{i+1} - T_i\sin\theta_i + \widetilde{f}_{i+1} = 0 \tag{4}$$

式中，$\overline{f}_i = f_i\sin\alpha_i$；$\widetilde{f}_i = f_i\cos\alpha_i$；$i$ 的取值范围是从 1 到 N。当 $i=N$ 时，由对称性可知，位于系统正中间的第 $N+1$ 段蛛丝的转角为 $\theta_{N+1} = 0$，并且其张力 T_{N+1} 满足

$$\frac{\overline{f}_N}{K_g} = \frac{s_0 T_{N+1}}{2 E_s A_0} \tag{5}$$

此外，由每段蜘蛛丝的旋转角、长度以及相邻胶滴长度的几何关系，可得

$$\frac{\tilde{f}_i - \tilde{f}_{i+1}}{\overline{f}_i - \overline{f}_{i+1} + K_g s_0} = \tan\theta_{i+1} \tag{6}$$

$$\left(\frac{\overline{f}_i}{K_g} + s_0 - \frac{\overline{f}_{i+1}}{K_g}\right)^2 + \left(\frac{\tilde{f}_i}{K_g} - \frac{\tilde{f}_{i+1}}{K_g}\right)^2 = s_0^2 \left(\frac{T_{i+1}}{E_s A_0} + 1\right)^2 \tag{7}$$

式中，K_g 是黏性胶滴的弹性系数；s_0 是相邻胶滴的间距；i 的取值范围是从 1 到 $N-1$。

于是，蛛丝–基体系统的黏附区受力和变形满足 $4N+1$ 个方程，即式（1）~式（7）。各段蜘蛛丝的变形和受力参数共有 $4N+2$ 个，其中 T_i 和 θ_i 各有 $N+1$ 个参数，f_i 和 α_i 各有 N 个参数。由于 $\theta_{N+1} = 0$ 已知，总计有 $4N+1$ 个待定参数，均可由方程(1)~方程(7)求得。本文采用信赖域算法（trust-region algorithm）求解上述非线性方程组。

基于黏附力学模型，下面以胶滴理想黏附在蛛丝上的猎物脱黏过程为例，分析蜘蛛丝的优化黏附机制。假设猎物在整个脱黏过程中的挣脱力方向保持不变，蜘蛛丝的力学响应服从冯元桢超弹性本构模型。基于实验测量结果，模型中的力学性能与几何参数取值如下：胶滴的弹性刚度取为 0.31N/m，黏性丝的初始长度 $2L_0 = 2.8$cm，黏性丝的横截面面积为 $A_0 = 30.2\mu m^2$。假设所有胶滴与基体之间的黏附具有相同的最大强度 $f_c = 198\mu N$，胶滴的间距均相等，为 $s_i = s_0 = 112.5\mu m$。黏性丝的初始剪切模量和硬化参数分别取值为 $\mu_s = 30$MPa 和 $b = 0.3$[25]。

在黏附区中胶滴个数 $N = 24$、36 和 48 的情况下，对应的黏附区宽度分别为 2.59mm、3.94mm 和 5.29mm，图 7 给出了蛛丝–基体系统在脱黏过程中的载荷–位移曲线。可见，当外力刚开始加载时，蛛丝和胶滴均发生弹性变形；当外加位移达到一定的阈值时，黏附区最外侧的两个胶滴将达到最大黏附强度，并与基体发生脱黏。蛛丝–基体系统内的载荷会随着胶滴的连续断裂重新分布。对于 N 比较大的情况，系统可以实现稳态脱黏状态，即两端胶滴的脱黏不会使得整个系统立刻失稳脱黏，而可以进一步加载。此外，由图 7a 可知，当胶滴个数在初始时刻大于临界胶滴数 $N_c = 16$ 时，蛛丝–基体系统发生失稳脱黏时的临界胶滴个数 N_c 和最大黏附力均与初始胶滴个数 N_0 无关。在达到失稳脱黏的临界状态时，三个系统几乎演化成了完全相同的构型。对于 $N = 24$、36 和 48 的蛛丝–基体系统，胶滴和蛛丝吸收的总能量 U_t 分别为 8.9μJ、9.8μJ 和 10.7μJ（见图 7b），即随着初始胶滴个数 N_0 的增加，蛛丝–胶滴系统总的能量吸收也略有增加。这个结果表明，蜘蛛丝的黏附具有高鲁棒性，这种性能对蜘蛛网的捕食能力有较大的帮助。只要蜘蛛丝与猎物身体有足够宽的黏附区宽度，即有足够多的胶滴个数 N_0，则蜘蛛丝便能产生足够大的黏附力，使得猎物难以逃脱。即使有些胶滴因猎物的挣扎而断裂，蜘蛛丝依然能够保持近乎恒定的黏附力。

4 蜘蛛网丝与胶滴的协同黏附机制

蜘蛛网黏附猎物，主要是靠黏性丝表面的黏性胶滴实现的，因此人们通常认为黏性丝优异的黏附能力主要源于胶滴的超强黏性。最近的研究表明，蜘蛛丝上胶滴的黏性与环向丝的强度呈现出一定的相关性[26]。这里，我们通过黏性丝从基体脱黏的实

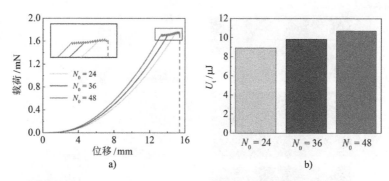

图7 a) 蛛丝脱黏过程的载荷–位移曲线，其中内部插图为稳态脱黏过程的载荷–位移曲线放大图
b) 在初始胶滴个数 $N_0 = 24$、36、48 的三个系统中，蛛丝–基体系统的总能量吸收值 U_t

验，模拟猎物从蛛网逃脱的过程，并基于第 3 节中的蛛网黏附力学模型分析环向丝与胶滴在脱黏过程中的协同黏附机制。

4.1 脱黏实验

与 2.1 节中的实验类似，以大腹园蛛蜘蛛网丝作为实验对象，以 PDMS 固体块作为黏附基体，采用纳米拉伸仪（T150 UTM，Agilent，美国）、高速摄像机（Fastcam Mini UX100，Photron，日本）、光学显微镜头（QM100，Questar）等组成的实验测量系统，研究黏性丝在脱黏基体过程中的力学响应[18]。

利用高速摄像机，我们记录了持续 159 秒的蜘蛛黏性丝从 PDMS 基体上脱黏的全过程。图 8 给出了在脱黏过程中实验测量与理论模拟得到的载荷–位移曲线；图 9a、b 分别显示了图 8 中 $t_1 = 95s$、$t_2 = 149s$ 和 $t_3 = 157s$ 时刻对应的黏性丝与胶滴的几何构型。从图 8 可知，整个脱黏过程分成三个阶段：没有胶滴断裂的脱黏前过程（阶段 I）、胶滴依次发生断裂的稳态脱黏过程（阶段 II）、失稳脱黏过程（阶段 III）。图 9a 展示出黏性胶滴随位移加载逐渐被拉长进而形成悬索桥结构的过程。在 t_1 时刻处于黏附区端部的胶滴显著伸长，而内部的胶滴却没有明显的长度变化；在 t_2 时刻黏附区内所有胶滴均受力伸长，且黏附区最外侧的胶滴处于临界脱黏状态；在 t_3 时刻大部分胶滴已发生断裂脱黏，剩下的数个胶滴处于与基体同时脱黏的临界状态，即将发生临界失稳。在图 9b 中，悬索桥结构的颜色代表了张力大小。从图 8 与图 9 中可以看出，理论模型与实验测量的结果吻合较好，表明本文所建立的蛛丝黏附力学模型可较好地描述猎物从蛛丝脱黏的过程。

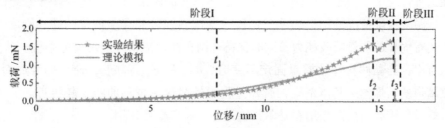

图8 脱黏实验中的载荷–位移曲线

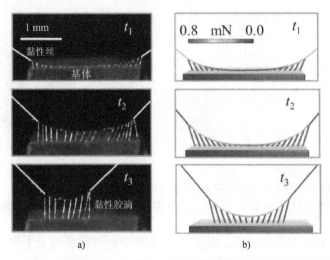

图9 在 t_1、t_2 和 t_3 时刻典型的 a) 蛛丝－基体系统的脱黏实验结果和 b) 理论结果

4.2 蜘蛛网丝与胶滴的协同黏附效应

下面我们利用第 3 节中的蛛丝黏附力学模型，分析环向蛛丝刚度 E_s 和胶滴强度 σ_c^{glue} 对脱黏过程的影响。在算例中，取三个不同的蛛丝弹性模量 $E_s = 2.5\text{MPa}$、50MPa 和 1GPa，以及两个不同的胶滴黏附强度 $\sigma_c^{glue} = 0.12\text{MPa}$ 和 0.245MPa，通过这两个参数的不同组合来揭示二者的协同效应。其中，$E_s = 50\text{MPa}$ 与 $\sigma_c^{glue} = 0.245\text{MPa}$ 这一组参数与实验中真实蛛丝参数最为相近。

在这些参数组合下，图 10a 给出了蛛丝－基体系统的载荷－位移曲线，其内部插图给出了在系统临近失效时的曲线细节。图 10b 给出了不同参数组合所对应的能量吸收值 U_t，即在对应参数下图 10a 中载荷－位移曲线下方区域的面积。

与蛛丝黏性主要取决于胶滴的黏附强度的传统观点不同，我们发现蛛丝的弹性模量对蛛丝－基体系统的能量吸收能力有显著影响。从图 10a 的载荷－位移曲线可以看出，当蛛丝的弹性模量远高于真实蜘蛛丝时，蛛丝难以变形，此时的系统极限黏附力 F_{max} 较大，但是极限位移 d_{max} 较小，在脱黏过程中吸收的总能量比真实蜘蛛丝吸收的能量低近 30%。而当蜘蛛丝的弹性模量远低于真实蜘蛛丝时，系统也只能吸收少量的能量。在这种情况下，由于蛛丝刚度过小，最终以丝的断裂完成蛛丝－基体系统的破坏失效。这两种极限情况的结果表明，蛛丝－基体系统可能存在最优的蛛丝刚度，使蛛网不仅拥有优异的能量吸收能力，同时保持蛛网在捕食猎物时的结构完整性。从图 10a 中可以看出，当黏性丝弹性模量固定不变时，d_{max} 和 F_{max} 都随着 σ_c^{glue} 的增加而增大，不同胶滴强度的蛛丝－基体系统在脱黏过程中的载荷－位移曲线比较接近。上述结果表明，蛛丝与胶滴的协同作用在黏附猎物过程中起着重要作用。

接下来，我们研究在捕食不同尺寸的猎物时，蜘蛛网是如何通过网丝与胶滴的协同作用来优化其黏附性能的。本文选择苍蝇、蜜蜂和蝗虫这三种不同尺寸的昆虫作为

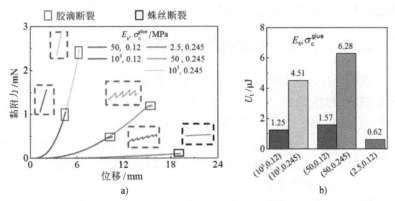

图 10　不同参数组合下，脱黏实验中的 a）载荷 – 位移曲线和 b）蛛网能量吸收

猎物代表，进行数值模拟。在计算中，以它们的腹部宽度 w_a 作为初始黏附区的宽度 w。对于这三种昆虫，图 11 给出了系统的能量吸收值 U_t 与蛛丝模量 E_s、胶滴强度 σ_c^{glue} 的二维相图。可见，对于不同尺寸的昆虫，均存在一条蛛丝模量 E_s 和胶滴强度 σ_c^{glue} 的最优组合曲线（图中黑色曲线），在这条最优曲线上系统的能量吸收值 U_t 最大。该最优曲线将云图分成上下两部分：当 E_s 大于最优曲线对应的蛛丝模量 E_s 时，系统首先发生胶滴断裂，该区域称为胶断区；当 E_s 小于最优曲线对应的蛛丝模量 E_s 时，系统首先发生蛛丝断裂，该区域称为丝断区。在每一幅小图里，我们用蜘蛛图标来表示真实蛛丝系统对应的 E_s 和 σ_c^{glue} 参数组合。对于不同尺寸的猎物，真实蛛丝系统的力学性能均十分接近最优曲线，且处于胶滴断裂的区域。这一结果与我们在实验中从未观察到蛛丝破坏的现象保持一致，这种偏于保守的设计有利于蜘蛛网保持完整，即如果猎物能够产生足够大的逃脱力，要尽量避免蛛网不被破坏，从而可以捕食下一个猎物。

　　将图 10 中五种不同的蛛丝 – 胶滴系统 E_s – σ_c^{glue} 组合分别用 A ~ E 来表示，并按照弹性模量和胶滴黏附强度的大小标注在能量吸收的二维云图上，如图 11 所示。对比这五种参数组合情况的计算结果，可知真实蜘蛛丝的能量吸收能力（即 D 点处）最高，接近于最优曲线。图 11 中的红色区域表明，如果按照最优曲线同时增大蛛丝刚度和胶滴黏附强度，则可以进一步提升蜘蛛网的能量吸收能力。但是，在实际的生物系统中，

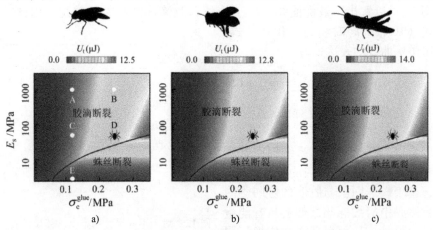

图 11　在捕食 a）苍蝇、b）蜜蜂和 c）蝗虫等不同尺寸猎物时，蛛丝的能量吸收相图

蛛丝刚度和胶滴黏附强度的提升会受到其他一些因素的影响[27]。

4.3 蜘蛛网丝与胶滴协同黏附的能量吸收规律

上述计算表明，在蛛丝的弹性模量与胶滴的黏附强度之间，应该存在一个特定的组合，使得蜘蛛网的能量吸收能力趋于最优。下面通过理论分析，得到该组合$(E_s，\sigma_c^{glue})$所满足的关系，从而获得图11中的最优曲线。

蛛丝–基体系统吸收的总能量U_t包括两部分，分别为蛛丝纤维和胶滴吸收的能量。根据上述模型的计算，在实际的蛛网中，蛛丝纤维吸收的能量远大于胶滴吸收的能量。于是，U_t近似表示为

$$U_t = E_s A_0 L_0 \cdot \varepsilon_{rupture}^2 \tag{8}$$

式中，$\varepsilon_{rupture}$是当蛛丝–基体系统发生破坏时的拉伸应变。

若一个蛛网的胶滴强度与蛛网刚度位于丝断区，则有$\varepsilon_{rupture} = \varepsilon_c^{silk}$，其中$\varepsilon_c^{silk}$为蛛丝断裂时的临界应变，因此系统吸收的总能量$U_t$可表示为

$$U_t = E_s A_0 L_0 \cdot (\varepsilon_c^{silk})^2 \tag{9}$$

该式不含胶滴的力学参数，这表明在丝断区能量吸收U_t由主要蛛丝的力学性能决定，胶滴的贡献忽略不计。

若蛛网的胶滴强度与蛛网刚度位于胶断区，由数值计算和量纲分析可知，系统临界应变由胶滴临界载荷F_c^{glue}控制，可表示为

$$\varepsilon_{rupture} = k\left(\frac{F_c^{glue}}{E_s A_0}\right)\left(\frac{K_s}{K_g}\right)^m \tag{10}$$

式中，K_s为悬挂丝的弹性系数，可由$K_s = E_s A_0/L_0$求得，其中L_0为悬挂丝的长度；k和m是无量纲参数。由式（8）和式（10），U_t可表示为

$$U_t = \frac{(kF_c^{glue})^2}{K_s}\left(\frac{K_s}{K_g}\right)^{2m} \tag{11}$$

该式表明，在胶断区，蛛丝–基体系统的能量吸收能力同时依赖于蜘蛛丝和胶滴的力学性能。

从图11可以看出，最优曲线对应于蛛丝和胶滴同时断裂的情况，因此$\varepsilon_{rupture} = \varepsilon_c^{silk}$和式（10）应同时满足。联立二式，可以求出最优曲线的表达式为

$$E_s^{1-m} = k\left(\frac{A_g}{A_0}\right)\left(\frac{A_0}{L_0}\right)^m \frac{\sigma_c^{glue}}{\varepsilon_c^{silk} K_g^{\ m}} \tag{12}$$

将式（12）与数值计算进行对比，结果如图12所示。

可以看出，蛛丝–基体系统拥有基本相同的最优曲线而与黏附区的尺寸无关。这表明，基于蜘蛛网丝与胶滴的协同黏附效应，自然界中的蜘蛛丝近似遵从着能量吸收的最优设计，从而保证了在捕捉不同尺寸猎物时蜘蛛网的能量吸收能力都趋于

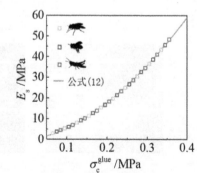

图12　对于不同尺寸的猎物，其最优$E_s - \sigma_c^{glue}$曲线的数值模拟结果与式（12）的比较

最优。综上所述，蛛网优异的黏附能力是通过多方面的优化实现的。首先，得益于其蜘蛛丝超弹性变形能力以及胶滴的强黏附能力，这些参数也并非越高越好，而是应该在一个恰当的优化范围内，并达到彼此匹配；其二，蛛网的径向丝和环向丝的力学性能差异很大，各自起着不同的作用；其三，环向丝起着主要的吸能作用，其力学性质沿着蛛网的径向呈现梯度变化，使得蛛网的吸能能力在整个蛛网内较为均匀。

5 结论

本文通过实验测量、理论分析和数值模拟，从全网蜘蛛丝的力学性能、蛛丝与胶滴的协同黏附等角度研究了蜘蛛网黏附的力学机制。首先，实验测量和有限元模拟表明，环向蜘蛛丝力学性能的梯度分布，可以提升蜘蛛网全网的能量吸收能力，使全网在各个位置拥有更加均衡的抗冲击能力。此外，我们建立了单根蜘蛛网丝的黏附力学模型，发现了蜘蛛丝在黏附猎物方面具有很好的鲁棒性，并揭示出蛛丝刚度和胶滴强度在蜘蛛网黏附猎物时存在着协同效应。该研究表明，蜘蛛网很好地实现了结构 - 材料 - 功能的一体化设计，其很强的捕捉猎物的能力，不仅得益于蛛丝和胶滴本身的力学性能，而且与其优化的结构形式和梯度分布的力学性质密不可分。本研究有助于深入认识蜘蛛网黏附猎物的力学机制，也对仿生黏附材料和结构的优化设计具有启发意义。

参 考 文 献

[1] Tian Y, Pesika N, Zeng H, et al. Adhesion and friction in gecko toe attachment and detachment [J]. Proc Natl Acad Sci USA, 2006, 103 (51): 19320 - 19325.

[2] Persson B N J. Wet adhesion with application to tree frog adhesive toe pads and tires [J]. J Phys - Condens Matter, 2007, 19 (37): 376110.

[3] Qin Z, Buehler M J. Impact tolerance in mussel thread networks by heterogeneous material distribution [J]. Nat Commun, 2013, 4: 2187.

[4] Noel A C, Guo H Y, Mandica M, et al. Frogs use a viscoelastic tongue and non - newtonian saliva to catch prey [J]. J R Soc Interface, 2017, 14 (127): 20160764.

[5] Geim A K, Dubonos S V, Grigorieva I V, et al. Microfabricated adhesive mimicking gecko foot - hair [J]. Nat Mater, 2003, 2 (7): 461 - 463.

[6] Peppas N A, Langer R. New challenges in biomaterials [J]. Science, 1994, 263 (5154): 1715 - 1720.

[7] Maboudian R. Adhesion and friction issues associated with reliable operation of mems [J]. MRS Bull, 1998, 23 (6): 47 - 51.

[8] Kim S, Laschi C, Trimmer B. Soft robotics: A bioinspired evolution in robotics [J]. Trends Biotechnol, 2013, 31 (5): 23 - 30.

[9] 尹长民. 中国动物志、蛛形纲、蜘蛛目、园蛛科 [M]. 北京: 科学出版社: 1997.

[10] Aoyanagi Y, Okumura K. Simple model for the mechanics of spider webs [J]. Phys Rev Lett, 2010, 104 (3): 038102.

[11] Cranford S W, Tarakanova A, Pugno N M, et al. Nonlinear material behaviour of spider silk yields robust webs [J]. Nature, 2012, 482 (7383): 72 - 91.

[12] Tarakanova A, Buehler M J. The role of capture spiral silk properties in the diversification of orb webs [J]. J R Soc Interface, 2012, 9 (77): 3240 - 3248.

[13] Amarpuri G, Zhang C, Blackledge T A, et al. Adhesion modulation using glue droplet spreading in spider capture silk [J]. J R Soc Interface, 2017, 14 (130): 20170228.

[14] Opell B D, Hendricks M L. The adhesive delivery system of viscous capture threads spun by orb-weaving spiders [J]. J Exp Biol, 2009, 212 (18): 3026-3034.

[15] Omenetto F G, Kaplan D L. New opportunities for an ancient material [J]. Science, 2010, 329 (5991): 528-531.

[16] Porter D, Vollrath F. Silk as a biomimetic ideal for structural polymers [J]. Adv Mater, 2009, 21 (4): 487-492.

[17] Guo Y, Chang Z, Guo H Y, et al. Synergistic adhesion mechanisms of spider capture silk [J]. J R Soc Interface, 2018, 15 (140): 20170894.

[18] 郭洋. 蜘蛛网丝黏附力学的理论与实验研究 [D]. 清华大学, 2019.

[19] Harmer A M T, Clausen P D, Wroe S, et al. Large orb-webs adapted to maximise total biomass not rare, large prey [J]. Sci Rep, 2015, 5: 14121.

[20] Soler A, Zaera R. The secondary frame in spider orb webs: The detail that makes the difference [J]. Sci Rep, 2016, 6: 31265.

[21] Zaera R, Soler A, Teus J. Uncovering changes in spider orb-web topology owing to aerodynamic effects [J]. J R Soc Interface, 2014, 11 (98): 20140484.

[22] Mortimer B, Soler A, Siviour C R, et al. Tuning the instrument: Sonic properties in the spider's web [J]. J R Soc Interface, 2016, 13 (122): 20160341.

[23] Guo Y, Chang Z, Li B, et al. Functional gradient effects on the energy absorption of spider orb webs [J]. Appl Phys Lett, 2018, 113 (10): 103701.

[24] Sahni V, Blackledge T A, Dhinojwala A. Viscoelastic solids explain spider web stickiness [J]. Nat Commun, 2010, 1: 1-4.

[25] Guo Y, Zhao H P, Feng X Q, et al. On the robustness of spider capture silk's adhesion [J]. Extreme Mech Lett, 2019, 29: 100477.

[26] Agnarsson I, Blackledge T A. Can a spider web be too sticky? Tensile mechanics constrains the evolution of capture spiral stickiness in orb-weaving spiders [J]. J Zool, 2009, 278 (2): 134-140.

[27] Elices M, Guinea G V, Plaza G R, et al. Example of microprocessing in a natural polymeric fiber: Role of reeling stress in spider silk [J]. J Mater Res, 2006, 21 (8): 1931-1938.

Mechanisms of the superior adhesion of spider orb webs

GUO Yang[1], XIAO Sheng-sheng[1], ZHAO Hong-ping[1], FENG Xi-qiao[1]*,
GAO Hua-jian[2]*

([1]Department of Engineering Mechanics, Tsinghua University, Beijing 100084)

([2]College of Engineering, Nanyang Technological University, Singapore)

Abstract: In this paper, the physical mechanisms of the superior adhesion property of spider webs are investigated via experimental measurements, theoretical analyses, and numerical simulations. It is shown that spider silk exhibits a high efficiency and robustness in prey capture. The mechanical properties of spiral silk feature a distinct gradient variation along the radial direction of the spider web, endowing the web with nearly uniform energy absorption ability and impact tolerance. A novel adhesion model of spider silk is developed, which reveals the synergistic adhesion mechanism between silk fibers and sticky glue droplets in capturing prey. For a given adhesion strength of glue droplets, there exists an optimum silk stiffness that optimizes the adhesion performance of the spider silk. We demonstrate that spider webs have achieved an excellent integration of material and structural design that guarantees its biological functions. This work provides some biomimetic inspirations for design of engineering adhesion devices and structures.

Key words: spider web; adhesion; physical mechanism; energy absorption; synergistic effect

Origami Metamaterials for On – demand Tunable Wave Propagation

Jiao Zhou [1,2], Kai Zhang [1], Geng kai Hu[1] *, Konwell Wang[2] *

(1. Key Laboratory of Dynamics and Control of Flight Vehicle, Ministry of Education, School of Aerospace Engineering, Beijing Institute of Technology, Beijing, 100081, China)

(2. Department of Mechanical Engineering, University of Michigan, Ann Arbor, Michigan, 48109, USA)

Abstract: This paper proposes an origami metamaterial to achieve on – demand tunable elastic wave characteristics. More specifically, this research investigates the effects of structural folding on wave propagation in periodic Miura origami plates. The wave dispersion and propagation features of origami metamaterials with different folding angles are first examined. It is shown that structural folding gives rise to the coupling of transverse and in – plane waves in origami plates, creating directional bandgaps. Benefiting from the coupling of wave modes, the resonance of additional stubs can easily absorb the coupled wave and form complete bandgaps. To provide better insight, an analytically folded beam model is used to reveal the mechanism of band structures and wave mode transformation. These tunable properties of origami metamaterial plates will have potential in achieving elastic waveguides with adaptable bandgap and directional properties.

Keywords: origami metamaterial; resonance; bandgaps

Because of its desirable characteristics and potential applications, origami has attracted significant attention in engineering research. Many origami – inspired systems have exploited the kinematics of folding[1,2]. The complex yet programmable shape transformations originated from folding have served as guidelines for various design innovations, such as architectural polyhedral surfaces[3-5], sandwich cores[6,7], aerospace deployable structures[8,9], surgical devices[10] and self – folding robots[11-15]. Recently, researches on origami mechanics have demonstrated that folding can also be a powerful tool to tailor the structural characteristics[16-23] and generate attractive mechanical properties. For example, origami – based metamaterials and structures can exhibit auxetic effects[16,17], programmable stiffness[18], high stiffness yet high reconfigurability[19], bistability and multistability[20,21], programmable locking

---

基金项目：国家自然科学基金（11290153，11672037，11632003，11221202）；高等学校学科创新引智计划（B16033）。

hugeng@ bit. edu. cn, kwwang@ umich. edu

and stiffness jump[22,23] , and recoverable collapse[24].

Through the abovementioned investigations, it is clear that origami has unique features that are extremely desirable for reconfigurable materials and structures. First, the kinematics of origami folding is scale independent, which enables platforms at vastly different length scales for a wide range of applications. In addition, origami folding can be a simple one – degree – of – freedom action for rigid – foldable designs; thus simple and minimal local actuation can lead to sophisticated and precise global topology transformation of the lattice patterns. Despite the significant research progress, most of the previous studies have mainly focused on the origami kinematics or static/quasi – static characteristics. Origami – based materials and structural systems, on the other hand, could possess rich dynamic features under excitations. For example, a recent study[25] shows that bistable nonlinear dynamics are observed in exciting Miura – Origami mechanical structures. In another study, Ishida et al. [26] developed an origami – based cylindrical structure featuring quasi – zero stiffness and experimentally demonstrated that the structure can effectively isolate low frequency base excitations. Even more general and would be of broad impact, origami can be a medium for wave propagation. Thota et al. [27–29] studied acoustic wave tailoring using origami as a mechanism to change lattice configurations. Yasuda et al. [30] investigated the nonlinear elastic wave propagation in a multiple degree – of – freedom (DOF) origami metamaterials consisting of Tachi – Miura polyhedron (TMP) cells. They demonstrated that, via utilizing the geometry – induced nonlinearity and the structure periodicity, such TMP – based tubular metamaterials can be developed into vibration and impact mitigating structures with tunable characteristics. While interesting, their model is developed based on rigid rod and torsional spring elements, and is thus not able to characterize longitudinal wave and flexural wave in elastic materials. Very recently Nanda and Karami[31] examined wave transmission in elastic beam origami with crease modeled as torsion spring.

The goal of this research is to advance the state of the art of origami for elastic wave propagation and vibration transmission. More specifically, we propose to explore origami mechanical metamaterials – based plate structures for on demand tunable elastic wave propagation and vibration transmission. One current means of controlling wave propagation is to equip materials with microstructure, where bandgaps may be generated by Bragg's scattering or local resonance mechanisms[32–35], within which propagating waves are prohibited. Phononic crystals and acoustic/elastic metamaterials have been developed and examined extensively in the last decade[36]. These materials once designed with fixed microstructure are targeted only for a specific frequency range, unable to meet the increasing demand for controlling wave with adaptability. By using smart materials and/or active systems, like shunted piezoelectric material[37] , magnetostrictive materials[38,39] or electronic circuit[40], local material properties can be tuned with external applied fields, offering adjustable material and wave interactions. The majority of tunable metamaterials for elastic waves use the idea of alterable material parameters, where different wave modes are tuned separately. The change of microstructure configuration is another way to realize tunable wave function. One such approach is to use structural instability[41,42] to alter microstructure configuration. Origami plate provides a scale – independent and easily controlled method to achieve large topological reconfiguration. It is thus expected that such reconfiguration, particularly from two – dimension to three – dimension after folding, may lead to the transformation at the crease between different waves and produce directional bandgaps for the coupled wave mode, creating a fundamentally different approach to tune elastic waves. Furthermore, the structural folding may tune wave mode coupling through folding angles, and this coupling can be further adjusted by including local resonators. Including resonators to form complete bandgap, particularly for low frequencies, is a basic ingredient of acoustic/elastic metamaterials to alleviate unwanted low frequency vibrations[43]. These features outline a rich design for tailoring wave propagation.

In this study, we propose two types of tunable origami metamaterials and investigate the influence of folding on wave propagation in periodic Miura origami plates. The wave dispersion and propagation features of origami metamaterials are examined with different folding angles. Directional bandgaps by structural folding and complete bandgaps by introducing local resonators are demonstrated. The mechanism of band structure is further revealed by using the analytical model of folded origami beams.

1 Origami plate

During configuration change, Muira – origami fold pattern is assumed rigid – foldable, where the deformation takes place only along creased lines without deformation of the facets. Once the configuration change is accomplished, the subsequent wave analysis is conducted on the fixed configuration with elastic plates. The mechanical property of the crease is usually difficult to be determined[44], approximation has to be made, for example, as a torsion spring in[31]. In this work, we assume the crease material has the same elastic property as the plates for simplification, which means the origami plate is considered as corrugated plate for wave analysis. This assumption is plausible for wave analysis but not for configuration transformation, since wave perceives an unloaded material (whatever large deformation it is previously subjected to) as elastic material with initial modulus, in addition this continuum approach avoids artificial impedance mismatch introduced by approximation. However, how to characterize the crease property for wave analysis still remains an open problem.

As shown in Fig. 1, the unit cell of Miura origami investigated in the research consists of four parallelogram facets, whose geometry is defined by two static crease lengths l_1, l_2, one static plane angle γ and plate thickness h, as shown in Figs. 1a and 1b, respectively. A folding angle θ is required to describe the folding state of origami. When the folding angle equals to $0°$, the structure recovers to the unfolded flat plate. In the following analysis, we assume $l_1 = l_2 = l$ for simplicity. Based on the geometry of Miura – origami pattern[16], the outer dimensions are then given by $S = l\cos\theta\tan\gamma/\sqrt{(1 + \cos^2\theta\tan^2\gamma)}$, $L = l\sqrt{(1 - \sin^2\theta\sin^2\gamma)}$, $H = l\sin\theta\sin\gamma$. The lattice vectors can be given as $a_1 = 2Se_1$, $a_2 = 2Le_2$, where e_1, e_2 are the base vectors in x and y – directions, they are always orthogonal for different folding angles. In following analysis, we set $l = 0.1$ m, $\gamma = 36°$, and the plate thickness $h = 0.002$ m. The plate and crease materials are assumed the same with elastic modulus 1×10^8 Pa, density 1.2×10^3 kg/m³, and Poisson ratio 0.45. Based on the origami plate model described above, stubs are also proposed on the center of each plate of the origami cell as an additional measure to tune wave in the plates, as illustrated in Figs. 1c and 1d. The two layered cylindrical stubs serve as mass – spring resonators with the soft rubber layer attached on the origami plate as spring and a steel layer as mass, designed with a relatively lower natural frequency compared to that of the origami plate. The radius of the stub is set to be 10 mm and the thicknesses of the rubber and steel layers are 11 mm and 4 mm, respectively. The soft rubber has an elastic modulus 0.1 MPa, density 1.2×10^3 kg/m³, and Poisson ratio 0.45. The steel has an elastic modulus 2.1×10^{11} GPa, density 7850 kg/m³, and Poisson ratio 0.3.

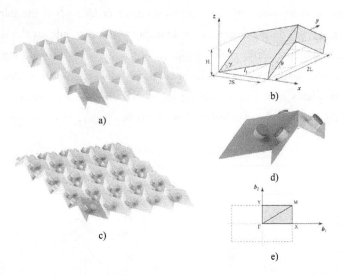

Fig. 1   a) Origami plate and b) corresponding unit cell; c) Origami plate with stubs and d) corresponding
unit cell and e) Irreducible Brillouin Zone in the reciprocal lattice space

We investigate the influence on elastic wave propagation in the origami plate caused by the structural folding. By assumption, the origami plate is considered as a corrugated plate for wave analysis. The band structures of the origami plate with different folding angles are calculated by the finite element method using COMSOL 3D solid mechanics model. Bloch boundary conditions are applied on the unit cell. Since the wave vector is located on the XY plane, the reciprocal lattice vectors, b_1 and b_2, are derived directly from Miura – origami unit cell a_1 and a_2, and the irreducible Brillouin zone is the rectangle ΓYMX , which is depicted in Fig. 1e. By varying the wave vector components along the boundary of the irreducible Brillouin zone, the band diagrams are obtained. Fig. 2 shows the band structures of the origami plates with folding angles 0°, 15°, 30°, 45°, respectively. When the plate is flat, three branches of modes, corresponding to longitudinal (blue line), in – plane shear (green line) and flexural waves (red line), respectively, can be easily found according to the different slopes in the band structures, as shown in Fig. 2a. The corresponding dispersion relations are ω_L (k) = $\sqrt{}$ ($E/(\rho$ $(1-v^2)))$ k, ω_S (k) = $\sqrt{}$ ($E/(2\rho$ ($1+v$))) k, ω_F (k) = $\sqrt{}$ ($Eh^2/(12\rho)$) k^2, respectively. After structural folding, the flexural wave interacts with the longitudinal and shear waves. As a result, a single – mode region of shear mode along Γ – Y direction is generated with the increasing folding angle, thus producing a directional bandgap for both longitudinal and flexural waves. For instance, at frequency 100 Hz, all wave modes are found when the plate is flat, but the flexural wave is prohibited in the y direction when the plate is folded to 15° or 30°, but is allowed to propagate again at 45°, as illustrated in Fig. 2. As shown by the shaded area in Fig. 2, the longitudinal – flexural Y – directional bandgap width of the origami plate first increases with the folding angle from 15° to 30°, then decreases when folded into 45°. The periodic change of wave mode generates the bandgaps, and the wave mode conversion between two facets is determined by their dihedral angles or by both of the folding angle θ and the static plane angle γ. The maximum of the bandgap width depends on the dihedral angle; it may vary also as function of static plane angle γ due to the complex coupling of longitudinal, in – plane shear, and flexural waves. Similar results are also reported in undulated plate in reference[45], where plates with pre – existing undulated shapes also leads to the coupling of transverse and in – plane modes producing directional bandgaps, or even complete bandgaps in some situations.

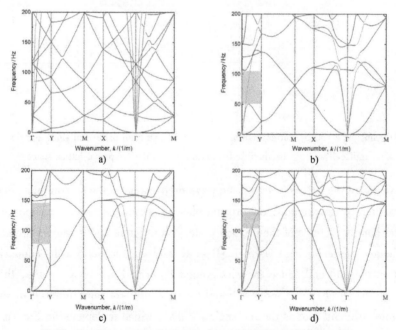

Fig. 2   Band structures of origami plate with different folding angles
a) 0°   b) 15°   c) 30°   d) 45°

The responses of the origami plate with different folding angles at an excitation frequency 100 Hz are calculated in time domain to illustrate the directional bandgaps. The origami plates are composed of 30 cells along the x direction and 15 cells in the y direction, in order to make the plate an approximate square shape since the length of the unit cell in the y direction is about twice as long as in the x direction. A harmonic excitation with a displacement amplitude of 0.01 m in the out of plane direction is applied at the central point of the plates. The out – of – plane displacements excite the flexural wave in the plate. The resulted amplitudes of the out – of – plane displacements of the plates with folding angles $0°$, $15°$, $30°$ and $45°$ at time 0.04 s are shown in Fig. 3. Flexural wave propagates in all direction in flat and $45°$ folded origami plates, but only in limited propagating directions for the origami plates with $15°$ and $30°$ folding angles. This is due to the fact that flexural wave at 100 Hz cannot propagate along y direction in $15°$ and $30°$ folded origami plates because of the directional bandgap shown in Figs. 2b、c.

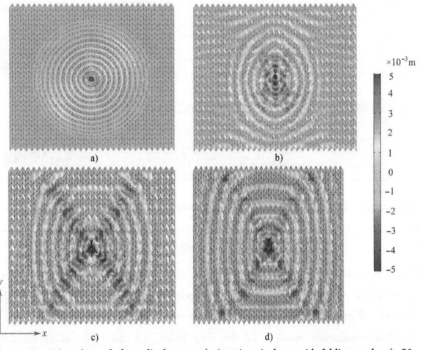

Fig. 3   Wave propagation (out of plane displacement) in origami plates with folding angle a) $0°$, b) $15°$, c) $30°$ and d) $45°$ at time 0.04 s with a harmonic excitation of 100 Hz at the center of the plate

To further increase the capacity of wave mitigation of the abovementioned origami plates, we propose to include stubs on the facets of the origami cell. It is expected that the stub provides an extra dimension to mitigate wave particularly at low frequency. The natural frequencies of a single stub with the fixed bottom end boundary condition are estimated by using COMSOL 3D solid mechanic model, where the first three natural modes and corresponding frequencies are the pure shear mode (34.50 Hz), breath mode (47.02 Hz) and elongation mode (91.26 Hz), respectively.

Fig. 4 shows the band structures of origami plates with the stubs under $0°$, $15°$, $30°$ and $45°$ folding angles. Different from the band structures of the origami plate without stubs

(Fig. 2a), several horizontal lines appear in the band structures due to the resonances of the stubs.

For small folding angles (for example 0° to 15°), Figs. 4a and 4b show that a bandgap for longitudinal and in – plane shear waves is formed around 34 Hz, where only flexural wave is allowed. The bandgap frequency coincides with shear mode natural frequency of the stub, see also the deformation mode indicated by point A in Fig. 4e. Hence, this bandgap comes from the interference of stub shear resonance with the longitudinal and in – plane shear wave.

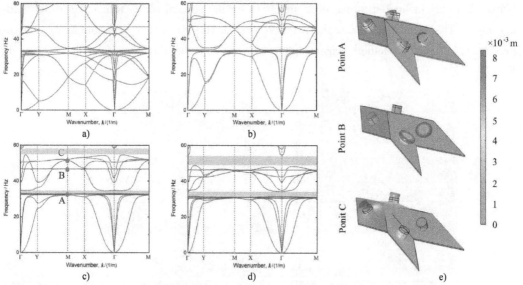

Fig. 4 Band structures of origami plates with stubs for folding angles 0°, 15°, 30° and 45° (a ~ d) and deformation modes of origami plate unit cell at three frequencies (indicated by red points in c) with 30° folding angle in direction ΓM (e)

With the increase of folding angle, complete bandgaps are created and further enlarged (Figs. 4c, 4d). The representative deformation modes of the origami plate with 30° folding angle in direction ΓM are extracted in Fig. 4e. It is found that two complete bandgaps are generated by the shear resonance mode (32.49 Hz, Point A) and elongation resonance mode (51.67 Hz, Point C) of stubs, respectively. The breath mode (Point B) always happens at a constant frequency 46.68 Hz with different folding angles, which has no influence on bandgaps. The frequencies of shear and breath modes agree with the resonant frequencies of the stub, but the elongation mode has a lower resonant frequency than that of the fixed bottom – end natural frequency due to the difference of the stub boundary.

2   Mechanism of wave mitigation in origami metamaterials

To gain more insight and reveal the mechanism of wave mode coupling caused by structural folding, a simple origami folded beam model is presented which will help understand the wave property of the origami plate. The dispersion of periodic folded beam and wave mode transformation between beam elements in one unit cell will be examined.

The material properties of the beam model are the same as those of the plate model. For the case study, the geometric parameters of the folded origami beam and stubs are given as follows (Fig. 5): the length of each beam element is $l = 0.4$ m, and thickness of the beam is $h = 0.01$ m, respectively. The lattice constant a for the folded beam is $a = 2l\cos\alpha$ and the corresponding irreducible Brillouin zone is $[0, \pi/a]$.

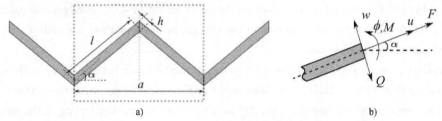

a)   b)

Fig. 5   a) Origami beam model   b) displacements and forces on the beam

Two wave modes exist in the beam, the longitudinal wave and the flexural wave. The longitudinal wave equation is given by

$$E \frac{\partial^2 u}{\partial x^2} - \rho \frac{\partial^2 u}{\partial t^2} = 0 \tag{1}$$

The displacement and force can be written as the addition of two counter-propagating waves

$$u(x) = (u_l e^{ik_L x} + u_r e^{-ik_L x}) e^{i\omega t} \tag{2}$$

$$F(x) = EA \frac{\partial u}{\partial x} = EA(ik_L u_l e^{ik_L x} - ik_L u_r e^{-ik_L x}) \tag{3}$$

where $k_L = \sqrt{(\rho\omega^2/E)}$.

Flexural mode wave equation is written as

$$EI \frac{\partial^4 w}{\partial x^4} + \rho A \frac{\partial^2 w}{\partial t^2} = 0 \tag{4}$$

The displacement, rotation angle, moment and shear force are written as the addition of four terms in two counter-propagating waves, one propagating wave and one evanescent wave in each direction

$$w(x,t) = (w_{lp} e^{ik_F x} + w_{le} e^{k_F x} + w_{rp} e^{-ik_F x} + w_{re} e^{-k_F x}) e^{i\omega t} \tag{5}$$

$$\phi(x,t) = \frac{\partial w}{\partial x} = (ik_F w_{lp} e^{ik_F x} + k_F w_{le} e^{k_F x} - ik_F w_{rp} e^{-ik_F x} - k_F w_{re} e^{-k_F x}) e^{i\omega t} \tag{6}$$

$$M(x,t) = EI \frac{\partial^2 w}{\partial x^2} = (-k_F^2 EI w_{lp} e^{ik_F x} + k_F^2 EI w_{le} e^{k_F x} - k_F^2 EI w_{rp} e^{-ik_F x} + k_F^2 EI w_{re} e^{-k_F x}) e^{i\omega t} \tag{7}$$

$$Q(x,t) = EI \frac{\partial^3 w}{\partial x^3} = (-ik_F^3 EI w_{lp} e^{ik_F x} + k_F^3 EI w_{le} e^{k_F x} + ik_F^3 EI w_{rp} e^{-ik_F x} - k_F^3 EI w_{re} e^{-k_F x}) e^{i\omega t} \tag{8}$$

where $k_F = \sqrt[4]{(\rho A \omega^2/EI)}$.

The continuity condition of the internal point and periodic boundary conditions of the left

169

and right sides of the unit cell in global coordinate system allow to build an eigenvalue problem. Solving the eigenvalue problem numerically by varying the wave number in $[0, \pi/a]$, the dispersion curves and displacement modes can be obtained.

Fig. 6a shows the band structure of unfolded beam and 45° folded beam. Both wave modes, longitudinal wave and flexural wave, co – exist in unfolded ($0°$) beam, and the corresponding dispersion curves are $\omega_L (k) = \sqrt{(E/\rho)}k$, for longitudinal wave and $\omega_F (k) = \sqrt{(EI/(A\rho))}k^2$ for flexural wave. After the beam is folded to 45°, bandgaps are developed from the intersection of two wave modes in the straight beam element as a result of Bragg scattering of periodic origami beam.

Similarly, we also examined the corresponding model of an origami beam with stubs by numerical method with COMSOL 2D plane strain solid model. To get a relatively lower natural frequency compared to the folded beam, the heights of the soft rubber layer and the steel layer of the stub are chosen to be 0.03 m and 0.012 m, respectively, and the width of the stub is 0.01 m. These sizes in fact modulate the natural frequency of the stub, in turn the bandgap frequency for the origami beam. The first four natural frequencies of the stub with a fixed bottom boundary condition are designed to be 4.03 Hz for flexural mode, 32.40 Hz for elongation mode, 35.29 Hz for rotation mode and 88.29 Hz for the second rotation mode.

Fig. 6b show the band structures of $0°$ (dash line) and 45° (solid line) folded beams with stubs. For the unfolded beam with stubs, the stub is resonated with an elongation mode around frequency 40 Hz (Fig. 6b), where a bandgap for flexural wave is created. After folding, the longitudinal and flexural waves are coupled to create a new bandgap as the same as that in folded beams without stubs. However, in addition to Bragg scattering, the new bandgaps are also formed due to the effect of local resonance. The complete band gaps are therefore formed by both Bragg scattering and local resonance, its width is largely enlarged comparing with the folded beams without stubs, as the red shadows at around frequency 40 Hz shown in Fig. 6b.

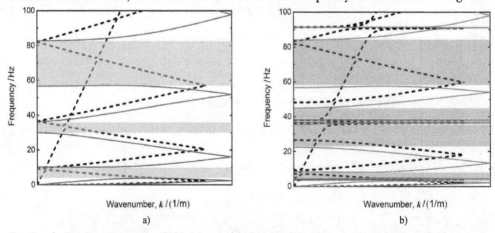

Fig. 6   a) Band structures for unfolded beam (dashed black line) and 45° folded beam without stubs (solid blue line) b) band structures for unfolded beam with stubs (dashed black line) and 45° folded beam with stubs (solid red line)

Figs. 7a and 7b show the displacement amplitudes of the longitudinal wave and flexural wave of the unfolded beam at the fifth resonance frequency 36. 94 Hz for $k = 0.98$. Obviously, only flexural wave exists in the two straight beam elements, and the two wave modes in the beam element are decoupled. The transverse displacement at the connection of the two beam is continuous, and equals to 0. 577 m. Correspondingly, Figs. 7c and 7d show the displacements of two wave modes along each beam element for a 45° folded beam unit cell at the fifth resonance frequency 34. 35 Hz for $k = 1.39$. It is found that both longitudinal and flexural waves exist in the folded beam and the amplitudes of each wave mode are different in the two beam elements, indicating wave mode conversion between beam elements. For the 45° folded beam, the two beams in the unit cell are perpendicular, so the transverse and longitudinal waves are orthogonal and interconvert from beam to beam. As shown in Figs. 7c and 7d, the transverse displacement and the longitudinal displacement of the left beam element are 0. 143 m and 0. 043 m, respectively. Contrarily, the transverse displacement and the longitudinal displacement of the right beam are 0. 043 m and 0. 143 m.

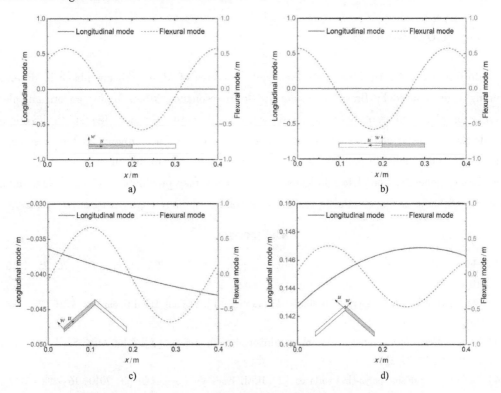

Fig. 7 Different wave modes (in amplitude) in each beam element of the unfolded
beam unit cell (a, b) and the 45° folded beam unit cell (c, d)

Two conclusions are provided from analyzing the folded beam models: 1) after folding, orthogonal wave modes in the beam element couple together and bandgaps form from the intersection of two wave modes in the straight beam element; 2) the local resonances of additional stubs on folded beams affect the coupled wave mode and enlarge the bandgaps. Based on the a-

171

bove observations, we can extend our insights to origami plates. There are three wave modes, longitudinal, in – plane shear and flexural wave modes, in the plate. As the folding angle increases, there is an interaction between longitudinal and flexural modes, resulting in a mixed longitudinal – flexural mode. Consequently, a directional bandgap for longitudinal – flexural mode is generated in the origami plate, like the bandgaps formed in the folded beam model, as shown in Fig 2 and Fig. 6a. Comparing with the model of folded beams with stubs, the bandgaps formed by origami plate with stubs show the same phenomenon. When the stubs are added onto the plate, shear resonant mode of stubs only affect the longitudinal and in – plane shear wave modes (34 Hz, Fig 4a), not the flexural wave one. Once the origami plate is folded, the longitudinal and shear wave modes will be coupled with the flexural wave mode. Thus, the shear resonance of stubs affects the longitudinal and in – plane shear wave modes directly, at the same time the shear resonance of stubs affects also the flexural wave mode, finally forming the first complete bandgap (Fig 4). In addition, the second complete bandgap can be generated since the coupled waves are stopped by the elongation resonance modes of stubs (Fig 4).

3   Conclusions

In this research, we investigate the band structures of Muira origami plates in different folding angles caused by Bragg scattering and local resonance. When folding an origami plate from a flat plate, different modes of elastic wave could couple together, leading to directional bandgaps as a result of Bragg scattering of periodic structure. Furthermore, including stubs on the origami plate helps to prohibit the coupled wave mode due to the effect of local resonance and further generates complete bandgaps. Origami plates may provide on – demand wave tailoring, which has a great potential to realize wave control in many engineering applications.

References

[1] Huffman D A. Curvature and creases: A primer on paper [J]. IEEE Trans Comput C, 1976, 25: 1010 – 1019.

[2] Stachel H. A kinematic approach to Kokotsakis meshes [J]. Comput Aided Geom Des, 2010, 27: 428 – 437.

[3] Tachi T. Generalization of rigid foldable quadrilateral mesh origami [J]. J Int Assoc Shell Spat Struct, 2009, 50: 2287 – 2294.

[4] Tachi T. Origamizing polyhedral surfaces [J]. IEEE Trans Vis Comput Graph, 2010, 16: 298 – 311.

[5] Tachi T. Freeform variations of origami [J]. J Geom Graph, 2010, 14: 203 – 215.

[6] Baranger E, Guidault P A, Cluzel C. Numerical modeling of the geometrical defects of an origami – like sandwich core [J]. Compos Struct, 2011, 93: 2504 – 2510.

[7] Fischer S, Heimbs S, Klaus M, et al. Sandwich structures with folded core: Manufacturing and mechanical behavior [C]. SAMPE Eur 30th Int Jubil Conf Forum, 2009, 256 – 263.

[8] Kim J, Lee D, Kim S, et al. A self – deployable origami structure with locking mechanism induced by buckling effect [C]. 2015 IEEE International Conference on Robotics and Automation, 2015,

3166 – 3171.

[9] Schenk M, Viquerat A D, Seffen K A, et al. Review of inflatable booms for deployable space structures: Packing and rigidization [J]. J Spacecr Rockets, 2014, 51: 762 – 779.

[10] Randall C L, Gultepe E, Gracias D H. Self – folding devices and materials for biomedical applications [J]. Trends Biotechnol, 2012, 30: 138 – 146.

[11] Felton S, Tolley M, Demaine E, et al. A method for building self – folding machines [J]. Science, 2014, 345: 644 – 646.

[12] Felton S M, Tolley M T, Onal C D, et al. Robot self – assembly by folding: A printed inchworm robot [C]. Proc – IEEE Int Conf Robot Autom, 2013, 277 – 282.

[13] Miyashita S, Guitron S, Ludersdorfer M, et al. An untethered miniature origami robot that self – folds, walks, swims, and degrades [C]. 2015 IEEE Int Conf Robot Autom, 2015, 1490 – 1496.

[14] Onal C D, Wood R J, Rus D. Towards printable robotics: Origami – inspired planar fabrication of three – dimensional mechanisms [C]. Proc – IEEE Int Conf Robot Autom, 2011, 4608 – 4613.

[15] Paik J K, An B, Rus D, et al. Robotic origamis: self – morphing modular robots [C]. Proc 2nd Int Conf Morphol Comput, 2011, 29 – 31.

[16] Schenk M, Guest S D. Geometry of Miura – folded metamaterials [J]. Proc Natl Acad Sci USA, 2013, 110: 3276 – 3281.

[17] Yasuda H, Yang J. Reentrant origami – based metamaterials with negative Poisson's ratio and bistability [J]. Phys Rev Lett, 2015, 114: 185502.

[18] Li S, Wang K W. Fluidic origami: a plant – inspired adaptive structure with shape morphing and stiffness tuning [J]. Smart Mater Struct, 2015, 24: 105031.

[19] Filipov E T, Tachi T, Paulino G H. Origami tubes assembled into stiff, yet reconfigurable structures and metamaterials [J]. Proc Natl Acad Sci USA, 2015, 112: 12321 – 12326.

[20] Li S, Wang K W. Fluidic origami with embedded pressure dependent multi – stability: a plant inspired innovation [J]. J R Soc Interface, 2015, 12: 20150639.

[21] Waitukaitis S, Menaut R, Chen B G, et al. Origami multistability: From single vertices to metasheets [J]. Phys Rev Lett, 2015, 114: 2 – 6.

[22] Fang H, Li S, Wang K W. Self – locking degree – 4 vertex origami structures [J]. Proc R Soc A Math Phys Eng Sci, 2016, 472: 20160682.

[23] Fang H, Chu SCA, Xia Y, et al. Programmable self – locking origami mechanical metamaterials [J] . Adv Mater, 2018, 30: 1706311.

[24] Li S, Fang H, Wang K W. Recoverable and programmable collapse from folding pressurized origami cellular solids [J]. Phys Rev Lett, 2016, 117: 1 – 5.

[25] Fang H, Li S, Ji H, et al. Dynamics of a bistable Miura – origami structure [J]. Phys Rev E, 2017, 95: 052211.

[26] Ishida S, Suzuki K, Shimosaka H. Design and experimental analysis of origami – inspired vibration isolators with quasi – zero – stiffness characteristic [C]. Proc ASME 2016 Int Des Eng Tech Conf Comput Inf Eng Conf, 2016, DETC2016 – 59699.

[27] Thota M, Li S, Wang K W. Lattice reconfiguration and phononic band – gap adaptation via origami folding [J]. Phys Rev B, 2017, 95: 064307.

[28] Thota M, Wang K W. Reconfigurable origami sonic barriers with tunable bandgaps for traffic noise mitigation [J]. J Appl Phys, 2017, 122: 154901.

[29] Thota M, Wang K W. Tunable waveguiding in origami phononic structures [J]. J Sound Vib, 2018,

430: 93 - 100.

[30] Yasuda H, Chong C, Charalampidis E G, et al. Formation of rarefaction waves in origami – based meta-materials [J]. Phys Rev E, 2016, 93: 1 - 9.

[31] Nanda A, Karami M A. Tunable bandgaps in a deployable metamaterial [J]. J Sound Vib, 2018, 424: 120 - 136.

[32] Montero de Espinosa FR, Jiménez E, Torres M, et al. Ultrasonic band gap in a periodic two – dimensional composite [J]. Phys Rev Lett, 1998, 80: 1208 - 1211.

[33] Sigalas M M, Economou E N. Elastic and acoustic wave band structure [J]. J Sound Vib, 1992, 158: 377 - 382.

[34] Sigalas M, Economou E N. Band structure of elastic waves in two dimensional systems [J]. Solid State Commun, 1993, 86: 141.

[35] Liu Z, Zhang X, Mao Y, et al. Locally resonant sonic materials [J]. Science, 2000, 289: 1734 - 1736.

[36] Hussein M I, Leamy M J, Ruzzene M. Dynamics of phononic materials and structures: historical origins, recent progress, and future outlook [J]. Appl Mech Rev, 2014, 66: 040802.

[37] Airoldi L, Ruzzene M. Design of tunable acoustic metamaterials through periodic arrays of resonant shunted piezos [J]. New J Phys, 2011, 13: 113010.

[38] Chen X, Xu X, Ai S, et al. Active acoustic metamaterials with tunable effective mass density by gradient magnetic fields [J]. Appl Phys Lett, 2014, 105: 071913.

[39] Wang Z, Zhang Q, Zhang K, et al. Tunable digital metamaterial for broadband vibration isolation at low frequency [J]. Adv Mater, 2016, 28: 9857 - 9861.

[40] Popa B I, Zigoneanu L, Cummer S A. Tunable active acoustic metamaterials [J]. Phys Rev B, 2013, 88: 1 - 8.

[41] Schaeffer M, Ruzzene M. Wave propagation in reconfigurable magneto – elastic kagome lattice structures [J]. J Appl Phys, 2015, 117: 194903.

[42] Rudykh S, Boyce M C. Transforming wave propagation in layered media via instability – induced interfacial wrinkling [J]. Phys Rev Lett, 2014, 112: 1 - 5.

[43] Liu X N, Hu G K, Sun C T, et al. Wave propagation characterization and design of two – dimensional elastic chiral metacomposite [J]. J Sound Vib, 2011, 330: 2536 - 2553.

[44] Lechenault F, Thiria B, Adda – Bedia M. Mechanical response of a creased sheet [J]. Phys Rev Lett, 2014, 112: 244301.

[45] Trainiti G, Rimoli J J, Ruzzene M. Wave propagation in periodically undulated beams and plates [J]. Int J Solids Struct, 2015, 75: 260 - 276.

热塑性连续碳纤维复合板"拟零应力"成型方法与坯料形状预测

胡平，张向奎，祝雪峰，陆星形

(1. 大连理工大学汽车工程学院，大连 116024)

(2. 大连理工大学工业装备结构分析国家重点实验室，大连 116023)

摘要：针对连续纤维复合材料制品在大批量生产中的成型效率问题，寻找快速高效、减少成型缺陷的制造技术一直是研究者们追求的目标。本文以民用工业需求为导向，针对塑性变形能力相差悬殊的连续纤维与热塑性树脂复合板材的成型问题，提出了一种由碳纤维和热塑性树脂组成的连续纤维复合板的快速"拟零应力"成型方法。该方法可以快速预测毛坯的形状，并利用 One – Step 逆成型反求各向同性复合材料板坯料形状的成型算法，进一步找出应力集中可能导致内部碳纤维塑性断裂和表面成型缺陷的区域。通过上述预测结果，我们可以对连续碳纤维增强层压板在深冲模具上的初始毛坯进行修边，并通过坯料形状优化预示将其转化为完全可展开的自由曲面形状。在成型过程中，复合材料内部的连续碳纤维处于所谓的"拟零应力"状态，几乎没有拉伸，因为在塑性超高的热塑性树脂的配合下，连续碳纤维的塑性变形几乎完全由树脂承担。通过将可展开坯料与角部补强同时加热的模压成型方式，能够保证在纤维被切断部位由连续纤维的补强实现整体的承载能力。通过对热塑性改性尼龙（改性的 PA6）与碳纤维复合材料的盒形拉深件模压成型和静压溃实验，验证了本文方法的可行性和有效性。

关键词：热塑性连续碳纤维；One – Step 逆成型；坯料形状优化预示；纤维拟零应力；模压成型

1 引言

  汽车轻量化在汽车工业领域发挥着重要作用。寻找高强度复合材料代替传统的金属材料是减轻材料重量的有效途径之一。近年来，纤维增强复合材料越来越受到学者和工程技术人员的重视。一般而言，纤维增强复合材料中的增强纤维按纤维长度分为短纤维（SF）、长纤维（LF）和连续纤维（CF）。在 SF 方面，Du 等（2016）将氧化石墨烯涂覆在短玻璃纤维增强的聚醚砜复合材料上，以改善其力学性能。他们的结论是，复合材料的抗拉强度得到了显著提高。另外研究了模塑涂胶对长碳纤维增强复合材料的纤维分布、树脂流动性和力学性能的影响，以及复合材料力学性能随碳纤维含量的变化规律。然而，他们的研究并没有提供不连续和连续纤维增强复合材料力学性能的比较。

连续纤维增强复合材料以其优异的承载性能和抗疲劳性能，在承载载体构件中得到广泛的应用。传统的连续纤维成型工艺主要包括压缩成型、高压罐成型、手糊成型、纤维缠绕成型、拉挤成型和树脂传递成型（RTM）等。其中，板料模塑复合成型（SMC）具有生产周期短、生产效率高等优点。Corbridge 等（2017）通过压缩模塑成型，将单向预压布组合成复合材料，并对多向铺放预浸片材的变形进行量化分析。高压罐成型包括预浸料制备、预浸料切割、手工铺覆（图1）、真空封袋和固化等。该工艺是制造热塑性连续纤维复合材料的主要方法，适用于机翼、尾翼等复合产品的生产，但投资成本高，成型效率低。Dios 等（2016）为了解决高压罐中不同部件的非均匀热历史问题，提出一种混合整数线性规划模型来优化复合材料部件的布置。然而，随着高压罐可用面积的增加和部件数量的增加，计算的复杂性和准确性会变得很差。

图1 预浸料手工铺覆

在此成型工艺中，局部补强预浸布片的形状和间隙的位置（见图1）往往由工程师的经验决定，加工效率较低，成型时间较长。手糊成型方法主要是手工操作，将涂有树脂的补强材料铺在模具上，固化后拆除。Uchida 等（2015）为了解决手工操作造成的形状精度和强度误差，制定了一套合格的标准来规范手工上机的工作流程。手糊成型虽然简单，但其效率低、质量不稳定的缺点不容忽视。纤维缠绕成型是纤维增强复合材料的另一种成型方法。Xu 等（2016）通过缠绕丝制备了五种混合复合管，分析了破碎速度、温度处理、材料和结构对成型制品吸能能力的影响，但缠绕方法不适合生产复杂结构。拉挤成型工艺将树脂浸渍的连续纤维通过模具挤出，然后加热固化成连续的复合零件。该工艺简单、成本低，可连续进行，适用于热固性复合材料的大批量生产。Simacek 和 Advani 建立了拉挤过程中树脂渗透过程的模型，优化了压力舱的浸渍动力学，并预测了拉拔速率所需的力。但与其他成型方法相比，拉挤件的形状相对单一，零件的横向强度不高。

为了改善纤维增强复合材料的成型质量，快速 RTM 技术越来越受到人们的重视。该方法将预制软纤维布放入模具型腔内，在低压下将低黏度树脂液注入型腔内，固化成型。RTM 工艺简单，收率高，孔隙率低。RTM 的成本和生产效率介于手糊成型和SMC 法之间，适用于大批量生产低黏度热固性树脂基体大尺寸复合材料。Bodaghi 等（2016）研究的粒度分布和总空隙率高纤维体积分数由高喷射压力 RTM 复合材料成型，并发现无间隙闭合 RTM 复合材料的质量与高压罐成型工艺相似，但其他工艺参数在成型中的作用尚不清楚。

以上成型方法主要用于制造热固性树脂基复合材料零件。热固性树脂强度高、黏度低，成型过程中基体和纤维浸润程度好，制备方便。但热固性树脂基体存在韧性差、环境适应性差、回收困难等缺点。此外，主要问题是成型的复合零件与热固性树脂基体需要较长的固化周期。由于制造效率低，难以回收，在汽车等行业中难以应用。

与热固性树脂纤维增强复合材料相比，热塑性树脂基纤维增强复合材料的优势在于：成型周期短、生产效率高、韧性良好（高断裂韧性是热固性材料的 10 倍）、伤害宽容度高、耐化学性良好、预浸材料没有对储存低温度和时间的限制、模具成型方法多、适合多种工艺和维修、可回收性和可重用性好、无环境污染等。由于这些优点，热塑性树脂基纤维增强复合材料正逐渐取代传统的热固性树脂纤维增强复合材料，其成型方法正成为最有潜力的工艺方法。

为克服热塑性树脂相对低的变形强度，近年来，热塑性树脂基连续纤维增强（尤其是碳纤维）复合材料预浸材料被用于显著增强树脂热塑性复合材料的强度，采用多层预浸布连续式纤维增强层压板的温控黏固态冲压成型方法已成为一种高效的复杂复合材料零件的成型方法。

然而这种在模具内的冲压成型方法仍然会遇到一些成型缺陷，如表面起皱、内部纤维断裂等，这可能会恶化复合材料零件制品服役过程中的力学性能和表面成型质量。为了寻找合适的成型工艺，学者们对热塑性树脂基连续纤维增强复合材料的模压成型进行了研究。Haanappel 等（2014）对两种热塑性材料进行了成型性分析。他发现与编织玻璃纤维相比，多向铺放碳纤维复合材料在双曲线区域内更容易出现严重的褶皱，但他并没有提出一种成型方法来解决单向碳纤维复合材料的大褶皱问题。Maron 等（2016）通过有限元模拟分析了编织热塑性复合管的成型性，并对其服役潜力和局限性进行了评估，但在预测的最大剪切角上存在较大偏差。Behrens 等（2017）提出了一种适用于复杂壳体结构的热塑性连续玻璃纤维增强薄板的自动冲压方法。虽然该成型工艺可以有效降低玻璃纤维编织材料成型的起皱和断裂的风险，但并未考虑单向预浸复合材料的成型问题。刘等（2018，2019）通过分析单向热塑性复合材料在半球形结构成型过程中工艺诱导的变形，提出了冲压仿真方法。但该实验仅以韧性较好的玻璃纤维为原料，能否应用于单向碳纤维复合材料尚不清楚。此外，许多研究涉及热塑性复合材料的成型方法，但现有工艺大多用于热塑性连续纤维材料的机织形式。对于单向纤维预浸料和多向层压板的成型分析，这些研究大多集中在建立新的本构模型或有限元模拟预测，而对复杂拉伸件的成型过程研究很少。热塑性单向预浸料和不同铺层角度压制的多向层压板在实际民用工业中有着广泛的应用。这些材料具有较高的强度，可用于不同的工业应用。因此，有必要研究一种与单向预浸料相结合的热塑性树脂基连续纤维增强复合材料的高效加工技术，使其适合于对生产效率要求很高的工业应用。

本文针对热塑性碳纤维单向预浸布复合铺层连续增强复合材料的冲压成型工艺，采用单向连续碳纤维增强层压板与改性尼龙（PA6）热塑性树脂（CF/PA6）相结合，提出了一种快速"拟零应力"成型方法。首先，采用自主开发的 KMAS/One－step 逆成型数值模拟方法快速准确地预测成型前的坯料形状，将冲压层压板坯料转变为完全可展开的自由形状坯料，以避免冲压过程中出现拉应力过大导致的纤维内部断裂和表面起皱；然后，通过对冲压模具"角部"附近可展开的毛坯边界形成的修边间隙的匹配设计方案，实现了纤维在整个冲压成型过程中的"准零应力"状态。另一方面，在可展毛坯冲压成型前，在已修边间隙上预先附加补强，保证冲压成型固化后制品的服役力学性能。该方法有效地解决了毛坯与模具在"角部"附近因强烈的拉延造成的韧性断裂和表面成型质量，并保证由此得到的制品的承载能力。一个方盒形零件的成型仿真与压溃实验验证了本文方法的有效性。

2 "拟零应力" 成型过程

2.1 "拟零应力" 成型法的核心思想

以 CF/PA6 预浸料和多向层压板的 "拟零应力" 毛坯形状预测为例，来验证本文提出的快速成型和固化方法。Liu 等（2011）研究了纯 PA6 和 PA6/K 树脂共混物在不同温度和应变速率下的拉伸应力 – 应变行为，发现 PA6 的应力 – 应变行为在测试温度范围内表现出半晶聚合物的典型特征。为了说明碳纤维与 PA6 树脂之间的力学差异，本文引用了纯 PA6 的拉伸强度曲线和实验结果来说明这种新成型方法的出发点。图 2a、b（Liu 等，2011）为室温下沿纤维方向拉伸的单向碳纤维预浸布连续试件和 20～120℃温度范围内拉伸的 PA6 树脂试件的应力 – 应变曲线。由图可知，单向碳纤维预压试件的极限拉伸应力达 1413MPa，极限应变仅为 1.5%，塑性变形几乎为零。另一方面，单向拉伸 PA6 在常温下的最大应力只有 53MPa，远低于碳纤维预浸布（27 倍的差异），

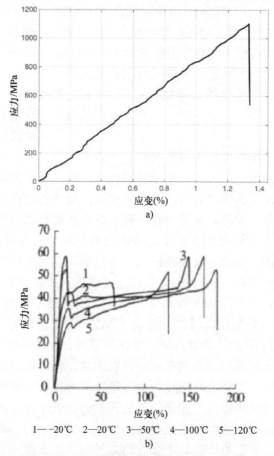

1——20℃ 2——20℃ 3——50℃ 4——100℃ 5——120℃
b)

图 2 碳纤维预浸布与单一树脂试件单向拉伸应力 – 应变行为差别的对比
a）室温下连续单向碳纤维预浸布沿着纤维方向拉伸应力 – 应变曲线
b）不同温度下单一 PA6 树脂试件拉伸应力 – 应变曲线

但极限应变却可以达到 180% （120 倍的差异）。如何考虑不同的承载能力和变形，优化毛坯形状设计，以便快速冲压和固化，使碳纤维材料在塑性成型过程中尽可能不产生拉应力，仍然是一个问题。

"拟零应力"纤维成型涉及如何设计初始成型毛坯以及局部补强的形状，使几乎处于黏态的 PA6 在整个黏塑性成型过程中承担几乎全部的拉延力和塑性变形，而让碳纤维几乎不产生塑性变形甚至弹性变形，以确保毛坯和补强中的碳纤维的应力和应变达到最小化。在成型固化后的制品用于工业服役时，制品中处于"拟零应力"状态的碳纤维则将代替固化树脂来承担绝大部分的外部载荷。这就是综合考虑热塑性连续碳纤维复合材料成型质量与服役性能的快速"拟零应力"成型方法的目的所在。

利用准各向同性纤维增强复合板的一步（One-step）逆成型算法，可以对应力集中区域进行预测。一方面，应力集中容易因局部过度拉伸导致内部纤维塑性断裂，进而造成零件制品服役过程中承载能力的显著下降；另一方面，即使应力集中程度未能高到足以拉断纤维，也会限制毛坯的塑性成型，进而会在模具中产生成型不完全、局部形状变形和起皱等缺陷。

2.2　实验材料选择

为了验证"拟零应力"成型方法的可行性和通用性，本文选取了最具代表性的碳纤维作为增强材料。考虑到实际经济效益和热稳定性，选用改性的 PA6 作为树脂基体。

试验材料为碳纤维增强单向预浸布叠层复合材料。材料参数及其力学性能如表 1 所示。在实际成型方法试验之前，需要采用热压法制备多向叠层碳纤维复合材料层压板。实验选用 12 层对称层压板。铺层角度以 0° 和 90° 为主，两层为 45° 铺层角度，两层为 −45° 铺层角度。具体叠层方案为 [0/0/90/90/45/−45] S。该预浸料的制备过程如图 3 所示。首先将叠层后的预浸板置于预热的平板成型机中，然后进行模具夹紧、保温、保压和冷却等工序。在成型温度为 245℃、成型压力为 3MPa、保压时间为 10min 的条件下，得到厚度为 2.5mm 的预浸层压板。当成型机温度降至玻璃化转变温度 T_g 以下时，取出板坯。为了验证由上述层压板再通过冲压方法最后得到的方盒形复合材料制品的力学性能，本文将比较制品的静态压溃和负荷能力，并且和通过传统的冲压工艺得到的方盒形钢板制品进行比较。

表 1　树脂基体的材料信息和力学特性

材料信息	单位	测试方法	测试结果
聚合物	/	/	PA6
铺层方向	/	/	单向
密度	g/cm³	ASTM D792	1.3
碳纤维含量	%	ASTM D2584	48.7
拉伸强度	MPa	ASTM D3039	1413

2.3　"拟零应力"仿真模拟和实验确认

金属坯料选用常用的 Q235 方型钢板，常用的碳纤维层压板方形坯料分为两种情

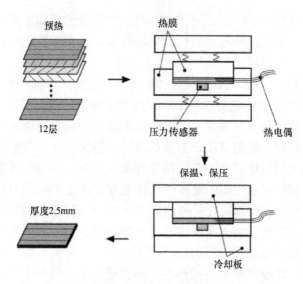

预热

热膜

12层

压力传感器

热电偶

保温、保压

厚度2.5mm

冷却板

图3　碳纤维层合预浸板热压过程

况，一种为无切边坯料工况（简称 NTC），另一种为在四个角部进行对称切边的坯料工况，如图 4 所示。

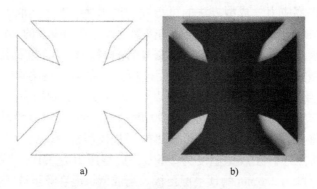

a)　　　　　　　　　b)

图4　在方形坯料角部对称切边的坯料形状

a）预示的坯料形状　b）碳纤维层压板形状

　　四角切边工况又具体分成三种不同的附加方案来考虑局部补强设计：只在上表面铺放四块小方形层压板的模式（简称 AUSM），只在下表面铺放四块小方形层压板的模式（简称 ALSM），上、下表面均铺放小方形层压板的模式（简称 AULSM），如图 5 所示。

　　本文采用一步逆成型算法，该算法由制品最终状态反推坯料形状，并根据其边界条件和冲压件几何形状来预测制品的可成型性，该算法无关变形的中间状态，仅考虑初始毛坯和终了形状。从冲压件的最终形状确定初始坯料的形状，迭代地模拟和计算坯料的应变、应力和厚度分布。多层预浸料碳纤维增强热塑性层压板可以设定为三个正交弹性对称面的正交各向异性材料，本构方程为

$$\boldsymbol{\varepsilon} = \boldsymbol{C\sigma}$$
（1）

式中，$\boldsymbol{C}$ 为正交各向异性层压板的柔度矩阵，用下式表示：

图5 不同局部补强模式示意图

$$\begin{pmatrix} \varepsilon_x \\ \varepsilon_y \\ \varepsilon_z \\ \gamma_{xy} \\ \gamma_{xz} \\ \gamma_{yz} \end{pmatrix} = \begin{pmatrix} c_{11} & c_{12} & c_{13} & 0 & 0 & 0 \\ c_{12} & c_{22} & c_{23} & 0 & 0 & 0 \\ c_{13} & c_{23} & c_{33} & 0 & 0 & 0 \\ 0 & 0 & 0 & c_{44} & 0 & 0 \\ 0 & 0 & 0 & 0 & c_{55} & 0 \\ 0 & 0 & 0 & 0 & 0 & c_{66} \end{pmatrix} \begin{pmatrix} \sigma_x \\ \sigma_y \\ \sigma_z \\ \tau_{xy} \\ \tau_{xz} \\ \tau_{yz} \end{pmatrix}$$

在一步逆成型反求算法中，只考虑坯料初始构型 R^0 和最终构型 R 的两种状态。膜单元在平面应力作用下的 Hill 塑性屈服函数为

$$\phi = \langle \boldsymbol{\sigma} \rangle [\boldsymbol{P}] \{\boldsymbol{\sigma}\} - \overline{\boldsymbol{\sigma}}^2 \tag{2}$$

式中，

$$\langle \boldsymbol{\sigma} \rangle = \langle \sigma_x \quad \sigma_y \quad \tau_{xy} \rangle \tag{3}$$

$$[\boldsymbol{P}] = \begin{pmatrix} 1 & -\dfrac{\overline{r}}{1+\overline{r}} & 0 \\ -\dfrac{\overline{r}}{1+\overline{r}} & 1 & 0 \\ 0 & 0 & \dfrac{2(1+2\overline{r})}{1+\overline{r}} \end{pmatrix} \tag{4}$$

$\overline{\sigma}$ 为等效 Cauchy 应力；$\overline{r}$ 为面内厚向各向异性系数：

$$\overline{r} = \frac{1}{4}(r_0 + 2r_{45} + r_{90}) \tag{5}$$

那么，根据应力全量法可以得到塑性应变全量为

$$\{\varepsilon_p\} = \frac{\overline{\sigma}}{\overline{\varepsilon}}[\boldsymbol{P}]\{\boldsymbol{\sigma}\} \tag{6}$$

故应变全量为

$$\{\varepsilon\} = \left([\boldsymbol{C}] + \frac{\overline{\sigma}}{\overline{\varepsilon}}[\boldsymbol{P}]\right)\{\boldsymbol{\sigma}\} \tag{7}$$

由于单向预浸布的特殊对称铺层方案，不失一般性，假定碳纤维增强层压板具有宏观各向同性。由于成型方法以碳纤维的"拟零应力"状态为出发点，即应力和应变均接近于零，因此，要使得一个完全可展的自由曲面层压板坯料在整个成型过程中处于零应力状态，可以通过成型之前对板坯料裁剪方法与逆成型坯料快速预示方法相结合来实现。这是因为尽管采用了前面描述的前三种补强模式，但在成型过程中，如果坯料几乎可以在模具中自由流动，并附着在模具内表面，就可以使得坯料中的碳纤维几乎不产生塑性变形，几乎所有的塑性变形都是由在黏固状态下具有非常大的塑性变形能力的 PA6 来承担的。将坯料的正交异性材料简化为准各向同性，6 × 6 柔度矩阵减缩为 3 × 3 矩阵：

$$\begin{pmatrix} \varepsilon_x \\ \varepsilon_y \\ \gamma_{xy} \end{pmatrix} = \frac{1}{\overline{E}} \begin{pmatrix} 1 & -\overline{\nu} & 0 \\ -\overline{\nu} & 1 & 0 \\ 0 & 0 & 2(1+\overline{\nu}) \end{pmatrix} \begin{pmatrix} \sigma_x \\ \sigma_y \\ \tau_{xy} \end{pmatrix} \tag{8}$$

其中，$\overline{E}$ 和 $\overline{\nu}$ 分别为 x 与 y 方向弹性模量和泊松比的平均值。在后续的模拟仿真中，对于不同铺层方式的层压板均可当作"准各向同性"进行分析。

为了确定基本材料性能，对 12 层碳纤维层压板进行拉伸试验，采用数字图像处理（DIC）方法实时测量试样的应力 - 应变曲线。如图 6 所示，试验是在 ASTM D3039 的 WDW - 100 微机控制的拉伸测试仪上进行的。试验机沿试件轴线以恒速 2mm／min 加载静态拉伸。试件全长 250mm，宽度 25mm。

图 6　拉伸实验试件

应力 - 应变关系曲线如图 7 所示。"准各向同性"层压板试件在不同方向上的最大应力为 646 MPa，最大应变仅为 1.59%。值得注意的是，叠层板的抗拉强度仍然远远大于图 2b 所示的 PA6 基体的抗拉强度，根据试验得准弹性模量和准泊松比分别为 43.87GPa 和 0.241。

典型的方盒形冲压模具的顶径为 180mm × 180mm，深度为 35mm，面圆角半径为 8mm，侧壁拔模角为 20°。初始层压板

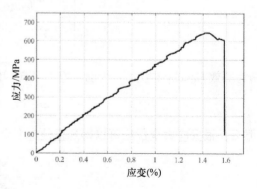

图 7　应力 - 应变曲线

坯料尺寸为 210mm × 210mm。经一步逆成型分析得到的应力分布如图 8a 所示。从图 8a可以看出，方盒形制品的四个角部存在显著的应力集中。也就是说，当冲压模具与坯

料接触时，由于有非常强的内拉应力，特别是对于应力集中区域的纤维，有可能导致碳纤维内部断裂或最终零件表面起皱。根据一步逆算法模拟得到的应力分布状况，沿对角线方向剪去四个 0.1mm 的间隙，得到一个新的模型，如图 8b 所示。新模型的几何结构是完全可展开的。在冲压过程中，PA6 被加热到接近其熔融状态（黏/固），然后树脂覆盖有间隙的截面，与碳纤维重新渗透，完全可展开的坯料几何形状减少了冲压件内部的残余应力，避免了局部应力过大，并在整个成型过程中纤维处于拟零应力状态。

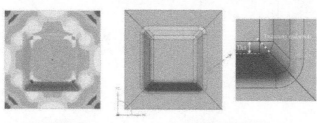

a) 应力等值线云图   b) 完全可展开的坯料

图 8　方盒形制品应力等值线云图及完全可展开的坯料形状

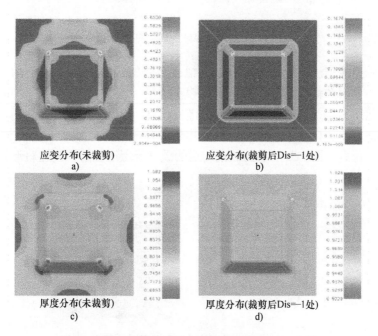

应变分布(未裁剪) a)

应变分布(裁剪后Dis=-1处) b)

厚度分布(未裁剪) c)

厚度分布(裁剪后Dis=-1处) d)

图 9　未裁剪和裁剪后的方盒形制品在 Dis = -1 处的应变及厚度分布云图

如何找到"拟零应力状态"是一个关键问题。通过一步反求法，我们可以推断和模拟合适的切口长度。例如，再以方盒形制品为例，根据裁剪端点到方盒形制品上表面水平边界在 y 方向上的距离，估计出四个不同裁剪长度的间隙。如图 8b 所示，从端点到边界的距离（Dis）分别为 5mm、3mm、1mm 和 -1mm。通过对单元厚度模型的迭代优化，得到了预测算法在不同修边长度下的应变关系。图 9 为 Dis = -1mm 时未修边和修边后的方盒形制品的应变轮廓和厚度减薄比曲线图。从图中可以明显看出，最大应变由 0.6030 减小到 0.1676，应力状态明显改善。同时，最小厚度系数由 0.6612 增加到 0.9229，减薄率大大降低，保证了成型过程中最小厚度不小于初始板坯料厚度的 92%。图 10 为不同拉延深度下的最大应力值变化情况。从应变估算结果可以看出，当 Dis = −1mm（间隙端点在方盒平面内）时，应变峰值最小，实际的切边方案可参考仿真结果。

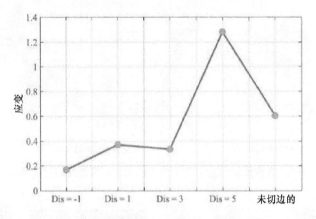

图 10　不同切口深度的最大应变值曲线

　　虽然一步逆成型法不能完全准确地模拟成型后的应变，但通过简单的比较可以确定适当的切边方案和裁切方法。对选定的模型进行一步法逆向展开，即可预测出新的快速成型工艺所需的坯料形状，并通过调整和修改，可方便地得到合适的切边曲线。图 11a 为调整后的坯料修边轮廓。通过专用快速切割装置将裁切后的板材坯料加工成相应的形状，得到如图 11b 所示的被裁切后的碳纤维层压板的预测坯料形状。

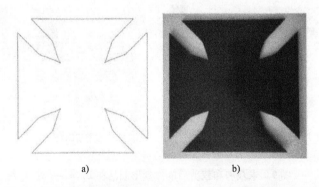

图 11　仿真预示和实际切边而成的自由可展开层压板坯料形状

3　比较与讨论

　　在常温下，PA6 的极限应变远大于碳纤维。当温度达到 220℃ 时，PA6 进入接近熔融的黏/固状态，其黏塑性变形能力进一步提高。在冲压过程中，树脂会产生黏性流动，以实现更高的塑性变形，并协助碳纤维增强模具表面。如果坯料的几何形状不能展开，在冲压件的角部会产生较大的拉应力。这将导致两种可能的后果：（1）由于纤维的强内拉力和应力集中区域周围不同程度的 PA6 的内约束，最终导致部分表面出现皱折；（2）纤维被拉伸超出其应变极限，导致局部纤维断裂，进而导致服役过程中承载能力下降。

下面通过比较 2.3 中所述的不同成型材料和坯料形态，着重对最终成型件的力学性能、承载能力和表面质量进行评估和验证。

3.1 方箱承载能力与表面成型质量的比较

我们将用 Q235 钢板冲压出的方盒与用模压法制造的碳纤维层压盒形部件进行比较，并对比较结果进行了简要的讨论。Q235 钢板的厚度 1.5mm，方形坯料的宽度为 210mm×210mm，冲压设备如图 12 所示。静态压溃实验也在此压机上进行。为了保证测试结果的一致性，对峰值抗压强度进行了对比分析。

在没有压边圈的情况下，由于模具间隙较大导致钢板方盒形制品中部起皱。冲压件如图 13 所示。由于其良好的延展性，这些零件的四个角部都没有断裂。

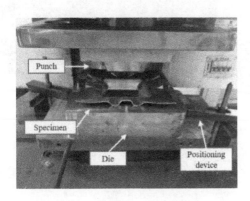

图 12　钢板冲压过程及部件　　　　　　图 13　Q235 钢板成型方盒形制品

同一模腔内的冲压工艺也采用厚度为 2.5mm，尺寸为 210mm×210mm 的 12 层碳纤维预浸层压板坯料。空白材料和实验设备如图 14 所示。

图 14　普通的 12 层碳纤维预浸层压板及冲压过程

首先，在烤箱中以 235℃的温度加热 10min。待 PA6 基接近黏熔态时，迅速将坯料转移到喷有脱模剂的温度为 80°C 的冲压模具上。合模后将坯料在压力下保持约 40s，使成型后的零件成型并固化，得到的方盒形制品如图 15 所示。圈出的区域表明，折痕和形状变形非常明显。或许其内部的纤维有部分断裂。

利用伺服控制的通用压缩试验机对 Q235 钢和碳纤维压制成的方盒形制品进行了静态压缩试验。测试仪器及过程如图 16 所示。箱形件的承载能力曲线如图 17 所示。需要说明的是，Q235 钢板制件的重量为 0.49kg，层压箱重量仅为 0.15kg，减重 69.4%。此外，这两种材料的密度分别为 7.41g/cm³ 和 1.36g/cm³。图中实心圆和菱形分别代表两部分的最大承载点，分别为 62041N 和 47314N。为了更公平、直观地展示两种材料力学性能的差异，将两种材料的峰值破碎荷载除以各自材料的密度，得到承载力的比强度值，分别为 45.62N·m/kg 和 6.39N·m/kg。显然，碳纤维层压件的比强度比普通 Q235 钢件的要高出 6 倍以上。

 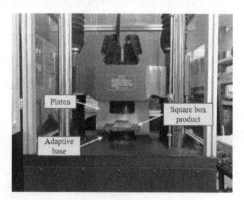

图 15　PA6 基连续碳纤维方盒形制品　　　　图 16　压溃实验仪器及压溃过程

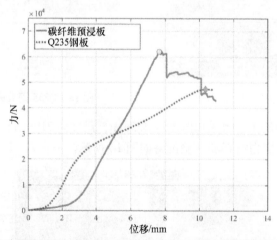

图 17　未裁剪的碳纤维预浸板与 Q235 钢板冲压成型后方盒形制品的承载能力曲线对比

3.2　不同补强模式的承载能力比较

为了改善表面质量，保持甚至提高承载能力，基于一步逆成型法的预测，对 2.3 中的四种补强模式进行了实验验证。NTC 的成型结果如图 18 第一行所示，从图 c 可以看出，方盒形制品的边角和边缘褶皱严重，树脂和纤维堆积在一起，造成了无法弥补的缺陷。图 18 的第二行是 NAM 模式的成型结果，其中，碳纤维坯料在被裁剪的相邻边内基本处于无拉伸状态，表面褶皱缺陷明显消失。NTC 和 NAM 部件的形态比较如图 19 所示。从图 19a 中可以看出，NTC 模式的零件各个角部已经严重扭曲变形，碳纤维被拉紧并产生抵抗冲压效应，导致四个角部与预期设计尺寸都有较大偏差。零件四角和侧壁有很多褶皱。在图 19b 中，NAM 模式的零件角部无起皱现象，过渡光滑，纤维没有明显的应力拉伸迹象，大大提高了表面质量。

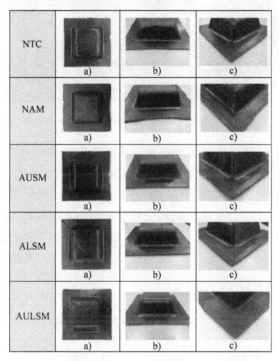

图 18　各种成型模式下的碳纤维方盒形制品

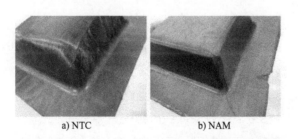

a) NTC　　　　　　　　b) NAM

图 19　NTC 与 NAM 模式的成型方盒形制品的角部比对

　　如图 20 所示，将方形补强坯料置于被裁板坯料的四个角上并相互黏结，从而预成型三种附着模式（AUSM、ALSM 和 AULSM），然后加热、压型、固化、出模。图 18 的最后三行分别显示了最终成型件。确保测试是在相同条件下进行，AUSM 和 ALSM 模式使用四个 8 – layer 同向铺层预浸层压板坯料（纤维方向垂直于裁剪方向），而 AULSM 模式在每个角部的上下表面使用四层同向铺层预浸层压板。从图中可以看出，表面起皱程度明显小于 NTC 模式，表面质量明显改善，特别是在所有曲率较大的区域，有效地解决了应力纤维拉延引起的一系列问题。少量的凸起是由于温度和压力控制不完善造成的,但这不是成型方法本身的问题。本试验着重于新工艺的介绍,并与传统的成型工艺在相同的条件下进行了对比。从烘箱到冲压模具的转移依靠手工实现,转移速度慢,定位不太准确。在实际的大批量工业化连续生产过程中,这些问题是完全可以避免的。

图 20　预示坯料及补强模式

图 21 还显示了三种补强模式的载荷破碎曲线和承载峰值点。AUSM 和 ALSM 模式没有起皱缺陷,没有明显的角部缝隙,没有纤维的拉延变形抑制。而后者有最强的承载能力,峰值负荷达到 69258N,分别比 Q235 钢板和 NTC 模式碳纤维制品的承载能力高出 46.4% 和 11.6%。AULSM 模式的峰值承载荷载为 57296N,介于 Q235 钢板和 NTC 模式的产品之间。在消除褶皱和可能的内部纤维断裂,改善表面质量的同时,产品仍具有良好的承载能力,一般意义上,该产品具有上下同时补强的普适功能,可用于工业产品的生产和成型。

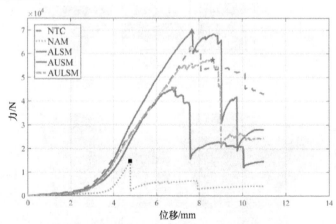

图 21　不同成型模式下的碳纤维方盒承载能力曲线

需要指出的是,零件的承载能力和力学性能在很大程度上是由补强决定的。在保证机械性能的前提下,可根据实际情况合理设计补强的形状、方向、层角、层数,保证起皱最小,表面质量最佳。快速"拟零应力"成型方法在解决坯料难成型、角部成型质量差和内部纤维的拉断等方面都有较好的支撑。这一点是非常重要的,因为复杂成型零件的"角部"区域特征和容易被过度拉延的现象,在复杂的三维模压成型时是非常普遍的。

4 结论

由于热塑性树脂连续碳纤维增强预浸板具有较高的制造效率、良好的可回收性和可重复使用性，且不污染环境，因此，利用冲压模具快速成型和固化的方法正成为一种极具发展前景和吸引力的复合材料工业制品成型制造技术。在成型过程中，叠层板的局部"棱角"效应是不可避免的。本文提出了一种快速的"拟零应力"成型方法和从不可展曲面到完全可展自由曲面的坯料形状预测策略。本研究采用一步逆成型仿真分析方法，对成型过程中合理的坯料形状进行分析，减少甚至消除成型过程中局部的"棱角"效应，如表面褶皱、碳纤维内部断裂等，改善了纤维应力引起的不完全变形和变形褶皱等问题。为了保证零件的承载能力和零件表面质量，成型过程中采用了类似于RTM方法所采用的局部补强技术。

通过准静态压溃试验，分析了不同成型工况、补强模式下方盒形制品的承载能力。结果表明，该制品件具有综合优化的补强效果，能保证制品有效地保持原有的承载能力，大大提高零件的表面质量。本文提出的快速"拟零应力"成型方法和坯料预测策略具有较高的设计和制造效率，可方便地用于连续碳纤维增强复合材料的大批量成型制造工业过程。

参 考 文 献

[1] Behrens B, Raatz A, Hübner S, et al. Automated stamp forming of continuous Fiber reinforced thermoplastics for complex Shell geometries [J]. Procedia CIRP 66, 113 – 118.

[2] Bodaghi M, Cristóvão C, Gomes R, et al. Experimental characterization of voids in high fibre volume fraction composites processed by high injection pressure RTM [J]. Composites Part A: Applied Science and Manufacturing , 2016, 82: 88 – 99.

[3] Corbridge D M, Harper L T, De Focatiis D S, et al. Compression moulding of composites with hybrid fibre architectures [J]. Composites Part A: Applied Science and Manufacturing, 2017. 95: 87 – 99.

[4] Davey S, Das R, Cantwell WJ, Kalyanasundaram, S. , Forming studies of carbon fibre composite sheets in dome forming processes [J]. Compos. Struct. 2013, 97: 310 – 316.

[5] Dios M, Gonzalez – R P L, Dios D, et al. A mathematical modeling approach to optimize composite parts placement in autoclave [J]. Int. T. Oper. Res, 2016, 24: 115 – 141.

[6] Du S, Li F, Xiao H, et al. Tensile and flexural properties of graphene oxide coated – short glass fiber reinforced polyethersulfone composites [J]. Composites Part B: Engineering, 2016, 99: 407 – 415.

[7] Gong Y, Xu P, Peng X, et al. A lamination model for forming simulation of woven fabric reinforced thermoplastic prepregs [J]. Compos. Struct. 2018. 196, 89 – 95.

[8] Haanappel S P, Ten Thije R, Sachs U, et al. Formability analyses of uni – directional and textile reinforced thermoplastics [J]. Composites Part A: Applied science and manufacturing, 2014, 56: 80 – 92.

[9] Karsli N G, Aytac A. Tensile and thermomechanical properties of short carbon fiber reinforced polyamide 6 composites [J]. Composites Part B: Engineering, 2013. 51: 270 – 275.

[10] Liu H, Jing B, Dai W. The tensile stress – strain behavior of nylon 6/K resin blends [J]. Engineering Plastics Application, 2011, 39, 27 – 31. (in Chinese)

[11] Liu K, Zhang B, Xu X, et al. Experimental characterization and analysis of fiber orientations in hemispherical thermostamping for unidirectional thermoplastic composites [J]. Int. J. Mater. Form. , 2018, 1 – 15.

[12] Liu K, Zhang B, Xu X, et al. Simulation and analysis of process – induced distortions in hemispherical thermostamping for unidirectional thermoplastic composites [J] . Polym. Composite. 2019, 40: 1786 – 1800.

[13] Luo H, Xiong G, Ma C, et al. Preparation and performance of long carbon fiber reinforced polyamide 6 composites injection – molded from core/shell structured pellets [J]. Materials & Design, 2014. 64: 294 – 300.

[14] Maron B, Garthaus C, Lenz F, et al. Forming of carbon fiber reinforced thermoplastic composite tubes – Experimental and numerical approaches [C] . AIP Conference Proceedings. AIP Publishing, 2016: 170028.

[15] Simacek P, Advani S G. Simulating tape resin infiltration during thermoset pultrusion process [J]. Composites Part A: Applied Science and Manufacturing, 2015, 72: 115 – 126.

[16] Tatsuno D, Yoneyama T, Kawamoto K, et al. Effect of cooling rate on the mechanical strength of carbon fiber – reinforced thermoplastic sheets in press forming [J] . J. Mater. Eng. Perform. 2017, 26: 3482 – 3488.

[17] Uchida T, Hamada H, Kuroda K, et al. Process analysis of the hand lay – up method using CFRP prepreg sheets, International Conference on Digital Human Modeling and Applications in Health, Safety, Ergonomics and Risk Management [C]. Berlin: Springer, 2015: 227 – 236.

[18] Wafai H, Lubineau G, Yudhanto A, et al. Effects of the cooling rate on the shear behavior of continuous glass fiber/impact polypropylene composites (GF – IPP) [J]. Composites Part A: Applied Science and Manufacturing, 2016, 91: 41 – 52.

[19] Xu J, Ma Y, Zhang Q, et al. Crashworthiness of carbon fiber hybrid composite tubes molded by filament winding [J]. Compos. Struct. 2016, 39: 130 – 140.

[20] Zhang Q, Cai J, Gao Q. Simulation and experimental study on thermal deep drawing of carbon fiber woven composites [J]. J Mater Process Tech, 2014, 214: 802 – 810.

液晶高弹体力－序－指向非线性耦合现象、模型与分析

霍永忠*，徐艺伟，蒋跃峰

（复旦大学 力学与工程仿真研究所，上海 200433）

摘要：液晶高弹体将液晶相变特性引入橡胶大变形弹性，通过力与液晶相的序参量和指向矢的相互耦合展现出独特的力学和多功能驱动特性。本文结合相关文献介绍了本课题组在液晶高弹体热－序、光－序和电－指向耦合力学行为分析以及力－序－指向非线性耦合方面的一些相关研究工作。

关键词：液晶高弹体；液晶序；液晶指向矢；非线性连续介质力学；多功能力学行为

高弹体也叫弹性体，其典型代表就是天然橡胶与合成橡胶。作为轮胎的主要材料，近一百多年随着汽车工业的发展，已成为一种十分重要的工业材料。如今更是在许多现代工程领域得到应用。正如其名（Elastomer）所示，橡胶的大变形弹性是其应用之本，也是力学研究的重点，推动了近现代连续介质力学的发展。近年来，更是作为一类重要的软物质，得到了较大的关注。而液晶作为一些物质在固态和液态之前的中间相，更是软物质研究的一类典型对象。而今，随着液晶显示的无处不在，已然是信息时代的代表了。其典型特征就是多功能性，也就是能在多种物理、化学、生物刺激下较大程度地改变其物理特性。De Gennes 在 1975 年提出了一个大胆的设想：如果能将液晶与橡胶有机组合，就能制造出一种多功能橡胶新材料——液晶高弹体。经过五年多的努力，Finkelmann 等于 1981 年首次成功制备出了这种新材料[1]。

液晶高弹体既能像高弹体那样具有大变形弹性，也能像液晶一样产生各向同性－液晶相变，以及指向矢转动。而两者的相互作用更是诱发了力－序－指向耦合特性，使其具有十分独特的多场耦合力学行为，可在多个领域获得应用。

本文将首先简要介绍液晶和液晶高弹体的基本物理概念，然后分三个部分简述相关建模与分析。涉及刻画液晶相的有：序参量、指向矢及序张量。而对于液晶高弹体，还需要引入描述骨架分子链的形状张量。相关建模首先是针对多场耦合力学行为，在小变形和线性耦合的假设下的一些理论研究，分为热－序、光－序和电－指向耦合三个部分；然后介绍针对力－序－指向非线性耦合特性的连续介质力学建模，分为能量模型和变分模型；最后给出三个算例：等效模量的各向异性与温度依赖性、半软弹性

基金项目：国家自然科学基金（11772094，11461161008）资助。

及小孔应力集中。

1 液晶的序和指向矢与液晶高弹体的构型

1.1 液晶的序和指向矢

液晶作为中间相，是某些物质在固相与液相之间出现的，也就是在某一段温度范围内才会观察到的。物理上引入了两个统计量进行描述，指向矢 d 和序参量 Q。其中指向矢 d 是一个单位向量，表征了液晶相分子的平均取向。而序参量 Q 是一个标量，刻画了液晶相分子偏离其平均取向 d 的程度。根据 Landau – De Gennes 相变理论，取 $Q = 0$ 为各向同性相（isotropic），而 $Q = 1$ 为完美向列液晶相（nematic）[2]。研究表明，对于非极性分子，液晶对称性要求 $-d$ 与 d 无差别，由此可知，决定液晶物性的应是如下序张量：

$$\boldsymbol{Q} = \frac{Q}{2}(3\boldsymbol{d} \otimes \boldsymbol{d} - \boldsymbol{I}) \tag{1}$$

向列相 – 各向同性转变在液晶中一般是 Q 不连续变化的一阶相变，可用 Landau – De Gennes 自由能描述。但是对于液晶高弹体，受到骨架高分子链的约束，相变表现为 Q 连续变化，与温度 T 间有经验公式

$$Q(T) = b\,(T_{ni} - T)^{\xi} \tag{2}$$

式中，T_{ni} 是相变温度；b 与 ξ 为正常数。而指向矢 d 的确定更为复杂，与制备过程密切相关。既可以获得有处处相同指向矢的单畴液晶高弹体，也可以制备指向矢有一定梯度变化的梯度型试样。

1.2 液晶高弹体的无应力构型

无应力时，普通高弹体骨架高分子链构象是各向同性的球状，而液晶高弹体在向列相时构象为各向异性椭球状，可用如下的形状张量（左 Cauchy – Green 张量）进行描述[3]：

$$l(Q, \boldsymbol{d}) = \ell_{\perp}(Q)\boldsymbol{I} + (\ell_{/\!/}(Q) - \ell_{\perp}(Q))\boldsymbol{d} \otimes \boldsymbol{d} \tag{3}$$

式中，$\ell_{/\!/, \perp}(Q)$ 分别表征了沿指向矢方向和垂直的平面内分子链的平均伸长量。可定义如下步长比：

$$r(Q) := \ell_{/\!/}(Q)/\ell_{\perp}(Q) \tag{4}$$

以表征高分子链构象的各向异性程度。

对于各向同性相，$Q = 0$，$r(0) = 1$ 对应于作为参考构型的各向同性橡胶。而在液晶相，两者不相等且是序 Q 的函数。$r(Q) > 1$，是较多见的长椭球状，否则就是扁椭球状。对于前者，$r(Q)$ 随 Q 的增大而增大。因此，改变序 Q 就可以诱发液晶高弹体的自发应变，从而实现智能控制。反之，施加较大应力也会改变序 Q，影响液晶相变。

$\ell_{/\!/, \perp}(Q)$ 和 $r(Q)$ 是材料本构，既可以通过统计力学方法进行估计，也可以通过实验确定。对于一类长椭球状单畴液晶高弹体，有如下沿指向矢伸长量的经验公式：

$$\lambda_{//}^{i \to n} = 1 + aQ = 1 + ab \ (T_{ni} - T)^{\xi} \tag{5}$$

其中 a 为正常数，第二个等式代入了式（2）。结合不可压缩条件，可得

$$\ell_{//} = (\lambda_{//}^{i \to n})^2, \ell_{\perp} = 1/\lambda_{//}^{i \to n}, r = (\lambda_{//}^{i \to n})^3 \tag{6}$$

显然，任何能改变液晶序或/和指向矢的外界刺激，都可以改变液晶高弹体的构型，进而诱发变形，实现智能材料控制。下面将简要介绍三种常见的智能控制方式：温控、光控与电控。相关力学模型常采用简化的线性 Hooke 定律，忽略序和指向矢对力学性能的影响。但是，实验和理论分析均表明，液晶高弹体的力学性能，如初始模量、大变形行为、应力集中现象等都与序和指向矢及其变化密切相关。

2　自发应变的控制与智能变形

这里介绍基于小变形线性模型的相关研究。因此，基本假设为弹性应变 ε^e 满足线性 Hooke 定律：

$$\varepsilon^e = \varepsilon - \varepsilon^s = S\boldsymbol{\sigma} \tag{7}$$

其中，$\boldsymbol{\sigma}$ 是 Cauchy 应力，ε 是总应变，ε^s 是自发应变。S 为柔度矩阵，数值计算时，可以取为各向异性（横观各向同性），其中模量有实验结果。理论分析时，常取为各向同性，以方便获得解析解。研究重点在于分析如何通过温度变化、光照或施加电场获得自发应变 ε^s，进而实现智能变形。

2.1　热－序耦合与温控变形

由于液晶相变主要是由温度变化造成的，液晶高弹体的热－序－力耦合特性在理论和应用研究中总是受到最先和最多的关注，相关工作很多。温度变化 ΔT 下，由式（2）知序参量 Q 会改变，进而由式（3）～式（6）可诱发热致应变

$$\varepsilon^s = (\alpha_{\perp} \boldsymbol{I} + (\alpha_{//} - \alpha_{\perp}) \boldsymbol{d} \otimes \boldsymbol{d}) \Delta T \tag{8}$$

式中，等效热膨胀系数 $\alpha_{//, \perp}$ 既可直接由实验获得，也可根据式（5）和式（6）计算。

与一般材料的热膨胀不同，液晶高弹体有 $\alpha_{//} < 0 < \alpha_{\perp}$，即升温时，沿指向矢 $\boldsymbol{d}$ 方向收缩，垂直平面内膨胀。更为独特的是其温控应变主方向（指向矢 $\boldsymbol{d}$）可以在制备过程中人为设定。目前的技术已在一定程度上可实现液晶高弹体试样的任意分布式指向矢 $\boldsymbol{d}(x, y, z)$，使其成为一种可编程温控型软材料，具有十分广泛的应用前景。

2.2　光－序耦合与光控变形

2001 年首次报道了光敏液晶高弹体可在一定波长的光照下，通过光敏分子同素异构转变改变其有序度，进而诱发应变，实现了光－序－力的耦合[4]。由于光致变形的非接触式控制特性，使得光敏液晶高弹体的研究在一段时间内成为一个热点。

理论分析表明，当掺入的光敏分子浓度较低时，有近似公式

$$T_{ni}(n_c) = T_{ni}^{\circ} - \beta n_c \tag{9}$$

式中，T_{ni}° 是光照前的相变温度；$\beta > 0$ 是一个常数；n_c 是光致异构化产生的弯曲状顺式型（cis）分子浓度，可由如下方程计算：

$$\frac{\partial n_c}{\partial t} = \eta_t I(1 - n_c) - \frac{1}{\tau_c} n_c \tag{10}$$

式中，$\eta_t > 0$ 是光吸收系数；$\tau_c > 0$ 是热致顺式－反式（cis－trans）反应的特征时间；I 是光的强度，满足如下的 Beer 衰减定律：

$$\frac{\partial I}{\partial z} = -\gamma \eta_t I(1 - n_c) \tag{11}$$

式中，z 方向设为光传播方向；$\gamma > 0$ 是一个常数。显然，式（10）和式（11）需要耦合求解以得到 $n_c(t,z)$ 和 $I(t,z)$。如果进一步简化，假设光照时间足够长，而 $n_c(t,z)$ 和 $I(t,z)$ 都较小，它们可以解耦得到如下的解析表达式：

$$I(z) = I_0 \exp(-\gamma \eta_t z), \quad n_c(z) = \tau_c \eta_t I(z) \tag{12}$$

式中，I_0 是表面光强。将获得的 n_c 代入式（9）中，再由式（3）～式（6）即可获得光致应变：

$$\boldsymbol{\varepsilon}^s = (\beta_\perp \boldsymbol{I} + (\beta_{/\!/} - \beta_\perp)\boldsymbol{d} \otimes \boldsymbol{d}) I_0 \exp(-\gamma \eta_t z) \tag{13}$$

式中，光膨胀系数 $\beta_{/\!/,\perp}$ 既可直接由实验获得，也可根据式（5）、式（6）和式（9）～式（11）计算。显然，与热膨胀系数相似，有 $\beta_{/\!/} < 0 < \beta_\perp$，即光照下，沿指向矢 $\boldsymbol{d}$ 方向收缩，垂直平面内膨胀。

与前面的热控变形不同，如式（12）所示，光会因被吸收而衰减，光致变形必然是非均匀的，是沿光传播方向具有梯度的。因此，梁、板、壳等结构的光致弯曲行为成为主要的研究对象，光致屈曲和皱褶等失稳现象也受到很多关注[5-8]。同时，还可以通过对入射光强分布的设计获得含光敏液晶高弹体表面膜基系统的斑图控制[9-10]。

式（13）显示了光致变形特征与指向矢 $\boldsymbol{d}$ 的取向密切相关。当其与结构（如梁、板）主轴一致时，自发正应变是光致弯曲的主要驱动力，可用经典梁（欧拉梁）和板（基尔霍夫板）的模型进行分析。但是，当指向矢 $\boldsymbol{d}$ 的取向偏离结构主轴时，经典梁/板弯曲理论忽略的横向剪切效应就会变得较为重要。但是，又与短梁/厚板的情况不同，这里主要是横向自发剪切应变，而不是弹性剪切应变的影响。为此可修正经典梁/板弯曲理论，将后续讨论。

在以上两个例子中，为简化模型，都近似假设了指向矢 $\boldsymbol{d}$ 的方向在变形过程中不发生变化，因而，只是一个预设的单位向量。但是，液晶高弹体的指向矢确实是可以在外场作用下发生转动的，即再取向。典型的例子有电场作用下的再取向，进而诱发电致变形，以及力作用下的软弹性、半软弹性等有趣现象[11-19]。下面将简要介绍电致变形及其线性近似模型，然后介绍一些考虑大变形影响的力－指向耦合现象及其建模分析。

2.3 电－指向耦合与电致变形

液晶在电场作用下会发生转动，源于液晶分子各向异性的介电张量[2]为

$$\boldsymbol{\chi} = \chi_\perp \boldsymbol{I} + (\chi_{/\!/} - \chi_\perp)\boldsymbol{d} \otimes \boldsymbol{d} \tag{14}$$

式中，$\chi_{/\!/,\perp}$ 分别是沿指向矢和垂直平面内的介电系数。$\chi_a := \chi_{/\!/} - \chi_\perp > 0$ 是介电正性液晶，指向矢趋于沿电场方向分布。而 $\chi_a < 0$ 是介电负性液晶，指向矢趋于垂直于电场方向分布。相应的液晶高弹体也可以有介电正性与介电负性，下面以前者为例进行介绍。

早期的电致变形实验虽然显示了一定的电－指向－力耦合效应，但测到的变形大

都很不明显。主要原因有三个：骨架分子链束缚、表面电极约束与 Freedericksz 转变的临界现象。相比自由状态，液晶高弹体中的液晶分子受到骨架分子链束缚，转动更加困难。而表面较硬的电极进一步约束其变形。此外，许多实验都是把电场垂直于介电正性液晶初始指向矢方向施加，希望观测到固态 Freedericksz 转变，即指向矢在电场超过临界电场时发生 90° 的转动。而临界电场由于前面两个原因，会远远大于自由状态下的对应数值。

21 世纪初，在介电高弹体及其凝胶电致变形研究的启示下，实验发现液晶高弹体在液晶溶剂中溶胀可极大地减弱骨架分子链的束缚，进而在不接触电极的悬空状态下观测到了固态的 Freedericksz 转变，以及高达 15% 的电致变形[20-23]。显然，合理的力 – 电 – 指向耦合模型应考虑大变形弹性效应。这里仅介绍一个近似线性模型，可用于分析实验报道的自由状态下的电致变形行为，以及小电场作用下的电致弯曲现象。此时，电致应变为

$$\boldsymbol{\varepsilon}^s(\boldsymbol{d},\boldsymbol{d}_0) = \varepsilon_s(\boldsymbol{d}\otimes\boldsymbol{d} - \boldsymbol{d}_0\otimes\boldsymbol{d}_0) \tag{15}$$

式中，ε_s 是一个常数；$\boldsymbol{d}_0$ 和 $\boldsymbol{d}$ 分别是初始和电场作用下的指向矢。$\boldsymbol{d}$ 的计算需要一个新的控制方程，可由最小势能原理得到[24]：

$$\left(\frac{\partial f^\chi}{\partial \boldsymbol{d}} + \frac{\partial f^\varepsilon}{\partial \boldsymbol{d}} + \frac{\partial f^d}{\partial \boldsymbol{d}} - K_f\Delta\boldsymbol{d}\right) \times \boldsymbol{d} = 0 \tag{16}$$

式中，$K_f > 0$ 是 Frank 常数；$f^{\chi,\varepsilon,d}$ 分别是电场能、弹性应变能和液晶取向能。叉乘的目的是去除 $\boldsymbol{d}$ 为单位向量的约束。

一般来讲，方程（16）还需要与电场的 Maxwell 方程耦合，进行数值求解。对于一些简单情况，可以找到近似解析解。如果薄膜试样内初始指向矢 $\boldsymbol{d}_0$ 处处相同，上下表面加电压，其他边界自由。此时，试样内电场、指向矢 $\boldsymbol{d}$ 与电致变形均处处相同。如果初始 $\boldsymbol{d}_0$ 与电场方向垂直，则电场必须达到一个临界值时，指向矢方能转动，与实验报道一致，称为固态 Freedericksz 转变。与液晶中的 Freedericksz 转变不同，该临界电场与试样厚度无关，主要是由骨架分子链对液晶约束的液晶取向能决定的。而若初始 $\boldsymbol{d}_0$ 不与电场方向垂直，就不再有临界电场现象，指向矢 $\boldsymbol{d}$ 在较小电场下就会转动，进而随着电场增加而逐渐转向电场方向。显然，小应变分解与线性 Hooke 假设式（7）在小电场作用下近似成立。

对于试样内有梯度分布的初始指向矢 $\boldsymbol{d}_0(x,y,z)$，电场作用下会发生非均匀电致变形，特别地，对于薄膜状试样，则会发生明显的电致弯曲。弯曲形貌既与电场大小有关，也可以通过 $\boldsymbol{d}_0(x,y,z)$ 进行预设，称为可编程的电致弯曲。

式（15）表明电致应变的主方向是由 $\boldsymbol{d}_0$ 和 $\boldsymbol{d}$ 共同决定的，因此，一般难以使其与结构主轴重合。因而，电致弯曲会有较大的横向剪切效应，使得经典的欧拉梁理论不完全适合。下面将以梁的自发弯曲为例，简述一个修正的欧拉梁理论[6]。

2.4 梁自发弯曲的一阶剪切应变理论

有限元计算表明，对于细长梁（$8 < L/h < 200$），横向自发剪切应变 γ_{xy}^s 可对自发弯曲产生一定的影响。经典梁的平截面假设需要修订为：截面保持平面，但可转动。转

动的大小由截面上的平均自发剪切应变决定：

$$\gamma_s := \frac{1}{A} \iint_A \gamma_{xy}^s \mathrm{d}A \tag{17}$$

由此可得挠度 $v(x)$ 的方程为

$$\frac{\mathrm{d}^2}{\mathrm{d}x^2}\left(\frac{\mathrm{d}^2 v}{\mathrm{d}x^2} - \kappa_s - \frac{\mathrm{d}\gamma_s}{\mathrm{d}x}\right) = \frac{q}{3\mu I_y} \tag{18}$$

式中，自发曲率 κ_s 是自发轴向应变 ε_{xx}^s 的一阶矩：

$$\kappa_s := -\frac{1}{I_y} \iint_A y \varepsilon_{xx}^s \mathrm{d}A \tag{19}$$

无横向载荷 q 时，自发弯曲的挠度为

$$v(x) = v_0 + v_1 x - \frac{1}{2}\kappa_0 x^2 - \frac{1}{6}\gamma_0 x^3 + v_\kappa(x) + v_\gamma(x) \tag{20}$$

式中，常数 $v_{0,1}$、κ_0 和 γ_0 由边界条件确定，而

$$v_\kappa(x) = \int_0^x \int_0^\xi \kappa_s(\eta) \mathrm{d}\eta \mathrm{d}\xi, v_\gamma(x) = \int_0^x \gamma_s(\xi) \mathrm{d}\xi \tag{21}$$

分别是由自发轴向正应变和剪切应变诱发的弯曲。

上述梁自发弯曲的一阶剪切应变理论（FSST）已在光致弯曲和电致弯曲中得到较好的应用。

3　力－序－指向的非线性耦合行为

由于高弹体是具有大变形弹性的，而液晶指向矢也可以大角度转动，前述简化线性模型虽有其适用领域，但是，发展一个能描述大变形、大转动的力－序－指向非线性耦合模型一直是液晶高弹体理论研究的重点。下面介绍一些较有代表性的工作，首先是应变分解与弹性能，然后是一个基于变分原理的非线性耦合模型及一些有限元计算分析。

3.1　弹性应变与弹性能

如前所述，液晶高弹体的变形包含了弹性变形和液晶指向矢转动的自发变形。必须要将两者分开，才能对弹性变形给出弹性能。结合形状张量式（3），Warner 等人首先提出变形梯度 $\boldsymbol{F}$ 的分解方法[3]：

$$\boldsymbol{F} = \boldsymbol{F}^s(Q,\boldsymbol{d})\boldsymbol{F}^e \boldsymbol{F}^s(Q_r,\boldsymbol{d}_r)^{-1} \tag{22}$$

式中，$\boldsymbol{F}^e$ 是弹性应变梯度；$\boldsymbol{F}^s(Q,\boldsymbol{d})$ 和 $\boldsymbol{F}^s(Q_r,\boldsymbol{d}_r)$ 分别是当前和参考构型中以式（3）的形状张量 $l := l(Q,\boldsymbol{d})$ 和 $l_r := l(Q_r,\boldsymbol{d}_r)$ 为左 Cauchy－Green 张量的自发变形梯度。

弹性能当然应该仅由弹性变形梯度决定，最简单的就是 Neo－Hooke 材料：

$$f_{n-c} = \frac{\mu}{2}(\mathrm{Tr}[\boldsymbol{F}_e \boldsymbol{F}_e^T] - 3) = \frac{\mu}{2}(\mathrm{Tr}[l^{-1}\boldsymbol{F}l_r \boldsymbol{F}^T] - 3) \tag{23}$$

这称为液晶高弹体的 Neo－Classical 弹性本构，能很好地反映液晶转动下的自发应变影响。但是，分析表明式（23）仅能描述一类理想的液晶高弹体行为：软弹性。也

就是指向矢转动导致的变形可以不引起弹性能的增加，即弹性变形 $\boldsymbol{F}^{\mathrm{e}}$ 是任意刚体转动 $\boldsymbol{R}$，软弹性变形式（22）为

$$\boldsymbol{F} = \boldsymbol{F}^{\mathrm{s}}(Q,\boldsymbol{d})\boldsymbol{R}\boldsymbol{F}^{\mathrm{s}}(Q_{\mathrm{r}},\boldsymbol{d}_{\mathrm{r}})^{-1} \tag{24}$$

实验结果表明，如果液晶高弹体试样在高于相变温度 T_{ni} 的各向同性态交联而成，然后降温到低于 T_{ni} 之下进行拉伸加载，确实能观察到软弹性变形行为。但是，对于那些在低于 T_{ni} 的各向异性态进行交联的液晶高弹体，都不会出现软弹性行为。指向矢转动虽然也会发生，但是，确实需要在一定载荷下才能观察到，因此称为半软弹性。Warner 等人进一步改进了他们的模型，在式（23）的 Neo - Classical 模型的基础上增加了如下刻画交联后骨架网络对液晶指向矢约束的半软项[26]：

$$f_{\mathrm{ss}} = a_{\mathrm{ss}}\frac{\mu}{2}\|\boldsymbol{F}^{\mathrm{T}}\boldsymbol{d} - (\boldsymbol{F}^{\mathrm{T}}\boldsymbol{d}\cdot\boldsymbol{d}_0)\boldsymbol{d}_0\|^2 \tag{25}$$

式中，半软系数 $a_{\mathrm{ss}} \geq 0$ 为常数；$\boldsymbol{d}_0$ 为交联时的（初始）指向矢。显然，当 $\boldsymbol{F}^{\mathrm{T}}\boldsymbol{d} /\!/ \boldsymbol{d}_0$ 时，$f_{\mathrm{ss}} = 0$。因此，半软能量是由于 $\boldsymbol{F}^{\mathrm{T}}\boldsymbol{d}$ 偏离初始指向矢 $\boldsymbol{d}_0$ 所诱发的，反映了交联的骨架分子对指向矢的约束。理论上还可以考虑偏离程度的高阶项，这在电致转动模拟中有较大影响。

3.2　力－序－指向耦合的能量模型

与普通高弹体相比，液晶高弹体除变形梯度 $\boldsymbol{F}$ 外，还需要确定有序度 Q 和指向矢 $\boldsymbol{d}$ 两个内变量。最常用的方法就是用弹性力学的最小势能原理获得相应的计算方程。此时，总能量除弹性能外，还需要考虑描述液晶相变的 Landau - De Gennes 自由能和指向矢梯度的 Frank 能[27,28]：

$$f^t = f_{\mathrm{n-c}} + f_{\mathrm{s}} + f_{\mathrm{LdG}}(Q,T) + f_{\mathrm{Frank}}(\nabla\boldsymbol{d},\boldsymbol{d}) \tag{26}$$

系统总势能为

$$\Pi(\boldsymbol{u},\boldsymbol{d},Q) = \int_V f^t \mathrm{d}v - \int_{S_\sigma} \boldsymbol{\sigma}_n\cdot\boldsymbol{u}\mathrm{d}s \tag{27}$$

对位移 $\boldsymbol{u}$ 的变分可得到应力平衡方程和如下的 Cauchy 应力表达式：

$$\boldsymbol{\sigma}^b = \mu\ell_\perp^{-1}\boldsymbol{F}l_{\mathrm{r}}\boldsymbol{F}^{\mathrm{T}} + \mu_\ell\boldsymbol{d}\otimes F\hat{l}_{\mathrm{r}}\boldsymbol{F}^{\mathrm{T}}\boldsymbol{d} \tag{28}$$

显然，最后一项使得 Cauchy 应力不是对称的。

对有序度 Q 和指向矢 $\boldsymbol{d}$ 的变分就给出了相应的计算公式：

$$\delta_Q\Pi(\boldsymbol{u},\boldsymbol{d},Q) = 0, \delta_d\Pi(\boldsymbol{u},\boldsymbol{d},Q) = 0 \tag{29}$$

当然，上述变分和总应力中均需要考虑不可压缩和指向矢为单位向量的约束条件。

目前已开展了不少基于上述能量极小的计算分析，较多是针对均匀变形下的解析和半解析解，也有部分数值求解工作。数值求解的主要困难在于与线性弹性材料不同，非线性弹性能量函数不是变形梯度的凸函数。而指向矢的引入加剧了非凸性的影响，需要采用拟凸化（quasi - convex）方法，使数值计算的编程、计算和收敛性都颇为不易，更难以在商用软件中实现。

3.3　力－序－指向耦合的变分模型

为方便计算分析，也为了把已较为成熟的关于液晶动力学的 Ericksen - Leslie 理论

和计算方法纳入液晶高弹体的研究，我们近期提出了一个基于变分原理的连续介质力学模型，将液晶高弹体作为一种有黏性耗散的可大变形有序材料[29]。为此引入了由如下 Rayleigh 函数描述的液晶指向矢转动的黏性耗散，以及可能的高分子基体黏性耗散：

$$R = R(\dot{\boldsymbol{\varepsilon}}, \overset{\circ}{\boldsymbol{d}}; \boldsymbol{F}, \boldsymbol{d}, \boldsymbol{d}_0) \tag{30}$$

式中，$\dot{\boldsymbol{\varepsilon}}$ 是应变率；$\overset{\circ}{\boldsymbol{d}}$ 是指向矢 $\boldsymbol{d}$ 的客观性导数，可取为 Jaumann 导数。此时，应力平衡方程中的 Cauchy 应力除了由弹性能式（23）和式（25）获得的式（28）外，还有与液晶动力学理论相同的 Ericksen – Leslie 应力，以及可能的高分子基体黏性：

$$\boldsymbol{\sigma} = -p\boldsymbol{I} + \frac{\partial R}{\partial \dot{\boldsymbol{\varepsilon}}} + \boldsymbol{\sigma}^{\mathrm{b}} + \boldsymbol{\sigma}^{\mathrm{EL}} \tag{31}$$

式中，p 是由于不可压缩条件而得的；$\boldsymbol{\sigma}^{\mathrm{b}}$ 如式（28）；

$$\boldsymbol{\sigma}^{\mathrm{EL}} = -(\nabla \boldsymbol{d})^{\mathrm{T}} \frac{\partial f^{\mathrm{Frank}}}{\partial \nabla \boldsymbol{d}} + \frac{1}{2}\left(\boldsymbol{d} \otimes \frac{\partial R}{\partial \overset{\circ}{\boldsymbol{d}}} - \frac{\partial R}{\partial \overset{\circ}{\boldsymbol{d}}} \otimes \boldsymbol{d}\right) \tag{32}$$

而指向矢满足如下演化控制方程：

$$\left(\frac{\partial R}{\partial \overset{\circ}{\boldsymbol{d}}} + \frac{\partial f}{\partial \boldsymbol{d}} - \nabla \cdot \frac{\partial f^{\mathrm{Frank}}}{\partial \nabla \boldsymbol{d}}\right) \times \boldsymbol{d} = 0 \tag{33}$$

如取最简单的单参数 Frank 梯度能和双参数 Rayleigh 黏性耗散，指向矢方程（33）可表示为

$$(\eta_{\mathrm{n}}(\dot{\boldsymbol{d}} - \boldsymbol{W}\boldsymbol{d}) + \mu_{\ell}\hat{F}\hat{l}_{\mathrm{r}}\boldsymbol{F}^{\mathrm{T}}\boldsymbol{d} - K_{\mathrm{f}}\nabla^2\boldsymbol{d}) \times \boldsymbol{d} = 0 \tag{34}$$

上述模型可以在一些商用软件中实现求解，比如 COMOSOL，且计算结果与实验观测符合较好。

4　力 – 序 – 指向非线性耦合算例

下面列举几个典型算例，以展示液晶高弹体较为独特的力学行为。

4.1　初始模量的各向异性与温度依赖性

弹性材料最重要的一个力学性能就是在单轴拉伸下的弹性模量，对于非线性高弹体，初始模量可以衡量其在较小应变下的力学行为。实验结果表明液晶高弹体的初始模量表现出明显的各向异性和温度依赖性。如图 1 所示，在向列相 $T < T_{ni}$ 时，沿指向矢拉伸的初始模量 $E_{//}(T) = 3G_{//}(T)$ 可远大于垂直方向的初始模量 $E_{\perp}(T) = 3G_{\perp}(T)$。但是，当温度升高到接近 T_{ni} 时，两个模量也变得相近，甚而出现 $E_{//}(T) < E_{\perp}(T)$ 的反转现象。其原因为应力影响骨架高分子构象进而导致力 – 序耦合的非线

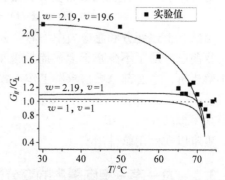

图 1　不同温度下液晶高弹体初始模量比
（实验取自文献［30］，理论计算见文献［31］）

198

性效应，相关理论计算结果也与实验较为符合。

4.2 半软弹性

当单轴拉伸变形较大时，初始模量就不再能完全反映高弹体的力学性能了。但是，各向异性与温度依赖性依然是液晶高弹体力学性能的主要特征。其中温度依赖性还受序参量 Q 的影响，而源于指向矢 d 的各向异性特性会由于指向矢可能的再取向，表现更为显著。如图 2a 所示，当拉伸方向垂直于初始指向矢时，由于力–指向矢的非线性耦合，应力–应变曲线表现出与通常 Neo–Hooke 高弹体很不相同的半软弹性特征。在加载初始阶段，指向矢保持不转动（图 2b），应力随应变几乎线性增加。当应力达到一个临界值时，指向矢开始朝着拉伸方向转动，之后出现较为明显的应力平台。由于夹持边界的约束，试样内出现了顺时针和逆时针转动相间的条带。当所有指向矢都几乎转到了拉伸方向后，应力再次随应变明显增大。

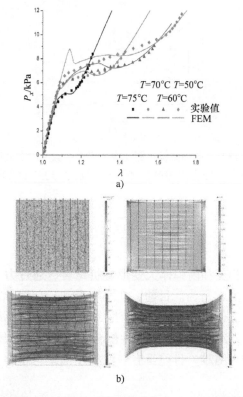

图2　液晶高弹体的半软弹性，初始指向垂直于拉伸方向：a）不同温度下的应力–应变曲线；
b）拉伸过程中指向矢取向的分布变化（实验取自文献［32］，理论计算见文献［29］）

4.3 小孔应力集中

力–序–指向耦合会使得液晶高弹体展现出与普通高弹体材料很不相同的力学性能。在研究薄板小圆孔应力集中现象时，我们发现初始状态时的序参量 Q 和指向矢 d_0 对应力集中系数有相当大的影响。

如图 3 所示，当沿初始指向矢 d_0 方向拉伸越有序，应力集中越严重。如果拉伸方向偏离初始指向矢 d_0 方向，应力集中则会减小。进一步分析表明，出现这样有趣现象的原因在于小孔边沿的应力状态诱发的局部指向矢再取向。

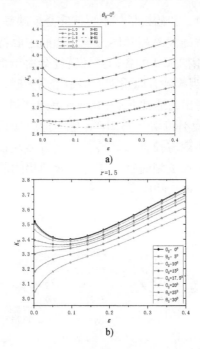

图 3　液晶高弹体薄板小圆孔应力集中系数 – 应变关系曲线
a）初始指向与拉伸方向相同，不同的序参量 Q　b）不同初始指向 d_0

5　结论

液晶高弹体将液晶相变和高弹体大变形有机结合，通过力 – 序 – 指向的耦合实现了多功能驱动和独特的力学行为。目前，在小变形和近似线性耦合的假设下，已开展了许多卓有成效的研究工作。尤其针对热 – 序、光 – 序、电 – 指向耦合下的力学行为，已取得较多成果。但是，对于大变形非线性耦合，由于涉及非线性多场和多尺度建模，相关理论和计算分析较为困难。目前虽有一些初步的理论框架，还有必要进一步深入开展相关研究。

参 考 文 献

［1］Finkelmannm H, Kock Hans – J, Rehage Günther. Liquid Crystalline Elastomers – A New Type of Liquid Crystalline Material ［J］. Macromol Chem Rapid Commun, 1981, 2：317 –322.

［2］de Gennes P G, Prost J P. The Physics of Liquid Crystals ［M］. Oxford：Oxford University Press, 1994.

［3］Warner M, Terentjev E M. Liquid Crystal Elastomers ［M］. Oxford：Clarendon Press, 2003.

［4］Finkelmann H, Nishikawa E, Pereira G G, et al. A new opto – mechanical effect in solids ［J］. Phys Rev

Lett, 2001, 87: 015501.

[5] You Y, Ding S R, Huo Y Z, et al. Coupled effects of director orientations and boundary conditions on light induced bending of monodomain nematic liquid crystalline polymer plates [J]. Smart Mater Struct, 2012, 21: 125012.

[6] Lin Y, Jin L H, Huo Y Z. Quasi – soft opto – mechanical behavior of photochromic liquid crystal elastomer: Linearized stress – strain relations and finite element simulations [J]. Int J Solids Struct, 2012, 49: 2668 – 2680.

[7] Jin L H, Lin Y, Huo Y Z. A large deflection light – induced bending model for liquid crystal elastomers under uniform or non – uniform illumination [J]. Int J Solids Struct, 2011, 48: 3232 – 3242.

[8] Wang B L, You Y, Hu Y Z. Optp – thermo actuation of multilayers liquid crystal polymer films [J]. Thin Solid Films, 2011, 519: 5310 – 5313.

[9] Fu C B, Xu Y W, Xu F, et al. Light – Induced Bending and Buckling of Large – Deflected Liquid Crystalline Polymer Plates [J]. Int J Appl Mech, 2016, 8: 1640007.

[10] Zhao S C, Xu F, Fu C B, et al. Controllable wrinkling patterns on liquid crystal polymer film/substrate system by laser illumination [J]. Extreme Mech Lett, 2019, 30: 100502.

[11] Chang C C, Chien L C, Meyer R B. Electro – optical study of nematic elastomer gels [J]. Phys Rev E, 2004, 56: 595 – 599.

[12] Urayama K, Honda S, Takigawa T. Deformation Coupled to Director Rotation in Swollen Nematic Elastomers under Electric Fields [J]. Macromolecules, 2006, 39: 1943 – 1949.

[13] Kundler I, Finkelmann H. Strain – induced director reorientation in nematic liquid single crystal elastomers [J]. Macromol Rapid Commun, 1995, 16: 679 – 686.

[14] Kundler I, Finkelmann H. Director reorientation via stripe – domains in nematic elastomers: influence of cross – link density, anisotropy of the network and smectic clusters [J]. Macromol Chem Phys, 1998, 199: 677 – 686.

[15] Roberts P M S, Mitchell G R, Davis F J. A single director switching mode for monodomain liquid crystal elastomers [J]. J Phys II, 1997, 7: 1337 – 1351.

[16] Higaki H, Takigawa T, Urayama K. Nonuniform and Uniform Deformations of Stretched Nematic Elastomers [J]. Macromolecules, 2013: 5223 – 5231.

[17] Urayama K, Kohmon E, Kojima M, et al. Polydomain – Monodomain Transition of Randomly Disordered Nematic Elastomers with Different Cross – Linking Histories [J]. Macromolecules, 2009, 42: 4084 – 4089.

[18] Biggins J S, Warner M, Bhattacharya K. Elasticity of polydomain liquid crystal elastomers [J]. J Mech Phys Solids, 2012, 60: 573 – 590.

[19] Verwey G C, Warner M. Compositional fluctuations and semisoftness in nematic elastomers [J]. Macromolecules, 1997, 30: 4189 – 4196.

[20] Cho D, Yusuf Y, Hashimoto S E, et al. Electrooptical Effects of Swollen Polydomain Liquid Crystal Elastomers [J]. J Phys Soc Jpn, 2006, 75.

[21] Fukunaga A, Urayama K, Takigawa T, et al. Dynamics of Electro – Opto – Mechanical Effects in Swollen Nematic Elastomers [J]. Macromolecules, 2008, 41: 9389 – 9396.

[22] Urayama K, Honda S, Takigawa T. Deformation Coupled to Director Rotation in Swollen Nematic Elastomers under Electric Fields [J]. Macromolecules, 2006, 39: 1943 – 1949.

[23] Yusuf Y, Huh J H, Cladis P E, et al. Low – voltage – driven electromechanical effects of swollen liquid – crystal elastomers [J]. Phys Rev E, 2005, 71: 061702.

[24] DeSimone A, DiCarlo A, Teresi L. Critical voltages and blocking stresses in nematic gels: dynamics of director rotation for nematic elastomers under electro – mechanical loads [J]. Eur Phys J E, 2007, 24: 303 – 310.

[25] Zhang Y, Huo Y Z. First order shear strain beam theory for spontaneous bending of liquid crystal polymer strips [J]. Int J Solids Sruct, 2018, 136: 168 – 185.

[26] Bladon P, Terentjev E M, Warner M. Transitions and instabilities in liquid – crystal elastomers [J]. Phys Rev E, 1993, 47 (6): R3838 – 3840.

[27] Ericksen J L. Liquid – crystals with variable degree of orientation [J]. Arch Ration Mech Anal, 1991, 113: 97 – 120.

[28] Leslie F M. Continuum theory for nematic liquid crystals [J]. Cont Mech Thermodyn, 1992, 4: 167 – 175.

[29] Zhang Y, Xuan C, Huo Y Z, et al. Continuum mechanical modeling of liquid crystal elastomers as dissipative ordered solids [J]. J Mech Phys Solids, 2019, 126: 285 – 303.

[30] Finkelmann1 H, Grevel A, Warner M. The elastic anisotropy of nematic elastomers [J]. Eur J Phys E, 2001, 5: 281 – 293.

[31] Zeng Z, Jin L H, Huo Y Z. Strongly anisotropic elastic moduli of nematic elastomers: Analytical expressions and nonlinear temperature dependence [J]. Eur Phys J E, 2010, 32: 71 – 79.

[32] Petelin A, Čopič M. Observation of a soft mode of elastic instability in liquid crystal elastomers [J]. Phys Rev Lett, 2009, 103: 1 – 4.

Mechanical – order – alignment coupling in liquid crystal elastomers

HUO Yong – zhong*, XU Yi – wei, JIANG Yue – feng

(Institute of Mechanics & Computational Engineering, Fudan University, Shanghai, 200433)

Abstract: Liquid crystal elastomers combine the multi – functionality of liquid crystals with the finite elasticity of elastomers. They show unique mechanical behavior and can be actuated by thermal, opto and electric fields. As a multi – functional materials, it has a great potential in many applications. In this paper, some theoretical and numerical studies are reviewed with particular emphasis on continuum modeling of the mechanical – order – alignment

Key words: liquid crystal elastomers; liquid crystal order; liquid crystal alignment; nonlinear continuum mechanics; multi – functional mechanical behaviour

爆炸与冲击流固耦合问题的 Euler – SPH 数值算法研究

宁建国，马天宝，许香照*

（北京理工大学 爆炸科学与技术国家重点实验室，北京 100081）

摘要： 针对三维爆炸与冲击流固耦合问题的数值计算，利用 Euler 方法易于求解大范围爆炸场的特性和 SPH 方法易于求解结构变形的特性，在 Euler 方法的基础上加入 SPH 粒子构造出可实现流体和固体变形精细计算的 Euler – SPH 数值算法。整个计算域采用 Euler 方法进行求解，采用 SPH 粒子来追踪固体结构的变形，根据 SPH 粒子与网格之间的拓扑关系，通过影响域加权实现物理量在网格和 SPH 粒子之间的双向映射，克服了粒子类方法由于有限粒子数量产生的数值波动，使其具备更加优越的计算性能，并且加入了固定网格，由于映射的单值性，不同物质之间不会发生嵌透。对典型爆炸冲击问题进行数值模拟研究并与相应的实验结果对比以验证算法的有效性。与实验结果的对比表明，该数值算法结合了 Euler 方法和 SPH 方法的优点，能很好地处理材料大变形及动态破坏过程，可以更好地应用于各类爆炸与冲击问题的数值模拟研究。

关键词： 爆炸与冲击；流固耦合；Euler – SPH 算法；数值计算

爆炸与冲击问题的特点是强冲击波和高速侵彻体对结构的冲击作用，涉及高速和高应变率下流体和固体间的相互耦合作用[1]。一般来讲，爆炸与冲击问题的数值模拟是将流体和固体分开求解，流体通常采用的是 Euler 方法，固体通常采用的是 Lagrange 方法。但对某些复杂问题不可能将流体和固体分开求解，二者之间通过流体和固体的界面将紧密联系在一起，故只能将二者耦合求解。然而，二者不同求解方法之间通常会产生难以协调的矛盾，给爆炸与冲击流固耦合问题的科学研究带来了巨大的困难。为了缓和矛盾，研究者不得不引入特殊的方法以维持计算的进行，同时必然牺牲一定精度并增加时间成本。

目前对固体材料的变形求解主要集中在拉格朗日（Lagrange）方法上，包括有限元方法[2]、自由拉格朗日方法[3]、无网格方法[4]、任意拉格朗日 – 欧拉方法[5]等。目前，Lagrange 方法的研究已经比较成熟，尽管 Lagrange 方法引入了一些特殊算法，在一定程度上解决了网格畸变等问题，同时也给计算结果带来更大的误差，但与欧拉（Euler）方法相比，仍不可能像 Euler 方法那样自然地反映大变形，特别是对于爆炸冲击这

基金项目：国家自然科学基金（11532012，11902036）。

通讯作者：许香照（1989—），男，博士，主要从事计算爆炸力学研究（Email：7520180029@ bit. edu. cn）。

类强流固耦合大变形问题，由于算法和计算规模等的限制给爆炸冲击流固耦合问题的计算带来了不可逾越的困难。采用 Euler 方法可以处理大变形问题，不足是不能精确、清晰地显示自由表面和物质界面。

为解决 Euler 方法的多物质界面难题，目前应用比较广泛的界面追踪算法主要有以 Level Set 方法[6]和高度函数法为代表的函数描述分界面方法、以 Youngs 界面重构方法为代表的 VOF 方法[7]和以 PIC 与 MAC 为代表的粒子类方法[7]等。还有一些混合方法如 Eugenio Aulisa 等提出了标志点与 VOF 方法相混合的界面重构和输运算法[8]。此外，还有一类无网格方法，如光滑粒子流体动力学方法[2]、粒子有限元法[9]、物质点法[10]等。这一类方法基于点集插值，避开了网格变形造成的困难，非常适用于极端变形问题，但缺点是计算量较大，实际应用时往往将其与传统的有限元法、浸入边界法等方法耦合以提高效率。近年来的研究主要关注于多种方法的耦合或改善已有的网格划分和重映射方法。如，Basting 等[5]提出一种扩展 ALE 方法，通过改进基于变分的网格重划分技术以解决涉及极端大变形情景的流固耦合问题。Aulisa 等[10]提出了一种 MPM – FEM 耦合思路，采取整体耦合策略避免了粒子侵入问题。Hu 等[11]提出了一种新的自适应 SPH 方法用于求解可压缩流体 – 刚体耦合问题，兼顾了流固界面的高分辨率和整体的计算效率。考虑到计算成本，研究者们倾向于将 SPH 和 MPM 与其他方法耦合求解。Tang 等[12]对已有的 SPH – DEM 耦合方法的计算效率做出改进，用于求解包含流体自由表面的流固耦合算例。

综上所述，对爆炸冲击流固耦合问题的求解虽然取得了一定的研究成果，但单一算法均无法有效地处理爆炸冲击流固耦合的数值模拟。针对上述问题，本文提出了一种适用于爆炸与冲击流固耦合问题的 Euler – SPH 数值算法，利用 Euler 方法易于求解大范围爆炸场的特性和 SPH 方法易于求解结构变形的特性，在 Euler 方法的基础上加入 SPH 粒子以实现流体和固体变形的精细计算。首先，对整个计算域采用 Euler 方法进行求解，对于需要精确追踪的固体结构在其 Euler 网格内布置 SPH 粒子，并由 SPH 粒子与网格之间的拓扑关系实现二者物理量之间的双向映射。该方法可克服粒子类方法因粒子数有限造成的数值震荡，且由于固定网格的加入使得不同物质之间不会发生嵌透。采用所提算法典型的爆炸与冲击问题进行数值模拟，并将其结果与实验测试结果进行对比，以验证算法的有效性。

1 数值方法

1.1 控制方程

为了更好地描述爆炸与冲击问题的物理过程，在忽略外力、外源和热传导的情况下，Euler 方程组可表示为[1]

$$\frac{\partial \rho}{\partial t} + \nabla \cdot (\rho \boldsymbol{u}) = 0 \tag{1}$$

$$\frac{\partial \boldsymbol{u}}{\partial t} + \boldsymbol{u} \cdot \nabla \cdot (\boldsymbol{u}) = \frac{1}{\rho} \nabla \cdot \boldsymbol{\sigma} \tag{2}$$

$$\rho\left(\frac{\partial e}{\partial t} + \boldsymbol{u} \cdot \nabla \cdot e\right) = \boldsymbol{\sigma} : \dot{\boldsymbol{\varepsilon}} \tag{3}$$

式中，t 为时间；$\boldsymbol{u}$ 为速度；σ 为柯西应力张量；ρ 为密度；e 为比内能。

1.2　状态方程

本文所开展的爆炸与冲击流固耦合问题数值模拟涉及金属、空气和炸药等材料。在数值模拟中，分别采用以下状态方程描述各材料。

（1）金属材料

采用 Mie – Grüneisen 状态方程[7]表征金属材料在冲击载荷作用下的动态力学行为。

$$P = P_{\mathrm{H}}\left(1 - \frac{\Gamma\mu}{2}\right) + \Gamma\rho(e - e_0) \tag{4}$$

其中，

$$P_{\mathrm{H}} = \begin{cases} k_1\mu + k_2\mu^2 + k_3\mu^3 & \mu \geqslant 0 \\ k_1\mu & \mu < 0 \end{cases} \tag{5}$$

式中，Γ 为 Gruneisen 系数；k_1、k_2、k_3 为与材料性能相关的常数；ρ 为冲击过程中的实时密度；$\mu = \rho/\rho_0 - 1$，ρ_0 为金属未受冲击时的初始密度；e_0 为金属未受冲击时的单位质量比内能；e 为冲击过程中的实时比内能。

（2）空气

数值计算中对空气采用理想气体状态方程[7]进行计算，其表达式为

$$P = (k_a - 1)\rho \cdot e \tag{6}$$

式中，ρ 为空气密度；e 为空气的比内能；k_a 为空气的等熵指数，在数值计算中常取 $k_a = 1.4$。

（3）炸药

对于炸药爆炸后产生的爆轰产物，采用 JWL 状态方程[7]。其表达式为

$$P = A\left(1 - \frac{\omega}{R_1 V}\right)\mathrm{e}^{-R_1 V} + B\left(1 - \frac{\omega}{R_2 V}\right)\mathrm{e}^{-R_2 V} + \frac{\omega e}{V} \tag{7}$$

式中，V 为爆轰产物的体积与炸药未爆炸时的体积比；A、B、R_1、R_2 和 ω 为待定常数。

1.3　算子分裂算法

采用算子分裂算法[13]进行计算，根据三个控制方程的物理特性，可将其分为源项和对流项的影响，由此，三个控制方程可统一表征为

$$\frac{\partial \boldsymbol{\varphi}}{\partial t} + \boldsymbol{u} \cdot \nabla \boldsymbol{\varphi} = \boldsymbol{H} \tag{8}$$

式中，$\boldsymbol{\varphi}$ 代表各个物理量；$\boldsymbol{u} \cdot \nabla \boldsymbol{\varphi}$ 为对流项；$\boldsymbol{H}$ 为源项。

根据物理效应可将方程（8）拆分成两个阶段：Lagrangian 阶段和 Eulerian 阶段。在 Lagrangian 阶段，考虑压力梯度效应和偏应力的影响，忽略了对流阶段的影响，使网格随材料变形、压力和速度发生变化。在 Eulerian 阶段，通过计算网格之间的输运量来重新分配质量、动量和能量的物理量。

2 Euler – SPH 数值算法

爆炸与冲击流固耦合问题数值模拟的核心是流体与固体结构的边界处理，难点在于两种材料在物理性质和变形上的显著差异，以及流体与固体相匹配的数值方法之间的矛盾。为了解决这一难题，本文提出了一种 Euler – SPH 数值算法，通过对需要精确追踪变形历程的材料，在其 Euler 网格中加入 SPH 粒子，实现流体和结构变形的高质量计算。该方法利用 Euler 方法和 Lagrange 方法的优点，可以方便地求解大尺度爆炸场和结构变形的特征。

2.1 Euler – SPH 算法数值实现流程

对于需要精确变形跟踪的材料，在 Euler 网格中加入 SPH 粒子。根据 SPH 粒子与 Euler 网格之间的拓扑关系，实现二者之间物理量的传递。为了完成时间步长计算，Euler – SPH 算法数值实现流程可以分为以下几个步骤。

步骤一：SPH 粒子初始化

粒子初始化仅在计算开始的时候进行一次，在后续计算中粒子的位置和所携带的求解自由度值均可由 SPH 粒子求解控制方程获得。在 Euler 网格内均匀分布 SPH 粒子，其紧支域紧密相连，并完全覆盖计算域内所有介质。计算域内的网格坐标定义为 $Z_N = [x_E(i), y_E(j), z_E(k)]^T$。同理，定义网格步长为 $\delta Z_N = [\delta x, \delta y, \delta z]^T$。假设在每一个网格内布置的 SPH 粒子数为 M。每个 SPH 粒子的紧支域的大小设置为与网格大小相同的值，定义其紧支域大小 $\delta P_{NL} = [\delta x_{NL}, \delta y_{NL}, \delta z_{NL}]^T$。$\delta P_{NL}$ 可由下式计算得到：

$$\delta P_{NL} = \frac{1}{\gamma} \delta Z_N \tag{9}$$

定义网格内 SPH 粒子 L 的质点坐标为 $P_{NL} = [x_{NL}, y_{NL}, z_{NL}]^T$，其中 L 为质点在网格编号为 N 的位置索引，可表示为 $\psi = [ii, jj, kk]^T$。因此 SPH 粒子的初始位置坐标可由如下方程求出：

$$P_{NL} = Z_N - \frac{1}{2} \delta Z_N + \frac{1}{\gamma + 1} \psi \cdot \delta Z_N \tag{10}$$

SPH 粒子的初始物理量可由下式得到：

$$\rho_{NL} = \rho_E, m_{NL} = \rho_{NL} \cdot V_{NL}, m_E = \sum_M m_{NL} \tag{11}$$

式中，$V_{NL} = \delta x_{NL} \times \delta y_{NL} \times \delta z_{NL}$ 为该 SPH 紧支域的大小；ρ_E 为该 Euler 网格内物质的初始密度；m_E 为该 Euler 网格内物质的初始质量；m_{NL} 为 SPH 粒子的质量。

步骤二：SPH 粒子与 Euler 网格之间的搜索

在初始化粒子之后，Euler 网格已经携带了 SPH 信息，同时 SPH 粒子也记录了当前属于哪个 Euler 网格，在后续粒子位置更新之后，可以根据单元拓扑关系，直接更新 Euler 网格所记录的 SPH 粒子信息以及 SPH 粒子记录的所属 Euler 网格信息。通过比较

Euler 格心与当前以及相邻网格内 SPH 粒子间距和 SPH 粒子紧支域尺寸，可以确定 Euler 网格与哪些 SPH 相互作用，这一信息用于 SPH 粒子向 Euler 网格映射物理量。通过 SPH 粒子紧支域与当前所属 Euler 网格以及相邻网格的重叠关系，可以确定 SPH 粒子的六面体紧支域被切分成子单元的情况，这一信息用于 SPH 粒子受 Euler 网格作用的计算。

步骤三：SPH 粒子向 Euler 网格映射

SPH 粒子向 Euler 网格的映射采用 SPH 方法的核近似实现，令 Euler 网格中心有一虚 SPH 粒子，其具有与真实 SPH 粒子相同的紧支域和形函数，通过搜索，可以获得虚 SPH 粒子紧支域内真实 SPH 粒子的分布，然后利用 SPH 方法的核近似，对虚 SPH 粒子上的变量进行核估计，由于 SPH 粒子具有矩形或六面体紧支域，紧支域不同于圆形，其计算和使用较为方便。光滑形状函数表示为

$$w = a \cdot w_x \cdot w_y \cdot w_z = a \cdot w(r_x) \cdot w(r_y) \cdot w(r_z) \tag{12}$$

式中，$r_x = \dfrac{\|x - x_c\|}{d_x}$；$r_y = \dfrac{\|y - y_c\|}{d_y}$；$r_z = \dfrac{\|z - z_c\|}{d_z}$。$x_c$、$y_c$、$z_c$ 分别为紧支域中心位置，d_x、d_y、d_z 分别为紧支域三个方向的半宽度。选取四次样条函数作为 SPH 核近似的形函数。

令 Euler 网格中心虚粒子 k 紧支域内存在 n 个 SPH 粒子，则虚粒子 k 的物理量 u 的核估计结果为：

$$u_k = \left[\sum_{i=1}^{n} u_i a w(r_{xki}) w(r_{yki}) w(r_{zki}) \frac{m_i}{\rho_i} \right] \tag{13}$$

式中，$\dfrac{m_i}{\rho_i}$ 为 SPH 粒子 i 的质量除以密度；a 为满足核近似归一性的系数，其值为 $a = \dfrac{125}{64 d_x d_y d_z}$。

步骤四：SPH 粒子受 Euler 网格的作用

将 SPH 粒子映射到欧拉网格后，根据欧拉网格对 SPH 粒子的相互作用，计算出 SPH 粒子之间、SPH 粒子与欧拉网格之间的相互作用。在控制方程的计算中，使用的是形函数的导数计算。获得形函数导数之后，可用来离散控制方程中的空间散度项。但对于无网格法的表达式来说，仍然需要计算积分，因为当前粒子紧支域为矩形，其余背景网格相交之后，被背景网格分割成几个具有不同变量值的子单元，每个子单元均为长方体。如此一来，紧支域内的积分可以表达为

$$\iiint_{dx,dy,dz} (u \nabla \cdot w) \, dx dy dz = \sum_{i=1}^{n} \left[\iiint_{dx,dy,dz} (u_i \nabla \cdot w) \, dx dy dz \right] \tag{14}$$

对于每个子单元的积分 C_0，可简化为

$$\iiint_{dx,dy,dz} (u_i \nabla \cdot w) \, dx dy dz = u_i \iiint_{dx,dy,dz} (\nabla \cdot w) \, dx dy dz \tag{15}$$

因此，对于要计算的粒子 k，SPH 方法离散的控制方程可以写为

$$\frac{\mathrm{d}\rho_k}{\mathrm{d}t} = \sum_{i=1}^{n} \left[\rho_i \boldsymbol{v}_i \cdot \iiint_{\mathrm{d}x,\mathrm{d}y,\mathrm{d}z} (\nabla \cdot w) \,\mathrm{d}x\mathrm{d}y\mathrm{d}z \right]$$

$$\frac{\mathrm{d}\boldsymbol{v}_k}{\mathrm{d}t} = \sum_{i=1}^{n} \left[\frac{\boldsymbol{\sigma}_i}{\rho_i} \cdot \iiint_{\mathrm{d}x,\mathrm{d}y,\mathrm{d}z} (\nabla \cdot w) \,\mathrm{d}x\mathrm{d}y\mathrm{d}z \right]$$

$$\frac{\mathrm{d}e_k}{\mathrm{d}t} = -\frac{1}{2} \sum_{i=1}^{n} \left[\frac{\boldsymbol{\sigma}_i}{\rho_i} \cdot \boldsymbol{v}_i \cdot \iiint_{\mathrm{d}x,\mathrm{d}y,\mathrm{d}z} (\nabla \cdot w) \,\mathrm{d}x\mathrm{d}y\mathrm{d}z \right] \tag{16}$$

各子单元的积分采用高斯积分法完成:

$$\iiint_{\mathrm{d}x,\mathrm{d}y,\mathrm{d}z} (\nabla \cdot w) \,\mathrm{d}x\mathrm{d}y\mathrm{d}z = \sum_{j=1}^{8} \left[\nabla \cdot w(x_j, y_j, z_j) \|J_j\| b_j \right] \tag{17}$$

其中, $\|J_j\| b_j$ 表示第 j 个积分点的雅各比行列式。

步骤五:Euler 网格受 SPH 粒子的影响

当完成所有纯 Euler 网格以及 SPH 粒子的计算之后,需要考虑 Euler 网格中流体受 SPH 粒子固体的影响,这部分仍然通过 SPH 粒子的方法实现,因为计算 SPH 粒子的需要,被 SPH 粒子占据的 Euler 网格同样已经映射了物理量,因此,计算与之临近的 Euler 网格时,仅需要将含有映射物理量的 Euler 网格作为正常的 Euler 网格考虑,进行计算即可。

步骤六:清除 Euler 网格中属于 SPH 粒子的映射物理量

在完成当前所有的 SPH 粒子与 Euler 网格的计算之后,清除掉 Euler 网格中属于 SPH 粒子映射的物理量。然后更新 Euler 网格和 SPH 粒子的物理量,同时更新 SPH 粒子的位置,并且进行 Euler 网格的变量输运。

2.2 无需精确追踪的材料界面处理方法

对于无需精确追踪的材料界面处理,采用模糊界面法[13]处理物理量在网格间的输运。通过计算出各类材料所占网格体积的体积比例,并将其作为模糊权重系数来确定输运量。同时,根据材料输运的优先顺序,确定各类材料的运输顺序。与其他界面处理方法相比,模糊界面处理可以在三维区域内方便地布置三种或三种以上材料的混合网格,计算成本较低。

在模糊界面法中,计算区域内各材料的输运优先级是基于模糊综合评判法确定的。假设 η 代表的某种存在于当前网格中的材料物理量,其紧邻的左右网格的该材料物理量分别为 χ_L 和 χ_R,如果 η 不存在则 χ_L 或 χ_R 赋值为 0,如果存在则 χ_L 或 χ_R 赋值为 1。定义当前网格与左右网格所拥有的材料体积比为 $V_{\eta \to L}$ 和 $V_{\eta \to R}$。基于 χ_L、χ_R、$V_{\eta \to L}$ 和 $V_{\eta \to R}$,可计算当前网格输运给左右网格的物理量 $\boldsymbol{Q}_{\eta \to L} = \chi_L \cdot \mathrm{sgn}(V_{\eta \to R} - V_{\eta \to L})$ 和 $\boldsymbol{Q}_{\eta \to R} = \chi_R \cdot \mathrm{sgn}(V_{\eta \to R} - V_{\eta \to L})$。

考虑到所有的 $\boldsymbol{Q}_{\eta \to L}$ 和 $\boldsymbol{Q}_{\eta \to R}$ 的组合,给定某种材料的分布,根据连续性原则确定传输优先级。确定优先级后,实际需要输运的物理量大小等于输运因子 κ 与原物理量的乘积。

3 典型爆炸与冲击问题的验证

采用一个四节点集群进行，其中每个节点包含两个 Intel E5620 CPU 和 32G 内存，每个 CPU 有 6 个核。

3.1 弹体侵彻薄钢板实验验证

Børvik[14,15]开展钝头弹体侵彻贯穿不同厚度薄钢板的实验研究，获取了弹体的剩余速度和弹体对钢板的剪切破坏区域。实验所用的弹体直径和长度分别为 20mm 和 80mm；钢板的厚度分别为 6mm、8mm、10mm 和 12mm。钢板材料为 Weldox460E 钢，材料参数性能见表 1；状态方程采用的是 Mie – Grüneisen 状态方程，具体参数见表 2。

表 1　Weldox460E 钢材料参数

G/GPa	$\rho_0/(g/cm^3)$	$\rho_s/(g/cm^3)$	$C/(mm/\mu s)$	P_s/GPa	plap/GPa	Y_0/GPa	$e_m/(kJ/g)$
83. 427	7. 806	7. 416	3. 811	– 1. 65	45	0. 663	3. 0

表 2　Grüneisen 状态方程参数

c_0	s_1	s_2	s_3	γ_0	a
4600	1. 33	0. 00	0. 00	2. 00	0. 43

计算域为 140mm × 140mm × 120mm，Euler 网格步长为 0.4mm，共生成 3675 万个网格。每个靶板材料的 Euler 网格布置 8 个 SPH 粒子质点，钢板的厚度分别为 6mm、8mm、10mm 和 12mm，对应的 Lagrange 质点数分别为 1470 万、1960 万、2450 万、2940 万。在数值计算中，采用 Euler – SPH 数值算法对含有 SPH 粒子的钢板材料进行计算，其余不含 SPH 粒子的材料采用模糊界面处理方法进行计算。

图 1 为弹体初始冲击速度 181.5 m/s、钢板厚度 12mm 的实验数据与数值结果对比，表明所提出的 Euler – SPH 数值算法能够准确地捕捉弹体冲击过程中钢板的变形与断裂过程。图 1 中的红色虚线表示实验测试的钢板破坏形态与数值模拟结果的对比。无论是钢板的断裂还是剪切区域，数值模拟结果均与实验结果一致。

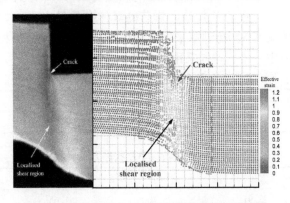

图 1　钢板破坏形状的实验与数值模拟结果对比

表 3 给出了不同初始速度的弹体贯穿不同厚度钢板后的剩余速度实验结果与数值模拟结果对比。对比结果表明采用 Euler – SPH 数值算法计算的弹体剩余速度略高于实验测试结果，但误差在 12.0% 以内。且数值结果与实验结果的误差值随着初速度的增大而减小。

表 3 剩余速度实验结果与数值模拟结果对比

钢板厚度/mm	初始速度/(m/s)	剩余速度/(m/s)		误差
		试验结果	数值计算结果	
6	185.4	132.2	145.2	9.8%
6	201.3	157.9	170.5	8.0%
6	233.9	201.0	211.9	5.4%
6	296.0	260.2	270.0	3.8%
8	182.2	122.6	135.3	10.4%
8	190.7	132.3	143.6	8.5%
8	250.8	191.7	203.2	6.0%
8	298	241.4	249.1	4.0%
10	204	124.2	138.0	11.1%
10	241.5	165.9	177.4	6.9%
10	277.5	197.9	208.1	5.2%
10	296.0	217.5	224.4	3.2%
12	224.7	113.7	125.0	9.9%
12	244.2	132.6	142.8	7.7%
12	285.4	181.1	189.6	4.8%
12	303.5	199.7	206.5	3.7%

3.2 聚能装药成型实验验证

采用闪光 X 射线摄影法获取了聚能装药成型过程中的形状。实验中的药型罩锥角为 60°，药型罩的壁厚为 2.4mm，炸药的装药高度为 33.2mm，药型罩的直径为 60mm。数值计算中采用与实验一致的 B 炸药，炸药的具体参数见表 4，并采用 JWL 状态方程计算，状态方程参数见表 5。药型罩采用的材料与 3.1 节中钢板的材料一致，状态方程及其参数亦与 3.1 节中一致。空气采用理想气体状态方程计算。

表 4 B 炸药的性能参数

密度/(g/cm³)	CJ 爆压/GPa	CJ 爆速/(m/s)	比内能/(KJ/cm³)
1.67	28.0	8221	10.13

表 5 B 炸药的 JWL 状态方程参数

A	B	R_1	R_2	ω
1141.8	23.91	5.70	1.65	0.60

计算域的尺寸为 140mm×140mm×280mm。Euler 网格步长 0.4mm，共 8575 万个网格。每个药型罩材料所在的 Euler 网格布置 64 个 SPH 粒子。在计算中，采用 Euler - SPH 数值算法对含有 SPH 粒子的药型罩材料进行计算，其余不含 SPH 粒子的材料采用模糊界面处理方法进行计算。图 2 给出了锥角为 60°的药型罩在 41.2μs 时的成型形状实验测试结果与数值模拟结果的对比。数值计算得到的聚能射流直径为 4.5mm，长度为 81.0mm，实验值分别为 4.2mm 和 77.5mm。数值计算和实验结果的对比表明，两者吻合较好。

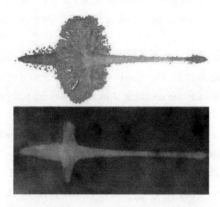

图 2　聚能射流成型的实验测试结果与数值计算结果对比

4　结论

爆炸冲击问题的数值模拟涉及强非线性、强间断、多介质瞬态大变形的流固耦合复杂计算，是爆炸力学领域十分关注的前沿课题，更是我国武器装备跨越式发展的重中之重。针对其中核心与关键的流固耦合数值计算，本文提出了一种适用于爆炸与冲击流固耦合问题的 Euler - SPH 数值算法，利用 Euler 方法易于求解大范围爆炸场的特性和 SPH 方法易于求解结构变形的特性，在 Euler 方法的基础上加入 SPH 粒子实现了流体和固体变形的精细计算。数值预测与实验结果的比较表明，Euler - SPH 数值算法成功地结合了欧拉法和拉格朗日法的优点，能够有效地解决材料的大变形和动态损伤问题。为进一步研究爆炸与冲击问题提供了更为先进的数值模拟手段。

参 考 文 献

[1] Xu X Z, Ma T B, Liu H Y, et al. A three - dimensional coupled Euler - PIC method for penetration problems [J]. Int J Numer Meth Eng, 2019, 119 (8)：737 - 756.

[2] Zeng W, Liu G R. Smoothed Finite Element Methods (S - FEM)：An Overview and Recent Developments [J]. Arch Comput Method E, 2018, 25 (2)：397 - 435.

[3] Tabata M, Uchiumi S. An exactly computable Lagrange - Galerkin scheme for the Navier - Stokes equations and its error estimates [J]. Math Comput, 2018, (87)：39 - 67.

[4] Han L, Hu X. SPH modeling of fluid - structure interaction [J]. J Hydrodyn, 2018, 30

(1): 62 –69.

[5] Basting S, Quaini A, Glowinski R, et al. Extended ALE Method for fluid – structure interaction problems with large structural displacements [J]. J Comput Phys, 2017, 331: 312 –336.

[6] Fu L, Hu X Y, Adams N. Single – step reinitialization and extending algorithms for level – set based multi – phase flow simulations [J]. Comput Phys Commun, 2017, 221: 63 –80.

[7] Ning J G, Ma T B, Fei G L. Multi – material eulerian method and parallel computation for 3D explosion and impact problems [J]. Inter J Comput Meth – sing, 2014, 11 (5): 1350079.

[8] Eugenio A, Bnà Simone, Giorgio B. A monolithic ALE Newton – Krylov solver with Multigrid – Richardson – Schwarz preconditioning for incompressible Fluid – Structure Interaction [J]. Comput Fluids, 2018, S0045793018304389.

[9] Yuan W H, Zhang W, Dai B B, et al. , Application of the particle finite element method for large deformation consolidation analysis [J]. Eng Computation, 2019, 36 (9): 3138 –3163.

[10] Aulisa E, Capodaglio G. Monolithic coupling of implicit material point method with finite element method [J]. Comput Fluids, 2018, 174: 213 –228.

[11] Hu W, Guo G, Hu X, et al. A consistent spatially adaptive smoothed particle hydrodynamics method for fluid – structure interactions [J]. Comput Method Appl M, 2019, 347: 402 –424.

[12] Tang Y H, Jiang Q H, Zhou C B. A Lagrangian – based SPH – DEM model for fluid – solid interaction with free surface flow in two dimensions [J]. Applied Mathematical Modelling, 2018, 62: 436 –460.

[13] Ning J G, Chen L W. Fuzzy interface treatment in Eulerian method [J]. Sci China Ser E, 2004, 47 (5): 550 –568.

[14] Børvik T, Langseth M, Hopperstad O S, et al. Perforation of 12mm thick steel plates by 20mm diameter projectiles with flat, hemispherical and conical noses : Part I: Experimental study [J]. Inter J Impact Eng, 2002, 27 (1): 19 –35.

[15] Børvik T, Hopperstad O S, Langseth M, et al. Effect of target thickness in blunt projectile penetration of Weldox 460 E steel plates [J]. Inter J Impact Eng, 2003, 28 (4): 413 –464.

An euler – SPH algorithm for fluid – structure interaction problems subjected to explosion and impact loading

NING Jian – guo, MA Tian – bao, XU Xiang – zhao *

(State Key Laboratory of Explosion Science and Technology, Beijing Institute of Technology, Beijing 100081)

Abstract: An Euler – SPH algorithm is proposed to simulate the three dimensional fluid – structure interaction (FSI) problems subjected to explosion and impact loading. This algorithm achieves a fine calculation of fluid and structure deformation by adding SPH particles to the Euler method, it utilizes the advantages of Euler method and Lagrangian method, which can easily solve the characteristics of large – scale explosion field and structural deformation, respectively. In this algorithm, the entire computational domain is solved by the Euler method, and the SPH particle is used to track the deformation of the structure. Then, the bidirectional mapping of physical quantities are achieved by the influence domain – weighted average based on the topological relationship between cells and particles. Thus, the algorithm overcomes the PIC method numerical fluctuation due to the limited number of particles and has good computational performance. Furthermore, different material will not embed because joining the fixed grid and single – valued mapping. The numerical simulations of typical explosion and impact problems are carried out, and then the numerical results are compared with the corresponding experimental results to verify the effectiveness of the algorithm. Comparisons of numerical results and experimental results show that the coupled algorithm combine the advantages of both SPH and Euler method and can efficiently calculate the process of large deformation and dynamic damage of the material. This method can be better applied to the numerical simulation of various explosion and impact problems.

Key words: explosion and impact; fluid – structure interaction; coupled Euler – SPH algorithm; numerical simulation

圆柱形锂离子电池充电引起的集流器弹塑性变形

徐康宁，宋亦诚，张俊乾

(1. 上海大学力学与工程学院，上海大学，上海 200444)

(2. 上海市应用数学和力学研究所，上海大学，上海 200072)

摘要：论文建立了圆柱形锂离子电池在充电过程中电极集流器发生塑性变形的力学模型，获得了电极的活性层和集流器的应力演化解析解。集流器应力随充电而演化的过程可分为三个阶段：纯弹性阶段、弹塑性共存阶段和完全塑性阶段。计算结果表明，集流器塑性屈服从内侧开始并逐渐向外推移，并且很快达到完全屈服。

关键词：圆柱形锂离子电池；集流器；扩散诱导应力；塑性变形

锂离子二次电池具有能量密度高、循环寿命长、开路电压高、安全环保等优点[1-5]，成为当今的一个研究热点，在新能源汽车、移动电子设备、航空航天等领域有着广泛应用前景。正极、负极、隔膜与电解液是锂离子二次电池的基本构造，正极或负极均由集流器与活性材料构成[6]。在充放电过程，锂离子会从正极或负极的活性材料中嵌入/脱出，这个过程会引起活性材料的局部体积改变，进而会诱导产生应力（扩散诱导应力，以下简称 DIS）。Gao 等人[7]在研究硅电极时，发现拉应力会促进硅锂化，而压应力会抑制硅锂化，应力与锂扩散具有耦合作用。此外，DIS 会引起电极塑性形变、断裂等问题[8,9]，对电池电极的循环性能具有显著影响[10,11]。

DIS 引起的塑性问题对锂离子电池电极的研究是无法回避的，Cui 等人[12]指出塑性形变在整个嵌锂过程中会影响到应力演化，Xiao 等人[13]在研究 Cu 基底 Si 薄膜开裂时，发现开裂过程受塑性屈服影响。Zhao 等人[14]通过对单一材料 Si 电极进行研究，发现塑性形变有利于提升电极性能。Li 等人[15]考虑集流器塑性形变对平板电极进行研究，发现软薄集流器有益于电极，Yu 等人[16]亦有相同的结论。

目前，常用的锂离子电池组装形式有：圆柱形、纽扣形、方形和薄膜形，如图 1 所示。商用 18650 型电池是一种较为成熟的圆柱形锂离子电池。Song 等人[17]在仅考虑弹性形变的前提下对圆柱形锂离子电池电极上的应力演化进行了研究。实验表明[13]，DIS 会引起集流器的塑形屈服。所以，本文在考虑集流器塑性形变的前提下，重点探讨圆柱形锂离子电池集流器上的应力演化过程。

基金项目：国家自然科学基金（11872236）资助项目。

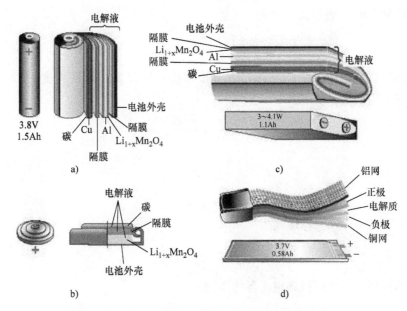

图1 锂离子电池四种常见组装形式[1]

a) 圆柱形 b) 纽扣形 c) 方形 d) 薄膜形

1 嵌锂过程中电极的应力演化

1.1 模型与基本公式

根据 18650 型圆柱型电池的结构特点，其电极含两层活性材料和一层集流器，可以简化为图 2。集流器为导电的金属材料（如正极的集流器为铝，负极的集流器为铜）。假设集流器为弹塑性材料，可分为弹性区域与塑性区域，用 r_e 表示弹-塑性边界的半径。集流器的内外侧是活性材料，对于正极为 LiFePO$_4$、负极为石墨等这类脆性材料，不考虑其塑性形变。内活性层、集流器和外活性层的厚度可以由四个半径参数 r_a、r_b、r_c 和 r_d 确定。

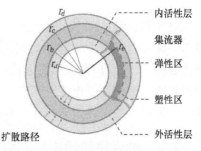

图2 圆柱型锂离子电池力学模型

当电池充电时，锂离子沿半径方向，从外部边界向活性材料内部扩散。放电过程中锂离子运动方向相反。充电状态（State of Charge，SOC）是描述锂扩散过程中电池荷载的参数，轴对称情景下可由活性材料中分布的锂离子浓度 C 表示：

$$\overline{Q} = \frac{2\left(\int_{r_a}^{r_b} Cr\mathrm{d}r + \int_{r_c}^{r_d} Cr\mathrm{d}r\right)}{C_{\max}(r_b^2 - r_a^2 + r_d^2 - r_c^2)} \tag{1}$$

当电极完全充满锂或锂扩散达到平衡后，内、外活性层内的浓度分布趋近于均匀，记

为 C_{avg}，此时 SOC 的表达式简化为

$$\overline{Q} = \frac{C_{\text{avg}}}{C_{\text{max}}} \tag{2}$$

由于真实圆柱形电极的长度远大于电极厚度，所以采用平面应变 + 轴对称假设，因此模型中的应变为

$$\varepsilon_r = \frac{\mathrm{d}u_r}{\mathrm{d}r} \tag{3a}$$

$$\varepsilon_\theta = \frac{u_r}{r} \tag{3b}$$

$$\varepsilon_z = \gamma_{r\theta} = \gamma_{r\theta} = \gamma_{z\theta} = 0 \tag{3c}$$

应力平衡方程的平面轴对称形式为

$$\frac{\mathrm{d}\sigma_r}{\mathrm{d}r} + \frac{\sigma_r - \sigma_\theta}{r} = 0 \tag{4}$$

在弹性变形范围，活性材料和集流器的本构关系为

$$\sigma_r = \frac{E(1-\nu)}{(1+\nu)(1-2\nu)}\varepsilon_r + \frac{E\nu}{(1+\nu)(1-2\nu)}\varepsilon_\theta - \frac{E}{1-2\nu}\Omega C \tag{5a}$$

$$\sigma_\theta = \frac{E(1-\nu)}{(1+\nu)(1-2\nu)}\varepsilon_\theta + \frac{E\nu}{(1+\nu)(1-2\nu)}\varepsilon_r - \frac{E}{1-2\nu}\Omega C \tag{5b}$$

$$\sigma_z = v \cdot (\sigma_r + \sigma_\theta) + E\varepsilon_z \tag{5c}$$

式中，Ω 为偏摩尔体积；E 为弹性模量；ν 为 Poisson 比；锂浓度 C 在集流器中取 0。当集流器发生塑性屈服后，利用理想弹塑性模型描述其弹塑性行为，并采用 Tresca 屈服准则：

$$|\sigma_{\text{max}} - \sigma_{\text{min}}| = \sigma_s \tag{6}$$

在电极嵌锂过程中充电状态 $\overline{Q}$ 的取值范围为（0，1）。对于给定的充电状态，锂浓度 C 一般情况下都是空间非均匀的，当不考虑应力对锂扩散影响时，可以通过求解扩散方程得到[17]。因此，本文假设锂浓度 C 的时空分布规律是已知的。集流器层和活性层的应力一般情况下也是空间非均匀的，所以嵌锂过程可以按集流器的变形分为三个阶段，即纯弹性、弹塑性共存、完全塑形。

1.2　纯弹性阶段电极的应力演化

纯弹性阶段是指集流器没有发生塑性形变，应力边界条件为 $\sigma_r\big|_{r=r_a} = 0$ 和 $\sigma_r\big|_{r=r_d} = 0$，集流器与内外活性层界面应力连续条件为 $\sigma_r\big|_{r=r_b} = -q_b$ 和 $\sigma_r\big|_{r=r_c} = -q_c$，其中 $-q_b$ 和 $-q_c$ 是待定的界面径向应力。结合式（3a）～式（3c）、式（4）和式（5a）～式（5c），内活性层的位移与应力可表示为

$$u_{r1} = \frac{1+\nu}{1-\nu}\frac{\Omega}{3r}\int_{r_a}^{r} Cr\mathrm{d}r + \frac{1+\nu}{1-\nu}\frac{\Omega}{3(r_b^2-r_a^2)}\left((1-2\nu)r + \frac{r_a^2}{r}\right)\int_{r_a}^{r_b} Cr\mathrm{d}r$$

$$\quad - \frac{1+\nu}{E}\frac{r_b^2}{r_b^2-r_a^2}\left((1-2\nu)r + \frac{r_a^2}{r}\right)q_b \tag{7a}$$

216

$$\sigma_{r1} = \frac{\varOmega E}{3(1-\nu)} \left[-\frac{1}{r^2} \int_{r_a}^{r} Cr dr + \frac{1}{r_b^2 - r_a^2} \left(1 - \frac{r_a^2}{r^2} \right) \int_{r_a}^{r_b} Cr dr \right] - \frac{r_b^2}{r_b^2 - r_a^2} \left(1 - \frac{r_a^2}{r^2} \right) q_b \quad \text{(7b)}$$

$$\sigma_{\theta 1} = \frac{\varOmega E}{3(1-\nu)} \left[\frac{1}{r^2} \int_{r_a}^{r} Cr dr + \frac{1}{r_b^2 - r_a^2} \left(1 + \frac{r_a^2}{r^2} \right) \int_{r_a}^{r_b} Cr dr - C \right] - \frac{r_b^2}{r_b^2 - r_a^2} \left(1 + \frac{r_a^2}{r^2} \right) q_b$$

$$\text{(7c)}$$

$$\sigma_{z1} = v \cdot (\sigma_{r1} + \sigma_{\theta 1}) \quad \text{(7d)}$$

外活性层的位移与应力：

$$u_{r2} = \frac{1+\nu}{1-\nu} \frac{\varOmega}{3r} \int_{r_c}^{r} Cr dr - \frac{1+\nu}{1-\nu} \frac{\varOmega}{3(r_c^2 - r_d^2)} \left((1-2\nu)r + \frac{r_c^2}{r} \right) \int_{r_c}^{r_d} Cr dr$$

$$- \frac{1+\nu}{E} \frac{r_c^2}{r_c^2 - r_d^2} \left((1-2\nu)r + \frac{r_d^2}{r} \right) q_c \quad \text{(8a)}$$

$$\sigma_{r2} = \frac{E\varOmega}{3(1-\nu)} \left[-\frac{1}{r^2} \int_{r_c}^{r} Cr dr + \frac{1}{r_d^2 - r_c^2} \left(1 - \frac{r_c^2}{r^2} \right) \int_{r_c}^{r_d} Cr dr \right] + \frac{r_c^2}{r_d^2 - r_c^2} \left(1 - \frac{r_d^2}{r^2} \right) q_c \quad \text{(8b)}$$

$$\sigma_{\theta 2} = \frac{E\varOmega}{3(1-\nu)} \left[\frac{1}{r^2} \int_{r_c}^{r} Cr dr + \frac{1}{r_d^2 - r_c^2} \left(1 + \frac{r_c^2}{r^2} \right) \int_{r_c}^{r_d} Cr dr - C \right] + \frac{r_c^2}{r_d^2 - r_c^2} \left(1 + \frac{r_d^2}{r^2} \right) q_c$$

$$\text{(8c)}$$

$$\sigma_{z2} = v \cdot (\sigma_{r2} + \sigma_{\theta 2}) \quad \text{(8d)}$$

集流器的位移与应力：

$$u_{rc} = \frac{1+\nu_c}{E_c} \left[(1-2\nu_c) \frac{r_b^2 q_b - r_c^2 q_c}{r_c^2 - r_b^2} \cdot r - \frac{r_b^2 r_c^2}{r_c^2 - r_b^2} (q_c - q_b) \cdot \frac{1}{r} \right] \quad \text{(9a)}$$

$$\sigma_{rc} = \frac{r_b^2 r_c^2}{r_c^2 - r_b^2} \frac{1}{r^2} (q_c - q_b) + \frac{r_b^2 q_b - r_c^2 q_c}{r_c^2 - r_b^2} \quad \text{(9b)}$$

$$\sigma_{\theta c} = -\frac{r_b^2 r_c^2}{r_c^2 - r_b^2} \frac{1}{r^2} (q_c - q_b) + \frac{r_b^2 q_b - r_c^2 q_c}{r_c^2 - r_b^2} \quad \text{(9c)}$$

$$\sigma_{zc} = v_c \cdot (\sigma_{rc} + \sigma_{\theta c}) \quad \text{(9d)}$$

待定的界面应力 q_b 和 q_c 可根据 $r = r_b$ 和 $r = r_c$ 上位移连续性确定。集流器与活性层界面 $r = r_b$ 和 $r = r_c$ 的位移连续性关系为 $u_{r1}|_{r=r_b} = u_{rc}|_{r=r_b}$ 和 $u_{r2}|_{r=r_c} = u_{rc}|_{r=r_c}$，由此可得

$$q_b = \frac{1}{D_2 D_4 - D_1 D_5} \left(D_2 D_6 \int_{r_c}^{r_d} Cr dr - D_3 D_5 \int_{r_a}^{r_b} Cr dr \right) \quad \text{(10a)}$$

$$q_c = \frac{1}{D_2 D_4 - D_1 D_5} \left(D_3 D_4 \int_{r_a}^{r_b} Cr dr - D_1 D_6 \int_{r_c}^{r_d} Cr dr \right) \quad \text{(10b)}$$

其中

$$D_1 = \frac{(1-2v_c)r_b^2 + r_c^2}{r_c^2 - r_b^2} + \frac{E_c}{E} \frac{1+\nu}{1+v_c} \frac{(1-2\nu)r_b^2 + r_a^2}{r_b^2 - r_a^2} \quad \text{(11a)}$$

$$D_2 = -2(1-v_c) \frac{r_c^2}{r_c^2 - r_b^2} \quad \text{(11b)}$$

$$D_3 = \frac{1+\nu}{1+v_c} \frac{2\varOmega E_c}{3} \frac{1}{r_b^2 - r_a^2} \quad \text{(11c)}$$

$$D_4 = \frac{2(1 - v_c) r_b^2}{r_c^2 - r_b^2} \tag{11d}$$

$$D_5 = \frac{E_c}{E} \frac{1 + \nu}{1 + v_c} \frac{(1 - 2\nu) r_c^2 + r_d^2}{r_c^2 - r_d^2} - \frac{(1 - 2v_c) r_c^2 + r_b^2}{r_c^2 - r_b^2} \tag{11e}$$

$$D_6 = -\frac{1 + \nu}{1 + v_c} \frac{2E_c \Omega}{3} \frac{1}{r_c^2 - r_d^2} \tag{11f}$$

1.3 弹塑性共存阶段电极的应力演化

根据纯弹性阶段集流器上应力的解析结果，可知 $\sigma_{\theta c} > \sigma_{zc} > \sigma_{rc}$，所以

$$\sigma_{\max} - \sigma_{\min} = \sigma_\theta - \sigma_r = 2 \frac{r_c^2 r_b^2}{r_c^2 - r_b^2} \frac{q_b - q_c}{r^2} \tag{12}$$

根据 Tresca 屈服准则 $\sigma_\theta - \sigma_r = \sigma_s$ 可知集流器在内侧 $r = r_b$ 处最先发生塑性屈服，若继续嵌锂，集流器的内侧变为塑性变形区而外侧为弹性变形区。用 $r = r_e$ 来区分弹性区域与塑性区域，则 $[r_b, r_e]$ 为塑性区域，$[r_e, r_c]$ 为弹性区域。塑性区域上应力求解可将 $\sigma_\theta - \sigma_r = \sigma_s$ 代入平衡方程（4）直接得到

$$\sigma_{rcp} = -q_b + \sigma_s \ln \frac{r}{r_b} \tag{13a}$$

$$\sigma_{\theta cp} = -q_b + \sigma_s \ln \frac{r}{r_b} + \sigma_s \tag{13b}$$

$$\sigma_{zcp} = v_c \cdot (\sigma_{rcp} + \sigma_{\theta cp}) \tag{13c}$$

假设集流器为塑性不可压缩材料，即

$$\varepsilon_r + \varepsilon_\theta + \varepsilon_z = \frac{1 - 2v_c}{E_c} (\sigma_r + \sigma_\theta + \sigma_z) = \frac{(1 - 2v_c)(1 + v_c)}{E_c} (\sigma_r + \sigma_\theta) \tag{14}$$

由式（3a）~式（3c）可以得到塑性区域的位移

$$u_{rcp} = \frac{(1 - 2v_c)(1 + v_c)}{E_c} \left(-q_c r + \sigma_s \left(\frac{r}{2} \frac{r_e^2}{r_c^2} + r\ln \frac{r}{r_e} - \frac{r}{2} \right) \right) + \frac{1 - v_c^2}{E_c} \frac{\sigma_s r_e^2}{r} \tag{15}$$

集流器弹性区和塑性区界面的径向应力为 q_e，则

$$q_e = q_b - \sigma_s \ln \frac{r_e}{r_b} \tag{16}$$

集流器弹性区和内外活性层（假设为脆性材料）的应力和位移解类似于纯弹性情景，并利用应力边界条件 $\sigma_r|_{r=r_a} = 0$ 和 $\sigma_r|_{r=r_d} = 0$ 以及界面条件 $\sigma_r|_{r=r_b} = -q_b$、$\sigma_r|_{r=r_e} = -q_e$、$\sigma_r|_{r=r_c} = -q_c$ 求得。集流器弹性区域的位移与应力为

$$u_{rce} = \frac{1 + v_c}{E_c} \left[(1 - 2v_c) \frac{r_e^2 q_e - r_c^2 q_c}{r_c^2 - r_e^2} \cdot r - \frac{r_e^2 r_c^2}{r_c^2 - r_e^2} (q_c - q_e) \cdot \frac{1}{r} \right] \tag{17a}$$

$$\sigma_{rce} = \frac{r_e^2 r_c^2}{r_c^2 - r_e^2} \frac{1}{r^2} (q_c - q_e) + \frac{r_e^2 q_e - r_c^2 q_c}{r_c^2 - r_e^2} \tag{17b}$$

$$\sigma_{\theta ce} = -\frac{r_e^2 r_c^2}{r_c^2 - r_e^2} \frac{1}{r^2} (q_c - q_e) + \frac{r_e^2 q_e - r_c^2 q_c}{r_c^2 - r_e^2} \tag{17c}$$

218

$$\sigma_{zce} = v_c \cdot (\sigma_{rce} + \sigma_{\theta ce}) \tag{17d}$$

弹塑性界面可由屈服条件求得，即

$$2 \frac{r_c^2 r_b^2}{r_c^2 - r_b^2} \frac{q_e - q_c}{r_e^2} = \sigma_s \tag{18}$$

内外活性层的位移和应力仍然可用式（7a）～式（7d）和式（8a）～式（8d）的解析结果。待定的界面应力 q_b 和 q_c 可根据 $r = r_b$ 和 $r = r_c$ 的位移连续性确定，即 $u_{r1}\big|_{r=r_b} = u_{rc}\big|_{r=r_b}$ 和 $u_{r2}\big|_{r=r_c} = u_{rc}\big|_{r=r_c}$，由此可得

$$q_b = \frac{h_1 \int_{r_a}^{r_b} Cr\,\mathrm{d}r - h_2 - h_3 \cdot h_7}{1 - h_3} \tag{19a}$$

$$q_c = \frac{h_4 \int_{r_c}^{r_d} Cr\,\mathrm{d}r - h_5}{1 - h_6} \tag{19b}$$

其中

$$h_1 = \frac{\Omega E}{3} \frac{2}{(1 - 2\nu) r_b^2 + r_a^2} \tag{19c}$$

$$h_2 = \frac{(1 + \nu_c)}{E_c} \sigma_s r_e^2 \left[(1 - 2\nu_c) \left(\frac{1}{2} \frac{r_b^2}{r_c^2} + \frac{r_b^2}{r_e^2} \ln \frac{r_b}{r_e} - \frac{1}{2} \frac{r_b^2}{r_e^2} \right) + (1 - \nu_c) \right]$$

$$\cdot \frac{E}{1 + \nu} \frac{r_b^2 - r_a^2}{(1 - 2\nu) r_b^2 + r_a^2} \frac{1}{r_b^2} \tag{19d}$$

$$h_3 = \frac{(1 - 2\nu_c)(1 + \nu_c)}{E_c} r_b^2 \frac{E}{1 + \nu} \frac{r_b^2 - r_a^2}{(1 - 2\nu) r_b^2 + r_a^2} \frac{1}{r_b^2} \tag{19e}$$

$$h_4 = -\frac{\Omega E}{3} \frac{2}{(1 - 2\nu) r_c^2 + r_d^2} \tag{19f}$$

$$h_5 = \left\{ \frac{(1 + \nu_c)}{E_c} (1 - \nu_c) \sigma_s r_e^2 \right\} \cdot \frac{E}{1 + \nu} \frac{r_c^2 - r_d^2}{(1 - 2\nu) r_c^2 + r_d^2} \frac{1}{r_c^2} \tag{19g}$$

$$h_6 = \frac{(1 - 2\nu_c)(1 + \nu_c)}{E_c} r_c^2 \frac{E}{1 + \nu} \frac{r_c^2 - r_d^2}{(1 - 2\nu) r_c^2 + r_d^2} \frac{1}{r_c^2} \tag{19h}$$

$$h_7 = \sigma_s \ln \frac{r_e}{r_b} + \frac{1}{2} \sigma_s \left(1 - \frac{r_e^2}{r_c^2} \right) \tag{19i}$$

1.4　完全塑性阶段电极的应力演化

完全塑性阶段是指集流器上所有位置均发生屈服的阶段。应力边界条件为 $\sigma_r \big|_{r=r_a} = 0$、$\sigma_r \big|_{r=r_b} = -q_b$、$\sigma_r \big|_{r=r_c} = -q_c$ 和 $\sigma_r \big|_{r=r_d} = 0$，内外活性层解析结果依旧可以采用式（7a）～式（7d）和式（8a）～式（8d）。集流器的位移与应力的求解过程类似于弹塑性共存阶段的塑性区域求解过程：

$$u_{rc} = \frac{(1 - 2\nu_c)(1 + \nu_c)}{E_c} \left(-q_b + \sigma_s \ln \frac{r}{r_b} \right) r + \frac{X}{r} \tag{20a}$$

$$\sigma_{rc} = -q_b + \sigma_s \ln \frac{r}{r_b} \tag{20b}$$

$$\sigma_{\theta c} = -q_b + \sigma_s \ln \frac{r}{r_b} + \sigma_s \tag{20c}$$

$$\sigma_{zc} = v_c \cdot (\sigma_{rc} + \sigma_{\theta c}) \tag{20d}$$

其中 X、q_b 和 q_c 可根据 $r = r_b$ 和 $r = r_c$ 上位移连续性以及屈服条件确定，由此可得

$$q_b = \frac{s_1}{1-s_2} \int_{r_a}^{r_b} Cr dr - \frac{s_3}{1-s_2} X \tag{21a}$$

$$q_c = -\frac{s_5}{1-s_6} \int_{r_c}^{r_d} Cr dr - \frac{s_7}{1-s_6} X \tag{21b}$$

$$X = \frac{(1-s_6)s_1 \int_{r_a}^{r_b} Cr dr + (1-s_2)s_5 \int_{r_c}^{r_d} Cr dr - (1-s_6)(s_4 + s_8)}{(1-s_6)s_3 - (1-s_2)s_7} \tag{21c}$$

其中

$$s_1 = \frac{2}{((1-2\nu)r_b^2 + r_a^2)} \frac{\Omega E}{3} \tag{22a}$$

$$s_2 = \frac{1+\nu_c}{1+\nu} \frac{E}{E_c} (1-2\nu_c) \frac{r_b^2 - r_a^2}{(1-2\nu)r_b^2 + r_a^2} \tag{22b}$$

$$s_3 = \frac{E}{1+\nu} \frac{r_b^2 - r_a^2}{(1-2\nu)r_b^2 + r_a^2} \frac{1}{r_b^2} \tag{22c}$$

$$s_4 = \frac{1+\nu_c}{1+\nu} \frac{E}{E_c} (1-2\nu_c) \frac{r_b^2 - r_a^2}{(1-2\nu)r_b^2 + r_a^2} \cdot \sigma_s \ln \left(\frac{r_c}{r_b} \right)^{-1} = -s_2 \cdot s_8 \tag{22d}$$

$$s_5 = \frac{2}{((1-2\nu)r_c^2 + r_d^2)} \frac{\Omega E}{3} \tag{22e}$$

$$s_6 = \frac{1+\nu_c}{1+\nu} \frac{E}{E_c} (1-2\nu_c) \frac{r_c^2 - r_d^2}{(1-2\nu)r_c^2 + r_d^2} \tag{22f}$$

$$s_7 = \frac{E}{1+\nu} \frac{r_c^2 - r_d^2}{((1-2\nu)r_c^2 + r_d^2)} \frac{1}{r_c^2} \tag{22g}$$

$$s_8 = \sigma_s \ln \frac{r_c}{r_b} = q_b - q_c \tag{22h}$$

我们已经推导得到了在嵌锂过程中集流器和活性层内的应力解析表达式，通过锂离子浓度 C 在给定充电状态的分布规律，可以计算应力分布。

2 结果与讨论

为简化分析，采用均匀锂浓度进行计算，这对应缓慢的嵌锂过程或者充电完成后放置较长时间后平衡状态。集流器厚度采用 $200\mu m$，杨氏模量为 $120GPa$，屈服应力为 $300MPa$，活性层厚度为 $400\mu m$。图 3 给出了无量纲应力 $\bar{\sigma} = \frac{3\sigma}{E\Omega C_{max}}$ 沿电极厚度的分布规律，三个变形阶段对应的充电状态 $\bar{Q}$ 为 0.5、0.68 和 0.8。从图 3 可以发现，环向应

力与轴向应力为拉应力，径向应力在集流器内侧为压应力，在集流器外侧为拉应力。无论集流器变形处于哪个阶段，环向应力最大，径向应力最小，所以对集流器力学性能影响最大的是环向应力。

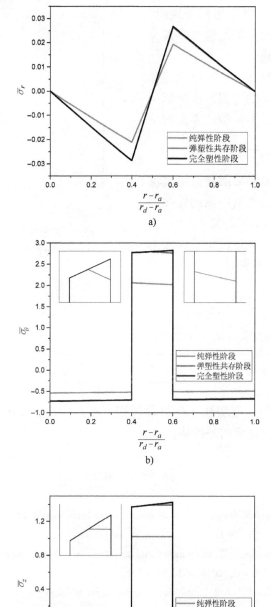

图3　圆柱形电极无量纲应力沿厚度分布

a）径向应力　b）环向应力　c）轴向应力

如图 3b 所示，当集流器处于纯弹性阶段时，环向应力由内侧到外侧呈减小趋势，最大环向应力在集流器内侧。当集流器处于弹塑性共存阶段时，环向应力由内侧到外侧呈先增后减趋势，峰值所在位置是弹塑性分界面，界面内侧是塑形区域，外侧为弹性区域。当集流器处于完全塑形阶段时，环向应力由内侧到外侧呈增加趋势，最大环向应力在集流器外侧。

图 4 展示了弹塑性共存阶段集流器弹塑性界面随嵌锂而运动的过程，横坐标为充电状态 SOC，纵坐标为弹塑性界面的位置 $R_e = \dfrac{r - r_b}{r_c - r_b}$，0 代表内侧，1 代表外侧。由图 4 可知，弹塑性分界面随着充电过程由内侧向外侧移动，而且从内侧到外侧的推移在很小的 SOC 区间内完成（0.673 ～ 0.688），这就说明在充电过程中圆柱形电极集流器弹塑性共存阶段是一个短暂的过程。

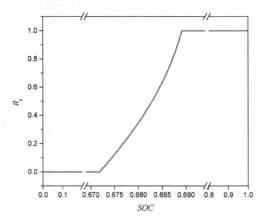

图 4　弹塑性共存阶段中弹塑性
分界面推移过程

3　结论

本工作以圆柱形锂离子电池电极为研究对象，在考虑集流器塑性形变的情况下，研究了锂离子电池的扩散诱导应力。对于单次充电过程，可将集流器的应力演化分为三个阶段：纯弹性阶段、弹塑性共存阶段和完全塑性阶段，集流器的环向应力最大，塑性屈服从内侧开始并逐渐向外推移。

参 考 文 献

[1] Tarascon J M, Armand M. Issues and chall enges facing rechargeable lithium batteries [J]. Nature, 2001, 414 (6861): 359 - 367.

[2] Mukhopadhyay A, Sheldon B W. Deformation and stress in electrode materials for Li - ion batteries [J]. Progress in Materials Science, 2014, 63: 58 - 116.

[3] Zhao K, Pharr M, Cai S, et al. Large Plastic Deformation in High - Capacity Lithium - Ion Batteries Caused by Charge and Discharge [J]. Journal of the American Ceramic Society, 2011, 94 (s1): s226 - s235.

[4] Ji X, Lee K T, Nazar L F. A highly ordered nanostructured carbon - sulphur cathode for lithium - sulphur batteries [J]. Nature Materials, 2009, 8: 500.

[5] Dresselhaus M S, Thomas I L. Alternative energy technologies [J]. Nature, 2001, 414 (6861): 332 - 337.

[6] Zhu J, Feng J, Guo Z. Mechanical properties of commercial copper current - collector foils [J]. RSC Advances, 2014, 4 (101): 57671 - 57678.

[7] Haftbaradaran H, Song J, Curtin W A, et al. Continuum and atomistic models of strongly coupled diffusion, stress, and solute concentration [J]. Journal of Power Sources, 2011, 196 (1): 361 –370.

[8] Lu B, Song Y, Guo Z, et al. Modeling of progressive delamination in a thin film driven by diffusion – induced stresses [J]. International Journal of Solids and Structures, 2013, 50 (14): 2495 –2507.

[9] Lu B, Song Y, Zhang J. Time to delamination onset and critical size of patterned thin film electrodes of lithium ion batteries [J]. Journal of Power Sources, 2015, 289: 168 –183.

[10] Christensen J, Newman J. Stress generation and fracture in lithium insertion materials [J]. Journal of Solid State Electrochemistry, 2006, 10 (5): 293 –319.

[11] Shadow Huang H Y, Wang Y X. Dislocation Based Stress Developments in Lithium – Ion Batteries [J]. Journal of The Electrochemical Society, 2012, 159 (6): A815 – A821.

[12] Cui Z, Gao F, Qu J. Interface – reaction controlled diffusion in binary solids with applications to lithiation of silicon in lithium – ion batteries [J]. Journal of the Mechanics and Physics of Solids, 2013, 61 (2): 293 –310.

[13] Xiao X, Liu P, Verbrugge M W, et al. Improved cycling stability of silicon thin film electrodes through patterning for high energy density lithium batteries [J]. Journal of Power Sources, 2011, 196 (3): 1409 –1416.

[14] Zhao K, Pharr M, Vlassak J J, et al. Inelastic hosts as electrodes for high – capacity lithium – ion batteries [J]. Journal of Applied Physics, 2011, 109 (1): 016110.

[15] Song Y, Li Z, Zhang J. Reducing diffusion induced stress in planar electrodes by plastic shakedown and cyclic plasticity of current collector [J]. Journal of Power Sources, 2014, 263: 22 –28.

[16] Yu C, Li X, Ma T, et al. Silicon Thin Films as Anodes for High – Performance Lithium – Ion Batteries with Effective Stress Relaxation [J]. Advanced Energy Materials, 2012, 2 (1): 68 –73.

[17] Song Y, Lu B, Ji X, et al. Diffusion Induced Stresses in Cylindrical Lithium – Ion Batteries: Analytical Solutions and Design Insights [J]. Journal of The Electrochemical Society, 2012, 159 (12): A2060 – A2068.

热障涂层铁弹性增韧机制的表征与调控

周益春

（湘潭大学材料科学与工程学院，湘潭 411105）

摘要：热障涂层作为航空发动机涡轮叶片三大防护技术的重要组成，让高温合金基底不受高温"烤"验。作为热障涂层目前应用最为成功的材料，YSZ 由于铁弹性增韧效应具有极佳的热学和力学性能，使得它能够满足热障涂层苛刻的服役环境。本文介结和评述了近年来我们针对 YSZ 热障涂层的铁弹性转变机制、铁弹畴翻转的影响因素以及铁弹畴增韧的最优参数配比等一些初步的工作，并对未来的研究进行了展望。

关键词：热障涂层；铁弹性；铁弹增韧；相场法

引言

热障涂层作为航空发动机涡轮叶片不可或缺的"消防衣"，起到保护合金基底不受高温热冲击，降低基底温度的作用，如图 1 所示[1]。目前应用最为成功的热障涂层材料是成分为 6 – 8wt% Y_2O_3 – ZrO_2（YSZ）的氧化钇稳定的氧化锆。尽管关于热障涂层新材料的研究从未间断，但到目前为止还没有一种新材料能完全替代 YSZ 作为热障涂层进行实际应用。由于热障涂层承受着高温热冲击、熔融物腐蚀，以及颗粒冲蚀等多种载荷作用，这就要求热障涂层要有优异的力学性能来抵抗外载，阻止涂层剥落[2]。YSZ 在众多陶瓷材料中能够脱颖而出成为为数不多的热障涂层材料绝非偶然，这主要是由于其具有其他陶瓷材料难以匹敌的高断裂韧性[3]，而研究表明热障涂层的失效机理与其断裂韧性密切相关[4]。公开资料显示 8YSZ 中存在一种称为铁弹畴的微结构，这种微结构在外力作用下会导致铁弹畴发生翻转，引起宏观应力 – 应变迟滞，进而消耗机械能提高陶瓷的断裂韧性，这一过程从力学角度看类似金属材料中位错滑移提高金属材料的延展性，二者具有异曲同工之处[5]。不同的是 8YSZ 中的铁弹畴翻转受温度影响较小，在高温条件下 8YSZ 仍具有较强的铁弹性，是不可多得的能够在高温条件下存在的陶瓷增韧机制。这对于在高温热环境下服役的热障涂层材料来说至关重要。

铁弹性材料最早是由 Aizu 在 1969 年基于相变定义的[6]。随后，人们对不同材料的铁弹性行为进行了广泛的研究。一个材料如果存在两个或两个以上的取向状态，具有不同取向态的区域称为畴，不同畴之间形成畴壁，同时在外力作用下不同取向的畴

基金项目：国家自然科学基金资助项目（11890684，51590891，51672233）。

作者简介：周益春（1963—），男，湖南衡阳人，博士，教授。

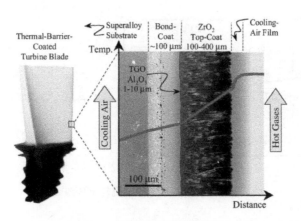

图1 热障涂层结构示意图

之间可相互转变，则称这种材料为铁弹性材料。1983 年，Michel 发现 YSZ 的立方 – 四方位移型相变符合 Aizu 关于铁弹相变的定义，故确定了 YSZ 的位移型四方相为铁弹相[7]。YSZ 的铁弹性增韧是基于其四方铁弹畴在外载作用下经过铁弹性翻转实现的。当裂纹尖端两侧的拉应力达到一个临界值时，正交于裂纹表面的四方单胞的 c 轴将发生翻转变成 a 轴，即发生了铁弹性翻转[8]，如图 2a 所示。这一过程引起应力 – 应变滞后，迟滞回路内的面积即为铁弹畴翻转过程所耗散的机械能，如图 2b 所示。这一过程不同于应力诱发氧化锆陶瓷的马氏体相变，在这一过程中并没有发生晶体结构的变化，只是不同取向畴之间的相互翻转[9]。同时铁弹性变形在变形前后并不引起体积的改变，这对于高刚度的陶瓷材料来说非常重要。为充分利用 YSZ 的铁弹性设计热障涂层结构，有效表征 YSZ 的铁弹性增韧机制是实现这一目标的前提基础。

　　针对氧化锆基陶瓷的铁弹性表征最早于 1986 年由盐湖城大学的 Virkar 教授对氧化柿稳定的四方氧化锆（Ce – TZP）研磨前后的表面进行 XRD 表征，观察到研磨后 Ce – TZP 表面的（200）峰值强度增大，与此同时（002）峰值强度降低。XRD（200）/（002）峰强比例的转变被认为是由研磨表面时施加的压应力引起 Ce – TZP 中铁弹畴翻转所导致的，进而证实氧化柿稳定的四方氧化锆具有铁弹性[5]。Virkar 教授进一步提出这种畴翻转可以提供一种能量吸收机制进而提高陶瓷的断裂韧性。随后，Prettyman 以相同的实验策略间接证实了氧化钇稳定四方氧化锆的铁弹性[10]。Clarke 于 2007 年提出铁弹畴形核机制是导致 YSZ 陶瓷断裂韧性提高的根本原因[4]。最近关于铁弹性增韧的研究文章多以氧化锆基陶瓷来提高复合陶瓷的断裂韧性，如 2017 年国防科大王衍飞在 $La_2Zr_2O_7$ 中添加 YSZ 铁弹相进而通过其铁弹性增韧效应提高复合陶瓷韧性[11]。虽然关于 YSZ 铁弹性表征的工作已有较多报道，但大多针对的是具有杂质和较多孔隙的块体样品，这些缺陷对铁弹性的表征产生明显的干扰。获得高质量的致密单晶样品是有效表征 YSZ 铁弹性的先决条件。同时为了优化涂层结构得到强韧的涂层体系，基于铁弹性的韧性调控是成功的关键。

　　目前针对 YSZ 铁弹性的韧性调控通常采用实验上添加可以提高单胞四方度的材料进而提高铁弹性自发应变；或是采用基于相变增韧的理论解析分析铁弹畴翻转带来的增韧效应。如 Levi 等人通过在 YSZ 中添加 TiO_2 增加了单胞四方度，进而提高了铁弹畴

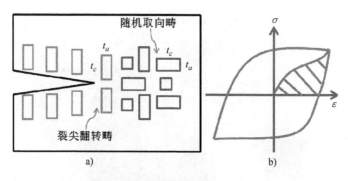

图2 裂纹尖端铁弹畴翻转示意图

翻转应变，最终提高陶瓷的断裂韧性[12]。Neumeister 在一单晶稳态裂纹尖端模拟了铁弹畴翻转行为，考虑翻转应力对畴演化的影响，随后又研究了翻转应力对断裂增韧的作用[13,14]。杨卫院士基于最小能量原理从理论上提出了翻转畴体积分数的演化定律，并研究了铁弹畴翻转的非均质性引起的增韧效应[15]。对铁弹性增韧分析的实验多针对具有孔隙、夹杂等缺陷的块体样品，而上述缺陷对铁弹性的分析以及增韧效应会产生无法消除的干扰。对于铁弹性增韧效应的实验研究，致密的单晶样品是关键。目前对于铁弹性增韧效应的理论工作多基于解析理论分析铁弹畴翻转的增韧效应。对于这一增韧过程中铁弹畴的演化并没有同时进行考虑，而正是由于畴结构的翻转导致了韧性的提高，故将相场理论与解析理论结合进行铁弹畴演化以及增韧效应是解决这一问题的有效途径。

针对目前关于 YSZ 热障涂层铁弹性表征受杂质缺陷等干扰，铁弹性增韧调控不具体的现状，本文首先通过脉冲激光沉积技术得到高质量的致密单晶 YSZ 热障涂层，随后采用压痕实验、原子力显微镜、透射电子显微镜等手段表征了 YSZ 的铁弹畴翻转现象，排除了杂质缺陷的干扰，从纳米尺度证实了 YSZ 的铁弹性。其次通过唯象理论从理论上证实铁弹畴翻转的可能性，并确定了铁弹畴翻转的临界条件以及影响铁弹畴翻转的主要材料参数，最后通过理论计算优化得到韧性最优的参数条件。以上工作分别从实验 – 理论的角度对铁弹性的增韧效应以及如何进行调控获得最优增韧效应的热障涂层进行了细致研究，为未来设计具有更高服役温度的强韧性热障涂层结构奠定了基础。具体请参考我们的相关工作[16 – 18]。

1　热障涂层铁弹翻转机制实验表征

虽然 YSZ 陶瓷铁弹性的研究已经有很多，但目前人们对陶瓷铁弹性的极化机理的认识还不够深入。对于 YSZ 涂层以及纳米尺度薄膜结构中是否存在铁弹性目前仍没有观察到令人信服的实验证据。本节通过脉冲激光沉积技术制备致密的、高质量的单晶外延 YSZ 薄膜以排除杂质以及缺陷等对铁弹性表征的干扰。结合多种实验手段得到单晶体 YSZ 纳米薄膜中铁弹畴翻转的直接微观结构证据。

1.1 外延单晶 YSZ 薄膜的制备

以（100）SrTiO$_3$ 作为基底，利用脉冲激光沉积系统（PVD – 500）制备外延单晶 YSZ 薄膜，YSZ 的靶材组分为 7wt% Y$_2$O$_3$ – 93 wt% ZrO$_2$，以 350mJ pulse – 1 和 10Hz 的脉冲重复频率生长 YSZ 薄膜。薄膜生长时基底温度保持为 650℃，氧压设定为 10mtorr。薄膜生长时间设为 30min，随后以 20℃/min 的速率降至室温取出样品。

1.2 YSZ 薄膜结构表征

图 3a 为 10mtorr 氧压下（100）STO 基底上 YSZ 薄膜的面外 XRD 图谱，由 XRD 峰位知 YSZ 薄膜为四方相，无其他杂峰表明薄膜为单相结构。图 3b 展示了不同取向畴结构对应的 XRD 衍射晶面，其中（002）YSZ 对应 c 取向畴，为排除其他取向对铁弹性分析的干扰，本文针对（002）取向的单畴样品进行研究。薄膜的表面粗糙度由原子力显微镜获得，因此通过脉冲激光沉积技术在 10mtorr 氧压下能够得到单晶外延 c 取向畴结构。

1.3 YSZ 薄膜的铁弹性表征

对得到的单一 c 取向畴的 YSZ 薄膜进行纳米压痕实验分析薄膜的铁弹性变形行为。由前面的原子力显微镜结果可知薄膜表面致密无大颗粒杂质，消除了孔隙和杂质对铁弹性表征的干扰。使用 Berkovich 压头（Hysitron Ti 950）分别以两种不同的载荷（1.5mN 和 4mN）对 YSZ 薄膜进行纳米压痕实验，以表征 YSZ 薄膜的变形机理。如图 4 所示，无论在哪种载荷作用下，YSZ 薄膜的力 – 位移曲线中都可以发现典型的位移突进现象[19]。分析这两种载荷的力 – 位移曲线，可以发现首次出现位移突进时所对应的载荷和压痕深度几乎相同，分别对应于 1.1mN 和 30nm 附近。这一载荷可能对应于激发 YSZ 薄膜开始非弹性变形的临界载荷。随着载荷的增加，在不同的载荷处会出现多个位移突进。由力 – 位移曲线知 4mN 载荷对应的残余塑性变形和耗散塑性功明显大于 1.5mN 的。这表明 YSZ 薄膜在较大载荷下引起对应于非弹性变形的多个位移突进，导致薄膜产生更多的非弹性变形。

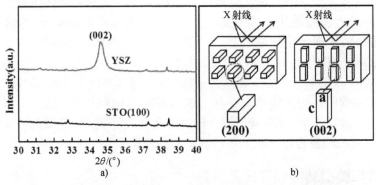

图 3   a）10mtorr 氧压下生长的 YSZ 薄膜的 θ – 2θ 扫描图
b）对应于 YSZ 膜中不同取向变化结构的 XRD 衍射晶面示意图

位移突进现象通常对应于材料的非弹性变形，如金属材料的错位滑移，陶瓷材料的相变和开裂等[20-22]。上述所有机制都可能导致位移突进现象。对于具有较少滑移系的陶瓷材料来说，在较大的载荷作用下位移突进通常对应于陶瓷材料的脆性开裂[23]。但在本实验中使用的低载荷下，原位表面形态观察结果没有发现压坑，更没有发现裂纹。因此，排除了由于薄膜开裂引起力－位移曲线中的位移突进现象。对于氧化物陶瓷材料，除开裂会引起位移突进外，相变和畴变也可能导致位移突进[24]。然而，在该实验中，通过脉冲激光沉积的非平衡生长过程获得了亚稳态的四方 t' 铁弹相。铁弹性 t' 相由于其较高的钇含量而可以保持相结构稳定，从而可以稳定 YSZ 四方结构而不发生相变，故也有学者称其为不可转变相[3]。其次，由力－位移曲线知位移突进前后的力－位移曲线的斜率变化很小，表明在最大载荷为 4mN 的压应力作用下，YSZ 薄膜没有发生相变[25]。

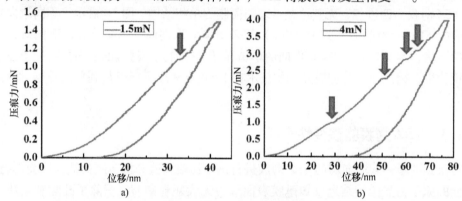

图4 a）170nm 厚的 c 取向 YSZ 薄膜在 1.5mN 下的纳米压痕力－位移曲线
b）170nm 厚的 c 取向 YSZ 薄膜在 4mN 下的纳米压痕力－位移曲线

为了进一步分析引起位移突进现象的非弹性变形机理，对薄膜进行 2kg 载荷下的维氏压痕测试，以便产生明显的压坑和裂纹，通过分析压痕的形态揭示 YSZ 薄膜的非弹性变形机理。从图 5a 可以看出，YSZ 薄膜在 2kg 的载荷下产生了明显的裂纹，同时在以红色椭圆形标记的裂纹尖端处发现了 90° 的孪晶畴结构。采用原子力显微镜进一步观察 90° 孪晶畴结构区发现无论是进行 90°

图5 a）维氏压痕区域的偏光显微镜图像，
b）和 c）分别为 90° 和 0° 扫描的
原子力显微镜图像

扫描还是 0° 扫描，90° 孪晶畴都清晰可见，如图 5b、c 所示，畴的尺寸约为 3μm。由于本实验中在 10mtorr 的氧气压力下得到的是具有单一 c 取向畴的 YSZ 薄膜，因此可以推断，由于裂纹尖端的高应力集中，一些 c 取向的畴结构翻转成为另一取向的畴结构，在薄膜表面裂纹处形成 90° 孪晶畴结构。该过程吸收了用于扩展裂纹的应变能，从而可以改善 YSZ 薄膜的断裂韧性，即 YSZ 薄膜具有铁弹性。

1.4 铁弹畴翻转的原子尺度证据

为进一步在原子尺度识别裂纹尖端应力引起的 YSZ 薄膜铁弹畴翻转并确认 YSZ 薄膜

c 取向畴铁弹变形机制，对薄膜 90°孪晶畴区进行聚焦离子束处理（FIB），提取切片进行 TEM 分析，图 6a 所示为 FIB 提取样品位置。由图 6b 的 TEM 明场图像可知，YSZ 样品孪晶畴区的横截面上存在贯穿整个薄膜的莫尔条纹。莫尔条纹约 20nm 宽，与 STO 基板表面成约 70°角。随后在 TEM 样品的位置同样发现了各种尺寸不一的莫尔条纹。这些莫尔条纹与基板表面所成的角度几乎相同，表明它们是由相同的剪切变形机制所引起的。为了更详细地观察莫尔条纹的结构并分析引起莫尔条纹的变形机理，对莫尔条纹区进行了 STEM 观察。图 7b 为对图 7a 中 TEM 明场下莫尔条纹区进行的 STEM 结果。通过实验观察发现，原始样品的原子规则排列为平面外 c 取向畴，而莫尔条纹区域很明显对应于另一取向畴结构。Kim 用高分辨率透射电子显微镜在壳熔法制备的 3.2YSZ 中同样观察到了这种取向畴结构[26]。因此，通过结合 TEM 和 STEM 结果可以确认裂纹尖端应力导致一些原始的面外取向畴翻转形成了另一个取向畴结构。两种不同取向所畴结构在 YSZ 薄膜的表面上形成了 90°孪晶畴结构。为了更好地理解 YSZ 薄膜铁弹畴的翻转机理，图 8 所示为纳米压痕载荷下铁弹性 c 取向 YSZ 薄膜的畴翻转示意图。

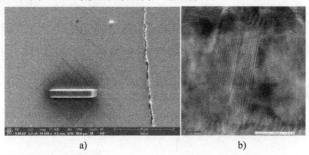

a)　　　　　　　　　　　b)

图 6　a）FIB 提取样品位置　b）c 取向 YSZ 薄膜的 90°孪晶畴区域的 TEM 明场图

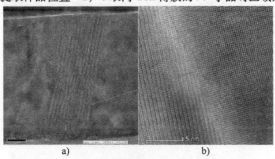

a)　　　　　　　　　　　b)

图 7　a）莫尔条纹结构的 TEM 图像　b）莫尔条纹结构的 STEM 图像

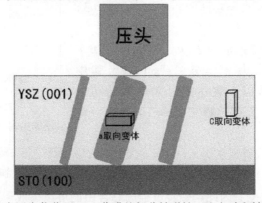

图 8　纳米压痕载荷下 YSZ 薄膜的部分铁弹性 c 取向畴翻转的示意图

2 热障涂层铁弹增韧机制的唯象理论分析

唯象理论能够解释实验现象，分析物理现象背后的机理，得到影响物理过程的关键参数，是三大科学研究方法之一。目前暂无关于热障涂层铁弹增韧理论模型的报道，对于裂尖处铁弹畴翻转对韧性的贡献、增韧机制、影响铁弹增韧机制的因素等关键科学问题有待解决。本文针对 YSZ 热障涂层的铁弹四方相构建基于变形孪晶的相场模型（PF–DT），推导得到形核应力的表达式以及断裂引起的孪晶应力。通过相场模拟与理论模型分析铁弹畴在裂纹尖端的演化，得到由铁弹性圆柱体引起的裂纹尖端处应力强度因子 SIF 的变化，获得影响铁弹增韧的关键材料参数，最终得到铁弹陶瓷最好的增韧"配方"。

2.1 铁弹畴翻转的相场模型

PF–DT 可以推广来研究铁弹性迟滞行为和多畴演化现象。这里我们使用该模型研究裂纹尖端附近单相结构的成核行为。简单描述如下：定义 $\Omega \subset \mathbb{R}^3$ 为物质的参考构型，$\boldsymbol{x} \in \Omega$ 为物质中一材料点，序参数用以区分翻转畴（这里称为铁弹性孪晶）和原始畴结构。畴之间的界面代表铁弹性畴壁，如下所示：

$$\eta(\boldsymbol{x}, \bullet) = \begin{cases} 0 & x \in 母畴 \\ (0,1) & x \in 畴壁 \\ 1 & x \in 翻转畴 \end{cases} \tag{1}$$

原始四方晶的 c 轴平行于裂纹表面。翻转畴的 c 轴垂直于裂纹表面，如图 9 所示。基于自发应变 ε_s，母畴/翻转畴具有自发应变张量 $\boldsymbol{\varepsilon}^{\mathrm{S},\parallel} / \boldsymbol{\varepsilon}^{\mathrm{S},\perp}$ [14]。前者被定义为相对于具有相同体积的虚构立方晶胞 c 轴的伸长率 $\varepsilon_\mathrm{s} = (c - a_0)/a_0$，其中 $a_0 = \sqrt[3]{a^2 c}$ [27]。

$$\boldsymbol{\varepsilon}^{\mathrm{S},\parallel} = \varepsilon_\mathrm{s} \begin{bmatrix} 1 & & \\ & -0.5 & \\ & & -0.5 \end{bmatrix}, \boldsymbol{\varepsilon}^{\mathrm{S},\perp} = \varepsilon_\mathrm{s} \begin{bmatrix} -0.5 & & \\ & 1 & \\ & & -0.5 \end{bmatrix} \tag{2}$$

基于孪晶平均应变 $\varepsilon_0 = 1.5\varepsilon_\mathrm{s}$，翻转畴具有无应力的孪晶应变张量 $\boldsymbol{\varepsilon}^\mathrm{p}$：

$$\boldsymbol{\varepsilon}^\mathrm{p} = \boldsymbol{\varepsilon}^{\mathrm{S},\perp} - \boldsymbol{\varepsilon}^{\mathrm{S},\parallel} = \varepsilon_0 \begin{bmatrix} -1 & & \\ & 1 & \\ & & 0 \end{bmatrix} \tag{3}$$

在相场模型中，总应变张量为 $\boldsymbol{\varepsilon}(\boldsymbol{u}) = \nabla_\mathrm{s} \boldsymbol{u} = [\nabla \boldsymbol{u} + \nabla^\mathrm{T} \boldsymbol{u}]/2$，弹性应变张为 $\boldsymbol{\varepsilon}^\mathrm{e} = \boldsymbol{\varepsilon} - \boldsymbol{\varepsilon}^\mathrm{p} \varphi(\eta)$，其中 $\varphi(\eta) = 3\eta^2 - 2\eta^3$。从以上表达式可知在原始畴中（$\eta = 0$）无外部应变，而翻转畴中（$\eta = 1$）存在一偏应变。

畴壁的弹性模量张量定义为 $\boldsymbol{C}(\eta) = \boldsymbol{C}(0) + \Delta \boldsymbol{C} \varphi$ (η)，其中 $\Delta \boldsymbol{C} = \boldsymbol{C}(1) - \boldsymbol{C}(0)$ 是原始畴模量 $\boldsymbol{C}$（0）与翻转畴模量 $\boldsymbol{C}(1)$ 之差。因此，翻转过程的总自由能可以写成

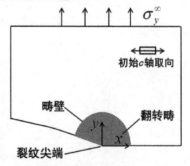

图 9　裂尖畴的示意图，I 型裂纹中畴的 c 轴方向和施加的载荷

$$\mathbf{F} = \int_{\Omega} \left[\psi_e(\boldsymbol{e}, \eta) + f_0(\eta) + \kappa \left| \nabla \eta \right|^2 \right] \mathrm{d}\Omega \tag{4}$$

其中，$\psi_e(\boldsymbol{e}, \eta) = \boldsymbol{e} : C(\eta) : \boldsymbol{e}/2$ 是弹性应变能，后两项为各向同性的畴壁界面能，其中 $f_0(\eta) = A\eta^2 (1-\eta)^2$ 为经典的双势井势，A 和 κ 分别为与畴壁能 $\gamma_s = \sqrt{\kappa A}/3$ 和厚度 $l_0 \approx 4\sqrt{\kappa/A}$ 相关的参数。推导自由能 $\mathbf{F}$ 的变分可以得到以下控制方程

$$\begin{cases} \nabla \cdot \boldsymbol{\sigma} = 0 \\ \dot{\eta} = -L \{ \partial f_0 / \partial \eta - 2\kappa \nabla^2 \eta + (\boldsymbol{e} : \Delta C : \boldsymbol{e}/2 - \boldsymbol{\sigma} : \boldsymbol{\varepsilon}^p) \partial \varphi / \partial \eta \} \end{cases} \tag{5}$$

其中 L 为动力学参数，式（5）中的第一式为应力平衡方程，式（5）中的第二式为与时间相关的金兹堡 – 朗道方程。

2.2 各向同性固体中铁弹畴的形核应力

考虑一横截面为椭圆的圆柱形铁弹孪晶，半轴长分别为 a_1 和 a_2，孪晶的横截面积为 $A_T = \pi a_1 a_2$，孪晶的横纵比为 $\beta = a_2/a_1 \leqslant 1$。形成单位长度孪晶胚芽引起的总吉布斯自由能变化为

$$\Delta G = \Delta \overline{W} + \Phi_s \tag{6}$$

其中，$\Phi_s = 4\gamma_s \sqrt{A_T/\pi\beta} E(k, \pi/2)$ 为孪晶单位长度表面能，其中 $E(k, \pi/2)$ 为 $k = 1 - \beta^2$ 时的完全椭圆积分。首先我们忽略了非均匀性效应，认为原始畴和翻转畴是各向同性的，具有相同的弹性常数。弹性势能的变化是

$$\Delta \overline{W} = A_T Sw(\beta) - \boldsymbol{\sigma}^\infty : \boldsymbol{\varepsilon}^p A_T \tag{7}$$

其中，$S = \mu\varepsilon_0^2/(2-2v)$，$w(\beta) = 3 - (\beta^2 + 6\beta + 1)/(1+\beta)^2$ 可通过 Eshelby 夹杂理论推导获得[28]。对于给定的远场应力，孪晶形核的临界纵横比和临界尺寸由以下公式确定：

$$\frac{\partial \Delta G}{\partial \beta} = 0, \qquad \frac{\partial \Delta G}{\partial A_T} = 0 \tag{8}$$

当施加应力的为 σ_y^∞ 时，方程（8）可以表示为

$$\frac{\sigma_y^\infty \varepsilon_0}{S} = w(\beta) + \frac{\beta w'(\beta) E}{E - 2\beta \partial E/\partial \beta} \tag{9}$$

$$A_T = \left[\frac{4\gamma_s}{\sqrt{\pi\beta}} \frac{E - 2\beta \partial E/\partial \beta}{Sw'(\beta)} \right]^2 \tag{10}$$

当给定纵横比和固定的远场应力时，如果孪晶胚芽的尺寸小于方程（10）给定的临界尺寸，胚芽将逐渐缩小最终消失，如果胚芽尺寸大于临界尺寸，它将逐渐长大。当驱动力 $\sigma_y^\infty \varepsilon_0$ 大于一特定值 $\sigma_{nu}^\infty \varepsilon_0$ 时，这个临界胚芽将以最小界面参数之比 $\beta = 1$ 形核。

$$\frac{\sigma_y^\infty \varepsilon_0}{S} \geqslant \frac{5}{6}, A_T = \pi \left[\frac{\gamma_s}{\sigma_{nu}^\infty \varepsilon_0 - S} \right]^2 \tag{11}$$

让铁弹胚芽的横截面积为 $A_T = \pi R^2$，在 $\sigma_y^\infty \varepsilon_0 \geqslant 5/6S$ 这个条件下，无限大固体中圆柱形铁弹畴的临界形核应力为

$$\sigma_{nu}^\infty = (S + \gamma_s/R)/\varepsilon_0 = \frac{\mu\varepsilon_0}{2(1-v)} + \frac{\gamma_s}{R\varepsilon_0} \tag{12}$$

2.3 各向同性固体裂纹尖端的孪晶畴形核效应

本节提出在各向同性固体中裂纹尖端附近的铁弹性孪晶形核理论。考虑长度为 $2a$ 的裂纹受到远场应力 σ_y^∞ 作用，因此裂尖应力强度因子为 $K^\infty = \sigma_y^\infty \sqrt{\pi a}$。I 型裂纹的应力张量分量具有以下形式[29]

$$
\begin{cases}
\sigma_x^A = \dfrac{K^\infty \cos(\theta/2)}{\sqrt{2\pi r}}\left(1 - \sin\dfrac{\theta}{2}\sin\dfrac{3\theta}{2}\right) \\[3mm]
\sigma_y^A = \dfrac{K^\infty \cos(\theta/2)}{\sqrt{2\pi r}}\left(1 + \sin\dfrac{\theta}{2}\sin\dfrac{3\theta}{2}\right) + \sigma_y^\infty \\[3mm]
\tau_{xy}^A = \dfrac{K^\infty}{\sqrt{2\pi r}}\cos\dfrac{\theta}{2}\sin\dfrac{\theta}{2}\cos\dfrac{3\theta}{2}
\end{cases}
\tag{13}
$$

在平面应变条件下 $\sigma_z^A = v(\sigma_x^A + \sigma_y^A)$，值得注意的是施加的远场应力在方程（13）中用来分析形核条件。裂纹尖端附圆柱形孪晶胚芽每单位长度引起的吉布斯自由能变化可以写为

$$
\Delta G = A_T S - \boldsymbol{\sigma}^A : \varepsilon^p A_T + 2\gamma_s \sqrt{\pi A_T}
\tag{14}
$$

对于位于裂纹尖端附近（θ_0，r_c）的圆柱形铁弹体，其临界 FIT 应力可通过运算 $\partial \Delta G / \partial A_T = 0$ 推导得到：

$$
\sigma_{cr}^\infty = \frac{\sigma_{nu}^\infty}{1 + \sqrt{a/2r_c}\sin\theta_0 \sin(3\theta_0/2)}
\tag{15}
$$

由方程（15）可知 FIT 应力 σ_{cr}^∞ 依赖于形核位置（θ_0，r_c），并总是小于形核应力 σ_{nu}^∞。当形核位置处于 $\theta_0 \in (0, 2\pi/3)$ 范围时，形核应力降低；当形核位置接近 $\theta = 1.2156$（69.648°）这条线段时，FIT 应力达到最小值，这表明裂纹尖端存在一个能量择优的孪晶面。

用方程（15）和关系式 $K^\infty = \sigma_y^\infty \sqrt{\pi a}$，我们可以得到形核的应力条件 $\sigma_y^A - \sigma_x^A \geqslant \sigma_{nu}^\infty$ 并推导出裂纹尖端处的形核轮廓区：

$$
r(\theta) \leqslant 2a\left[\frac{1}{\sigma_{nu}^\infty/\sigma_y^\infty - 1}\cos\frac{\theta}{2}\sin\frac{\theta}{2}\sin\frac{3\theta}{2}\right]^2
\tag{16}
$$

需要注意的是方程（16）虽然提供了对形核轮廓的预测，但没有给出稳态裂纹尖端附近畴的最终平衡尺寸。方程（16）首先揭示了形核轮廓的大小与裂纹长度 $2a$ 相关，并且还提出了一种通过减小应力比 $\sigma_{nu}^\infty/\sigma_y^\infty$ 来扩大成核轮廓的方式进而增加孪晶可能性的方法。图 10 绘制了不同应力比 $\sigma_{nu}^\infty/\sigma_y^\infty$ 下的形核云图，红色直线为 $\theta = 2\pi/3$，当 $\theta_0 < \theta$ 时，FIT 应

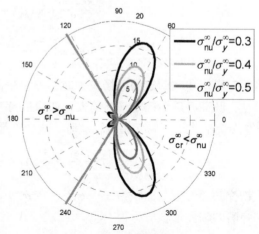

图 10　形核轮廓随裂纹尖端附近
应力比的变化而变化

力 σ_{cr}^{∞} 小于形核应力 σ_{nu}^{∞}。形核不可能发生在 $\theta_0 > \theta$ 区域，由于 $\sigma_{nu}^{\infty} > \sigma_{cr}^{\infty}$。

2.4　异质性对形核的影响

上面的分析是通过假设母畴和孪晶畴具有相同弹性常数的各向同性物质推导得到的。对于母畴和孪晶畴之间的弹性失配如何影响成核应力和 FIT 应力是我们想要知晓的。在本节分析中，让母畴区的弹性模量张量为 $\boldsymbol{C}(0) = \boldsymbol{C}$，翻转畴区的弹性模量张量为 $\boldsymbol{C}(0) = \boldsymbol{C}^*$。方程（6）中的弹性势能修改为[28]

$$\Delta \overline{W} = -\frac{1}{2}\sigma_{ij}^{A}(\varepsilon_{ij}^{T} + \varepsilon_{ij}^{P})A_{T} - \frac{1}{2}\sigma_{ij}^{I}\varepsilon_{ij}^{P}A_{T} \tag{17}$$

式中，应变 ε_{ij}^{T} 是由施加的应力张量 σ_{ij}^{A} 引起的有效孪晶应变；σ_{ij}^{I} 是孪晶中的内应力，他们的表达式可通过以下运算得到：

$$(\Delta C_{ijkl}S_{klmn} + C_{ijmn})\varepsilon_{mn}^{T} = -\Delta C_{ijkl}e_{kl}^{A} + C_{ijkl}^{*}\varepsilon_{kl}^{P} \tag{18}$$

$$\sigma_{ij}^{I} = C_{ijkl}(S_{klmn}\varepsilon_{mn}^{T} - \varepsilon_{kl}^{T}) \tag{19}$$

式中，S_{klmn} 为 Eshelby 张量；e_{ij}^{A} 为施加的应变张量。

2.4.1　各向异性异质性作用

我们渴望了解四方各向异性如何影响形核应力和 FIT 应力，哪个弹性常数对孪晶敏感，以及如何通过调节弹性常数来减小形核应力和 FIT 应力等关键问题。表 1 列出了四方 ZrO_2 的弹性常数[30]。

表 1　四方 ZrO_2 的弹性常数

C_{11}	C_{33}	C_{44}	C_{66}	C_{12}	C_{13}
327	264	59	64	100	62

铁弹性孪晶的弹性模量张量可以写成 6×6 的矩阵形式：

$$\boldsymbol{C}^* = \begin{bmatrix} C_{11} & C_{12} & C_{13} & & & \\ C_{12} & C_{11} & C_{13} & & & \\ C_{13} & C_{13} & C_{33} & & & \\ & & & C_{44} & & \\ & & & & C_{44} & \\ & & & & & C_{66} \end{bmatrix} \tag{20}$$

其中 x_3 轴为 c 轴，另两个轴为面内 x_1 和 x_2 坐标方向，并且晶体的 x_3 轴与计算域中的 y 轴平行（见图 11）。因此，可以通过运算 $C_{ijkl} = Q_{im}Q_{jn}Q_{kp}Q_{lq}C_{mnpq}^{*}$ 获得母畴的弹性常数，其中 Q_{ij} 为绕 x_1 轴逆时针旋转 90°时的旋转张量，矩阵形式如下：

$$\boldsymbol{Q} = \begin{bmatrix} 1 & 0 & 0 \\ 0 & 0 & 1 \\ 0 & -1 & 0 \end{bmatrix} \tag{21}$$

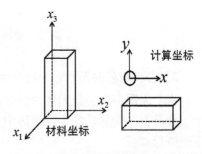

图 11　材料坐标和计算坐标的示意图

因此，可以获得母畴的弹性常数矩阵为

$$C = \begin{bmatrix} C_{11} & C_{13} & C_{12} & & & \\ C_{13} & C_{33} & C_{13} & & & \\ C_{12} & C_{13} & C_{11} & & & \\ & & & C_{44} & & \\ & & & & C_{66} & \\ & & & & & C_{44} \end{bmatrix} \tag{22}$$

弹性矩阵差 $\Delta C = C^* - C$ 为

$$\Delta C = \begin{bmatrix} 0 & C_{12}-C_{13} & C_{13}-C_{12} & & & \\ C_{12}-C_{13} & C_{11}-C_{33} & 0 & & & \\ C_{13}-C_{12} & 0 & C_{33}-C_{11} & & & \\ & & & 0 & & \\ & & & & C_{44}-C_{66} & \\ & & & & & C_{66}-C_{44} \end{bmatrix} \tag{23}$$

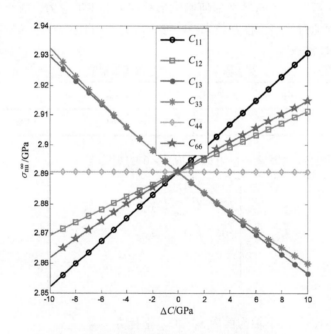

图 12　成核应力曲线与弹性常数波动的关系

2.4.2　与各向异性非均质相关的形核应力

在一无限各向异性固体中的形核应力可以通过经典方法获得[31]。如方程（22）所示，在具有各向异性的无限固体中，与施加应变张量 e_{ij}^{A} 相关的施加应力张量 σ_{ij}^{A} 具有以下矩阵形式：

$$\sigma_{ij}^{\mathrm{A}} = \begin{bmatrix} 0 & 0 & 0 \\ & \sigma_y^\infty & 0 \\ & & \dfrac{C_{13}(C_{11} - C_{12})\sigma_y^\infty}{C_{11}C_{33} - C_{13}^2} \end{bmatrix}; e_{ij}^{\mathrm{A}} = \begin{bmatrix} -\dfrac{C_{13}\sigma_y^\infty}{C_{11}C_{33} - C_{13}^2} & 0 & 0 \\ & \dfrac{C_{11}\sigma_y^\infty}{C_{11}C_{33} - C_{13}^2} & 0 \\ & & 0 \end{bmatrix} \quad (24)$$

让表 1 中的弹性常数相对其原始值以 ±10GPa 波动，当一个弹性常数波动时，其他四个弹性常数保持不变。然后，在 $R = 5\mathrm{nm}$ 的各向异性圆柱体中，数值计算 Eshelby 张量，将其代入方程（18）~（19）中计算相互作用能 $\Delta\overline{W}$，然后可以通过求解形核方程 $\Delta\overline{W}/A_{\mathrm{T}} + \gamma_{\mathrm{s}}/R = 0$ 获得各向异性固体中的形核应力。图 12 显示了弹性常数波动如何影响形核应力。结果表明，降低 C_{11}、C_{12} 和 C_{66} 以及提高 C_{13} 和 C_{33} 可以有效降低形核应力。由于没有将剪切应力和应变引入公式中（参见公式（24）），C_{44} 与形核应力无关。如我们所知，界面速度受与形核应力相关的有效驱动力控制，因此，这些结果提供了一种通过调节弹性常数来增加孪晶边界的动力学性质的方法。

2.5 裂尖处铁弹孪晶畴翻转的增韧作用

在本节中，研究了由于铁弹性不均匀性导致的裂纹尖端处 SIF 的变化。通过解析公式和相场模拟来估算增韧效果。对于无穷小孪晶胚芽 $\mathrm{d}A$ 引起的 SIF 的变化，可由文献 [32，33] 得到

$$\mathrm{d}K_{\mathrm{tip}} = \frac{E}{2\sqrt{2\pi}(1 - v^2)} r^{-\frac{3}{2}} \psi(\varepsilon_{ij}^{\mathrm{T}}, \theta)\,\mathrm{d}A$$

$$\psi(\varepsilon_{ij}^{\mathrm{T}}, \theta) = (\varepsilon_{11}^{\mathrm{T}} + \varepsilon_{22}^{\mathrm{T}})\cos\frac{3\theta}{2} + 3\varepsilon_{12}^{\mathrm{T}}\sin\theta\cos\frac{5\theta}{2} + \frac{3}{2}(\varepsilon_{22}^{\mathrm{T}} - \varepsilon_{11}^{\mathrm{T}})\sin\theta\sin\frac{5\theta}{2} \quad (25)$$

当从方程（18）~（19）计算 $\varepsilon_{ij}^{\mathrm{T}}$ 分量时，可以忽略方程（13）中包含 σ_y^∞ 的项。因此，由铁弹孪晶引起的 ΔK 可以用在整个横截面区域上的积分来估计，如下式所示：

$$\Delta K = \int_A \frac{K^\infty}{2\pi r^2}(c_1(\cos\theta + \cos 2\theta) + c_2\cos 4\theta\sin^2\theta)\,\mathrm{d}A$$

$$+ \int_A c_3 r^{-3/2}\left(\cos\frac{3\theta}{2} - \cos\frac{7\theta}{2}\right)\mathrm{d}A$$

$$c_1 = \frac{(\alpha - 1)(-1 + 2v)}{1 + 2\alpha - 2v}, c_2 = \frac{3(\alpha - 1)}{1 - \alpha(-3 + 4v)}, c_3 = \frac{3E\varepsilon_0\alpha}{\sqrt{2\pi}(1 + v)(1 - \alpha(-3 + 4v))} \quad (26)$$

当 $\alpha = 1$ 以及圆截面的半径为 R 时，引起的 SIF 的变化为

$$\Delta K = \frac{3E\varepsilon_0\pi R^2}{4\sqrt{2\pi}(1 - v^2)r^{3/2}}\left(\cos\frac{3\theta}{2} - \cos\frac{7\theta}{2}\right) \quad (27)$$

该结果与马立峰 [34] 获得的结果完全一致。

方程（26）给出了由一组对称分布在裂纹右端的孪晶引起的 SIF 的变化，它以一种简单的方式量化了铁弹性增韧效果。方程（26）证明了当 $\alpha > 1$ 时增韧效果包括两部分，一部分是不依赖于施加载荷 K^∞ 的铁弹性增韧，另一部分是依赖于 K^∞ 的模量增韧。

模量增韧和铁弹性增韧的比可定义为

$$\chi = \frac{K^{\infty}(c_1(\cos\theta + \cos2\theta) + c_2\cos4\theta\sin^2\theta)}{2\pi c_3 r^{1/2}\left(\cos\frac{3\theta}{2} - \cos\frac{7\theta}{2}\right)} \tag{28}$$

假设孪晶位于 $r = 2a = 20$nm，$\theta = 1.2156$ 处且模量比 $\alpha = 1.2$，弹性常数仍如表1所示。方程（28）给出 $\chi = 0.863\% K^{\infty}/(1\text{GPa} \sqrt{\text{nm}})$，这表明模量增韧仅在施加的应力变得很大时（当 $\sigma_y^{\infty} = 10$GPa 时 $\chi = 48.4\%$）才不能忽略。因此，我们可以得出结论，在较低的外加载荷下，铁弹性增韧作用在孪晶诱导的裂尖屏蔽作用中起着比模量增韧更为重要的作用。此外，由于铁弹性增韧是由裂纹尖端附近具有的孪晶的可能性决定的，而产生孪晶可能性受 FIT 应力和临界断裂应力之比控制[35]，因此可以通过降低 FIT 应力来增加对裂尖的屏蔽效果。例如 Schaedler 通过增加自发应变获得了具有空前韧性的 ZrO_2 基陶瓷，这同时降低了 FIT 应力（参见方程式（12））并提高了增韧效果（参见方程式（27））[36]。

图 13 显示了通过计算方程（28）得到的裂纹尖端 ΔK 图。这意味着铁弹性增韧对裂纹尖端附近的铁弹性孪晶的映射区是敏感的，在区域 $\Delta K < 0$ 附近的面积越大，对裂纹的增韧效果就越大。因为黑色线 $\theta = 72°$ 将形核轮廓分为两部分：$\Delta K > 0$ 和 $\Delta K < 0$，这时非常接近能量择优孪晶面 $\theta = 69.65°$，表明位于 $\Delta K > 0$ 区域的形核可能性几乎等于 $\Delta K < 0$ 区域。因此，在稳态裂纹尖端前面的形核区对 SIF 变化的贡献很小，这表明在准静态生长裂纹尖端之后留下的翻转区在增韧效果中起主要作用。铁弹性增韧机理与相变增韧理论保持一致[37]。

为了在相场模型中计算 SIFΔK 的变化，在裂纹尖端和铁弹性夹杂物之间的区域设置了几个 J 积分围线，细节参见图 14。当围线积分彼此之间几乎相同时，可以认为获得了数值稳定的 J 积分。裂纹尖端的有效 SIF 可通过公式 $K_{\text{tip}} = \sqrt{JE/(1-v^2)}$ 获得，施加的 SIF 可通过公式 $K^{\infty} = \sigma_y^{\infty}\sqrt{\pi a}$ 获得，因此 SIF 的变化为 $\Delta K = K_{\text{tip}} - K^{\infty}$。在相场计算和逼近解之间进行比较是需要的。我们将方程（27）代入相场积分中：

$$\Delta K = \frac{3E\varepsilon_0}{4\sqrt{2\pi}(1-v^2)r^{3/2}}\left(\cos\frac{3\theta}{2} - \cos\frac{7\theta}{2}\right)\int_A \eta\,\mathrm{d}A \tag{29}$$

在模拟中测试了铁弹性夹杂物的两个位置。位置1在 $\Delta K > 0$ 的区域中，位置2在 $\Delta K < 0$ 的区域中。夹杂物的初始尺寸为 $R = 25$nm。顶部边界上施加的负载 $\sigma_y^{\infty} = 0.06$GPa。在相场演化过程中将界面能增加到 $\gamma_s = 0.2$J/m^2 来保持孪晶的圆形形状。

由于所施加的载荷太小，无法创建包围位置1和2的形核轮廓，因此两个孪晶收缩并最终在模拟中消失。图 15a、b 揭示了相场解和逼近解之间的比较。相场解和逼近解之间的差异取决于孪晶尺寸，因为只有当夹杂远离裂纹尖端，方程（27）逼近解才能保持精确。在模拟初期，由于孪晶尺寸太大，相场解和逼近解之间的相差较大，而当孪晶收缩时差距迅速减小。图 15a 显示了孪晶1的 $\Delta K/K^{\infty}$ 演化，因为孪晶1位于 $\Delta K > 0$ 区域，所以 $\Delta K/K^{\infty}$ 保持正值。图 15b 表明由于孪晶2位于 $\Delta K < 0$ 区域，孪晶2的 $\Delta K/K^{\infty}$ 演化始终为负，这证明了铁弹性增韧作用。

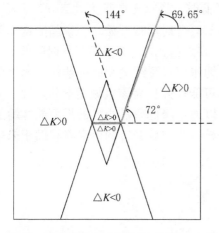

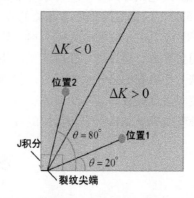

图 13　有限裂纹的 ΔK 正负区域图。红线
表示裂纹，蓝线 θ = 69.65°表示
能量择优的孪晶面

图 14　计算域中的两个铁弹性孪晶测试位置。
黄线 θ = 72°将计算域分为两部分，一部分
是 ΔK < 0 区域，另一部分是 ΔK > 0 区域

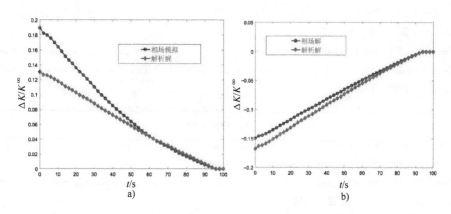

图 15　a）位置 1 和 b）位置 2 的相场计算与逼近解析公式得到的 ΔK/K∞ 的比较

3　总结

本文第一部分采用脉冲激光沉积法制备了纳米 YSZ 薄膜，并通过纳米压痕、偏光显微镜、原子力显微镜和 TEM 研究了单变体面外取向 YSZ 薄膜的铁弹性行为。在纳米压痕的作用下，面外 c 取向变体的 YSZ 薄膜的力 - 位移曲线呈现出多个平台，这是非弹性变形的特征。在较大的维氏压痕载荷下，在膜的表面裂纹附近形成了 90°的双畴结构。对双畴区域样品的 TEM 和 STEM 分析证实，在压痕载荷下，一些面外取向变体在薄膜中转化为另一个变体结构。因此，YSZ 膜中的这种非弹性变形机制对应于膜中面外取向变体的翻转过程，从而形成具有 90°孪晶畴的结构。

通过相场模拟和理论分析研究了无缺陷或接近裂纹尖端的铁弹性孪晶的形核机理。在无缺陷的固体中，铁弹性孪晶的形核和长大主要受与弹性常数、界面能和孪生应变

相关的成核应力的影响。当应力比 $\sigma_{nu}^{\infty}/\sigma_y^{\infty}$ 降低时，形核轮廓扩大，当 $\sigma_y^{\infty} = \sigma_{nu}^{\infty}$ 时，成核轮廓接近无穷大。当应力条件满足 $\sigma_y^A - \sigma_x^A \geqslant \sigma_{nu}^{\infty}$ 时形核开始。一孪晶能量择优面为 $\theta = 69.65^{\circ}$。通过降低四方晶体的 C_{11} 和 C_{33}，使双晶比母体软，可以同时降低形核应力和 FIT 应力。在施加应力不大时，铁弹性增韧作用对裂纹尖端的屏蔽作用比模量增韧作用更重要。通过增加裂纹尖端附近的孪晶可能性并扩大该区域的孪晶尺寸，可以获得铁弹性陶瓷的最佳增韧配方。材料学家可以通过降低孪晶边界的界面能并增加自发应变来达到此目的。本文对铁弹性机理的分析、铁弹畴翻转的研究将有助于未来先进的燃气轮机发动机中隔热涂层的设计。

参 考 文 献

[1] Padture N P, Gell M, Jordan E H. Thermal barrier coatings for gas – turbine engine applications [J]. Science, 2002, 296 (5566): 280 – 284.

[2] 周益春, 刘奇星, 杨丽, 等. 热障涂层的破坏机理与寿命预测 [J]. 固体力学学报, 2010, 5: 504 – 531.

[3] Smialek J L, Miller R A. Revisiting the birth of 7YSZ thermal barrier coatings: Stephan Stecura [J]. Coatings, 2018, 8 (7): 255.

[4] Mercer C, Williams J, Clarke D, et al. On a ferroelastic mechanism governing the toughness of metastable tetragonal – prime (t′) yttria – stabilized zirconia [J]. P Roy Soc A – Math Phy, 2007, 463 (2081): 1393 – 1408.

[5] Virkar A V, Matsumoto R L. Ferroelastic domain switching as a toughening mechanism in tetragonal zirconia [J]. J Am Ceram Soc, 1986, 69 (10): 224 – 226.

[6] Aizu K. Possible species of "ferroelastic" crystals and of simultaneously ferroelectric and ferroelastic crystals [J] J Phys Soc Jpn, 1969, 27 (2): 387 – 396.

[7] Michel D, Mazerolles L, Jorba M P Y. Fracture of metastable tetragonal zirconia crystals [J]. J Mater Sci, 1983, 18 (9): 2618 – 2628.

[8] Srinivasan G V, Jue J F, Kuo S Y, et al. Ferroelastic domain switching in polydomain tetragonal zirconia single crystals [J]. J Am Ceram Soc, 1989, 72 (11): 2098 – 2103.

[9] Chien F, Ubic F, Prakash V, et al. Stress – induced martensitic transformation and ferroelastic deformation adjacent microhardness indents in tetragonal zirconia single crystals [J]. Acta Mater, 1998, 46 (6): 2151 – 2171.

[10] Prettyman K, Jue J, Virkar A, et al. Hysteresity effects in 3 mol% yttria – doped zirconia (t′ – phase) [J]. J Mater Sci, 1992, 27 (15): 4167 – 4174.

[11] Wang Y, Yang H, Liu R, et al. Ferroelastic domain switching toughening in spark plasma sintered t′ – yttria stabilized zirconia/La$_2$Zr$_2$O$_7$ composite ceramics [J]. Ceram Int, 2017, 43 (15): 13020 – 13024.

[12] Schaedler T A, Leckie R M, Krämer S, et al. Toughening of nontransformable t′ – YSZ by addition of titania [J]. J Am Ceram Soc, 2007, 90 (12): 3896 – 3901.

[13] Neumeister P, Kessler H, Balke H. Modelling ferroelastic domain switching at a stationary crack tip in a single crystal with account of transformation stresses due to domain reorientation [J]. Comp Mater Sci, 2008, 42 (3): 421 – 425.

[14] Neumeister P, Kessler H, Balke H. Effect of switching stresses on domain evolution during quasi – stat-

ic crack growth in a ferroelastic single crystal [J]. Acta Mater, 2010, 58 (7): 2577 –2584.

[15] Cui Y, Yang W. Toughening under non – uniform ferro – elastic domain switching [J]. Int J Solids Struct, 2006, 43 (14 – 15): 4452 –4464.

[16] Pi Z, Zhang F, Chen J, et al. Multiphase field theory for ferroelastic domain switching with an application to tetragonal zirconia [J]. Comp Mater Sci, 2019, 170: 109165.

[17] Pi Z, Wang K, Yang L, et al. On the theoretical and phase field modeling of the stress state associated with ferroelastic twin nucleation and propagation near crack tip [J]. Eng Fract Mech, 2020, 235: 107200.

[18] Zhang F, Zhang G, Yang L, et al. Thermodynamic modeling of $YO_{1.5} – TaO_{2.5}$ system and the effects of elastic strain energy and diffusion on phase transformation of $YTaO_4$ [J]. J Eur Ceram Soc, 2019, 39 (15): 5036 –5047.

[19] Li X, Diao D, Bhushan B. Fracture mechanisms of thin amorphous carbon films in nanoindentation [J]. Acta Mater, 1997, 45 (11): 4453 –4461.

[20] Ahn T H, Oh C S, Kim D H, et al. Investigation of strain – induced martensitic transformation in metastable austenite using nanoindentation [J]. Scr Mater, 2010, 63 (5): 540 –543.

[21] Jungk J, Boyce B, Buchheit T, et al. Indentation fracture toughness and acoustic energy release in tetrahedral amorphous carbon diamond – like thin films [J]. Acta Mater, 2006, 54 (15): 4043 –4052.

[22] Tymiak N, Daugela A, Wyrobek T, et al. Acoustic emission monitoring of the earliest stages of contact – induced plasticity in sapphire [J]. Acta Mater, 2004, 52 (3): 553 –563.

[23] Dey A, Mukhopadhyay A K. Nanoindentation of Brittle Solids [M]. CRC Press, 2014.

[24] Fakhrabadi A A, Rodríguez O, Rojas R, et al. Ferroelastic behavior of $LaCoO_3$: a comparison of impression and compression techniques [J]. J Eur Ceram Soc, 2019, 39 (4): 1569 –1576.

[25] Zheng H, Rao J, Pfetzing J, et al. TEM observation of stress – induced martensite after nanoindentation of pseudoelastic $Ti_{50}Ni_{48}Fe_2$ [J]. Scr Mater, 2008, 58 (9): 743 –746.

[26] Kim H, Moon J Y, Lee J H, et al. Transmission electron microscopy study of 3.2 YSZ single crystals manufactured by the skull melting method [J]. J Nanosci Nanotechnol, 2014, 14 (10): 7961 –7964.

[27] Lynch C S, Hwang S C, McMeeking R M. Micromechanical theory of the nonlinear behavior of ferroelectric ceramics [C]. Active Materials and Smart Structures. International Society for Optics and Photonics, 1995, 2427: 300 –309.

[28] Mura T. Micromechanics of Defects in Solids [M]. Berlin: Springer Science & Business Media, 2013.

[29] Hertzberg R W, Deformation and Fracture Mechanics of Engineering Materials [M]. 4th edition. New York: John Wiley & Sons, 1996.

[30] Kisi E H, Howard C J. Elastic constants of tetragonal zirconia measured by a new powder diffraction technique [J]. J Am Ceram Soc, 1998, 81 (6): 1682 –1684.

[31] Lebensohn R, Tomé C. A study of the stress state associated with twin nucleation and propagation in anisotropic materials [J]. Philos Mag A, 1993, 67 (1): 187 –206.

[32] Li Z, Chen Q. Crack – inclusion interaction for mode I crack analyzed by eshelby equivalent inclusion method [J]. Int J Fracture, 2002, 118 (1): 29 –40.

[33] Li Z, Yang L. The application of the eshelby equivalent inclusion method for unifying modulus and transformation toughening [J]. Int J Solids Struct, 2002, 39 (20): 5225 –5240.

[34] Ma L. Fundamental formulation for transformation toughening [J], Int J Solids Struct, 2010, 47

(22 – 23): 3214 – 3220.

[35] Yoo M, Lee J. Deformation twinning in hcp metals and alloys [J]. Philos Mag A, 1991, 63 (5): 987 – 1000.

[36] Schaedler T A. Phase Evolution in the Yttrium Oxide – Titanium Dioxide – Zirconium Oxide System and Effects on Ionic Conductivity and Toughness [D]. University of California, Santa Barbara, 2006.

[37] Ru C, Batra R. Toughening due to transformations induced by a crack tip stress field in ferroelastic materials [J]. Int J Solids Struct, 1995, 32 (22): 3289 – 3305.

Characterization and regulation of the ferroelastic toughening mechanism of thermal barrier coatings

Zhou Yichun

(School of Materials Science and Engineering, Xiangtan University, Xiangtan 411105)

Abstract: Thermal barrier coating is an important component of the three major protection technologies for aero – engine turbine blades, so that the high – temperature alloy substrate is not subject to high – temperature "baking" test. As the most successful material for thermal barrier coatings, YSZ has excellent thermo – mechanical properties due to the ferroelastic toughening effect, which makes it able to meet the harsh service environment of thermal barrier coatings. This article is a brief introduction and review of some preliminary work on the ferroelastic transition mechanism of YSZ thermal barrier coatings, the influencing factors of ferroelastic domain switching, and the optimal parameter of ferroelastic domain toughening in recent years. And made a simple outlook on future work.

Keywords: thermal barrier coating; ferroelasticity; ferroelastic toughening; phase field method

金属材料离子辐照效应的纳米压痕研究

刘莹，刘文斌，余龙，段慧玲*

（北京大学 力学与工程科学系，北京 100871）

摘要： 开展金属材料在辐照条件下的力学性能研究对于保证核反应堆的安全可靠运行具有重要的意义，有利于促进核技术的进一步发展。纳米压痕是研究离子辐照金属材料力学性能的一种简单而有效的手段。本文主要介绍金属材料离子辐照硬化和蠕变效应的纳米压痕实验表征和理论模型研究进展。一方面，关于离子辐照硬化的纳米压痕实验研究已经相当完善，可以用于评估材料的抗辐照硬化性能；同时，基于辐照硬化的微观机理，建立了离子辐照条件下纳米压痕硬度的理论模型，可以很好地描述纳米压痕实验结果。另一方面，关于离子辐照蠕变的纳米压痕实验表征也取得了初步进展，可以用于分析离子辐照缺陷对金属材料纳米压痕蠕变性能造成的影响。另外，在此基础上进一步展望了该领域中存在的主要科学问题。

关键词： 离子辐照；金属材料；辐照硬化；辐照蠕变；纳米压痕

1 引言

核材料的抗辐照性能极大程度地限制了先进核反应堆的开发及其安全性的提高[1,2]，这是因为用于核反应堆的金属结构材料长期处于辐照的环境中，核反应堆中的高能粒子撞击点阵原子导致金属材料中产生大量的微观缺陷[3]，同时通过核反应产生嬗变元素，这些微观缺陷和嬗变元素导致金属材料的宏观力学性能下降，造成辐照硬化、辐照脆化和辐照蠕变等现象[4-6]。因此，为了保证核反应堆安全可靠的运行及核能的进一步发展，开展金属材料在辐照条件下的力学性能研究具有非常重要的意义。

根据辐照粒子的种类，通常可将辐照分为中子辐照和离子辐照。虽然中子辐照接近于核反应堆的真实辐照情况，但是由于中子辐照源十分有限并且辐照样品具有强放射性[7,8]，因此中子辐照实验具有周期长、费用高的缺点。与此同时，辐照源充足、费用不高且周期短的离子辐照越来越多地被用于金属材料辐照效应的科学研究[9,10]。然而离子辐照的穿透深度十分有限（通常在数十微米以内），其辐照效应很难通过传统的宏观力学实验方法进行测试[11,12]。

纳米压痕技术是用于测量材料局部力学性能的一种简单而有效的手段[13]，正在被广泛运用于金属材料力学性能的离子辐照效应研究[14-28]。一方面，从实验的角度，通过对

基金项目：国家自然科学基金（11632001，11521202，U1830121）；国防基础科学科研挑战计划（TZ2018001）。

比离子辐照前后金属材料的纳米压痕表征结果，研究金属材料力学性能辐照效应的具体表现，从而定量地表征材料的抗辐照性能；同时可以结合材料的微结构信息，分析材料抗辐照性能的微观机制，进一步指导抗辐照材料的研发；另一方面，从理论的角度，基于微观机理建立离子辐照金属材料的纳米压痕模型，用于解释离子辐照前后金属材料纳米压痕性能的表征结果，从而为抗辐照材料的进一步研发提供理论指导。本文将分别介绍金属材料离子辐照硬化和蠕变效应的纳米压痕实验表征及理论模型研究进展。

2　金属材料离子辐照硬化的纳米压痕实验表征

自 20 世纪 70 年代以来，纳米压痕技术得到不断发展，集成超高分辨率的力传感器（50nN）和位移传感器（0.2nm），实现了亚微米尺寸压痕的载荷 – 位移曲线表征[26]。同时，利用经典的 Oliver – Pharr 理论方法，可以有效地表征薄膜材料、纤维材料及离子辐照材料表面薄层的弹性模量和硬度等力学性能[13]。

目前为止，已经开展了很多基于纳米压痕技术表征离子辐照金属材料的硬化行为的实验研究[14 – 28]，主要关注各种结构材料在不同辐照源、辐照剂量下的辐照硬化表现。对于不同的辐照源，辐照剂量对硬化行为的影响是相似的，下面以国产低活化马氏体（CLAM）钢为例进行介绍[28]。

CLAM 钢试样经过机械抛光和电化学抛光后，进行 6MeV 的 Si^{3+} 辐照，各试样详细的离子辐照条件列于表 1，图 1 为相应辐照试样的离子辐照剂量随辐照深度变化的曲线[28]，通过 SRIM 2008 的快速 Kin – chin and Pease 方法计算得到[29]，最大的辐照深度约 2μm。

表 1　各试样的离子辐照条件[28]

试样编号	离子源	能量/MeV	辐照温度/K	辐照剂量/dpa	辐照时间/min
1#	—	—	室温	未辐照	0
2#	Si^{3+}	6	393 ± 15	0.2	53
3#	Si^{3+}	6	393 ± 15	0.4	155

注：辐照剂量表示图 1 中深度 0 ~ 1000nm 范围内的平均辐照剂量；辐照时间由试样尺寸、注量和实时束流强度共同决定。

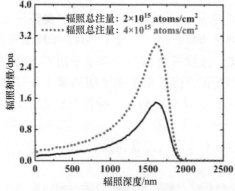

图 1　Si^{3+} 辐照（6MeV）的 CLAM 钢辐照剂量随辐照深度变化的曲线[28]，
辐照总注量分别为 $2 \times 10^{15}\,atoms/cm^2$ 和 $4 \times 10^{15}\,atoms/cm^2$

各试样的室温纳米压痕硬度测试通过安捷伦 G200 纳米压痕仪的连续刚度法[30]进行，最大压入深度为 2000nm，压入应变率为 0.05s⁻¹，热漂移量限制在 0.5nm/s 以下，相邻压痕点间距为 60μm。离子辐照前后，CLAM 钢硬度随辐照深度变化的曲线如图 2a 所示，可以发现离子辐照前后的 CLAM 钢硬度均随压入深度的增大而减小，即硬度表现出明显的纳米压痕尺寸效应现象。Nix 和 Gao 等人[31]的研究表明造成此尺寸效应现象的原因是压头下方塑性区内的几何必须位错密度随着压入深度的增大而减小。图 2b 所示为离子辐照前后，CLAM 钢硬度的平方 H^2 随辐照深度的倒数 $1/h$ 变化的曲线。可以看出对于未受离子辐照的 CLAM 钢，H^2 与 $1/h$ 之间具有很好的线性相关性，可以用 Nix – Gao 模型描述[31]：

$$H^2 = H_0^2 \left(1 + \frac{h^*}{h} \right) \tag{1}$$

式中，H_0 表示压入深度 h 无穷大时的硬度，即材料的本征硬度；h^* 是一个特征长度量。

对于离子辐照的 CLAM 钢，H^2 与 $1/h$ 之间满足双线性关系。当压入深度大于 265nm 时，塑性区超过辐照层，由于未辐照基底的影响，硬度值迅速下降；当压入深度小于 265nm 时，硬度值反映的是离子辐照层的力学性能，对于这一部分也可以使用 Nix – Gao 模型描述[31]。

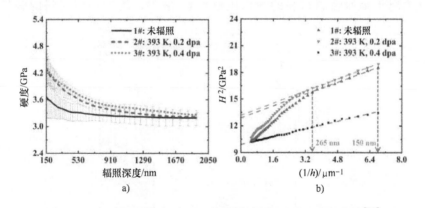

图 2　a) 离子辐照前后，CLAM 钢硬度随辐照深度变化的曲线[28]
b) 离子辐照前后，CLAM 钢硬度的平方 H^2 随辐照深度的倒数 $1/h$ 变化的曲线[28]

表 2 为各辐照条件下由 Nix – Gao 模型计算得到的 CLAM 钢的本征硬度 H_0，可以看出离子辐照后 CLAM 钢的硬度增大，发生了辐照硬化，且辐照剂量越大，辐照硬化的效果越明显。这是因为由离子辐照引起的硬度增量 ΔH 与辐照缺陷的数密度 N 和平均尺寸 d 之间满足关系

$$\Delta H \sim (Nd)^{0.5} \tag{2}$$

当辐照剂量低于 1dpa 时，离子辐照产生的位错环数密度和平均尺寸随着辐照剂量的增大而增大[7,32]，这也解释了图 2 中辐照剂量增大使得辐照硬化效应增强的现象。

另外，还有一些工作利用纳米压痕技术研究了微结构对材料辐照硬化效应的影响[22,27]。如 Hosemann 等人[22]发现经历相同的辐照条件后，具有更大晶粒的铁素体材料辐照硬化效应明显强于回火的马氏体材料，这说明微结构会影响材料的抗辐照性能，后者的抗辐照硬化性能优于前者。

表2　由 Nix – Gao 模型计算得到 CLAM 钢的本征硬度 H_0[28]

试样编号	辐照剂量/dpa	H_0/GPa
1#	未辐照	3.15
2#	0.2	3.59
3#	0.4	3.63

总的来说，金属材料离子辐照硬化现象的纳米压痕实验表征已经比较完善，结合对辐照硬化微观机理的认识，有利于建立金属材料离子辐照硬化的纳米压痕理论模型。

3　金属材料离子辐照硬化的纳米压痕理论模型

随着对材料辐照硬化相关的纳米压痕实验表征的逐渐完善，人们对于离子辐照材料的辐照硬化效应的具体表现及微观机理都有了清晰的认识。基于纳米压痕实验表征的结果及微观机理，研究者们建立了离子辐照条件下纳米压痕硬度的理论模型[33,34]，下面将简述模型建立的主要思路。

图3为离子辐照金属材料的纳米压痕示意图[33]，离子辐照材料的临界分切应力为[33]

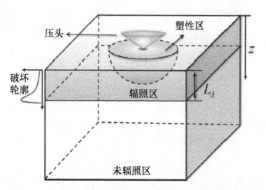

图3　离子辐照金属材料的纳米压痕示意图[33]

$$\tau_{\text{CRSS}}^{\text{irr}} = \mu b \sqrt{\alpha^2 \rho_{\text{T}} + \beta^2 N_{\text{def}} d_{\text{def}}} \tag{3}$$

式中，μ 表示剪切模量；b 表示伯格斯矢量的大小；α 表示位错相互作用的硬化系数；β 表示与辐照缺陷相关的硬化系数；ρ_{T} 表示位错总密度，为统计存储位错密度 ρ_{S} 与几何必须位错密度 ρ_{G} 之和；$\overline{N}_{\text{def}}$ 和 d_{def} 分别表示离子辐照缺陷的平均密度和平均尺寸。离子辐照缺陷的平均密度与离子辐照缺陷密度的分布之间满足[33]

$$\overline{N}_{\text{def}} = \frac{\int_{V_{\text{p}}} N_{\text{def}} \mathrm{d}V}{V_{\text{p}}} \tag{4}$$

式中，V_{p} 表示塑性区体积。图3中所示离子辐照缺陷的不均匀分布满足以下定量

244

关系[33]:

$$N_{\text{def}} = \begin{cases} (z/L_{\text{d}})^n N_{\text{def}}^{\max}, & z \leqslant L_{\text{d}} \\ 0, & z > L_{\text{d}} \end{cases} \tag{5}$$

式中，n 是由缺陷分布决定的一个参数；L_{d} 表示离子辐照区域的最大深度；$N_{\text{def}}^{\max}$ 表示离子辐照缺陷的最大数密度。

几何必须位错密度与压入深度 h 之间满足[33]

$$\rho_{\text{G}} = \frac{3h_{\text{c}}(h - h_{\text{e}})}{2bf^3 h^3} \tan^2\theta \tag{6}$$

式中，h_{e} 表示弹性压入深度，与材料属性、压入深度和压头形状有关；$h_{\text{c}} = h - (\pi - 2)h_{\text{e}}/\pi$；$\theta$ 表示样品表面与压头之间的夹角；f 表示塑性区半径与压入半径之比。

结合上述离子辐照缺陷的不均匀分布及几何必须位错密度的模型[33]，可以得到离子辐照材料的硬度随深度变化的定量关系为

$$H_{\text{irr}} = \begin{cases} H_0 \sqrt{1 + \dfrac{1}{f^3}\left[\dfrac{h^*}{h} - \dfrac{h^* h_{\text{e}}}{h^2} + \dfrac{A^2 h^* h^n}{(n+1)(n+3)h_{\text{t}}^{n+1}}\right]}, & h \leqslant h_{\text{t}} \\ H_0 \sqrt{1 + \dfrac{h^*}{f^3 h} - \dfrac{h^* h_{\text{e}}}{f^3 h^2} + \dfrac{A^2 h^*}{2hf^3}\left[\dfrac{1}{n+1} - \dfrac{h_{\text{t}}^2}{(n+3)h^2}\right]}, & h > h_{\text{t}} \end{cases} \tag{7}$$

式中，$H_0 = 3\sqrt{3}\alpha\mu b \sqrt{\rho_S}$，表示材料的本征硬度；$h^* = 40.5b\alpha^2 \tan^2\theta (\mu/H_0)^2$，表示特征长度，表征硬度的深度相关性；$h_{\text{t}} = L_{\text{d}}\tan\theta/f$；$A = \sqrt{2bL_{\text{d}}N_{\text{def}}^{\max} d_{\text{def}}f^2\beta^2 / (\alpha^2\tan\theta)}$。

利用式（7）可以从理论上预测离子辐照 16MND5 钢和中国 A508 - 3 钢纳米压痕硬度随压入深度的变化[33]，如图 4 所示，可以看出理论模型的预测结果与相应的实验表征结果吻合得相当好。

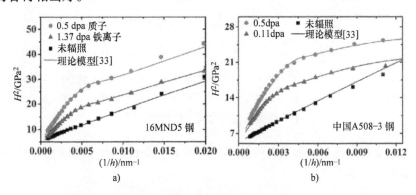

图 4　16MND5 钢 a）和 A508 - 3 钢 b）的理论及实验表征结果[33]

总的来说，基于微观机理建立的上述理论模型可以很好地描述弹性效应、不均匀分布的离子辐照缺陷、辐照深度及未辐照的基底材料对金属材料纳米压痕硬度行为的影响[33]，并与实验表征结果保持一致，因此可以为抗辐照材料的进一步研发提供理论指导，同时也为研究离子辐照条件下纳米压痕硬度行为与宏观拉伸行为的等效性问题提供理论基础。

4 金属材料离子辐照蠕变的纳米压痕实验表征

利用纳米压痕技术表征离子辐照金属材料蠕变行为的研究还相对较少。黄等人[37]证实了利用纳米压痕技术表征离子辐照前后氧化物弥散强化合金高温蠕变行为的可行性，但是根据纳米压痕蠕变行为计算得到的应力指数 n 低于文献中报道的宏观拉伸应力指数 n。这是因为纳米压痕蠕变行为与宏观拉伸蠕变行为的等效性问题还有待进一步研究[38-40]。尽管如此，利用纳米压痕蠕变表征结果依然可以分析离子辐照缺陷所带来的影响。

刘等人[28]使用安捷伦 G200 纳米压痕仪对离子辐照前后的 CLAM 钢进行了室温纳米压痕蠕变测试，离子辐照条件如 2.1 节所述。各辐照条件下的 CLAM 钢试样经历 15s 的加载后保持峰值载荷 30s，然后进行 15s 的卸载，热漂移量限制在 0.05nm/s 以下，相邻压痕点间距为 60μm。1#未辐照和 2#离子辐照 CLAM 钢的平均载荷 – 位移曲线以及 30s 保载阶段内的平均蠕变深度随时间变化的曲线如图 5 所示，包括峰值载荷 2mN、8mN 和 15mN，且各曲线均为 10 组压痕的平均结果。由图 5b 可以看出，经历相同的加载条件后，2#离子辐照 CLAM 钢的蠕变深度大于 1#未辐照 CLAM 钢，且离子辐照前后 CLAM 钢的蠕变深度均随着峰值载荷的增大而增大。

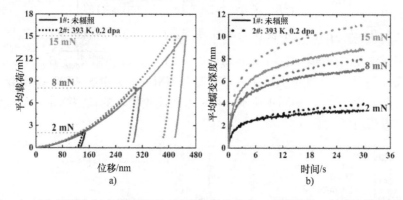

图 5　a）1#未辐照和 2#离子辐照 CLAM 钢的平均载荷 – 位移曲线，包括峰值载荷 2mN、8mN 和 15mN，曲线为 10 组压痕的平均结果[28]　b）对应于图 5a）中 30s 保载阶段的平均蠕变深度随时间变化的曲线[28]

然而，蠕变行为是不受加载条件影响的材料本征属性。为了排除加载条件的影响，定义压痕蠕变应变为[41]

$$\varepsilon = \frac{\Delta h}{h} = \frac{h - h_0}{h} \tag{8}$$

式中，h 表示当前压入深度；h_0 表示保载阶段的初始压入深度。

图 6 所示为离子辐照前后 CLAM 钢的压痕蠕变应变和蠕变应变速率随时间变化的曲线。由图 6a 可以看出离子辐照会加速材料的纳米压痕蠕变行为，这是因为在辐照条件下，金属材料内部会产生大量的空位，空位浓度的提高会加速金属材料的蠕变。值得注意的是离子辐照产生的空位浓度与辐照剂量有关，辐照剂量越大，空位浓度越

246

高[42]，从而材料的纳米压痕蠕变加速得越多。由图 6b 可以更加清楚地看到，离子辐照所带来的影响会随着蠕变的发生而减弱，此影响主要发生在初始蠕变阶段，在稳态蠕变阶段，离子辐照的影响几乎可以忽略。这是因为离子辐照引起的空位在初始蠕变阶段发生了湮灭，因此当空位完全湮灭后，离子辐照材料的蠕变行为与未辐照材料的差别消失。

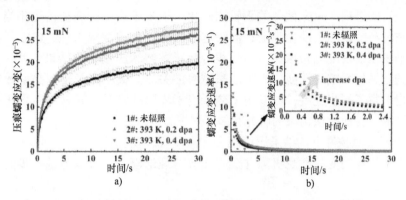

图 6　a）离子辐照前后，CLAM 钢的压痕蠕变应变随时间变化的曲线[28]

b）对应于 a）的蠕变应变速率随时间变化的曲线[28]

另外，由于纳米压痕测试的特殊性，离子辐照对压痕蠕变的尺寸效应也会产生影响。图 7a 所示为 1#未辐照 CLAM 钢的压痕蠕变应变随时间变化的曲线，当峰值载荷小于 15mN 时，压痕蠕变应变会随着载荷的增大而减小；当峰值载荷超过 15mN 后，压痕蠕变应变变化不大。这是由图 2a 中硬度的尺寸效应所导致的，因此也被称作压痕蠕变尺寸效应。图 7b 所示为 2#离子辐照 CLAM 钢的压痕蠕变应变随时间变化的曲线，可以发现离子辐照之后，压痕蠕变尺寸效应明显削弱。这是因为，一方面，离子辐照所引起的辐照硬化削弱了硬度的尺寸效应，如图 2a 所示；另一方面，离子辐照所引起的空位等缺陷与外加载荷无关，这些缺陷对蠕变行为的贡献增大，从而削弱了蠕变行为对外加载荷的依赖性。

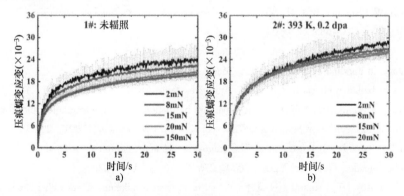

图 7　a）1#未辐照 CLAM 钢的压痕蠕变应变随时间变化的曲线[28]

b）2#离子辐照 CLAM 钢的压痕蠕变应变随时间变化的曲线[28]

总的来说，金属材料离子辐照蠕变的纳米压痕实验表征尚处在初步阶段，对于辐照蠕变微观机理的认识还需要更多的微观结构信息。

5 展望

关于金属材料离子辐照硬化和蠕变效应的纳米压痕实验表征及理论模型的研究已经取得了一定的进展。一方面，关于辐照硬化的纳米压痕实验表征已经相当完善，可以用于评估材料的抗辐照硬化性能；同时基于辐照硬化的微观机理，建立了离子辐照条件下的纳米压痕硬度分析模型，可以很好地描述纳米压痕实验结果。另一方面，辐照条件下的金属材料蠕变性能也受到越来越多的关注。关于离子辐照蠕变效应的纳米压痕实验也取得了初步进展，可以用于分析离子辐照缺陷对金属材料纳米压痕蠕变性能造成的影响。目前，该领域的研究有如下三方面可以进一步探讨：

（1）离子辐照条件下，纳米压痕蠕变的微观机理及其理论分析。深入认识离子辐照条件下纳米压痕蠕变的微观机理并建立相应的理论模型，可以为进一步研发抗辐照材料提供指导。

（2）离子辐照条件下，金属材料的断裂和疲劳等多方面力学性能的纳米压痕研究。利用纳米压痕技术全面地研究离子辐照金属材料的多方面力学性能，对进一步认识金属材料的抗辐照性能具有重要的意义。

（3）离子辐照条件下，纳米压痕行为与宏观拉伸行为的等效性问题。抗辐照材料作为核反应堆的结构材料，其宏观抗辐照性能是最受关注的，因此建立起受辐照材料的纳米压痕行为与宏观拉伸性能之间的联系，对于抗辐照材料的研发具有极其深远的意义。

参 考 文 献

[1] Zinkle S J, Busby J T. Structural materials for fission fusion energy [J]. Mater Today, 2009, 12 (11): 12 – 19.

[2] Grimes R W, Konings R J M, Edwards L. Greater tolerance for nuclear materials [J]. Nat Mater, 2008, 7 (9): 683 – 685.

[3] Osetsky Y N, Bacon D J, Serra A, et al. One – dimensional atomic transport by clusters of self – interstitial atoms in iron and copper [J]. Philos Mag, 2010, 83 (1): 61 – 91.

[4] Dienes G J. Radiation effects in solids [J]. Annu Rev Nucl Part Sci, 1953, 2 (1): 187 – 220.

[5] Singh B N, Edwards D J, Toft P. Effect of neutron irradiation and post – irradiation annealing on microstructure and mechanical properties of OFHC – copper [J]. J Nucl Mater, 2001, 299 (3): 205 – 218.

[6] Victoria M, Baluc N, Bailat C, et al. The microstructure and associated tensile properties of irradiated fcc and bcc metals [J]. J Nucl Mater, 2000, 276 (1 – 3): 114 – 122.

[7] Was G S, Busby J T, Allen T, et al. Emulation of neutron irradiation effects with protons validation of principles [J]. J Nucl Mater, 2002, 300: 198 – 216.

[8] Byun T S, Farrell K. Plastic instability in polycrystalline metals after low temperature irradiation [J]. Acta Mater, 2004, 52 (6): 1597 – 1608.

[9] Was G S, Jiao Z, Getto E, et al. Emulation of reactor irradiation damage using ion beams [J]. Scripta

Mater, 2014, 88: 33 – 36.

[10] Jiao Z, Was G, Miura T, et al. Aspects of ion irradiations to study localized deformation in austenitic stainless steels [J]. J Nucl Mater, 2014, 452 (1 – 3): 328 – 334.

[11] Chen D, Murakami K, Dohi K, et al. Depth distribution of Frank loop defects formed in ion – irradiated stainless steel and its dependence on Si addition [J]. Nucl Instrum Methods Phys Res, Sect B, 2015, 365: 503 – 508.

[12] Hosemann P, Kiener D, Wang Y, et al. Issues to consider using nano indentation on shallow ion beam irradiated materials [J]. J Nucl Mater, 2012, 425 (1 – 3): 136 – 139.

[13] Oliver W C, Pharr G M. An improved technique for determining hardness and elastic modulus using load and displacement sensing indentation experiments [J]. J Mater Res, 1992, 7: 1564 – 1583.

[14] Chang Y, Zhang J, Li X, et al. Microstructure and nanoindentation of the CLAM steel with nanocrystalline grains under Xe irradiation [J]. J Nucl Mater, 2014, 455 (1 – 3): 624 – 629.

[15] Fu Z Y, Liu P P, Wan F R, et al. Helium and hydrogen irradiation induced hardening in CLAM steel [J]. Fusion Eng Des, 2015, 91: 73 – 78.

[16] Hardie C D, Roberts S G, Bushby A J. Understanding the effects of ion irradiation using nanoindentation techniques [J]. J Nucl Mater, 2015, 462: 391 – 401.

[17] Kasada R, Konishi S, Yabuuchi K, et al. Depth – dependent nanoindentation hardness of reduced – activation ferritic steels after MeV Fe – ion irradiation [J]. Fusion Eng Des, 2014, 89 (7 – 8): 1637 – 1641.

[18] Kasada R, Takayama Y, Yabuuchi K, et al. A new approach to evaluate irradiation hardening of ion – irradiated ferritic alloys by nano – indentation techniques [J]. Fusion Eng Des, 2011, 86 (9 – 11): 2658 – 2661.

[19] Li Q, Shen Y, Huang X, et al. Irradiation – induced hardening and softening of CLAM steel under Fe ion irradiation [J]. Met Mater Int, 2017, 23 (6): 1106 – 1111.

[20] Wei Y P, Liu P P, Zhu Y M, et al. Evaluation of irradiation hardening and microstructure evolution under the synergistic interaction of He and subsequent Fe ions irradiation in CLAM steel [J]. J Alloy Compd, 2016, 676: 481 – 488.

[21] Heintze C, Bergner F, Akhmadaliev S, et al. Ion irradiation combined with nanoindentation as a screening test procedure for irradiation hardening [J]. J Nucl Mater, 2016, 472: 196 – 205.

[22] Hosemann P, Vieh C, Greco R R, et al. Nanoindentation on ion irradiated steels [J]. J Nucl Mater, 2009, 389 (2): 239 – 247.

[23] Jiang S, Peng L, Ge H, et al. He and H irradiation effects on the nanoindentation hardness of CLAM steel [J]. J Nucl Mater, 2014, 455 (1 – 3): 335 – 338.

[24] Reichardt A, Lupinacci A, Frazer D, et al. Nanoindentation and in situ microcompression in different dose regimes of proton beam irradiated 304 SS [J]. J Nucl Mater, 2017, 486: 323 – 331.

[25] Yabuuchi K, Kuribayashi Y, Nogami S, et al. Evaluation of irradiation hardening of proton irradiated stainless steels by nanoindentation [J]. J Nucl Mater, 2014, 446 (1 – 3): 142 – 147.

[26] Lucca D A, Herrmann K, Klopfstein M J. Nanoindentation: Measuring methods and applications [J]. CIRP Annals – Manuf Techn, 2010, 59 (2): 803 – 819.

[27] Liu P P, Zhao M Z, Zhu Y M, et al. Effects of carbide precipitate on the mechanical properties and irradiation behavior of the low activation martensitic steel [J]. J Alloy Compd, 2013, 579: 599 – 605.

[28] Liu Y, Liu W, Yu L, et al. Hardening and creep of ion irradiated CLAM steel by nanoindentation [J]. Crystals, 2020, 10 (1): 44.

[29] Norgett M J, Robinson M T, Torrens I M. A proposed method of calculating displacement dose rates [J]. Nucl Eng Des, 1975, 33 (1): 50-54.

[30] Li X, Bhushan B. A review of nanoindentation continuous stiffness measurement technique and its applications [J]. Mater Charact, 2002, 48 (1): 11-36.

[31] Nix W D, Gao H. Indentation size effects in crystalline materials: A law for strain gradient plasticity [J]. J Mech Phys Solids, 1998, 46 (3): 411-425.

[32] Huang X, Shen Y, Li Q, et al. Microstructural evolution of CLAM steel under 3.5 MeV Fe^{13+} ion irradiation [J]. Fusion Eng Des, 2016, 109-111: 1058-1066.

[33] Liu W, Chen L, Cheng Y, et al. Model of nanoindentation size effect incorporating the role of elastic deformation [J]. J Mech Phys Solids, 2019, 126: 245-255.

[34] Xiao X, Chen Q, Yang H, et al. A mechanistic model for depth-dependent hardness of ion irradiated metals [J]. J Nucl Mater, 2017, 485: 80-89.

[35] Liu X, Wang R, Jiang J, et al. Slow positron beam and nanoindentation study of irradiation-related defects in reactor vessel steels [J]. J Nucl Mater, 2014, 451 (1-3): 249-254.

[36] Liu X, Wang R, Ren A, et al. Evaluation of radiation hardening in ion-irradiated Fe based alloys by nanoindentation [J]. J Nucl Mater, 2014, 444 (1-3): 1-6.

[37] Huang Z, Harris A, Maloy S A, et al. Nanoindentation creep study on an ion beam irradiated oxide dispersion strengthened alloy [J]. J Nucl Mater, 2014, 451 (1-3): 162-167.

[38] Li F, Xie Y, Song M, et al. A detailed appraisal of the stress exponent used for characterizing creep behavior in metallic glasses [J]. Mater Sci Eng, A, 2016, 654: 53-59.

[39] Dean J, Campbell J, Aldrich-Smith G, et al. A critical assessment of the "stable indenter velocity" method for obtaining the creep stress exponent from indentation data [J]. Acta Mater, 2014, 80: 56-66.

[40] Ma X, Li F, Zhao C, et al. Indenter load effects on creep deformation behavior for Ti-10V-2Fe-3Al alloy at room temperature [J]. J Alloy Compd, 2017, 709: 322-328.

[41] Metallic Materials-Instrumented Indentation Test for Hardness and Materials Parameters-Part 1: Test Method [M]. ISO, 2002.

[42] Zhu H, Wang Z, Gao X, et al. Positron annihilation Doppler broadening spectroscopy study on Fe-ion irradiated NHS steel [J]. Nucl Instrum Methods Phys Res, Sect B, 2015, 344: 5-10.

Ion irradiation effects on metallic materials by nanoindentation

LIU Ying, LIU Wen-bin, YU Long, DUAN Hui-ling*

(Department of Mechanics and Engineering Science, Peking University, Beijing, 100871)

Abstract: Investigation on irradiation effects of metallic materials has much significance for the safety and reliability of nuclear reactors, and is vital to the further development of nuclear engineering. Nanoindentation is a simple and effective way to study the mechanical properties of ion irradiated metallic materials. In this paper, the experimental and theoretical researches about hardening and creep of ion irradiated metallic materials by nanoindentation are reviewed. On one hand, nanoindentation experiments have been widely utilized to study the hardening of ion irradiated metallic materials, thus evaluating the radiation resistance. Meanwhile, considering the micro-mechanism of irradiation hardening, a theoretical model for nanoindentation hardness of ion irradiated metallic materials has been developed, which can well characterize the nanoindentation experimental results. On the other hand, nanoindentation creep experiments have been tentatively utilized to study the effects of ion irradiation-induced defects on the nanoindenation creep behavior of metallic materials. On this basis, some scientific problems for future study are also presented.

Key words: ion irradiation; metallic materials; irradiation hardening; irradiation creep; nanoindentation

蠕变 V 型切口尖端场理论的研究进展

代岩伟[1]，刘应华[2]，秦飞[1]

(1. 北京工业大学电子封装技术与可靠性研究所，北京 100124)

(2. 清华大学工程力学系，北京 100084)

摘要：高温蠕变部件中存在大量的 V 型切口部件，对高温蠕变部件 V 型切口的安全评估问题是目前高温结构完整性研究中关注的重点问题之一。为了进行科学合理的安全评估，需对其尖端场的基本特点、基本表征参数及解的基本结构进行揭示，进而为高温含 V 型切口结构的安全评估奠定理论基础。本文重点介绍了非线性蠕变固体中 V 型切口断裂力学的一些最新研究进展，这些进展有：建立了蠕变固体 V 型切口尖端场的基本理论，给出了不同蠕变指数及切口夹角下蠕变 V 型切口的特征值，并提出了表征蠕变 V 型切口断裂的力学参数；给出了蠕变固体 V 型切口尖端场的前两阶渐近解及其约束效应表征参数；建立了蠕变 V 型切口的断裂表征参量，这些参量有望进一步推广到 V 型切口蠕变疲劳问题的求解及其断裂准则的建立过程中。

关键词：蠕变固体；V 型切口；断裂参数；特征值；渐近分析

引　言

当今时代，高温蠕变断裂力学已经发展成为固体力学和高温结构完整性领域中的一个重要研究方向，其地位随着日益增加的节能减排及工业 4.0 的需求而变得愈发重要[1-10]，其在能源、石化及航空航天等国家重要工业部门中有特别明显的体现。为了缓解经济发展对能源需求的压力，工业部门往往希望：一方面尽可能地延长既有高温设备的使用寿命，进而挖掘老旧设备的使用潜力；另一方面，尽可能提高高温关键设备的承载温度、压力以及运行速度等工作参数[11]，以提高新服役的高温关键设备的能源转化率和使用率。因此，高温结构及材料面临的服役环境愈发恶劣、工况愈发极端，一旦这些高温设备出现安全问题，其所造成的经济损失及社会后果都非常严重。高温结构中越来越苛刻的工况使得工程界希望在事故发生前能得到尽可能准确的高温结构服役安全状况和剩余寿命情况，以提前采取措施预防重大事故的发生。这些都说明新时期工业领域对高温条件下基于蠕变断裂力学的安全评估方法、寿命预测方法提出了新的、更高的要求。

从断裂力学学科本身发展历程的历史背景及潮流趋势上看，断裂力学的发展往往和其所处时代的工业需求紧密相关。正如线弹性断裂力学及弹塑性断裂力学的发展历程一样，高温蠕变断裂力学的发展也是随着核能、石化、航空航天、电力等行业中高温设备及结构（如核压力容器、石化反应器、航空发动机、燃气轮机及电站蒸汽管道等）的安全评估与寿命预测的需求而逐渐推动并发展起来的。一般认为，当高温设备中结构材料服役的环境温度超过 35% 的熔点温度（开氏温度）时，蠕变机制（Creep mechanism）的作用就必须得到足够的重视[12]。可以把这里的"蠕变"理解为固体受到恒定的外载荷作用时，固体中的变形随着时间变化而发生变化的现象，且这种变形不具有可逆性[12]。蠕变一般分为初始蠕变（Primary creep stage）、恒速蠕变（Secondary creep stage）和加速蠕变（Tertiary creep stage）三个阶段。第二阶段的蠕变在实际高温结构中所占时间一般最长，因此也被认为最为重要；又因该阶段一般蠕变速率恒定，因此也称恒速蠕变阶段[13]。通常将尖端区域有蠕变行为发生的裂纹或切口称为蠕变裂纹或蠕变切口，也把蠕变机制主导下的结构或者材料的断裂、破坏行为称之为高温蠕变断裂（Fracture at high temperature）[14]或者蠕变断裂（Creep fracture）[15,16]。

切口（Notch）是工程应用中十分常见的一种缺陷形式。自从 Williams[17] 给出了线弹性材料中不同形状切口尖端的应力场以后，有关切口问题的研究就成为断裂力学中的重要研究主题。和裂纹相比，切口所涵盖的范围更广，切口的类型也十分广泛，如 V 型切口、U 型切口、尖端钝化或者有曲率的 V 型、U 型切口等[18-21]。切口的存在会造成切口尖端局部应力集中，结构承载服役过程中切口部位的应力集中会引起局部开裂，严重的还会引发切口附近裂纹扩展，进而对结构的服役安全性产生影响。因此，科学合理地评估切口尖端应力场并提出合理的断裂参数对于厘清切口尖端力学特性并进一步进行科学合理的安全评估一直是切口断裂力学问题研究中需要关注的主要问题。

对于蠕变材料，Bassani[22] 较早就给出了满足双曲正弦蠕变律（Hyperbolic-Sine-Law Creep）下 V 型切口的渐近解，并且得到双曲正弦蠕变律下的尖头 V 型切口的奇异性，另外其也对比了与幂律蠕变律下尖头 V 型切口的奇异场的差异。此后，限于当时对于该问题理解的程度，以及 Bassani[22] 本身工作的超前性，有关蠕变切口尖端场的研究工作在后续的近二十年时间里基本进入了停滞期。但这一时期却是弹塑性幂硬化材料 V 型切口尖端场理论的形成及发展期，在此期间学术界基本上厘清了弹塑性幂硬化材料中 V 型切口尖端场渐近解的结构及其断裂参量的选择等问题，其中有 Kuang-Xu 解[23]、Xia-Wang 解[24]、Yuan-Lin 解[25]、Wang-Kuang 解[26]，此外 Lazzari 等人[27-30]、Carpinteri 等人[31,32]、Berto 等人[33,34] 和 Guo 等人[35,36] 也做出了大量的工作。Providakis[37] 使用区域边界元的方法研究蠕变条件下的 V 型切口，发现 V 型切口的应力松弛水平与加载率相关。近年来也有部分研究者[38-41]对切口的几何形状对蠕变切口尖端的影响做了探讨，但是这些探讨主要集中在蠕变 V 型切口裂尖应力场的估计上，并没有真正厘清 V 型蠕变切口条件下尖端场的特性，然而目前这些探讨也从侧面说明了蠕变断裂问题中切口尖端场的研究得到越来越多的重视。

近期，Zhu 等[42] 首次基于迭代的方法给出了幂律蠕变本构下 V 型切口的奇异指数，但没有与早期 Xia 和 Wang[24] 及 Yuan 和 Lin[25] 得到的弹塑性幂硬化尖头 V 型切口结果进行对比。相关研究也并未关注到其高阶解的情况。最近，Gallo 及其合作者[43-45]对服从幂律蠕变本构下的 V 型切口做了深入研究，发现应变能密度在估计及计算蠕变 V 型切口的断裂行为时具有一定的意义，其研究主要参考了弹塑性条件下 V 型切口的理论。孟庆华等[46]考虑损伤因素，对稳定扩展下的蠕变 V 型切口奇异性行为进行了研究，给出了扩展蠕变切口的奇异性。

虽然上述关于蠕变切口的工作推动了蠕变切口断裂力学问题的进展，但是，以上这些研究并未解决幂律蠕变材料中 V 型切口尖端场的特性、高阶渐近解及断裂参量的选择、C–积分的适用性等问题，而上述问题在弹塑性 V 型切口中都得到了很大的关注，如 Chen 和 Lu[47]对于弹塑性材料中 V 型及 U 型切口尖端场 J–积分守恒性的讨论以及 Lazzarin[29]和 Livieri[48]对于 V 型切口及钝化的切口尖端 J–积分的估计，这些弹塑性 V 型切口中的类似问题对于蠕变 V 型切口而言也是需要研究清楚的根本性问题。

本文报告了作者及其合作者近期针对蠕变条件下的 V 型切口的尖端场及其高阶渐近解所开展的一些最新研究结果和进展，具体内容如下：第 1 节给出了 V 型切口尖端的一阶渐近解，并分析了 V 型切口的奇异行为等问题；第 2 节主要给出了 V 型切口的高阶渐近解，并进行验证和讨论；第 3 节主要研究蠕变 V 型切口的断裂参数问题；最后给出本文总结和展望。

1 蠕变 V 型切口的基本场理论

1.1 基本方程

求解采用的本构方程仍然为幂律蠕变本构的形式，即

$$\dot{\varepsilon}_{ij} = \frac{1+v}{E}\dot{S}_{ij} + \frac{1-2v}{3E}\dot{\sigma}_{kk}\delta_{ij} + \frac{3}{2}\dot{\varepsilon}_0 \left(\frac{\sigma_e}{\sigma_0}\right)^{n-1}\frac{S_{ij}}{\sigma_0} \tag{1}$$

$$S_{ij} = \sigma_{ij} - \sigma_{kk}\delta_{ij}/3 \tag{2}$$

$$\sigma_e^2 = \frac{3}{2}S_{ij}S_{ij} \tag{3}$$

平面应变条件下 V 型切口的平衡方程、几何方程及应变协调方程与裂纹的平衡方程、几何方程及协调方程完全相同。其平衡方程为

$$\begin{cases} \dfrac{\partial \sigma_{rr}}{\partial r} + \dfrac{1}{r}\dfrac{\partial \sigma_{r\theta}}{\partial \theta} + \dfrac{1}{r}(\sigma_{rr} - \sigma_{\theta\theta}) = 0 \\[3mm] \dfrac{\partial \theta_{r\theta}}{\partial r} + \dfrac{1}{r}\dfrac{\partial \sigma_{\theta\theta}}{\partial \theta} + \dfrac{2}{r}\sigma_{r\theta} = 0 \end{cases} \tag{4}$$

式中，σ_{rr}、$\sigma_{\theta\theta}$ 及 $\sigma_{r\theta}$ 分别为径向应力、环向应力及剪切应力。除了平衡方程，应变率及位移率的关系为

$$\begin{cases} \dot{\varepsilon} = \dfrac{\partial \dot{u}_r}{\partial r} \\[3mm] \dot{\varepsilon}_{\theta\theta} = \dfrac{1}{r}\dfrac{\partial \dot{u}_\theta}{\partial \theta} + \dfrac{\dot{u}_r}{r} \\[3mm] \dot{\varepsilon}_{r\theta} = \dfrac{1}{2}\left(\dfrac{1}{r}\dfrac{\partial \dot{u}_r}{\partial \theta} + \dfrac{\partial \dot{u}_\theta}{\partial r} - \dfrac{\dot{u}_\theta}{r}\right) \end{cases} \tag{5}$$

式中，$\dot{u}_r$、$\dot{u}_\theta$、$\dot{\varepsilon}_{rr}$、$\dot{\varepsilon}_{\theta\theta}$ 和 $\dot{\varepsilon}_{r\theta}$ 分别为径向位移率、环向位移率、径向应变率、环向应变率及剪切应变率。同时，协调方程为

$$\frac{1}{r}(r\dot{\varepsilon}_{\theta\theta})_{,rr} + \frac{1}{r^2}(r\dot{\varepsilon}_{rr,\theta\theta}) - \frac{1}{r}(\dot{\varepsilon}_{rr,r}) - 2\frac{1}{r^2}(r\dot{\varepsilon}_{r\theta,\theta})_{,r} = 0 \tag{6}$$

其中，下标出现的次数表示求导的阶数，即 $\dot{\varepsilon}_{rr,\theta\theta} = \partial^2 \dot{\varepsilon}_{rr}/\partial\theta^2$。

1.2　渐近分析

对于蠕变 V 型切口而言（图 1），仍然认为 V 型切口的尖端场满足如下假设：（1）假设蠕变切口尖端的蠕变应变占主导且远大于弹性应变；（2）假设切口尖端变形为小变形；（3）假定应力、应变及位移等量都可以表示为渐近展开的形式，即认为对蠕变裂尖的应力、应变及位移分量可以分别写成 r 和 θ 的函数，而时间项体现在幅值系数中。

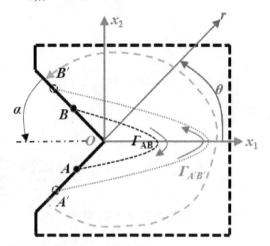

图 1　典型的 V 型切口

由此，V 型切口的应力场渐近展开可以写成：

$$\frac{\sigma_{ij}(r,\theta,\alpha,t)}{\sigma_0} = A_1(t)\bar{r}^{s_1}\tilde{\sigma}_{ij}^{(1)}(\theta)$$
$$+ A_2(t)\bar{r}^{s_2}\tilde{\sigma}_{ij}^{(2)}(\theta) + \cdots \tag{7}$$

式中，$A_1(t)$ 和 $A_2(t)$ 分别为一阶及二阶的幅值系数；$\bar{r} = r/L$，r 是距离蠕变 V 型切口的距离，而 L 为特征长度，特征长度的取值并无特别规定，可以选取任何值，如板厚、切口深度以及单位长度 1；特征值 s_1 和 s_2 分别为一阶及二阶的应力指数，也称为一阶、二阶特征值，且特征值应当满足 $s_1 < s_2 < \cdots$；$\tilde{\sigma}_{ij}^{(1)}(\theta)$ 和 $\tilde{\sigma}_{ij}^{(2)}(\theta)$ 分别为一阶及二阶渐近解对应的角分布函数，也称为特征分布函数。该分析方法与本文作者及合作者前述的渐近分析方法相同[49-53]。偏应力分量的表达式为

$$\frac{S_{ij}(r,\theta,t)}{\sigma_0} = A_1(t)\bar{r}^{s_1}\tilde{S}_{ij}^{(1)}(\theta) +$$
$$A_2(t)\bar{r}^{s_2}\tilde{S}_{ij}^{(2)}(\theta) + \cdots \tag{8}$$

$$\tilde{S}_{ij}^{(m)} = \tilde{\sigma}_{ij}^{(m)}(\theta) - \tilde{\sigma}_{kk}^{(m)}(\theta)\delta_{ij}/3 \tag{9}$$

其中 $\tilde{S}_{ij}^{(1)}$ 和 $\tilde{S}_{ij}^{(2)}$ 分别为一阶及二阶渐近解的无量纲的偏应力分量表达式。由此，可以得到 von Mises 等效应力的表达式：

$$\left(\frac{\sigma_e}{\sigma_0}\right)^{n-1} = \begin{bmatrix} A_1^2\bar{r}^{2s_1}(\tilde{\sigma}_e^{(11)})^2 \\ + 2A_1A_2\bar{r}^{s_2-s_1}(\tilde{\sigma}_e^{(12)}) + \cdots \end{bmatrix}^{(n-1)/2} \tag{10}$$

其中，

$$\begin{cases} \tilde{\sigma}_e^{(11)} = \sqrt{\dfrac{3}{2}\tilde{S}_{ij}^{(1)}\tilde{S}_{ij}^{(1)}} \\ \tilde{\sigma}_e^{(12)} = \dfrac{3}{2}\dfrac{\tilde{S}_{ij}^{(1)}\tilde{S}_{ij}^{(2)}}{\tilde{\sigma}_e^{(11)}\tilde{\sigma}_e^{(11)}} \end{cases} \tag{11}$$

255

将 von Mises 应力分量代入本构方程中，可以得到应变率的表达式为

$$\frac{\dot{\varepsilon}_{ij}(r,\theta,t)}{\dot{\varepsilon}_0} = A_1^n \bar{r}^{ns_1} \tilde{\varepsilon}_{ij}^{(1)}(\theta) + A_1^{n-1} A_2 \bar{r}^{s_1(n-1)+s_2} \tilde{\varepsilon}_{ij}^{(2)}(\theta)$$

$$+ A_1^{n-1} A_2^2 \bar{r}^{s_1(n-2)+2s_2} \tilde{\zeta}_{ij}^{(1)}(\theta)$$

$$+ [A_1 \bar{r}^{s_1} \tilde{\eta}_{ij}^{(1)}(\theta) + A_2 \bar{r}^{s_2} \tilde{\eta}_{ij}^{(2)}(\theta)] + \cdots \quad (12)$$

其中，

$$\begin{cases} \tilde{\varepsilon}_{ij}^{(1)} = \dfrac{3}{2} [\tilde{\sigma}_e^{(11)}]^{n-1} \tilde{S}_{ij}^{(1)} \\[2mm] \tilde{\varepsilon}_{ij}^{(2)} = \dfrac{3}{2} [\tilde{\sigma}_e^{(11)}]^{n-1} [(n-1) \tilde{\sigma}_e^{(12)} \tilde{S}_{ij}^{(1)} + \tilde{S}_{ij}^{(2)} \\[2mm] \tilde{\zeta}_{ij}^{(1)} = \dfrac{3}{2} [\sigma_e^{(11)}]^{n-1} (n-1) \left\{ \tilde{\sigma}_e^{(12)} \tilde{S}_{ij}^{(2)} + \dfrac{1}{2} [\tilde{\sigma}_e^{(22)} + (n-3)(\tilde{\sigma}_e^{(12)})^2] \tilde{S}_{ij}^{(1)} \right\} \\[2mm] \tilde{\eta}_{ij}^{(m)} = \dfrac{1+\nu}{\dot{E}\varepsilon_0} \dot{\tilde{S}}_{ij}^{(m)} + \dfrac{1-2\nu}{3\dot{E}\varepsilon_0} \dot{\tilde{\sigma}}_{kk}^{(m)} \delta_{ij} \\[2mm] \tilde{\varepsilon}_{zz}^{(m)} = 0 \end{cases} \quad (13)$$

进一步可以得到位移率的表达式为

$$\frac{\dot{u}_i(r,\theta,t)}{\dot{\varepsilon}_0 L} = A_1^n \bar{r}^{ns_1+1} \tilde{u}_i^{(1)}(\theta)$$

$$+ A_1^{n-1} A_2 \bar{r}^{s_1(n-1)+s_2+1} \tilde{u}_i^{(2)}(\theta) \quad (14)$$

如果只取一阶渐近展开，并将式（7）、式（12）及式（14）代入平衡方程和几何方程中，可以得到一阶渐近解的控制方程为

$$\begin{cases} (s_1+1)\tilde{\sigma}_{rr}^{(1)} - \tilde{\sigma}_{\theta\theta}^{(1)} + \tilde{\sigma}_{r\theta,\theta}^{(1)} = 0 \\[1mm] \tilde{\sigma}_{\theta\theta,\theta}^{(1)} + (s_1+2)\tilde{\sigma}_{r\theta}^{(1)} = 0 \\[1mm] \tilde{\varepsilon}_{rr}^{(1)} - (ns_1+1)\tilde{u}_r^{(1)} = 0 \\[1mm] \tilde{\varepsilon}_{\theta\theta}^{(1)} - \tilde{u}_r^{(1)} - \tilde{u}_{\theta,\theta}^{(1)} = 0 \\[1mm] 2\tilde{\varepsilon}_{r\theta}^{(1)} - \tilde{u}_{r,\theta}^{(1)} - ns_1 \tilde{u}_\theta^{(1)} = 0 \end{cases} \quad (15)$$

上述方程可以化简为

$$\begin{cases} \tilde{\sigma}_{rr}^{(1)} = \dfrac{-\dfrac{3}{4(ns_1+1)} [(s_1+2)F_1 \tilde{\sigma}_{r\theta}^{(1)} + F_2(\sigma_{\theta\theta}^{(1)} - (s_1+1)\tilde{\sigma}_{rr}^{(1)})]}{3F_1/[4(ns_1+1)]} \\[4mm] \qquad - \dfrac{\dfrac{s_1 n}{\tilde{\sigma}_e^{(11)n-1}} \tilde{u}_\theta^{(1)} + 3\tilde{\sigma}_{r\theta}^{(1)}}{3F_1/[4(ns_1+1)]} \\[4mm] \tilde{\sigma}_{\theta\theta,\theta}^{(1)} = -(s_1+2)\tilde{\sigma}_{r\theta}^{(1)} \\[2mm] \tilde{\sigma}_{r\theta,\theta}^{(1)} = \tilde{\sigma}_{\theta\theta}^{(1)} - (s_1+1)\tilde{\sigma}_{rr}^{(1)} \\[2mm] \tilde{u}_{\theta,\theta}^{(1)} = \dfrac{3\tilde{\sigma}_e^{(11)n-1}}{4} \left(1 + \dfrac{1}{ns_1+1}\right)(\tilde{\sigma}_{\theta\theta}^{(1)} - \tilde{\sigma}_{rr}^{(1)}) \end{cases} \quad (16)$$

其中，F_1 和 F_2 分别为

$$\begin{cases} F_1 = 1 + \dfrac{3(n-1)}{4\widetilde{\sigma}_e^{(11)2}} (\widetilde{\sigma}_{rr}^{(1)} - \widetilde{\sigma}_{\theta\theta}^{(1)})^2 \\ F_2 = \dfrac{3(n-1)}{\widetilde{\sigma}_e^{(11)2}} \widetilde{\sigma}_{r\theta}^{(1)} (\widetilde{\theta}_{rr}^{(1)} - \widetilde{\sigma}_{\theta\theta}^{(1)}) \end{cases} \tag{17}$$

由此可见，蠕变 V 型切口一阶渐近解的控制方程与蠕变裂纹的一阶渐近解的控制方程并无显著差异。而 I 型加载条件下蠕变 V 型切口的边界条件为

$$\begin{cases} \widetilde{\sigma}_{r\theta}^{(1)}(\theta = \pm(\pi - \alpha)) = \widetilde{\sigma}_{\theta\theta}^{(1)}(\theta = \pm(\pi - \alpha)) = 0 \\ \widetilde{\sigma}_{r\theta}^{(1)}(\theta = 0) = 0 \\ \widetilde{u}_{\theta}^{(1)}(\theta = 0) = 0 \end{cases} \tag{18}$$

除了上述边界条件外，还需要定解边界条件 $\widetilde{\sigma}_{\theta\theta}^{(1)}(\theta = 0) = 1$。

1.3　一阶渐近解的结果

控制方程（16）的求解可以采用与文献［49 – 53］中求解蠕变裂纹一阶渐近解时相同的求解策略，由于对称性的存在，只需要在 $[0, \pi - \alpha]$ 的范围内求解。在打靶的过程中，先在整个求解域内进行龙格库塔积分，最终通过边界条件不断迭代，达到所要满足的控制精度，这里控制精度设为 1×10^{-6}，打靶法的求解过程都基于 MATLAB 平台。

表 1 给出了不同蠕变指数下不同张开角的蠕变 V 型切口所对应的一阶特征值 s_1。当 $n = 1$ 时，退化为线弹性材料的 V 型切口的特征值。当 $n > 3$ 时，同一蠕变指数下 V 型切口的一阶特征值随着 V 型切口的张开角而不断变化，当张开角为 0° 时退化为裂纹的一阶特征值，也就是 HRR 奇异性，此时具有最强的奇异性，而随着张开角的变化，奇异性逐渐变弱，但是仍然具有奇异性，即为负值。和线弹性 V 型切口的特征值相比，蠕变 V 型切口的特征值数值更高。

表 1　不同蠕变指数及切口夹角对应的一阶特征值

$\alpha/(\degree)$	$n = 3$	$n = 5$	$n = 7$
0	− 0. 25	− 0. 1666667	− 0. 125
5	− 0. 2496751	− 0. 16640452	− 0. 12480696
10	− 0. 2490339	− 0. 16596082	− 0. 12449558
15	− 0. 2479767	− 0. 16528194	− 0. 12403121
30	− 0. 2410837	− 0. 16113716	− 0. 12125507
45	− 0. 2250165	− 0. 15164796	− 0. 11487978
60	− 0. 1924042	− 0. 13193848	− 0. 10127875
75	− 0. 1291951	− 0. 09165621	− 0. 07215634

图 2 给出了本文基于直接法计算得到的一阶特征值结果与 Zhu 等[42] 等使用封闭积分等于 0 这一迭代策略给出的一阶特征值的对比，可以发现本文求解的特征值与 Zhu 等[42] 给出的解完全吻合，证实了本节结果和方法的准确性。有趣的是，本文还发现蠕变条件下的 V 型切口的一阶特征值与 Yuan 和 Lin[25] 给出的弹塑性条件下 V 型切口的特

征值也吻合。以往的研究中都强调了幂硬化弹塑性裂纹尖端场与幂律蠕变裂纹尖端场的相似性，但并未直接给出或证明蠕变 V 型切口与弹塑性 V 型切口的相同特征，这里给出的结果直接证实了蠕变 V 型切口和弹塑性 V 型切口尖端场仍然存在相似性。

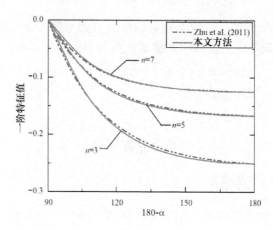

图 2　不同蠕变指数下蠕变 V 型切口的一阶特征值随着切口夹角的变化

图 3 给出蠕变指数 $n = 3$ 条件下不同切口夹角的一阶角分布函数。结果表明，当切口的夹角较小时，比如小于 30° 时，其渐近解的形状和变化趋势及蠕变裂纹的角分布函数非常相似。但是，当蠕变切口的夹角逐渐增加时，角分布函数的特性开始发生变化，角分布函数 $\widetilde{\sigma}_{rr}^{(1)}$ 和裂纹的角分布函数 $\widetilde{\sigma}_{rr}^{(1)}$ 显著不同。

由式（7）可得，前面已经通过直接法确定了蠕变 V 型切口的一阶特征值和一阶特征分布函数，还需要确定幅值系数的具体表达式。对于幂律蠕变的裂纹尖端场，根据 HRR 解[54,55] 或 RR 解[56]，知道蠕变裂纹的一阶幅值系数为

$$A_1(t) = \left(\frac{C(t)}{\sigma_0 \dot{\varepsilon}_0 I_n L} \right)^{-s_1} \tag{19}$$

式中，$C(t)$ 为 $C(t)$ – 积分；I_n 为积分常数；L 为特征长度；σ_0 为参考应力；$\dot{\varepsilon}_0$ 为参考应变率。

根据量纲分析，这里提出针对蠕变 V 型切口的一阶幅值系数表达式：

$$A_1(t) = \left(\frac{K(t)}{\sigma_0 \dot{\varepsilon}_0 L} \right)^{-s_1} \tag{20}$$

式中，$K(t)$ 为蠕变 V 型切口的一阶幅值系数的幅值项，它的取值依赖于载荷水平及 V 型切口的尖端场特性。当张开角为 0° 时，有 $K(t) = C(t)/I_n$。也就是上述表达式和裂纹的幅值系数可以很好地联系起来，同时 $K(t)$ 拥有与 $C(t)$ – 积分相同的量纲。

2　蠕变 V 型切口的高阶场理论

为了求解蠕变 V 型切口的高阶解，本构方程及基本方程仍然沿用第 1 节的方程，简化起见，这里不再重复分析，具体可以参见文献 [49，51 – 53]。蠕变 V 型切口的高阶渐近分析的过程与文献 [55] 相同，且与蠕变裂纹的高阶渐近解的推导思路、方法

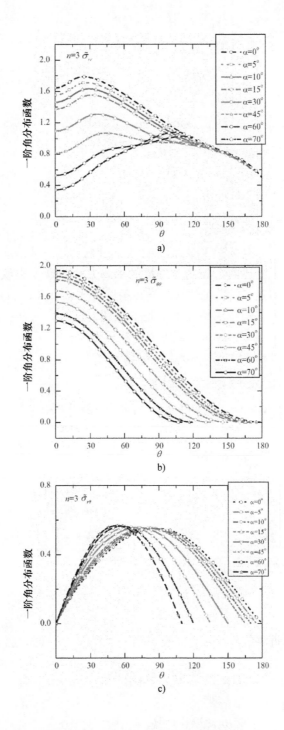

图3　$n=3$条件下蠕变 V 型切口不同切口夹角的一阶角分布函数

相同[49-56]。最终可以得到两阶的控制方程：

$$\begin{cases} (s_1+1)\widetilde{\sigma}_{rr}^{(1)} - \widetilde{\sigma}_{\theta\theta}^{(1)} + \widetilde{\sigma}_{r\theta,\theta}^{(1)} = 0 \\ \widetilde{\sigma}_{\theta\theta,\theta}^{(1)} + (s_1+2)\widetilde{\sigma}_{r\theta}^{(1)} = 0 \\ \widetilde{\varepsilon}_{rr}^{(1)} - (ns_1+1)\widetilde{u}_r^{(1)} = 0 \\ \widetilde{\varepsilon}_{\theta\theta}^{(1)} - \widetilde{u}_r^{(1)} - \widetilde{u}_{\theta,\theta}^{(1)} = 0 \\ 2\widetilde{\varepsilon}_{r\theta}^{(1)} - \widetilde{u}_{r,\theta}^{(1)} - ns_1\widetilde{u}_{\theta}^{(1)} = 0 \end{cases} \tag{21}$$

$$\begin{cases} (s_2+1)\widetilde{\sigma}_{rr}^{(2)} - \widetilde{\sigma}_{\theta\theta}^{(2)} + \widetilde{\sigma}_{r\theta,\theta}^{(2)} = 0 \\ \widetilde{\sigma}_{\theta\theta,\theta}^{(2)} + (s_2+2)\widetilde{\sigma}_{r\theta}^{(2)} = 0 \\ \widetilde{\varepsilon}_{rr}^{(2)} - \left[(n-1)s_1+s_2+1\right]\widetilde{u}_r^{(2)} = 0 \\ \widetilde{\varepsilon}_{\theta\theta}^{(2)} - \widetilde{u}_r^{(2)} - \widetilde{u}_{\theta,\theta}^{(2)} = 0 \\ 2\widetilde{\varepsilon}_{r\theta}^{(2)} - \widetilde{u}_{r,\theta}^{(2)} - \left[(n-1)s_1+s_2\right]\widetilde{u}_{\theta}^{(2)} = 0 \end{cases} \tag{22}$$

除了边界条件外，上述两个控制方程组的求解方法与蠕变裂纹相同，仍然采用打靶法求解。需要指出的是二阶特征值应当满足条件 $s_1 < s_2 < s_1(2-n)$。如果二阶特征值 s_2 不在上述求解区间内，则所求特征值不是本征解，这时有 $s_2 = s_1(2-n)$。此时，弹性应变应当考虑到二阶解中，原来控制方程重新写为

$$\begin{cases} (s_2+1)\widetilde{\sigma}_{rr}^{(2)} - \widetilde{\sigma}_{\theta\theta}^{(2)} + \widetilde{\sigma}_{r\theta,\theta}^{(2)} = 0 \\ \widetilde{\sigma}_{\theta\theta,\theta}^{(2)} + (s_2+2)\widetilde{\sigma}_{r\theta}^{(2)} = 0 \\ \widetilde{\varepsilon}_{rr}^{(2)} - \left[(n-1)s_1+s_2+1\right]\widetilde{u}_r^{(2)} = \dfrac{1+\nu}{E\dot{\varepsilon}_0}\widetilde{\dot{S}}_{rr}^{(1)} \\ \quad + \dfrac{1-2\nu}{3E\dot{\varepsilon}_0}\widetilde{\dot{\sigma}}_{(kk)}^{(1)}\delta_{ij} \\ \widetilde{\varepsilon}_{\theta\theta}^{(2)} - \widetilde{u}_r^{(2)} - \widetilde{u}_{\theta,\theta}^{(2)} = \dfrac{1+\nu}{E\dot{\varepsilon}_0}\widetilde{\dot{S}}_{\theta\theta}^{(1)} + \dfrac{1-2\nu}{3E\dot{\varepsilon}_0}\widetilde{\dot{\sigma}}_{kk}^{(1)}\delta_{ij} \\ 2\widetilde{\varepsilon}_{r\theta}^{(2)} - \widetilde{u}_{r,\theta}^{(2)} - \left[(n-1)s_1+s_2\right]\widetilde{u}_{\theta}^{(2)} = \dfrac{1+\nu}{E\dot{\varepsilon}_0}\widetilde{\dot{S}}_{r\theta}^{(1)} \end{cases} \tag{23}$$

此外，将应变率的方程代入协调方程中，可得

$$BA_1^n r^{ns_1-2}k_1 + BA_1^{n-1}A_2 r^{(n-1)s_1+s_2-2}k_2 + \\ A_1 r^{s_1-2}k_e + \cdots = 0 \tag{24}$$

由此对于高阶渐近解的阶次进行分析，当 $s_2 = s_1(2-n)$ 时，将 $s_2 = s_1(2-n)$ 代入式（24），可得

$$BA_1^{n-1}A_2 r^{s_1-2}k_2 + A_1 r^{s_1-2}k_e + \cdots = 0 \tag{25}$$

化简整理，可得

$$BA_1^{n-1}A_2 r^{s_1-2}k_2 + A_1 r^{s_1-2}k_e = 0 \tag{26}$$

为了得到与 A_1、A_2 无关的解，则有 $A_2 = A_1^{2-n}/B$。而对于 $s_2 \neq s_1(2-n)$ 的情况则不能确定 A_2 与 A_1 的关系，此时蠕变 V 型切口的二阶解为待定项。

表 2 为不同蠕变指数及切口夹角对应的二阶特征值

图 4 为 $n=3$ 条件下不同蠕变 V 型切口的二阶角分布函数

260

表2 不同蠕变指数及切口夹角对应的二阶特征值

$\alpha/(°)$	$n = 3$	$n = 5$	$n = 7$
0	-0.012842	0.0545632	0.0693744
5	0.0472096	0.0925924	0.0981134
10	0.1085158	0.1332274	0.1295227
15	0.1718210	0.1766754	0.1638724
30	0.2410837	0.3271727	0.2884317
45	0.2250165	0.4549439	0.4575802
60	0.1924042	0.3958154	0.5063938
70	0.1550515	0.3253879	0.4225298

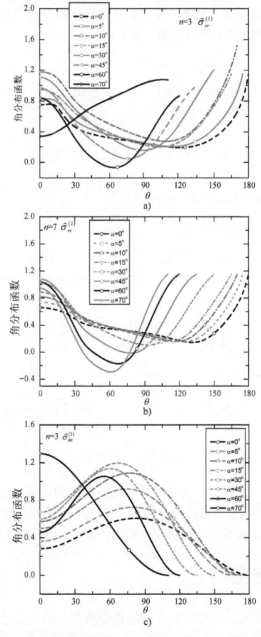

图4 $n = 3$ 条件下不同蠕变 V 型切口的二阶角分布函数

261

3   蠕变 V 型切口的断裂参量

针对蠕变裂纹的直接坐标系的 $C(t)$ – 积分可以表示为

$$C(t) = \int_{\Gamma \to 0} \left[\begin{array}{l} \left(\dfrac{n}{n+1} \sigma_{ij} \dot{\varepsilon}_{ij} - \sigma_{11} \dfrac{\partial \dot{u}_1}{\partial x_1} - \sigma_{12} \dfrac{\partial \dot{u}_2}{\partial x_1} \right) \mathrm{d}x_2 \\ + \left(\sigma_{12} \dfrac{\partial \dot{u}_1}{\partial x_1} + \sigma_{22} \dfrac{\partial \dot{u}_2}{\partial x_1} \right) \mathrm{d}x_1 \end{array} \right] \tag{27}$$

式中，σ_{ij}、$\dot{\varepsilon}_{ij}$ 和 $\dot{u}_i$ 分别为应力分量、应变率分量及位移分量。而应变率密度、面力分量及沿着积分路径的积分微元可以有如下形式：

$$\dot{W} = \int_0^{\dot{\varepsilon}_{ij}^c} \sigma_{ij} \mathrm{d}\dot{\varepsilon}_{ij}^c = \frac{n}{n+1} \sigma_{ij} \dot{\varepsilon}_{ij}^c \tag{28}$$

经过详细推导，可以得到针对如图 1 所示 V 型切口的 $C(t)$ – 积分表达式：

$$C(t) = \frac{2nDK_N^{n+1}(t) \widetilde{\sigma}_{rr}^2 \widetilde{\sigma}_e^{n-1} \sin\alpha}{(n+1)\left[(n+1)s+1\right]} r^{(n+1)s+1} \tag{29}$$

式中，$K_N(t)$ 为广义切口应力强度因子。广义切口应力强度因子的定义如下：

$$\sigma_{ij} = K_N(t) \bar{r}^s \widetilde{\sigma}_{ij} \tag{30}$$

由此，可以到处如下切口的积分表达式：

$$\begin{aligned} C_V &= \frac{C(t)}{r^{(n+1)s+1}} \\ &= \frac{2nDK_N^{n+1}(t) \widetilde{\sigma}_{rr}^2(\pi-\alpha) \widetilde{\sigma}_e^{n-1}(\pi-\alpha) \sin\alpha}{(n+1)\left[(n+1)s+1\right]} \end{aligned} \tag{31}$$

基于 $\widetilde{\sigma}_e = \sqrt{3}/2 \widetilde{\sigma}_{rr}$，因此上式可以化简为

$$C_V = \left(\frac{\sqrt{3}}{2}\right)^{n-1} \frac{2nDK_N^{n+1}(t) \widetilde{\sigma}_{rr}^{n+1}(\pi-\alpha) \sin\alpha}{(n+1)\left[(n+1)s+1\right]} \tag{32}$$

令

$$\beta_\alpha = \frac{nD\widetilde{\sigma}_{rr}^{n+1} \sin\alpha}{(n+1)\left[(n+1)s+1\right]} \tag{33}$$

可得

$$C_V = \frac{(\sqrt{3})^{n-1}}{2^{n-2}} \beta_\alpha K_N^{n+1}(t) \tag{34}$$

其中，β_α 如图 5 所示。式（26）为本文针对蠕变 V 型切口所提出的新的与路径无关的断裂参量。图 6 给出了典型的单边拉伸切口试样 C_V – 积分随蠕变时间的变化趋势及其与 $C(t)$ – 积分的对比。有关该部分研究内容的详细讨论可以见文献［52］。

4   结论与展望

本文介绍了关于蠕变 V 型切口的尖端场理论的部分最新研究进展。这些进展主要总结如下：

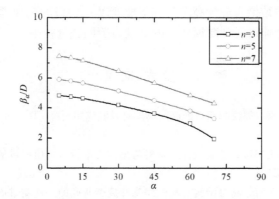

图5　无量纲β_α/D随切口及蠕变指数的变化趋势

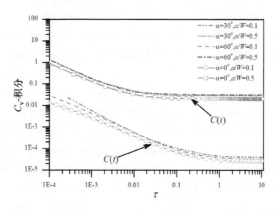

图6　C_V–积分随蠕变时间的变化及其与$C(t)$–积分的对比

首先，基于蠕变条件下渐近展开的分析方法，首次采用直接法求解了蠕变V型切口的一阶渐近解，给出了一阶渐近解条件下不同蠕变指数及不同V型切口夹角的一阶特征值及特征分布函数。结果表明V型切口的一阶特征值介于HRR奇异性和0之间；当切口夹角为0°时为HRR奇异；当切口夹角为90°时，切口没有奇异性；当切口夹角在0°到90°之间变化时，V型切口尖端一阶解仍然具有奇异性。给出了蠕变V型切口的广义应力强度因子，统一了蠕变裂纹和切口的尖端场。此外，证明了稳态蠕变条件下的$C(t)$–积分为路径相关，揭示了$C(t)$–积分与蠕变V型切口应力强度因子的关系，提出了可以表征蠕变V型切口的路径无关的C_V–积分。

其次，建立了幂律蠕变条件下V型切口的二阶渐近解，给出了不同蠕变指数及切口夹角下蠕变V型切口的二阶特征值及特征分布函数。结果表明二阶特征值已经不再具有奇异性，其不再随着切口夹角的变化呈现单调变化，而是随着切口夹角的增加呈现出先增加后降低的趋势。厘清了不同蠕变指数及不同切口夹角下二阶幅值系数与一阶幅值系数的关系。发现在较小的V型切口夹角条件下，蠕变V型切口的特性与蠕变裂纹的特性较为接近，而在较大的V型切口夹角条件下，蠕变V型切口的特性呈现出与蠕变裂纹尖端场完全不同的形态。

上述工作将非线性渐近展开分析的方法推广到蠕变切口问题，而且获得了很好的结果。本文所得到的结果为进行高温条件下蠕变 V 型切口的断裂理论奠定了坚实基础，该理论可以进一步延伸拓展到高温切口的蠕变疲劳问题分析中。

参 考 文 献

［1］ 代岩伟，平面应变蠕变裂纹和切口的高阶场理论及其应用研究［D］. 北京：清华大学博士学位论文，2018.

［2］ 涂善东，轩福贞，王国珍. 高温条件下材料与结构力学行为的研究进展［J］. 固体力学学报，2010（6）：679－695.

［3］ 施惠基，马显锋，于涛. 高温结构材料的蠕变和疲劳研究的一些新进展［J］. 固体力学学报，2010（6）：696－715.

［4］ Dai Y W, Liu D H, Liu Y H. Mismatch constraint effect of creep crack with modified boundary layer modelc［J］. Journal of Applied Mechanics, 2016, 83（3）：031008.

［5］ Dai Y W, Liu Y H, Chen H F, et al. The interacting effect for collinear cracks near mismatching bimaterial interface under elastic creep［J］. Journal of Pressure Vessel Technology, 2016, 138（4）, 041404.

［6］ Dai Y W, Liu Y H, Chen H F. Numerical investigations on the effects of T－stress in mode I creep crack［J］. International Journal of Computational Methods, 2019, 16（08）, 1841002.

［7］ 王国珍，轩福贞，涂善东. 高温结构蠕变裂尖约束效应［J］. 力学进展，2017, 47：201704.

［8］ Zhao L, Jing H, Xu L, et al. Evaluation of constraint effects on creep crack growth by experimental investigation and numerical simulation［J］. Engineering Fracture Mechanics, 2012, 96：251－266.

［9］ Xiang M, Yu Z, Guo W. Characterization of three－dimensional crack border fields in creeping solids［J］. International Journal of Solids and Structures, 2011, 48（19）：2695－2705.

［10］ Guo W L, Chen Z, She C. Universal characterization of three－dimensional creeping crack－front stress fields［J］. International Journal of Solids and Structures 2018；152：104－117.

［11］ Dai Y W, Liu Y H, Qin F, et al. Constraint modified time dependent failure assessment diagram（TDFAD）based on C（t）－A2（t）theory for creep crack［J］. International Journal of Mechanical Sciences, 2020, 165, 105193.

［12］ 穆霞英. 蠕变力学［M］. 西安：西安交通大学出版社. 1990.

［13］ Norton F H. The creep of steel at high temperatures［M］. Incorporated：McGraw－Hill Book Company, 1929.

［14］ Saxena A. Nonlinear fracture mechanics for engineers［M］. Florida：CRC Press, 1998.

［15］ Riedel H. Fracture at high temperatures［M］. Berlin：Springer, 1987.

［16］ Evans H. Mechanisms of creep fracture［M］. London：Elsevier Applied Science Publishers Ltd, 1984.

［17］ Williams M. Stress singularities resulting from various boundary conditions in angular corners of plates in extension［J］. Journal of Applied Mechanics, 1952, 19（4）：526－528.

［18］ Dini D, Hills D. Asymptotic characterization of nearly－sharp notch root stress fields［J］. International Journal of Fracture, 2004, 130（3）：651－666.

［19］ Chen D H. Stress intensity factors for V－notched strip under tension or in－plane bending［J］. International Journal of Fracture, 1994, 70（1）：81－97.

［20］ Atzori B, Lazzarin P, Filippi S. Cracks and notches：Analogies and differences of the relevant stress distributions and practical consequences in fatigue limit predictions［J］. International Journal of Fatigue, 2001, 23 (4): 355 – 362.

[21] Filippi S, Lazzarin P, Tovo R. Developments of some explicit formulas useful to describe elastic stress fields ahead of notches in plates [J]. International Journal of Solids and Structures, 2002, 39 (17): 4543 – 4565.

[22] Bassani J L. Notch – tip stresses in a creeping solid [J]. Journal of Applied Mechanics, 1984, 51 (3): 475 – 480.

[23] Kuang Z B, Xu X P. Stress and strain fields at the tip of a sharp V – notch in a power – hardening material [J]. International Journal of Fracture, 1987, 35 (1): 39 – 53.

[24] Xia L, Wang T C. Singular behavior near the tip of a sharp V – notch in a power law hardening material [J]. International Journal of Fracture, 1993, 59 (1): 83 – 93.

[25] Yuan H, Lin G. Analysis of elastoplastic sharp notches [J]. International Journal of Fracture, 1994, 67 (3): 187 – 216.

[26] Wang T J, Kuang Z B. Higher order asymptotic solutions of V – notch tip fields for damaged nonlinear materials under antiplane shear loading [J]. International Journal of Fracture, 1999, 96 (4): 303 – 329.

[27] Lazzarin P, Berto F, Gomez F, et al. Some advantages derived from the use of the strain energy density over a control volume in fatigue strength assessments of welded joints [J]. International Journal of Fatigue, 2008, 30 (8): 1345 – 1357.

[28] Lazzarin P, Lassen T, Livieri P. A notch stress intensity approach applied to fatigue life predictions of welded joints with different local toe geometry [J]. Fatigue & Fracture of Engineering Materials & Structures, 2003, 26 (1): 49 – 58.

[29] Lazzarin P, Zambardi R, Livieri P. A J – integral – based approach to predict the fatigue strength of components weakened by sharp V – shaped notches [J]. International Journal of Computer Applications in Technology, 2002; 15: 202 – 210.

[30] Lazzarin P, Zappalorto M. Plastic notch stress intensity factors for pointed V – notches under antiplane shear loading [J]. International Journal of Fracture 2008; 152: 1 – 25.

[31] Carpinteri A, Cornetti P, Pugno N, et al. A finite fracture mechanics approach to structures with sharp v – notches [J]. Engineering Fracture Mechanics, 2008, 75 (7): 1736 – 1752.

[32] Carpinteri A, Paggi M, Pugno N. Numerical evaluation of generalized stress – intensity factors in multi – layered composites [J]. International Journal of Solids and Structures, 2006, 43 (3): 627 – 641.

[33] Berto F, Lazzarin P, Matvienko YG. J – integral evaluation for U – and V – blunt notches under mode I loading and materials obeying a power hardening law [J]. International Journal of Fracture, 2007, 146 (1 – 2): 33 – 51.

[34] Berto F, Lazzarin P. Relationships between J – integral and the strain energy evaluated in a finite volume surrounding the tip of sharp and blunt V – notches [J]. International Journal of Solids and Structures, 2007, 44 (14): 4621 – 4645.

[35] Guo WL. Theoretical investigation of elastoplastic notch fields under triaxial stress constraint [J]. International Journal of Fracture, 2002, 115 (3): 233 – 249.

[36] Jiang Y, Guo WL, Yue Z. On the study of the creep damage development in circumferential notch specimens [J]. Computational Materials Science, 2007, 38 (4): 653 – 659.

[37] Providakis C. Creep analysis of V – notched metallic plates: Boundary element method [J]. Theoretical and applied fracture mechanics, 1999, 32 (1): 1 – 7.

［38］ Fuji A, Tabuchi M, Yokobori AT, et al. Influence of notch shape and geometry during creep crack growth testing of tial intermetallic compounds ［J］. Engineering Fracture Mechanics, 1999, 62 (1): 23 - 32.

［39］ Tabuchi M, Adachi T, Yokobori J A, et al. Evaluation of creep crack growth properties using circular notched specimens ［J］. International Journal of Pressure Vessels and Piping, 2003, 80 (7 - 8): 417 - 425.

［40］ Lukáš P, Preclík P, Čadek J. Notch effects on creep behaviour of cmsx - 4 superalloy single crystals ［J］. Materials Science and Engineering: A, 2001, 298 (1): 84 - 89.

［41］ Jiang Y, Guo W, Yue Z, et al. On the study of the effects of notch shape on creep damage development under constant loading ［J］. Materials Science and Engineering: A, 2006, 437 (2): 340 - 347.

［42］ Zhu H, Xu J, Feng M. Singular fields near a sharp V - notch for power law creep materia ［J］l. International Journal of Fracture, 2011, 168 (2): 159 - 166.

［43］ Gallo P, Berto F, Glinka G. Generalized approach to estimation of strains and stresses at blunt V - notches under non - localized creep ［J］. Fatigue & Fracture of Engineering Materials & Structures, 2016, 39 (3): 292 - 306.

［44］ Gallo P, Berto F, Glinka G. Analysis of creep stresses and strains around sharp and blunt V - notches ［J］. Theoretical and Applied Fracture Mechanics, 2016, 85, Part B: 435 - 446.

［45］ Gallo P, Razavi S, Peron M, Torgersen J, et al. Creep behavior of V - notched components ［J］. Fracture and Structural Integrity, 2017 (41): 456 - 463.

［46］ 孟庆华, 梁文彦, 王振清. 蠕变损伤材料中切口尖端稳定扩展的应力场 ［J］. 应用数学和力学, 2013, 34 (3): 226 - 234.

［47］ Chen Y H, Lu T J. On the path dependence of the J - integral in notch problems ［J］. International Journal of Solids and Structures, 2004, 41 (3 - 4): 607 - 618.

［48］ Livieri P. Use of J - integral to predict static failures in sharp V - notches and rounded U - notches ［J］. Engineering Fracture Mechanics, 2008, 75 (7): 1779 - 1793.

［49］ Dai Y W, Liu Y H, Qin F, et al. Estimation of stress field for sharp V - notch in power - law creeping solids: An asymptotic viewpoint ［J］. International Journal of Solids and Structures, 2019, 180 - 181, 189 - 204.

［50］ Dai Y W, Liu Y H, Qin F, et al. C (t) dominance of the mixed I/II creep crack: Part I. Transient creep ［J］. Theoretical and Applied Fracture Mechanics, 2019, 103: 102314.

［51］ Dai YW, Liu YH, Qin F, et al. A unified method to solve higher order asymptotic crack - tip fields of mode I, mode II and mixed mode I/II crack in power - law creeping solids ［J］. Engineering Fracture Mechanics, 2019, 218, 106610.

［52］ Dai Y W, Liu Y H, Qin F, et al. Notch stress intensity factor and C - integral evaluation for sharp V - notch in power - law creeping solids ［J］. Engineering Fracture Mechanics, 2019, 222, 106709.

［53］ Dai Y W, Liu Y H, Chao Y J. Higher order asymptotic analysis of crack tip fields under mode II creeping conditions ［J］. International Journal of Solids and Structures, 2017, 125, 89 - 107.

［54］ Hutchinson J. Singular behaviour at the end of a tensile crack in a hardening material ［J］. Journal of the Mechanics and Physics of Solids, 1968, 16 (1): 13 - 31.

［55］ Rice J, Rosengren G. Plane strain deformation near a crack tip in a power - law hardening material ［J］. Journal of the Mechanics and Physics of Solids, 1968, 16 (1): 1 - 12.

［56］ Riedel, Rice. Tensile cracks in creeping solids ［J］. West Conshohocken, PA: ASTM STP, 1980, 700: 112 - 130.

RECENT ADVANCES OF SHARP V – NOTCH FRACTURE MECHANICS IN CREEPING SOLIDS [1])

Yanwei Dai[1] Yinghua Liu[2] Fei Qin[1]

(1. Institute of Electronics Packaging Technology and Reliability, Beijing
University of Technology, Beijing 100124, China)

* (2. Department of Engineering Mechanics, AML, Tsinghua University, Beijing 100084, China)

Abstract: Characterizations of fracture behavior of sharp V – notch in creeping solids is an important topic in structural integrity assessment at elevated temperature. To characterize the fracture behavior of sharp V – notch in creeping solids, basic characteristics of asymptotic solutions for sharp V – notch and fracture parameter for sharp V – notch in creeping solids should be studied in – depth. Better and more accurate estimation of stress field for sharp V – notch is a preliminary to evaluate the structural integrity of the notch contained structure at elevated temperature. In this paper, recent advances of fracture framework for sharp V – notch are presented. The content of this paper is given as below: (1) Asymptotic solutions for sharp V – notch in power – law creeping solids are given and different eigenvalues of sharp V – notch tip fields in creeping solids are presented; (2) Fracture parameter for sharp V – notch is also presented and characterized; (3) Constraint characterization parameter and higher order term solution for sharp V – notch are also presented. The solutions reviewed and presented in this paper can further inspire the investigations of sharp V – notch in creeping solids.

Key words: Creeping solids; V – notch; Fracture parameter; Eigenvalue; Asymptotic analysis

表面纳米化材料非线性力学性能及应用

徐新生[1]，王伟[1]，周震寰[1]，林志华[2]

(1. 大连理工大学 工程力学系和工业装备结构分析国家重点实验室，大连　116024)

(2. 香港城市大学土木与建筑工程系，香港)

摘要：表面纳米化可以改变材料的力学性能且是当前国际上的一种先进技术。本文采用超声冲击的方法，试验确定出表面纳米化材料的非线性力学性能参数及材料表征。根据这些特性，研究局部表面纳米化在结构变形中的主导作用。采用薄壁管结构局部表面纳米化优化设计方法，提出一种新的吸能最佳的结构设计方案，实现诱导和控制屈曲模式的形成和发展以及提高结构的能量吸能等目的。数值模拟结果和试验结果表明，经优化的局部表面纳米化，不仅可实现薄壁管稳定渐进紧凑的屈曲变形，而且可较大幅度地提高吸能效果。

关键词：表面纳米化；非线性力学性能；吸能薄壁管；动态屈曲；优化设计

1　引言

纳米技术及其发展一直受到特别的关注。表面纳米化是纳米技术中的重要部分，因而其成为热门的研究领域和方向。目前表面纳米化的方法已经有了很大的发展，形成许多种技术和工艺，如喷丸方法[1,2]和表面机械研磨处理法[3]等。这些方法所加工的材料具有一些特殊的性质[4,5]。超声冲击表面纳米化是一种工艺略显简单的方法。这种方法对材料的影响程度需要探讨。特别是纳米化沿厚度方向的梯度变化规律以及整体非线性力学性能需要深入研究。这些性能和规律对其应用十分重要。在吸能结构和装置的设计中，一般多采用金属薄壁结构。结构屈曲变形模式直接与结构吸能相联系，包括准静态变形特点和动态模态响应[6]等。从实验观测到的方管压缩变形模式[7,8]有延展变形模式、对称和反对称变形模式及欧拉模式等。实验中还发现，方管的吸能效果与紧凑和非紧凑塑性变形模式有很大的关系[9]。吸能薄壁管的设计方法包括横截面形状设计，几何缺陷和初始折痕的设置，预制裂纹，局部附加结构以及预折纹吸能管[10,11]等方法。采用优化局部表面纳米化诱导及控制薄壁管屈曲模态和屈曲发展路径，薄壁管高吸能的设计是一种新的设想。

2　表面纳米化材料试验和非线性力学性能

在试验中采用 304 不锈钢材料。使用标准试件，厚度选取 2mm。采用超声冲击

基金项目：大连市科技创新基金双重项目（2018J11CY005）；深圳市科创委重大计划项目（JCYJ20170413141248626）资助

（时间 30min，电流 2.0A 和 3.5A）的方法，在试件的表面进行表面纳米化，并通过拉伸机准静态加载。图 1 给出应力应变本构关系的试验结果。在图中自下而上三条曲线分别为未纳米化、2.0A 电流下纳米化和 3.5A 电流下纳米化条件下的非线性本构关系曲线。从该结果可以看出，弹性模量基本不变，而屈服应力从 250MPa 到 855MPa。可见，表面纳米化材料结构的弹性范围大幅度增加。扫描电镜结果如图 2 所示。金相分析表明，经过表面纳米化，材料的特点发生了较大的改变且沿厚度方向成梯度变化。

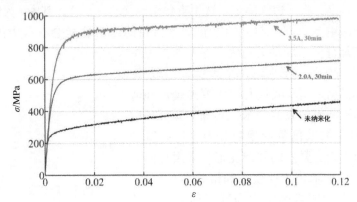

图 1　应力应变本构关系

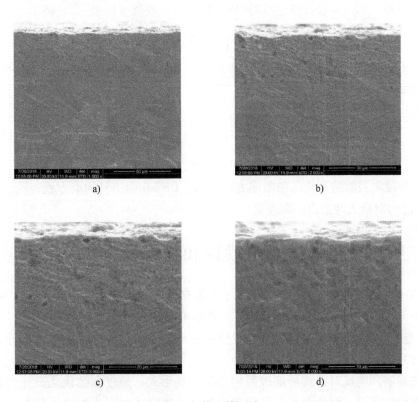

图 2　扫描电镜图片

3 表面纳米化在吸能结构设计中的应用

考虑薄壁方管结构，其边长为 a，壁厚为 h，管高为 l。材料的弹性模量为 E，泊松比为 υ，屈服应力为 σ_s，塑性强化模量为 $E_t(\varepsilon)$，密度为 ρ，非线性本构关系如图 1 所示。落锤的速度设为 V。落锤冲击正方形横截面薄壁管。薄壁方管上端为冲击端并固定在可移动的夹具上，将下边缘固定。选用直角坐标 (x, y, z)，其中 z 为壁厚方向。注意到，局部表面纳米化部分与未纳米化部分材料的力学性能会有很大的不同（见图 1），直接影响局部变形和动力行为。在数值模拟中采用非线性 J2 弹塑性变形理论，并且考虑比例加卸载法则。基本模型采用非线性几何大变形理论和薄壁管局部等间距条带的表面纳米化布局，即沿环向纳米化条带与未纳米化条带相间分布，且条宽相同。为诱导稳定渐进紧凑的屈曲变形，采用环向局部反对称式表面纳米化布局模型和格状布局模型，如图 3 所示。图中阴影区域为局部表面纳米化的区域。

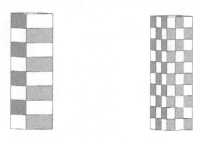

图 3　局部表面纳米化模型

以比吸能（SEA = 吸收能量/结构质量）评价吸收能量标准[12]，即

$$SEA = \frac{1}{4\rho alh}\int_0^{u_0} f(u)\,\mathrm{d}u \tag{1}$$

式中，u 为薄壁管上端轴向位移；f 为冲击力；u_0 为薄壁管压实前位移。参数优化设计控制方程可描述为

$$\begin{cases} \text{Find } n \\ \max_n \{\text{SEA}\} \\ \text{s. t. DF} = 0; F_{\max} < F_{\lim} \end{cases} \tag{2}$$

式中，n 为轴向表面纳米化条带数或方格数目；DF = 0 为边界约束方程；$F_{\max}$ 为最大冲击力；$F_{\lim}$ 为对最大冲击力的限制量。

4 吸能薄壁管的数值模拟和优化设计

以 304 不锈钢为基底材料和以试验中的数据与曲线（见图 1）为非线性本构关系，泊松比 $\nu = 0.27$，密度 $\rho = 7800\ \mathrm{kg/m^3}$。方形薄壁管尺寸取管高 $l = 80\mathrm{mm}$，边长 $a = 20\mathrm{mm}$，壁厚 $h = 1\mathrm{mm}$。落锤质量和速度分别为 80kg 和 $V = 6\mathrm{m/s}$。在有限元计算中，取单元尺寸 $0.25\mathrm{mm} \times 0.25\mathrm{mm}$。

首先观察环向反对称式局部表面纳米化布局形式。经过参数优化设计的方法，得到最优纳米化布局，即单面 4 条带布局。最佳屈曲模式由图 4 给出。图中分别取时刻 $t = 0\mathrm{ms}$、$2\mathrm{ms}$、$4\mathrm{ms}$、$6\mathrm{ms}$、$8\mathrm{ms}$、$10\mathrm{ms}$。可见后屈曲演变过程主要表现为渐进稳定的叠层模式。比吸能相比未纳米化的结构提高了 55%。如果对薄壁管尺寸拓扑优化，并放

松约束条件 $F_{max} < F_{lim}$，式（2）可以表述为

$$\begin{cases} \text{Find } a,h,l \\ \max\limits_{a,h,l}\{\text{SEA}\} \\ \text{s. t. DF} = 0 \end{cases} \tag{3}$$

在表面纳米化条带数一定的情况下，尺寸拓扑优化的结果表明，比吸能最高可提高 145%。

计算结果还表明，薄壁管屈曲叠层数目对比吸能有较大的影响。一般说来，叠层数目多相对比吸能也高，并且纳米化条带的密集程度也直接影响结构的能量吸收。然而并非纳米化条带越密集，屈曲叠层越多，比吸能越高。为说明这个问题，图 5 给出纳米化条带区域单面 4~7 条带布局情况的屈曲模态。可见，存在一个最优的纳米化布局，即图 4 所描述的布局和屈曲模态。

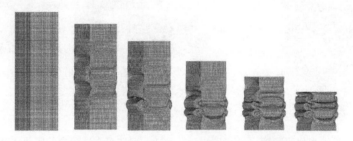

图 4　最优局部表面纳米化模型屈曲变形过程

考虑格状局部表面纳米化布局。通过优化计算，得到单面 15 方格为最优纳米化布局。图 6 分别取时刻 $t = 0\text{ms}$、2ms、4ms、6ms、8ms、10ms，类似图 4，后屈曲演变过程仍表现为渐进稳定的叠层模式。而比吸能相对提高了 61%。与图 4 不同的是，在环向的屈曲波纹中增加了皱褶。该皱褶是增加比吸能的原因所在。

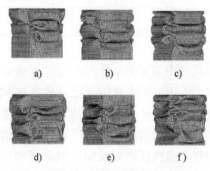

图 5　不同表面纳米化模型的屈曲变形

图 6　最优格状纳米化模型屈曲变形过程

5   表面纳米化吸能薄壁管冲击试验

在试验中，采用304不锈钢材料。依据数值模拟结果，制作方形截面的薄壁结构：边长60mm，高度120mm，厚度1mm。局部纳米化采用条带相间的方式，且上下对称及相邻面反对称设计，如图7所示。选取落锤质量为93kg，高度为2.2m。在落锤冲击试验中，通过位移传感器和加速度传感器收集相关数据。试验结果表明，未纳米化薄壁管所出现的屈曲变形是不规则的；而局部纳米化薄壁管的屈曲变形过程表现为渐进稳定的叠层模式，如图8所示。该现象与数值模拟结果吻合。试验结果还表明，比吸能相对提高了47%。试验结果与数值模拟结果基本吻合。

图7　局部纳米化薄壁管　　　　图8　薄壁管在试验中的屈曲变形

6   结论

超声冲击表面纳米化可改变材料的非线性力学性能，特别是材料的屈服应力可大幅增加。由于局部表面纳米化可改变结构材料性能参数分布，因而可诱导和控制结构的变形，进而设计相关的结构和装置。吸能结构是表面纳米化的应用领域之一。薄壁管结构在局部表面纳米化后可以诱导其稳定的屈曲模态和动态屈曲发展路径，实现诱导和控制屈曲模式的形成和向吸能高的模态发展，极大提高结构的吸能效果。这种方法和技术可为能量吸收装置提供一种新的设计思想和基础。

参 考 文 献

[1] Trsko L，Guagliano M，Bokuvka O，et al. Influence of Severe Shot Peening on the Surface State and Ultra‑High‑Cycle Fatigue Behavior of an AW 7075 Aluminum Alloy [J]. Journal of Materials Engineering and Performance，2017，26（6）：2784‑2797.

[2] Mongkolchart W，Santiwong P，Chintavalakorn R，et al. Effect of surface treatment on physical and mechanical properties of nickel‑titanium orthodontic archwires by fine particle shot peening method [J]. Key Engineering Materials，2019，801：33‑38.

[3] Lu K，Lu J. Nanostructured surface layer on metallic materials induced by surface mechanical attrition treatment [J]. Materials Science and Engineering A，2004，375‑377：38‑45.

[4] Olugbade T, Lu J. Characterization of the Corrosion of Nanostructured 17 – 4 PH Stainless Steel by Surface Mechanical Attrition Treatment (SMAT). Analytical Letters. 2019, 52 (16): 2454 – 2471.

[5] Yi S, He X, Lu J. Bistable metallic materials produced by nanocrystallization process. Materials & Design, 2018, 141: 374 – 383.

[6] Dipaolo B, Monteiro P, Gronsky R. Quasi – static axial crush response of a thin – wall stainless steel box component. International journal of solids and structures, 2004, 41 (14): 3707 – 3733.

[7] Yang C C.. The 27th Conf on Theoretical and Appl Mech, Tainan, 12 – 13 December 2003, 1247 – 1256.

[8] Jensen O, Langseth M, Hopperstad O. Experimental investigations on the behaviour of short to long square aluminium tubes subjected to axial loading. International Journal of Impact Engineering, 2004, 30 (8): 973 – 1003.

[9] Reid S. Plastic deformation mechanisms in axially compressed metal tubes used as impact energy absorbers. International Journal of Mechanical Sciences, 1993, 35 (12): 1035 – 1052.

[10] Wang B, Zhou C H. The imperfection – sensitivity of origami crash boxes. International Journal of Mechanical Sciences, 2017, 121: 58 – 66.

[11] Caihua Zhou, Shizhao Ming, Chaoxiang Xia, et al. The energy absorption of rectangular and slotted windowed tubes under axial crushing. International Journal of Mechanical Sciences, 2018, 141: 89 – 100.

[12] Jones N. Energy – absorbing effectiveness factor. International Journal of Impact Engineering, 2010, 37 (6): 754 – 765.

Nonlinear mechanical poperties and applications of the material by surface self – nanocrystallization

Xu Xin – sheng[1], Wang Wei[1], Zhou Zhen – huan[1], Lim Cheewah[2]

(1. State Key Laboratory of Structural Analysis for Industrial Equipment and

Department of Engineering Mechanics, Dalian University of Technology, Dalian 116024)

(2. Department of Civil and Architectural Engineering, City University of Hong Kong, Hong Kong)

Abstract: The surface self – nanocrystallization can change the mechanical properties of materials and is an advanced technology in the world at present. By using the method of ultrasound impact, the parameters of nonlinear mechanical properties and material characterization of surface self – nanocrystallization are determined based on the experiments in this paper. The dominant role of local surface nanocrystallization is studied in structural deformation aid the characteristics of the material. A new design method of energy absorption structures is presented by using the local surface nanocrystallization for thin – walled tubes, which can induce and control the formation and development of buckling modes and improve the energy absorption of the structures. The numerical simulation and experimental results show that the buckling deformation of thin – walled tubes, in which local surface nanocrystallization is optimized, can not only be stable, gradual and compact, but also greatly improve the effect of energy absorption.

Key words: surface self – nanocrystallization; nonlinear mechanical properties; thin – walled tube of energy absorption; dynamic buckling; optimization design

流体运动学基础

刘占芳

（重庆大学航空航天学院，重庆 400030）

摘要：提出了流体流动的运动学描述。流体流动是其质点的整体运动与局部变形的复合。质点的整体运动包括整体平动和整体转动，其中整体转动涉及转轴和转角的变化。质点的速度包含整体平动速度、整体转动速度、局部变形速度，而质点的加速度由整体平动的加速度、整体转动的切向加速度、整体转动的向心加速度、整体转动与局部变形耦合的科氏加速度、局部变形的相对加速度构成。质点的局部变形分解为形变、体变和转动变形。应变描述线元伸长，并且表示为对应形变的偏应变与对应体变的体积应变之和。转动变形涉及局部转轴和转角的变化，以曲率张量描述线元的弯曲。流体运动学可为解析流体的复杂流动难题奠定基础。

关键词：流体运动学；整体运动；局部变形；应变张量；曲率张量

1 引言

流体流动的复杂性集中表现为湍流及涡动。当流速较低时，流体容易表现为层流。随着流速的增加，相邻层流之间出现混合，流体呈现无规则和无序流动的湍流状态。湍流的突出特点是伴随着尺寸不一、转动特性不同的旋涡。其实，湍流是流体运动的普遍状态，而层流只是湍流特征不够显著的流动状态。

解析湍流一直是人们的梦想。著名物理学家 R. P. 费曼称湍流问题是经典物理学尚未解决的最重要的难题。美国克雷（Clay）数学研究所公布千禧年七大数学难题，将流动控制方程即纳维－斯托克斯方程解的存在性与光滑性，与黎曼猜想、庞加莱猜想等顶级难题并列。在《21 世纪 100 个科学难题》中，湍流及涡动问题位列第五。*Science* 和 *Nature* 期刊一直将湍流问题列为世纪难题。

经过长期探索和积累，人们已经发展了丰富的流体力学方程体系和求解方法，开发了工程软件，并成功应用于航空、航天、航海等工程技术领域[1]。但是，应用现有流体力学理论来描述和预言湍流时，与实际测量总是存在相当大的差距和不确定性。因此，我们大胆设想，现有的流体力学理论体系是否存在一些理论缺陷，从而限制了它的描述和预测能力呢？我们是否需要回到流体力学的运动学原点，重新认识理论本身是否存在认识上的空白呢？

按照牛顿力学的思想，流体力学应包括流体运动学、运动与力的关系、守恒方程以及初边值条件。流体发生的各种运动必然联系着相应的内力，这些内力要满足守恒方程。流动运动学指流体运动的数学描述，显然，流体运动学是流体力学理论的基础和出发点。本文粗略提出流体的运动学框架。

无论稀薄还是致密，流体都充满所在的空间，这样我们仍以连续介质的视角来描述流体的运动。流体流动的特点在于流体质点既有大范围的整体运动，也有局部大变形，以及局部变形与整体运动的耦合。质点的大范围整体运动包括整体的平动和整体的定点运动，其中定点运动还应涉及整体转角和整体转轴的时空演化。质点的局部变形则包括体积改变、形状改变和转动变形，其中转动变形同样涉及局部转角和局部转轴的时空演化。转动变形使连续介质的线元产生纯弯曲的变形，是介质变形中较为复杂、过去没有得到很好描述的一种变形。

流体流动有别于固体变形。固体变形的质点没有整体运动，同时相邻质点变形后依然相邻。流体流动时，质点的整体运动使不同质点的运动轨迹产生交叉和穿越，质点局部变形又强化了这种运动，会呈现湍流和涡动的流动特征。流体质点存在整体运动，致使不断改变质点之间的相邻关系，所以相对固体变形，流体的流动呈现异常活跃的特征。

2　流体流动的运动学

为描述流体流动，须引进参考坐标系（参考系）、转动坐标系（转动系）以及变形坐标系（变形系）。惯性参考系用以观测质点的绝对位置。转动系与质点的整体转动共同运动，转动系相对参考系的转动用以描述质点的整体转动。变形系用于确定质点局部变形后的位置。不失一般性，所有坐标系均取笛卡儿直角坐标系，并且转动系和变形系是重合的。

流动前，流体的质点在参考坐标系下的坐标为 X，即流体的物质坐标。质点经历大范围平动、大范围转动以及局部大变形后，在参考系下的位置为

$$r(X,t) = s(X,t) + Q(X,t) \cdot x(X,t) \tag{1}$$

式中，$r(X,t)$ 是质点 X 的空间坐标；$s(X,t)$ 表示质点的大范围平动；$Q(X,t)$ 是描述转动系相对参考系做整体转动的两点正交张量；$x(X,t)$ 表示质点局部变形后在变形系下的位置，如图 1 所示。

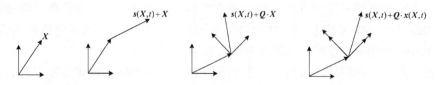

图 1　参考系下流体质点 X 经历整体平动、整体转动、局部变形后的位置演化

对质点在参考系下的位置 $r(X,t)$ 取时间导数，立即得质点的速度：

$$v = \dot{s} + A \cdot Q \cdot x + Q \cdot \dot{x} \tag{2}$$

式中，$A = \dot{Q} \cdot Q^{\mathrm{T}}$ 为质点整体转动的角速度张量[2-4]。由式（2）可知，质点的速度由整体平动速度、整体转动速度、局部变形速度三部分组成。

276

对质点的速度再取时间导数，得质点的加速度：

$$a = \ddot{s} + \dot{A} \cdot Q \cdot x + A \cdot A \cdot Q \cdot x + 2A \cdot Q \cdot \dot{x} + Q \cdot \ddot{x} \qquad (3)$$

式中，$\dot{A}$ 为质点整体转动的角加速度张量。式（3）右端第一项为质点整体平动的加速度，第二项表示质点整体转动的切向加速度，第三项为质点整体转动的向心加速度，第四项为质点整体转动与局部变形耦合的科氏加速度，第五项为质点局部变形的相对加速度。

为应用之方便，通过正交张量 Q，可将参考系下的质点绝对加速度映射到转动系。对式（3）两端同时左乘正交张量 Q 的转置，经过简单整理，得转动系下质点的加速度为

$$a^{\mathrm{R}} = Q^{\mathrm{T}} \cdot \ddot{s} + \dot{\omega} \times x + \omega \times (\omega \times x) + 2\omega \times \dot{x} + \ddot{x} \qquad (4)$$

式中，ω 为质点整体转动的角速度矢量；$\dot{\omega}$ 为质点整体转动的角加速度矢量。由式（4）更易判断构成流体加速度的 5 种成分。

按照牛顿力学的原理，每种加速度都对应着相应的惯性力。因此，流体质点承受的惯性力将分别是整体平动惯性力、整体切向惯性力、整体离心力、整体转动与局部变形耦合的科氏力、局部变形对应的相对惯性力。

可以考察上述质点运动的两种退化形式。若排除质点变形，则有 $x(X,t) = X$，此时不需要变形系。在参考系下质点的位置、速度和加速度以及转动系下的加速度分别退化为

$$r = s + Q \cdot X$$
$$v = \dot{s} + A \cdot Q \cdot X$$
$$a = \ddot{s} + \dot{A} \cdot Q \cdot X + A \cdot A \cdot Q \cdot X$$
$$a^{\mathrm{R}} = Q^{\mathrm{T}} \cdot \ddot{s} + \dot{\omega} \times X + \omega \times (\omega \times X) \qquad (5)$$

式（5）即为刚体的质点运动学方程。排除质点变形时，流体质点的运动就退化为连续的刚性颗粒运动，每个颗粒具有各自的位置、速度和加速度，也具有各自的转轴和转角以及角速度和角加速度。如果所有颗粒的平动以及转动特性一致，颗粒的运动就退化为最基本的刚体运动。

若在流体质点运动中排除整体运动，则转动系退化为参考系或物质坐标系，变形系退化为空间坐标系，这时质点的位置、速度和加速度分别表示为

$$x = x(X,t)$$
$$v = \dot{x}(X,t)$$
$$a = \ddot{x}(X,t) \qquad (6)$$

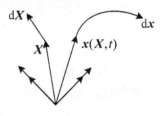

图 2　质点在转动系和变形系下的位置变化以及线元变化，变形后的线元 dx 相对初始线元 dX 既有长度改变也有弯曲变化

这时，流体质点运动就退化为固体有限变形，其中质点的速度和加速度都为物质描述。因此，流体的流动是质点的整体刚性运动与有限变形的复合运动，如图 2 所示。

3　质点局部变形的度量

流体质点除承受上述惯性力外，还承受质点局部变形对应的内力。由于内力与变

形对应，首要的问题是厘清质点发生了哪些局部变形。质点的局部变形是由质点在变形系下的位置与质点在转动系下的位置关系所决定的，局部变形函数为

$$x = x(X,t) \tag{7}$$

式中，X 是质点在转动系下的位置；x 是质点 X 在变形系下的位置。局部变形引起的线元变化关系为

$$dx = F \cdot dX \tag{8}$$

式中，F 为变形梯度，建立了线元变形前后的转换关系。变形梯度作用于变形前的线元 dX，使变形后的线元 dx 发生伸长变形和弯曲变形，线元的伸长引起质点体积和形状的变化，线元的弯曲引起质点的转动变形。转动变形最直观的意义是线元的三维空间弯曲。

变形梯度的分解是局部变形描述的关键，有等价的两种分解形式[6-7]。第一种分解为

$$F = R \cdot U = R \cdot U^{V} \cdot U^{D} = R \cdot U^{D} \cdot U^{V} \tag{9}$$

式中，R 为正交张量；U 为右伸长张量；U^{V} 为右体积张量；U^{D} 为右形变张量。定义：

$$U^{V} = J^{\frac{1}{3}}I, U^{D} = J^{-\frac{1}{3}}U \tag{10}$$

式中，J 是变形后与变形前的体积比。注意到 R 为两点正交张量，U^{V} 为球张量[5]。变形梯度的另一种分解为

$$F = V \cdot R = V^{V} \cdot V^{D} \cdot R = V^{D} \cdot V^{V} \cdot R \tag{11}$$

同样有

$$V^{V} = J^{\frac{1}{3}}I, V^{D} = J^{-\frac{1}{3}}V \tag{12}$$

式中，V 为左伸长张量；V^{V} 为左体积张量；V^{D} 为左形变张量。这两种分解是等价的，都表示局部变形涉及体积变形、形状变形以及转动变形。正交张量 R 作用于线元使其产生局部转动而弯曲，伸长张量作用于线元使其产生伸长。变形梯度的分解表明，线元的伸长和转动与二者乘积顺序有关。

由于两个伸长张量都是对称张量，所以它们的标准形分别为

$$U = \lambda_1 N_1 N_1 + \lambda_2 N_2 N_2 + \lambda_3 N_3 N_3 \tag{13}$$

$$V = \lambda_1 n_1 n_1 + \lambda_2 n_2 n_2 + \lambda_3 n_3 n_3 \tag{14}$$

式中，N_i 和 n_i 为线元三个互相正交的伸长主轴，均为单位矢量；λ_i 为线元沿主轴的三个主伸长比。为描述线元的局部伸长情况，引进右应变和左应变：

$$H = \ln U$$
$$h = \ln V \tag{15}$$

在伸长主轴状态下，右应变和左应变分别为

$$H = \ln\lambda_1 N_1 N_1 + \ln\lambda_2 N_2 N_2 + \ln\lambda_3 N_3 N_3$$
$$h = \ln\lambda_1 n_1 n_1 + \ln\lambda_2 n_2 n_2 + \ln\lambda_3 n_3 n_3 \tag{16}$$

右应变和左应变具有相同的主值，表明线元发生了相同的伸长，线元的伸长必须连同线元的转动变形组合到一起，才是线元真正的变形。正如变形梯度分解表明的那样，转动张量与伸长张量的组合与顺序有关，这是产生左应变和右应变两种线元伸长度量的原因。

278

线元伸长变形既引起体积变化也引起形状变化，必须引进对这两种变形的局部度量。根据伸长张量的主轴形式，易得形变张量和体积张量的主轴形式分别为

$$\boldsymbol{U}^{\mathrm{D}} = \frac{\lambda_1}{\sqrt[3]{\lambda_1\lambda_2\lambda_3}}\boldsymbol{N}_1\boldsymbol{N}_1 + \frac{\lambda_2}{\sqrt[3]{\lambda_1\lambda_2\lambda_3}}\boldsymbol{N}_2\boldsymbol{N}_2 + \frac{\lambda_3}{\sqrt[3]{\lambda_1\lambda_2\lambda_3}}\boldsymbol{N}_3\boldsymbol{N}_3$$

$$\boldsymbol{U}^{\mathrm{V}} = \sqrt[3]{\lambda_1\lambda_2\lambda_3}\boldsymbol{I} \tag{17}$$

$$\boldsymbol{V}^{\mathrm{D}} = \frac{\lambda_1}{\sqrt[3]{\lambda_1\lambda_2\lambda_3}}\boldsymbol{n}_1\boldsymbol{n}_1 + \frac{\lambda_2}{\sqrt[3]{\lambda_1\lambda_2\lambda_3}}\boldsymbol{n}_2\boldsymbol{n}_2 + \frac{\lambda_3}{\sqrt[3]{\lambda_1\lambda_2\lambda_3}}\boldsymbol{n}_3\boldsymbol{n}_3$$

$$\boldsymbol{V}^{\mathrm{V}} = \sqrt[3]{\lambda_1\lambda_2\lambda_3}\boldsymbol{I} \tag{18}$$

其中 $\boldsymbol{I}$ 是二阶单位张量。对右形变张量和右体积张量取自然对数，定义右偏应变和右体积应变分别为

$$\boldsymbol{H}^{\mathrm{D}} = \ln\boldsymbol{U}^{\mathrm{D}} = \ln\frac{\lambda_1}{\sqrt[3]{\lambda_1\lambda_2\lambda_3}}\boldsymbol{N}_1\boldsymbol{N}_1 + \ln\frac{\lambda_2}{\sqrt[3]{\lambda_1\lambda_2\lambda_3}}\boldsymbol{N}_2\boldsymbol{N}_2 + \ln\frac{\lambda_3}{\sqrt[3]{\lambda_1\lambda_2\lambda_3}}\boldsymbol{N}_3\boldsymbol{N}_3$$

$$\boldsymbol{H}^{\mathrm{V}} = 3\ln\boldsymbol{U}^{\mathrm{V}} = \ln(\lambda_1\lambda_2\lambda_3)\boldsymbol{I} \tag{19}$$

同理，对左形变张量和左体积张量取自然对数，得左偏应变和左体积应变分别为

$$\boldsymbol{h}^{\mathrm{D}} = \ln\boldsymbol{V}^{\mathrm{D}} = \ln\frac{\lambda_1}{\sqrt[3]{\lambda_1\lambda_2\lambda_3}}\boldsymbol{n}_1\boldsymbol{n}_1 + \ln\frac{\lambda_2}{\sqrt[3]{\lambda_1\lambda_2\lambda_3}}\boldsymbol{n}_2\boldsymbol{n}_2 + \ln\frac{\lambda_3}{\sqrt[3]{\lambda_1\lambda_2\lambda_3}}\boldsymbol{n}_3\boldsymbol{n}_3$$

$$\boldsymbol{h}^{\mathrm{V}} = 3\ln\boldsymbol{V}^{\mathrm{V}} = \ln(\lambda_1\lambda_2\lambda_3)\boldsymbol{I} \tag{20}$$

应变是局部变形的度量，为保证变形度量的客观性，所以右应变和左应变都取伸长张量的自然对数。由于局部变形包含体积变形和形状变形，我们期待所定义的应变能够分解为刻画形变的偏应变和刻画体变的体积应变。为此，简单整理可发现：

$$\ln\boldsymbol{U} = \ln\boldsymbol{U}^{\mathrm{D}} + \ln\boldsymbol{U}^{\mathrm{V}}$$

$$\ln\boldsymbol{V} = \ln\boldsymbol{V}^{\mathrm{D}} + \ln\boldsymbol{V}^{\mathrm{V}} \tag{21}$$

因此，两种应变张量都能够分解为相应的偏应变和体应变之和：

$$\boldsymbol{H} = \boldsymbol{H}^{\mathrm{D}} + \frac{1}{3}\boldsymbol{H}^{\mathrm{V}}$$

$$\boldsymbol{h} = \boldsymbol{h}^{\mathrm{D}} + \frac{1}{3}\boldsymbol{h}^{\mathrm{V}} \tag{22}$$

容易发现，所定义的偏应变是偏张量、体积应变是球张量，二者之间的双点积为零，所以这种分解是唯一的。可以发现，有限变形下的应变分解与小变形下的应变分解形式上是一致的。从本构关系的视角看，偏应变联系着偏应力而体积应变联系着静水压力，即形状变化和体积变化是遵从不同本构规律的，这是物质变形的力学属性。应变满足和分解为建立介质的本构关系带来了极大的方便，也是检验应变是否适用的关键。

流体线元除了伸长以外还有线元的弯曲，正交张量 $\boldsymbol{R}$ 表达了线元的弯曲，注意不是线元的刚性转动。正交张量可表示为两组伸长主轴的并乘：

$$\boldsymbol{R} = \boldsymbol{n}_i\boldsymbol{N}_j \tag{23}$$

或者写为矩阵形式：

$$\boldsymbol{R} = \begin{bmatrix} \boldsymbol{n}_1 \cdot \boldsymbol{N}_1 & \boldsymbol{n}_2 \cdot \boldsymbol{N}_1 & \boldsymbol{n}_3 \cdot \boldsymbol{N}_1 \\ \boldsymbol{n}_1 \cdot \boldsymbol{N}_2 & \boldsymbol{n}_2 \cdot \boldsymbol{N}_2 & \boldsymbol{n}_3 \cdot \boldsymbol{N}_2 \\ \boldsymbol{n}_1 \cdot \boldsymbol{N}_3 & \boldsymbol{n}_2 \cdot \boldsymbol{N}_3 & \boldsymbol{n}_3 \cdot \boldsymbol{N}_3 \end{bmatrix} \tag{24}$$

无论是转动前伸长主轴 N_i 还是转动后的伸长主轴 n_i，它们都是连续变化的。转动变形的特征在于转轴和转角，为此对正交张量取自然对数[5,8]，得转动张量：

$$B = \ln R \tag{25}$$

转动张量 B 为二阶反对称张量，据此可得对应的转动矢量：

$$\alpha = -\frac{1}{2} \in : B \tag{26}$$

这里 $\in$ 为置换张量。转动变形的轴是沿转动矢量 α 的单位矢量，转角为转动矢量 α 的模。在流体质点的局部变形中，转轴和转角都是连续变化的。

转动系下的转动矢量是物质坐标的连续函数，为度量线元的局部弯曲程度，或者说局部转动变形，引进曲率张量：

$$C = \nabla \alpha \tag{27}$$

式中，$\nabla = e_i \dfrac{\partial}{\partial X_i}$ 为哈密尔顿矢性微分算子，注意曲率张量为转动矢量的左梯度。

根据局部变形与内力的关系，应变对应于应力，体积应变对应于静水压力，偏应变对应于偏应力，曲率对应于偶应力。当考虑流体局部变形满足线性本构关系时，可立即写出流体的线性本构关系，这组本构关系将只涉及体积模量、剪切模量、转动模量这 3 个材料参数。

现在考察一下当有限变形趋于无限小变形时，有限变形下的应变张量和曲率张量能否退化到小变形下的应变张量。小变形时，不再区分质点的物质坐标和空间坐标，变形以质点位移 u 来描述。这时，变形梯度、伸长张量、正交张量分别退化为

$$F = I + \frac{\partial u}{\partial X}$$

$$
\begin{aligned}
U = V &= \lambda_1 N_1 N_1 + \lambda_2 N_2 N_2 + \lambda_3 N_3 N_3 \\
&= (1 + \varepsilon_1) N_1 N_1 + (1 + \varepsilon_2) N_2 N_2 + (1 + \varepsilon_3) N_3 N_3
\end{aligned}
$$

$$R = \Theta \tag{28}$$

式中，ε_i 为小变形下的三个主应变；Θ 是位移梯度的反对称部分。小变形时，有限变形下的两个应变张量成为小变形下的应变张量：

$$
\begin{aligned}
H = h &= \ln(1 + \varepsilon_1) N_1 N_1 + \ln(1 + \varepsilon_2) N_2 N_2 + \ln(1 + \varepsilon_3) N_3 N_3 \\
&= \varepsilon_1 N_1 N_1 + \varepsilon_2 N_2 N_2 + \varepsilon_3 N_3 N_3 = \varepsilon
\end{aligned} \tag{29}
$$

同时，有限变形趋于无限小变形时，偏应变和体积应变成为小应变下的变形度量：

$$H^D = h^D = e, \quad H^V = h^V = \frac{1}{3}\theta I \tag{30}$$

以上两式中，ε 为小变形下的应变张量；e 为小变形下的偏应变；$\theta = \mathrm{tr}\varepsilon$ 为小变形下的体积应变，且小变形下有 $\varepsilon = e + \dfrac{1}{3}\theta I$。因此，有限变形下的应变张量完全退化到小变形下的应变张量。

小变形下的位移梯度的反对称部分可决定转动矢量，该转动矢量的左梯度为曲率张量。当有限变形趋于无限小变形时，有限变形的曲率张量就退化为小变形的曲率张量。因此，当变形趋于小变形时，有限变形的度量完全可以退化为熟知的小变形情况。关于小变形下的转动以及曲率张量，已经得到完备的研究[9]。小变形下的转动变形以

及偶应力，其效应在微尺寸结构中表现明显，所以在通常的结构分析中忽略不计，但转动变形以及偶应力等效应是存在的。

4　结论

流体的复杂流动是科学难题，解析流动问题的基础是流体的运动学，本文建立了流体流动数学描述的框架，提出了流体流动是质点整体运动和局部变形的复合运动。

本文提出了流体流动时质点的位置、速度和加速度。质点的位置是整体平动、整体转动以及局部变形共同形成的。质点的速度由整体平动、整体转动以及局部变形引起的速度之和。质点的加速度则涉及了整体平动加速度、整体转动切向加速度、向心加速度、科氏加速度以及局部变形加速度共计 5 种加速度。由于篇幅所限，这里没有具体讨论整体转动的转轴转角、整体转动角速度以及角加速度。

质点的局部变形包括伸长和转动两种有序变形。提出右应变和左应变来度量质点的局部伸长变形，提出两组体积应变和偏应变来度量局部的体积和形状变化。从线元的角度看，不仅线元的长度在变化，线元的伸长主轴也在变化。

由正交张量确定局部转动变形的转动张量和转动矢量以及局部转轴和转角，曲率张量为转动矢量的左梯度，提出以曲率张量来度量质点的局部转动变形。由于篇幅所限，这里没有涉及应变和曲率以及变形梯度等这些几何量的时间演化。

根据流体的运动学描述，流体质点应承受包括应力和偶应力两种内力，同时承受整体平动惯性力、整体切向惯性力、整体离心力、整体转动与局部变形耦合的科氏力、局部变形的相对惯性力。本文提出的流体的运动学可为解析流动问题奠定新的科学基础。

参 考 文 献

[1] 刘俊丽，刘曰武. 院士谈力学 [M]. 北京：科学出版社，2015.

[2] 朱照宣. 理论力学：上册 [M]. 北京：北京大学出版社，1982.

[3] Shuster M D. A survey of attitude representations [J]. The Journal of the Astronautical Sciences, 1993, 41：439 – 517.

[4] Goldstein H, Poole C, Safko J. Classical Mechanics (Third edition) [M]. New Jersey：Addison Wesley, 2000, 151 – 154.

[5] 黄克智，薛明德，陆明万. 张量分析 [M]. 2 版. 北京：清华大学出版社，2003.

[6] Bazant Z P. Finite strain generalization of small strain constitutive relations for any finite strain tensor and additive volumetric – deviatoric split [J]. Int J Solids Structures, 1996, 33, 2887 – 2897.

[7] Flory P J. Thermodynamic relations for high elastic materials [J]. Trans Faraday Sot, 1961, 57：829 – 838.

[8] Gallier J, Xu D. Computing exponential ls of skew – symmetric matrices and logarithms of orthogonal matrices [J]. Int J Rob Autom, 2002, 17 (4)：1 – 11.

[9] Mindlin R D, Tiersten H F. Effects of couple – stresses in linear elasticity [J]. Archive for Rational Mechanics and Analysis, 1962, 11 (1)：415 – 448.

Foundation of Fluid Kinematics

LIU Zhan – fang

(Chongqing University, College of Aerospace, Chongqing 400030)

Abstract: The kinematic description of fluid flow is presented. Fluid flow is the combination of overall motion and local deformation of particles. The overall motion of particle includes the overall translation and the overall rotation, in which the overall rotation involves the change of rotation axis and angle. The velocity of a particle includes the overall translational velocity, the overall rotational velocity and the local deformation velocity. The acceleration of a particle consists of the translational acceleration, the tangential acceleration, the centripetal acceleration, the Coriolis acceleration and the relative acceleration of the local deformation. Local deformation of particles is decomposed into shape deformation, volume deformation and rotational deformation. The strain describes the line element elongation and is expressed as the sum of the deviatoric strain and the volumetric strain. Rotational deformation involves the change of local rotation axis and angle. Curvature tensor is used to describe the bending of line element. Flow kinematics can lay a foundation for the analysis of complex flow problems of fluids.

Key words: Flow kinematics; overall motion; local deformation; strain tensor; curvature tensor

仿珍珠母纳米复合材料力学行为的分子动力学模拟

吴文凯，杨振宇*，卢子兴

（北京航空航天大学 航空科学与工程学院固体力学研究所，北京 100083）

摘要：以珍珠母为代表的生物材料因其优异的力学性能受到研究者的广泛关注，并为高性能新材料的设计提供了新思路。本文采用分子动力学模拟方法，建立了仿珍珠母的二维"砖－泥"纳米复合材料模型，探讨了仿生复合材料在受面内拉伸载荷时的基本力学性能及变形机制，分析了"砖块"长细比和界面强度对复合材料力学性能的影响。根据数值模拟结果发现，"砖块"的长细比存在一个临界值，当其小于该临界值时，复合材料表现为韧性特征；而大于该临界值时，复合材料表现为明显的脆性材料特征。此外，当界面强度小于基体强度时，通过增加界面强度能够较明显地改善材料的力学性能；而当界面强度增加到基体的水平，或者更高时，其对复合材料力学性能的影响变得不再显著。

关键词：珍珠母；仿生材料；分子动力学模拟；变形机理；界面强度

近几十年来，生物材料由于具有独特的微/纳观结构，而表现出的优异力学性能引起了世界范围内研究学者的广泛关注，比如贝壳、牙齿、骨骼等。这些生物材料经过漫长的进化，形成了独特的内在结构，表现出远超其组分材料的优异力学性能[1-9]。实验观察发现，这些生物材料大多由多级结构组成，在不同尺度范围内，这些生物材料都具有特有的结构形式，比如珍珠母中的典型"砖－泥"交错叠层结构[10-12]，这些在微/纳米尺度上的特征结构对宏观力学性能有着重要影响[3,13,14]。以鲍鱼珍珠层为例，如图1所示，它由较硬的矿化珍珠片层和较软的有机物组织所组成，这些珍珠片层包括多边形文石片，厚约0.5μm，直径为5~8μm，相邻文石片间距约5nm。实验测试发现，这种材料不仅具有很好的强度，同时还具有良好的韧性[15,16]，是矿化物质的约3000倍。研究表明，这类生物材料具有的高强度和高韧性的特征主要取决于其特有的微观结构。

由于这种特殊的"砖－泥"结构而使生物材料展现出了良好的强度、韧性及缺陷容限能力，研究者们较早地对这类材料的力学性能开展了较为系统的理论研究。Gao等学者[13,14]提出的经典的拉剪链（Tension－shear chain，TSC）模型，揭示了生物材料中的多级纳米层状结构对裂纹诱导应力集中并不敏感，而片层结构的几何尺寸，以及两种材料的强度比是决定这类生物材料强度的关键因素。Shao等[15,16]提出一个基于微观结构的裂纹桥接（Crack－bridging）模型，研究了结构缺陷对珍珠母强度的影响，认为片晶的裂纹桥接机制是珍珠母具有卓越缺陷容限的主要原因，并通过理论分析证明

基金项目：国家自然科学基金（11672014，11972057）。

了裂纹桥接机制对珍珠母强韧性的贡献。他们的研究表明，选取适当的片晶厚度与长度可以使得材料具有最优断裂韧性，该理论分析为新型仿生材料的设计奠定了理论基础。人们基于这类结构还制备出了各种仿生层状纳米复合材料[17,18]，比如采用原位生成法制备出了高界面强度的石墨烯/铜仿生层状纳米复合材料，并对其力学性能进行了测试，发现其拥有较高的屈服强度和断裂韧性[19]。Mathiazhagan 等[20] 利用分子动力学方法研究了仿生结构陶瓷基纳米复合材料在不同加载应变率情况下的力学响应，并发现存在一个临界加载应变率，当小于这个临界应变率时，基体材料出现裂纹、裂纹桥接、界面脱黏、片层拔出等现象；当加载应变率大于这个值时，直接的界面脱黏会出现，而基体没有裂纹出现，揭示了纳米尺度的变形机制。本课题组针对仿生层状石墨烯/镍纳米复合材料建立了分子动力学模型，揭示了石墨烯/金属仿生复合材料的强韧化机理[21]。

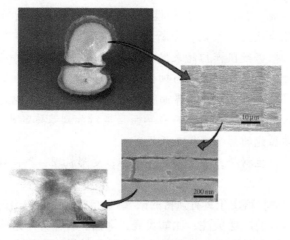

图1　鲍鱼珍珠层内矿化物与有机物层叠排布微观结构[10]

　　虽然很多研究者尝试各种方式去制备仿珍珠母结构的复合材料，但是人造仿生材料的性能仍存在很大的提升空间，这也更加依赖于对生物材料结构特征及其力学行为更深刻的理解。生物材料的特征结构尺寸大多在纳米尺度，所以有必要从纳米尺度上对这种结构材料进行更深入的研究，以更好地揭示这种结构材料在纳米尺度下的基本力学行为。此外，在"砖-泥"结构的复合材料体系中，界面的占比非常高，因而在复合材料力学行为中扮演着非常重要的角色。因此，本文采用分子动力学（MD）模拟方法探讨仿珍珠母结构的一般性力学响应，并不拘泥于某一种具体的材料体系，希望能厘清关键结构参数对复合材料力学响应的影响规律，揭示复合材料的变形机制，进一步探讨界面力学行为对复合材料宏观力学性能的影响规律，以期为这类纳米复合材料的设计和制备提供理论依据。

1　分子动力学模型

　　本文尝试通过数值模拟的方法给出"砖-泥"结构仿生复合材料的一般性力学响应规律，为材料设计和相关实验提供参考。为此，这里采用了一种经典的二维交错叠层排布方式，这也是生物材料中较为普遍的结构布局形式，能够体现珍珠母的典型结构特征[22,23]。本文采用 L－J 势函数描述材料原子间的相互作用[18]，这种方法已经被广泛应用于研究材料的基本物理行为和变形机制[24-26]。L－J 势函数的描述形式为

$$\phi_{ij}(r) = 4\varepsilon_{ij}\left[\left(\frac{\sigma_{ij}}{r}\right)^{12} - \left(\frac{\sigma_{ij}}{r}\right)^{6}\right] \tag{1}$$

式中，r 代表相互作用的两个原子间的距离；σ_{ij} 为原子间的平衡距离；ε_{ij} 为势阱深度。平衡距离控制着模型晶格参数，而势阱深度决定着原子间相互作用力的大小，因而可以通过调整势阱深度的大小来控制材料的力学属性，比如强度和刚度。这里对于硬相材料，取势阱深度 $\varepsilon_{ij} = 1.0$，软相材料的势阱深度设定为 $\varepsilon_{ij} = 0.1$。建模均选用 2D hexagonal 类型晶格，虽然这种模型简化了实际问题，但能够捕获材料基本的力学变形特征机制，并且大大地提高了计算效率[29,30]。在本文的模拟中，所有的参数均采用无量纲化，即长度比上平衡距离 σ_{ij} 得到无量纲长度，能量比上势阱深度 ε_{ij} 得到无量纲能量[27,28]。因此，本文模拟研究不针对某一种具体的材料，更体现了研究的一般性。通过 MD 模拟可得各组分材料的基本力学参数如表 1 所示。

表 1   仿生纳米复合材料各组分材料无量纲力学参数

组分材料	L－J 势参数	杨氏模量	剪切模量	拉伸强度
砖	$\varepsilon_{ij} = 1.0$	66	24.8	0.372
泥	$\varepsilon_{ij} = 0.1$	6.6	2.48	0.0374
砖－泥界面	$\varepsilon_{ij} = 0.1$	6.6	2.48	0.0374

在如所图 2 所示的基本模型中，"砖块"的厚度 f_b 为 12 个晶格，长度 L_b 为 90 个晶格，"泥"的厚度 f_m 为 8 个晶格，同一层里面砖块的间距 D 为 8 个晶格。由此可以得出，整个模型长度 L 约为 $189\sigma_{ij}$，宽度 W 约为 $44\sigma_{ij}$。MD 模拟中的应变可以根据加载的速度和模型尺寸计算得到：

$$\varepsilon_{yy} = \dot{\varepsilon}_{yy}\Delta t = \frac{V_{yy}}{L}\Delta t \tag{2}$$

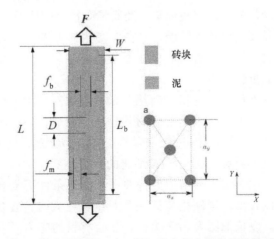

图 2   仿珍珠母的"砖－泥"纳米复合材料单胞模型

式中，L 为模型初始长度；V_{yy} 为加载速度；Δt 为加载时长。应力计算可根据 virial 应力的定义获得[32]：

$$\sigma_{yy} = \frac{1}{2V} \sum_{\alpha}^{N_a} \sum_{\beta \neq \gamma}^{N_a} F_y^{\alpha\beta} r_y^{\alpha\beta} \tag{3}$$

式中，V 为模型体积；$F_y^{\alpha\beta}$ 为原子 α 与 β 之间作用力沿 y 方向的分量；$r_y^{\alpha\beta}$ 为原子 α 与 β 之间距离沿 y 方向的分量。基于平面应力假设，模拟中的加载方向为垂直方向（沿 y 轴方向），水平方向采用周期性边界条件，而面外方向为自由边界条件。在加载之前，整个模型在温度 $T = 0.01\mathrm{K}$ 的状态下弛豫，以达到材料内部初始应力为零的状态，并采用 NVT 系综更新原子受力和位移。在单轴加载过程中，为了消除加载时材料两端速度的不连续性，沿着加载方向设置一个线性渐变速度梯度，使整个材料内部初始速度分布为连续的，以避免加载的冲击效应[31]。加载时使用 NPT 系综更新原子受力和位移，并在 x 方向使应力保持为零以确保单轴应力状态，时间步长为 0.002ps。本文所有 MD 模拟计算都是由开源软件 Lammps 完成的，后处理显示通过 VMD 来实现。

2 仿珍珠母纳米复合材料的力学行为

2.1 拉伸力学行为

基于表 1 和图 2 中的参数，通过 MD 模拟获得的仿生复合材料在 y 方向拉伸作用下的应力 – 应变响应曲线如图 3 所示。从图中可以看出，曲线主要分为两个部分。第一部分为线弹性部分，对应于应变从 0 到 1.81% 这个阶段。在这一阶段，材料变形较小，各组分均处于线弹性阶段，随着载荷应变的增加，各组分材料发生均匀的弹性变形。图 3 中还给出了应变为 1.78% 和 4.92% 时复合材料内部应力的分布云图。从图中可以看出，"砖块"内部承受了较大的正应力，并且在"砖块"中部达到最大值，而基体内部几乎不承受正应力，只在"砖块"两端连接处有少许应力集中的现象。而此时基体内部的剪切应力呈均匀分布，这些现象与经典 TSC 模型的假设相一致[13]。随着载荷的增加，缺陷逐渐在界面上形核并扩展，并在应变达到 4.92% 的时候在"砖块"中间的基体中形成了微裂纹，导致复合材料的承载能力产生较大幅度的下降，同时也导致了复合材料内部应力的重新分布。

已有研究者从理论上预测了硬相"砖块"的长细比对仿生复合材料的力学性能有重要的影响。因此在对仿生层状纳米复合材料进行参数讨论时，本文首先考虑纤维材料长细比的问题，并在 MD 模拟中考虑"砖块"长细比 R 在 15 到 47 之间变化的情况。

通过对比研究发现，随着"砖块"长细比的变化，复合材料性能呈现出两种典型的力学行为，如图 4 所示。图 4 给出了五种典型长细比条件下复合材料的应力 – 应变响应曲线。从图中可以看出，当硬相"砖块"长细比较大时，复合材料的力学行为表现为脆性材料的特征。以长细比 $R = 47$ 为例，复合材料的应力 – 应变曲线经过一段线性上升后进入迅速下降阶段，复合材料随着应力的突降而彻底丧失承载的能力。而当"砖块"长细比较小时，如 $R = 23.4$ 时，复合材料的应力 – 应变曲线先经过一段线弹性

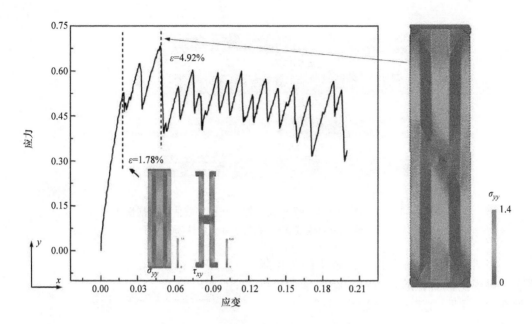

图3 仿生纳米复合材料应力–应变曲线

上升后进入类似应变强化的阶段，在应力
达到峰值之后出现小幅度的应力下降，但
是在此之后很大的应变范围内表现出继续
承载的能力，并持续到应变20%左右，体
现出了较强的塑性变形能力。而当"砖
块"长细比介于以上两种情况之间时，如
$R=31.2$的情况，复合材料的拉伸应力–
应变曲线先经过一段线性上升后并没有立
即下降，而是持续了一个阶段才进入到快
速下降阶段，所表现出来的力学行为正好
介于典型的脆性和韧性过渡区的行为，因
此可以视此时的R值为临界长细比。

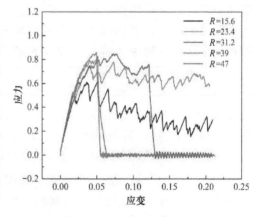

图4 "砖块"长细比对复合材料
应力–应变曲线的影响

同时，为了更好地理解不同长细比下
复合材料变形机制的差异，图5和图6分别给出了两种具有不同"砖块"长细比复合
材料的损伤演化过程。对于图5中长细比为47的复合材料模型，随着拉伸载荷的增加，
在纤维内部产生了较大的正应力，而基体内部只有在纤维端部处才出现较明显的正应
力分布，其余部分基体承受剪应力。当应变增加到3.41%时，由于正应力的作用，首
先在"砖块"端部基体内出现裂纹，并使得其内部正应力得到部分释放，而在这个过
程中"砖块"内部的正应力还在持续增加。当应变进一步增加到4.68%时，"砖块"
端部基体几乎全部断裂，拉伸正应力大多由纤维来承受。而当加载应变超过5.53%时，
随着"砖块"的断裂，其内部的正应力得到释放，整个复合材料彻底丧失承受拉伸载
荷的能力。

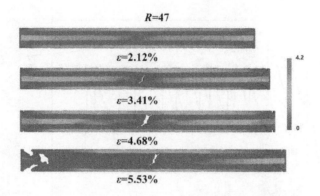

図5 "砖块"长细比 $R = 47$ 的复合材料在拉伸载荷下的损伤演化，
最终失效模式表现为"砖块"被拉断

如图 6 所示，对于长细比较小的仿生复合材料模型而言，随着拉伸载荷的增加，仍然在"砖块"内部产生了较大的正应力，而基体内部 y 向正应力很小，只有在"砖块"端部处才出现一定正应力集中的现象。当应变进一步增大时，首先在"砖块"端部基体内出现裂纹，并使得其内部正应力得到部分释放，而在这个过程中"砖块"内部的正应力还在持续增加，并在应变为 7.18% 时达到一个应力峰值。随后再增大应变，基体材料出现更大程度的损伤，裂纹在基体以及界面中扩展，最后的复合材料失效模式表现为"砖块"被拔出。在这个过程中，复合材料内

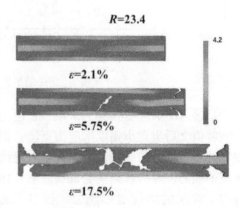

图6 "砖块"长细比 $R = 23.4$ 的复合材料在拉伸载荷下的损伤演化，最终失效模式表现为"砖块"从基体中拔出

部的"砖块"上仍有较高的应力水平，因此复合材料并未完全丧失承载能力，而表现出伪塑性的力学行为，表现出了很高的韧性。由此可见，不同的"砖块"长细比对复合材料整体的力学响应有着重要的影响，甚至直接使得复合材料属性发生本质性的转变，如脆 – 韧转化，因此这个结论对于仿生复合材料的优化设计和制备都具有一定的参考价值。

高华建等人[13,14]提出了针对仿生结构复合材料的经典 TSC "拉剪链"模型，对"砖泥"结构复合材料的等效弹性模量预测如下：

$$\frac{1}{E} = \frac{4(1-\phi)}{G_p \phi^2 R^2} + \frac{1}{\phi E_m} \tag{4}$$

式中，E 表示复合材料的等效拉伸模量；ϕ 表示硬相"砖块"体积含量；E_m 表示纤维材料的杨氏模量；G_p 表示软相基体材料的剪切模量。图 7 给出了不同"砖块"厚度下，仿生结构复合材料杨氏模量的 MD 数值模拟结果和经典 TSC 理论预测的对比。MD 模拟结果与 TSC 理论结果大致吻合并都呈现出线性关系，也就是随着"砖块"厚度的增加，整个复合材料的杨氏模量也在线性增加。可见，增加复合材料中硬相"砖块"

的含量能够提高材料的刚度。另外，MD 数值模拟结果整体都比 TSC 理论结果大一些，主要是因为 TSC 理论假设基体只承受剪切应力而不承受正应力，而实际上本文模拟的基体材料也是能够承受一定的正应力的，从之前的应力分析结果也能看出，这就使得 TSC 理论结果比 MD 模拟的结果要偏小一些。

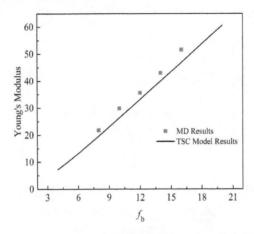

图 7　不同"砖块"厚度下 MD 数值模拟结果与经典 TSC 理论预测结果对比

2.2　界面强度的影响

在前面的所有分析中，本文将界面强度设为与基体强度一致。在接下来的讨论中，为便于分析，引入相对界面强度 IT 这个参数来描述界面强度，它的含义是指界面强度相对于基体强度的大小，相应的 MD 模拟结果如图 8 所示。图 8a 为相对界面强度小于 1 的情况，也就是界面强度小于基体强度。从图中可以看出，随着界面强度的增大，复合材料承载的峰值应力水平在不断上升，并在 IT = 1 时达到一个最大值。图 8b 为相对界面强度大于 1 的情况，也就是界面强度大于基体强度，从图中可以看出，复合材料的应力 – 应变响应与界面强度之间没有显著的关系，可以说界面强度对复合材料等效

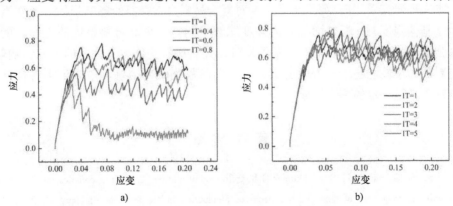

图 8　不同相对界面强度下材料的应力 – 应变响应曲线
a）相对界面强度 IT 小于 1　b）相对界面强度 IT 大于 1

力学性能没有太大的影响。为了更好地定量说明界面强度对材料力学性能的影响规律，图9给出了复合材料平均流动应力与相对界面强度之间的关系曲线。从图中可以直观地看出，当界面强度小于基体强度时，通过增加界面强度能够很明显地提高复合材料整体的力学性能，而当界面强度增加到基体的水平，或者更高时，其对材料整体力学性能的贡献变得不再显著。

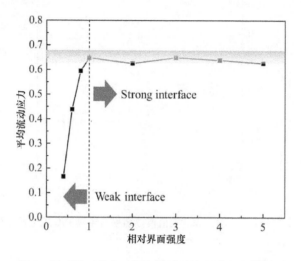

图9 相对界面强度对复合材料平均流动应力的影响

3 结论

本文采用分子动力学模拟方法研究了仿生层状纳米复合材料的面内力学性能。分析了"砖-泥"结构中"砖块"长细比对复合材料等效力学性能的影响规律，发现存在一个临界"砖块"长细比，当长细比小于这个临界值时，复合材料的失效表现为韧性材料特征；当长细比大于该临界值时，复合材料的失效表现为明显的脆性材料特征。此外，本文还研究了"砖/泥"界面强度对复合材料力学性能的影响规律，发现当界面强度小于基体强度时，通过增加界面强度能够很明显地提高材料整体的力学性能，而当界面强度增加到基体的水平，或者更高时，其对材料整体力学性能的贡献影响较小，复合材料的力学性能趋于一个稳定值。本文的参数化研究结果可望对仿生复合材料的设计和制备提供一定的理论指导。

参 考 文 献

[1] Anup S, Sivakumar S M, Suraishkumar G K. Influence of relative strength of constituents on the overall strength and toughness of bone [J]. Journal of Mechanics in Medicine & Biology, 2009, 8 (04): 527 – 539.

[2] Currey J D. Mechanical Properties of Mother of Pearl in Tension [J]. Proceedings of the Royal Society of London, 1977, 196 (1125): 443 – 463.

[3] Fratzl P, Gupta H S, Paschalis E P, et al. Structure and mechanical quality of the collagen – mineral nano – composite in bone [J]. Journal of Materials Chemistry, 2004, 14 (14): 2115 –2123.

[4] Jackson A P, Vincent J F V, Turner R M. The mechanical design of nacre [J]. Proceedings of the Royal Society of London, 1988, 234 (1277): 415 –440.

[5] Ji B, Gao H. Mechanical Principles of Biological Nanocomposites [J]. Annual Review of Materials Research, 2010, 40 (1): 77 –100.

[6] Meyers M A, Chen P, Lin A Y, et al. Biological materials: Structure and mechanical properties [J]. Progress in Materials Science, 2008, 53 (1): 1 –206.

[7] Rho J Y, Kuhn – Spearing L, Zioupos P. Mechanical properties and the hierarchical structure of bone [J]. Medical Engineering & Physics, 1998, 20 (2): 92 –102.

[8] And S W, Wagner H D. The Material bone: structure – mechanical function relations [J]. Annu rev mater sci, 2003, 28 (1): 271 –298.

[9] Zhang Y, Yao H, Ortiz C, et al. Bio – inspired interfacial strengthening strategy through geometrically interlocking designs [J]. Journal of the Mechanical Behavior of Biomedical Materials, 2012, 15 (15C): 70 –77.

[10] Anup S, Sivakumar S M, Suraishkumar G K. Influence of viscoelasticity of protein on the toughness of bone [J]. Journal of the Mechanical Behavior of Biomedical Materials, 2010, 3 (3): 260 –267.

[11] Wegst UG, Bai H, Saiz E, et al. Bioinspired structural materials [J]. Nature Materials, 2015, 14 (1): 23 –36.

[12] Studart A R. Biological and Bioinspired Composites with Spatially Tunable Heterogeneous Architectures [J]. Advanced Functional Materials, 2013, 23 (36): 4423 –4436.

[13] Gao H, Ji B, Jäger I L, et al. Materials become insensitive to flaws at nanoscale: Lessons from nature [J]. Proceedings of the National Academy of Sciences of the United States of America, 2003, 100 (10): 5597 –5600.

[14] Ji B, Gao H. Mechanical properties of nanostructure of biological materials [J]. Journal of the Mechanics and Physics of Solids, 2004, 52 (9): 1963 –1990.

[15] Shao Y, Zhao H P, Feng X Q, et al. Discontinuous crack – bridging model for fracture toughness analysis of nacre [J]. Journal of the Mechanics & Physics of Solids, 2012, 60 (8): 1400 –1419.

[16] Shao Y, Zhao H P, Feng X Q. On flaw tolerance of nacre: a theoretical study [J]. Journal of the Royal Society Interface, 2014, 11 (92): 20131016.

[17] Sun Y Y, Yu Z W, Wang Z G. Bioinspired Design of Building Materials for Blast and Ballistic Protection [J]. Advances in Civil Engineering, 2016, 5840176.

[18] Sarikaya M. An introduction to biomimetics: A structural viewpoint [J]. Microscopy Research and Technique, 1994, 27, (5): 360 –375.

[19] Cao M, Xiong D B, Tan Z, et al. Aligning graphene in bulk copper: Nacre – inspired nanolaminated architecture coupled with in – situ processing for enhanced mechanical properties and high electrical conductivity [J]. Carbon, 2017 (117): 65 –74.

[20] Mathiazhagan S, Anup S. Influence of platelet aspect ratio on the mechanical behaviour of bio – inspired nanocomposites using molecular dynamics [J]. Journal of the Mechanical Behavior of Biomedical Materials, 2016, 59: 21 –40.

[21] Yang ZY, Wang D, Lu ZX, et al. Atomistic simulation on the plastic deformation and fracture of bio – inspired graphene/Ni nanocomposites [J]. Applied Physics Letters, 2016, 109 (19): 191909.

[22] Zhang Z Q, Liu B, Huang Y, et al. Mechanical properties of unidirectional nanocomposites with non –

291

uniformly or randomly staggered platelet distribution [J]. Journal of the Mechanics & Physics of Solids, 2010, 58 (10): 1646 – 1660.

[23] Lei H J. Elastic Bounds of Bioinspired Nanocomposites [J]. Journal of Applied Mechanics, 2013, 80 (6): 1017.

[24] Abraham F F. The atomic dynamics of fracture [J]. Journal of the Mechanics & Physics of Solids, 2001, 49 (9): 2095 –2111.

[25] Wang J, Wolf D, Phillpot S R, et al. Computer simulation of the structure and thermo – elastic properties of a model nanocrystalline material [J]. Philosophical Magazine A, 1996, 73 (3): 517 –555.

[26] Ziegenhain G, Hartmaier A, Urbassek H M. Pair vs many – body potentials: Influence on elastic and plastic behavior in nanoindentation of fcc metals [J]. Journal of the Mechanics & Physics of Solids, 2008, 57 (9): 1514 –1526.

[27] Rapaport D C. The Art of Molecular Dynamics Simulation [M]. Cambridge: Cambridge University Press, 2004.

[28] Horstemeyer M F, Baskes M I, Prantil V C, et al. A multiscale analysis of fixed – end simple shear using molecular dynamics, crystal plasticity, and a macroscopic internal state variable theory [J]. Modelling & Simulation in Materials Science & Engineering, 2003, 11 (3): 265 –286.

[29] Baimova J A, Dmitriev S V. High – energy mesoscale strips observed in two – dimensional atomistic modeling of plastic deformation of nano – polycrystal [J]. Computational Materials Science, 2011, 50 (4): 1414 –1417.

[30] Weingarten N S, Selinger R L B. Size effects and dislocation patterning in two – dimensional bending [J]. Journal of the Mechanics & Physics of Solids, 2006, 55 (6): 1182 –1195.

[31] Zhou M. A New Look at the Atomic Level Virial Stress: On Continuum – Molecular System Equivalence [C]. Proceedings: Mathematical, Physical and Engineering Sciences, 2003, 459 (2037): 2347 –2392.

Molecular dynamics simulation of the mechanical behavior of nanocomposites inspired by the mother – of – pearl

WU Wen – kai, YANG Zhen – yu *, LU Zi – xing

(Institute of Solid Mechanics, Beihang University, Beijing 100083)

Abstract: Biomaterials such as mother – of – pearl have received widespread attention due to their excellent mechanical properties, and have provided new ideas for the design of high – performance new materials. In this paper, a two – dimensional" brick – and – mortar" nanocomposite model inspired by the mother – of – pearl is established using molecular dynamics (MD) simulation methods. The basic mechanical properties and deformation mechanism of the bionic composite subjected to in – plane tension are analyzed. Emphasis is focused on the effect of slenderness ratio and interface strength on the mechanical properties of composites. It is found that the slenderness ratio of" bricks" has a critical value. When it is smaller than this value, the composites material exhibits toughness characteristics; when it exceeds this value, the composites material exhibits obvious brittle material characteristics. In addition, when the interface strength is less than the matrix strength, the mechanical properties of the material can be significantly improved by increasing the interface strength; and when the interface strength is increased to the level of the matrix, or higher, the impact on the mechanical properties of the composite material becomes insignificant.

Key words: mother – of – pearl; bio – inspired composites; nanocomposites; molecular dynamics; deformation mechanism

溴化环氧树脂 EX-48/多功能环氧树脂 TDE-85 共混体系常温及低温力学性能研究

谭迪，刘聪，钱键，李元庆，付绍云*

（重庆大学 航空航天学院，重庆 400044）

摘要：环氧树脂具有力学性能优良、黏接强度高、加工性能好等优点，但是环氧树脂的韧性较差，难以满足低温工程等领域对高韧性的应用要求，亟需对环氧树脂进行增韧改性。本文选择双酚 A 型溴化环氧树脂 EX-48 为增韧剂，制备出了基于多官能度环氧树脂 TDE-85 和固化剂 4，4' - 二氨基二苯砜（DDS）的改性环氧树脂，系统研究了溴化环氧树脂对环氧树脂 TDE-85 常温及低温力学性能的影响。实验结果表明，引入溴化环氧树脂 EX-48，能够提高环氧树脂 TDE-85 的拉伸性能，有助于改善树脂体系的断裂韧性。随着溴化环氧树脂含量的增多，改性环氧树脂的常温断裂韧性先提高后降低，当溴化环氧树脂的含量为 20 phr 时，体系的断裂韧性达到了最大值，较纯环氧树脂的断裂韧性增大 43.8%。此外，EX-48 改性环氧树脂在 90K 下的断裂韧性也明显高于纯 TDE-85 树脂体系。

关键词：环氧树脂；力学；拉伸；韧性；低温

随着我国载人登月、火星探测、深空探测、可重复使用飞行器等重大工程的实施，先进复合材料的发展及应用已经成为航空航天领域公认的关键技术之一。例如，低温贮箱占运载火箭箭体质量的 60% ~70%，采用复合材料制备贮箱是航天运载器减重的关键。航空航天复合材料结构除面临轻量化要求外，还面临着极端低温等服役环境的挑战。特别是航空复合材料中常用的环氧树脂基体，在低温下显著变脆，亟需进行改性研究。

研究发现，大多数高分子树脂的韧性与温度成正相关，在超低温下，树脂材料的模量会增大，而断裂伸长率则会减小[1,2]。Sawa 等通过对环氧树脂的分子结构进行设计，在树脂体系中添加柔性基团，有效改善了环氧树脂固化物在低温环境下的韧性[3]。Yi 等人发现在双酚 A 环氧树脂中加入二甲基聚硅氧烷，能够在不增大固化物的热膨胀系数的同时，改善环氧树脂浇铸体在液氮温度下的拉伸性能，拉伸强度最大可提高 77%[4]。Reed 等人对聚酯、氰酸酯树脂、乙烯基树脂和环氧树脂在 295K、77K 和 4K 下的力学性能进行研究，并总结出以下两点规律：（1）树脂浇铸体的低温拉伸强度比室温高；（2）树脂浇铸体在低温下拉伸强度的离散性更大[5]。

基金项目：国家自然科学基金（U1837204，11672049，51803016）。

北京化工大学的李刚团队致力于低温环境用预浸料树脂的研究，他们研究了聚酰亚胺、聚醚酮、聚醚砜等增韧剂对预浸料树脂体系的增韧效果，结果发现当聚醚砜用量为40phr时，树脂体系在77K下的冲击强度和断裂韧性最高[6]。本课题组也曾长期从事环氧树脂的低温改性研究，结果发现在环氧树脂中添加15phr的羧基丁晴橡胶，能够使树脂在77K下的断裂韧性和拉伸强度分别提高48%和40%[7]；添加石墨烯、碳纳米管等纳米材料也能提高环氧树脂在77K下的冲击强度和拉伸强度[8,9]。

多官能度环氧树脂TDE-85，全称为4，5-环氧己烷-1，2-二甲酸二缩水甘油酯，是含有一个脂环族环氧基和两个缩水甘油酯基的三官能度环氧树脂。TDE-85常用于航空航天、电子和核动力等领域，但本身韧性较差，有待进一步提高。溴化环氧树脂是分子结构中存在溴元素的一类环氧树脂，具有良好的阻燃性能[10]。本文选用双酚A型溴化环氧树脂EX-48为共混型增韧剂，研究了在TDE-85树脂体系中引入EX-48对环氧树脂常温及低温力学性能的影响。结果显示溴化环氧树脂EX-48具有明显的常温及低温增韧效果，EX-48/TDE-85共混体系有望用作航空航天等低温环境用复合材料的树脂基体。

1 实验部分

1.1 原材料

本文所用试验原料如表1所示。

表1 试验原料

名称	参数	生产厂家
环氧树脂 TDE-85	环氧值 0.86mol/100g	天津晶东化学复合材料有限公司
溴化环氧树脂 EX-48	环氧值 0.25mol/100g	南通星辰合成材料有限公司
固化剂 DDS	97%	上海麦克林生化科技有限公司

1.2 材料制备

将定量的环氧树脂TDE-85倒入烧杯中，加热至110℃，少量多次加入称量好的溴化环氧树脂，搅拌半个小时，待溶液澄清后，少量多次加入定量的固化剂DDS，搅拌1个小时。然后转入100℃的真空干燥箱中，抽真空10min左右，然后将树脂混合液倒入模具中进行固化。固化程序为130℃ 2h、160℃ 3h和180℃ 2h。按溴化环氧树脂含量为0phr、10phr、20phr、30phr和40phr，制备5个组分的样条。

1.3 性能表征

使用万能试验机测试环氧树脂的力学性能。拉伸性能测试参照国标GB/T 2567—2008，试验速度为2mm/min，每组测试数据不少于5个。断裂韧性测试参照ASTM D5045-14，试样先使用切割机切割缺口，再使用刀片在缺口处敲打预制裂纹，裂纹长度应为 0.45 ~ 0.55mm。

2 结果与讨论

2.1 常温力学性能

在多官能度环氧树脂 TDE-85 中引入溴化环氧树脂 EX-48,对其常温力学性能具有显著的增强、增韧现象。如图 1a 所示,当溴化环氧树脂加入量为 10phr 时,多官能度环氧树脂固化物的拉伸强度为 81.55MPa,相比纯环氧树脂 TDE-85 增大 12.1%。继续提高树脂体系中溴化环氧的含量到 20phr,环氧树脂的拉伸强度为 80.19MPa,未有明显提高。当溴化环氧含量为 30phr 和 40phr 时,树脂体系的拉伸强度分别为 78.87MPa 和 76.21MPa,虽然相比于纯 TDE-85 树脂体系的拉伸强度分别增大 10% 和 6.3%,但与 10phr 改性体系相比,呈现明显下降趋势,即存在最佳溴化环氧添加量。在环氧树脂 TDE-85 中引入溴化环氧树脂 EX-48,共混体系的弹性模量比纯环氧树脂 TDE-85 的弹性模量均略有下降,当 EX-48 含量为 20phr 时,弹性模量仅下降 1.5%,影响不明显。

如图 1b 所示,引入溴化环氧树脂 EX-48 后,改性环氧树脂的断裂韧性均有明显提高。随着溴化环氧含量的增多,共混树脂体系的断裂韧性呈现先上升后下降的趋势。当溴化环氧树脂的含量为 20phr 时,多官能度环氧树脂体系的断裂韧性最高为 1.15MPa·m$^{0.5}$,相比纯环氧树脂 TDE-85 增加 43.8%,增韧效果明显。当溴化环氧含量增加到 30phr 和 40phr 时,相比于溴化环氧含量为 20phr 的树脂体系,断裂韧性有所下降,但仍比纯环氧树脂 TDE-85 的断裂韧性分别提高 27.5% 和 22.5%。溴化环氧树脂分子量较大且环氧值较低,在 TDE-85/DDS 树脂体系中引入溴化环氧树脂可以降低树脂固化物的交联密度,从而有效提高树脂体系的断裂韧性。

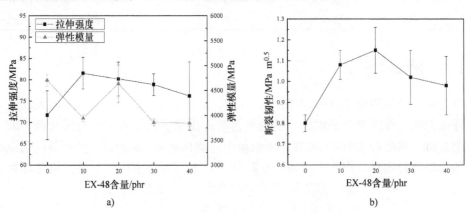

a)   b)

图 1 EX-48 含量对环氧树脂常温性能的影响

a) 拉伸强度及弹性模量 b) 断裂韧性

2.2 低温力学性能

此外，本文还研究了 EX－48 改性对环氧树脂在低温断裂韧性的影响。低温实验所用的试样的形状和尺寸与常温实验相同。具体测试利用如图 2a 所示的装置进行，通过液氮环境箱将测试温度控制为 93K 即 －180℃。纯环氧树脂 TDE－85 及 20phr EX－48 改性环氧树脂在常温及低温下的断裂韧性如图 2c 所示。纯环氧树脂 TDE－85 在 93K 下的断裂韧性为 1.96MPa·$m^{0.5}$，与室温下的断裂韧性相比提高了 145%。添加有 20phr 溴化环氧的改性环氧树脂在 93K 下的断裂韧性为 2.14MPa·$m^{0.5}$，相比常温性能提高 86.1%。

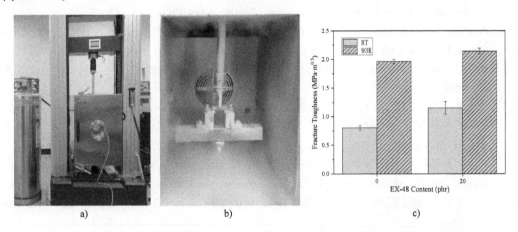

图2　a）低温力学性能测试装置 b）测试环境 c）EX－48 对环氧树脂低温韧性的影响

结果表明，环氧树脂体系在低温下的断裂韧性均比在常温下的断裂韧性要高，这主要是因为低温下分子收缩，分子间作用力增强，分子抵抗破坏能力增强，从而导致其断裂韧性提高。添加 20phr 溴化环氧树脂的改性环氧树脂比纯环氧树脂 TDE－85 体系的低温断裂韧性增大 9.2%，这表明溴化环氧树脂改性，不但可以提高环氧树脂 TDE－85 的拉伸强度，而且可以改善其在常温及低温下的断裂韧性。

3　结论

本文主要利用双酚 A 型溴化环氧树脂 EX－48 对多官能度环氧树脂 TDE－85 进行了改性研究，探索了 EX－48 含量对改性环氧树脂常温及低温力学性能的影响。研究结果显示，在环氧树脂 TDE－85 中引入溴化环氧树脂 EX－48，能够改善环氧树脂体系的常温拉伸性能。引入溴化环氧树脂也有助于改善树脂体系的断裂韧性，改性树脂体系的断裂韧性随溴化环氧树脂含量的增加，呈现先提高后降低的趋势；当溴化环氧树脂的含量为 20phr 时，体系的常温断裂韧性达到了最大值 1.15MPa·$m^{0.5}$，较纯环氧树脂固化物的断裂韧性增大了 43.8%，增韧效果明显。

参 考 文 献

[1] Bansemir H, Haider O. Fibre composite structures for space applications—recent and future developments [J]. Cryogenics, 1998, 38 (1): 51 –9.

[2] Hartwig G. Low – temperature properties of epoxy resins and composites [M]. Advances in Cryogenic Engineering. Berlin: Springer. 1978: 17 – 36.

[3] Sawa F, Nishijima S, Okada T. Molecular design of an epoxy for cryogenic temperatures [J]. Cryogenics, 1995, 35 (11): 767 –9.

[4] Yi J W, Lee Y J, Lee S B, et al. Effect of dimethylpolysiloxane liquid on the cryogenic tensile strength and thermal contraction behavior of epoxy resins [J]. Cryogenics, 2014, 61 (6): 3 –9.

[5] Reed R, Wassh R. Tensile properties of resins at low temperatures [M]. Advances in Cryogenic Engineering Materials. Berlin: Springer. 1994.

[6] 刘思畅. 耐低温预浸料树脂体系设计与复合材料评价及增韧机制研究 [D]; 北京化工大学, 2016.

[7] Zhao Y, Chen Z K, Liu Y, et al. Simultaneously enhanced cryogenic tensile strength and fracture toughness of epoxy resins by carboxylic nitrile – butadiene nano – rubber [J]. Composites Part A: Applied Science and Manufacturing, 2013, 55 (1) 78 –87.

[8] Shen X J, Liu Y, Xiao H M, et al. The reinforcing effect of graphene nanosheets on the cryogenic mechanical properties of epoxy resins [J]. Composites Science and Technology, 2012, 72 (13): 1581 –7.

[9] Chen Z K, Yang J P, Ni Q Q, et al. Reinforcement of epoxy resins with multi – walled carbon nanotubes for enhancing cryogenic mechanical properties [J]. Polymer, 2009, 50 (19): 4753 –9.

[10] 王戈, 李效东, 曾竞成, 等. 与液氧相容聚合物基体材料 [J]. 复合材料学报, 2005, 22 (6): 108 – 13.

The Mechanical Properties of EX – 48 Modified TDE – 85 Epoxy Resin at RT and 93K

TAN Di, LIU Cong, QIAN Jian, LI Yuan-Qing, FU Shao-Yun*

(College of Aerospace Engineering, Chongqing University, Chongqing 400044, China)

Abstract: Epoxy resins are widely employed in aerospace industry as matrix to fabricate composites due to their excellent mechanical properties and good processing ability. However, epoxy resin usually exhibits high brittleness and poor toughness particularly at cryogenic temperature, it is necessary to toughen epoxy resin. In this work, brominated epoxy resin EX – 48 is selected to toughen trifunctional epoxy resin TDE – 85, and the effects of EX – 48 on the mechanical properties of the TDE – 85 resin at room and cryogenic temperature are studied. The results indicate that the tensile properties and fracture toughness of the TDE – 85 epoxy resin are enhanced with the addition of EX – 48. With the increase of EX – 48 content, the fracture toughness of EX – 48/TDE – 85 resin system increases at low EX – 48 content and then decreases at high EX – 48 content. Overall, the TDE – 85 resin mixed with 20 phr EX – 48 exhibits the optimal mechanical performance, its fracture toughness achieves an increase of 43.8% at room temperature. Moreover, the fracture toughness of the epoxy resin at 93K is also enhanced with the incorporation of EX – 48.

Key words: epoxy resin; mechanical properties; tensile strength; toughness; cryogenic

3D 打印石墨烯基复合材料研究进展

郭海长，白树林*

（北京大学　材料科学与工程学院，北京 100871）

摘要：3D 打印（或增材制造）技术由于其快速的三维成型能力和极强的可设计性，正在逐步挑战和变革着传统的加工方式。近些年来，3D 打印技术逐渐从单一材料发展为多材料和复合材料 3D 打印，主要通过在基体中引入纳米或微米级增强材料，以获得具备独特结构和功能特性的三维实体。在本文中，我们简要介绍了各种增材制造技术的基本原理，而后分墨水直写（DIW）、熔丝沉积成型（FDM）、立体光刻（SLA）和选择性激光烧结（SLS）四大类综述了 3D 打印石墨烯基复合材料的最新进展，并对未来的发展方向进行了展望。

关键词：3D 打印；石墨烯；复合材料

在 21 世纪，功能材料的飞速发展对制造技术提出了更高的要求。与传统的减材制造工艺（例如钻孔、铣削、锯切和拉削等）不同，3D 打印（也称为增材制造（AM））可以通过"层层堆叠"的方式直接制造三维实体，从而为快速制造提供了无限种可能性[1]。3D 打印技术具有许多独特的优势，例如一体化快速成型能力、灵活的结构设计性和高度的可持续性。几乎所有的材料（例如金属、陶瓷和聚合物等）都可以用作 3D 打印的原材料，因此，3D 打印技术在生物医学、机械工程、航空航天和电子电器工程等领域都有着十分广泛的应用。

自从 Novoselov 等[2]在 2004 年发现石墨烯以来，石墨烯因其优异的电学、力学和热学性能而受到了前所未有的关注。然而，石墨烯在实际工业领域的应用却发展缓慢。目前，石墨烯通常作为添加剂加入基体材料中进行使用。然而，由于商业石墨烯的低质量[3]、高成本和材料相容性差等特点，所制备的石墨烯基复合材料的性能远不能达到人们的预期。3D 打印的引入，为石墨烯的应用提供了更多的可能性，它有效地连接了从先进材料到先进制造之间的空白，可以使用更少的材料快速地构建具备独特结构的三维物体。基于此，本文将对 3D 打印石墨烯基复合材料的最新研究进展进行综述。

1　3D 打印技术原理简介

3D 打印技术遵循增材制造的基本过程[4,5]：（1）通过 CAD 软件、3D 扫描仪等进

基金项目：国家自然科学基金 NSFC（Grant No. 11672002）and NSAF（Grant No. U1730103）。

行 3D 建模；（2）将 3D 模型转换为 STL 文件实现数字化过程；（3）将 STL 文件转换为包含每个 2D 材料层几何形状的 G 代码文件；（4）将 G 代码文件导入 3D 打印机中进行逐层打印。根据 2D 材料层沉积方式的不同，3D 打印可以分为光聚合、挤出式、粉末基和层压四个主要类别（见表 1）[4]。光聚合是基于光敏聚合物的有序表面固化来构造宏观实体，一般光敏聚合物由光引发剂、添加剂和反应性单体/低聚物组成。立体光刻（SLA，Stereolithography）、数字光处理（DLP，digital light processing）、材料喷射（MJ，materials jetting）和连续液体界面技术（CLIP，continuous liquid interface production）是光聚合的四种代表性 3D 打印方法。SLA 基于带有扫描仪的单光束，而 DLP 是一种层投影方法，利用光掩模或数字微镜器件（DMD）固化每个 2D 层[17、18]。CLIP 技术由于透氧膜的引入，可以实现超高的打印速度[6]，MJ 则是将喷墨技术和紫外线固化工艺结合在一起。近些年发展的多光子技术（MPP），通过使用超快激光，可以实现低于 100nm 的空间分辨率。挤出式 3D 打印技术是目前最常见的 3D 打印技术。打印机根据模型设计控制喷嘴的三维运动，将液态或半熔融材料直接沉积到平台上完成材料成型。熔丝沉积成型（FDM）以热塑性聚合物线材作为打印原料，而墨水直写（DIW）则依靠高黏度的墨水和后固化过程来维持其三维形状，陶瓷、塑料、食品和活细胞等都可以作为墨水直写技术的"墨水"来进行打印。

粉末基 3D 打印是金属 3D 打印的主要技术[7]，该方法首先建立类似于 SLA 的粉末（粒度在 50~100μm 之间）池，然后使用激光或黏合剂将粉末黏合以构建三维实体。选择性激光烧结（SLS）和选择性激光熔化（SLM）是粉末基 3D 打印的两种典型方法。SLS 和 SLM 之间的区别在于：SLS 在低于粉末熔点温度附近烧结粉末，而 SLM 则在熔点温度之上。相比 SLS，由于 SLM 可以在完全熔融状态下黏合粉末颗粒，因此无需添加任何黏合剂粉末。另一种称为黏合剂喷射（BJ）的方法是将液态胶墨精确地沉积到粉末床上，依靠毛细作用力将粉末颗粒黏合在一起。最后一种技术是基于层压的 3D 打印技术。这种方法也被称为层压物体制造（LOM）。各种层压板，如纸、金属或塑料，均可采用此方法。通常，将表面覆盖有黏合剂的片材加载到平台上，然后激光切割过程得到每个 2D 层的轮廓，最后热压成型。

表 1　3D 打印技术分类

光固化	挤出式	粉末基	层压
立体光刻（SLA）	熔丝沉积成型（FDM）	选择性激光烧结（SLS）	层压物体制造（LOM）
数字光处理（DLP）	墨水直写（DIW）	选择性激光熔化（SLM）	—
材料喷射（MJ）	—	黏合剂喷射（BJ）	—
连续液体界面技术（CLIP）	—	—	—

2　墨水直写（DIW）

DIW 是基于挤出的 3D 打印技术，主要涉及高黏度墨水的沉积和固化过程。通常，高黏度墨水具有更高的模量，更好的成型能力，但喷嘴堵塞的风险也更高。因此，通过精巧地配置具有剪切变稀行为的高黏度墨水是 DIW 技术的关键[8]。石墨烯油墨独特的电、力和生物特性为 DIW 技术赋予了更多的功能特性。Jakus 等人[9]将石墨烯和聚丙交酯 – 共 – 乙交酯分散在二氯甲烷（DCM）中成功地制备了一种"石墨烯墨水"。在挤出过程中，DCM 的快速蒸发确保了挤出的长丝在沉积后不会变形，同时实现了高达 60 vol% 的石墨烯负载量。石墨烯在喷嘴挤出过程中将出现一个剪切压缩、剪切取向和沉积凝结的过程（见图 1a），使得石墨烯片层在挤出的细丝中呈现出明显的沿丝取向分布的现象（见图 1b、c），对 SEM 图的取向角测量也证明了这一现象（见图 1d、e）。另外，所打印的"宏观石墨烯"表现出良好的柔韧性，可以被弯曲成各种复杂的 3D 形式（见图 1f）。

为了调控石墨烯墨水的流变性能，Zhu 等人[10]在准备好的氧化石墨烯（GO）溶液中添加亲水性气相二氧化硅粉、石墨烯纳米片和间苯二酚 – 甲醛（R – F）溶液，制成可挤出的 GO 基复合油墨。间苯二酚 – 甲醛（R – F）溶液能够很好地控制胶凝过程从而保证材料的成型性。最终 3D 打印网格结构具有许多有序的多孔并拥有大的比表面积。此外，它密度小、导电性高，并显示出超压缩性（高达 90% 的压缩应变）。与块体石墨烯材料相比，它的杨氏模量提高了一个数量级。所打印的结构组装成准固态对称超级电容器时，当电流密度从 0.5 增加到 $10A \cdot g^{-1}$ 时，材料表现出了良好的倍率能力和 90% 的电容保持率。

此外，各种辅助添加剂如聚合物[11]、无机纳米粒子（如 SiO_2[12]）或离子交联剂[13]（如 Ca^{2+}）均可用于调节 GO 油墨的流变性。DIW 可以合成许多柔软的石墨烯泡沫结构[14]，这些结构由于表面积大、电导率高和密度小等特点，在储能领域拥有许多的应用。此外，DIW 还可以开发一些有趣的柔性传感器[15]和机器人[16]。

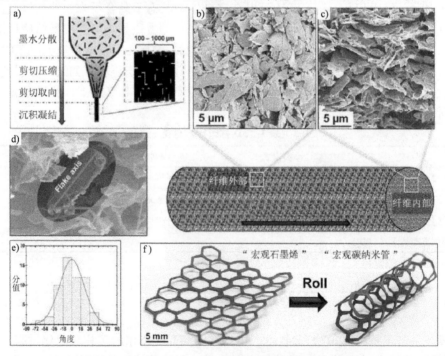

图 1　a）石墨烯取向机制　b）、c）石墨烯在纤维内部、外部的分布图像
d）、e）取向角测量　f）打印的宏观石墨烯和碳纳米管[9]

302

3 熔丝沉积成型（FDM）

FDM 是一种商业化的普遍的 3D 打印技术，该技术通过熔化并挤出热塑性线材来构建三维实体，因此热塑性复合材料线材的制造是 FDM 技术的关键。通过在线材中添加不同的填料，FDM 技术可以打印出各色各样的复合材料构件。与 DIW 相比，FDM 可以直接打印出三维结构而无需进一步的固化过程。在打印过程中，各向异性和孔隙消除是石墨烯基复合材料的两个主要问题，这取决于对打印参数（例如温度、打印速度和打印路径等）的精确控制。Wei 等人[17]首先证明了使用 FDM 方法打印石墨烯复合材料的可能性。石墨烯的微结构控制对于高导热复合材料至关重要。Jia 等人[18]探究了不同打印路径对石墨/尼龙 6 复合材料热导率的影响。如图 2 所示，正交打印（FP）（见图 2a、b）和平行打印（SP）（见图 2c）两种不同的打印路径表现出不一样的石墨分布状态。FP 样品在丝丝堆叠的缝隙中存在大量尺寸约为 10μm 的空隙（见图 2d、e），这些空隙阻碍了热量的传播；而 SP 样品中石墨烯和孔隙的排布都高度有序（见图 2f、g），热量便能有序地沿着走丝方向传播。因此，SP 样品的面外热导率高达 5.5 $W \cdot m^{-1} \cdot K^{-1}$，而 FP 样品却不到 1$W \cdot m^{-1} \cdot K^{-1}$（见图 2h）。类似地，Zhu 等人[19]对石墨烯纳米片（GNP）/聚酰胺 12 复合材料各向异性的热、机械性能进行了研究。两种走丝方式（0°和 90°）如图 2i 所示，由于 GNP 的取向排列（见图 2j），当 GNP 含量

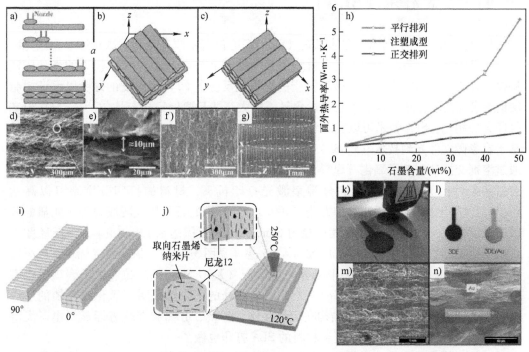

图 2　a）～c）正交、平行的打印路径设置　d）、e）正交和 f）、g）平行路径的 SEM 图像
h）面外热导率对比[18]　i）～j）石墨烯纳米片/尼龙 12 复合材料打印设置[19]
k）～l）3D 打印导电电极实物图　m）、n）3DE/Au 电极的 SEM 图[21]

为 6 wt% 时，打印的复合材料部件热导率和弹性模量均有很大提升，分别为 1.12W·m·K^{-1}和 2251.7MPa。Gnanasekaran 等人[20]成功地制备了碳纳米管和石墨烯填充聚对苯二甲酸丁二酯（PBT）复合材料线材，并对导电逾渗现象以及多材料复合打印方式进行了探究。

石墨烯、碳纳米管、石墨等碳材料的引入可以赋予打印材料良好的导电功能特性，因此 FDM 技术可以用以打印多样的导电结构并应用于储能领域。Foo 等[21]在一项研究中，利用 Black Magic 公司生产的石墨烯线材打印导电电极 3DE（见图 2k、l）并在其上溅射金以制作电极 3DE/Au（见图 2m、n）。材料应用在固态超级电容器中表现出良好的电容性能，比电容为 98.37F·g^{-1}，与 ITO/FTO 玻璃电极相比，组装好的光电化学传感器能在 ~724.1μA 的光电流下响应，并且具有更低的检测限。Maurel 等人[22]用 DCM 作为溶剂溶解 PLA，然后将其与石墨混合以制备石墨/PLA 复合材料线材，而后制备出具有 60~70wt% 石墨负载量的锂电池负极材料。尽管制备的石墨负极中包含许多聚合物成分，经过 6 个循环后，材料在 18.6mA·g^{-1}（C/20）的电流密度下仍可达到 200mAh·g^{-1}的容量。

值得注意的是，界面黏接性能对最终 3D 打印部件的综合性能起着非常关键的作用，为了提高丝与丝之间的黏接强度，改善石墨烯在材料中的分散性，微波局域加热法[23]，外加场辅助[24]例如超声处理、电场和磁场等都是一些新的有效的方法。

4　立体光刻（SLA）

3D 打印技术最早起源于立体光刻（SLA），它的基本原理是利用激光逐层固化光敏树脂。SLA 方法制备石墨烯基复合材料需要考虑两个基本问题：（1）快速的光响应性特性，这要求填料的引入不能破坏树脂的光引发反应；（2）足够低的黏度以保证树脂层的充分流动和浸渍，这要求石墨烯含量不能太高并且要保证分布均匀[25]。与挤出基打印方法相比，SLA 技术可以实现较高的分辨率。最近，Hensleigh 等人[26]报道了一种基于投影微立体光刻技术（PmSL）的具有独特微结构的石墨烯气凝胶（MAG）。首先通过溶剂交换法制备了氧化石墨烯水凝胶，然后加入丙烯酸树脂和光引发剂制备成符合打印条件的光敏树脂。在高分辨率激光打印机下，材料的打印分辨率可以高达 10μm，远高于挤出式的 3D 打印方法（100μm）。打印的石墨烯气凝胶表现出明显的分级多孔结构（见图 3a、b），平均孔径为 60nm，比表面积达到 130m^2·g^{-1}。TEM 图表现出了典型的石墨烯褶皱结构，层数为 4~5 层（见图 3c、d）。氧化石墨烯块体气凝胶（XGO Monolith Aerogel）和微结构石墨烯气凝胶（XGO MAG）的拉曼图谱表现出典型的多孔气凝胶结构特征（见图 3e），XPS 图中氧峰的下降则证明了氧化石墨烯的还原（见图 3f）。这种高精度的微纳结构在能量存储和转换、分离和催化方面显示出巨大潜力。Wang 等人[27]对石墨烯基复合材料的 SLA 打印也做了一些探究。

一种更精确的基于 SLA 的打印方法，称为双光子光刻（2PP），是高分辨率复杂微纳结构 3D 打印的一种典型方法。2016 年 Bauer 等人[28]发表了一篇关于碳纳米晶格的代表性论文。作者利用一台精密的 3D 激光直写（3D-DLW）机器打印了一个极其微小的聚合物结构，采用 IP-Dip 型光刻胶作为 3D 打印的原材料。两部精确的热分解过

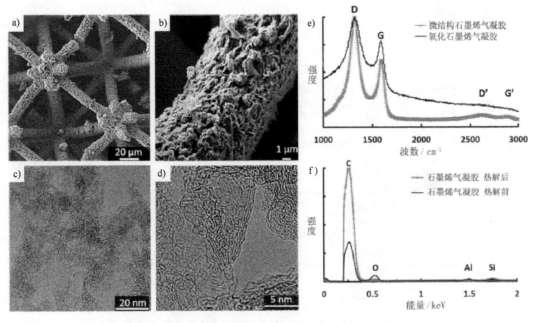

图3　微结构石墨烯气凝胶（MAG）的 SEM 图（a、b）TEM 图（c、d）、
拉曼图谱（e）和 X 射线光电子能谱（f）[26]

程成功地将聚合物热解成一个单杆短于 1μm，杆直径为 200nm 的碳纳米晶格。蜂窝状的构型使得材料的强度达到了 3GPa，趋近了玻璃碳的理论强度。这种纳米晶格在轻质力学超材料的研究中具有十分重要的地位。

5　选择性激光烧结（SLS）

SLS 是一种粉末基的 3D 打印技术，该技术凭借高能激光烧结连续的薄层粉末以构建三维实体。将石墨烯粉末与基体粉末通过机械混合或熔融混合可以实现对石墨烯基复合材料的打印。最近，Sha 等人[29]报道了一种使用 SLS 打印 3D 石墨烯泡沫（GF）的模板方法。首先，他们通过溶液混合法制备了镍/蔗糖混合物粉末，其中蔗糖被用作碳源，镍被用作石墨烯生长的催化剂和模板。在每层激光照射后，通过手动将混合物粉末放置到平台上，重复多次即可形成 GF 的雏形。最后，通过镍蚀刻、纯化和临界点干燥，得到了多孔的 3D 石墨烯泡沫（见图 4a）。3D 打印 GF 的孔隙率约为 99.3%，密度仅为 0.015g·cm⁻³。与传统的 CVD 或基于模板的热解方法相比，这种 3D 打印的石墨烯泡沫具有可控的孔结构、较高的机械强度和独立的外形（见图 4b）。此外，通过使用不同的碳前驱体，可以生产包括 3D 打印的钢筋石墨烯和 N、S 掺杂的石墨烯泡沫在内的各种 3D 碳复合材料。除基于模板的方法外，Azhari 等人[30]报道了将 GO 和羟基磷灰石（Hap）直接混合可以有效地提高复合材料机械强度。

粉末表面涂层对 SLS 打印具有独特而重要的作用。最近，Yuan 等人[31]通过 SLS 成功地制造了碳纳米管/聚合物复合材料。作者首先在 90℃ 和 70℃ 下分别软化和活化尼龙 12 和聚氨酯粉末的表面 30min，然后将水合胆酸钠（SC）改性的 CNT 溶液添加到粉

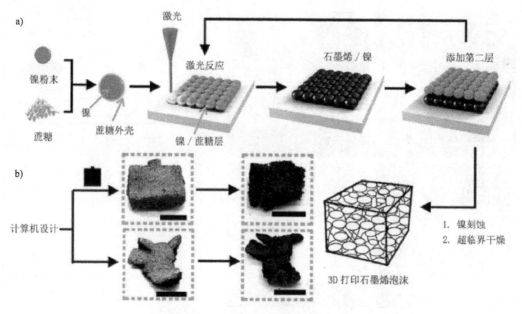

图 4　SLS 模板法烧结制备石墨烯泡沫示意图[29]

末悬浮液中，沉淀并干燥后即获得 CNT 涂覆的聚合物粉末。复合粉末的核 - 壳结构特征导致两相分离结构的形成。CNT 作为表面层可以充当吸热剂以增强光能吸收，在非常小的 CNT 负载量（<1 wt%）下，打印的复合材料的电导率（$10^{-5} \sim 10^{-4} S \cdot cm^{-1}$）有了明显的提高。在另一个工作中，Zhu 等人[32]将尼龙 12 涂覆在碳纤维上也表现出类似的两相结构，并且由于短碳纤维的引入，所打印的制品表现出优异的机械性能。

6　结论和展望

在这篇综述中，我们根据各种 3D 打印技术介绍了 3D 打印石墨烯基复合材料的一些最新进展。DIW、FDM、SLA 和 SLS 是用于制造基于石墨烯复合材料的四种典型 3D 打印技术。由于在 3D 打印过程中不可避免地会形成空隙，石墨烯的后处理，例如冷冻干燥或烧结，也导致孔的形成，因此石墨烯泡沫是最常见和易得的一种结构。3D 打印的石墨烯泡沫结构通常具有大的比表面积和良好的导电性，在导电、电磁屏蔽和电化学领域等具有巨大的潜力。石墨烯薄片在聚合物基体中的取向排列是挤出式 3D 打印技术中的常见现象，这导致了打印部件各向异性的力、电、热和磁性能。对这种各向异性进行合理的分级设计可以制备出具有优异结构和功能特性的三维实体，可以应用于结构复合材料、电和热管理等领域。此外，通过引入具有独特的光、热或湿响应特性的聚合物基体，还可以开发出一些有趣的形状记忆材料、光热响应材料等。新的 3D 打印技术在不断地发展，然而所有的打印技术都应该遵循基本的材料与加工之间的匹配关系，在不久的将来，成本的降低、打印精度和速度的提高、3D 打印材料的延伸和扩大、新的 3D 打印机理的提出等有望推动 3D 打印技术在实际生产中得到更广泛的应用。

参 考 文 献

［1］ Dilberoglu U M, Gharehpapagh B, Yaman U, et al. The Role of Additive Manufacturing in the Era of Industry 4. 0 ［J］. Procedia Manufacturing, 2017, 11: 545 - 554.

［2］ Novoselov K S, Geim A K, Morozov S V, et al. Electric field effect in atomically thin carbon films ［J］. Science, 2004, 306 (5696): 666 - 669.

［3］ Boggild P. The war on fake graphene ［J］. Nature, 2018, 562 (7728): 502 - 503.

［4］ Ambrosi A, Pumera M. 3D - printing technologies for electrochemical applications ［J］. Chemical Society Reviews, 2016, 45 (10): 2740 - 55.

［5］ Lee J - Y, An J, Chua C K. Fundamentals and applications of 3D printing for novel materials ［J］. Applied Materials Today, 2017, 7: 120 - 133.

［6］ Tumbleston J R, Shirvanyants D, Ermoshkin N, et al. Continuous liquid interface production of 3D objects ［J］. Science, 2015, 347 (6228): 1349 - 1352.

［7］ Sing S L, An J, Yeong W Y, et al. Laser and electron - beam powder - bed additive manufacturing of metallic implants: A review on processes, materials and designs ［J］. J Orth Res, 2016, 34 (3): 369 - 385.

［8］ Lewis J A. Direct ink writing of 3D functional materials ［J］. Adv Funct Mater, 2006, 16 (17): 2193 - 2204.

［9］ Jakus A E, Secor E B, Rutz A L, et al. Three - Dimensional Printing of High - Content Graphene Scaffolds for Electronic and Biomedical Applications ［J］. Acs Nano, 2015, 9 (4): 4636 - 4648.

［10］ Zhu C, Han T Y, Duoss E B, et al. Highly compressible 3D periodic graphene aerogel microlattices ［J］. Nat Commun, 2015, 6: 6962.

［11］ Garcia - Tunon E, Barg S, Franco J, et al. Printing in three dimensions with graphene ［J］. Adv Mater, 2015, 27 (10): 1688 - 93.

［12］ Zhang Q, Zhang F, Medarametla S P, et al. 3D Printing of Graphene Aerogels ［J］. Small, 2016, 12 (13): 1702 - 8.

［13］ Jiang Y, Xu Z, Huang T, et al. Direct 3D Printing of Ultralight Graphene Oxide Aerogel Microlattices ［J］. Adv Funct Mater, 2018, 28 (16): 1707024.

［14］ Guo F, Jiang Y, Xu Z, et al. Highly stretchable carbon aerogels ［J］. Nat Commun, 2018, 9 (1): 881.

［15］ Guo S Z, Qiu K, Meng F, et al. 3D Printed Stretchable Tactile Sensors ［J］. Adv Mater, 2017, 29 (27).

［16］ Truby R L, Lewis J A. Printing soft matter in three dimensions ［J］. Nature, 2016, 540 (7633): 371 - 378.

［17］ Wei X, Li D, Jiang W, et al. 3D Printable Graphene Composite ［J］. Sci Rep, 2015, 5: 11181.

［18］ Jia Y, He H, Geng Y, et al. High through - plane thermal conductivity of polymer based product with vertical alignment of graphite flakes achieved via 3D printing ［J］. Compos Sci Technol, 2017, 145: 55 - 61.

［19］ Zhu D, Ren Y, Liao G, et al. Thermal and mechanical properties of polyamide 12/graphene nanoplatelets nanocomposites and parts fabricated by fused deposition modeling ［J］. J Appl Polym Sci, 2017, 134 (39).

[20] Gnanasekaran K, Heijmans T, Van Bennekom S, et al. 3D printing of CNT – and graphene – based conductive polymer nanocomposites by fused deposition modeling [J]. Applied Materials Today, 2017, 9: 21 – 28.

[21] Foo C Y, Lim H N, Mahdi M A, et al. Three – Dimensional Printed Electrode and Its Novel Applications in Electronic Devices [J]. Sci Rep, 2018, 8 (1): 7399.

[22] Maurel A, Courty M, Fleutot B, et al. Highly Loaded Graphite – Polylactic Acid Composite – Based Filaments for Lithium – Ion Battery Three – Dimensional Printing [J]. Chem Mater, 2018, 30 (21): 7484 – 7493.

[23] Sweeney C B, Lackey B A, Pospisil M J, et al. Welding of 3D – printed carbon nanotube – polymer composites by locally induced microwave heating [J]. Sci Adv, 2017, 3 (6): e1700262.

[24] Yang Y, Song X, Li X, et al. Recent Progress in Biomimetic Additive Manufacturing Technology: From Materials to Functional Structures [J]. Adv Mater, 2018: e1706539.

[25] Melchels F P W, Feijen J, Grijpma D W. A review on stereolithography and its applications in biomedical engineering [J]. Biomaterials, 2010, 31 (24): 6121 – 6130.

[26] Hensleigh R M, Cui H, Oakdale J S, et al. Additive manufacturing of complex micro – architected graphene aerogels [J]. Materials Horizons, 2018, 5 (6): 1035 – 1041.

[27] Wang D, Huang X, Li J, et al. 3D printing of graphene – doped target for "matrix – free" laser desorption/ionization mass spectrometry [J]. Chem Commun (Camb), 2018, 54 (22): 2723 – 2726.

[28] Bauer J, Schroer A, Schwaiger R, et al. Approaching theoretical strength in glassy carbon nanolattices [J]. Nat Mater, 2016, 15 (4): 438 – 43.

[29] Sha J, Li Y, Villegas Salvatierra R, et al. Three – Dimensional Printed Graphene Foams [J]. ACS Nano, 2017, 11 (7): 6860 – 6867.

[30] Azhari A, Toyserkani E, Villain C. Additive Manufacturing of Graphene – Hydroxyapatite Nanocomposite Structures [J]. International Journal of Applied Ceramic Technology, 2015, 12 (1): 8 – 17.

[31] Yuan S, Zheng Y, Chua C K, et al. Electrical and thermal conductivities of MWCNT/polymer composites fabricated by selective laser sintering [J]. Composites Part a – Applied Science and Manufacturing, 2018, 105: 203 – 213.

[32] Zhu W, Yan C, Shi Y, et al. A novel method based on selective laser sintering for preparing high – performance carbon fibres/polyamide12/epoxy ternary composites [J]. Sci Rep, 2016, 6: 33780.

Recent advances on 3D printing graphene – based composites

GUO Hai – chang, BAI Shu – lin *

(Department of Materials Science and Engineering, CAPT/HEDPS/LTCS,

Key Laboratory of Polymer Chemistry and Physics of Ministry of Education, College of Engineering,

Peking University, Beijing 100871, China)

Abstract: 3D printing (or additive manufacturing) techniques are challenging traditional pro-

308

cessing methods due to its rapid prototyping ability and near – complete design freedom. In recent years, 3D printing techniques are emerging from single material to composite materials manufacturing by simply introducing the nano – or micro – reinforcements into the matrix, which enables the as – printed entities with unique structural or functional characteristics. In this article, the basic principles of additive manufacturing technologies are briefly introduced, then the latest progress of 3D printed graphene – based composites is summarized based on different techniques including direct ink writing (DIW), fuse deposition molding (FDM), stereolithography (SLA), and selective laser sintering (SLS). Finally a short outlook for the future develpement of 3D printing is given.

Key words: 3D printing; Graphene; Composites

Dispersion and Bandgap of Nonlinear Waves in One – dimensional Diatomic Spring – mass System with Nonlinear Spring

Min Xing[1] , Peijun Wei[1]* , Yueqiu Li[2] , Peng Zhang[3]

(1 Department of applied mechanics, University of sciences and technology Beijing, Beijing 100083, China)

(2 Department of Mathematics, Qiqihar University, Qiqihar 161006, China)

(3 Department of mechanical Engineering, Tufts University MA02144, USA)

Abstract: The dispersion and band gaps of the nonlinear waves in the one – dimensional periodic diatomic spring – mass system with the nonlinear spring are studied in this paper based on the multiple scales method. The quadratic and cubic nonlinear forces of the non-linear spring in the one – dimensional spring – mass system are considered, respectively, and the multiple scales expansion method is used to obtain the dispersion relation of the nonlinear waves at different time scales and the displacement solution of the diatomic mass. A numerical simulation is performed and the effects of nonlinear coefficient of spring and modal interaction on the dispersion curve and band gaps are investigated based on the numerical results. It is found that the quadratic and the cubic nonlinear forces of the non-linear spring have distinctive influences on the dispersion and band gaps of nonlinear waves.

Key words: Nonlinear waves; Dispersion; Bandgap; Modal interaction; Multiscale method; Diatomic spring – mass system

1 Introduction

The propagation characteristics, including dispersion and attenuation, of elastic waves have been extensively and intensively studied in the past several decades. However, when the wave amplitude is sufficiently large, the relationship between stress and strain is no longer linear. The mechanical response of the material will become nonlinear, and the original linear waves will become nonlinear waves. Existing studies have shown that there are significant differ

基金项目：中央高校基本科研基金（FRF – TW – 2018 – 005），国家自然科学基金（11872105，No. 12072022），黑龙江省自然科学基金（LH2019A026）。

ences between nonlinear waves and linear waves. For example, there are the solitons and breather in the nonlinear waves, and nonlinear waves will also have higher harmonics. Nonlinear strong acoustic problems such as finite amplitude waves have been applied in many fields such as military, industrial, agricultural, biomedical, etc. , including infrasound weapons, airport bird repulsion, industrial soot blowing, biological tissue harmonic imaging, and nonlinear ultrasonic detection of material properties etc. [1,2]. When discussing nonlinear waves in solid state physics, one – dimensional nonlinear lattices are often valued and studied because of the simple model and clear physical image. Thus, one – dimensional spring – mass model becomes one of the most classic and simple models in the existing solid lattice nonlinear model.

The research intensity of periodic materials and structures has been greatly improved recently[3,4]. Researchers at home and abroad are increasingly interested in some of the properties of materials, such as band gaps, negative refractive indices, phonon focusing, and phonon tunneling[5]. The engineering applications of these features are mainly in waveguides acoustic filters, acoustic mirrors[6-10], and so on. The most interesting property is the bandgap of a material, namely, the frequency range that wave cannot be propagated. The position and width of the forbidden band depend on system characteristics such as periodicity, material properties and geometry, so that materials or structures with larger band gaps at the desired frequency locations can be optimized by topology optimization[11]. Recently, many researchers are engaged in the dispersion properties and the bandgap property of nonlinear waves. Narisetti et al. studied wave propagation characteristics in one – dimensional periodic structures (including nonlinear monoatomic chain, monoatomic chain with an attached nonlinear base, nonlinear diatomic chain) with linear and cubic nonlinearity by perturbation approach, and they found that dispersion curves and cutoff frequencies are related to amplitude[12]. Manktelow et al. studied wave – wave interactions in one – dimensional linear and cubically nonlinear monoatomic chain by multiple scales, and gave several example is to demonstrate how to design tunable acoustic devices by using the nonlinear properties in periodic systems to obtain the dispersion characteristics related to amplitude, the influence of dispersion branches of different amplitudes and frequencies on each wave, for the specific case where the wavenumber and frequency ratio are close to 1:3, such as the long wave limit, the evolution equation indicates the possibility of the existence of small amplitude and frequency modulation[13]. Panigrahi et al. studied nonlinear low – amplitude traveling waves in one – dimensional monoatomic chain with quadratic and cubic nonlinearity by second – order perturbation analysis. Analyzing to capture the effects of quadratic nonlinearity, and comparisons with the linear and cubical nonlinear cases are presented in the dispersion relationship, group velocity and phase velocity[14]. In addition, Panigrahi et al. studied the wave – wave interactions in one – dimensional monoatomic chain with quadratic nonlinearity by multiple scales analysis. The strength of quadratic nonlinear affects the energy exchange rate between two waves. The analysis shows the possibility of the existence of emergent wave harmonics. Because of the quadratic nonlinearity, a very small amplitude sub – harmonic or super – harmonic mode will drift in the phase, and then erupt a large amplitude around the dividing line. [15]. Frandsen et al. studied modal interaction of dispersion and higher harmonic generation in one dimensional cubically nonlinear diatomic periodic structure by multiple scales analysis, predicting the dispersion shift in the band structure due to nonlinear self – interaction. The solution further reveals that the moderate higher harmonic waves are generated in the range of the solution, which is proportional to the nonlinear intensity and energy level in the chain. The possibility of changing the cubic nonlinear distribution to control the generation of higher harmonic waves[16]. Manktelow et al. studied nonlinear dispersion of periodic string mass chain by theoretical analysis and experimental estimation. The effect of the string's geometric nonlinearity on its wave propagation characteristics is analyzed through a lumped parameter model yielding coupled Duffing oscillators. Dispersion frequency shifts correspond to the hardening behavior of the nonlinear chain and that relate well to the backbone of individual Duffing oscillators. The experiment shows that the locus of resonance peaks in the frequency/wavenumber domain outlines the dispersion curve and highlights the existence of a frequency bandgap. In addition, the study confirms that amplitude – dependent wave properties for nonlinear periodic systems may be exploited for tunability of wave transport characteristics such as frequency bandgaps and wave speeds[17].

This paper considers an infinite diatomic spring – mass chain with quadratic and cubic nonlinearity by multiple scales analysis, considering nonlinear springs with quadratic terms based on Frandsen's research. The influence of quadratic and cubic nonlinear on the dispersion curve in diatomic chain is discussed. Generally, the dispersion relation of a one – dimensional linear diatomic spring – mass is divided into an acoustic branch and an optical frequency branch. There is band gap between the two waves; there is no vibration mode in the band gap. Respectively, when considering nonlinearity, nonlinear interaction causes the acoustic modes and optical modes dependent of each other in the atomic chain to couple, the influence of modal interaction on dispersion in the diatomic spring – mass chain is studied. the study confirms that a new vibration mode can be generated in the middle of the band gap. Moreover, the study confirms that quadratic nonlinearity is shown to have a significant effect on the dispersion relationship of diatomic chain.

2   Mechanical model of a diatomic spring – mass system

Consider a one – dimensional periodic diatomic spring – mass system (with two concentrated masses in a single cell) with infinite length as shown in Fig. 1. Each unit cell consists of two distinct masses and two distinct nonlinear springs. m_i is the mass of the mass blocks in the diatomic spring – mass system. l is the length of a single cell. The nonlinear spring force $f(s) = k_i s + \widetilde{\alpha}_i s^2 + \widetilde{\beta}_i s^3$, where s is the spring expansion. k_i is the linear stiffness coefficient while $\widetilde{\alpha}_i$ and $\widetilde{\beta}_i$ are the quadratic and cubic nonlinear stiffness coefficients, respectively.

The equation of motion for the two masses in the n – th unit is:

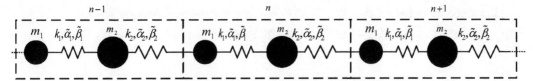

Fig. 1   One – dimensional diatomic spring – mass system.

$$m_1 \frac{\mathrm{d}^2 u_{n,1}}{\mathrm{d}t^2} = k_1 (u_{n,2} - u_{n,1}) + \widetilde{\alpha}_1 (u_{n,2} - u_{n,1})^2 + \widetilde{\beta}_1 (u_{n,2} - u_{n,1})^3$$

$$- k_2 (u_{n,1} - u_{n-1,2}) - \widetilde{\alpha}_2 (u_{n,1} - u_{n-1,2})^2 - \widetilde{\beta}_2 (u_{n,1} - u_{n-1,2})^3 \qquad (1a)$$

$$m_2 \frac{\mathrm{d}^2 u_{n,2}}{\mathrm{d}t^2} = k_2 (u_{n+1,1} - u_{n,2}) + \widetilde{\alpha}_2 (u_{n+1,1} - u_{n,2})^2 + \widetilde{\beta}_2 (u_{n+1,1} - u_{n,2})^3$$

$$- k_1 (u_{n,2} - u_{n,1}) - \widetilde{\alpha}_1 (u_{n,2} - u_{n,1})^2 - \widetilde{\beta}_1 (u_{n,2} - u_{n,1})^3 \qquad (1b)$$

where $u_{n,i}$ is the displacement of the i – th mass in the n – th unit cell. The matrix form of Eq. (1) is

$$M \ddot{\boldsymbol{u}}_n + \sum_{j=-1}^{1} \boldsymbol{K}_{(j)} \, \boldsymbol{u}_{n+j} + \widetilde{\boldsymbol{f}}_n^{\alpha NL} (u_n, u_{n-1,2}, u_{n+1,1}) + \widetilde{\boldsymbol{f}}_n^{\beta NL} (u_n, u_{n-1,2}, u_{n+1,1}) = \boldsymbol{0} \qquad (2)$$

where $\ddot{\boldsymbol{u}}_n = \dfrac{\mathrm{d}^2 \, \boldsymbol{u}_n}{\mathrm{d}t^2}$. The explicit expression of various matrices in Eq. (2) are

$$M = \begin{bmatrix} m_1 & 0 \\ 0 & m_2 \end{bmatrix}, \boldsymbol{u}_n = \begin{bmatrix} u_{n,1}(t) \\ u_{n,2}(t) \end{bmatrix}, \boldsymbol{K}_{(0)} = \begin{bmatrix} k_1 + k_2 & -k_1 \\ -k_1 & k_1 + k_2 \end{bmatrix} \boldsymbol{K}_{(-1)} = \begin{bmatrix} 0 & -k_2 \\ 0 & 0 \end{bmatrix}$$

$$\boldsymbol{K}_{(1)} = \begin{bmatrix} 0 & 0 \\ -k_2 & 0 \end{bmatrix}, \widetilde{\boldsymbol{f}}_n^{\alpha NL} (u_n, u_{n-1,2}, u_{n+1,1}) = \begin{bmatrix} \widetilde{\alpha}_2 (u_{n,1} - u_{n-1,2})^2 - \widetilde{\alpha}_1 (u_{n,2} - u_{n,1})^2 \\ \widetilde{\alpha}_1 (u_{n,2} - u_{n,1})^2 - \widetilde{\alpha}_2 (u_{n+1,1} - u_{n,2})^2 \end{bmatrix}$$

$$\widetilde{\boldsymbol{f}}_n^{\beta NL} (u_n, u_{n-1,2}, u_{n+1,1}) = \begin{bmatrix} \widetilde{\beta}_2 (u_{n,1} - u_{n-1,2})^3 - \widetilde{\beta}_1 (u_{n,2} - u_{n,1})^3 \\ \widetilde{\beta}_1 (u_{n,2} - u_{n,1})^3 - \widetilde{\beta}_2 (u_{n+1,1} - u_{n,2})^3 \end{bmatrix} \qquad (3)$$

The nonlinear motion equations, i. e. Eq. (2), govern the motion of the masses illustrated in Fig. 1 and thus determine the propagation characteristics of the nonlinear waves existing in such a spring – mass system. Next, the dispersion properties of the nonlinear waves are investigated by using the multiple scales method.

3　Multiple scales analysis of nonlinear waves

The Eq. (2) is a nonlinear equation. It is quite difficult to solve the exact analytical solution. Here, the nonlinear equation is approximated by a set of linear ones by using the multiple scales method[18].

The nonlinear elastic forces are assumed to be much smaller than the linear forces. Let ε is a small parameter which indicates the smallness of the nonlinear terms. Assume $\widetilde{\alpha} = \varepsilon \, \alpha = O(\varepsilon), \widetilde{\beta} = \varepsilon^2 \beta = O(\varepsilon^2)$, then, $\widetilde{\boldsymbol{f}}_n^{\alpha NL} = \varepsilon \boldsymbol{f}_n^{\alpha NL} = O(\varepsilon), \widetilde{\boldsymbol{f}}_n^{\beta NL} = \varepsilon^2 \boldsymbol{f}_n^{\beta NL} = O(\varepsilon^2)$. Eq. (2) can be rewritten as

$$M \ddot{\boldsymbol{u}}_n + \sum_{j=-1}^{1} \boldsymbol{K}_{(j)} \, \boldsymbol{u}_{n+j} + \varepsilon \boldsymbol{f}_n^{\alpha NL} (u_n, u_{n-1,2}, u_{n+1,1}) + \varepsilon^2 \boldsymbol{f}_n^{\beta NL} (u_n, u_{n-1,2}, u_{n+1,1}) = \boldsymbol{0}$$

$$(4)$$

313

Introduce three time scales T_0, T_1, T_2 to represent the displacement $\boldsymbol{u}_n(t)$, i.e.

$$\boldsymbol{u}_n(t) = \boldsymbol{u}_n^{(0)}(T_0, T_1, T_2) + \varepsilon \boldsymbol{u}_n^{(1)}(T_0, T_1, T_2) + \varepsilon^2 \boldsymbol{u}_n^{(2)}(T_0, T_1, T_2) + O(\varepsilon^3), T_k = \varepsilon^k t \tag{5}$$

Then, the derivative about time is of form

$$\frac{\mathrm{d}}{\mathrm{d}t} = D_0 + \varepsilon D_1 + \varepsilon^2 D_2 \cdots \tag{6a}$$

$$\frac{\mathrm{d}^2}{\mathrm{d}t^2} = D_0^2 + \varepsilon(2D_0 D_1) + \varepsilon^2(D_1^2 + 2D_0 D_2) \cdots \tag{6b}$$

where, $D_i = \dfrac{\partial}{\partial T_i}$.

Inserting Eq. (5), Eq. (6a) and (6b) into Eq. (4) leads to,

$$MD_0^2 \boldsymbol{u}_n^{(0)} + \sum_{j=-1}^{1} \boldsymbol{K}_{(j)} \boldsymbol{u}_{n+j}^{(0)} + \varepsilon \left(MD_0^2 \boldsymbol{u}_n^{(1)} + 2MD_0 D_1 \boldsymbol{u}_n^{(0)} + \sum_{j=-1}^{1} \boldsymbol{K}_{(j)} \boldsymbol{u}_{n+j}^{(1)} + \boldsymbol{f}_n^{\alpha NL,(0)} \right)$$

$$+ \varepsilon^2 \left\{ MD_0^2 \boldsymbol{u}_n^{(2)} + 2MD_0 D_1 \boldsymbol{u}_n^{(1)} + M(D_1^2 + 2D_0 D_2) \boldsymbol{u}_n^{(0)} \right.$$

$$\left. + \sum_{j=-1}^{1} \boldsymbol{K}_{(j)} \boldsymbol{u}_{n+j}^{(2)} + 2\boldsymbol{f}_n^{\alpha NL,(0,1)} + \boldsymbol{f}_n^{\beta NL,(0)} \right\} = \boldsymbol{0} \tag{7}$$

where $\boldsymbol{f}_n^{\beta NL,(0)} = \boldsymbol{f}_n^{\beta NL} \big|_{\boldsymbol{u}_n = \boldsymbol{u}_n^{(0)}}$, $O(\varepsilon^3)$ and higher order items are ignored in Eq. (7).

Dividing Eq. (7) by ε order, we obtain

$$\varepsilon^0 : MD_0^2 \boldsymbol{u}_n^{(0)} + \sum_{j=-1}^{1} \boldsymbol{K}_{(j)} \boldsymbol{u}_{n+j}^{(0)} = \boldsymbol{0} \tag{8a}$$

$$\varepsilon^1 : MD_0^2 \boldsymbol{u}_n^{(1)} + \sum_{j=-1}^{1} \boldsymbol{K}_{(j)} \boldsymbol{u}_{n+j}^{(1)} = -2MD_0 D_1 \boldsymbol{u}_n^{(0)} - \boldsymbol{f}_n^{\alpha NL,(0)} \tag{8b}$$

$$\varepsilon^2 : MD_0^2 \boldsymbol{u}_n^{(2)} + \sum_{j=-1}^{1} \boldsymbol{K}_{(j)} \boldsymbol{u}_{n+j}^{(2)} =$$

$$-2MD_0 D_1 \boldsymbol{u}_n^{(1)} - M(D_1^2 + 2D_0 D_2) \boldsymbol{u}_n^{(0)} - 2\boldsymbol{f}_n^{\alpha NL,(0,1)} - \boldsymbol{f}_n^{\beta NL,(0)} \tag{8c}$$

The ε^0 order equation satisfies the following traveling wave solution

$$\boldsymbol{u}_n^{(0)}(T_0, T_1, T_2) = a(T_1, T_2) \begin{bmatrix} A_1 \\ A_2 \end{bmatrix} \mathrm{e}^{\mathrm{i}(\mu n l + \omega T_0)} + c.\,c. = a(T_1, T_2) \boldsymbol{V} \mathrm{e}^{\mathrm{i}(\mu n l + \omega T_0)} + c.\,c. \tag{9}$$

where $a(T_1, T_2)$ is the complex amplitude dependent on the slow time scale T_1 and T_2. $c.\,c.$ denotes the complex conjugate of $a(T_1, T_2) \begin{bmatrix} A_1 \\ A_2 \end{bmatrix} \mathrm{e}^{\mathrm{i}(\mu n l + \omega T_0)}$. A_i is the complex amplitude associated with two mass blocks in unit cell. μ and ω is the wave number and the angular frequency. Substituting the traveling wave solution into the ε^0 order equation and using the Floquet – Bloch theorem $\boldsymbol{u}_{n \pm 1} = \mathrm{e}^{\pm \mathrm{i}\mu l} \boldsymbol{u}_n$ leads to

$$(-\omega^2 M + \boldsymbol{K}_{(-1)} \mathrm{e}^{-\mathrm{i}\mu l} + \boldsymbol{K}_{(0)} + \boldsymbol{K}_{(1)} \mathrm{e}^{\mathrm{i}\mu l}) a(T_1, T_2) \boldsymbol{v} \mathrm{e}^{\mathrm{i}(\mu n l + \omega T_0)} = \boldsymbol{0} \tag{10}$$

Let $\chi = m_2 / m_1$, $\gamma = k_2 / k_1$, $\omega_0 = \sqrt{k_1 / m_1}$, and $\overline{\omega} = \omega / \omega_0$, making the angular frequency dimensionless. Eq. (10) can be rewritten in the following form

$$\begin{bmatrix} -\overline{\omega}^2 + 1 + \gamma & -1 - \gamma \mathrm{e}^{-\mathrm{i}\mu l} \\ -1 - \gamma \mathrm{e}^{\mathrm{i}\mu l} & -\overline{\omega}^2 \chi + 1 + \gamma \end{bmatrix} a(T_1, T_2) \boldsymbol{v} \, \mathrm{e}^{\mathrm{i}(\mu n l + \omega T_0)} = 0 \tag{11}$$

or, equivalently,

$$\begin{bmatrix} -\overline{\omega}^2 + 1 + \gamma & -1 - \gamma e^{-i\mu l} \\ -1 - \gamma e^{i\mu l} & -\overline{\omega}^2\chi + 1 + \gamma \end{bmatrix} v = 0 \tag{12}$$

By introducing matrix

$$Q(\mu) = \begin{bmatrix} 1 + \gamma & -\dfrac{1 + \gamma e^{-i\mu l}}{\chi} \\ -1 - \gamma e^{i\mu l} & \dfrac{1 + \gamma}{\chi} \end{bmatrix}, \overline{M} = \begin{bmatrix} 1 & 0 \\ 0 & \chi \end{bmatrix} \tag{13}$$

Eq. (12) can be rewritten as a characteristic equation

$$(Q(\mu) - \overline{\omega}^2 I)\overline{M} v = 0 \tag{14}$$

The eigenvalue and the eigenvector of the characteristic equation are, respectively,

$$\overline{\omega}_j^2 = \frac{(\chi + 1)(\gamma + 1) \pm \sqrt{(\gamma + 1)^2(\chi^2 + 1) + 2\chi(\gamma - 1)^2 + 8\chi\gamma\cos(\mu l)}}{2\chi}, j = 1, 2 \tag{15}$$

$$\overline{M} v_j = \begin{bmatrix} -\dfrac{2(1 + \gamma e^{-i\mu l})}{(1 - \chi)(\gamma + 1) \pm \sqrt{(\gamma + 1)^2(\chi^2 + 1) + 2\chi(\gamma - 1)^2 + 8\chi\gamma\cos(\mu)}} \\ 1 \end{bmatrix}, j = 1, 2 \tag{16}$$

or

$$v_j = \begin{bmatrix} -\dfrac{2\chi(1 + \gamma e^{-i\mu l})}{(1 - \chi)(\gamma + 1) \pm \sqrt{(\gamma + 1)^2(\chi^2 + 1) + 2\chi(\gamma - 1)^2 + 8\chi\gamma\cos(\mu)}} \\ 1 \end{bmatrix}, j = 1, 2 \tag{17}$$

The two eigen-frequencies and eigenvectors are corresponding two vibration modes supported by diatomic spring-mass system. The higher frequency mode ($j = 1$ corresponding to the plus sign) is referred to as the optical mode while the lower frequency mode ($j = 2$ corresponding to the minus sign) is traditionally referred to as the acoustic mode.

Consider that the complex amplitude $a_j(T_1, T_2)$ can be rewritten as the complex form $a_j = \dfrac{\varphi_j}{2}e^{i\theta_j}$, where $\varphi_j(T_1, T_2)$ and $\theta_j(T_1, T_2)$ are real-valued functions of T_1 and T_2, then Eq. (9) can be rewritten as

$$u_n^{(0)}(T_0, T_1, T_2) = \sum_{j=1}^{2} \frac{\varphi_j}{2} v_j e^{i(\mu n l + \omega_j T_0 + \theta_j)} + c.c. \tag{18}$$

Inserting the solution (20) into ε^1 order equation, i.e. Eq. (8b), leads to

$$MD_0^2 u_n^{(1)} + \sum_{j=-1}^{1} K_{(j)} u_{n+j}^{(1)} = q_1 e^{i(\mu n l + \omega_1 T_0 + \theta_1)} + q_2 e^{i(\mu n l + \omega_2 T_0 + \theta_2)}$$
$$+ q_3 e^{2i(\mu n l + \omega_1 T_0 + \theta_1)} + q_4 e^{2i(\mu n l + \omega_2 T_0 + \theta_2)}$$
$$+ q_5 e^{i(2\mu n l(\omega_1 + \omega_2)T_0 + \theta_1 + \theta_2)} + q_6 e^{i((\omega_1 - \omega_2)T_0 + \theta_1 - \theta_2)} + c.c. \tag{19}$$

The explicit expression of q_i are listed in Appendix A.

To ensure that the solution is effective, the long-term items should be removed. let $q_1 =$

315

0 and $\boldsymbol{q}_2 = 0$, then, $\varphi'_j = \dfrac{\partial \varphi_j}{\partial T_1} = 0$ and $\theta'_j = \dfrac{\partial \theta_j}{\partial T_1} = 0$, namely, φ_j and θ_j is just a function of

T_2. Correspondingly, the special solution of the ε^1 order equation is obtained as

$$\boldsymbol{u}_n^{(1)} = \begin{bmatrix} B_1 \\ B_2 \end{bmatrix} e^{2i(\mu n l + \omega_1 T_0 + \theta_1)} + \begin{bmatrix} C_1 \\ C_2 \end{bmatrix} e^{2i(\mu n l + \omega_2 T_0 + \theta_2)}$$

$$+ \begin{bmatrix} D_1 \\ D_2 \end{bmatrix} e^{i(2\mu n l + (\omega_1 + \omega_2) T_0 + \theta_1 + \theta_2)} + \begin{bmatrix} E_1 \\ E_2 \end{bmatrix} e^{i((\omega_1 - \omega_2) T_0 + \theta_1 - \theta_2)} + c.\,c. \qquad (20)$$

The explicit expressions of B_1, B_2, C_1, C_2, D_1, D_2, E_1 and E_2 are shown in Appendix B. In succession, inserting the $\boldsymbol{u}_n^{(0)}$ and $\boldsymbol{u}_n^{(1)}$ into the ε^2 order equation leads to

$$MD_0^2 \boldsymbol{u}_n^{(2)} + \sum_{j=-1}^{1} \boldsymbol{K}_{(j)} \boldsymbol{u}_{n+j}^{(2)} = \boldsymbol{p}_1 e^{i(\mu n l + \omega_1 T_0 + \theta_1)} + \boldsymbol{p}_2 e^{i(\mu n l + \omega_2 T_0 + \theta_2)} + c.\,c. + OT \qquad (21)$$

The explicit expressions of $\boldsymbol{p}_1$ and $\boldsymbol{p}_2$ are shown in Appendix C. OT indicate other items except long-term items. Remove the long-term items $\boldsymbol{p}_1$ and $\boldsymbol{p}_2$, namely, let $\boldsymbol{p}_1 = 0$ and $\boldsymbol{p}_2 = 0$, and separate the imaginary part and the real part of $\boldsymbol{p}_1$ and $\boldsymbol{p}_2$ lead to

$$\mathrm{Im}: -\omega_1 \varphi_1' \chi m_1 = 0 \qquad (22a)$$

$$\mathrm{Re}: \overline{\omega}_1 \varphi_1 \overline{\theta}_1' \chi = -\frac{\alpha_2}{k_1} (\varphi_1 (\bar{v}_{11} e^{-i\mu l} - 1)(B_1 e^{2i\mu l} - B_2) + \varphi_2 (\bar{v}_{21} e^{-i\mu l} - 1)(D_1 e^{2i\mu l} - D_2))$$

$$+ \frac{\alpha_1}{k_1} (\varphi_1 (1 - \bar{v}_{11})(B_2 - B_1) + \varphi_2 (1 - \bar{v}_{21})(D_2 - D_1))$$

$$+ \frac{3\varphi_1 \varphi_2^2}{4k_1} (\beta_1 (1 - v_{11})(1 - v_{21})(1 - \bar{v}_{21}) - \beta_2 (v_{11} e^{i\mu l} - 1)(v_{21} e^{i\mu l} - 1)(\bar{v}_{21} e^{-i\mu l} - 1))$$

$$+ \frac{3\varphi_1^3}{8k_1} (\beta_1 (1 - v_{11})^2 (1 - \bar{v}_{11}) - \beta_2 (v_{11} e^{i\mu l} - 1)^2 (\bar{v}_{11} e^{-i\mu l} - 1)) \qquad (22b)$$

$$\mathrm{Im}: -\omega_2 \varphi_2' \chi m_1 = 0 \qquad (22c)$$

$$\mathrm{Re}: \overline{\omega}_2 \varphi_2 \overline{\theta}_2' \chi = -\frac{\alpha_2}{k_1} (\varphi_2 (\bar{v}_{21} e^{-i\mu l} - 1)(C_1 e^{2i\mu l} - C_2) + \varphi_1 (\bar{v}_{11} e^{-i\mu l} - 1)(D_1 e^{2i\mu l} - D_2))$$

$$+ \frac{\alpha_1}{k_1} (\varphi_2 (1 - \bar{v}_{21})(C_2 - C_1) + \varphi_1 (1 - \bar{v}_{11})(D_2 - D_1))$$

$$+ \frac{3\varphi_1^2 \varphi_2}{4k_1} (\beta_1 (1 - v_{11})(1 - v_{21})(1 - \bar{v}_{11}) - \beta_2 (v_{11} e^{i\mu l} - 1)(v_{21} e^{i\mu l} - 1)(\bar{v}_{11} e^{-i\mu l} - 1))$$

$$+ \frac{3\varphi_2^3}{8k_1} (\beta_1 (1 - v_{21})^2 (1 - \bar{v}_{21}) - \beta_2 (v_{21} e^{i\mu l} - 1)^2 (\bar{v}_{21} e^{-i\mu l} - 1)) \qquad (22d)$$

where $\begin{bmatrix} v_{11} & v_{21} \\ 1 & 1 \end{bmatrix} = [\boldsymbol{v}_1, \ \boldsymbol{v}_2]$, $\varphi'_j = \dfrac{\partial \varphi_j}{\partial T_2}, \theta'_j = \dfrac{\partial \theta_j}{\partial T_2}$, $\bar{v}_{11}, \bar{v}_{21}$ are the conjugate of v_{11},

v_{21}, $\overline{\theta}_j = \dfrac{\theta_j}{\omega_0}$.

Solving Eq. (24a), (24b), (24c) and (24d), we get the slowly varying amplitude (φ_j) and phase (θ_j) becomes

$$\varphi_1 = \varphi_{10}, \qquad (23a)$$

316

$$\bar{\theta}_1 = \frac{T_2}{\omega_1 \varphi_1 \chi}\left(-\frac{\alpha_2}{k_1}(\varphi_1(\bar{v}_{11}\mathrm{e}^{-\mathrm{i}\mu l}-1)(B_1\mathrm{e}^{2\mathrm{i}\mu l}-B_2)+\varphi_2(\bar{v}_{21}\mathrm{e}^{-\mathrm{i}\mu l}-1)(D_1\mathrm{e}^{2\mathrm{i}\mu l}-D_2))\right.$$

$$+\frac{\alpha_1}{k_1}(\varphi_1(1-\bar{v}_{11})(B_2-B_1)+\varphi_2(1-\bar{v}_{21})(D_2-D_1))$$

$$+\frac{3\varphi_1\varphi_2^2}{4k_1}(\beta_1(1-v_{11})(1-v_{21})(1-\bar{v}_{21})-\beta_2(v_{11}\mathrm{e}^{\mathrm{i}\mu l}-1)(v_{21}\mathrm{e}^{\mathrm{i}\mu l}-1)(\bar{v}_{21}\mathrm{e}^{-\mathrm{i}\mu l}-1))$$

$$+\frac{3\varphi_1^3}{8k_1}(\beta_1(1-v_{11})^2(1-\bar{v}_{11})-\beta_2(v_{11}\mathrm{e}^{\mathrm{i}\mu l}-1)^2(\bar{v}_{11}\mathrm{e}^{-\mathrm{i}\mu l}-1)))+\theta_{10} \tag{23b}$$

$$\varphi_2 = \varphi_{20} \tag{23c}$$

$$\bar{\theta}_2 = \frac{T_2}{\omega_2 \varphi_2 \chi}\left(-\frac{\alpha_2}{k_1}(\varphi_2(\bar{v}_{21}\mathrm{e}^{-\mathrm{i}\mu l}-1)(C_1\mathrm{e}^{2\mathrm{i}\mu l}-C_2)+\varphi_1(\bar{v}_{11}\mathrm{e}^{-\mathrm{i}\mu l}-1)(D_1\mathrm{e}^{2\mathrm{i}\mu l}-D_2))\right.$$

$$+\frac{\alpha_1}{k_1}(\varphi_2(1-\bar{v}_{21})(C_2-C_1)+\varphi_1(1-\bar{v}_{11})(D_2-D_1))$$

$$+\frac{3\varphi_1^2\varphi_2}{4k_1}(\beta_1(1-v_{11})(1-v_{21})(1-\bar{v}_{11})-\beta_2(v_{11}\mathrm{e}^{\mathrm{i}\mu l}-1)(v_{21}\mathrm{e}^{\mathrm{i}\mu l}-1)(\bar{v}_{11}\mathrm{e}^{-\mathrm{i}\mu l}-1))$$

$$+\frac{3\varphi_2^3}{8k_1}(\beta_1(1-v_{21})^2(1-\bar{v}_{21})-\beta_2(v_{21}\mathrm{e}^{\mathrm{i}\mu l}-1)^2(\bar{v}_{21}\mathrm{e}^{-\mathrm{i}\mu l}-1)))+\theta_{20} \tag{23d}$$

We will neglect the integration constant θ_{10},θ_{20} without loss of generality.

After considering nonlinearity, the actual phase of the wave is $\omega_i T_0 + \theta_i$, At this time, the actual frequency can be expressed by $\widetilde{\omega}_i$, then there is

$$\widetilde{\omega}_i T_0 = \omega_i T_0 + \theta_i \tag{24}$$

Let $\widetilde{\omega}_{fi} = \widetilde{\omega}_i/\omega_0$, making the dispersion relation dimensionless, the nonlinear dispersion relation under the second-order approximation is

$$\widetilde{\omega}_{f1} = \bar{\omega}_1 + \frac{\bar{\theta}_1}{T_0} = \bar{\omega}_1 + \frac{\varepsilon^2}{\omega_1 \varphi_1 \chi}\left(\frac{\alpha_1}{k_1}(\varphi_1(1-\bar{v}_{11})(B_2-B_1)+\varphi_2(1-\bar{v}_{21})(D_2-D_1))\right.$$

$$-\frac{\alpha_2}{k_1}(\varphi_1(\bar{v}_{11}\mathrm{e}^{-\mathrm{i}\mu l}-1)(B_1\mathrm{e}^{2\mathrm{i}\mu l}-B_2)+\varphi_2(\bar{v}_{21}\mathrm{e}^{-\mathrm{i}\mu l}-1)(D_1\mathrm{e}^{2\mathrm{i}\mu l}-D_2))$$

$$+\frac{3\varphi_1\varphi_2^2}{4k_1}(\beta_1(1-v_{11})(1-v_{21})(1-\bar{v}_{21})-\beta_2(v_{11}\mathrm{e}^{\mathrm{i}\mu l}-1)(v_{21}\mathrm{e}^{\mathrm{i}\mu l}-1)(\bar{v}_{21}\mathrm{e}^{-\mathrm{i}\mu l}-1))$$

$$+\frac{3\varphi_1^3}{8k_1}(\beta_1(1-v_{11})^2(1-\bar{v}_{11})-\beta_2(v_{11}\mathrm{e}^{\mathrm{i}\mu l}-1)^2(\bar{v}_{11}\mathrm{e}^{-\mathrm{i}\mu l}-1))) \tag{25a}$$

$$\widetilde{\omega}_{f2} = \bar{\omega}_2 + \frac{\bar{\theta}_2}{T_0} = \bar{\omega}_2 + \frac{\varepsilon^2}{\omega_2 \varphi_2 \chi}\left(\frac{\alpha_1}{k_1}(\varphi_2(1-\bar{v}_{21})(C_2-C_1)+\varphi_1(1-\bar{v}_{11})(D_2-D_1))\right.$$

$$-\frac{\alpha_2}{k_1}(\varphi_2(\bar{v}_{21}\mathrm{e}^{-\mathrm{i}\mu l}-1)(C_1\mathrm{e}^{2\mathrm{i}\mu l}-C_2)+\varphi_1(\bar{v}_{11}\mathrm{e}^{-\mathrm{i}\mu l}-1)(D_1\mathrm{e}^{2\mathrm{i}\mu l}-D_2))$$

$$+\frac{3\varphi_1^2\varphi_2}{4k_1}(\beta_1(1-v_{11})(1-v_{21})(1-\bar{v}_{11})-\beta_2(v_{11}\mathrm{e}^{\mathrm{i}\mu l}-1)(v_{21}\mathrm{e}^{\mathrm{i}\mu l}-1)(\bar{v}_{11}\mathrm{e}^{-\mathrm{i}\mu l}-1))$$

$$+\frac{3\varphi_2^3}{8k_1}(\beta_1(1-v_{21})^2(1-\bar{v}_{21})-\beta_2(v_{21}\mathrm{e}^{\mathrm{i}\mu l}-1)^2(\bar{v}_{21}\mathrm{e}^{-\mathrm{i}\mu l}-1))) \tag{25b}$$

where $\widetilde{\omega}_{f1}$ indicates the optical mode while $\widetilde{\omega}_{f2}$ indicates the acoustic mode.

It can be seen from Eq. (27a) and (27b) that the dispersion relation under the second – order approximation contains the coupling term of ω_1 and ω_2, namely, the high and low frequency waves interact with each other. This phenomenon is called modal interaction. Different from the linear waves, the acoustic mode and the optical mode in the diatomic spring – mass system affect each other for the nonlinear waves. If the interaction between the acoustic mode and the optical mode is not considered, the dispersion relations under the second – order approximation reduce to

$$\widetilde{\omega}_{ex1} = \overline{\omega}_1 + \frac{\varepsilon^2}{\omega_1\chi}\left(-\frac{\alpha_2}{k_1}(\overline{v}_{11}\mathrm{e}^{-\mathrm{i}\mu l} - 1)(B_1\mathrm{e}^{2\mathrm{i}\mu l} - B_2) + \frac{\alpha_1}{k_1}(1 - \overline{v}_{11})(B_2 - B_1) \right.$$
$$\left. + \frac{3\varphi_1^2}{8}\left(\frac{\beta_1}{k_1}(1 - v_{11})^2(1 - \overline{v}_{11}) - \frac{\beta_2}{k_1}(v_{11}\mathrm{e}^{\mathrm{i}\mu l} - 1)^2(\overline{v}_{11}\mathrm{e}^{-\mathrm{i}\mu l} - 1) \right) \right) \qquad (26\mathrm{a})$$

$$\widetilde{\omega}_{ex2} = \overline{\omega}_2 + \frac{\varepsilon^2}{\omega_2\chi}\left(-\frac{\alpha_2}{k_1}(\overline{v}_{21}\mathrm{e}^{-\mathrm{i}\mu l} - 1)(C_1\mathrm{e}^{2\mathrm{i}\mu l} - C_2) + \frac{\alpha_1}{k_1}(1 - \overline{v}_{21})(C_2 - C_1) \right.$$
$$\left. + \frac{3\varphi_2^2}{8}\left(\frac{\beta_1}{k_1}(1 - v_{21})^2(1 - \overline{v}_{21}) - \frac{\beta_2}{k_1}(v_{21}\mathrm{e}^{\mathrm{i}\mu l} - 1)^2(\overline{v}_{21}\mathrm{e}^{-\mathrm{i}\mu l} - 1) \right) \right) \qquad (26\mathrm{b})$$

where $\widetilde{\omega}_{ex1}$ indicates the optical mode and $\widetilde{\omega}_{ex2}$ indicates the acoustic mode when the model interaction is excluded.

4 Numerical results and discussion

R Based upon the discussion above section, the dispersion properties of the nonlinear waves, namely, the relation between the non – dimensional frequency $\widetilde{\omega}_i/\omega_0$ and the non – dimensional wavenumber μl, are dependent upon following physical parameters: $m_1, m_2, k_1, k_2, \alpha_1, \alpha_2, \beta_1, \beta_2, \varphi_1$ and φ_2. In general, the relation can be written as

$$\widetilde{\omega}_i/\omega_0 = f(m_1, m_2, k_1, k_2, \alpha_1, \alpha_2, \beta_1, \beta_2, \varphi_1, \varphi_2, \mu l) \qquad (27)$$

After the non – dimensional operation by the triad (m_1, k_1, φ_1), the dispersion relation can be rewritten as

$$\widetilde{\omega}_i/\omega_0 = f\left(1, \frac{m_2}{m_1}, 1, \frac{k_2}{k_1}, \frac{\alpha_1}{k_1}\varphi_1, \frac{\alpha_2}{\alpha_1}, \frac{\beta_1}{k_1}\varphi_1^2, \frac{\beta_2}{\beta_1}, 1, \frac{\varphi_2}{\varphi_1}, \mu l\right)$$
$$= f(1, \chi, 1, \gamma, \lambda_1, \rho_1, \lambda_2, \rho_2, 1, \phi, \mu l) \qquad (28)$$

Correspondingly, the dispersive relation (27a) and (27b) can be rewritten in a dimensionless form as:

$$\widetilde{\omega}_{f1} = \overline{\omega}_1 + \frac{\overline{\theta}_1}{T_0} = \overline{\omega}_1 + \frac{\varepsilon^2}{\omega_1\chi}(\lambda_1((1 - \overline{v}_{11})(\overline{B}_2 - \overline{B}_1) + \phi(1 - \overline{v}_{21})(\overline{D}_2 - \overline{D}_1))$$
$$- \rho_1\lambda_1((\overline{v}_{11}\mathrm{e}^{-\mathrm{i}\mu l} - 1)(\overline{B}_1\mathrm{e}^{2\mathrm{i}\mu l} - \overline{B}_2) + \phi(\overline{v}_{21}\mathrm{e}^{-\mathrm{i}\mu l} - 1)(\overline{D}_1\mathrm{e}^{2\mathrm{i}\mu l} - \overline{D}_2))$$
$$+ \frac{3\phi^2\lambda_2}{4}((1 - v_{11})(1 - v_{21})(1 - \overline{v}_{21}) - \rho_2(v_{11}\mathrm{e}^{\mathrm{i}\mu l} - 1)(v_{21}\mathrm{e}^{\mathrm{i}\mu l} - 1)(\overline{v}_{21}\mathrm{e}^{-\mathrm{i}\mu l} - 1))$$

$$+\frac{3\lambda_2}{8}((1-v_{11})^2(1-\bar{v}_{11})-\rho_2(v_{11}e^{j\mu l}-1)^2(\bar{v}_{11}e^{-j\mu l}-1))) \tag{29a}$$

$$\tilde{\omega}_{f2}=\bar{\omega}_2+\frac{\bar{\theta}_2}{T_0}=\bar{\omega}_2+\frac{\varepsilon^2}{\bar{\omega}_2\chi}\left(\lambda_1\left((1-\bar{v}_{21})(\bar{C}_2-\bar{C}_1)+\frac{1}{\phi}(1-\bar{v}_{11})(\bar{D}_2-\bar{D}_1)\right)\right.$$

$$-\rho_1\lambda_1\left((\bar{v}_{21}e^{-j\mu l}-1)(\bar{C}_1e^{2j\mu l}-\bar{C}_2)+\frac{1}{\phi}(\bar{v}_{11}e^{-j\mu l}-1)(\bar{D}_1e^{2j\mu l}-\bar{D}_2)\right)$$

$$+\frac{3\lambda_2}{4}((1-v_{11})(1-v_{21})(1-\bar{v}_{11})-\rho_2(v_{11}e^{j\mu l}-1)(v_{21}e^{j\mu l}-1)(\bar{v}_{11}e^{-j\mu l}-1))$$

$$\left.+\frac{3\phi^2\lambda_2}{8}((1-v_{21})^2(1-\bar{v}_{21})-\rho_2(v_{21}e^{j\mu l}-1)^2(\bar{v}_{21}e^{-j\mu l}-1))\right) \tag{29b}$$

where $\bar{B}_1$, $\bar{B}_2$, $\bar{C}_1$, $\bar{C}_2$, $\bar{D}_1$, $\bar{D}_2$ are defined and provided in Appendix B.

The non – dimensional parameters used in the numerical simulation are given in Table 1.

Table 1   Physical parameters

χ	γ	λ_1	ρ_1	λ_2	ρ_2	ϕ
2	5	5	1	5	1	1

Fig. 2 shows the influence of the quadratic nonlinear coefficients on the dispersion curves. In order to highlight the influence of the quadratic nonlinear coefficients, the cubic nonlinear coefficients are assumed to be zero, i. e. $\lambda_2=0$, $\rho_2=0$. For convenience of the comparison, the dispersion curve of the linear wave in the linear spring – mass system is also provided in Fig. 2. In Fig. 2, the upper three lines correspond to the optical branches, and the lower three lines correspond to the acoustic branches. Compared with the dispersion relation in the linear spring – mass system, the quadratic nonlinearity has a significant influence on the dispersion relation of the acoustic branches, and has less effect on the optical branches. However, with the increasing of the quadratic nonlinear coefficient, the acoustic and the optical branches both change evidently. In contrast, the acoustic branches are more sensitive to the quadratic non-linear coefficient. As mentioned in the precious section, there is the modal interaction existed in the nonlinear wave. When the modal interaction is excluded, the dispersion curve of the nonlinear wave is always below the dispersion curve of the linear wave. When the modal inter-action is considered, the dispersion curve is above the dispersion curve of the linear wave. As a result, the band gap between the acoustic branches and the optical branches becomes nar-rowed.

Fig. 3 shows the influences of cubic nonlinear coefficients on the dispersion curves and the band gap. In order to highlight the influences of the cubic nonlinear coefficients, the quadratic nonlinear coefficient assumed to be zero, i. e. $\lambda_1=0$, $\rho_1=0$. Compared with the quadratic nonlinearity, the cubic nonlinearity has more evident influence on the dispersion curves. No matter that it is acoustic branches or the optical branches, the dispersion curves shift toward the high frequency range. Moreover, the cubic nonlinearity has nearly same influence upon the acoustic branches and the optical branches. It is also noted that the modal interaction further enhances the influences of the cubic nonlinearity. The acoustic branches are more sensitive to

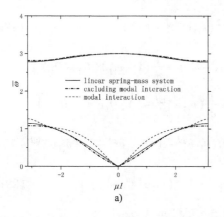 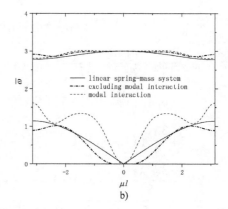

Fig. 2　Dispersion curves with considering quadratic nonlinearity only ($\lambda_1 = 5$, $\rho_1 = 1$, $\lambda_2 = 0$, $\rho_2 = 0$)

a) $\varepsilon = 0.1$　b) $\varepsilon = 0.2$

the modal interaction effect than the optical branches.

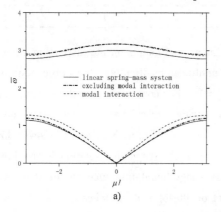 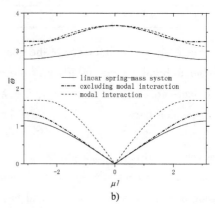

Fig. 3.　Dispersion curves with considering cubic nonlinearity only

($\lambda_1 = 0$, $\rho_1 = 0$, $\lambda_2 = 5$, $\rho_2 = 1$)

a) $\varepsilon = 0.1$　b) $\varepsilon = 0.2$

　　Fig. 4 shows the dispersion curves with consideration of both the quadratic and the cubic nonlinearity. It is observed that modal interaction effects have significant influences on the dispersion feature. In contrast, the acoustic branches are more sensitive to the modal interaction than the optical branches. The modal interaction effect makes the acoustic branches shift toward the high frequency range, and thus makes the band gap between the acoustic branches and the optical branches narrowed in general. It is also noted that the modal interaction effect is not evident near the center of the Brillouin zone for the optical branches. However, the modal interaction effect is evident at both the edge and the center of the Brillouin zone for the acoustic branches.

　　Fig. 5 shows the influences of the mass ratio of the diatomic unit cell on the dispersive curves. It is observed that the increase of the mass ratio makes the dispersive curves of the acoustic branches shifting toward high frequency for both the quadratic nonlinearity and the

320

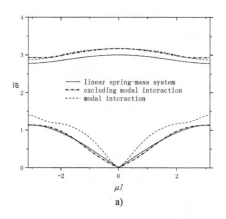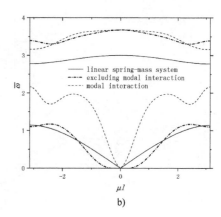

Fig. 4. Dispersion curves with consideration of both the quadratic and
the cubic nonlinearity ($\lambda_1 = 5$, $\rho_1 = 1$, $\lambda_2 = 5$, $\rho_2 = 1$)

a) $\varepsilon = 0.1$ b) $\varepsilon = 0.2$

cubic nonlinearity. However, the influence of the mass ratio on the optical branches is oppo-
site for the quadratic nonlinearity and the cubic nonlinearity. The dispersive curves shift to-
ward low frequency for the quadratic nonlinearity while toward high frequency for the cubic
nonlinearity. Moreover, the influences of the mass ratio is opposite for linear system and the
nonlinear system.

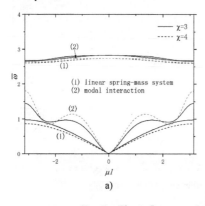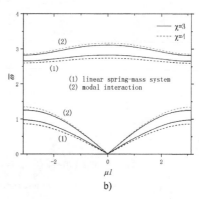

Fig. 5. The influences of the mass ratio on the dispersion curves
a) with quadratic nonlinearity only   b) with cubic nonlinearity only

Fig. 6 shows the influences of the rigidness ratio of the diatomic unit cell on the dispersion
curves. It is observed that the rigidness ratio mainly affects the dispersive curves of the optical
branches. With the increase of rigidness ratio, the dispersive curves of optical branches shift
toward high frequency evidently for both the quadratic nonlinearity and the cubic nonlinearity
while the dispersive curves of the acoustic branches are less affected. Moreover, the influences
of the rigidness ratio are same for the linear system and the nonlinear system.

Fig. 7 shows the influences of the amplitude ratio of the diatomic unit cell on the disper-
sive curves. It is observed that the acoustic branches are more sensitive to the change of ampli-
tude ratio. Furtherly, the influences of the amplitude ratio are opposite for the quadratic non-

321

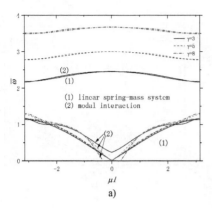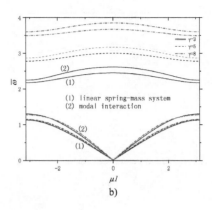

Fig. 6 The influences of the rigidness ratio on the dispersion curves

a) with quadratic nonlinearity only　b) with cubic nonlinearity only

linearity and the cubic nonlinearity. In general, the increase of the amplitude ratio makes the dispersive curves shifting toward low frequency for the quadratic nonlinearity while toward the high frequency for the cubic nonlinearity. The influences on the optical branches are nearly same for both the quadratic nonlinearity and the cubic nonlinearity.

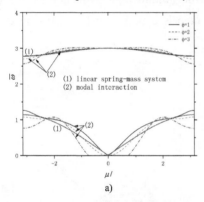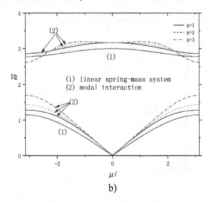

Fig. 7　The influences of the amplitude ratio on the dispersion curves

a) with quadratic nonlinearity only　b) with cubic nonlinearity only

5　Conclusion

In the present work, the nonlinear waves propagating in a one – dimensional periodic diatomic spring – mass system are investigated. The nonlinear springs of the quadratic nonlinearity and of cubic nonlinearity are both considered. By application of the multiple scales expansion method, the displacement solutions of the diatomic spring – mass system are obtained at different time scales. For the nonlinear waves, there exist the modal interaction between the acoustic branches and the optical branches. The dispersion relations of the nonlinear waves are focused on and a numerical simulation is performed to illustrate influence of the nonlinear coefficient of spring and the modal interaction on the dispersion curves. Based on the numerical results, the following conclusion can be drawn:

(1) The quadratic nonlinearity has a significant influence on the acoustic branches while less effect on the optical branches. In other word, the acoustic branches are more sensitive to the quadratic nonlinear coefficient.

(2) The acoustic branches and the optical branches are both sensitive to the cubic nonlinearity. Different the quadratic nonlinearity, the cubic nonlinearity has nearly same influence upon the acoustic branches and the optical branches.

(3) For the nonlinear wave propagation, there exist the modal interaction phenomenon between the acoustic branches and the optical branches. In general, the modal interaction makes the acoustic and the optical branches shift toward the high frequency range and thus makes the bandgap between the acoustic branches and the optical branches narrowed.

(4) Different from the linear wave propagation, the dispersion feature of the nonlinear waves is also dependent upon the amplitude. In general, the acoustic branches are more sensitive to the amplitude ratio of the diatomic unit cell and the amplitude ratio has opposite influences for the quadratic nonlinearity and the cubic nonlinearity.

References

[1] Chillara V K, Lissenden C J. Review of nonlinear ultrasonic guided wave nondestructive evaluation: theory, numerics, and experiments [J]. Optical Engineering, 2015, 55 (1): 011002.

[2] Shirole D, Walton G, Ostrovsky L, et al. Non – linear ultrasonic monitoring of damage progression in disparate rocks [J]. International Journal of Rock Mechanics and Mining Sciences, 2018, 111: 33 – 44.

[3] Elachi C. Waves in active and passive periodic structures: A review [J]. Proceedings of the IEEE, 1976, 64 (12): 1666 – 1698.

[4] Mead D M. Wave propagation in continuous periodic structures: research contributions from Southampton, 1964 – 1995 [J]. Journal of sound and vibration, 1996, 190 (3): 495 – 524.

[5] Page J H , Sukhovich A , Yang S , et al. Phononic crystals [J]. Physica Status Solidi (b), 2004, 241 (15): 3454 – 3462.

[6] Bertoldi K , Boyce M C. Mechanically triggered transformations of phononic band gaps in periodic elastomeric structures [J]. Physical Review B, 2008, 77 (5): 052105.

[7] Khelif A, Djafari – Rouhani B, Vasseur J O , et al. Transmission and dispersion relations of perfect and defect – containing waveguide structures in phononic band gap materials [J]. Physical Review B, 2003, 68 (2): 024302.

[8] Liang B, Yuan B, Cheng J C. Acoustic Diode: Rectification of Acoustic Energy Flux in One – Dimensional Systems [J]. Physical Review Letters, 2009, 103 (10): 104301 – 0.

[9] Olsson III R H, El – Kady I F, Su M F, et al. Microfabricated VHF acoustic crystals and waveguides [J]. Sensors and Actuators A: Physical, 2008, 145: 87 – 93.

[10] Olsson Iii R H, El – Kady I. Microfabricated phononic crystal devices and applications [J]. Measurement Science and Technology, 2009, 20 (1): 012002.

[11] Halkjær S, Sigmund O, Jensen J S. Maximizing band gaps in plate structures [J]. Structural and Multidisciplinary Optimization, 2006, 32 (4): 263 – 275.

[12] Narisetti R K, Leamy M J, Ruzzene M. A perturbation approach for predicting wave propagation in one – dimensional nonlinear periodic structures [J]. Journal of Vibration and Acoustics, 2010, 132 (3): 031001.

[13] Manktelow K, Leamy M J, Ruzzene M. Multiple scales analysis of wave – wave interactions in a cubically nonlinear monoatomic chain [J]. Nonlinear Dynamics, 2011, 63 (1 – 2): 193 – 203.

[14] Panigrahi S R, Feeny B F, Diaz A R. Second – order perturbation analysis of low – amplitude traveling waves in a periodic chain with quadratic and cubic nonlinearity [J]. Wave Motion, 2017, 69: 1 – 15.

[15] Panigrahi S R, Feeny B F, Diaz A R. Wave – wave interactions in a periodic chain with quadratic nonlinearity [J]. Wave Motion, 2017, 69: 65 – 80.

[16] Frandsen N M M, Jensen J S. Modal interaction and higher harmonic generation in a weakly nonlinear, periodic mass – spring chain [J]. Wave Motion, 2017, 68: 149 – 161.

[17] Manktelow K L, Leamy M J, Ruzzene M. Analysis and experimental estimation of nonlinear dispersion in a periodic string [J]. Journal of Vibration and Acoustics, 2014, 136 (3): 031016.

[18] Nayfeh A H. Introduction to perturbation techniques [M]. New York: John Wiley and Sons, 2011.

Appendix A

$$q_1 = - i\omega_1 (\varphi_1' + i\theta_1'\varphi_1) M v_1$$

$$q_2 = - i\omega_2 (\varphi_2' + i\theta_2'\varphi_2) M v_2$$

$$q_3 = -\frac{\varphi_1^2}{4}\begin{bmatrix} \alpha_2(v_{11} - e^{-i\mu})^2 - \alpha_1(1 - v_{11})^2 \\ \alpha_1(1 - v_{11})^2 - \alpha_2(v_{11}e^{i\mu} - 1)^2 \end{bmatrix}$$

$$q_4 = -\frac{\varphi_2^2}{4}\begin{bmatrix} \alpha_2(v_{21} - e^{-i\mu})^2 - \alpha_1(1 - v_{21})^2 \\ \alpha_1(1 - v_{21})^2 - \alpha_2(v_{21}e^{i\mu} - 1)^2 \end{bmatrix}$$

$$q_5 = -\frac{\varphi_1\varphi_2}{2}\begin{bmatrix} \alpha_2(v_{11} - e^{-i\mu})(v_{21} - e^{-i\mu}) - \alpha_1(1 - v_{11})(1 - v_{21}) \\ \alpha_1(1 - v_{11})(1 - v_{21}) - \alpha_2(v_{11}e^{i\mu} - 1)(v_{21}e^{i\mu} - 1) \end{bmatrix}$$

$$q_6 = -\frac{\varphi_1\varphi_2}{2}\begin{bmatrix} \alpha_2(v_{11} - e^{-i\mu})(\bar{v}_{21} - e^{i\mu}) - \alpha_1(1 - v_{11})(1 - \bar{v}_{21}) \\ \alpha_1(1 - v_{11})(1 - \bar{v}_{21}) - \alpha_2(v_{11}e^{i\mu} - 1)(\bar{v}_{21}e^{-i\mu} - 1) \end{bmatrix}$$

where $\begin{bmatrix} v_{11} & v_{21} \\ 1 & 1 \end{bmatrix} = [v_1, v_2]$, $\varphi_j' = \frac{\partial \varphi_j}{\partial T_1}$, $\theta_j' = \frac{\partial \theta_j}{\partial T_1}$, $\bar{v}_{11}, \bar{v}_{21}$ are the conjugate of v_{11}, v_{21}.

Appendix B

$$B_1 = \frac{\varphi_1^2\alpha_1(v_{11} - 1)^2[\gamma(e^{-2i\mu l} - 1) + 4\chi\bar{\omega}_1^2] + \varphi_1^2\alpha_2(v_{11} - e^{-i\mu l})^2(1 - e^{2i\mu l} - 4\chi\bar{\omega}_1^2)}{8k_1[\gamma\cos(2\mu l) - \gamma + 2\bar{\omega}_1^2(\gamma + 1)(\chi + 1) - 8\chi\bar{\omega}_1^4]}$$

$$B_2 = \frac{\varphi_1^2\alpha_1(v_{11} - 1)^2[\gamma(1 - e^{2i\mu l}) - 4\bar{\omega}_1^2] + \varphi_1^2\alpha_2(v_{11}e^{i\mu l} - 1)^2(e^{-2i\mu l} - 1 + 4\bar{\omega}_1^2)}{8k_1[\gamma\cos(2\mu l) - \gamma + 2\bar{\omega}_1^2(\gamma + 1)(\chi + 1) - 8\chi\bar{\omega}_1^4]}$$

$$C_1 = \frac{\varphi_2^2\alpha_1(v_{21} - 1)^2[\gamma(e^{-2i\mu l} - 1) + 4\chi\bar{\omega}_2^2] + \varphi_2^2\alpha_2(v_{21} - e^{-i\mu l})^2(1 - e^{2i\mu l} - 4\chi\bar{\omega}_2^2)}{8k_1[\gamma\cos(2\mu l) - \gamma + 2\bar{\omega}_2^2(\gamma + 1)(\chi + 1) - 8\chi\bar{\omega}_2^4]}$$

$$C_2 = \frac{\varphi_2^2 \alpha_1 (v_{21}-1)^2 \left[\gamma(1-e^{2i\mu l}) - 4\overline{\omega}_2^2\right] + \varphi_2^2 \alpha_2 (v_{21}e^{i\mu l}-1)^2 (e^{-2i\mu l}-1+4\overline{\omega}_2^2)}{8k_1 \left[\gamma\cos(2\mu l) - \gamma + 2\overline{\omega}_2^2(\gamma+1)(\chi+1) - 8\chi\,\overline{\omega}_2^4\right]}$$

$$D_1 = \frac{\varphi_1\varphi_2\alpha_1 (v_{21}-1)(v_{11}-1)\left[\gamma(1-e^{-2i\mu l}) + \chi(\overline{\omega}_1+\overline{\omega}_2)^2\right]}{2k_1\left[2\gamma(1-\cos(2\mu l)) - (\overline{\omega}_1+\overline{\omega}_2)^2(\chi+1)(\gamma+1) + \chi(\overline{\omega}_1+\overline{\omega}_2)^4\right]}$$
$$+\frac{\varphi_1\varphi_2\alpha_2\{1 + e^{-2i\mu l}[\chi(\overline{\omega}_1+\overline{\omega}_2)^2-1]\}[1 + e^{2i\mu l}v_{11}v_{21} - (v_{11}+v_{21})e^{i\mu l}]}{2k_1\left[2\gamma(1-\cos(2\mu l)) - (\overline{\omega}_1+\overline{\omega}_2)^2(\chi+1)(\gamma+1) + \chi(\overline{\omega}_1+\overline{\omega}_2)^4\right]}$$

$$D_2 = \frac{\varphi_1\varphi_2\alpha_1 (v_{21}-1)(v_{11}-1)\left[\gamma(e^{2i\mu l}-1) + (\overline{\omega}_1+\overline{\omega}_2)^2\right]}{2k_1\left[2\gamma(1-\cos(2\mu l)) - (\overline{\omega}_1+\overline{\omega}_2)^2(\chi+1)(\gamma+1) + \chi(\overline{\omega}_1+\overline{\omega}_2)^4\right]}$$
$$+\frac{\varphi_1\varphi_2\alpha_2\{1 + e^{2i\mu l}[(\overline{\omega}_1+\overline{\omega}_2)^2-1]\}[(v_{11}+v_{21})e^{-i\mu l} - v_{11}v_{21} - e^{-2i\mu l}]}{2k_1\left[2\gamma(1-\cos(2\mu l)) - (\overline{\omega}_1+\overline{\omega}_2)^2(\chi+1)(\gamma+1) + \chi(\overline{\omega}_1+\overline{\omega}_2)^4\right]}$$

$$E_1 = \frac{\varphi_1\varphi_2\left[-\alpha_1\chi(v_{11}-1)(\overline{v}_{21}-1) + \alpha_2\chi(-\overline{v}_{21}e^{-i\mu l} - v_{11}e^{i\mu l} + v_{11}\overline{v}_{21}+1)\right]}{2k_1\left[\chi(\overline{\omega}_1-\overline{\omega}_2)^2 - (\chi+1)(\gamma+1)\right]}$$

$$E_2 = \frac{\varphi_1\varphi_2\left[\alpha_1(v_{11}-1)(\overline{v}_{21}-1) + \alpha_2(\overline{v}_{21}e^{-i\mu l} + v_{11}e^{i\mu l} - v_{11}\overline{v}_{21}-1)\right]}{2k_1\left[\chi(\overline{\omega}_1-\overline{\omega}_2)^2 - (\chi+1)(\gamma+1)\right]}$$

$$\overline{B}_1 = \frac{B_1}{\varphi_1} = \frac{\lambda_1\{(v_{11}-1)^2\left[\gamma(e^{-2i\mu l}-1) + 4\chi\,\overline{\omega}_1^2\right] + \rho_1(v_{11}-e^{-i\mu l})^2(1-e^{2i\mu l}-4\chi\,\overline{\omega}_1^2)\}}{8\left[\gamma\cos(2\mu l) - \gamma + 2\overline{\omega}_1^2(\gamma+1)(\chi+1) - 8\chi\,\overline{\omega}_1^4\right]}$$

$$\overline{B}_2 = \frac{B_2}{\varphi_1} = \frac{\lambda_1\{(v_{11}-1)^2\left[\gamma(1-e^{2i\mu l}) - 4\overline{\omega}_1^2\right] + \rho_1(v_{11}e^{i\mu l}-1)^2(e^{-2i\mu l}-1+4\overline{\omega}_1^2)\}}{8\left[\gamma\cos(2\mu l) - \gamma + 2\overline{\omega}_1^2(\gamma+1)(\chi+1) - 8\chi\,\overline{\omega}_1^4\right]}$$

$$\overline{C}_1 = \frac{C_1}{\varphi_1} = \frac{\phi^2\lambda_1\{(v_{21}-1)^2\left[\gamma(e^{-2i\mu l}-1) + 4\chi\,\overline{\omega}_2^2\right] + \rho_1(v_{21}-e^{-i\mu l})^2(1-e^{2i\mu l}-4\chi\,\overline{\omega}_2^2)\}}{8\left[\gamma\cos(2\mu l) - \gamma + 2\overline{\omega}_2^2(\gamma+1)(\chi+1) - 8\chi\,\overline{\omega}_2^4\right]}$$

$$\overline{C}_2 = \frac{C_2}{\varphi_1} = \frac{\phi^2\lambda_1\{(v_{21}-1)^2\left[\gamma(1-e^{2i\mu l}) - 4\overline{\omega}_2^2\right] + \rho_1(v_{21}e^{i\mu l}-1)^2(e^{-2i\mu l}-1+4\overline{\omega}_2^2)\}}{8\left[\gamma\cos(2\mu l) - \gamma + 2\overline{\omega}_2^2(\gamma+1)(\chi+1) - 8\chi\,\overline{\omega}_2^4\right]}$$

$$\overline{D}_1 = \frac{D_1}{\varphi_1} = \frac{\phi\lambda_1 (v_{21}-1)(v_{11}-1)\left[\gamma(1-e^{-2i\mu l}) + \chi(\overline{\omega}_1+\overline{\omega}_2)^2\right]}{2\left[2\gamma(1-\cos(2\mu l)) - (\overline{\omega}_1+\overline{\omega}_2)^2(\chi+1)(\gamma+1) + \chi(\overline{\omega}_1+\overline{\omega}_2)^4\right]}$$
$$+\frac{\phi\rho_1\lambda_1\{1 + e^{-2i\mu l}[\chi(\overline{\omega}_1+\overline{\omega}_2)^2-1]\}[1 + e^{2i\mu l}v_{11}v_{21} - (v_{11}+v_{21})e^{i\mu l}]}{2\left[2\gamma(1-\cos(2\mu l)) - (\overline{\omega}_1+\overline{\omega}_2)^2(\chi+1)(\gamma+1) + \chi(\overline{\omega}_1+\overline{\omega}_2)^4\right]}$$

$$\overline{D}_2 = \frac{D_2}{\varphi_1} = \frac{\phi\lambda_1 (v_{21}-1)(v_{11}-1)\left[\gamma(e^{2i\mu l}-1) + (\overline{\omega}_1+\overline{\omega}_2)^2\right]}{2\left[2\gamma(1-\cos(2\mu l)) - ((\overline{\omega}_1+\overline{\omega}_2)^2(\chi+1)(\gamma+1) + \chi(\overline{\omega}_1+\overline{\omega}_2)^4\right]}$$
$$+\frac{\phi\rho_1\lambda_1\{1 + e^{2i\mu l}[(\overline{\omega}_1+\overline{\omega}_2)^2-1]\}[(v_{11}+v_{21})e^{-i\mu l} - v_{11}v_{21} - e^{-2i\mu l}]}{2\left[2\gamma(1-\cos(2\mu l)) - (\overline{\omega}_1+\overline{\omega}_2)^2(\chi+1)(\gamma+1) + \chi(\overline{\omega}_1+\overline{\omega}_2)^4\right]}$$

$$\overline{E}_1 = \frac{E_1}{\varphi_1} = \frac{\phi\lambda_1\left[-\chi(v_{11}-1)(\overline{v}_{21}-1) + \rho_1\chi(-\overline{v}_{21}e^{-i\mu l} - v_{11}e^{i\mu l} + v_{11}\overline{v}_{21}+1)\right]}{2\left[\chi(\overline{\omega}_1-\overline{\omega}_2)^2 - (\chi+1)(\gamma+1)\right]}$$

$$\overline{E}_2 = \frac{E_2}{\varphi_1} = \frac{\phi\lambda_1\left[(v_{11}-1)(\overline{v}_{21}-1) + \rho_1(\overline{v}_{21}e^{-i\mu l} + v_{11}e^{i\mu l} - v_{11}\overline{v}_{21}-1)\right]}{2\left[\chi(\overline{\omega}_1-\overline{\omega}_2)^2 - (\chi+1)(\gamma+1)\right]}$$

Appendix C

$$\chi = m_2/m_1,\ \gamma = k_2/k_1,\ \omega_0 = \sqrt{k_1/m_1},\ \lambda_i = \alpha_i/k_i,\ \rho_i = \beta_i/k_i$$

$$p_1 = -\mathrm{i}\omega_1(\varphi_1' + \mathrm{i}\theta_1'\varphi_1)\boldsymbol{M}\boldsymbol{v}_1 - \varphi_1 \begin{bmatrix} \alpha_2(\bar{v}_{11} - \mathrm{e}^{\mathrm{i}\mu l})(B_1 - B_2\mathrm{e}^{-2\mathrm{i}\mu l}) - \alpha_1(1 - \bar{v}_{11})(B_2 - B_1) \\ \alpha_1(1 - \bar{v}_{11})(B_2 - B_1) - \alpha_2(\bar{v}_{11}\mathrm{e}^{-\mathrm{i}\mu l} - 1)(B_1\mathrm{e}^{2\mathrm{i}\mu l} - B_2) \end{bmatrix}$$

$$\qquad -\varphi_2 \begin{bmatrix} \alpha_2(\bar{v}_{21} - \mathrm{e}^{\mathrm{i}\mu l})(D_1 - D_2\mathrm{e}^{-2\mathrm{i}\mu l}) - \alpha_1(1 - \bar{v}_{21})(D_2 - D_1) \\ \alpha_1(1 - \bar{v}_{21})(D_2 - D_1) - \alpha_2(\bar{v}_{21}\mathrm{e}^{-\mathrm{i}\mu l} - 1)(D_1\mathrm{e}^{2\mathrm{i}\mu l} - D_2) \end{bmatrix}$$

$$\qquad -\frac{3\varphi_1\varphi_2^2}{4} \begin{bmatrix} \beta_2(v_{11} - \mathrm{e}^{-\mathrm{i}\mu l})(v_{21} - \mathrm{e}^{-\mathrm{i}\mu l})(\bar{v}_{21} - \mathrm{e}^{\mathrm{i}\mu l}) - \beta_1(1 - v_{11})(1 - v_{21})(1 - \bar{v}_{21}) \\ \beta_1(1 - v_{11})(1 - v_{21})(1 - \bar{v}_{21}) - \beta_2(v_{11}\mathrm{e}^{\mathrm{i}\mu l} - 1)(v_{21}\mathrm{e}^{\mathrm{i}\mu l} - 1)(\bar{v}_{21}\mathrm{e}^{-\mathrm{i}\mu l} - 1) \end{bmatrix}$$

$$\qquad -\frac{3\varphi_1^3}{8} \begin{bmatrix} \beta_2(v_{11} - \mathrm{e}^{-\mathrm{i}\mu l})^2(\bar{v}_{11} - \mathrm{e}^{\mathrm{i}\mu l}) - \beta_1(1 - v_{11})^2(1 - \bar{v}_{11}) \\ \beta_1(1 - v_{11})^2(1 - \bar{v}_{11}) - \beta_2(v_{11}\mathrm{e}^{\mathrm{i}\mu l} - 1)^2(\bar{v}_{11}\mathrm{e}^{-\mathrm{i}\mu l} - 1) \end{bmatrix}$$

$$p_2 = -\mathrm{i}\omega_2(\varphi_2' + \mathrm{i}\theta_2'\varphi_2)\boldsymbol{M}\boldsymbol{v}_2 - \varphi_2 \begin{bmatrix} \alpha_2(\bar{v}_{21} - \mathrm{e}^{\mathrm{i}\mu l})(C_1 - C_2\mathrm{e}^{-2\mathrm{i}\mu l}) - \alpha_1(1 - \bar{v}_{21})(C_2 - C_1) \\ \alpha_1(1 - \bar{v}_{21})(C_2 - C_1) - \alpha_2(\bar{v}_{21}\mathrm{e}^{-\mathrm{i}\mu l} - 1)(C_1\mathrm{e}^{2\mathrm{i}\mu l} - C_2) \end{bmatrix}$$

$$\qquad -\varphi_1 \begin{bmatrix} \alpha_2(\bar{v}_{11} - \mathrm{e}^{\mathrm{i}\mu l})(D_1 - D_2\mathrm{e}^{-2\mathrm{i}\mu l}) - \alpha_1(1 - \bar{v}_{11})(D_2 - D_1) \\ \alpha_1(1 - \bar{v}_{11})(D_2 - D_1) - \alpha_2(\bar{v}_{11}\mathrm{e}^{-\mathrm{i}\mu l} - 1)(D_1\mathrm{e}^{2\mathrm{i}\mu l} - D_2) \end{bmatrix}$$

$$\qquad -\frac{3\varphi_1^2\varphi_2}{4} \begin{bmatrix} \beta_2(v_{11} - \mathrm{e}^{-\mathrm{i}\mu l})(v_{21} - \mathrm{e}^{-\mathrm{i}\mu l})(\bar{v}_{11} - \mathrm{e}^{\mathrm{i}\mu l}) - \beta_1(1 - v_{11})(1 - v_{21})(1 - \bar{v}_{11}) \\ \beta_1(1 - v_{11})(1 - v_{21})(1 - \bar{v}_{11}) - \beta_2(v_{11}\mathrm{e}^{\mathrm{i}\mu l} - 1)(v_{21}\mathrm{e}^{\mathrm{i}\mu l} - 1)(\bar{v}_{11}\mathrm{e}^{-\mathrm{i}\mu l} - 1) \end{bmatrix}$$

$$\qquad -\frac{3\varphi_2^3}{8} \begin{bmatrix} \beta_2(v_{21} - \mathrm{e}^{-\mathrm{i}\mu l})^2(\bar{v}_{21} - \mathrm{e}^{\mathrm{i}\mu l}) - \beta_1(1 - v_{21})^2(1 - \bar{v}_{21}) \\ \beta_1(1 - v_{21})^2(1 - \bar{v}_{21}) - \beta_2(v_{21}\mathrm{e}^{\mathrm{i}\mu l} - 1)^2(\bar{v}_{21}\mathrm{e}^{-\mathrm{i}\mu l} - 1) \end{bmatrix}$$

$$\varphi_j' = \frac{\partial\varphi_j}{\partial T_2}, \theta_j' = \frac{\partial\theta_j}{\partial T_2}$$

非均匀应力场下玻璃态高聚物的长期蠕变行为

周诗浩[1,2]，贺耀龙[1,2]，赵峰[1]，胡宏玖[1,2]*

(1. 上海大学力学与工程科学学院，上海市应用数学和力学研究所，上海200072)

(2. 上海市能源工程力学重点实验室，上海200072)

摘要：基于玻璃态聚氯乙烯（PVC）试样在拉伸和双悬臂荷载模式下的蠕变试验，本文详细研究了不同物理老化时间下聚合物的长期蠕变行为，旨在探索非均匀应力场对高聚物老化的影响机制。结果表明：（1）聚合物的蠕变行为与受应力场的形式密切相关，其中非均匀应力场下分子链的平均运动速率较低，但其加速度则高于均匀应力场，因而有助于迟滞物理老化效应；（2）经典的 KWW 方程难以描述 PVC 的黏弹特性，而本文发展的双松弛机制模型则极好地揭示了高聚物在物理老化进程中蠕变柔量的演化规律。

关键词：非均匀应力场；玻璃态；物理老化；蠕变

1 引言

玻璃态聚合物及其复合材料在役过程中不仅受到各种应力、应变的历史作用，而且无法避免因物理老化导致的结构松弛和物理力学性能下降，当其尺寸稳定性和持久性超过某一临界值时，材料将失去使用价值。由于老化进程中短期蠕变和长期蠕变存在本质的区别，因此，研究物理老化对聚合物长期力学行为和使用寿命的影响是材料与力学界持续研究的重要科学问题[1-3]。其中 Ferry 根据时间－温度等效原理，将较高温度下短时间的实验曲线通过移位的方法预测了材料在较低温度时的长期性能[4]。Shaughnessy 等基于应力加速效应，将不同应力下的蠕变曲线采用移位构筑主曲线[5]。Struik 则将不同老化时间下的短期蠕变曲线移位形成主曲线[6]。无论是"时间－温度""时间－应力""时间－温度－应力"还是"时间－老化时间"等效原理，都认为温度、应力和老化时间对聚合物等黏弹性材料时间相关的力学性能的影响等同于时间尺度的延长或缩短[7]。而当内部时间标度与外部尺度发生耦合时，这些方法将失效。Struik 为使"时间－老化时间"等效能够适用于长期蠕变过程，提出了"有效时间理论"，对"时间－老化时间"等效方法进行修正。Wang[8] 则认为蠕变响应是 α 和 β 松弛机制共同作用的结果，应将有效时间理论（ETT）引入时温等效原理中，方可预测高聚物的力学性能的变化。Pasricha 将 Schapery 非线性理论引入有效时间模型中，估算了循环荷载作用下的蠕变寿命[9]。Barbero[10-12] 采用幂函数描述蠕变响应，运用温度和

基金项目：国家自然科学基金（11872235 和 11472164）。

老化移位因子耦合的时间–温度等效原理，通过对蠕变曲线的旋转和水平变换的两步移位法，较好地描述了不同温度和老化下的长期蠕变过程。Zheng[13] 提出了简单热流变材料的黏性随老化时间的延长而连续增大的观点，因而直接简化分析模型，仅通过数学上水平移位的方法提出了基于有效时间理论的本构方程。而 Hu 发展了松弛时间和形状因子耦合的移位方法与有效时间理论相结合的模型，准确表征了老化进程中环氧树脂层合板的长期蠕变。上述各种方法均采取移位与 ETT 相结合计算老化进程中的黏弹特性，却很少关注应力状态下的影响。

由于长期蠕变与物理老化的相互作用，使得材料的黏弹响应极为复杂。本文通过玻璃态聚氯乙烯（PVC）试样在拉伸和双悬臂荷载模式下的蠕变试验，分析不同老化时间下 PVC 的长期蠕变特征，旨在探索非均匀应力场作用下高聚物材料物理老化的演化机制。

2 试样尺寸及实验方法

实验材料为玻璃化转变温度 T_g 为 85℃ 的 PVC 工业板材，其尺寸为 35mm × 4.5mm × 2mm。基于 DMA（TA – Q800）单轴拉伸和双悬臂两种荷载模式下，对试样实施物理老化进程中的长期蠕变测试，试验温度为 60℃，其主要步骤示意图如图 1 所示。

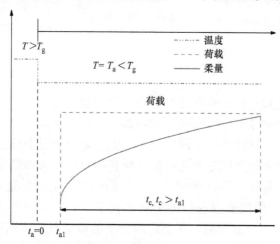

图 1　物理老化进程中的长期蠕变试验方法

3 结果与讨论

为考察物理老化对蠕变响应的影响，加载时间（t）需大于初始的老化阶段（t_a）。因此对 PVC 试样进行 20min 物理老化后，实施了拉伸和双悬臂模式下的长期蠕变测试，所获曲线如图 2 所示。

观察图 2 中两种不同加载模式下的蠕变数据不难发现，蠕变初期（120s）的曲线与后期截然不同。前者斜率的增长较为缓慢，后者则陡升，且拉伸蠕变曲线更加突出，

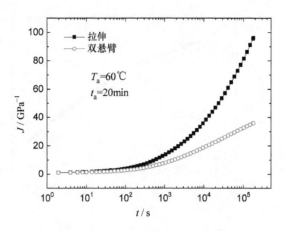

图2 拉伸和双悬臂荷载模式下的长期蠕变曲线

即蠕变值增长更快，随加载的持续两组曲线的间距逐渐变大，这表明，聚合物的长期蠕变行为与加载方式密切相关，且随着蠕变时间的增加，这种影响趋于显著。

众所周知，在短期蠕变时（$t \ll t_a$）材料被认为处于准平衡状态，即老化引起的材料性能改变可以忽略不计，柔量可以用经典 KWW 方程精确表征。对于长期蠕变行为（$t \gg t_a$），此时，变形过程中的老化效应显然不能忽略，此时运用 KWW 方程必然会产生很大偏差（见图3），其中蠕变初期的柔量计算值甚至会达到实验值的2.7倍，即该模型无法描述玻璃态聚合物的长期蠕变行为。

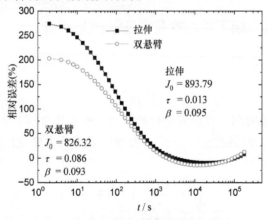

图3 KWW 模型的计算误差

3.1 非均匀应力场下的蠕变特征量

为进一步分析应力梯度对聚合物的长期蠕变行为的影响，以下将讨论其蠕变率的变化（如图4所示）。

由图4可知，两种荷载模式下的蠕变率变化趋势相似，由此可见，双悬臂荷载模式虽然会导致材料内部存在应力梯度，但该梯度的存在不会使得蠕变特征发生根本的转变。比较梯度应力场和均匀应力场下的蠕变率可以发现，两类蠕变率曲线均呈现A→B→C三阶段。其中阶段 A：分子链的运动均由老化所主导，且相同蠕变时间下均匀应

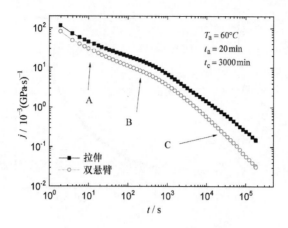

图 4　不同应力场下的特征蠕变率

力模式对应的蠕变率更高，即此时材料内部分子链的平均运动速率更高，考虑到初始值的差异，因而这可能是由于加载导致的。阶段 C：分子链的运动均由应力控制，但因拉伸蠕变时的应力场均匀分布，而双悬臂模式下应力场随厚度呈线性变化，且其中存在压应力，两者的情况并不同，因而图 4 并未出现归一化现象。从数值上看，相同蠕变时间下均匀应力模式对应于更高的蠕变率，即材料内部分子链的平均运动速率较高。阶段 B：介于阶段 A 与 C 之间，但在主控因素由老化向应力过渡的过程中，就链段的运动速率而言，均匀应力场时的值仍然更大。

3.2　非均匀应力场下长期蠕变性能的预测方法

聚合物的蠕变行为本质上可视为链段的松弛过程，因而可以用下式描述：

$$\frac{\mathrm{d}J}{\mathrm{d}t} = -\frac{J}{\tau} \tag{1}$$

式中，τ 为对应的松弛时间。考虑到聚合的松弛过程总是由若干个不同运动形态的链段运动形式组合而成的，若假设这些不同的松弛谱可表示为蠕变时间的幂次函数，则式（1）可进一步表示为

$$\frac{\mathrm{d}J_i}{\mathrm{d}t} = -\frac{J_i}{\tau_i} \quad (\tau_i = A_i \cdot t^{B_i}) \tag{2}$$

式中，$i = 1, 2, 3, \cdots, n$ 分别代表了松弛中的不同运动形态。进而总的蠕变行为对于线性黏弹性过程可表示为各种松弛过程的叠加，有

$$J = \sum_i^n X_i \cdot J_i, \quad i = 1, 2, 3, \cdots, n \tag{3}$$

忽略高阶的松弛过程仅取前两阶作为主要项，可得如下蠕变柔量的表达式：

$$J \doteq A_1 \cdot e^{A_2/t} + A_3 \cdot t^{A_4} \tag{4}$$

上式即为双主导松弛机制时高聚物蠕变柔量的表达式。

据式（4）估算非均匀应力场下的 PVC 长期蠕变曲线，其结果如图 5 所示。

由图 5 可见，式（4）极好地描述了非均匀应力场作用时 PVC 物理老化进程中的蠕变响应。其中各参数的量纲及物理机制与均匀应力场下的情况基本一致。差别在于，

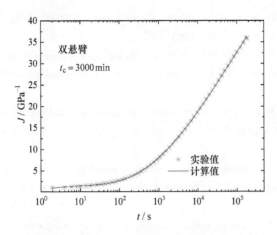

图 5 非均匀应力场下长期蠕变曲线计算值与实验值的比较

非均匀应力场下系数 A_2 成为负值,这似乎暗示着非均匀应力场下老化的影响时间要较均匀应力场下的情况更长,这仍有待于进一步的讨论。

4 结论

基于不同老化时间下玻璃态 PVC 试样的长期蠕变试验,本文系统研究了不同老化时间下试样的长期蠕变行为及其特征,主要结论如下:

(1)聚合物的长期蠕变进程较短期加载更快,且与应力场是否均匀密切相关;

(2)均匀应力场下不同老化时间的长期蠕变趋势基本类似,犹如一把 S 型纺纱梭,蠕变前段受老化影响显著,末端主要由应力水平控制,中间段由两者耦合主导;

(3)非均匀应力场下分子链的平均运动速率较低,但加速度相对较高,即非均匀应力场可以减缓老化进程;

(4)KWW 方程难于描述 PVC 的黏弹特性,而本文模型则准确揭示了高聚物在物理老化进程中的长期蠕变柔量的演化规律。

参 考 文 献

[1] Hu H J, Fan X M, He Y L. A Coupled Thermodynamic model for transport properties of thin films during physical aging [J]. Polymers, 2019, 11 (3): 387.

[2] Zhang X L, Hu H J, Guo M X. Relaxation of a hydrophilic polymer induced by moisture desorption through the glass transition [J]. Physical Chemistry Chemical Physics, 2015, 17 (5): 3186 – 3195.

[3] Cangialosi D, Boucher V M, Alegria A, et al. Physical aging in polymers and polymer nanocomposites: recent results and open questions [J]. Soft Matter, 2013, 9 (36): 8619 – 8630.

[4] Ferry J D. Viscoelastic properties of polymers [M]. New Jersey: John Wiley & Sons Inc, 1980.

[5] Shaughnessy M. An experimental study of the creep of rayon [J]. Textile Research Journal, 1948, 18 (5): 263.

[6] Struik LCE. Physical aging in amorphous polymers and other materials [M]. The Netherlands: Elsevier Amsterdam, 1978.

[7] Wang J, Parvatareddy H, Chang T, et al. Physical aging behavior of high – performance composites [J]. Composites Science and Technology, 1995, 54 (4): 405 – 415.

[8] Pasricha A, Dillard D A, Tuttle M E. Effect of physical aging and variable stress history on the strain response of polymeric composites [J]. Composites science and technology, 1997, 57 (9 – 10): 1271 – 1279.

[9] Barbero E J, Julius M J. Time – temperature – age viscoelastic behavior of commercial polymer blends and felt filled polymers [J]. Mechanics of Advanced Materials and Structures, 2004, 11 (3): 287 – 300.

[10] Barbero E J, Ford K J. Equivalent time temperature model for physical aging and temperature effects on polymer creep and relaxation [J]. Journal of Engineering Materials and Technology, 2004, 126: 413 – 419.

[11] Barbero E J, Ford K J. Determination of ageing shift factor rates for field – processed polymers [J]. Journal of Advanced Materials, 2005, 37 (3): 25.

[12] Zheng S, Weng G. A new constitutive equation for the long – term creep of polymers based on physical aging [J]. European Journal of Mechanics – A/Solids, 2002, 21 (3): 411 – 421.

[13] Hu H, Sun C. The characterization of physical aging in polymeric composites [J]. Composites Science and Technology, 2000, 60 (14): 2693 – 2698.

Long – term creep behavior of physical aging glassy polymer under non – uniform stress field

ZHOU Shi – hao[1,2], HE Yao – long[1,2], ZHAO Feng[1], HU Hong – jiu[1,2]*

(1. Shanghai Institute of Applied Mathematics and Mechanics, School of Mechanics and
Engineering Science, Shanghai University, Shanghai 200072, China)

(2. Shanghai Key Laboratory of Mechanics in Energy Engineering, Shanghai 200072, China)

Abstract: In terms of the creep tests of glassy polyvinyl chloride (PVC) samples under tensile and double – cantilever loading modes, the long – term creep behavior of polymers under different physical aging time was studied in detail, aiming to explore the influence mechanism of non – uniform stress field on the aging of polymers. It is found that the creep performance of the polymer is closely related to the form of the stress field, in which the average motion rate of the molecular chain under the non – uniform field is lower, but the acceleration is higher than that subjected to the uniform stress, thus contributing to a decrease in the aging effect. Moreover, the classic KWW equation is difficult to describe the viscoelastic characteristics of PVC, while the double relaxation mechanism model developed in this paper reveals the evolution of creep compliance of polymer during physical aging.

Key words: Non – uniform stress field; glassy polymer; physical aging; creep

The Three – dimensional Statistical Characterization of Plain Grinding Surfaces

Xuanming Liang, Weike Yuan, Yue Ding, Gangfeng Wang

(Department of Engineering Mechanics, SVL, Xi'an Jiaotong University, Xi'an, 710049, China)

Abstract: In tribology, it is of importance to properly characterize the topography of rough surfaces. In this work, the three – dimensional topographies of plain grinding surfaces are measured through a white light interferometer, and their geometrical statistical features are analyzed. It is noticed that only when the total measured area is larger than a threshold value, is the statistical characterization reasonable and stable, which should be kept in mind in actual measurements. For various plain grinding surfaces, the height of asperity – summit obeys a Gaussian distribution, and the equivalent curvature radius follows a modified F – distribution. These statistical characteristics are helpful to analyze the contact and friction behaviors of rough surfaces.

Key words: rough surface; topography; asperity; statistics

1 Introduction

Surface topography has a significant influence on the mechanical and physical performances of contacting bodies, such as friction, wear, lubrication, sealing, electricity transfer, heat transfer, etc. [1,2] Therefore, much effort has been devoted to characterizing the topography of rough surfaces in the past decades. However, it is still a challenging task on account of the geometric complexity and randomness.

Among all those characterizing methods, the multi – asperity models and the fractal models have attracted most attention. In multi – asperity models, if the height and size of each asperity over the rough surfaces are known, then the overall contact response can be achieved by simply summing over that of each single asperity. Early in 1957, Archard[3] modeled the rough surface as an ideal hierarchical structure with smaller spherical asperities on larger spherical asperities and revealed the power – law relationship between the real contact area and the external load. For bead – blasted aluminum surfaces, Greenwood and Williamson[4] found that

---

基金项目：国家自然科学基金（11525209）。

the height of asperity – summit follows a Gaussian distribution. Then assuming an identical summit curvature radius, they established the famous theoretical rough surface contact model (GW model). In 1958, Longuet – Higgins[5] derived the statistical distribution of the curvature of random Gaussian surfaces from their power spectrum density. This model was further developed by Nayak[6] to account for various statistical features of rough surfaces, such as the height and curvature of summit. Later, Bush et al. [7] approximated the summits by elliptic paraboloids and employed Nayak's random process theory to characterize the distributions of height and principal curvature.

In 1984, Mandelbrot et al. [8] observed that the roughness of fractured surfaces appears quite similar under various degrees of magnification, and revealed the fractal nature of rough surfaces. Majumdar and Tien[9] therefore introduced the Weierstrass – Mandelbrot function to characterize this kind of self – affine rough surfaces. Thereafter, many researches have been conducted on the fractal contact models[10 – 12].

The aforementioned description methods mainly focus on the isotropic rough surfaces, but ignore the anisotropy trait which is always unavoidable for many practical machined metal surfaces. Theoretically, the statistical geometry based on random process theory can completely describe the general anisotropic Gaussian rough surfaces with a great number of parameters involved. With some practical assumptions introduced, this complicated theory has been slightly simplified. Bush et al. [13] suggested that the asperities on the strongly anisotropic surfaces can be represented by highly eccentric paraboloids with their semi – major axes oriented in the same direction. So and Liu[14] proposed a more general description method by only assuming the profiles of asperities along machined direction have minimum slope and curvature. Nonetheless, the contact solutions of these works are still very cumbersome, and the calculations of the real contact area are difficult to implement. If further simplifications referring to the idea of Greenwood[4] can be carried out for the anisotropic rough surfaces, such complexity might be avoided with a small accuracy cost.

In addition to the theoretical models mainly based on assumptions and conjectures, experimental approaches aiming at the accurate description of rough surfaces have also been conducted. With the profiles measured from engineering surfaces, Aramaki et al. [15] and Ciulli et al. [16] employed a reference line to truncate the measured profile into discrete ones and defined each truncated isolated part above the reference line as an asperity. This identification criterion of asperity suits well for 2D profile, but cannot be simply extended to 3D topography. Recently, Kalin and Pogačnik[17] measured the 3D topographies of steel specimens, and discussed the influence of asperity identification criteria on the characterization of rough surfaces. However, few analyses are aiming at the statistical distributions of rough surfaces based on these experimental results.

In this study, the experimental measurement of 3D topographies combined with statistical analysis is performed for the characterization of plain grinding rough surfaces. A new asperity – summit identification criterion is adopted to determine the 3D geometrical properties of asperi-

334

ties. Based on sufficient valid surface data, the probability distributions of height and equivalent radius of asperities are generalized, which are helpful to develop simplified contact models for anisotropic rough surface.

2 Experimental method

Surface specimens were prepared by applying standard plain grinding processing on the 45 quality carbon structural steel (C45E4, ISO 683 – 18 – 1996). Six specimens with increasing roughness were produced as shown in Fig. 1, and their size is 20mm × 8mm. In this work, the 3D surface topography was recorded by using a white light interferometer (NanoMap – 1000WLI, AEP). A 50 × interference objective lens and a 1024 × 1024 pixel CCD sensor were used. Thus surface topography of a square region 209.6 × 209.6μm² was measured in each scanning procedure with a lateral resolution of 0.2μm.

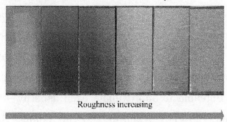

Roughness increasing

Fig. 1　Surface specimens prepared by standard plain grinding processing

Fig. 2 shows a typical scanning result of the plain grinding surfaces. Clear distinction is observed between x – direction and y – direction, which indicates the anisotropy of such kind of rough surfaces. It should be pointed out that the scanned region in each operation is much smaller than the specimen size. To obtain the statistical properties of a whole specimen surface, more than 50 such squared regions were measured for each specimen, which means the total scanned area is over 2mm². To ensure the statistical and random nature, a randomized algorithm was utilized to choose the positions for scanning. Note that the surface altitude on the same specimen was recorded with an identical reference plane, for the convenience to summarize the distribution of summit height in a global consideration.

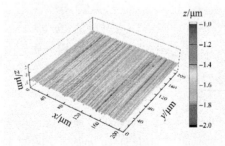

Fig. 2　A typical scanning result of plain grinding surfaces with a 50 × interference objective lens

By applying the above approach, six specimens with different surface roughness were measured separately. For each specimen, the height of the $n-$th scanning position is denoted as $z_n\ (i,j)$, where i and j are the discrete coordinates of sampling points varying from 1 to 1024. The reference plane was chosen to make sure the mean value of height equals zero. Thus the surface roughness can be calculated by

$$S_a = \frac{1}{1024^2 N} \sum_{n=1}^{N} \sum_{i=1}^{1024} \sum_{j=1}^{1024} |z_n(i,j)| \tag{1}$$

where N denotes the total number of scanned regions. Our analysis gave the surface roughness S_a of six specimens as 188 nm, 432 nm, 610 nm, 720 nm, 823 nm, and 900 nm, respectively.

According to our scanning result, the peak of one asperity may consist of several points instead of one single point as shown in Fig. 3. Table 1 shows the measured height data of a typical asperity – summit. Note that, for a single asperity – summit, there are 9 peak points having the same height value – 1496 nm, which is higher than those of surrounding points. For a summit with only one highest point, the 9 – point rectangular approach[17] was widely used to calculate its curvature. However, for asperity – summits with a cluster of peak points, the 9 – point rectangular approach is no longer applicable, and it is necessary to develop a new criterion to identify each asperity – summit and calculate its height and principal curvature. In this work, we use an elliptic paraboloid to approximate each asperity – summit consisting of multiple peak points (the red points in Fig. 3) and neighboring points (the yellow points in Fig. 3). In the local cylindrical coordinate system of which the origin locates at the projection center of the asperity – summit onto the reference plane, the elliptic paraboloid $z(\rho,\ \theta)$ can be expressed as

$$z = h - \frac{\rho^2}{4} \{ k_1 + k_2 + (k_1 - k_2) \cos[2(\alpha - \theta)] \} \tag{2}$$

where k_1 and k_2 represent the bigger and the smaller principal curvature, respectively, α indicates the principal direction, and h is the height of the asperity – summit. Through a fitting procedure, we can obtain the height and principal curvature of each asperity – summit.

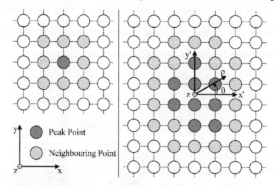

Fig. 3   Identification of the asperity summits on 3D surfaces: left for 9 – point rectangular
asperity summit[17], right for an irregular asperity summit

Table 1   Height data z of a typical asperity summit (nm)

j \ i	35	36	37	38	39	40	41
34	− 1624	− 1537	− 1514	− 1514	− 1581	− 1623	− 1710
35	− 1624	− 1503	− 1500	− 1500	− 1500	− 1581	− 1710
36	− 1624	− 1500	− 1498	− 1496	− 1498	− 1581	− 1710
37	− 1649	− 1500	− 1496	− 1496	− 1496	− 1503	− 1705
38	− 1649	− 1511	− 1496	− 1496	− 1496	− 1503	− 1663
39	− 1649	− 1531	− 1503	− 1496	− 1496	− 1503	− 1656
40	− 1649	− 1531	− 1503	− 1503	− 1503	− 1511	− 1582
41	− 1625	− 1538	− 1511	− 1503	− 1503	− 1511	− 1579

3   Results and discussion

Before summarizing the statistic information of rough surface, a necessary preparation is conducted to check how large a scanned area is required, which is always neglected in previous works. Fig. 4 displays the dependence of the standard deviation of summit height σ_h on the total scanning area A. When A is small, σ_h varies essentially with the scanned position. Such fluctuations are represented by the error bars. However, as the total scanned area A increases, σ_h converges to a steady value independent of the scanned position. Moreover, the specimen with higher surface roughness requires a larger area A to achieve a stable σ_h. For example, σ_h of the specimen with $S_a = 188$ nm stabilizes when A is about 0.5mm^2, while σ_h of the specimen with $S_a = 900$ nm becomes stable until A increases to 2mm^2. Other statistics like surface roughness and principal curvature exhibit similar characteristics. These results suggest that only when the scanned area in the surface topography measurement is sufficiently large, can the statistical information of the entire surface be collected reliably. Neglecting this effect and analyzing on a small scanned area may lead to irregular experimental results.

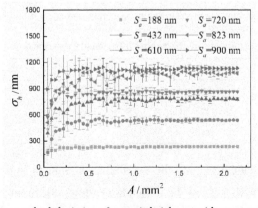

Fig. 4   Variation of the standard deviation of summit height σ_h with respect to the sampling area A

In this work, the statistical analyses of the geometric parameters of asperity − summits on each specimen surface are based on a sufficiently large area (2.15mm^2 consisting of 50 randomly chosen scanning regions). The asperity − summit identification criterion and fitting method described in previous section were employed. By counting the height and curvature of all asperity − summits identified, we obtained the statistical distributions of various surface parameters.

Fig. 5 displays the distribution of summit height h. It is found that, for six specimens with different roughness, h follows a Gaussian distribution, and can be expressed by

$$f(h) = \frac{1}{\sqrt{2\pi}\sigma}\exp\left(-\frac{(h-\mu)^2}{2\sigma^2}\right)$$ (3)

where σ and μ represent the standard deviation and the expectation of summit height, respectively. σ and μ for six specimens are given in Table 2. Moreover, it is interesting to find that the standard deviation σ exhibits linear dependence on S_a and can be fitted by

$$\sigma/S_a = 1.2087$$ (4)

The absolute value of μ is equal to the distance between the summit mean plane and the reference plane. Since in our experiments, different reference planes are chosen for various specimens, it is not surprising to see various values of μ. However, the exact value of μ has no impact on the load − area relationship in multi − asperity contact models.

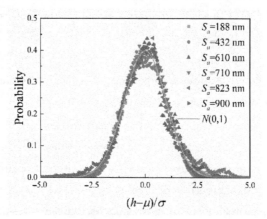

Fig. 5 Probability density distribution of normalized summit height $(h-\mu)/\sigma$

Table 2 Fitting parameters of the probability density distributions of h and R_g (nm)

S_a	188	432	610	720	823	900
σ	227	542	727	921	937	1065
μ	72	37	75	187	−10	285
p	1632	4663	3204	2801	2871	2472

In addition to the summit height, the distribution of summit curvature radius is also analyzed. It is found that most ratios of the principal curvature k_1/k_2 are smaller than 10. For an asperity − summit like this, its elastic deformation can be approximately described by the simple spherical Hertzian solution with a small accuracy cost[18]. An available option is to replace the sphere radius of Hertzian solution with an equivalent radius R_g, which can be expressed as

$$R_g = (k_1 k_2)^{-1/2} \tag{5}$$

Following a similar procedure as dealing with summit height, we could obtain the statistical distribution of the equivalent radius R_g as shown in Fig. 6. The probability density distribution of R_g for each specimen can be fitted by a modified F – distribution as

$$g(R_g) = \begin{cases} \dfrac{\Gamma\left(\dfrac{n_1 + n_2}{2}\right)}{\Gamma\left(\dfrac{n_1}{2}\right)\Gamma\left(\dfrac{n_2}{2}\right)}\left(\dfrac{n_1}{n_2}\right)\left(\dfrac{n_1}{n_2}\dfrac{R_g}{p}\right)^{\frac{n_1}{2}-1}\left(1 + \dfrac{n_1}{n_2}\dfrac{R_g}{p}\right)^{-\frac{n_1+n_2}{2}}\dfrac{1}{p}, & R_g > 0 \\ 0, & R_g \leqslant 0 \end{cases} \tag{6}$$

where Γ is the Gamma function, p is a scaling factor of R_g, n_1 and n_2 take values of 8.0 and 2.2, respectively. From this expression, we can conclude that the normalized equivalent radius R_g/p follows an F – distribution with degrees of freedom being (8.0, 2.2). The values of p for six specimens are given in Table 2.

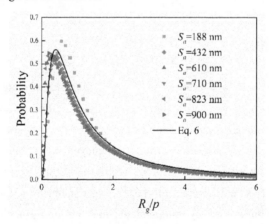

Fig. 6 Probability density distribution of the normalized equivalent radius R_g/p

Moreover, from the data collected on each specimen, the joint probability density distribution of h and R_g, denoted as $p\ (h,\ R_g)$, can be obtained numerically. Directly fitting $p\ (h, R_g)$ is rather difficult. If we further assume h and R_g are two independent random variables, we could calculate the joint probability density distribution by simply multiplying $f(h)$ with $g(R_g)$. For instance, the distributions $f(h) \times g(R_g)$ and $p(h, R_g)$ of the specimen with $S_a = 188$ nm are shown in Fig. 7a and 7b, respectively. It is seen that the distribution $f(h) \times g(R_g)$ has little distinction from $p\ (h,\ R_g)$. Similar results have been observed for other specimens. This comparison leads us to the conclusion that the statistical distributions of h and R_g are almost independent and their joint probability density distribution can be approximately expressed as

$$p(h, R_g) \approx f(h)g(R_g) \tag{7}$$

The statistical distributions of summit height and curvature radius, and their joint distribution can be directly used to develop contact models for anisotropic plain grinding rough surfaces. Undoubtedly, this method can also be applied to conduct similar statistical analyses on other engineering surfaces.

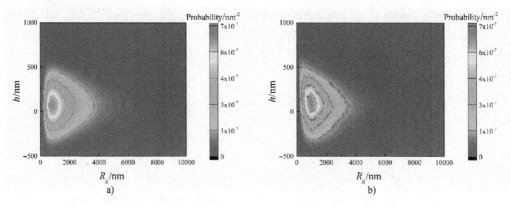

Fig. 7　The joint probability density distribution of h and R_g

a) $f(h) \times g(R_g)$　　b) $p(h, R_g)$

4　Conclusion

The three – dimensional topographies of plain grinding surfaces are characterized by combing the experimental measurement with statistical analyses. The results suggest that the statistical characterization of rough surface should be conducted on a sufficiently large sampling area. With a new asperity identification criterion employed, it is found that the height of asperity – summit follows a Gaussian distribution, while the equivalent radius of asperity – summit follows a modified F – distribution. Moreover, we demonstrate the height and equivalent radius of asperity – summit are nearly independent, and the joint probability density function is derived directly. These findings can be utilized for developing simplified contact models of anisotropic rough surfaces and provide a new perspective for the characterization of rough surfaces.

References

[1] Gropper D, Wang L, Harvey T J. Hydrodynamic lubrication of textured surfaces: a review of modeling techniques and key findings [J]. Tribol Int, 2016, 94: 509 – 29.

[2] Li Q Y, Kim K S. Micromechanics of friction: effects of nanometre – scale roughness [J]. Proc R Soc A – Math Phys Eng Sci, 2008, 464 (2093): 1319 – 43.

[3] Archard J F. Elastic deformation and the laws of friction [J]. Proc R Soc A – Math Phys Eng Sci, 1957, 243 (1233): 190 – 205.

[4] Greenwood J A, Williamson JBP. Contact of nominally flat surfaces [J]. Proc R Soc A – Math Phys Eng Sci, 1966, 295 (1442): 300 – 19.

[5] Longuet – Higgins M S. The statistical distribution of the curvature of a random gaussian surface [J].

Math Proc Camb Philos Soc, 1958, 54 (04): 439 – 53.

[6] Nayak P R. Random Process Model of Rough Surfaces [J]. J Lubric Technol, 1971, 93 (3): 398.

[7] Bush A W, Gibson R D, Thomas T R. The elastic contact of a rough surface [J]. Wear, 1975, 35 (1): 87 – 111.

[8] Mandelbrot B B, Passoja D E, Paullay A J. Fractal character of fracture surfaces of metals [J]. Nature, 1984, 308 (5961): 721 – 2.

[9] Majumdar A, Tien C L. Fractal characterization and simulation of rough surfaces [J]. Wear, 1990, 136 (2): 313 – 27.

[10] Majumdar A, Bhushan B. Fractal model of elastic – plastic contact between rough surfaces [J]. J Tribol – Trans ASME, 1991, 113 (1): 1 – 11.

[11] Yan W, Komvopoulos K. Contact analysis of elastic – plastic fractal surfaces [J]. J Appl Phys, 1998, 84 (7): 3617 – 24.

[12] Long J M, Wang G F, Feng X Q, Yu SW. Influence of surface tension on fractal contact model [J]. J Appl Phys, 2014, 115 (12): 123522.

[13] Bush A W, Gibson R D, Keogh GP. Strongly anisotropic rough surfaces [J]. J Lubric Technol, 1979, 101 (1): 15 – 20.

[14] So H, Liu D C. An elastic – plastic model for the contact of anisotropic rough surfaces [J]. Wear, 1991, 146 (2): 201 – 18.

[15] Aramaki H, Cheng H S, Chung Y W. The contact between rough surfaces with longitudinal texture— Part I: Average contact pressure and real contact area [J]. J Tribol – Trans ASME, 1993, 115 (3): 419 – 24.

[16] Ciulli E, Ferreira L A, Pugliese G, Tavares SMO. Rough contacts between actual engineering surfaces: Part I. Simple models for roughness description [J]. Wear, 2008, 264 (11): 1105 – 15.

[17] Kalin M, Pogačnik A. Criteria and properties of the asperity peaks on 3d engineering surfaces [J]. Wear, 2013, 308 (1): 95 – 104.

[18] Greenwood J A. A simplified elliptic model of rough surface contact [J]. Wear, 2006, 261 (2): 191 – 200.

硫酸盐侵蚀下混凝土断裂韧性的增强－弱化效应

姚金伟[1]，杨翼展[1]，王建祥[2*]，陈建康[1*]

(1 宁波大学 机械工程与力学学院, 宁波 315211)

(2 北京大学工学院, 北京 100871)

摘要：通常认为混凝土结构在海水腐蚀条件下，其力学性能逐渐衰变直至破坏。然而在本文的研究中发现硫酸盐侵蚀下混凝土的断裂韧性在腐蚀初期阶段会出现增强效应。随着腐蚀时间的增加，断裂韧性将逐步由增强转为衰减。其主要原因在于：一是混凝土材料继续水化带来的增强作用；二是硫酸根离子在混凝土孔隙中生成延迟钙矾石，在腐蚀初期会起到填充密实效应，而在后期则会导致孔隙膨胀从而破坏混凝土微结构。本文首先通过侵蚀实验，研究了硫酸盐腐蚀对混凝土腐蚀对断裂韧性的影响，得到了混凝土断裂韧性随侵蚀时间的增强－衰减的变化规律。随后，根据生成延迟钙矾石的化学反应速率方程，建立了混凝土在硫酸盐溶液侵蚀环境下去继续水化影响的断裂韧性演化模型。最后，利用数字图像相关法分析了裂缝尖端断裂过程区的位移和应变，说明了侵蚀时间对混凝土的重要影响。

关键词：硫酸盐；混凝土；断裂韧性；继续水化；数字图像相关法

1 引言

自从 1961 年 Kaplan[1]把断裂力学理论引入混凝土结构，混凝土断裂理论的研究和应用引起了国内外学者的普遍关注，先后形成了不同的断裂力学模型：如虚拟裂缝模型[2]、裂缝带模型[3]、尺寸效应模型[4]、双参数模型[5,6]和等效断裂模型[7,8]等。而我国学者在 20 世纪 70 年代开始了对混凝土断裂力学问题的大量研究，且已取得了丰硕的成果，如徐世烺等[9-11]建立了双 K 断裂模型等。近十年来，海洋环境下混凝土断裂性能的研究开始引起研究者的重视。高原[12]、董宜森[13]、郭进军[14]等研究了混凝土在不同硫酸盐侵蚀环境中断裂参数的衰减劣化规律。但以上研究都是只针对宏观尺度下进行的，尚未涉及机理分析与模型建立。

事实上，在硫酸盐腐蚀溶液作用下混凝土材料一方面会发生继续水化反应填充内部"先天性"存在的初始缺陷，起到增强作用，而另一方面硫酸根离子与内部孔隙溶液反应生成膨胀性物质（如延迟钙矾石等）[15-17]，起到先增强后弱化的效应。继续水化带来的强化作用和生成膨胀性物质引起的新损伤劣化效应两者存在相互竞争关系，

收稿日期：2020 年 4 月 10 日。

基金项目：国家自然科学基金重点项目（11832013；10932001）。

弄清楚这种竞争机制对腐蚀溶液下混凝土断裂机理的研究至关重要。

一般来说，对于脆性材料如混凝土材料中裂纹的扩展与其断裂过程区的发展密切相关，混凝土断裂过程区的发展直接关系到材料本身断裂性能的变化。因此，对混凝土的断裂过程区的研究也显得尤为重要。而与以往传统的测量方法相比，数字图像相关技术（Digital Image Correlation，DIC）具有非接触、连续、全场自动测量的优点[18-20]。

本文主要研究了混凝土材料在硫酸盐溶液浸泡过程下断裂韧性的变化规律。根据膨胀应力与钙矾石生成量的线性关系，建立了关于内膨胀力的微分方程，并结合材料损伤因数，得到了混凝土在硫酸盐溶液中去水化影响的断裂韧性演化模型。

2 实验材料和实验方法

2.1 实验材料

实验所用的水泥是海螺牌 P·C 32.5R 级复合硅酸盐水泥；细骨料采用宁波地区的河砂，该砂的细度模数是 2.53；试件成型以及浸泡溶液采用的水均为宁波本地自来水；硫酸盐采用由江苏强盛功能化学股份有限公司生产的工业级无水硫酸钠。

2.2 试样制备及实验方法

在用 40mm×40mm×160mm 三联钢试模进行试样浇筑前，先把钢试模的侧边钢板通过线切割的加工方式在四片钢侧板上预制好裂缝，预制裂缝的尺寸为：宽度 0.4mm，深度 8mm。然后把相应尺寸的薄钢条插入预留好的裂缝，就可以预制带裂纹的三点弯曲砂浆试样。

水泥砂浆的水灰比为 0.45，胶砂比为 1:2。试样浇筑成型后放入温度为 (20±2)℃、相对湿度不低于 95% 的养护箱内养护 28 天，然后分别放入质量分数为 0% 和 5% 两种不同浓度的硫酸钠溶液中并在实验室内进行侵蚀实验。在进行三点弯曲的断裂实验前，用白色哑光喷漆对需要观察的区域进行喷涂，然后采用黑色喷漆喷涂或者用不同粗细的黑色记号笔进行随机、任意大小和位置点的标记工作，来完成散斑场的制作（见图 1）。

图 1　三点弯试样的散斑场

2.3 实验过程

散斑场制作完后，将试样放置在三点弯曲夹具上用液压伺服 MTS 810 材料试验机进行三点弯曲试验。加载实验过程中，设置试验机的位移控制率为 0.048mm/min，即应变率是 2×10^{-5}，其他相关力学参数的采集频率为 0.25Hz。同时，加载过程中使用工业相机对散斑场区域进行同步的数字图像采集工作，且以每秒 4 帧的速度捕捉全分辨率图像。

3 结果与讨论

3.1 荷载与裂纹尖端张开位移曲线

以不同浓度的溶液浸泡 300 天的水泥砂浆试样为例，对其断裂实验得到的荷载与裂纹尖端开口位移（CTOD）曲线进行分析，如图 2 所示。该试验结果表明，浸泡腐蚀 300 天后，在浓度为 0% 和 5% 的溶液中的试样的最大破坏值分别为 1.38kN 和 1.75kN。说明硫酸钠溶液浓度越高，试样的峰值荷载也越大。

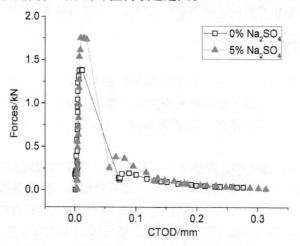

图 2　荷载位移曲线（不同浓度变化）

3.2 硫酸盐溶液中混凝土材料的断裂韧性计算

本文中带预制裂纹的三点弯曲砂浆试样，当受拉区存在一个与拉应力相垂直的竖向裂纹时，裂纹张开并且沿竖向扩展，故此裂纹为张开型裂纹（Ⅰ型）。文中的混凝土Ⅰ型裂纹的断裂韧性用 K_{IC} 表示，其计算公式采用美国材料试验协会（ASTM）所推荐的公式来计算[22]：

$$K_{\mathrm{IC}} = \frac{F_{\max} S}{B W^{3/2}} f\left(\frac{a}{W}\right) \tag{1}$$

$$f\left(\frac{a}{W}\right) = 2.9\left(\frac{a}{W}\right)^{1/2} - 4.6\left(\frac{a}{W}\right)^{3/2} + 21.8\left(\frac{a}{W}\right)^{5/2} - 37.6\left(\frac{a}{W}\right)^{7/2} + 38.7\left(\frac{a}{W}\right)^{9/2}$$

式中，F 为实验荷载值；F_{max} 为实验过程中三点弯曲试件峰值的荷载值，S 为试样的跨度，B 为试样的宽度，W 为试样的高度，a 为预制裂纹的长度。

根据断裂韧性计算公式（1），得到砂浆的断裂韧性参数随侵蚀浸泡时间的变化规律，如图 3 所示。在浸泡前期，混凝土材料的断裂韧性呈现增加的趋势。其断裂性能增加的原因主要在于两方面：一方面是因为水泥砂浆试样中未完全水化的硅酸钙会与水溶液继续发生水化反应，生成新水化硅酸钙（C-S-H 凝胶），它不仅填充了原有内部孔隙和初始缺陷，使得材料的密实度和断裂韧性都会得到一定程度的提高；另一方面是硫酸根离子进入材料内部孔隙溶液，会与其孔隙溶液中的氢氧化钙等物质发生化学反应生成延迟钙矾石，该物质初期也能填充内部孔隙、提高材料的密实度从而提高其材料的相关力学性能。

然而，随着浸泡时间的继续增加，试样的断裂韧性值增加到一定程度后就不会继续再增加，对于在 5% 硫酸钠溶液中的水泥砂浆，其值反而会下降很多。0% 硫酸钠溶液中试样的断裂韧性不再增加的原因在于材料中未水化的硅酸钙已完全反应，不再继续水化反应生成 C-S-H 凝胶，同时随着浸泡时间的增加，可能会导致材料内部的钙溶出，反而会使其断裂性能慢慢下降。

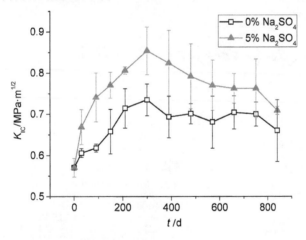

图 3　断裂韧性随侵蚀时间的变化规律

3.3　断裂过程区分析

（1）断裂过程区的位移和应变分析

断裂过程区（Fracture Process Zone，FPZ）是指材料在受载过程中宏观裂纹前端出现微裂纹萌生和扩展，进而产生不可逆的塑形变形区域。本文以裂纹尖端上部 8mm 区域为研究对象，每隔 2mm 设置一水平线段，如图 4 所示。

在加载过程中，其荷载值分别为达到峰值载荷前的 75% 峰值大小（用"75% pre-peak"表示）、峰值荷载值（用"peak"表示）和 50% 的峰值大小（用"50% post-peak"表示）荷载值下，预制裂纹尖端 Y1 处的水平位移和水平应变的变化情况，如图 5 所示。该试样在荷载分别为 peak 和 50% post – peak 两种情况下，在预制裂纹尖端上测 Y1、Y2、Y3 和 Y4 的水平应变的变化情况如图 6 所示。

从图 5 可得：试件在最大荷载（峰值）之前，预制裂纹尖端 X1 区域水平方向的位移和应变是连续变化且变化的梯度很小，说明在最大荷载之前预制裂纹尖端的断裂过程区并未产生明显的应力集中现象，裂纹尖端没有成核扩展。而当载荷达到峰值之后，断裂过程区存在明显

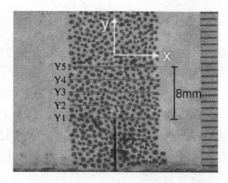

图 4　断裂过程区的计算区域

的突变过程，产生了应力集中现象，变形区域向试样上部（平行于载荷的竖直方向）迅速扩展，并最终在该区域形成贯穿试样的扩展裂纹。

从图 6 可知：预制裂纹尖端的上侧断裂过程区（Y1 ~ Y4）离裂纹顶端越远，其裂纹尖端上部的最大应变值就越小。且随着裂纹在断裂过程区中的扩展，上部区域内（如 Y4 位置）的最大应变值与裂纹尖端（Y1 位置）的最大应变值越来越接近，说明裂纹已经往上扩展了。

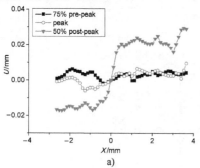

a)

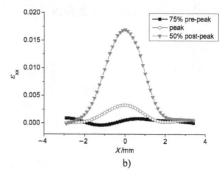

b)

图 5　线段 Y1 的变化值

a）水平位移图　b）水平应变图

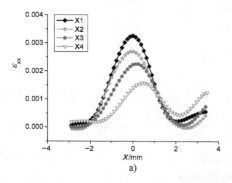

a)

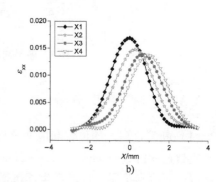

b)

图 6　不同位置的水平方向应变值

a）峰值荷载　b）峰值过后 50% 峰值大小

（2）不同侵蚀时间下断裂过程区位移与应变值的分析

在 0% 的硫酸钠溶液中，浸泡时间分别为第 570 天和 660 天，以荷载为 50% post –

peak 的情况为例，得到在预制裂纹尖端上侧 Y2 位置的水平位移和水平应变的变化情况，见图 7。

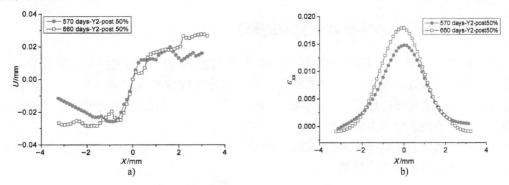

图 7　不同侵蚀时间的水平位移和水平应变
a）水平位移图　b）水平应变图

在不同浸泡时间下，水平线 Y2 位于 $X=0$ 附近处的水平张开位移和最大应变值随继续水化时间的增加而变大，说明在清水溶液中继续水化作用使得混凝土材料内部未被水化物质继续进行化学反应，它能起到对材料内部孔隙的填充作用，增加材料的密实度，增强了其韧性性能，从而提高了材料的断裂力学性能。运用数字图像相关技术，对混凝土材料断裂过程区的位移和应变进行分析，能得到材料的断裂力学性能的变化情况。

（3）不同浓度的断裂过程区位移与应变值的变化规律

在浓度分别为 0% 和 5% 的硫酸钠溶液中浸泡 570 天的砂浆试样，作用在荷载为 50% post – peak 的情况下，位于预制裂纹尖端 X1 的水平位移和水平应变值的变化情况如图 8 所示。

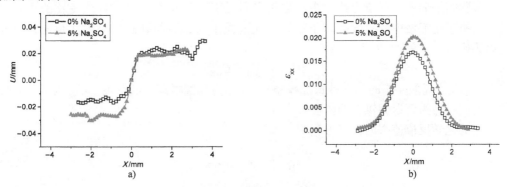

图 8　不同溶液浓度的水平位移和水平应变
a）水平位移图　b）水平应变图

在浸泡 570 天下，不同溶液浓度中的混凝土试样在水平线 Y1 位于 $X=0$ 附近处的水平张开位移和最大应变值随溶液浓度的增加而变大，说明在浸泡 570 天时除水化影响外，硫酸根离子进入混凝土内部孔隙发生化学反应生成的延迟钙矾石对材料本身的断裂性能起到增强作用，且此时随着溶液浓度的增加，其最大应变值和断裂力学性能也随之变大。采用数字图像相关技术，分析了不同浓度下的混凝土预制裂纹尖端的断裂过程区位移和应变的变化情况，发现腐蚀溶液的浓度变化会对混凝土材料的断裂力学性能改变起到重要的影响作用。

3.4 硫酸盐溶液中去水化影响的断裂韧性演化模型

在硫酸盐溶液中，混凝土材料的断裂韧性随侵蚀时间的演化主要包括两部分：一部分是材料因继续水化反应的增加部分；另一部分是硫酸根离子进入材料孔隙内部，先与氢氧化钙发生反应形成石膏，然后石膏与铝酸三钙、水反应形成延迟钙矾石的增强部分。去除图 3 中有关继续水化影响部分的断裂韧性，得到只关于延迟钙矾石增加对断裂韧性演化的影响部分 K'_{IC}，如图 9 所示。从图中可知这部分断裂韧性更为明显地表现出先增加后减少的变化趋势。

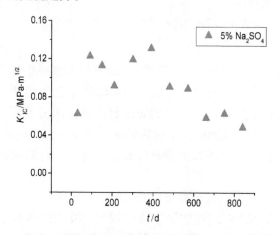

图 9　去水化影响的断裂韧性与浸泡时间的关系

实验结果表明，混凝土孔隙中延迟钙矾石是引起材料断裂力学性能变化的主要因素。其机理是溶液中的硫酸盐离子扩散进入混凝土内部并与孔隙溶液发生反应，形成延迟钙矾石。方程[24]如下：

$$qC_{SO} + C_{CA} = C_{DEF} \qquad (2)$$

式中，q 表示硫酸盐相的化学计量加权系数；C_{SO} 为硫酸根离子的浓度，C_{CA} 为铝酸三钙的浓度，C_{DEF} 为延迟钙矾石的浓度。

它的化学反应速率的控制方程为

$$\frac{dC_{SO}}{dt} = -kC_{SO}C_{CA} \qquad (3)$$

$$\frac{dC_{CA}}{dt} = -\frac{k}{q}C_{SO}C_{CA} \qquad (4)$$

$$\frac{dC_{DEF}}{dt} = \frac{k}{q}C_{SO}C_{CA} \qquad (5)$$

式中，k 为化学反应常数。

联立式（3）和式（4），并整理得到

$$\frac{dC_{CA}}{dt} = -kC_{CA}^2 - kC_{CA}\beta \qquad (6)$$

348

式中，β 为待定常数。

膨胀应力 p 与延迟钙矾石的数量有关，为简便起见，可近似假定延迟钙矾石浓度的增加量 $\mathrm{d}C_{\mathrm{DEF}}$ 与膨胀应力的增加量 $\mathrm{d}p$ 成正比，且由式（4）和式（5）可得

$$C_{\mathrm{CA}} = -\lambda(p - p^*) \tag{7}$$

式中，λ 和 p^* 为待定参数。

将式（7）代入式（6），并忽略二阶小量，整理得到

$$\frac{\mathrm{d}(p - p^*)}{\mathrm{d}t} = -k\beta(p - p^*) \tag{8}$$

求解方程（8），得到膨胀应力 p 的解为

$$p = p^*(1 - e^{-t/t_p})$$
$$t_p = 1/k\beta \tag{9}$$

式中，t_p 为待确定的特征时间，与反应速率系数 k 有关，公式（9）给出了膨胀应力 p 随侵蚀时间的演化函数。

混凝土材料中钙矾石的生长导致内部孔隙膨胀应力的增加，在侵蚀前期它的增加能促进材料力学性能的提高（包括断裂韧性参数），但是随着钙矾石数量的不断增多，其膨胀应力不断增大。在侵蚀后期膨胀应力的增加会逐渐破坏材料内部结构，造成材料损伤劣化。混凝土在硫酸盐侵蚀下的损伤演化是由孔隙表面的拉应力引起的。在受拉荷载作用下，混凝土具有脆性特性，因此损伤演化可以用弱链接理论来描述。假定损伤演化服从 Weibull 分布函数，且损伤过程从混凝土材料放入腐蚀溶液就已开始存在，即

$$D_{\mathrm{damage}} = 1 - e^{\left[-\left(\frac{p}{p_u}\right)^m\right]} \tag{10}$$

式中，m 和 p_u 为待确定的参数。

将式（9）代入式（10），可得

$$D_{\mathrm{damage}} = 1 - e^{\left[-(\gamma(1 - e^{-t/t_p}))^m\right]}$$
$$\gamma = \frac{p^*}{p_u} \tag{11}$$

在硫酸盐溶液中混凝土去水化影响的断裂韧性演化是由延迟钙矾石生长引起的，它包括膨胀应力的增加和由此引起的材料损伤两部分共同作用的结果。因此，去水化影响的断裂韧性 K'_{IC} 可表示为：

$$K'_{\mathrm{IC}} = \alpha p - \eta D_{\mathrm{damage}} \tag{12}$$

式中，α 和 η 是相关待定系数。

将式（9）和式（11）代入式（12），可得

$$K'_{\mathrm{IC}} = \widetilde{p}(1 - e^{-t/t_p}) - \eta(1 - e^{\left[-(\gamma(1 - e^{-t/t_p}))^m\right]})$$
$$\widetilde{p} = \alpha p^* \tag{13}$$

式中，参数 $\widetilde{p}$、η、t_p、γ 和 m 由实验结果确定，反应速率用特征时间 t_p 来表示。得到如图 10 和表 1 所示的拟合结果。

由图 10 可得，方程（13）能很好地描述去水化影响后的断裂韧度的演化行为。从表 1 可得在 5% 的硫酸钠溶液中，混凝土材料的断裂韧性从增强到下降的转折时间点分

别为 170.0 天。

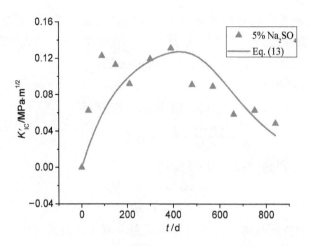

图 10　去水化影响的断裂韧性与浸泡时间的拟合曲线

表 1　参数值 $\widetilde{p}$、η、t_p、γ 和 m

硫酸盐浓度	$\widetilde{p}$（MPa·m$^{\frac{1}{2}}$）	η（MPa·m$^{\frac{1}{2}}$）	t_p（d）	γ	m
5%	0.1415	0.3561	170.0	0.5	50

4　结论

通过对硫酸钠溶液侵蚀下混凝土断裂性能的理论和实验研究，得到如下结论：

（1）硫酸盐侵蚀下混凝土材料的断裂韧性演化过程与两方面有关，一方面与材料继续水化反应有关；另一方面与硫酸根离子和材料内部孔隙溶液发生反应生成膨胀性物质的量相关。

（2）硫酸盐侵蚀下混凝土材料其断裂韧性随侵蚀时间的变化呈现出先增加后减少的变化趋势。

（3）根据延迟钙矾石生成的化学反应速率方程，考虑内膨胀应力，结合材料损伤理论，建立了去继续水化影响下硫酸盐侵蚀混凝土材料断裂韧性的理论演化模型。

（4）运用数字图像相关技术，对不同侵蚀时间下混凝土断裂过程区内的位移和应变的分析，能得到其材料的断裂力学性能的变化情况。

致谢：镇江专博测试技术有限公司周卫东教授在实验方面给予技术支持，谨此谢。

参 考 文 献

［1］Kaplan M F. Crack propagation and the fracture of concrete［J］. ACI Journal, 1961, 58（11）：591 - 610.

［2］Hillerborg A, Modeer M, Petersson P E. Analysis of crack formation and crack growth in concrete by means of fracture mechanics and finite elements［J］. Cement Concrete Research, 1976, 6（6）：773 -

782.

[3] Bažant Z P, Oh B H. Crack band theory for fracture of concrete [J]. Material and Structures, 1983, 16 (3): 155 – 177.

[4] Bažant Z P. Size effect in blunt fracture: Concrete, rock, metal [J]. Journal of Engineer Mechanics, 1984, 110 (4): 518 – 535.

[5] Jenq Y S, Shah S P. Two parameter fracture model for concrete [J]. Journal of Engineer Mechanics, 1985, 111 (10): 1227 – 1241.

[6] Jenq Y S, Shah S P. A Fracture toughness criterion for concrete [J]. Engineer Fracture Mechanics, 1985, 21 (5): 1055 – 1069.

[7] Nallathambi P, Karihaloo B L. Determination of specimen – size independent fracture toughness of plain concrete [J]. Magazine of Concrete Research, 1986, 38 (135): 67 – 76.

[8] Karihaloo B L, Nallathambi P. Fracture toughness of plain concrete from three – point bend specimens [J]. Material and Structures, 1989, 22 (3): 185 – 193.

[9] Xu S L, Reinhardt H W. Determination of double – K criterion for crack propagation in quasi – brittle fracture, Part I: Experimental investigation of crack propagation [J]. International Journal of Fracture, 1999, 98 (2): 111 – 149.

[10] Xu S L, Reinhardt H W. Determination of double – K criterion for crack propagation in quasi – brittle fracture, Part II: Analytically evaluating and practically measuring methods for three – point bending notched beams [J]. International Journal of Fracture, 1999, 98 (2): 151 – 177.

[11] Xu S L, Reinhardt H W. Determination of double – K criterion for crack propagation in quasi – brittle fracture, Part III: Compact tension specimens and wedge splitting specimens [J]. International Journal of Fracture, 1999, 98 (2): 179 – 193.

[12] 高原, 张君, 韩宇栋. 硫酸盐侵蚀环境下混凝土断裂参数衰减规律 [J]. 建筑材料学报, 2011, 14 (4): 465 – 472.

[13] 董宜森, 王海龙, 金伟良. 硫酸盐侵蚀环境下混凝土双 K 断裂参数试验研究 [J]. 浙江大学学报 (工学版), 2012, 46 (1): 58 – 63.

[14] 郭进军, 杨梦, 陈红莉, 等. 干湿循环下改性混凝土硫酸盐腐蚀的断裂性能试验研究 [J]. 水利学报, 2018, 49 (4): 419 – 427.

[15] Zhang M H, Chen J K, Lv Y F, et al. Study on the expansion of concrete under attack of sulfate and sulfate – chloride ions [J]. Construction and Building Materials, 2013, 39: 26 – 32.

[16] Chen J K, Qian C, Song H. A new chemo – mechanical model of damage in concrete under sulfate attack [J]. Construction and Building Materials, 2016, 115: 536 – 543.

[17] Yao J W, Chen J K, Lu C S. Entropy evolution during crack propagation in concrete under sulfate attack [J]. Construction and Building Materials, 2016, 209: 492 – 498.

[18] Das S, Aguayo M, Sant G, et al. Fracture process zone and tensile behavior of blended binders containing limestone powder [J]. Cement Concrete Research, 2015, 73: 51 – 62.

[19] Madadi A, Eskandari – Naddaf H, Shadnia R, et al. Characterization of ferrocement slab panels containing lightweight expanded clay aggregate using digital image correlation technique [J]. Construction and Building Materials, 2018, 180: 464 – 476.

[20] Gencturk B, Hossain K, Kapadia A, et al. Use of digital image correlation technique in full – scale testing of prestressed concrete structures [J]. Measurement, 2014, 47: 505 – 515.

[21] Standard Methods for Plane – strain fracture toughness of metallic materials. ASTM Designation E399 – 74 1981.

[22] Ikumi T, Cavalaro S H P, Segura I, et al. Alternative methodology to consider damage and expansions in external sulfate attack modeling [J]. Cement Concrete Research, 2014, 63: 105 – 116.

[23] Lu C S, Danzer R, Fischer F D. Influence of threshold stress on the estimation of the Weibull statistics [J]. Journal of the American Ceramic Society, 2002, 85 (6): 1640 – 1642.

[24] Lu C S, Danzer R, Fischer F D. Fracture statistics of brittle materials: Weibull or normal distribution [J]. Physical Review E, 2002, 65 (6): 067102.

Strengthening and weakening effect of fracture toughness of concrete under sulfate attack

YAO Jin – wei[1], YANG Yi – zhan[1], WANG Jian – xiang[2]*, CHEN Jian – kang[2]*

(1. School of Mechanical Engineering and Mechanics, Ningbo University, Ningbo, 315211)

(2. College of Engineering, Peking University, Beijing, 100871)

Abstract: It is generally believed that the mechanical properties of concrete structures gradually decay to the point of failure under the condition of seawater corrosion. However, in this study, we found that the fracture toughness of concrete under sulfate attack would increase in the initial stage of corrosion. With the increase of corrosion time, the fracture toughness will gradually change from strengthening to attenuation. The main reasons are as follows: First, the reinforcement was brought by the continuous hydration of concrete materials; Second, Sulfate ions in concrete pores will produce delayed ettringite, which will play a filling and compaction effect in the early stage of immersion, and lead to pore expansion in the later stage, thus damaging the concrete structure. In this paper, the influence of different concentration of sulfate solution on the fracture toughness of concrete corrosion was studied through the erosion experiment. Then, according to the chemical reaction rate equation of delayed ettringite generation, the theoretical evolution model of fracture toughness of concrete under the condition of sulfate solution erosion was established. Finally, the displacement and strain of the fracture zone at the crack tip were analyzed by using the digital image correlation method.

Key words: sulfate; concrete; fracture toughness; continue hydration; digital image correlation method

周期正交极化多层压电圆环致动器应变响应研究

王强中，李法新*

（北京大学工学院力学与工程科学系，北京100871）

摘要：压电致动器在现代工业中发挥着非常重要的作用。然而，目前应用的压电致动器均基于线性压电效应，最大应变一般只有0.1%～0.15%，实现大的致动应变一直是该领域学者追求的目标。本文中，我们提出了一种基于可逆非180°电畴翻转的周期正交极化（POP）PZT圆环多层致动器。实验结果表明，在0.1Hz，2kV/mm的单极性驱动电场下，设计的4层的POP圆环致动器的最大输出应变为0.36%，是普通PZT圆环的2.7倍。该多层致动器的致动应变随着频率的增加而减小，在超过5Hz后稳定在0.2%，约为普通PZT致动器的1.5倍。而且，该圆环致动器重复性能很好，经过2万次致动循环后致动应变几乎不变。这种POP PZT多层圆环致动器具有结构稳定、输出应变大等优点，在致动领域具有很好的应用前景。

关键词：多层压电致动器；周期性正交极化；畴变；PZT

1 引言

致动器在现代工业中一直发挥着非常重要的作用，基于线性压电效应的压电致动器在过去的几十年里一直占据着致动领域的主导地位[1]。然而线性压电应变非常小，一般仅为0.1%～0.15%，严重限制了压电致动器的使用范围。科学工作者为了提高致动应变进行了各种努力，主要有以下四种方法：（1）开发织构压电陶瓷[2]。平板晶粒生长法可以使织构化铅基PMN-PT陶瓷的致动应变在5kV/mm时提高到0.3%～0.4%，但在2kV/mm时仅为0.2%，与PZT相比也没有明显的优势。（2）开发无铅压电陶瓷[3,4]。非织构的BNT基陶瓷的致动应变在5kV/mm的强电场下可以达到0.6%以上，且具有很大的滞后性[5]，在2kV/mm的低电场（压电致动器的典型电场）下，最大应变约为0.2%[6]，仅与PZT相当。（3）发展弛豫铁电单晶[7,8]。通过电场诱导相变，致动应变可达到1%以上，然而铁电单晶的高成本和施加适度预应力后，致动应变就快速减小，使得这种材料不适合工业应用[9,10]。（4）通过力电加载或点缺陷调节来实现可逆的非180°电畴翻转[11,12]。通过力电加载，BaTiO3晶体和PMN-PT晶体的

---

* 国家自然科学基金项目（11672003，11890684）资助

** 通讯作者：lifaxin@pku.edu.cn

致动应变分别达到 0.93% 和 0.66%，然而所需的预应力明显限制了该方法的应用。对于点状缺陷调节方法[12]，由于老化过程中产生的内偏场的松弛，致动应变在运行几个周期[13,14]之后迅速减小。最近，我们提出对 PZT 陶瓷进行周期性正交极化（POP）的方法，可以得到接近 0.6% 的致动应变[15]，但是 POP PZT 沿着周期方向变形很不均匀。接着我们做了条状多层 POP 压电陶瓷致动器，可以实现既均匀又大的致动应变[16,17]。而且层数越多，表面变形越均匀。然而，随着层数的增多，样品高度增加，这种条状多层致动器很容易发生预应力加载下的失稳，甚至导致致动器的机械损坏。

在本文中，我们提出了一种基于 POP 方法的 4 层圆环致动器。相比于条状多层致动器，圆环多层致动器的机械稳定性要好得多，即使施加很大的预应力也不容易失稳。实验结果表明，在 0.1Hz 单极性 2kV/mm 电场加载下，4 层 POP 圆环致动器的最大输出应变为 0.36%，是普通 PZT 圆环的 2.7 倍，而且其表面变形非常均匀。这种致动器的致动应变随着频率的增加而减小，超过 5Hz 后致动应变均稳定在 0.2% 左右。而且，该圆环致动器应变的重复性很好，经过 2 万个应变循环后，致动应变几乎不变。这种 POP PZT 多层致动器具有低驱动电场、大致动应变、结构稳定等优点，有望成为下一代大应变致动器的候选[18]。

2　实验部分

如图 1 所示，我们把原始的厚度极化部分称作 C 区（图 1 中黄色部分），后来面内极化部分称作 A 区（图 1 中绿色部分）。POP 压电圆环的制备步骤如下，首先将样品放在温度为 240℃ 的温控箱中，对样品在厚度方向加 3kV/mm 的电场保持 25min，接着保持电场条件下降温至室温，完成极化的第一步。接下来将样品放在 80℃ 的硅油中，对 A 区在径向加 3kV/mm 的电场保持 25min，然后保持电场加载，将温度降至室温，即完成了圆环样品的周期性正交极化，这种极化是压电陶瓷圆环能够产生超大致动应变的必要条件。

本文实验中用到的压电陶瓷材料都是 PZT - 5H，单层圆环尺寸为外径 18mm，内径 10mm，厚度 2mm。采用厚度为 2mm 是因为多层致动器的每层都为周期性正交极化，或者径向极化，如果厚度很小，面内极化或者径向极化都会变得非常困难。对于多层 POP 圆环致动器来说，每层致动器由 12 部分组成，分别是 6 个 C 区和 6 个 A 区，C 区与 A 区相邻，这种设计相当于把条形 POP 压电陶瓷致动器弯曲 360°，这样两端的 C 区也能参与进来。这两种多层致动器相邻层之间均采用部分黏接法，也就是将 A 区与 A 区黏接在一起，C 区不黏接，这样可以将每层的大致动应变均利用起来，最终多层致动器能够输出最大的应变。对于多层圆环致动器来说，相邻层的 C 区极化方向应相反，这样相邻层可以共用电极。这两种多层致动器层间电极都采用厚度为 40μm 的铜箔，如图 1 所示。

本文中所用的实验测试系统如图 2 所示。首先由函数发生器（Agilent 33220A）发送低频单极性的三角波到高压放大器（TREK 609B，电压可达 10kV，最大输出电流 2mA）放大 1000 倍，然后将该高压信号加载到致动器上。致动器的致动位移采用激光测振仪（LK - G30）测量，致动器加载过程中的极化变化采用高阻抗（$10^{12}\Omega$）的静电计（EST103）来测量。实验中的电压信号、位移信号、电荷信号都通过采集卡（NI USB-6341）进行采集，其中后两个信号可以转化成应变信号和极化信号。实验测试系统中的所有仪器均通过自编的 LabVIEW 程序来控制，然后由计算机来监控。

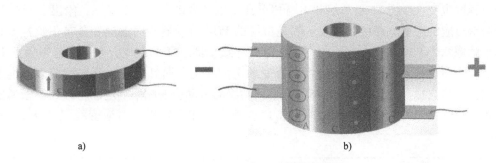

a)   b)

图 1　周期性正交极化圆环样品示意图

a）单层致动器　b）相邻层中 A 区相互黏接的 4 层致动器

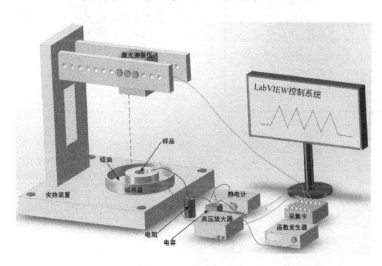

图 2　致动器测试系统

3　结果与讨论

首先，对 POP PZT-5H 圆环（图 1a）A 区、C 区的致动应变进行了测量，实验结果如图 3a 所示。在单极性 0.1Hz，2kV/mm 电场加载下，A 区应变可以达到 0.38%，是普通 PZT-5H 圆环致动应变的 2.9 倍，C 区应变达到了 0.22%，即不同区域的变形仍然是非常不均匀的。A 区的 $\varepsilon-E$ 曲线所表现出来的应变迟滞程度为 19%，稍好于单层的径向极化、部分电极致动器。同样，在电场最大时，A 区应变并没有达到最大，而是在电场卸载初期达到最大。为了提高 POP 压电圆环致动器变形的均匀性，我们制备了 4 层的致动器，如图 1b 所示。图 3b 为 4 层 POP 压电圆环在相同的实验条件下得到的 $\varepsilon-E$ 曲线。从图中可看出，A 区应变为 0.36%，是普通压电陶瓷的 2.7 倍，C 区应变（0.33%）是普通的 PZT 圆环的 2.5 倍。其中，A 区对应的 $\varepsilon-E$ 曲线应变迟滞程

度为 19.8%，跟单层的几乎没区别。而 C 区对应的曲线应变迟滞程度变为 30.1%，比
单层（26.5%）的明显要大，原因是单层的 C 区受到的只是一层的 A 区畴变的影响，
而 4 层致动器的 C 区受到 4 层 A 区畴变应变的影响，所以 C 区应变会变大，同样应变
滞后程度也变大。图 3c 是单层和 4 层 POP 压电圆环致动器表面变形图，给出了所有 12
个扇形对应的应变。图中蓝线表示的是单层的 POP 致动器表面的应变分布，俯视图看
起来就像六个花瓣。红线表示的 4 层压电圆环致动器表面的应变分布，看起来像正 12
边形，说明这种多层圆环结构的致动器变形更加均匀。而且即使圆环层数变多，也不
会发生压载失稳。图 3d 是 4 层 POP 圆环致动器的致动应变频率响应图，跟之前条形多
层致动器的结果类似，随着频率增加，应变减小，在 5Hz 以上时应变稳定在 0.2% 左
右。

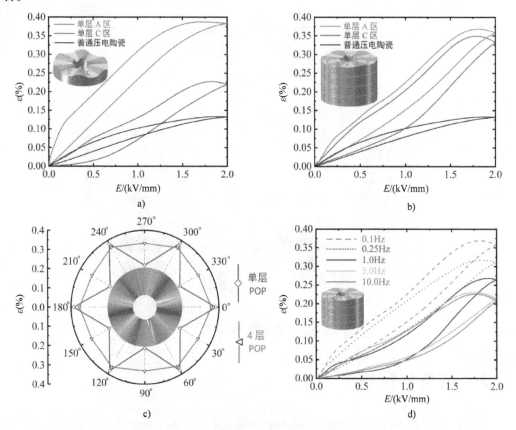

图 3　单层、4 层 POP PZT – 5H 圆环致动器在单极性，加载电场强度为 2kV/mm，
频率为 0.1Hz 下实验结果

a）单层 POP 圆环 A 区、C 区及其与普通压电圆环致动应变对比图

b）4 层 POP 压电圆环致动器中 A 区、C 区与普通压电圆环致动应变对比图

c）在单极性，加载电场强度为 2kV/mm，频率为 0.1Hz 下，POP 单层、4 层表面变形及其应变分布图

d）4 层 POP 致动器致动应变的频率响应

　　最后我们对 POP 4 层圆环致动器的应变稳定性进行了测试。在单极性，电场强度
为 2kV/mm，频率为 0.1Hz 的实验条件下做了 2 万次的致动循环实验，实验结果如图 4
所示。需要说明的是，图中的每条曲线都是在完成相应的循环次数，并且释放了积累

的电荷后进行测量的。从图中可以看出，在经过 2 万次的致动循环后，4 层的 POP 圆环致动器仍可以输出 0.36% 左右的应变，这表明致动器的稳定性很好，也说明了致动器中 A 区、C 区之间的畴结构和界面应力不会随着加载 - 卸载循环而减弱或者消失，这一点要优于基于双程记忆效应的形状记忆合金致动器[19]。

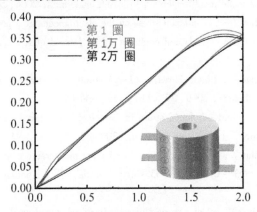

图 4　4 层 POP PZT - 5H 圆环致动器在单极性，电场强度为 2kV/mm，
频率为 0.1Hz 下重复不同次数下的应变响应

4　结论

本文中，为了增大压电致动器的应变并提高其稳定性，我们提出了一种周期正交极化（POP）、基于可逆畴变的多层圆环致动器。实验结果表明，该 POP 的压电圆环多层致动器，一方面可以产生 0.36% 的大应变，另一方面其变形非常均匀。而且，该多层圆环致动器的应变稳定性很好，经过 2 万次循环加载后应变几乎不变。这种 POP 多层圆环致动器有望在未来致动行业中得到广泛应用。

参 考 文 献

[1] Uchino K. Piezoelectric Actuators and Ultrasonic Motors [M]. Dordrecht：Kluwer Academic Publishers, 1997.

[2] Messing G L, Trolier - McKinstry S, Sabolsky E. , et al. Templated grain growth of textured piezoelectric ceramics [J]. Crit Rev Solid State Mater Sci, 29 (2004) 45 - 96.

[3] Jo W, Dittmer R, Acosta M, Zang J, et al. , Giantelectric - field - induced strains in lead - free ceramics for actuator applications - status and perspective [J]. J Electroceram, 29 (2012)：71 - 93.

[4] Rödel J, Jo W, Seifert K T, et al. , Perspective on the development of lead - free piezoceramics [J]. J Am Ceram Soc, 2009 (92)：1153 - 1177.

[5] Liu X, Tan X, Giant strains in non - textured (Bi1/2Na1/2) TiO3 - based lead - free ceramics [J]. Adv Mater, 2016 (28)：574 - 578.

[6] Fu J, Zuo R, Qi H, et al. Low electric - field driven ultrahigh electrostrains in Sb - substituted (Na, K) NbO3 lead - free ferroelectric ceramics [J]. Appl Phys Lett, 2014 (105)：242903.

[7] McLaughlin E A, Liu T, Lynch C S. Relaxor ferroelectric PMN - 32% PT crystals under stress and elec-

tric field loading: I – 32 mode measurements [J]. Acta materialia, 2004, 52 (13): 3849 – 3857.

[8] Wang Y, Chen L, Yuan G, et al. Large field – induced – strain at high temperature in ternary ferroelectric crystals [J]. Scientific reports, 2016, 6 (1): 1 – 9.

[9] McLaughlin E A, Liu T, Lynch C S. Relaxor ferroelectric PMN – 32% PT crystals under stress and electric field loading: I – 32 mode measurements [J]. Acta materialia, 2004, 52 (13): 3849 – 3857.

[10] Viehland D, Powers J. Effect of uniaxial stress on the electromechanical properties of 0.7 Pb (Mg 1/3 Nb 2/3) O 3 – 0.3 PbTiO 3 crystals and ceramics [J]. Journal of Applied Physics, 2001, 89 (3): 1820 – 1825.

[11] Burcsu E, Ravichandran G, Bhattacharya K. Large strain electrostrictive actuation in barium titanate [J]. Applied Physics Letters, 2000, 77 (11): 1698 – 1700.

[12] Ren X. Large electric – field – induced strain in ferroelectric crystals by point – defect – mediated reversible domain switching [J]. Nature materials, 2004, 3 (2): 91 – 94.

[13] Feng Z, Tan O K, Zhu W, et al. Aging – induced giant recoverable electrostrain in Fe – doped 0.62 Pb (Mg 1/3 Nb 2/3) O3 – 0.38 Pb TiO3 single crystals [J]. Applied Physics Letters, 2008, 92 (14): 142910.

[14] Zhao X, Liang R, Zhang W, et al. Large electrostrain in poled and aged acceptor – doped ferroelectric ceramics via reversible domain switching [J]. Applied Physics Letters, 2014, 105 (26): 262902.

[15] Li F, Wang Q, Miao H. Giant actuation strain nearly 0.6% in a periodically orthogonal poled lead titanate zirconate ceramic via reversible domain switching [J]. Journal of Applied Physics, 2017, 122 (7): 074103.

[16] Wang Q, Li F. A low – working – field (2kV/mm), large – strain (> 0.5%) piezoelectric multilayer actuator based on periodically orthogonal poled PZT ceramics [J]. Sensors and Actuators A: Physical, 2018, 272: 212 – 216.

[17] Wang Q, Li F. Large actuation strain over 0.3% in periodically orthogonal poled BaTiO3 ceramics and multilayer actuators via reversible domain switching [J]. Journal of Physics D: Applied Physics, 2018, 51 (25): 255301.

[18] Z. Zhang, Novel poling method in piezoelectric ceramics opens the door to the next – generation large – strain actuators [J], AIP Scilight (2017), http: //dx. doi. org/10. 1063/1. 5000153.

[19] Otsuka K, Ren X. Physical metallurgy of Ti – Ni – based shape memory alloys [J]. Progress in materials science, 2005, 50 (5): 511 – 678.

Strain response of periodically orthogonal poled piezoelectric ring multilayer actuators

WANG Qiang – zhong, LI Faxin *

(Department of Mechanics and Engineering Science, Collegee of Engineering, Peking University, Beijing 100871)

Abstract: Piezoelectric actuators have been playing a very important role in modern industries.

358

However, the current used PZT acutaors are based on linear piezoelectric effect, with the maximum output strain is only 0.1% ~ 0.15%. Realization of large strain is always the goal of scholars in this field. In this work, we proposed a periodically orthogonal poled PZT ring multilayer actuator based on reversible non – 180° domain switching. Experimental results show that under the driving field of 2kV/mm, 0.1Hz, the maximum actuation strain of the 4 – layer POP ring actuator is 0.36%, about 2.7 times of that in conventional PZT ring, and the deformation is very uniform. The actuation strain decreases with the increasing driving frequency and stabilized at 0.2% above 5Hz. Furthermore, the actuation strain of the 4 – layer POP ring actuator is very stable and keeps unchanged after 20k cycles of operation. The POP ring multi – layer actuator has the advantages of large output strain and stable configuration, and may get wide applications in the actuation field.

Key words: multilayer piezoelectric actuator; periodically orthogonal poled; domain switching; PZT

双晶石墨烯拉伸断裂行为

曹国鑫[1]*，任云鹏[2]

(1. 同济大学航空航天与力学学院，上海200092)

(2. 北京大学力学与工程科学系，北京100871)

摘要：本文采用分子力学（MM）模拟双晶石墨烯在沿晶界方向、垂直晶界方向的单轴拉伸断裂行为，以及双轴拉伸断裂行为，并加以比较，确定晶界对多晶石墨烯断裂行为的影响机制。结果发现，双晶石墨烯的断裂应力不仅取决于缺陷造成的C－C键的最大伸长量，还和缺陷局部的C－C键与拉伸加载方向的夹角相关。通常具有沿拉伸方向最大预应变投影的C－C键最先断裂；但是，当缺陷引起局部变形不均匀时，具有最大变形不均匀处的C－C键会最先断裂。双晶石墨烯的断裂应力直接取决于最先断裂C－C键的预应力/预应变的大小。小角度晶界会引起较大预应力/预应变，导致双晶石墨烯的断裂应力随晶界角的增加而减小。

关键词：双晶石墨烯；拉伸断裂行为；分子力学（MM）模拟

1 引言

石墨烯由于其特有的优良性能，在新材料领域具有重要的应用前景[1-4]。然而石墨烯在制备过程中通常为多晶结构[5-10]，晶界缺陷的产生将导致其力学性能下降。多晶石墨烯断裂应力以及影响因素，目前主要通过纳米压痕实验和分子动力学模拟两种方法研究。实验方面，研究人员主要通过AFM纳米压痕方法研究多晶石墨烯的断裂情况，例如，通过多晶石墨烯本征强度的纳米压痕试验，Rasool H. I. 等[11]发现大角度晶界石墨烯断裂强度高于小角度晶界石墨烯，认为主要原因是大角度晶界对晶界上C－C键长的影响小于小角度晶界。计算模拟方面，研究人员主要通过分子动力学方法研究多晶石墨烯的断裂情况，例如，Grantab R. 等[12]通过分子动力学模拟石墨烯面内拉伸变形，发现含缺陷石墨烯断裂应力会随着缺陷的增加而增加；Wei 等[13]通过同样方法计算发现双晶石墨烯的断裂应力不仅和缺陷密度有关，还和缺陷的排列方式有关，并通过连续介质模型理论进行了验证；Song 等[14]通过三晶石墨烯面内拉伸断裂模拟得到晶粒大小和石墨烯断裂应力关系，该关系符合反 Hall－Petch 关系；Sha 等[15]通过对大片多晶石墨烯面内拉伸变形的分子动力学模拟发现多晶石墨烯断裂符合 Hall－Petch 关系；Wu 等[16]通过计算发现石墨烯晶界中 5~7 环的旋转会影响其断裂强度。Han J 等[17]通过模拟纳米压痕下多晶石墨烯的断裂响应，发现压头与缺陷距离会对石墨烯断裂应力产生明显影响；Song 等[18]通过模拟发现多晶石墨烯在正高斯曲率部分强度增强，负高斯曲率部分强度减弱。

综上所述，已报到的石墨烯断裂行为的计算模拟研究主要集中于对垂直晶界拉伸载荷的响应。为了准确理解多晶石墨烯晶界对其断裂行为的影响，我们分别研究石墨烯晶界在沿晶界方向、垂直晶界方向的单轴拉伸断裂行为，以及双轴拉伸断裂行为，并加以比较，确定晶界对多晶石墨烯断裂行为的影响机制。

2 研究方法

本文采用分子力学方法（MM）模拟双晶石墨烯的拉伸断裂行为，模拟工作通过 LAMMPS 软件完成[19]，采用 AIREBO 力场[20] 描述双晶石墨烯的变形行为，AIREBO 力场中的 cutoff 最小值设置为 1.92Å[13]，其余参数采用文献 [13]、[17]、[20] 中所用的数值。

通常晶界由 7～5 环缺陷的线性排列形成[12,13,21]，而晶界的出现会造成两相邻晶粒形成取向差，也称为晶界角（Tile Angle），如图 1 所示。双晶石墨烯计算模型尺寸为 12.5nm×11.8nm，反对称晶界距离 6.3nm，原子数在 5700～5900 范围内。经过计算模型尺寸敏感性检验，两排晶界间距不影响计算结果。晶界角的大小会随晶界上缺陷密度的变化而变化。本文选取 armchair、zigzag 两种缺陷均匀排布模型来简化晶界计算模型，armchair 型双晶石墨烯晶界夹角 θ 分别为 5.1°、9.5°、13.2°、21.8°，zigzag 型双晶石墨烯晶界夹角 θ 分别为 9.5°、13.2°、17.9°、21.8°、27.8°，如图 2 所示。

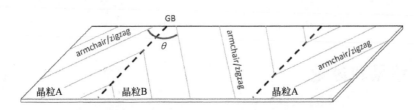

图 1　双晶石墨烯断裂行为计算模型示意图

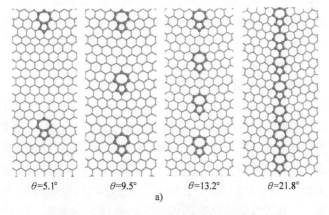

$\theta=5.1°$　　$\theta=9.5°$　　$\theta=13.2°$　　$\theta=21.8°$

a)

图 2　不同晶界角的双晶石墨烯晶界计算模型

a）armchair 型晶界

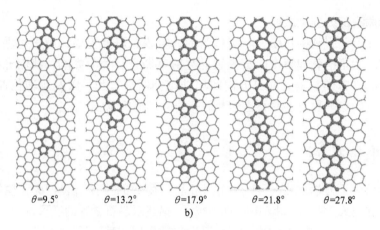

$\theta=9.5°$ $\theta=13.2°$ $\theta=17.9°$ $\theta=21.8°$ $\theta=27.8°$

b)

图2　不同晶界角的双晶石墨烯晶界计算模型（续）

b）zigzag 型晶界

AIREBO 力场［20］中原子应力通过公式下面公式计算：

$$\sigma_{xx\_atom} = -\frac{N}{A_0 t}\left(\frac{1}{2}\sum_{j=1}^{n}(r_{ix}f_{ix} + r_{jx}f_{jx})\right)$$

式中，n 是计算区域原子周围成键原子个数（$n=3$ for graphene）；$A_0 t$ 是石墨烯体积（厚度 $t=0.335$nm）；N 是计算区域原子个数；r_{ix}、r_{jx} 和 f_{ix}、f_{jx} 表示两原子间作用力和作用距离。力场中断键的判定标准通常是最大键长达到临界键长 R_{max}。本文引入键断裂应力，通过下面公式计算，对键两端原子应力进行平均更能直观反映石墨烯预应力情况：

$$\sigma_{xx\_bond} = \frac{1}{2}(\sigma_{xx\_atom1} + \sigma_{xx\_atom2})$$

3　结果和讨论

3.1　原子结构变形分析

计算模拟结果显示，双晶石墨烯的断裂都首先产生于缺陷 7~5 环中 7 边形和周边 6 边形的共用键，但在不同方向拉伸载荷作用下，石墨烯最先发生断裂的 C-C 键并不同。例如，对于 armchair 型晶界，在沿 x 方向拉伸作用下，断裂首先产生于 bond4，而在沿 y 方向拉伸作用下，断裂首先产生于 bond2，如图 3a 所示。

当相邻的两个碳 6 边形转变为 7-5 环缺陷后，一些 C-C 键被拉伸，产生预拉伸变形，其中 bond4 是具有最大预变形的 C-C 键（或最长的 C-C 键），而且它与 x 方向夹角最小（22.8°）。当拉伸沿 x 方向作用时，bond4 最先达到 C-C 键的断裂长度（1.92Å），导致石墨烯发生断裂。当拉伸沿 y 方向作用时，虽然 bond4 具有最大的初始伸长量，但它与拉伸方向的夹角最大（67.2°），远大于 bond1（约为 0°）和 bond2，导致 bond4 在拉伸过程中的伸长量很小，并没有最先达到断裂键长。通过上述结果，可以初步认为双晶石墨烯的断裂不仅取决于 C-C 键的初始预变形，还与其沿拉伸方向的夹角有关。

大多数情况下，最先断裂键为沿拉伸方向具有最大预应变投影的 C-C 键，以 zigzag 型晶界 $\theta = 9.5°$模型为例，如图 3c 所示。图中 bond1 为具有最大初始伸长量的 C – C 键（bond1 = 1.07 × bond2），bond1 和 y 方向的夹角为 21.8°，要大于 bond2 与 y 方向的夹角（18.201°），但仍具有沿 y 方向最大的预应变投影，结果在 y 方向拉伸下 bond1 最先断裂。

对于 zigzag 型晶界 $\theta = 21.8°$模型（图 3b），图中 bond1 为预应变沿 y 方向投影的最大键，但断键为 bond2。断键原因主要由于 bond2 和拉伸方向夹角为 16.703°，而 bond1 和拉伸方向夹角为 39.616°，因而，在拉伸作用下，bond2 将承担更大的拉伸变形，而且 bond1 和 bond2 初始伸长量的差距较小（bond1 = 1.032 × bond2），使得它们沿拉伸方向的预应变投影差别也较小。综合以上 2 个因素导致 bond2 首先断裂。

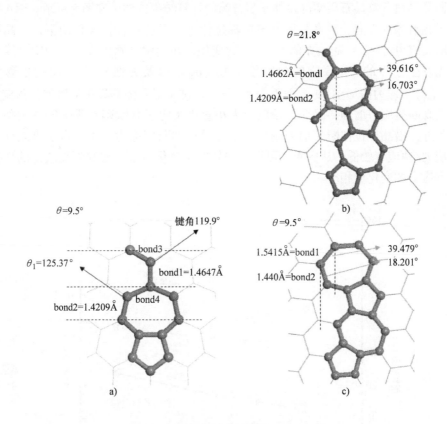

图 3　双晶石墨烯沿晶界拉伸预应变图

a）armchair 型晶界 $\theta = 9.5°$　b）zigzag 型晶界 $\theta = 21.8°$　c）zigzag 型晶界 $\theta = 9.5°$

对于 armchair 型晶界 $\theta = 9.5°$，虽然 bond1 比 bond2 的初始伸长量更大，和 y 拉伸方向的夹角更小，即具有更大的预变形沿拉伸方向的最大投影值，但拉伸沿 y 方向作用时，bond2 比 bond1 更先断裂，如图 3a 所示。上述结果说明石墨烯的断裂不仅取决于由 7 – 5 环缺陷产生的 C – C 键预变形大小和加载方向的夹角大小，还和一些更复杂的因素相关。当拉伸沿 y 方向作用时，缺陷局部拉伸变形主要由 bond1、bond2、bond3 和 bond4 共同承担（见图 3a），其中，bond3 和 bond4 与 y 方向夹角分别为 60° 和

67.2°。由于 C - C 键的拉伸变形随其与拉伸方向的夹角增大而快速降低，在 y 拉伸作用下，bond3 比 bond4 具有更大的变形。另外，bond2 和 bond4 之间的夹角（125.37°）也已远大于其平衡键角（120°），产生了由键角增加造成的预应变能，为了防止键角应变能的进一步增加，在 y 方向作用下，bond4 很难承担 y 方向拉伸变形，拉伸变形主要由 bond2 承担，导致 bond2 更先达到断裂键长。由于 bond1 和 bond3 局部拉伸变形比较均匀，而 bond2 和 bond4 局部的拉伸变形不均匀，导致 bond2 承担更大的拉伸变形（大于 bond1），最先断裂。

3.2 双晶石墨烯沿晶、穿晶、双轴拉伸

不同晶界角下双晶石墨烯的拉伸断裂行为的计算结果如图 4 和图 5 所示。图 4 中分别显示了在沿晶界方向、垂直晶界方向单轴拉伸作用下和双轴拉伸作用下，双晶石墨烯宏观断裂应力（σ_{int}）随晶界角度（θ）的变化，在图中显示为实线。图中虚线分别表示最先发生断裂的 C - C 键的初始预应力（σ_0）以及其在 x、y 方向的投影大小（σ_{0xx}、σ_{0yy}）。应力由 viral stress 计算获得[16,17]。结果显示随晶界角的增加，预应力减小，而宏观断裂应力增加。因此，预应力大小直接决定了含缺陷石墨烯宏观断裂应力大小。另外，沿晶界拉伸断裂应力明显高于穿晶拉伸断裂应力，主要由于沿晶界方向缺陷预应力/预应变较低。从图 4 中可以看到晶界角变化引起的宏观断裂应力的变化量基本和预应力的变化量相等。

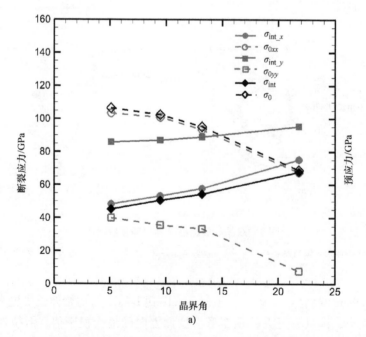

图 4 双晶石墨烯的断裂应力与晶界角的关系。晶界角为零对应于纯石墨烯的断裂应力，x 方向为穿晶拉伸，y 方向为沿晶拉伸

a) Armchair 型晶界拉伸断裂应力

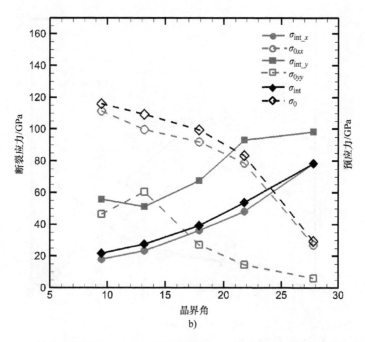

图4 双晶石墨烯的断裂应力与晶界角的关系。晶界角为零对应于纯石墨烯
的断裂应力，x 方向为穿晶拉伸，y 方向为沿晶拉伸（续）
b）zigzag 型晶界拉伸断裂应力

图 5 给出了拉伸载荷作用下断裂应变与晶界角的关系。与图 4 给出的规律相类似，随着晶界角的增加，预应变降低，断裂应变增加，断裂应变会随该方向预应变的增加而降低。

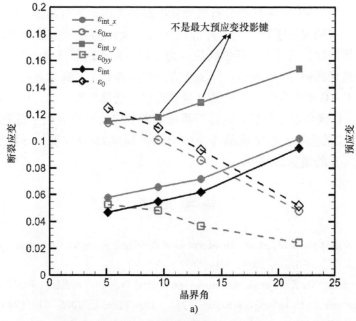

图5 双晶石墨烯的断裂应变与晶界角的关系。晶界角为零对应于纯石墨烯
的断裂应变，x 方向为穿晶拉伸，y 方向为沿晶拉伸
a）Armchair 型晶界拉伸断裂应变

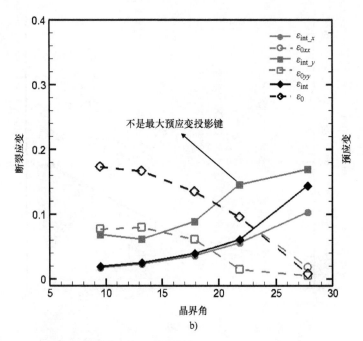

图 5　双晶石墨烯的断裂应变与晶界角的关系。晶界角为零对应于纯石墨烯
的断裂应变，x 方向为穿晶拉伸，y 方向为沿晶拉伸（续）
b）zigzag 型晶界拉伸断裂应变

4　结论

　　采用分子力学（MM）模拟双晶石墨烯在沿晶界方向、垂直晶界方向下的单轴拉伸断裂行为，以及双轴拉伸断裂行为，并加以比较，确定晶界对多晶石墨烯断裂行为的影响机制。结果发现，双晶石墨烯的断裂应力不仅取决于缺陷造成的 C－C 键的最大伸长量，还和缺陷局部的 C－C 键与拉伸加载方向的夹角相关。通常具有沿拉伸方向最大预应变投影的 C－C 键最先断裂；但是，当缺陷引起局部变形不均匀时，具有最大变形不均匀处的 C－C 键会最先断裂。双晶石墨烯的断裂应力直接取决于最先断裂 C－C 键的预应力/预应变的大小。小角度晶界会引起较大预应力/预应变，导致双晶石墨烯的断裂应力随晶界角的增加而减小。

参 考 文 献

［1］Lee C, Wei X D, Kysar J W, et al. Measurement of the elastic properties and intrinsic strength of mono-layer graphene［J］. Science, 2008, 321（5887）：385－8.

［2］Li Y H, Shu H B, Niu X H, et al. Electronic and Optical Properties of Edge－Functionalized Graphene Quantum Dots and the Underlying Mechanism［J］. J Phys Chem C, 2015, 119（44）：24950－7.

［3］Bunch J S, van der Zande A M, Verbridge S S, et al. Electromechanical resonators from graphene sheets ［J］. Science, 2007, 315（5811）：490－3.

[4] Bunch J S, Verbridge S S, Alden J S, et al. Impermeable atomic membranes from graphene sheets [J]. Nano Letters, 2008, 8 (8): 2458 – 62.

[5] Zhao L, Rim K T, Zhou H, He R, et al. Influence of copper crystal surface on the CVD growth of large area monolayer graphene [J]. Solid State Communications, 2011, 151 (7): 509 – 13.

[6] Li X S, Cai W W, An J H, et al. Large – Area Synthesis of High – Quality and Uniform Graphene Films on Copper Foils [J]. Science, 2009, 324 (5932): 1312 – 4.

[7] Li X S, Magnuson C W, Venugopal A, et al. Graphene Films with Large Domain Size by a Two – Step Chemical Vapor Deposition Process [J]. Nano Lett, 2010, 10 (11): 4328 – 34.

[8] Yu Q K, Jauregui L A, Wu W, et al. Control and characterization of individual grains and grain boundaries in graphene grown by chemical vapour deposition [J]. Nat Mater, 2011, 10 (6): 443 – 9.

[9] Gao L B, Ren W C, Xu H L, et al. Repeated growth and bubbling transfer of graphene with millimetre – size single – crystal grains using platinum [J]. Nat Commun. 2012; 3.

[10] Warner J H, Margine E R, Mukai M. Dislocation – Driven Deformations in Graphene [J]. Science, 2012, 337 (6091): 209 – 12.

[11] Rasool H I, Ophus C, Klug W S. Measurement of the intrinsic strength of crystalline and polycrystalline graphene [J]. Nature Communications, 2013, 4: 11.

[12] Grantab R, Shenoy V B, Ruoff R S. Anomalous Strength Characteristics of Tilt Grain Boundaries in Graphene [J]. Science, 2010, 330 (6006): 946 – 8.

[13] Wei Y J, Wu J T, Yin H Q. The nature of strength enhancement and weakening by pentagon – heptagon defects in graphene [J]. Nat Mater, 2012, 11 (9): 759 – 63.

[14] Song Z G, Artyukhov V I, Yakobson B I. Pseudo Hall – Petch Strength Reduction in Polycrystalline Graphene [J]. Nano Lett, 2013, 13 (4): 1829 – 33.

[15] Sha Z D, Quek S S, Pei Q X. et al. Inverse Pseudo Hall – Petch Relation in Polycrystalline Graphene [J]. Sci Rep – Uk, 2014, 4.

[16] Wu J T, Wei Y J. Grain misorientation and grain – boundary rotation dependent mechanical properties in polycrystalline graphene [J]. J Mech Phys Solids, 2013, 61 (6): 1421 – 32.

[17] Han J, Pugno N M, Ryu S. Nanoindentation cannot accurately predict the tensile strength of graphene or other 2D materials [J]. Nanoscale, 2015, 7 (38): 15672 – 9.

[18] Song Z G, Artyukhov V I, Wu J, et al. Defect – Detriment to Graphene Strength Is Concealed by Local Probe: The Topological and Geometrical Effects [J]. Acs Nano, 2015, 9 (1): 401 – 8.

[19] Plimpton S. Fast Parallel Algorithms for Short – Range Molecular – Dynamics [J]. Journal of Computational Physics, 1995, 117 (1): 1 – 19.

[20] Stuart S J, Tutein A B, Harrison J A. A reactive potential for hydrocarbons with intermolecular interactions [J]. Journal of Chemical Physics, 2000, 112 (14): 6472 – 86.

[21] Yi L J, Yin Z N, Zhang Y Y, et al. A theoretical evaluation of the temperature and strain – rate dependent fracture strength of tilt grain boundaries in graphene [J]. Carbon, 2013, 51: 373 – 80.

Fracture behavior of bi – crystalline graphene

CAO Guo – xin[1, *], RAN Yun – peng[2]

(1 School of Aerospace Engineering and Applied Mechanics, Tongji University, Shanghai 200092)

(2 Department of Mechanics and Engineering Science, College of Engineering,
Peking University, Beijing 100871)

Abstract: The fracture behavior of bi – crystalline graphene under the uniaxial tension along grain boundary, the uniaxial tension perpendicular to grain boundary and biaxial tension are investigated using molecular dynamics simulations. The mechanism of the effect of the grain boundary on the fracture behavior of graphene is determined. It is found that the fracture stress of bi – crystalline is not only related to the maximum pre – elongation of C – C bond caused by 7 – 5 ring, but also depends on the angle between the C – C bond and the loading direction. Typically, the bond with the maximum projection of the pre – strain along the loading direction will be fractured first. However, when the deformation of the bonds involved in the defects is highly non – uniform, the bond located in the position with the highest pre – stress/pre – strain concentration will be broken first. The pre – stress/pre – strain of the first broken C – C bond decreases with the increase of the tilt angle, resulting that the fracture stress of bi – crystalline graphene increases with the increase of the tilt angle.

Key words: bi – crystalline graphene; fracture strength; molecular dynamics simulations

还原石墨烯/蒙脱土/聚合物复合材料有效热导率

丛超男[1]，陈永强[1*]，黄筑平[1]，白树林[2]

(1 北京大学工学院力学与工程科学系，北京 100871)

(2 北京大学材料科学与工程学院，北京 100871)

摘要：石墨烯具有优异的导热性能，应用前景广泛，其重要应用之一是以片状还原石墨烯（rGO）为填料制备具有高导热性能的聚合物复合材料。由于 rGO 在片层间范德华力的作用下容易发生团聚，rGO 增强体的导热性能得不到充分发挥。实验表明，rGO 上的羧基和蒙脱土（MMT）上的羟基可以形成比范德华力更强的氢键，因此加入 MMT 可以减少 rGO 团聚，从而提高复合材料的有效热导率。这一现象的定量化理论研究还没有文献报道。本文提出了一个同时考虑 rGO 团聚以及 MMT 分散作用的还原石墨烯/蒙脱土/聚合物复合材料有效热导率的细观力学模型，并给出了有效热导率的解析表达式。本文模型预测结果与实验数据吻合较好，证明了其有效性。本文还进一步分析了夹杂取向对有效热导率的影响。本文结果对于相关材料性能设计和制备的多样化要求具有参考意义。

关键词：有效热导率，还原石墨烯（rGO），蒙脱土（MMT），细观力学模型

1 引言

石墨烯具有极高的热导率，实验测量值高达 $5300W/(m \cdot K)$[1,2]，而常用的金属导热材料，例如铜的热导率仅为 $400W/(m \cdot K)$。因此，石墨烯常用作聚合物复合材料的填充物，用于集成电路封装和电子器件的散热[3,4]。为了获得更好的散热效果，研究者致力于制备具有高导热性能的石墨烯/聚合物复合材料，例如还原石墨烯（rGO）和蒙脱土（MMT）填充的聚合物复合材料[5-8]。

目前制备石墨烯/聚合物复合材料的主要方法[9]包括原位聚合、熔融共混合溶液共混。在原位聚合法制备过程中，首先将石墨烯、聚合物单体和催化剂混合，然后加入引发剂引发聚合。例如，Lang 等[10]用该方法制备了石墨烯/聚酰亚胺复合材料，并考察了石墨烯层数对复合材料性质的影响。熔融共混方法是在高温下把填料与基体混合，通过搅拌将石墨烯片分散到聚合物中。Si 等[11]用该方法制备了石墨烯/酚醛树脂复合材料，研究了石墨烯的填充比对复合材料热学性质的影响。溶液共混法将聚合物和石墨烯在溶剂中混合，通过搅拌或超声波将石墨烯片分散到混合溶液中。Zhao 等[12]用该

---

* 国家重点研发计划（2018YFC0809700）资助项目。

** 通讯作者：chenyq@ pku. edu. cn

方法制备了石墨烯/壳聚糖复合材料，发现复合材料的拉伸强度和模量均优于纯壳聚糖材料。

由于原位聚合法和熔融共混法使用的有机溶剂具有毒性，因此，大多数石墨烯/聚合物复合材料都是采用溶液共混法制备[13]。然而，在溶液共混制备方法中，rGO 的层间范德华力和 π–π 相互作用容易使其发生团聚[14]，从而影响复合材料的热导率。因此，制备高导热性能还原石墨烯/聚合物复合材料的一个关键问题就是如何减少 rGO 的团聚。

减少 rGO 团聚主要有三种方法[6]：共价键修饰、非共价键修饰，以及加入第二种填料。共价键修饰可以有效地提高石墨烯在有机溶剂和聚合物基体中的分散性，并最大限度地改善石墨烯和聚合物的界面相容性。例如，Wang 等[15]在石墨烯表面通过共价键化学接枝有机硅烷，增强了复合材料的机械性能和热稳定性。但是在石墨烯的化学接枝过程中，共价键的作用对石墨烯自身结构造成了破坏，降低了其性能，导致复合材料性能下降[16]。非共价键修饰主要是利用修饰分子中的苯环结构与石墨烯间的 π 键的相互作用，提高石墨烯的分散性。Tang 等[17]用非共价键修饰方法制备了石墨烯/聚乙烯醇复合材料，提高了复合材料的拉伸强度和拉伸模量。然而，在非共价键修饰过程中，石墨烯表面引入的大量活性剂会影响石墨烯的热导率。加入第二种填料，例如 MMT，是减少石墨烯团聚最简单的方法。由于 rGO 上的羧基和 MMT 上的羟基可以形成氢键[18]，而氢键作用比范德华力和 π 键的相互作用更强，能够使得 rGO 均匀分散在复合材料中。加入的 MMT 不会破坏 rGO 本身的结构，并且制备过程简单，近年来该方法已成为许多学者的研究热点。Han 等[19]用该方法制备了还原石墨烯/蒙脱土/聚乙烯醇复合材料，并分析了 MMT 含量对复合材料薄膜力学性质的影响。

综上所述，制备高导热性能还原石墨烯/聚合物复合材料的关键是提高 rGO 在聚合物中的分散性，而利用加入 MMT 提高 rGO 的分散性是简单而有效的方法，很有必要从理论上对此进行深入研究。

多数情况下，细观力学模型能够给出复合材料有效导热率的显式表达式，是一种有效的理论研究方法。Maxwell 等[20]基于复合材料的微观结构，提出了预测有效热导率的一个理论模型，但只适用于小体积分数的球形夹杂复合材料。Mori–Tanaka（M–T）方法[21]、Ponte Castañeda–Willis（PCW）模型[22]以及 Bruggeman 的有效介质方法[23]等考虑了夹杂体积分数、形状、相互作用以及取向对复合材料弹性性质的影响。Hatta 等[24]将 M–T 方法扩展到热导率的问题求解中。Duan 等[25]将求解复合材料弹性性质的 PCW 模型用于求解热导率。Xie 等[26]基于 Bruggeman 的有效介质方法，将石墨烯纳米片简化为薄圆盘，给出了石墨烯复合材料有效热导率的表达式，并考虑了夹杂几何形状的影响。

以往关于复合材料有效热导率的理论研究主要关注夹杂的体积分数、形状以及取向对有效热导率的影响。但如上所述，对于石墨烯/聚合物复合材料，其热导率还受到更多因素的影响。例如，在还原石墨烯/蒙脱土/聚合物复合材料中，需要考虑 rGO 的团聚以及 MMT 的分散作用对有效热导率的影响。关于这两个因素影响的实验已经有很多研究[5-8]，但尚未见有理论研究方面的报道。本文提出了一个考虑 rGO 团聚和 MMT 分散作用的还原石墨烯/蒙脱土/聚合物复合材料细观力学模型，并给出了有效热导率的解析表达式，该模型中的参数可通过拟合实验数据得到。其次，本文通过算例对提出的理论模型进行了检验，验证了其有效性。最后，本文还讨论了夹杂的取向分布对有效热导率的影响。

2 还原石墨烯/蒙脱土/聚合物复合材料细观力学模型

本节在复合材料有效热导率经典细观力学方法的基础上，引入了一个参数 η 和一个函数 $f(\xi, n)$ 分别来描述 rGO 团聚和 MMT 分散作用的影响，提出了一个预测还原石墨烯/蒙脱土/聚合物复合材料有效热导率的细观力学模型。

2.1 多相复合材料细观力学模型

假设在多相复合材料中，基体和第 r 相夹杂对应的热导率分别为 K^0 和 K^r，对应的体积分数分别为 c_0 和 c_r。采用经典细观力学方法得到的多相复合材料有效热导率表达式为[27]

$$K^* = \left(c_0 K^0 + \sum_{r=1}^{N} c_r K^r \cdot A_0^r \right) \cdot \left(c_0 I + \sum_{r=1}^{N} c_r A_0^r \right)^{-1} \tag{1}$$

式中，K^* 是有效热导率张量，A_0^r 是对应于稀疏解的第 r 相局部应变集中系数张量，

$$A_0^r = (I + S^r \cdot (K^0)^{-1} \cdot (K^r - K^0))^{-1} \tag{2}$$

式 (2) 中，S^r 是第 r 相椭球形夹杂的 Eshelby 张量，其分量表达式为[28]

$$S_{ii}^r = \frac{3}{8\pi} a_i^{r2} I_{ii}^r + \frac{1}{8\pi} I_i^r \tag{3}$$

$$S_{ij}^r = 0 \, (i \neq j) \tag{4}$$

式中，下标 $i = 1, 2, 3$ 表示椭球的主轴方向，a_i^r 是第 r 相椭球夹杂的半轴长。系数 I_{ii}^r 和 I_i^r 的表达式为

$$I_{ii}^r = 2\pi \, a_1^r \, a_2^r \, a_3^r \int_0^\infty \frac{\mathrm{d}s}{(a_i^{r2} + s)^2 \Delta s} \tag{5}$$

$$I_i^r = 2\pi \, a_1^r \, a_2^r \, a_3^r \int_0^\infty \frac{\mathrm{d}s}{(a_i^{r2} + s) \Delta s} \tag{6}$$

其中，$\Delta s = \sqrt{(a_1^{r2} + s)(a_2^{r2} + s)(a_3^{r2} + s)}$。

rGO（图 1）[29] 和 MMT[18] 均为片状。本文将这两种夹杂的形状简化为扁平椭球形（图 2）。于是，方程中 Eshelby 张量分量的表达式变为

$$I_1^r = 4\pi a_2^r a_3^r \{ F(k) - E(k) \} / (a_1^{r2} - a_2^{r2}) \tag{7}$$

$$I_2^r = 4\pi a_3^r E(k) / a_2^r - 4\pi a_2^r a_3^r \{ F(k) - E(k) \} / (a_1^{r2} - a_2^{r2}) \tag{8}$$

$$I_3^r = 4\pi - 4\pi a_3^r E(k) / a_2^r \tag{9}$$

$$I_{33}^r = \frac{4\pi}{3 a_3^{r2}} \tag{10}$$

其中，$F(k)$ 和 $E(k)$ 分别为第一类和第二类完全椭圆积分。

$$E(k) = \int_0^{\pi/2} (1 - k^2 \sin^2 u)^{1/2} \mathrm{d}u \tag{11}$$

$$F(k) = \int_0^{\pi/2} (1 - k^2 \sin^2 u)^{-1/2} \mathrm{d}u \tag{12}$$

$$k^2 = (a_1^{r\,2} - a_2^{r\,2}) / a_1^{r\,2} \tag{13}$$

图 1　石墨烯片显微图片[29]

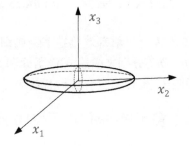

图 2　扁平椭球形夹杂

进一步，把 rGO 和 MMT 视为钱币状，即扁平椭球形的半轴 $a_1^r = a_2^r$，方向比 $a_3^r/a_1^r \to 0$[18]，方程中系数的表达式还可以简化为

$$I_1^r = I_2^r = \pi^2 a_3^r / a_1^r \tag{14}$$

$$I_3^r = 4\pi - 2\pi^2 a_3^r / a_1^r \tag{15}$$

$$I_{11}^r = I_{22}^r = 3\pi^2 a_3^r / 4\, a_1^{r\,3} \tag{16}$$

$$I_{33}^r = \frac{4}{3}\pi / a_3^{r\,2} \tag{17}$$

相应地，S_{11}、S_{22} 和 S_{33} 的表达式为

$$S_{11} = S_{22} = 0 \tag{18}$$

$$S_{33} = 1 \tag{19}$$

2.2　rGO 的团聚

由前所述，由于 rGO 层间范德华力和 π – π 相互作用，rGO 片容易发生团聚，导致聚合物热导率的下降。沿 rGO 面的方向定义为横向，垂直 rGO 面的方向定义为纵向。Ghosh 等[30]通过实验测得单层、2 层和 3 层 rGO 横向热导率分别为为 4000W/(m·K)、2800W/(m·K) 和 2300W/(m·K)。这一实验数据表明，rGO 片发生的团聚降低了有效热导率。团聚程度取决于发生团聚的数量和团聚体的层数。本文用 rGO 有效体积分数的变化来描述团聚对有效热导率的影响。

如图 3 所示，体积分数为 φ_1 的 rGO 形成一个团聚体，假设这个团聚体对有效热导率的贡献与体积分数为 φ_2 的单层 rGO 贡献相同，则这个团聚体的有效体积分数为 φ_2。

还原石墨烯/聚合物复合材料中，rGO 体积分数为 c_1，其中团聚体所占的比例为 λ，则团聚体的体积分数为 λc_1，等效于体积分数为 $\lambda c_1 \varphi_2 / \varphi_1$ 的单个 rGO。

还原石墨烯/聚合物复合材料的代表体积单元（RVE）（图 4a）中的 rGO 用考虑团聚之后的等效 rGO 代替（图 4b），则其 rGO 有效体积分数 c_1' 表达式为

$$c_1' = \lambda c_1 \varphi_2 / \varphi_1 + (1 - \lambda) c_1 = (\lambda \varphi_2 / \varphi_1 + 1 - \lambda) c_1 = \eta c_1 \tag{20}$$

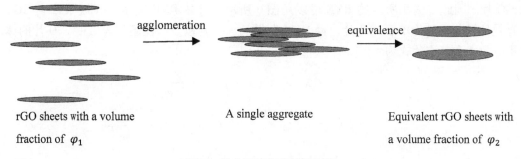

rGO sheets with a volume fraction of φ_1 A single aggregate   Equivalent rGO sheets with a volume fraction of φ_2

图3　单个团聚体等效说明图

其中，η 是考虑团聚效应后的 rGO 有效比例。用有效体积分数 c_1' 替代方程（1）中的 c_1，得到考虑 rGO 团聚的还原石墨烯/聚合物复合材料有效热导率

$$\boldsymbol{K}^* = (c_0\boldsymbol{K}^0 + \eta c_1\boldsymbol{K}^1 \cdot \boldsymbol{A}_0^1) \cdot (c_0\boldsymbol{I} + \eta c_1\boldsymbol{A}_0^1)^{-1} \tag{21}$$

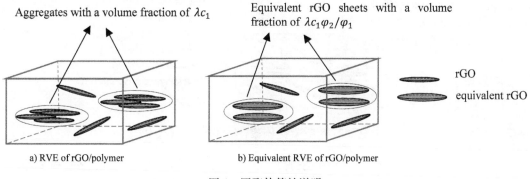

Aggregates with a volume fraction of λc_1 Equivalent rGO sheets with a volume fraction of $\lambda c_1\varphi_2/\varphi_1$

rGO
equivalent rGO

a) RVE of rGO/polymer   b) Equivalent RVE of rGO/polymer

图4　团聚体等效说明

2.3　MMT 的分散作用

假定还原石墨烯/聚合物复合材料中加入 MMT 后团聚体所占的比例为 γ，体积分数为 γc_1，分散的单层 rGO 片体积分数为 $(1-\gamma)c_1$。由于 MMT 的分散作用，原本发生团聚的部分 rGO 片不能形成团聚体（如图5所示），则这一部分 rGO 的体积分数为 $(\lambda - \gamma)c_1$。

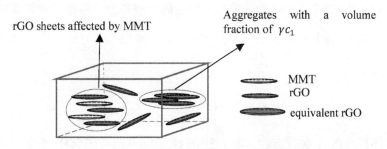

rGO sheets affected by MMT   Aggregates with a volume fraction of γc_1

MMT
rGO
equivalent rGO

图5　还原石墨烯/蒙脱土/聚合物复合材料 RVE

根据单个团聚体的等效，体积分数为 γc_1 的团聚体等效为体积分数为 $\gamma c_1\varphi_2/\varphi_1$ 的

rGO 片。因此，图 5 所示的 RVE 可以用图 6 所示的等效 RVE 表示，等效 RVE 中 rGO 有效体积分数 c_1'' 为单层 rGO 片、经 MMT 分散的 rGO 片以及与团聚体等效的 rGO 片的体积分数之和，表达式为

$$c_1'' = (1 - \lambda) c_1 + (\lambda - \gamma) c_1 + \frac{\gamma c_1 \varphi_2}{\varphi_1}$$
$$= (1 - \lambda) c_1 + \frac{\lambda c_1 \varphi_2}{\varphi_1} + (\lambda - \gamma) \left(1 - \frac{\varphi_2}{\varphi_1}\right) c_1$$
$$= \eta c_1 + (\lambda - \gamma) \left(1 - \frac{\varphi_2}{\varphi_1}\right) c_1 \tag{22}$$

可见，方程（22）的 $(\lambda - \gamma) \left(1 - \frac{\varphi_2}{\varphi_1}\right) c_1$ 表征了由于 MMT 的分散作用所增加的 rGO 有效体积分数。

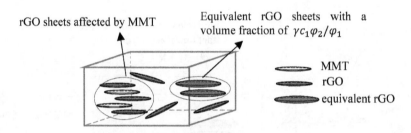

图 6 还原石墨烯/蒙脱土/聚合物复合材料等效 RVE

实验[5,6]表明，在还原石墨烯/蒙脱土/聚合物复合材料中，rGO 的分散程度随着 MMT 体积分数 c_2 的增加呈现如下趋势：当 $c_2 = 0$，即没有 MMT 的分散作用，复合材料中团聚体的比例很高，rGO 的分散程度很低；$c_2 \geqslant c_2^*$ 时，rGO 完全分散，复合材料中没有团聚体形成；当 $0 < c_2 < c_2^*$，在 MMT 作用下的部分石墨烯不能形成团聚体，且随着 c_2 的增加，那些未能形成的团聚体的石墨烯增多，rGO 的分散程度提高。

据此，本文用一个分散函数 $f(\xi, n)$ 描述上述现象

$$f(\xi, n) = \begin{cases} \xi c_2^n, & 0 \leqslant c_2 < c_2^* \\ \xi c_2^{*n}, & c_2 \geqslant c_2^* \end{cases} \tag{23}$$

其中，ξ 和 n 为由 MMT 对 rGO 的分散作用决定的模型参数，根据实验数据确定。

用分散函数 $f(\xi, n)$ 替换方程（22）中的 $(\lambda - \gamma) \left(1 - \frac{\varphi_2}{\varphi_1}\right) c_1$，则等效 RVE 中 rGO 的有效体积分数 c_1'' 为

$$c_1'' = c_1' + f(\xi, n) = \begin{cases} \eta c_1 + \xi c_2^n, & 0 \leqslant c_2 < c_2^* \\ \eta c_1 + \xi c_2^{*n}, & c_2 \geqslant c_2^* \end{cases} \tag{24}$$

用有效体积分数 c_1'' 替代方程（21）中的 c_1'，可得到考虑 MMT 分散作用的还原石墨烯/蒙脱土/聚合物复合材料有效热导率 K^*，其表达式为

$$K^* = \begin{cases} (c_0 K^0 + (\eta c_1 + \xi c_2^n) K^1 \cdot A_0^1 + c_2 K^2 \cdot A_0^2) \cdot \\ (c_0 I + (\eta c_1 + \xi c_2^n) A_0^1 + c_2 A_0^2)^{-1}, 0 \leqslant c_2 < c_2^* \\ (c_0 K^0 + (\eta c_1 + \xi c_2^{*n}) K^1 \cdot A_0^1 + c_2 K^2 \cdot A_0^2) \cdot \\ (c_0 I + (\eta c_1 + \xi c_2^{*n}) A_0^1 + c_2 A_0^2)^{-1}, c_2 \geqslant c_2^* \end{cases} \quad (25)$$

方程（25）包含三个待定的模型参数 η、ξ 和 n。通过实验数据确定三个模型参数之后，即可得到还原石墨烯/蒙脱土/聚合物复合材料有效热导率的解析表达式。

3 参数确定和模型验证

下面利用两组实验数据[6]来验证本文模型。第一组数据为 rGO1/MMT/PVA 复合材料的有效热导率，用来确定模型参数。rGO1 是在氧化温度为 $-40℃$ 的条件下制备的，在这个氧化温度下，rGO1 片缺陷程度较低，为 0.75%，横向热导率较高，为 1500 $(W/(m \cdot K))$[31]。第二组数据为 rGO2/MMT/PVA 复合材料的有效热导率，用来验证本文模型。rGO2 是在氧化温度为室温的条件下制备的，在这个氧化温度下，rGO2 片缺陷程度较高，为 2%，横向热导率较低，只有 150 $(W/(m \cdot K))$[31]。两种 rGO 片纵向热导率 k_{33}^1 与横向热导率 k_{11}^1 的比值为 $m = 0.01$[32]。以上两组材料中，PVA 体积分数 $c_0 = 0.1$。表 1 和表 2 给出实验中的材料参数。

表 1　rGO1/MMT/PVA 材料参数

材料参数	rGO1/MMT/PVA
k^0	0.2 $(W/(m \cdot K))$
k_{11}^1	1500 $(W/(m \cdot K))$
k^2	0.03 $(W/(m \cdot K))$
m	0.01
c_2^*	0.04654
c_0	0.1

表 2　rGO2/MMT/PVA 材料参数

材料参数	rGO2/MMT/PVA
k^0	0.2 $(W/(m \cdot K))$
k_1^1	150 $(W/(m \cdot K))$
k^2	0.03 $(W/(m \cdot K))$
m	0.01
c_2^*	0.04654
c_0	0.1

首先，拟合 rGO1/MMT/PVA 实验数据，得到方程（25）的第一段（$0 < c_2 < c_2^*$）的三个模型参数，拟合结果示于图 7，模型参数见表 3。当 $c_2 > c_2^*$ 时，rGO1 的分散程度已经达到最大值，有效热导率随着 MMT 含量的增加而降低（图中的虚线只是拟合函数

的延伸，不描述真实的物理情形）。

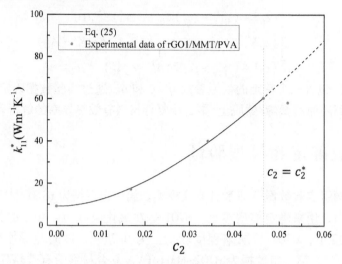

图 7　对 rGO1/MMT/PVA 实验数据的拟合

表 3　模型参数拟合值

模型参数	rGO1/MMT/PVA
η	0.05433
ξ	7.53155
n	1.73390

采用表 3 中的模型参数，画出 rGO1/MMT/PVA 复合材料的分散性函数 f 如图 8 所示。rGO 的临界体积分数 $c_2^* = 0.046539$（虚线标所示）。当 $c_2 < c_2^*$ 时，f 的值随 c_2 的增加而增加，并且在 $c_2 = c_2^*$ 处达到最大值。图 8 表明，分散函数 f 能够很好地描述 2.3 中提到的实验现象。

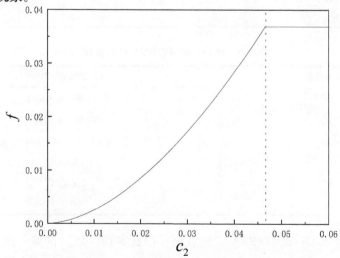

图 8　rGO1/MMT/PVA 的分散函数 f

下面采用另一组材料 rGO2/MMT/PVA 的实验数据来验证本文模型。图 9 给出了根据参数拟合值的预测结果，表明本文提出的考虑 MMT 分散作用的本文模型预测结果与实验数据吻合很好。经典细观力学模型[27]的只能反映 MMT 体积分数变化的影响，不能反映真实的物理情形。

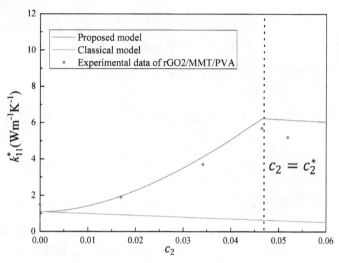

图 9　对 rGO2/MMT/PVA 有效热导率的预测

4　夹杂取向分布

在复合材料实际制备过程中，由于制备工艺与制备条件不同，rGO 片和 MMT 片在聚合物中可能有不同的取向[14]，这会影响复合材料的有效热导率。本节讨论夹杂取向分布对有效热导率的影响。

首先建立全局坐标以及夹杂对应的局部坐标来描述夹杂的取向，如图 10 所示，其中 x_3' 沿椭球形夹杂的一个对称轴方向，x_1'、x_1 和 x_2 共面[33]。

以上两个坐标系的变换关系为

$$e_i' = g_{ij} e_j, e_i = g_{ji} e_j' \tag{26}$$

其中，坐标变换矩阵 g_{ij} 表达式为

$$[g_{ij}] = \begin{bmatrix} \cos\varphi & \sin\varphi & 0 \\ -\cos\theta\sin\varphi & \cos\theta\cos\varphi & \sin\theta \\ \sin\theta\sin\varphi & -\sin\theta\cos\varphi & \cos\theta \end{bmatrix} \tag{27}$$

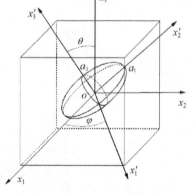

图 10　全局坐标与局部坐标

夹杂的取向用 (θ, φ) 表示，$0 \leqslant \theta \leqslant \pi/2$，$0 \leqslant \varphi \leqslant \pi$。夹杂的空间取向分布用一个概率密度函数 $p(\theta, \varphi)$ 描述[34]

$$p(\theta, \varphi) = \frac{\rho^2 + 1}{2\pi\left(1 + \rho\exp\left(\frac{\pi}{2}\rho\right)\right)}\exp(\rho\theta) \tag{28}$$

377

其中，ρ 是控制夹杂取向的参数。当 $\rho \rightarrow -\infty$ 时，夹杂趋于单一取向分布；当 $\rho = 0$，夹杂在空间中完全随机分布。

有效热导率的表达式为

$$\boldsymbol{K}^* = \begin{cases} (c_0\boldsymbol{K}^0 + (\eta c_1 + \xi c_2^n)\langle \boldsymbol{K}_1(\theta,\varphi) \cdot \boldsymbol{A}_0^1(\theta,\varphi)\rangle + c_2\langle \boldsymbol{K}^2(\theta,\varphi) \cdot \boldsymbol{A}_0^2(\theta,\varphi)\rangle) \cdot \\ \quad (c_0\boldsymbol{I} + (\eta c_1 + \xi c_2^n)\langle \boldsymbol{A}_0^1(\theta,\varphi)\rangle + c_2\langle \boldsymbol{A}_0^2(\theta,\varphi)\rangle)^{-1}, 0 \leqslant c_2 < c_2^* \\ (c_0\boldsymbol{K}^0 + (\eta c_1 + \xi c_2^{*n})\langle \boldsymbol{K}^1(\theta,\varphi) \cdot \boldsymbol{A}_0^1(\theta,\varphi)\rangle + c_2\langle \boldsymbol{K}^2(\theta,\varphi) \cdot \boldsymbol{A}_0^2(\theta,\varphi)\rangle) \cdot \\ \quad (c_0\boldsymbol{I} + (\eta c_1 + \xi c_2^{*n})\langle \boldsymbol{A}_0^1(\theta,\varphi)\rangle + c_2\langle \boldsymbol{A}_0^2(\theta,\varphi)\rangle)^{-1}, 0 \leqslant c_2 \geqslant c_2^* \end{cases}$$

$$(29)$$

其中，$\langle \cdot \rangle$ 表示取向平均，$\langle \boldsymbol{A}_0^r(\theta,\varphi)\rangle$ 和 $\langle \boldsymbol{K}^r(\theta,\varphi) \cdot \boldsymbol{A}_0^r(\theta,\varphi)\rangle$（$r = 1, 2$）表达式为

$$\langle \boldsymbol{A}_r^0(\theta,\varphi)\rangle = \int_0^{2\pi}\int_0^{\pi/2} p(\theta,\varphi)\boldsymbol{g}^{\mathrm{T}} \cdot \boldsymbol{A}_r^0 \cdot \boldsymbol{g}\sin\theta\mathrm{d}\theta\mathrm{d}\varphi \quad (30)$$

$$\langle \boldsymbol{K}^r(\theta,\varphi) \cdot \boldsymbol{A}_0^r(\theta,\varphi)\rangle = \int_0^{2\pi}\int_0^{\pi/2} p(\theta,\varphi)\boldsymbol{g}^{\mathrm{T}} \cdot \boldsymbol{K}^r \cdot \boldsymbol{A}_0^r \cdot \boldsymbol{g}\sin\theta\mathrm{d}\theta\mathrm{d}\varphi \quad (31)$$

以 rGO1/MMT/PVA 复合材料为例，用方程（29）计算夹杂不同取向分布的复合材料有效热导率，横向有效热导率 k_{11}^* 以及纵向有效热导率 k_{33}^* 结果如图 11 和图 12 所示。从图中可以看出，随着夹杂取向随机程度的增加，rGO/MMT/PVA 复合材料的 k_{11}^* 降低，k_{33}^* 增加。当 $\rho \rightarrow -\infty$ 时，所有夹杂对应的 θ 趋于 0，夹杂趋于单一取向分布。由于 rGO 的 k_{11}^* 远高于 k_{33}^*，单一取向分布的 rGO 对 k_{11}^* 的增强作用最大，对 k_{33}^* 的增强作用最小。下面用单一取向的有效热导率作为基准来评估夹杂取向分布变化对有效热导率的影响。当 $\rho = -4$ 时，θ 以不同的概率在 $0 \sim \pi/2$ 之间分布。此时，rGO 对 k_{11}^* 的增强效果较单一取向低，$\dfrac{k_{11}^*(\rho = -4)}{k_{11}^*(\rho \rightarrow -\infty)} = 0.95$；对 k_{33}^* 增强效果较单一取向高，

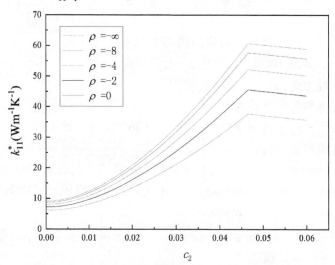

图 11　不同取向的 rGO1/MMT/PVA 复合材料横向热导率

$\dfrac{k_{33}^*(\rho = -4)}{k_{33}^*(\rho \to -\infty)} = 38.4$。当 $\rho = 0$ 时，θ 在 $0 \sim \pi/2$ 之间分布的概率相等，夹杂在空间完全随机分布。此时，复合材料为各向同性，$\dfrac{k_{11}^*(\rho = 0)}{k_{11}^*(\rho \to -\infty)} = 0.61$，$\dfrac{k_{33}^*(\rho = 0)}{k_{33}^*(\rho \to -\infty)} = 117.2$。

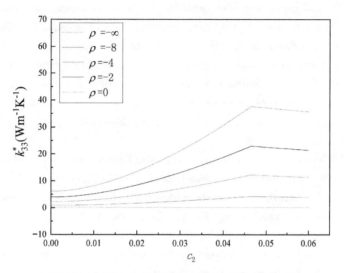

图 12 不同取向的 rGO1/MMT/PVA 复合材料纵向热导率

5 结论

本文提出了一个同时考虑石墨烯团聚以及蒙脱土分散作用的还原石墨烯/蒙脱土/聚合物复合材料有效热导率的细观力学模型，并给出了有效热导率的解析表达式。在模型中引入了一个参数 η 和一个函数 $f(\xi, n)$，分别表征 rGO 团聚以及 MMT 分散作用对复合材料有效热导率的影响，其中的模型参数 η、ξ、n 可通过拟合实验数据得到。采用本文模型预测的 rGO/MMT/PVA 复合材料的有效热导率，与实验结果吻合较好，验证了本文模型的有效性。

本文进一步分析了夹杂取向分布对有效热导率的影响。结果显示，随着取向随机程度增加，横向有效热导率降低，纵向有效热导率提高。夹杂随机取向情况的纵向有效热导率和横向热导率分别是单一取向的 117.2 倍和 0.61 倍。通过模拟不同取向的复合材料有效热导率，可以确定满足一定材料要求的夹杂取向和填充比。本文结果对于还原石墨烯/蒙脱土/聚合物复合材料的设计制备具有理论指导意义。

参 考 文 献

[1] Balandin A A. Thermal properties of graphene and nanostructured carbon materials [J]. Nature Materials, 2011, 10 (8): 569.

[2] Li Y, Feng Z Y, Huang L J, et al. Additive manufacturing high performance graphene – based compos-

ites: A review [J]. Composites Part A – Applied Science and Manufacturing, 2019, 124 (10): 5483.

[3] Liu J, Wang T, Carlberg B, et al. Recent Progress of Thermal Interface Materials [M]. 2008.

[4] Farhad S, Whalley D C, Conway P P. Thermal interface materials – a review of the state of the art [J]. 2006 First Electronic System integration Technology Conference (IEEE Cat No 06EX1494), 2006, 11: 1292 – 1302.

[5] Han X F, Qi D D, Zhang L, et al. Synergistic Effect of Hybrid Montmorillonite – reduced Graphene Oxide as Dual Filler for Improving the Mechanical Properties of PVA Composites by a One – step Procedure [J]. Acta Polymerica Sinica, 2014, 014 (2): 218 – 225.

[6] Zhu S, Deng S, Xie S. Synthesis and Thermal Conductivity of Montmorillonite/Graphene/Poly (vinyl alcohol) Composite Films [J]. Journal of Xiamen University, 2017, 56: 474 – 480.

[7] Mekhzoum M E M, Essabir H, Rodrigue D, et al. Graphene/montmorillonite hybrid nanocomposites based on polypropylene: Morphological, mechanical, and rheological properties [J]. Polymer Composites, 2016, 39 (6): 2046 – 2053.

[8] Li H, Wang J, Chu C, et al. The Performance of Natural Rubber Composites Filled with Graphene Oxide and Montmorillonite [J]. Non – Metallic Mines, 2015, 38 (2): 15 – 18.

[9] Mohan V B, Lau KT, Hui D, et al. Graphene – based materials and their composites: A review on production, applications and product limitations [J]. Composites Part B – Engineering, 2018, 142: 200 – 220.

[10] Lang M A, Wang G J, Dai J F. Preparation and properties of reduced graphene oxide /polyimide composites produced by in – situ polymerization and solution blending methods [J]. New Carbon Materials, 2016, 31 (2): 129 – 134.

[11] Si J, Jian L, Wang S, et al. Enhanced thermal resistance of phenolic resin composites at low loading of graphene oxide [J]. Composites Part A Applied Science and Manufacturing, 2013, 54 (4): 166 – 172.

[12] Zhao X, Qiu D, Wang X, et al. Morphology and Mechanical Properties of Chitosan/ Graphene Oxide Nanocomposites [J]. Acta Chimica Sinica, 2011, 69 (10): 1259 – 1263.

[13] Ji X Q, Xu Y H, Zhang W L, et al. Review of functionalization, structure and properties of graphene/ polymer composite fibers [J]. Composites Part A – Applied Science and Manufacturing, 2016, 87: 29 – 45.

[14] Zhao X, Zhang Q, Chen D, et al. Enhanced Mechanical Properties of Graphene – Based Poly (vinyl alcohol) Composites [J]. Macromolecules, 2010, 43 (5): 2357 – 2363.

[15] Xin W, Xing W, Ping Z, et al. Covalent functionalization of graphene with organosilane and its use as a reinforcement in epoxy composites [J]. Composites Science & Technology, 2012, 72 (6): 737 – 743.

[16] Zaman I, Phan T T, Kuan H C, et al. Epoxy/graphene platelets nanocomposites with two levels of interface strength [J]. Polymer, 2011, 52 (7): 1603 – 1611.

[17] Tang Z, Lei Y, Guo B, et al. The use of rhodamine B – decorated graphene as a reinforcement in polyvinyl alcohol composites [J]. Polymer, 2012, 53 (2): 673 – 680.

[18] Zhang C, Weng W T, Fan W, et al. Aqueous stabilization of graphene sheets using exfoliated montmorillonite nanoplatelets for multifunctional free – standing hybrid films via vacuum – assisted self – assembly [J]. Journal of Materials Chemistry, 2011, 21 (44): 18011 – 18017.

[19] Han X F, Qi D D, Zhang L, et al. Synergistic Effect of Hybrid Montmorillonite – reduced Graphene Oxide as Dual Filler for Improving the Mechanical Properties of PVA Composites by a One – step Procedure [J]. Acta Polymerica Sinica, 2014, 014 (2): 218 – 225.

[20] Maxwell J C. A Treatise on Electricity and Magnetism [J]. Nature, 7 (182): 478-480.

[21] Mori T, Tanaka K. Average stress in matrix and average elastic energy of materials with misfitting inclusions [J]. Acta Metallurgica, 1973, 21 (5): 571-574.

[22] Castañeda P P, Willis J R. The effect of spatial distribution on the effective behavior of composite materials and cracked media [J]. Journal of the Mechanics & Physics of Solids, 1995, 43 (12): 1919-1951.

[23] Bruggeman D A G. Calculation of various physics constants in heterogenous substances I Dielectricity constants and conductivity of mixed bodies from isotropic substances [J]. Annalen Der Physik, 1935, 24 (7): 636-664.

[24] Hatta H, Taya M. EFFECTIVE THERMAL - CONDUCTIVITY OF A MISORIENTED SHORT FIBER COMPOSITE [J]. Journal of Applied Physics, 1985, 58 (7): 2478-2486.

[25] Duan H L, Karihaloo B L, Wang J, et al. Effective conductivities of heterogeneous media containing multiple inclusions with various spatial distributions [J]. Physical Review B, 2006, 7360 (17): 4203.

[26] Xie S H, Liu Y Y, Li J Y. Comparison of the effective conductivity between composites reinforced by graphene nanosheets and carbon nanotubes [J]. Appl Phys Lett, 2008, 92 (24): 197.

[27] Markov K, Preziosi L, Gaunaurd G. Heterogeneous Media: Micromechanics Modeling Methods and Simulations. (Modeling and Simulation in Science, Engineering and Technology Series.) [J]. Applied Mechanics Reviews, 2002, 55 (3): B50.

[28] Mura T. Micromechanics of defects in solids The Journal of the Acoustical Society of America, 1983, 73 (6): 2237-2237.

[29] Novoselov, S K, Geim A K, Morozov S V, et al. Electric Field Effect in Atomically Thin Carbon Films [J]. Science, 306 (5696): 666-9.

[30] Ghosh S, Bao W, Nika D L, et al. Dimensional crossover of thermal transport in few - layer graphene [J]. Nature Materials, 2010, 9 (7): 555-8.

[31] Hao F, Fang D, Xu Z. Mechanical and thermal transport properties of graphene with defects [J]. Appl Phys Lett, 2011, 99 (4): 041901.

[32] Wang Y, Weng G J, Meguid S A, et al. A continuum model with a percolation threshold and tunneling - assisted interfacial conductivity for carbon nanotube - based nanocomposites [J]. Journal of Applied Physics, 2014, 115 (19): 193706.

[33] 冯西桥, 余寿文. 复合材料中增强相形状对有效模量的影响（I）[J]. 清华大学学报（自然科学版）, 2001, 41 (11): 8-10, 14.

[34] 张振国. 地质孔隙介质弹塑性本构关系研究 [D]. 北京：北京大学, 2017.

Effective Thermal Conductivities of Polymeric Composites Filled with Agglomerate rGO and MMT

CONG Chao – nan[1] , CHEN Yong – qiang[1] * , HUANG Zhu – ping[1] , BAI Shu – lin[2]

(1. Dept. of Mechanics and Engineering Science, College of Engineering, Peking University, Beijing 100871)

(2. School of Materials Science and Engineering, Peking University, Beijing 100871)

Abstract: Although enhanced thermal conductive properties of polymer composites filled with reduced graphene oxide (rGO) are essential for diverse applications, rGO fillers tend to form aggregates, making the maximal enhancement by rGO difficult. Experiments have shown that the hydrogen bonding between rGO and montmorillonite (MMT) can lead to a stable dispersion of rGO that improves the effective thermal conductivity (ETC) of the composites. Nonetheless, the mechanisms of this phenomenon are not yet well studied. In this work, a micromechanics – based method is proposed to provide an analytical expression of the ETC of rGO/ MMT/polymer composites. The predictions are in good agreement with the experimental data, demonstrating the effectiveness of the proposed framework. Also, the effect of the orientation of fillers is studied, which may be useful to determine the optimal orientation and filling ratios to meet diversified requirements in the materials performance design and preparation of rGO/ MMT/polymer composites.

Keywords: Reduced graphene oxide; Montmorillonite; Effective thermal conductivity; Agglomeration.

物理老化进程中固态聚合物电解质离子电导率的研究

贺耀龙[1,2]，黄大卫[1,2]，胡宏玖[1,2]*

(1. 上海大学力学与工程科学学院，上海市应用数学和力学研究所，上海 200072)

(2. 上海市能源工程力学重点实验室，上海 200072)

摘要：离子电导率是固态聚合物电解质（SPE）的核心性能指标。本文结合理论分析与实验测试，对以无定形高聚物为基体的固态聚合物电解质材料物理老化进程中的离子电导率进行了研究。首次给出了基于自由体积的 SPE 离子电导率的解析表达式，并建立自由体积逸散与离子输运耦合模型，考察了电解质膜离子电导率的影响因素。结果表明：（1）所给出的解析解可以很好地表征物理老化过程中 SPE 离子电导率的衰减情况，与实验结果吻合良好；（2）适当增加电解质膜的厚度、严控工艺过程有助于延缓其离子电导率的退化；（3）离子浓度梯度对离子电导率有潜在的影响。

关键词：聚合物电解质；物理老化；离子电导率；锂电池

1 引言

固态聚合物电解质（Solid Polymer Electrolyte，SPE）以其优异的可加工性、柔性和高安全性等特点，有望应用于医疗植入、编织和可伸缩电子产品等场景，是下一代全固态锂电池最有发展前景的一种电解质材料[1]。虽然保持高离子电导率是 SPE 电化学应用的先决条件[2]，但溶液浇筑、涂覆和热压等工艺过程引起服役时聚合物内部热力学状态由非平衡态向平衡态过渡的物理老化现象[3]，却会导致聚合物链段运动能力随老化时间的退化，进而降低材料离子电导率，造成电池电化学性能的劣化。

离子在 SPE 中的运动通常是经由聚合物链的运动来实现的，因而物理老化过程中链段运动能力由强变弱的过程是造成老化时材料离子电导率下降的直接原因。然而，由于运动形式的复杂性，很难通过直接刻画聚合物链的运动信息来描述材料的宏观物理老化行为。对此，Hutchinson[4] 对聚合物的物理老化行为进行了评述，认为老化过程中链段构象熵的改变可能是表征材料宏观老化行为的关键。Struik[3] 通过大量的实验和理论研究，认为老化过程中材料自由体积减小、堆砌密度的增大是造成物理力学性能变化的根本原因。相比而言，自由体积概念直观且计算更为简便，已成为目前描述物理老化现象的主流概念。该理论认为，材料的物理老化可以通过自由体积加以刻画。目前为止，自由体积理论衍生了三大微观机制：①空穴扩散，认为自由体积通过向外

基金项目：国家自然科学基金（11872235 和 11472164）。

扩散的方式减小[5-6]；②格子收缩，认为自由体积通过材料体收缩的方式减小[3]；③空穴扩散与格子收缩的耦合[7]。三种机制中，空穴扩散目前应用最为广泛[8-10]。除材料内部非平衡热力学状态引起的链段运动能力改变外，外部加载、介质输运等也会影响材料的老化进程。其中，Struik[3]通过分析蠕变试验的特征松弛时间，发现非线性变形能够干扰玻璃态聚合物的物理老化进程。基于荧光光谱技术对玻璃态聚甲基丙烯酸甲酯的分子运动情况的直接测量，Lee 和 Ediger[11]发现应力能够增强链段的运动能力，塑形变形甚至可以完全消除物理老化的影响。而一旦应力消失，聚合物将恢复老化进程。此外，黄筑平、陈建康等学者[12]的研究结果也表明高聚物的松弛时间与应变率之间具有很强的相关性。最近，我们对处于物理老化进程中的气体分离膜的研究表明，气体分子对聚合物的溶胀及其在聚合物中的迁移也会影响材料的老化进程，两者会交互作用[13]。尽管上述工作已为材料物理老化的研究奠定了很好的基础，但由此出发进一步解析锂电池领域所关注的固态聚合物电解质的离子电导性能的工作尚未开展。

本文基于自由体积理论建立了聚合物电解质离子电导率的计算方法，并以聚乙烯醇为基体、高氯酸锂为锂盐制备了 SPE 试样，验证了方法的可行性。同时，利用热力学方法获得了离子输运与自由体积扩散的耦合模型，具体分析了 SPE 厚度、自由体积初值及离子浓度梯度对材料离子电导率的影响，结果有望为先进固态聚合物电解质的设计和应用提供理论支撑。

2 理论模型

2.1 电导率的解析

由自由体积理论，材料处于物理老化进程时，其内部自由体积随老化时间的演化可由下式表示[14]：

$$\frac{\partial v_f}{\partial t} = \frac{\partial}{\partial x}\left(D_f \frac{\partial v_f}{\partial x}\right), D_f = \alpha \cdot e^{-\beta/v_f} \tag{1}$$

式中，v_f 为自由体积；D_f 为自由体积扩散系数；α 和 β 为与材料种类有关的常数。对于厚度为 L 的 SPE 薄膜，相应的初始条件和边界条件可表示为：$v_f(x,0) = v_f^i$，$v_f(\pm L/2, t) = v_f^e$。

对于给定的自由体积 v_f，相应的离子扩散系数 D^+ 可表示为[15]

$$D^+ = D_0^+ \exp(-\gamma v_f^*/v_f) \tag{2}$$

式中，除 v_f 外的参数均为常数，取决于聚合物种类、离子类型及淬火过程等因素。进而，由 Nernst – Einstein 关系知其相应的离子电导率为

$$\kappa^+ = nq^2 D^+/(k_B T) \tag{3}$$

式中，n 为单位体积的离子的量；q 为离子所带电荷；k_B 为玻尔兹曼常量；T 为开尔文温度。

式（3）所示自由体积是逐点变化的，SPE 的宏观离子电导率由下式给出：

$$\frac{1}{\kappa^+(t)} = \frac{1}{L}\int_L \frac{1}{\kappa^+(x,t)}dx \tag{4}$$

需要注意的是，上述模型虽然形式上简单，但找解析解比较困难，给相关分析带来一定困难。值得借鉴的是，Thornton 等[16]在研究气体分离膜的物理老化时发现，将式（1）中 Doolittle 形式的扩散系数替换为等效形式，即 $D = \alpha' \cdot e^{\beta' \cdot v_f}$，可以在不影响自由体积扩散机制的情况下获得其解析解，且由此得到的结果与膜的气体渗透性实验数据吻合得很好。据此，考虑到聚合物的离子迁移与气体输运在物理过程上的相似性，为获得离子电导率的解析表达式，可将自由体积扩散系数及相应的离子电导率也做类似的等效替换：

$$D_{v_f} = \alpha' \cdot e^{\beta' \cdot v_f}, \quad \kappa^+ = A \cdot e^{B \cdot v_f} \tag{5}$$

式中，α'、β'、A 和 B 仍为常数，可由初始和平衡时 SPE 的离子扩散速度和电导率确定：

$$D_{v_f}^i = \alpha' e^{\beta' v_f^i}, \; D_{v_f}^e = \alpha' e^{\beta' v_f^e}, \; \kappa_i^+ = A \cdot e^{B \cdot v_f^i}, \; \kappa_e^+ = A \cdot e^{B \cdot v_f^e} \tag{6}$$

通过上述处理，在不计离子输运与自由体积耦合的情况下，离子电导率有如下解析解：

$$\kappa^+(t) = \frac{\kappa_i^+}{F(t)}, F(t) = e^{B \cdot (v_f^i - v_f^e)} \left(\frac{8D_{v_f}^e t}{8D_{v_f}^e t + L^2} \right)^{\frac{B}{\beta'}} \left(\frac{8D_{v_f}^i t}{8D_{v_f}^i t + L^2} \right)^{-\frac{B}{\beta'}} \cdot \chi(t) \tag{7}$$

式中，κ_i^+ 为老化初始时刻 SPE 的离子电导率；$\chi(t)$ 由第一类 Appell 超几何函数表示如下：

$$\chi(t) = \sum_{m=0}^{\infty} \sum_{n=0}^{\infty} \left(\frac{L^2}{8D_{v_f}^e t + L^2} \right)^m \left(\frac{L^2}{8D_{v_f}^i t + L^2} \right)^n \frac{(1/2)_{m+n}}{(3/2)_{m+n}} \frac{(B/\beta')_m (-B/\beta')_n}{m! n!} \tag{8}$$

当 $B = \beta'$ 时，有如下简化形式：

$$F(t) = 1 + \left(\frac{\kappa_i^+}{\kappa_e^+} - 1 \right) \frac{\text{ArcTanh}[K]}{K} (1 - K^2), K(t) = \frac{L}{\sqrt{8D_{v_f}^e t + L^2}} \tag{9}$$

值得注意的是，上述推导仅在老化时间远小于离子输运时间时严格成立。当两者时间尺度接近时，须进一步考虑两者间可能存在的耦合影响。

2.2 模型拓展

在上述模型的基础上，当进一步考虑 SPE 中离子输运与材料自由体积逸散间的交互影响时，类比本课题组在气体分子扩散和自由体积逸散耦合关系方面的工作，可由热力学基本理论得到如下控制方程[13]：

$$\frac{\partial c^+}{\partial t} = \frac{\partial}{\partial x} \left(A_{11} e^{\beta_c \cdot v_f} \frac{\partial c^+}{\partial x} \right) + \frac{\partial}{\partial x} \left(A_{12} \sqrt{c^+} e^{(\beta_c + \beta_f) \cdot v_f/2} \frac{\partial v_f}{\partial x} \right)$$

$$\frac{\partial v_f}{\partial t} = \frac{\partial}{\partial x} \left(A_{21} \frac{1}{\sqrt{c^+}} e^{(\beta_c + \beta_f) \cdot v_f/2} \frac{\partial c^+}{\partial x} \right) + \frac{\partial}{\partial x} \left(A_{22} e^{\beta_f \cdot v_f} \frac{\partial v_f}{\partial x} \right) \tag{10}$$

式中，c^+ 和 v_f 分别代表离子的摩尔浓度和 SPE 中的自由体积；β_f 和 β_c 为与 SPE 和离子类型有关的常数，对比式（5）有 $\beta_f = \beta'$、$\beta_c = B$；系数 A_{12} 和 A_{21} 反映离子输运与自由体积逸散间的交互影响；A_{11} 和 A_{22} 满足条件 $A_{11} = A k_B T/nq^2$、$A_{22} = \alpha'$。此时，SPE 的离子电导率仍由式（3）给出。定解时，自由体积相关的初始和边界条件与非耦合时一致，离子在恒流和恒压操作下的初始及边界条件参见文献 [17]。

3 结果与讨论

3.1 模拟实验结果

采用溶液浇铸法制备以聚乙烯醇（PVA）为基体、高氯酸锂为锂盐的聚合物固态电解质。老化及离子电导率测定过程如下：取出待测试样放置于100℃的恒温恒湿箱中60min，以消除残余水分和前热历史；而后取出样品、放入散热袋，于冰水混合物中淬火3min；再将淬火后的SPE取出，组装成模型电池。在恒温条件（25℃）下，分别贮存不同老化时间并利用交流阻抗法测试其离子电导率。数值计算以初始（$t = 0h$）和近平衡（$t = 64h$）时的离子电导率为基准，校准模型参数。所得结果如图1所示。

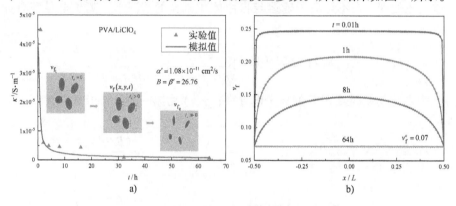

图1　a）解析模型与实验结果的对比 b）SPE自由体积随老化时间的演化

由图1a可见，本文给出的解析模型可以很好地描述由实验所获得的SPE离子电导率随老化时间先急剧下降后逐渐趋于平缓的实际物理过程，且计算值与实验数据吻合得较好。造成这种现象的原因在于，物理老化引起了SPE内自由体积的减小、降低了链段的运动能力，从而使得依赖于链段运动的离子的迁移能力下降。图1b详细展示了该过程中SPE内自由体积水平降低的情况。

3.2 SPE离子电导率的影响因素

通常，淬火速率不同，淬火后SPE膜内的自由体积也不同。此外，膜厚不同意味着自由体积逸散的路径不同，相应的老化过程也会有所差异。除此之外，式（10）表明当离子迁移的时间尺度与物理老化时间尺度接近时，两者还存在潜在的交互影响。图2a、b及图3依次展示了这三种因素对SPE膜离子电导率的影响，同时其插图显示了各种情况下相应自由体积的分布情况。

由图2a可见，SPE厚度越大，相同老化时间下内部自由体积含量越高。相应地，离子电导率退化就越慢。这是因为SPE越厚，自由体积的扩散路径越长，因而难以快速逸出导致的。该结果表明，通过厚度调控可以较好地控制SPE离子电导率的衰减进程，进而保障电池的电化学性能。然而，考虑到SPE厚度增加将致使锂离子的迁移路

386

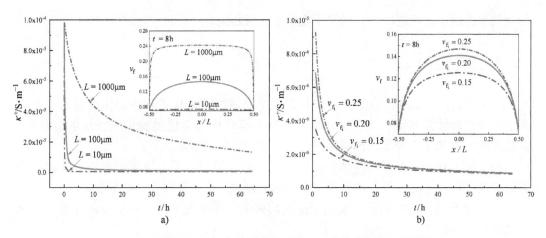

图2　SPE厚度a）和初始自由体积含量b）对其离子电导率的影响

径增长，进而降低电池的充放电效率，因而在工程应用时须加以综合考虑。对于不同的初始自由体积，图2b表明其对初始阶段SPE的离子电导率有较大影响。以自由体积初值0.20作参考，若处理不当使其值降低25%，则初始离子电导率预计将有50%的下降。这说明，对于固态聚合物电解质而言，须严格控制其工艺过程。

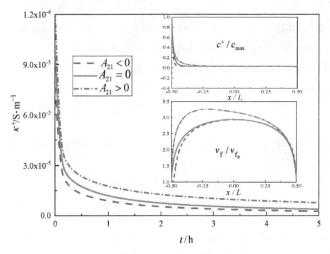

图3　离子迁移对SPE离子电导率的影响

图3展示了老化1h后再恒压慢充5h的过程中，耦合系数A_{21}的变化对SPE离子电导率的影响。计算中，边界条件取为$c^+(x=\pm L/2)=c_{max}$，$A_{11}=Ak_BT/nq^2$，A_{21}参考A_{11}分别取为$-4\times10^{-6}A_{11}$、0和$4\times10^{-5}A_{11}$，依次简记为$A_{12}<0$、$A_{12}=0$和$A_{12}>0$。数值计算表明，参数A_{12}的变化对离子电导率影响微弱，仅A_{21}影响较大。虽然原方程非线性较强，但在上述计算范围内取值时，计算均收敛。已有结果表明，A_{21}越大则SPE的离子电导率越高。由于离子电导率与材料内部自由体积存在正相关性，因此表明离子浓度梯度的存在对老化过程中自由体积的减小有一定的延缓作用。图3中的插图显示了充电60min时，SPE内离子浓度及自由体积沿SPE厚度的变化情况。由图可见，离子浓度梯度对自由体积的逸散有较明显的抑制作用。A_{21}越大，相互作用引起的

抑制效果就越强，相应的 SPE 的离子电导率也就越高。

4 主要结论

本文以自由体积理论为基础，初步建立了描述物理老化进程中固体聚合物电解质离子电导率的计算方法。结合实验测试和进一步的热力学建模验证了方法的有效性，并对影响 SPE 离子电导率的影响因素进行了探讨。主要结论如下：

（1）首次给出了基于自由体积的固态聚合物电解质离子电导率的解析表达式，很好地表征了物理老化过程中 SPE 离子电导率的衰减情况，并与实验结果吻合良好；

（2）适当增加 SPE 的厚度有助于延缓其离子电导率的退化，利于改善锂离子电池的循环稳定性；

（3）要保障 SPE 的离子电导率，须严格控制其工艺过程；

（4）当物理老化的时间尺度与离子迁移的时间尺度相当时，离子浓度梯度将对自由体积的逸出有明显的影响，进而导致材料离子电导率的改变。

参 考 文 献

[1] Kelly T, Ghadi B M, Berg S, et al. In situ study of strain – dependent ion conductivity of stretchable polyethylene oxide electrolyte [J]. Scientific Reports, 2016, 6: 20128.

[2] Sun CW, Liu J, Gong Y D, et al. Recent advances in all – solid – state rechargeable lithium batteries [J]. Nano Energy, 2017, 33: 363 – 386.

[3] Struik L C E. Physical aging in amorphous polymers and other materials [M]. The Netherlands: Elsevier Amsterdam, 1978.

[4] Hutchinson J M. Physical aging of polymers [J]. Progress in Polymer Science, 1995, 20 (4): 703 – 760.

[5] Curro J G, Lagasse R R, Simha R. Diffusion model for volume recovery in glasses [J]. Macromolecules, 1982, 15 (6): 1621 – 1626.

[6] Thornton A W, Hill A J, Nairn K M, et al. Predicting particle transport through an aging polymer using vacancy diffusion [J]. Current Applied Physics, 2008, 8 (3 – 4): 501 – 503.

[7] Mccaig M S, Paul D R, Barlow J W. Effect of film thickness on the changes in gas permeability of a glassy polyarylate due to physical aging Part II. Mathematical model [J]. Polymer, 2000, 41 (2): 639 – 648.

[8] Cangialosi D, Wübbenhorst M, Groenewold J, et al. Physical aging of polycarbonate far below the glass transition temperature: Evidence for the diffusion mechanism [J]. Physical Review B, 2004, 70 (22).

[9] Thornton A W, Hill A J. Vacancy diffusion with time – dependent length scale: an insightful new model for physical aging in polymers [J]. Industrial & Engineering Chemistry Research, 2010, 49 (23): 12119 – 12124.

[10] Cangialosi D, Boucher V M, Alegría A, et al. Free volume holes diffusion to describe physical aging in poly (mehtyl methacrylate) /silica nanocomposites [J]. Journal of Chemical Physics, 2011, 135 (1).

[11] Lee H N, Ediger M D. Mechanical rejuvenation in poly (methyl methacrylate) glasses? Molecular mob-

ility after deformation [J]. Macromolecules, 2010, 43 (13): 5863 –5873.

[12] 陈建康, 黄筑平, 楚海建, 等. 单向应力条件下松弛时间率相关的非线性粘弹性本构模型 [J]. 高分子学报, 2003, (3): 414 –419.

[13] Hu H J, Fan X M, He Y L. A coupled thermodynamic model for transport properties of thin films during physical aging [J]. Polymers, 2019, 11 (3): 387.

[14] Huang Y, Wang X, Paul D. Physical aging of thin glassy polymer films: Free volume interpretation [J]. Journal of Membrane Science, 2006, 277 (1 –2): 219 –229.

[15] Wang J J, Gong J, Gong Z L, et al. Investigations of microstructure and ionic conductivity for (PEO) 8 – ZnO – LiClO4 polymer nanocomposite electrolytes [J]. Acta Physica Sinica, 2011, 60 (12): 127803.

[16] Thornton A W, Nairn K M, Hill A J, et al. New relation between diffusion and free volume: II. Predicting vacancy diffusion [J]. Journal of Membrane Science, 2009, 338 (1 –2): 38 –42.

[17] He Y L, Hu H J, Song Y C, et al. Effects of concentration – dependent elastic modulus on the diffusion of lithium ions and diffusion induced stress in layered battery electrodes [J]. Journal of Power Sources, 2014, 248: 517 –523.

Study on Ionic Conductivity of Solid Polymer Electrolyte During Physical Aging

HE Yao – long[1,2], HUANG Da – wei[1,2], HU Hong – jiu[1,2]*

(1. Shanghai Institute of Applied Mathematics and Mechanics, School of Mechanics and Engineering Science, Shanghai University, Shanghai, 200072)

(2. Shanghai Key Laboratory of Mechanics in Energy Engineering, Shanghai, 200072)

Abstract: Ionic conductivity is the core performance of solid polymer electrolytes. Combing with theoretical analysis and experimental tests, this article shows the study on the ionic conductivity of solid polymer electrolyte based on amorphous polymers upon physical aging. The analytical expression based on the concept of free volume for specifying the ionic conductivity of solid polymer electrolyte was given for the first time. Hence, a coupled diffusion model based on continuum thermodynamics is also developed. By investigating the factors that affecting the ionic conductivity of the electrolyte membrane, it is found that the proposed analytical expression can produce relatively better consistency with the experimental results. Properly increasing the thickness of the electrolyte membrane and strictly controlling the processing technology helps to eliminate the decrease of ionic conductivity. Moreover, ion concentration gradient also shows potential impact on the ionic conductivity of solid polymer electrolyte.

Key words: solid polymer electrolyte; physical aging; ionic conductivity; lithium battery

An Improved Levenberg – Marquardt Method for Reconstruction of Diffuse Optical Tomography

Hua Liu, Lizhi Sun*

(Department of Civil & Environmental Engineering, University of California, Irvine, CA 92697)

摘要：Diffuse optical tomography (DOT) is an emerging imaging modality that employs near – infrared light to image the optical property distributions of biomedical tissues. The Levenberg – Marquardt (LM) method has been extensively used to solve the DOT inverse problem, which treats the DOT problem as an unconstrained optimization process and ignores the magnitude variation of optical parameters. In this paper, we present an improved LM method that tackles the problem as a nonlinear minimization process subjected to a lower bound. In addition, we introduce a scaling matrix scheme to account for the magnitude variation between optical parameters. Simulation results demonstrate that the proposed method is stable and robust in the presence of noise, and yields better reconstruction quality than the standard LM method.

关键词：Optical imaging; diffuse optical tomography; reconstruction algorithm; Levenberg – Marquardt method

1　Introduction

Diffuse optical tomography (DOT) is an emerging noninvasive imaging technology that employs near – infrared (NIR) light to recover the optical parameter maps of the medium under investigation. Multiple source – detector pairs are used to acquire data from the boundary of the region of interest. Afterwards, numerical iterative methods based on the diffusion equation are introduced to reconstruct the absorption and scattering maps from the measurements. Utilizing multiple wavelengths allows the determination of the spatial distribution of a number of physiologically significant chromophores, mainly water, fat, oxy – and deoxy – hemoglobin[1]. Therefore, DOT offers functional information such as total hemoglobin and oxygen saturation maps with high sensitivity. The functional information can be applied to differentiate malignant lesions from benign ones as well as normal tissues. Hence, recent advances in the

---

* Corresponding Author, Email lsun@ uci. edu (L. Sun)

optical imaging have led to the development of a broad variety of diagnostic applications, in particular imaging of the breast cancer[2]. Beyond cancer imaging, DOT has also been applied for brain, finger joint and muscle imaging among others[3-5].

Diffusion equation is generally used to model the propagation of light in highly scattering medium such as tissue. Typical values of the reduced scattering coefficient μ_s' and absorption coefficient μ_a reported are $5 < \mu_s' < 20$ cm^{-1} and $0.01 < \mu_a < 1$ cm^{-1} for NIR wavelengths[6] in biomedical tissues. Analytical solution of the diffusion equation can be obtained by employing the Green's function for homogeneous objects in simple geometries[7, 8]. For complex and inhomogeneous domains, finite element method (FEM) is more suitable and was first introduced into optical tomography by Arridge et al. [9]. Arridge et al[10-12] and Paulsen et al[13] further explained and demonstrated the application of FEM method to DOT in details. Since then, FEM has become the most widely used numerical method of modeling the light propagation in tissue in optical tomography[14-17].

To reconstruct an image, it is necessary to solve the inverse problem, which is to calculate the internal optical property distribution from the measurements. This is normally an iterative process that requires solving the forward problem during each iteration step and updating unknown parameters in the model to optimize a proposed objective function[18]. The DOT inverse problem is non-linear, ill-posed, ill-determined, and often poorly scaled[19]. Numerical optimization methods such as generalized least-squares[19], Levenberg-Marquardt[20-22], conjugate-gradient[23], quasi-Newton[24], and Gauss-Newton[25] have been applied for the DOT inverse problem.

The Levenberg-Marquardt (LM) method is often considered as one of the trust-region methods. It is one of the algorithms that ensure global convergence[26]. If the magnitude difference between optical coefficients is ignored, the algorithm may encounter numerical difficulties or produce solutions with poor quality as the objective function is highly sensitive to small changes in certain components of the unknown optical coefficients and relatively insensitive to changes in other components. In this paper, we solve the inverse problem of DOT as a nonlinear minimization process subject to a lower bound and implement a scaling matrix scheme with the aim of reducing the negative effect of poor scaling. The scaling scheme is different from applying a row and column scaling matrix that used by previous researchers[19]. We employ an ellipsoidal trust region to reduce the effect of poor scaling instead of a spherical one required by LM method[27]. We apply the same convergence properties with the standard LM method. Srinivasan et al[22] reported a three-step algorithm that uses the LM method for DOT reconstruction. Significant improvement was observed in terms of image quality and accuracy from step 2 to step 3 which requires a *priori* information about the object location and size. We do not use any *priori* information in our proposed method. Since optical variables may go beyond the reasonable range during the optimization process, we introduce a lower bound based on the fact that both optical parameters should be positive. Therefore, the standard LM method is modified by implementing a new scaling matrix scheme and setting a lower bound. Simulation studies with different noise levels confirm that the improved LM method yields better reconstruction quality than standard LM method under the impact of noise. The improved LM method takes a little bit more computation time than standard LM method due to the additional calculation to implement the scaling matrix and the lower bound constraint. However, computation time for the improved LM method is still comparable to that of the standard LM method.

2 Methodology

2.1 Formulation of DOT problem

The diffusion equation in frequency domain can be written as[2]:

$$-\nabla \cdot k(r) \nabla \Phi(r,\omega) + \left(\mu_{a}(r) + \frac{i\omega}{c}\right) \Phi(r,\omega) = q_0(r,\omega) \tag{1}$$

where $\Phi(r,\omega)$ is the photon density at location r with ω being the modulation frequency, c is the speed of light in tissues, $q_0(r,\omega)$ is the isotropic source, and $\mu_a(r)$ is the absorption coefficient. The diffusion coefficient $k(r)$ is related to the absorption coefficient $\mu_a(r)$ and reduced scattering coefficient $\mu_s'(r)$ by:

$$k(r) = \frac{1}{3(\mu_a(r) + \mu_s'(r))} \tag{2}$$

The Robin boundary condition[2] is applied as:

$$\Phi(m,\omega) + 2A \cdot k(m) \frac{\partial \Phi(m,\omega)}{\partial v} \tag{3}$$

where A is a boundary term incorporating the refractive index mismatch at the tissue – air boundary. In addition, v is the outward normal of the boundary at surface location m.

2.2 Levenberg – Marquardt method

The objective function of DOT inverse problem can be defined as:

$$\Psi = \frac{1}{2} \parallel y^m - y^c \parallel^2 \tag{4}$$

where y^m and y^c are the measured and calculated data – vectors, respectively, based on the diffusion equation and the Robin boundary condition. The data vectors y are complex variables, so they are usually split into real and imaginary parts to avoid complex update. Using the Matlab notation and logarithmic measurement, we have:

$$\widehat{y} = \begin{pmatrix} \widehat{y^A} \\ \widehat{y^\varphi} \end{pmatrix} = \begin{pmatrix} \text{Real} \\ \text{Imag} \end{pmatrix} \log y \tag{5}$$

The data used for the reconstruction consist of logarithmic amplitude and phase of the measured signal on the boundary. In DOT, the variable vector can be defined as:

392

$$x = \begin{pmatrix} \mu_a \\ k \end{pmatrix} \tag{6}$$

The LM method is one of the trust region methods which can be used to solve nonlinear least – square problems. In each iteration, we seek the solution for the following:

$$(J_k^T J_k + \lambda_k I) \Delta x_k^{LM} = - J_k^T (y^m - y^c) \tag{7}$$

where J is the Jacobian constructed by the adjoint method [11] in this paper, and λ_k is a parameter updated during each iteration. Due to the large magnitude variation of κ and μ_a in the variable vector x, the objective function has different sensitivity to changes in κ and μ_a.

DOT inverse problem is often poorly scaled due to the magnitude variation between κ and μ_a. If such variation is ignored, the algorithm above may encounter numerical difficulties or produce solutions with poor quality. One way to reduce the effect of poor scaling is to use an ellipsoidal trust region instead of the spherical trust region required by the standard LM method. For this purpose, the identity matrix in the updating equation is replaced by a scaling matrix which is a diagonal matrix with positive diagonal entries. Seber and Wild[28] suggested choosing the diagonals of the scaling matrix to match those of $J_k^T J_k$ to make the algorithm invariant under diagonal scaling of the components of x. Furthermore, DOT reconstruction can be considered as nonlinear minimization subject to lower bound since both diffusion coefficient κ and absorption coefficient μ_a have positive values ($\kappa > 0$, $\mu_a > 0$). If the lower bound is not considered, non – positive values may occur. Coleman and Liu[29] proposed a trust region approach for nonlinear minimization subject to bounds. The approach involves applying so – called scaling matrix D^s to the problem. Then the improved LM method can be written as:

$$((D^s)_k^{-2} J_k^T J_k + (D^s)_k^{-1} C_k (D^s)_k^{-1} + \lambda_k D_k^2) \Delta x_k^{LM \text{ with bound}}$$
$$= - (D^s)_k^{-2} J^T (y^m - y^c) \tag{8}$$

As suggested by Coleman and Liu[29], we first define a vector v (x) based on the gradient term g of the objective function information. Note that $g = - J_k^T (y^m - y^c)$ is the term on the right hand side of equation (7). At each iteration, for each component $1 \leqslant i \leqslant n$,

(i) if $g_i < 0$ then $v_i = -1$;

(ii) if $g_i \geqslant 0$ then $v_i = x_i$

The scaling matrix is D^s defined by: $D^s = \text{diag}(|v(x)|^{1/2})$. It should be noted that the purpose of scaling matrix D^s is quite different from D in the fact that D is used in unconstrained optimization to improve the conditioning of the problem while D^s is used to prevent a step directly toward a boundary point which is zero in this study. In addition, D_k is a diagonal matrix. The diagonals of D_k^2 match those of $J_k^T J_k$ at each iteration. Another matrix C has the form of $C = D^s \text{diag}(g) J^v D^s$ where J^v is a diagonal matrix defined as the Jacobian matrix of $|v(x)|$. Matrix C is a positive semidefinite diagonal matrix. Initially, λ is set to $0.001 \max (J^T J)$ [27] where λ is then updated based on the ratio ρ between the actual and predicted decrease in the objective function value following the strategy presented by Nielsen et al. [30]. If the ratio ρ is greater than zero, λ is updated by the following two equations:

$$\lambda_{(k+1)} = \lambda_{(k)} \max\left\{\frac{1}{3}, 1 - (2\rho - 1)^3\right\}; \upsilon = 2 \qquad (9)$$

$$\lambda_{(k+1)} = \lambda_{(k)} \upsilon; \upsilon = 2\upsilon \qquad (10)$$

3   Simulation Study

A two – dimensional circular synthetic phantom was used to test the performance of proposed approach for diffuse optical tomography. The diameter of the phantom was set to 60mm. An elliptical and two circular inclusions were placed inside the phantom. Both circular inclusions were 12mm in diameter and located 18mm away from the center of the phantom. Meanwhile, the major and minor axes of the elliptical inclusion were 21mm and 7mm, respectively. Each inclusion was assigned with a different number as indicated in Fig. 1. Geometrical and optical parameters for background and each inclusion are summarized in Table 1. To be able to calculate synthetic measurements, eight – source and eight – detector sites were simulated in fan – beam geometry. Detector and source positions were placed equally spaced from each other along the periphery of the synthetic phantom. This led to a total of 128 synthetic measurements (64 – amplitude and 64 – phase). The sources were placed at a location $1/\mu s'$ below the surface. A uniform mesh consisting of 1128 nodes and 2145 linear triangular elements was employed for both forward model and reconstruction process. Element basis function was adopted in this paper to expand the optical coefficients over the domain. Totally, there were 4290 unknown optical coefficients (2145 absorption coefficients and 2145 the reduced scattering coefficients). Estimated measurements based on the actual optical property distribution using forward solver were used as synthetic data (y^m). The background optical properties ($\mu_a = 0.025\text{mm}^{-1}$ and $\mu_s' = 2\text{mm}^{-1}$) were chosen as starting vales for the iterative reconstruction process. A global fitting was then applied to the starting values which leaded to two new values as homogeneous initial guesses for the reconstruction. To study the effect of noise on the proposed method, several different levels of random noise, up to 5%, were added to the synthetic data in both amplitude and phase prior to the reconstruction process. The specific associated algorithm follows that: phase with noise = phase $+2\pi$ [rand(1) -0.5] /180 and amplitude with noise = amplitude $+2$ (1 + noise percentage)[rand(1) -0.5].

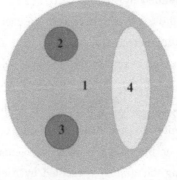

Fig. 1   The schematic representation of the DOT synthetic phantom

Table 1　Geometrical and optical properties of the synthetic phantom

Region #	Geometric description /mm	Optical Properties	
		μ_a/mm^{-1}	μ_s'/mm^{-1}
1	Circular: centered (0, 0), radius 30	0. 0250	2
2	Circular: centered (-10, 15), radius 6	0. 0125	4
3	Circular: centered (-10, -15), radius 6	0. 0500	1
4	Elliptical: centered (15, 0) Semi – major axis 21, semi – minor axis7, rotation 90°	0. 0500	2

4　Results and Discussion

First, the synthetic data is created using the forward solver for the particular synthetic phantom presented in Fig. 1. After that, the absorption and scattering maps are reconstructed using both standard and improved LM methods. The results are presented in Fig. 2. The average iteration time with about 4290 unknowns is about 8 seconds for standard LM method and 9 seconds for improved LM method on a Linux server with an AMD Opteron 265 Processor (2. 6 – GHz) with 8 GB RAM. It is noted that the synthetic data is directly used as an input for the inverse solver without adding noise to either amplitude or phase data. In that case, both methods reconstruct similar scattering images while significant improvement is observed in the absorption image by using the improved method. With the lower bound constraints, no negative values were found in the reconstructed absorption and the reduced scattering coefficients as opposed to about 10 negative values for the reconstructed 2145 absorption coefficients using the standard LM method. Implementing the scaling matrix helps reduce the illness of the problem and yield better optimization results than the standard LM method. Without utilizing a scaling matrix or setting the lower bound, the standard method fails to recover two circular inclusions in the absorption image with severe artifacts produced in the background region. In contrast, the improved LM method produces much better absorption image in terms of localization of the inclusions. Almost all of the inclusions can be recovered in both absorption and scattering images reconstructed by the improved LM method and only minor artifacts appear around the boundary.

Table 2 provides with the mean and standard deviation of the recovered absorption and reduced scattering parameters for all inclusions as well as the background. It can be seen from Table 2 that the improved LM method yield smoother images confirmed by the smaller standard deviation for each region compared to the standard method especially for absorption coefficient. In other words, the improved method provided more constrained absorption coefficient results for the inclusions than standard method which explained why inclusions were clearly differentiated from background in Fig. 2. It can be observed from the reconstructed results that the quality and accuracy of the absorption images have been improved significantly from the standard LM

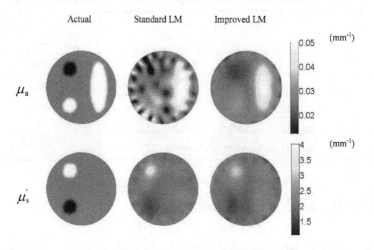

Fig. 2   Reconstructed absorption and the reduced scattering images by using the standard
LM method and the improved LM method

method. It has been recognized that dominant contrast results from increased optical absorption in tumor can be used for diagnostic purpose[22]. The improvement in absorption images provided by the proposed method can better serve for tumor diagnosing.

**Table 2   Recovered absorption coefficient (mm $^{-1}$) (a) and the reduced
scattering coefficient (mm $^{-1}$) (b) by using different methods**

(a)

Methods	Region 1	Region 2	Region 3	Region 4
Actual	0.0250	0.0125	0.050	0.050
Standard LM	0.027 ±0.009	0.019 ±0.012	0.034 ±0.003	0.045 ±0.006
Improved LM	0.026 ±0.003	0.019 ±0.001	0.031 ±0.001	0.043 ±0.005

(b)

Methods	Region 1	Region 2	Region 3	Region 4
Actual	2.000	4.000	1.000	2.000
Standard LM	2.001 ±0.145	2.943 ±0.281	1.622 ±0.068	2.072 ±0.075
Improved LM	2.018 ±0.324	2.872 ±0.202	1.659 ±0.055	2.182 ±0.061

We further investigate the effect of noise on the reconstruction results for both methods. Fig. 3 shows reconstructed absorption and scattering images using both methods with noise levels of 1% , 3% and 5% , respectively. Other noise levels such as 2% and 4% can be directly interpolated. As noise level increases, the image artifacts start to occur around the boundary for both methods. However, the improved LM method is still able to localize all three inclusions in absorption images despite of these artifacts. On the other hand, both methods produce similar scattering images.

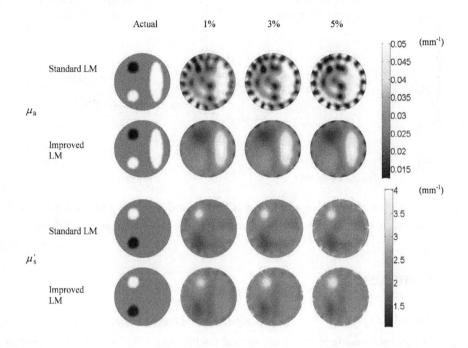

Fig. 3　Reconstructed absorption and the reduced scattering coefficients with noisy
data by using the standard LM method and the improved LM method

Since the actual values for the both optical coefficients are known in the simulation study,
the relative error (normalized misfit error)[31] of the reconstructed values can be defined as:

$$\varepsilon_{\mu_a} = \frac{\| \mu_a^{(final)} - \mu_a^{(actual)} \|_2^2}{\| \mu_a^{(initial)} - \mu_a^{(actual)} \|_2^2}; \varepsilon_{\mu_s'} = \frac{\| \mu_s'^{(final)} - \mu_s'^{(actual)} \|_2^2}{\| \mu_s'^{(initial)} - \mu_s'^{(actual)} \|_2^2} \qquad (11)$$

The superscript final, actual and initial represent the final recovered values, actual values
and initial guesses of the optical coefficients, respectively. The comparison of normalized mis-
fit error of recovered optical properties as a function of noise level using standard and improved
LM method are presented in Fig. 4. It is shown that the standard LM method is obliviously
more sensitive to noise than the improved LM method. When standard LM method is used, the
relative errors of absorption and reduced scattering coefficients using increases with noise level.
The increasing normalized misfit error with increasing noise level is very similar to the observa-
tion in previously published work[32]. Although the relative error of reduced scattering coeffi-
cient using standard LM method is smaller than of the improved LM method when the noise lev-
el is under 3%, the overall performance of the improved LM method is much better than stand-
ard one. The improved LM method is more immune to noise as confirmed by the smaller slope
of the relative errors versus noise level graphs for both optical parameters as shown in Fig. 4.

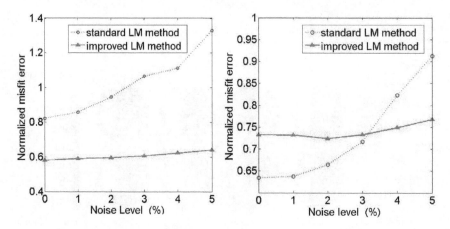

Fig. 4 Comparison of normalized misfit errors of reconstructed absorption (left) and the reduced
scattering (right) coefficients by using different methods as a function of noise level

5   Conclusions

An improved LM method is developed for DOT problems to take into account the magni-
tude variation and reasonable range of the optical coefficients. The scaling matrix reduces the
effect of poor scaling by using an ellipsoidal trust region instead of a spherical trust region. A
lower bound is imposed to avoid non – positive results. Two – dimensional phantom studies are
employed to compare the simulation results of reconstruction of both absorption and scattering
images based on the standard LM method and improved LM method. All simulations are per-
formed in frequency domain with 100 MHz modulation frequency. It is demonstrated that the
proposed method using a scaling matrix and simple bound scheme achieves a better reconstruc-
tion quality than the standard LM method. This approach is capable of detecting inclusions in
different shapes with high object to background optical contrast. Even under the impact of
noise, the proposed approach is shown to perform well and produce better reconstruction results
than standard LM method. It should be also recognized that all simulation results in this paper
are for two – dimensional cases. More work is needed for more general three – dimensional
problems even though the same methodology framework can be applied.

Acknowledgement: This work is supported by University of California Cancer Research
Coordinating Committee Grant (CRCC – 45924).

References

[1] Srinivasan S, Pogue B W, Jiang S, et al. Interpreting hemoglobin and water concentration, oxygen satu-
ration and scattering measured in vivo by near – infrared breast tomography [J]. Proc Nat Acad Sci,
2003, 100: 12349 – 12354 .
[2] Gibson A P, Hebden J C, Arridge S R. Recent advances in diffuse optical imaging [J]. Phys Med Bi-

ol, 2005, 50: 1 –43 .

[3] Dehghani H, Srinvasan S, Pogue B W, et al. Numerical modelling and image reconstruction in diffuse optical tomography [J]. Phil Trans R Soc, 2009, 367: 3073 –3093 .

[4] Zhen Y, Zhang Q, Sobel E, et al. Three – dimensional diffuse optical tomography of osteoarthritis: initial results in the finger joins [J]. J Biomed, 2007, 12: 034001 –1 – 034001 –11 .

[5] Ranasinghesagara J, Yao G, Imaging 2D optical diffuse reflectance in skeletal muscle [J]. Opt Express, 2007, 15: 3998 –4007 .

[6] Hielscher A H, Bluestone A Y, Abdoulaev G. S. , et al. Near – infrared diffuse optical tomography [J]. Dis Markers, 2002, 18: 313 –337.

[7] Arridger S R, Cope M, Delpy D T, "The theoretical basis for the determination of optical pathlengths in tissue: temporal and frequency analysis [J]. Phys Med Biol, 1992, 37: 1531 –1559 .

[8] Boas D A, O' Leary M A, Chance B, et al. Scattering of diffuse photon density waves by spherical inho- mogeneities within turbid media: analytic solution and applications [J]. Proc Natl Acad Sci, 1994, 91: 4887 –4891.

[9] Arridge S R, Schweiger M, Hiraoka M, et al. Finite element approach for modeling photon transport in tissue [J]. Med Phys, 1993, 20: 299 –309 .

[10] Arridge S R, Schweiger M, "Photon measurement density functions: II Finite element method calcula- tions [J]. Appl Opt, 1995, 34: 8026 –37 .

[11] Arridge S R. Optical tomography in medical imaging [J]. Inv Problems, 1999, 15: 41 –93 .

[12] Arridge S R. Dehghani H, Schweiger M, et al. The finite element model for the propagation of light in scattering media: a direct method for domains with nonscattering regions [J]. Med Phys, 2000, 27: 252 –264 .

[13] Paulsen K D, Jiang H. Spatially varing optical property reconstruction using a finite element diffusion equation approximation [J]. Med Phys, 1995, 22: 691 –701 .

[14] Dehghani H, Pogue B W, Jiang SD, et al. Three – dimensional optical tomography: resolution in small – object imaging [J]. Appl Opt, 2003, 42: 3117 –3128.

[15] Dehghani H, Doyley M M, Pogue BW, et al. Breast deformation modeling for image reconstruction in near infrared optical tomography [J]. Phys Med Biol, 2004, 49: 1131 –1145.

[16] Gulsen G, Xiong B, Birgul O, et al. Design and implementation of a multifrequency near – infrared dif- fuse optical tomography system [J]. J Biomed Opt, 2006, 11: 014 –020 .

[17] Arridge S R, Schweiger M, Delpy DT. Application of the finite – element method for the forward and in- verse models in optical tomography [J]. J Math Imag Vision, 1993, 3: 263 –283 .

[18] Hielscher AH. Optical tomographic imaging of small animals [J]. Curr Opin Biotechnol, 2005, 16: 79 –88 .

[19] Yalavarthy PK, Pogue BW, Dehghani H, et al. Weight – matrix structured regularization provides opti- mal generalized least – squares estimate in diffuse optical tomography [J]. Med Phys, 2007, 34: 2085 –2098 .

[20] Pogue BW, Testorf M. maBride T, et al. Instrumentation and design of a frequency – domain diffuse op- tical tomography imager for breast cancer detection [J]. Opt Express, 1997, 1: 391 –403 .

[21] Boas D A, Brooks D H, Miller E L, et al. Imaging the body with diffuse optical tomography [J]. IEEE Signal Process Mag, 2001, 18: 57 –75 .

[22] Srinivasan S, Pogue B W, Dehghani H, et al. Improved quantification of small objects in near – infrared diffuse optical tomography [J]. J Biomed Opt, 2004, 9: 1161 –1171 .

[23] Arridge S R, Schweiger M. A gradient – based optimization scheme for optical tomography [J]. Opt Express, 1998, 2: 213 – 226 .

[24] Klose A D, Hielscher AH. Quasi – Newton methods in optical tomography image reconstruction [J]. Inv Problems, 2003, 19: 387 – 409 .

[25] Schweiger M, Arridge S R, Ilkka Nissila. Gauss – Newton method for image reconstruction in diffuse optical tomography [J]. Phys Med Biol, 2005, 50: 2365 – 2386.

[26] Kelly C T. Iterative Methods for Optimization (SIAM, 1987).

[27] Nocedal J, Wright S J, Numerical Optimization [M]. New York: Springer, 2006.

[28] Seber G A F, Wild C J. Nonlinear Regression [M]. New York: John Wiley & Sons, 1989.

[29] Coleman T F, Liu Y. An interior trust region approach for nonlinear minimization subject to bounds [J]. SIAM J Optimization, 1996, 6: 418 – 445.

[30] Nelson H B. Damping Parameter in Marquardt's Method [R]. IMM, DTU Report IMM – REP – 1999 – 05 , 1999.

[31] Fang Q. Computational Methods for Microwave Medical Imaging [D]. Ph. D. Dissertation, Dartmouth College, Hanover, New Hampshire, 2004.

[32] Yalavarthy P K, Pogue B W, Dehghani H. et al. Weight – matrix structured regularization provides optimal generalized least – square estimate in diffuse optical tomography [J]. Med Phys, 2007, 36: 2085 – 2098.

位错运动引起的声学非线性系数的统一模型

高翔，曲建民

（塔夫茨大学机械工程系，梅德福 MA02155）

摘要：本文建立了一个描述位错运动引起的声学非线性系数的统一模型。该模型包括目前文献中已有研究结果的四种位错微结构：位错弦、位错双极、扩展位错和位错塞积。研究结果表明位错运动引起的声学非线性系数具有统一的数学形式，它们由 $(L_{ch}/b)^n$ 的标度关系刻画，其中 L_{ch} 是位错微结构的特征长度尺度，b 是位错的伯格斯矢量长度，n 是一个标度指数。半定量分析的结果表明，位错微结构引起的声学非线性系数的大小主要由它的特征长度尺度决定。

关键词：非线性超声；无损检测；声学非线性系数；微结构缺陷；位错

1 引言

工程材料的力学行为（强度、可延展性、疲劳寿命等）与材料中的微结构缺陷密切相关。材料中的缺陷包括夹杂、位错和微裂纹等。利用无损方法检测材料中缺陷的类型、强度和数量对于结构设计和可靠性分析至关重要。

目前在工业中广泛应用的超声无损检测技术主要是基于线性超声波的。线性超声技术对于检测宏观缺陷（孔洞、裂缝、材料分层）比较有效。但是，由于微结构缺陷的特征长度尺度比工业应用中线性超声的波长小好几个数量级，线性超声波无法检测到小尺度的微结构缺陷。

另一方面，非线性超声波对材料的微结构缺陷的变化非常敏感。因此，基于非线性超声波的无损检测技术近年来被广泛应用于材料的损伤和缺陷监测。二次谐波产生方法是目前比较常用的非线性超声无损检测技术[1-4]，它通过实验测量由材料缺陷引起的声学非线性系数来预测材料内部缺陷的相关信息。然而，分析实验结果的前提是必须建立物理模型来描述声学非线性系数和材料缺陷的特征参数之间的定量关系。

在本文中，我们建立了一个定量描述位错运动引起的声学非线性系数的统一模型，它适用于目前文献中已有研究的四种位错微结构：位错弦（dislocation strings）、位错双极（dislocation dipoles）、扩展位错（extended dislocations）和位错塞积（dislocation

---

联系方式：高翔（xiang. gan@ tufts. edu），曲建民（jianmin. qu@ tufts. edu）

背景介绍：本文的作者之一高翔，曾在北京大学力学与工程科学系学习，其间受到黄筑平教授的悉心指导和帮助。黄筑平教授学识渊博、人品正直、学术品格严谨求实，是作者学习的楷模。值此黄筑平教授八十年诞之际，撰写此文，为恩师祝寿。本文是高翔在曲建民教授指导下在美国塔夫茨大学机械工程系完成的研究工作的一部分。

pileups）。在第 2 节，我们首先介绍了二次谐波产生技术和声学非线性系数的概念。然后，在第 3 节，我们简要综述了相关文献中对材料微结构缺陷引起的声学非线性系数的研究结果。第 4 节是本文的主要部分，它建立了位错运动引起的切应变的统一关系，并且给出了推导位错引起的声学非线性系数的普遍方法。第 5 节综合对比讨论了由各种位错微结构引起的声学非线性系数。最后，第 6 节是本文的总结和主要结论。

2　二次谐波产生和声学非线性系数

考虑一个一维纵波沿着 x 轴传播的问题。对于具有二次非线性的弹性材料，其一维应力 – 应变关系为

$$\sigma = A\varepsilon + \frac{1}{2}B\varepsilon^2 \tag{1}$$

式中，σ 是第一类 PK 应力；A 和 B 分别是二阶和三阶的弹性常数[5]；$\varepsilon = \partial u/\partial x$ 代表位移梯度，其中 u 是 x 轴方向的总位移。需要指出，此处定义的应变 ε 并不是有限变形的格林应变 $\partial u/\partial x + \frac{1}{2}(\partial u/\partial x)^2$。对于含缺陷材料，$A$ 和 B 是缺陷的特征参数的函数。因此，它们可以看作非线性波传播时的等效二阶和三阶弹性常数。把式（1）代入运动方程，$\partial \sigma/\partial x = \rho \partial^2 u/\partial t^2$，我们得到如下以位移 u 为变量的非线性波动方程：

$$\rho \frac{\partial^2 u}{\partial t^2} = A \frac{\partial^2 u}{\partial x^2} + B \frac{\partial u}{\partial x}\frac{\partial^2 u}{\partial x^2} \tag{2}$$

式中，ρ 是材料的质量密度。在一个以 U 为振幅、ω 为频率、c 为相速度的正弦谐波激励下，介质中的弹性波可以通过扰动法求解方程（2）得到[6, 7]：

$$u(x,t) = U\sin\left[\omega\left(t - \frac{x}{c}\right)\right] - \frac{B}{A}\frac{U^2\omega^2 x}{8c^2}\cos\left[2\omega\left(t - \frac{x}{c}\right)\right] \tag{3}$$

显然，上式包含一个由材料非线性引起的二次谐波，其振幅大小为

$$U_2 = \beta \frac{U^2\omega^2 x}{8c^2} \tag{4}$$

其中

$$\beta = -\frac{B}{A} = \frac{8c^2}{U^2\omega^2 x}U_2 \tag{5}$$

公式（5）即为声学非线性系数的定义。声学非线性系数是一个无量纲参数，它与二次谐波的振幅成正比。激励谐波的振幅 U、频率 ω 和相速度 c 都是已知的，如果可以在实验上测得二次谐波的振幅 U_2，我们就能很方便地计算出声学非线性系数。

声学非线性系数是与材料的三阶弹性常数相关的，而材料的三阶弹性常数受微结构缺陷的影响。因此，声学非线性系数蕴含了材料缺陷的相关信息。非线性超声无损检测技术的核心就是通过实验测得声学非线性系数，然后再根据理论模型来反推材料缺陷的性能参数。显然，建立声学非线性系数和材料缺陷的定量关系是关键，这也是本文的目的之一。

材料的非线性有两方面来源：一是晶体结构本身的非谐性（或者说是非线性弹性），它由晶格变形的三阶弹性常数描述；二是材料的微结构缺陷，它与弹性波的相互

作用是非线性的。由晶体非谐性引起的声学非线性系数对材料来说是固有的，而由缺陷引起的部分是在固有部分上的一个叠加。因此，总的声学非线性系数可以写为两部分的叠加：

$$\beta = \beta^{\text{lat}} + \beta^{\text{dis}} \tag{6}$$

式中，β^{lat}是晶格非谐性的贡献；β^{dis}代表材料缺陷的贡献。对于不含缺陷的完美材料来说，公式（1）中的二阶和三阶等效弹性常数 A 和 B 分别退化为杨氏模量$E_2 = \lambda + 2\mu$ 和三阶弹性模量 $E_3 = 3\lambda + 6\mu + 2l + 4m$。对于各向同性材料，$\lambda$ 和 μ 是拉梅常数，l 和 m 是 Murnaghan 三阶弹性常数[8]。进而，晶格非谐性引起的声学非线性系数是

$$\beta^{\text{lat}} = -\frac{E_3}{E_2} = -\left(3 + 2\frac{l + 2m}{\lambda + 2\mu}\right) \tag{7}$$

最后，需要指出的是，β^{dis}对材料缺陷的特征参数的依赖关系是比较复杂的，它与缺陷的类型有关。

3　材料缺陷引起的声学非线性系数的研究现状

材料中的缺陷具有多种多样的形式，它们与弹性波相互作用从而引起声学非线性系数的机制也各不相同。目前文献中研究过的缺陷形式包括位错[9-16]、夹杂[17, 18]和微裂纹[19-21]。位错是金属材料中常见的缺陷之一，它与金属的塑性和疲劳断裂密切相关。在本节中，我们主要回顾由位错运动引起的声学非线性系数。

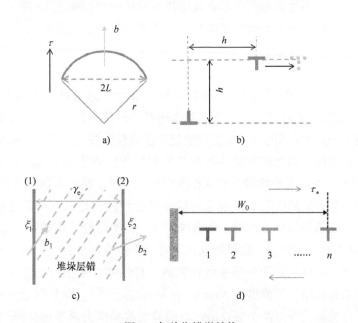

图 1　各种位错微结构

a）位错弦模型　b）位错双极模型　c）扩展位错模型　d）位错塞积模型

晶体中的位错可以形成多种不同的微结构，例如位错弦、位错双极、扩展位错和位错塞积等。Hikata 等[9,10]首先研究了由位错弦引起的声学非线性系数。如图 1a 所

示，位错弦是一个两端点钉扎固定的一段位错，它最先由 Granato 和 Lücke[22] 在研究位错运动引起的机械阻尼中引入。在实验观察中，位错弦通常存在于具有析出强化机制的材料中[23, 24]。通过和弹性波的相互作用，位错弦在其滑移面内来回振动。Hikata 等的研究结果表明，声学非线性系数与位错弦的长度相关，并且是附加应力的线性函数。然而，这一早期工作是以各向同性弹性为基础的，并且假设位错弦的线张力为恒定常数。随后，Cash 和 Cai[12] 的位错动力学模拟结果表明位错弦的线张力为常数的假定不足以描述由声学非线性系数引起的正确力学行为。他们提出了一个考虑位错弦的线张力取向依赖性的新模型。在 Cash 和 Cai 的工作的基础上，Chen 和 Qu[14] 进一步研究了混合型位错和弹性各向异性对位错弦模型的影响。

位错双极经常存在于受疲劳载荷作用的金属材料中。Cantrell 和 Yost 建立了一个由位错双极引起的声学非线性系数的定量模型[11]。如图 1b 所示，一个位错双极包含两个在不同滑移面上的刃型位错。这两个刃型位错的伯格斯矢量等大反向，同时它们所在的滑移面的垂直距离一般只有几个原子层的厚度。由于两个刃型位错间的相互作用，位错双极保持一个稳定的平衡构型。在位错双极模型中，声学非线性系数只与位错的特征参数有关，与附加应力无关。但是，Cash 和 Cai 的位错动力学模拟结果表明声学非线性系数强烈地依赖于附加应力[13]。他们随后改进了 Cantrell 和 Yost 的位错双极模型，在声学非线性系数的结果中新添加了一个与模拟结果符合的应力相关项。

最近，Gao 和 Qu[25, 26] 研究了扩展位错和位错塞积引起的声学非线性系数。一个扩展位错包含了一个层错区和两个不全位错作为它的边界，如图 1c 所示。一个位错塞积是一系列由位错源发出的刃型位错向晶界运动受到阻碍的而形成的塞积，如图 1d 所示。与前面提到的位错弦和位错双极相比，Gao 和 Qu 的工作考虑了两种二维平面缺陷：层错和晶界。

点缺陷（夹杂、空隙、间隙原子等）对声学非线性系数的影响由 Cantrell 和 Yost 最先考虑[17]。在点缺陷模型中，夹杂－基体间界面的晶格失配引起一个局部的本征应变（失配应变）。这个局部的本征应变场通过声学弹性效应反过来影响等效的三阶弹性常数。但是，由点缺陷引起的声学非线性系数相比于位错来说非常小。随后，Cantrell 和 Zhang[18] 研究了点缺陷和位错的相互作用引起的声学非线性系数。在他们的模型中，位错弦的运动受到点缺陷的阻碍而形成一段一段连续的位错弦，同时夹杂－基体界面晶格失配引起一个局部应力作用于位错弦。这个模型结合了点缺陷模型[17]和位错弦模型[10]。结果表明，点缺陷－位错相互作用对声学非线性系数变化的影响相当显著。

固体中的微裂纹也会影响声学非线性系数。目前的文献中提出了两种机制。第一个声学非线性系数的微裂纹模型由 Nazarov 和 Sutin 提出[27]。他们将裂纹模拟为两个粗糙表面间的弹性接触，并且两个裂纹面之间的等效接触压力是表面变形的非线性函数。第二个是裂纹开合的拉伸－压缩非对称性。Zhao 和 Qu[20,21,28] 研究了这一效应，并且假设裂纹在拉应力下张开、在压应力下闭合。因此，含有微裂纹的固体材料在循环载荷作用下的等效应力－应变关系是非线性的。以上提到的这两种机制都会对材料的非线性有贡献，并且引起高次谐波。

4 位错引起的声学非线性系数

4.1 位错运动引起的剪切变形

在切应力 τ 下，在滑移面上的位错运动引起的切应变为[29]

$$\gamma^{\text{dis}} = \Lambda b \, \bar{S} \tag{8}$$

式中，Λ 是位错密度；b 是伯格斯矢量的大小；$\bar{S}$ 是滑移面上单位长度的位错弦扫过的面积。因此，$\bar{S}$ 具有长度的量纲，式（8）可以重写为

$$\gamma^{\text{dis}} = (\Lambda b^2) \frac{\bar{S}}{L_{\text{ch}}} \frac{L_{\text{ch}}}{b} \tag{9}$$

式中，L_{ch} 是位错微结构的特征长度尺度。

单位长度的位错弦扫过的面积 $\bar{S}$ 是位错微结构的内力（F^{int}）和附加应力引起的外力（F^{ext}）相互平衡的结果。位错微结构的内力与存储在位错自身的能量有关。对于位错弦，内力是线张力；对于位错双极，内力是两个刃型位错之间的相互作用力；对于扩展位错，内力是层错能引起的吸引力和两个不全位错之间的排斥力。根据位错的弹性理论[30,31]，单位长度位错的内力具有如下形式：

$$F^{\text{int}} = \frac{\mu b^2}{L_{\text{ch}}} \frac{1}{\varphi(\nu)} \tag{10}$$

式中，$\varphi(\nu)$ 是泊松比 ν 的函数。附加应力引起的外力由 Peach – Koehler 公式确定[32]：

$$F^{\text{ext}} = \tau b \tag{11}$$

式中，切应力 $\tau = R\sigma$，σ 为附加的单向正应力，R 是一个将沿 x 轴的单向正应力转为位错滑移面上切应力的转换因子。通过量纲分析，我们得到单位长度的位错弦扫过的面积 $\bar{S}$ 为

$$\bar{S} = L_{\text{ch}} F(\xi)$$

$$\xi = \frac{F^{\text{ext}}}{F^{\text{int}}} = \frac{\tau}{\mu} \frac{L_{\text{ch}}}{b} \varphi(\nu) \tag{12}$$

$$F(0) = 0$$

式中，ξ 是一个无量纲参数；$F(\xi)$ 是变量 ξ 的光滑函数。函数 $F(\xi)$ 和 $\varphi(\nu)$ 的具体形式与位错微结构的构型相关。值得指出的，式（12）的第三式表示，当切应力 τ 为零时，位错弦在滑移面上扫过的面积 $\bar{S}$ 为零。把式（12）代入式（9），我们可以得到位错运动在其滑移面上引起的切应变的一个普适公式：

$$\gamma^{\text{dis}} = (\Lambda b^2) \left(\frac{L_{\text{ch}}}{b} \right) F(\xi)$$

$$\xi = \frac{\tau}{\mu} \frac{L_{\text{ch}}}{b} \varphi(\nu) \tag{13}$$

4.2 声学非线性系数

现在，我们来统一推导由位错运动引起的声学非线性系数。为方便起见，我们仅

考虑一维情形。在有限变形的情况下，含有位错的材料的总的变形梯度为

$$F^{\text{tot}} = 1 + \varepsilon \tag{14}$$

式中，$\varepsilon = \partial u^{\text{tot}}/\partial x$ 是总位移梯度。总变形梯度 F^{tot} 有如下乘法分解：

$$F^{\text{tot}} = F^{\text{dis}} F^{\text{lat}} \tag{15}$$

式中，F^{lat} 是晶格变形引起的变形梯度；F^{dis} 是位错运动引起的变形梯度。显然，F^{dis} 描述了位错运动引起的附加变形。对于这两种变形，我们分别有

$$F^{\text{lat}} = 1 + \varepsilon^{\text{lat}}$$
$$F^{\text{dis}} = 1 + g\gamma^{\text{dis}} \tag{16}$$

式中，$\varepsilon^{\text{lat}} = \partial u^{\text{lat}}/\partial x$ 是晶格变形相关的位移梯度；γ^{dis} 是由位错运动在滑移面上引起的附加剪切应变；g 是应变转换因子，它将滑移面上的位错变形转化到一维弹性波传播的 x 轴方向。把式（16）代入式（15），我们有

$$\varepsilon = \varepsilon^{\text{lat}} + g\gamma^{\text{dis}} + g\gamma^{\text{dis}}\varepsilon^{\text{lat}} \tag{17}$$

在多数实际问题中，二次项 $\gamma^{\text{dis}}\varepsilon^{\text{lat}}$ 相比其他两项是一个高阶小量，可以被略去。

现在，我们考虑式（17）中的晶格应变 ε^{lat} 和位错引起的切应变 γ^{dis}。首先，不含位错的完美材料的一维应力 - 应变关系为

$$\sigma = E_2 \varepsilon^{\text{lat}} + \frac{1}{2} E_3 \ (\varepsilon^{\text{lat}})^2 \tag{18}$$

式中，E_2 和 E_3 分别是二阶弹性模量（杨氏模量）和三阶弹性模量。对式（18）取反函数，我们可以得到

$$\varepsilon^{\text{lat}} = \frac{1}{E_2}\sigma - \frac{1}{2}\frac{E_3}{E_2^3}\sigma^2 + \frac{1}{2}\frac{E_3^2}{E_2^5}\sigma^3 \tag{19}$$

位错引起的切应变 γ^{dis} 由式（13）给出。对函数 $F(\xi)$ 进行泰勒展开并且保留到三次项，我们有

$$\gamma^{\text{dis}} = (\Lambda b^2)\left(\frac{L_{\text{ch}}}{b}\right)\left(F'(0)\xi + \frac{1}{2}F''(0)\xi^2 + \frac{1}{6}F'''(0)\xi^3\right) \tag{20}$$

把式（20）和式（19）代入式（17），我们得到总应变为

$$\varepsilon = \varepsilon^{\text{lat}} + g\gamma^{\text{dis}} = f_1\sigma + f_2\sigma^2 + f_3\sigma^3 \tag{21}$$

其中，

$$f_1 = \frac{1}{E_2} + F'(0)(\Lambda b^2)\left(\frac{L_{\text{ch}}}{b}\right)^2 \varphi(\nu)\frac{gR}{\mu}$$

$$f_2 = -\frac{1}{2}\frac{E_3}{E_2^3} + \frac{1}{2}F''(0)(\Lambda b^2)\left(\frac{L_{\text{ch}}}{b}\right)^3 \varphi^2(\nu)\frac{gR^2}{\mu^2} \tag{22}$$

$$f_3 = \frac{1}{2}\frac{E_3^2}{E_2^5} + \frac{1}{6}F'''(0)(\Lambda b^2)\left(\frac{L_{\text{ch}}}{b}\right)^4 \varphi^3(\nu)\frac{gR^3}{\mu^3}$$

公式（21）就是含有位错的材料的总应力 - 应变关系。

下面我们给材料施加一个初始应力 σ_0，其对应的初始应变为 ε_0。在一维弹性纵波传播的情况下，$\Delta\varepsilon$ 为波动引起的相对于 ε_0 的应变增量，$\Delta\sigma$ 为相应的应力增量，它们之间的关系为

406

$$\Delta\sigma = \sigma(\varepsilon_0 + \Delta\varepsilon) - \sigma_0 = \left(\frac{\partial\sigma}{\partial\varepsilon}\right)_{\Delta\varepsilon=0}(\Delta\varepsilon) + \frac{1}{2}\left(\frac{\partial^2\sigma}{\partial\varepsilon^2}\right)_{\Delta\varepsilon=0}(\Delta\varepsilon)^2 \tag{23}$$

将式（23）与式（1）进行对比，我们有

$$A = \left(\frac{\partial\sigma}{\partial\varepsilon}\right)_{\Delta\varepsilon=0}, B = \left(\frac{\partial^2\sigma}{\partial\varepsilon^2}\right)_{\Delta\varepsilon=0} \tag{24}$$

如果材料的应力–应变关系为式（21），则等效的二阶和三阶弹性模量为

$$A = \left(\frac{\partial\sigma}{\partial\varepsilon}\right)_{\Delta\varepsilon=0} = \frac{1}{f_1 + 2\sigma_0 f_2 + 3\sigma_0^2 f_3} \tag{25}$$

$$B = \left(\frac{\partial^2\sigma}{\partial\varepsilon^2}\right)_{\Delta\varepsilon=0} = -\frac{2f_2 + 6\sigma_0 f_3}{(f_1 + 2\sigma_0 f_2 + 3\sigma_0^2 f_3)^3} \tag{26}$$

最后，根据式（5）的定义，声学非线性系数为

$$\beta = -\frac{B}{A} = \frac{2f_2 + 6\sigma_0 f_3}{(f_1 + 2\sigma_0 f_2 + 3\sigma_0^2 f_3)} \tag{27}$$

显然，声学非线性系数是初始应力 σ_0 的函数。在实际应用中，初始应力相对于材料的弹性模量来说一般比较小。因此，我们可以对式（27）关于 σ_0 进行线性展开：

$$\beta = \frac{2f_2}{f_1^2} + \left(\frac{6f_3}{f_1^2} - \frac{8f_2^2}{f_1^3}\right)\sigma_0 \tag{28}$$

这个公式可以根据数量级分析进行进一步简化。根据文献［13，25，26］，式（28）对于金属材料可以写为如下形式：

$$\beta = \beta^{\text{lat}} + \beta_0^{\text{dis}} + \beta_\sigma^{\text{dis}} \tag{29}$$

其中，β^{lat} 是式（7）给出的晶体非谐性的贡献。由位错运动引起的声学非线性系数包含应力无关和应力相关的两部分，它们分别为

$$\beta_0^{\text{dis}} = \alpha_0(\Lambda b^2)\left(\frac{E_2}{\mu}\right)^2\left(\frac{L_{\text{ch}}}{b}\right)^3 \tag{30}$$

$$\beta_\sigma^{\text{dis}} = \alpha_1(\Lambda b^2)\left(\frac{E_2}{\mu}\right)^2\left(\frac{L_{\text{ch}}}{b}\right)^4\left(\frac{\sigma_0}{E_2}\right)$$

其中，

$$\alpha_0 = F''(0)gR^2\varphi^2(\nu) \tag{31}$$

$$\alpha_1 = F'''(0)gR^3\varphi^3(\nu)$$

式（30）表明声学非线性系数具有 $(L_{\text{ch}}/b)^n$ 的标度关系，其中对应力无关部分有 $n = 3$，对应力相关部分有 $n = 4$。

5 各种位错微结构引起的声学非线性系数

在本节中，我们给出四种位错微结构引起的声学非线性系数，它们是位错弦、位错双极、扩展位错和位错塞积。对于这四种情形，式（12）中定义的待定函数 $F(\xi)$ 和 $\varphi(\nu)$ 在表 1 中给出。根据位错微结构确定 $F(\xi)$ 和 $\varphi(\nu)$，我们可以很方便地计算出相应的声学非线性系数的表达式，结果在表 2 中列出。

下面我们简要探讨由不同的位错微结构引起的声学非线性系数的数量级。对于各

种位错微结构来说，其伯格斯矢量的大小 b 几乎都在同一数量级（10^{-1}nm）。但是，它们的特征长度尺度差别很大。对于位错弦，L_{ch} 在 $10 \sim 10^4$nm 之间；对于位错塞积，L_{ch} 在 $10^3 \sim 10^4$nm 之间。位错双极和扩展位错的 L_{ch} 比较小，在 $1 \sim 10$nm 之间。在相同的位错密度下，位错微结构的特征长度尺度就显得比较重要了。在声学非线性系数的表达式中，L_{ch}/b 的值对于位错弦（$10 \sim 10^4$nm）和位错塞积（$10^4 \sim 10^5$nm）比较大，但是对于位错双极（$1 \sim 10$nm）和扩展位错（$10 \sim 10^2$nm）比较小。因此，在相同的位错密度下，位错弦和位错塞积对声学非线性系数的贡献要比扩展位错和位错双极大。

表1　各种位错微结构的函数 $F(\xi)$ 和 $\varphi(\nu)$ 的表达式

位错微结构		特征长度尺度 L_{ch}	$F(\xi)$	$\varphi(\nu)$
位错弦		位错弦的半弦长 L	$\dfrac{2}{3}\xi + \dfrac{4}{5}\xi^3$	1
位错双极		位错双极的高度 h	$\xi + \dfrac{1}{2}\xi^2 + \xi^3$	$4\pi(1-\nu)$
扩展位错		不全位错平衡距离 r_e	$\dfrac{\xi}{1-\xi}$	$\dfrac{8\pi}{\eta(\nu)}$ [①]
位错塞积		位错塞积宽度 W_0	$\dfrac{n}{4}\dfrac{\xi}{1+\xi}$	$\dfrac{\pi(1-\nu)}{n}$ [②]

① $\eta(\nu)=\dfrac{2-\nu}{1-\nu}\left(1-\dfrac{2\nu\cos\phi}{2-\nu}\right)$ 是泊松比 ν 的无量纲函数，其中 ϕ 为扩展位错对应的全位错的伯格斯矢量和位错弦的方向向量之间的夹角。

② n 是位错塞积中刃型位错的数目。

表2　位错引起的声学非线性系数

位错微结构	应力无关部分 β_0^{dis}	应力相关部分 β_σ^{dis}
位错弦	0	$\dfrac{24}{5}gR^3\left(\dfrac{E_2}{\mu}\right)^2\left(\dfrac{\sigma_0}{\mu}\right)(\Lambda b^2)\left(\dfrac{L}{b}\right)^4$
位错双极	$16\pi^2gR^2(1-\nu)^2\left(\dfrac{E_2}{\mu}\right)^2(\Lambda b^2)\left(\dfrac{h}{b}\right)^3$	$384\pi^3gR^3(1-\nu)^3\left(\dfrac{E_2}{\mu}\right)^2\left(\dfrac{\sigma_0}{\mu}\right)(\Lambda b^2)\left(\dfrac{h}{b}\right)^4$
扩展位错	$\dfrac{128\pi^2}{\eta^2}gR^2\left(\dfrac{E_2}{\mu}\right)^2(\Lambda b^2)\left(\dfrac{r_e}{b}\right)^3$	$\dfrac{3072\pi^3}{\eta^3}gR^3\left(\dfrac{E_2}{\mu}\right)^2\left(\dfrac{\sigma_0}{\mu}\right)(\Lambda b^2)\left(\dfrac{r_e}{b}\right)^4$
位错塞积	$-\dfrac{\pi^2(1-\nu)^2}{2n}gR^2\left(\dfrac{E_2}{\mu}\right)^2(\Lambda b^2)\left(\dfrac{W_0}{b}\right)^3$	$\dfrac{3}{2}\dfrac{\pi^3(1-\nu)^3}{n^2}gR^3\left(\dfrac{E_2}{\mu}\right)^2\left(\dfrac{\sigma_0}{\mu}\right)(\Lambda b^2)\left(\dfrac{W_0}{b}\right)^4$

6 结论

非线性超声可以有效地对材料中的微结构缺陷进行无损检测。在建立了非线性声学系数和微结构缺陷的特征参数之间的定量关系后，我们可以通过实验测量声学非线性系数来预测材料中缺陷的相关信息。本文建立了一个由位错运动引起的声学非线性系数的统一模型，它适用于目前文献中所知的位错弦、位错双极、扩展位错和位错塞积。在本文中，我们获得了位错引起的声学非线性系数的一个普适标度关系，它由 $(L_{ch}/b)^n$ 刻画，其中 L_{ch} 是位错微结构的特征长度尺度，b 是位错的伯格斯矢量的长度，n 是一个标度指数。对应力无关部分 β_0^{dis}，$n=3$；对应力相关部分 β_σ^{dis}，$n=4$。对于各种位错微结构来说，其伯格斯矢量的大小几乎在同一数量级，但是它们的特征长度尺度差别很大。通过半定量分析可知，在位错密度相同的情况下，声学非线性系数的大小主要由位错微结构的特征长度尺度决定。

参 考 文 献

[1] Ju T, Achenbach J D, Jacobs L J, et al. Ultrasonic nondestructive evaluation of alkali – silica reaction damage in concrete prism samples [J]. Materials and Structures, 2016, 50 (1): 60.

[2] Kim J Y, Jacobs L J, Qu J, et al. Experimental characterization of fatigue damage in a nickel – base superalloy using nonlinear ultrasonic waves [J]. The Journal of the Acoustical Society of America, 2006, 120 (3): 1266 – 1273.

[3] Matlack K H, Wall J J, Kim J Y, et al. Evaluation of radiation damage using nonlinear ultrasound [J]. Journal of Applied Physics, 2012, 111 (5): 054911.

[4] Romer A, Kim J – Y, Qu J, et al. The Second Harmonic Generation in Reflection Mode: An Analytical, Numerical and Experimental Study [J]. Journal of Nondestructive Evaluation, 2015, 35 (1): 6.

[5] Huang K. On the atomic theory of elasticity [J]. Proceedings of the Royal Society of London. Series A. Mathematical and Physical Sciences, 1950, 203 (1073): 178.

[6] Qu J, Jacobs L J, Nagy P B. On the acoustic – radiation – induced strain and stress in elastic solids with quadratic nonlinearity (L) [J]. The Journal of the Acoustical Society of America, 2011, 129 (6): 3449 – 3452.

[7] Qu J, Nagy P B, Jacobs L J. Pulse propagation in an elastic medium with quadratic nonlinearity (L) [J]. The Journal of the Acoustical Society of America, 2012, 131 (3): 1827 – 1830.

[8] Murnaghan F D. Finite Deformations of an Elastic Solid [J]. American Journal of Mathematics, 1937, 59 (2): 235 – 260.

[9] Suzuki T, Hikata A, Elbaum C. Anharmonicity Due to Glide Motion of Dislocations [J]. Journal of Applied Physics, 1964, 35 (9): 2761 – 2766.

[10] Hikata A, Chick B B, Elbaum C. Dislocation Contribution to the Second Harmonic Generation of Ultrasonic Waves [J]. Journal of Applied Physics, 1965, 36 (1): 229 – 236.

[11] Cantrell J H, Yost W T. Acoustic harmonic generation from fatigue – induced dislocation dipoles [J]. Philosophical Magazine A, 1994, 69 (2): 315 – 326.

[12] Cash W D, Cai W. Dislocation contribution to acoustic nonlinearity: The effect of orientation – depend-

ent line energy [J]. Journal of Applied Physics, 2011, 109 (1): 014915.

[13] Cash W D, Cai W. Contribution of dislocation dipole structures to the acoustic nonlinearity [J]. Journal of Applied Physics, 2012, 111 (7): 074906.

[14] Chen Z, Qu J. Dislocation – induced acoustic nonlinearity parameter in crystalline solids [J]. Journal of Applied Physics, 2013, 114 (16): 164906.

[15] Zhang J, Xuan F Z, Xiang Y. Dislocation characterization in cold rolled stainless steel using nonlinear ultrasonic techniques: A comprehensive model [J]. EPL (Europhysics Letters), 2013, 103 (6): 68003.

[16] Zhang J, Xuan F. A general model for dislocation contribution to acoustic nonlinearity [J]. Europhysics Letters, 2014, 105 (5): 54005.

[17] Cantrell J H, Yost WT. Effect of precipitate coherency strains on acoustic harmonic generation [J]. Journal of Applied Physics, 1997, 81 (7): 2957 – 2962.

[18] Cantrell J H, Zhang X G. Nonlinear acoustic response from precipitate – matrix misfit in a dislocation network [J]. Journal of Applied Physics, 1998, 84 (10): 5469 – 5472.

[19] Nazarov V E, Sutin A M. Nonlinear elastic constants of solids with cracks [J]. Journal of the Acoustical Society of America, 1997, 102 (6): 3349 – 3354.

[20] Zhao Y, Qiu Y, Jacobs L J, et al. Frequency – Dependent Tensile and Compressive Effective Moduli of Elastic Solids With Randomly Distributed Two – Dimensional Microcracks [J]. Journal of Applied Mechanics, 2015, 82 (8): 081006 – 081006 – 13.

[21] Zhao Y, Qiu Y, Jacobs LJ, et al. A micromechanics model for the acoustic nonlinearity parameter in solids with distributed microcracks [J]. AIP Conference Proceedings, 2016, 1706 (1): 060001.

[22] Granato A, Lücke K. Theory of Mechanical Damping Due to Dislocations [J]. Journal of Applied Physics, 1956, 27 (6): 583 – 593.

[23] Cottrell A H. The nature of metals [J]. Scientific American, 1967, 61: 967 – 990.

[24] Teichmann K, Liebscher CH, Volkl R, et al. High temperature strengthening mechanisms in the alloy platinum – 5% rhodium DPH [J]. Platinum Metals Review, 2011, 55 (4): 217 – 224.

[25] Gao X, Qu J. Acoustic nonlinearity parameter induced by extended dislocations [J]. Journal of Applied Physics, 2018, 124 (12): 125102.

[26] Gao X, Qu J. Contribution of dislocation pileups to acoustic nonlinearity parameter [J]. Journal of Applied Physics, 2019, 125 (21): 215104.

[27] Nazarov V E, Sutin AM. Nonlinear elastic constants of solids with cracks [J]. The Journal of the Acoustical Society of America, 1997, 102 (6): 3349 – 3354.

[28] Zhao Y X, Qiu Y J, Jacobs L J, et al. Frequency – dependent tensile and compressive effective moduli of elastic solids with distributed penny – shaped microcracks [J]. Acta Mechanica, 2016, 227 (2): 399 – 419.

[29] Hull D, Bacon D J. Introduction to Dislocations (fifth edition) [M]. Butterworth – Heinemann, Elsevier, 2011.

[30] Hirth J P, Lothe J. Theory of dislocations (second edition) [M]. New Jersey : Wiley, 1982.

[31] Zorski H. Force on a defect in non – linear elastic medium [J]. International Journal of Engineering Science, 1981, 19 (12): 1573 – 1579.

[32] Peach M, Koehler J. The forces exerted on dislocations and the stress fields produced by them [J]. Physical Review, 1950, 80 (3): 436.

410

A unified model for acoustic nonlinearity parameters induced by dislocation motion

GAO Xiang, QU Jian – min

(Department of Mechanical Engineering, Tufts University, Medford, MA 02155)

Abstract: A unified model for the acoustic nonlinearity parameter induced by dislocation motions is established in this paper. A variety of dislocation microstructures are considered, including dislocation strings (monopoles), dislocation dipoles, dislocation pileups and extended dislocations. It is found that expressions of the acoustic nonlinearity parameter induced by various dislocation microstructures share a common mathematical form. They are all scaled with $(L_{ch}/b)^n$, where L_{ch} is a characteristic length of the dislocation configuration, b is the magnitude of the Burgers vector and n is either 3 or 4. Semi – quantitative analysis is presented to compare the magnitude of the acoustic nonlinearity parameters among the different types of dislocation microstructures.

Key words: nonlinear ultrasound; nondestructive evaluation; acoustic nonlinearity parameters; microstructural defects; dislocations

金属材料塑性变形载体

戴兰宏[1,2]*，曹富华[1,2]，刘天威[1,2]

（1. 中国科学院力学研究所非线性力学国家重点实验室，北京 100084）

（2. 中国科学院大学工程科学学院，北京 101408）

摘要： 突破金属材料强度与塑性固有相互排斥（trade‐off）矛盾，发展高强韧塑性的先进金属结构材料，是力学、材料、物理等领域面临的重大课题。其中的关键问题是金属材料在微介观尺度上塑性变形是如何发生的。本文试图针对几类典型金属材料体系，包括传统的原子周期有序排列的晶态合金、原子拓扑有序化学无序的高熵合金以及原子拓扑和化学都无序的非晶态合金，简要分析总结其塑性变形基本载体，以期认识三者变形的差异性和统一性，更好地理解金属材料的变形起源。

关键词： 金属材料；高熵合金；非晶合金；金属玻璃；塑性流动

　　得益于金属键中高度离域化的电子行为，金属材料同时拥有良好的强度和韧性，具有优异的损伤容限能力，综合力学性能优于陶瓷和聚合物材料，是制造业中占比最高的结构材料[1]。金属材料中的自由电子使得原子之间错位后仍可重新连接，赋予了金属材料良好的延展性；其较强的电子相互作用也使其原子间具有较强的结合力，表现出较高的强度。通过在金属中添加其他元素，可改变电子间的相互作用，也可影响体系的热力学状态，改变原子的排列方式，影响着材料变形过程中原子的运动方式和变形能力。从青铜时代开始，这种合金化策略就成为金属材料性能调控的有效手段，为金属材料性能的进一步提高提供了无限的可能。

　　原子的排列方式影响着材料的变形过程和力学响应。如图 1 所示，根据金属材料中原子的排列方式，金属材料可分为三种类型：元素按特定点阵方式周期有序排列的传统晶态合金、多种元素以无序互溶形式排列于周期性晶格中的高熵合金（High Entropy Alloy，HEA），以及元素以类似液体方式在空间上无序排列的非晶合金或金属玻璃（Metallic Glass）。对于传统晶态合金材料而言，主元素有序地按某种特定的堆垛方式排列，合金化元素也按特定方式有规律地溶解于晶格中，形成拓扑和化学上都有序的晶态结构。这种晶态合金中原子间的相互作用有迹可循，力学响应和变形行为也更具规律性。但其成分空间被压缩在很小的范围内，以尽可能减少脆性金属间化合物的产生。近期新涌现的多主元高熵合金概念，打破了这一传统限制：以等原子比或近等原子比

　　基金项目：国家自然科学基金重大项目"无序合金的塑性流动与强韧化机理"（No. 11790292）

　　通讯作者：戴兰宏，lhdai@ lnm. imech. ac. cn

添加多种元素，以其很高的构型熵（常被称为中熵或高熵合金）稳定混合态结构，抑制金属间化合物的形成，最终各元素无序互溶的形式存在于特定的晶体点阵中，形成了拓扑有序但化学无序排列的晶态结构。这种特殊的原子结构为合金的成分和性能提供了更大的空间，同时也为其变形响应和力学性能的评估与调控带来了新的挑战。在低于熔点温度下，晶态结构为低能态，故常规制备条件下金属材料都以晶态的形式存在。结晶过程是一个晶体形核和长大的过程，若冷却速率过快使液体没有充足的时间形成晶体，此时原子形成与液体类似的拓扑和化学上都无序的非晶玻璃态。

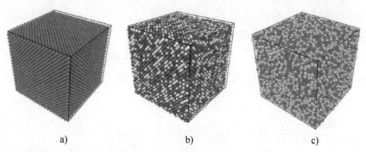

图 1　金属材料的三种类型
a）传统晶态合金　b）高熵合金　c）非晶合金

　　加载过程中原子之间势必发生相对位移，不同的排列状态导致不同的位移方式和能力，决定了原子在外力作用下变形的抵抗力（强度）和变形能力（塑/韧性）。传统晶态合金因体系而异，强度和韧性分布在很宽的范围内且普遍高于其余类型材料如陶瓷和聚合物等。高熵合金在保持较高强度的同时，较传统合金又表现出更优异的断裂韧性，打破了强度和塑性这一矛盾体。非晶合金虽然有着比晶态金属更高的强度，但其塑韧性却远低于晶态金属。这似乎与其高度离域的电子状态不符合。造成这些差异和矛盾的缘由目前还缺乏统一的认识。加载过程中局域原子间的相互作用影响着塑性流变的发生方式，造成了性能上的普遍差异性。本文从拓扑－化学有序的传统晶态合金到拓扑有序化学无序的高熵合金再到拓扑－化学都无序的非晶合金，分析其塑性变形基本过程，以期认识三者变形的差异性和统一性，以更好地理解金属材料塑性变形微介观机制。

1　晶态合金

　　金属材料塑性变形往往伴随着原子的错动和键的破坏。晶体的塑性变形是由晶格平面间横向位移引起的。尽管宏观上材料的变形表现为多种形式（如拉长、缩短、弯曲和扭转等），但微观而言，单晶变形主要表现形式为滑移和孪生。其基本过程是在切应力作用下晶体的一部分相对于另一部分沿某一特定晶面（滑移面或孪生面）和晶向（滑移方向或孪生方向）发生平移，如图 2a 所示。

1.1　滑移

　　滑移只能在切应力的作用下发生。产生滑移的最小切应力称为临界切应力，其值取决于外力与滑移面及滑移方向的夹角，为 $\tau = \sigma\cos\lambda\cos\Phi$（见图 2b）。根据刚性滑移模型，滑移过程中滑移面两边的原子需要同时断裂，所需临界切应力约为 0.1GPa。这比实测强度高 3 个数量级，其间的巨大差异迫使人们寻找更合理的滑移机制。人们推想，可能存在某些缺陷，其中原子失去周期性，处于不稳定状态，在外力作用下这类缺陷原子发生局部滑移，进一步带动周围原子依次滑移，最后完成整体的滑移。这类缺陷便是位错（dislocations）。Orowan、Polanyi 和 Taylor 于 1934 年提出的这种位错理论很好地解释了晶体模型刚性切变强度与实测临界切应力的巨大差异，并很快被人们所接受。20 世纪 50 年代在实验中观察到位错（图 2c），进一步证实了位错的存在。此后位错则被视为晶体滑移的基本流变单元，金属塑性流变的研究都是围绕位错与各种障碍的相互作用关系开展的。图 2d、e 分别为典型螺位错和刃位错滑移过程示意图。由图可见，外力作用下晶体以位错为载体，局部原子逐步移动，最后完成晶体的整体滑动。

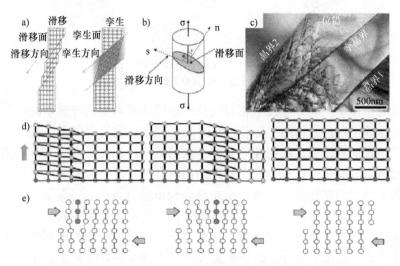

图 2　a）晶体中的滑移和孪生变形[2]　b）单晶滑移过程受力示意图[2] c）位错电镜图[3]
d）螺位错运动引起的滑移示意图　e）刃位错运动引起的滑移示意图

从热力学条件来看，位错的形成伴随着体系自由能的升高，因而无应力状态下位错的平衡浓度为零。如图 3a 所示，位错的激活需要克服能垒，克服能垒之前，位错尚未形成，此时局部原子构型在低能和高能构型之间震荡（AB 之间）；当局部能量越过能垒时，局部原子处于缺陷激活状态，可自发演变为较为稳定的位错构型。当无外力加载时，纯热运动形成缺陷所需越过的能垒很高，且缺陷形成后的体系能量高于初始状态，意味着无外力作用下，这种缺陷不可自发生成；当有外力加载时，激活能垒大大降低，且位错形成后体系能量低于初始能量，说明缺陷的产生释放了塑性变形产生的能量。图 3d 是作者研究团队最近在铁素体 – 渗碳体界面处位错形核分子动力学模拟结果。由图可知，位错的形核不是瞬间完成的。首先是少数原子离开其平衡位置，形成亚稳态的缺陷团簇，其中有些缺陷原子在热力作用下可能会回到其起始位置，从而造成缺陷团簇的收缩甚至消失，对应着图 3a 中的 AB 阶段；随着变形的继续，有些缺陷团簇跨越能垒，进而继续扩展演变为成熟的位错，位错的产生释放了晶体内的应变能，对应着体系自由能的下降（BC 阶段）。位错在晶体内部的均匀形核（图 3b）和表面（图 3c）处的非均匀形核都有着类似的过程。

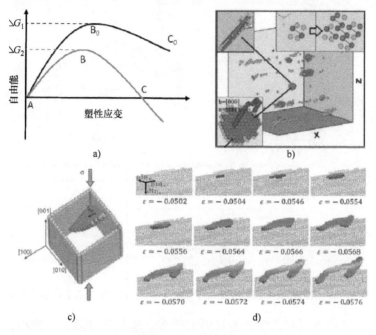

图 3　位错形核过程

a）位错形核能量演变示意图　b）单质 Cu 晶体内部位错均匀形核[4]
c）单质 Cu 晶体位错表面非均匀形核[5]　d）铁素体 – 渗碳体界面位错形核过程[6]

随着加载的继续，晶体内预存或者新产生的位错继续迁移或增值，促进合金的塑性变形。在变形过程中位错大量增殖，且随着宏观应变的增加，位错的分布和应力状态也在发生变化，因而无法根据单个位错来描述整个变形结构。位错间的相互作用将阻止进一步的塑性变形，要使滑移继续进行就需要施加更大的应力，这就是通常所说的加工硬化。随着变形的进行，位错的增殖和反应率逐渐减少，导致加工硬化率的单调递减。当加工硬化率满足 $\dfrac{\mathrm{d}\sigma}{\mathrm{d}\varepsilon} \leqslant \sigma$ 时，则出现塑性失稳。此时需要另一个变形模式的出现以继续增加材料的硬化率，延迟塑性失稳的发生，以同时增加材料的强度和塑性。图 4 为多重变形模式依次开启以恢复合金加工硬化能力，同时提高合金强度和塑性变形示意图。若在塑性失稳发生前激活另一种变形机制，使得位错与新缺陷的交互作用重新增强，可同时提高材料的强度和塑性。孪晶和相变则是很有效的方式，已经被广泛用以优化钢的性能，如高锰奥氏体钢中的变形孪晶和亚稳奥氏体钢中的马氏体相变。

1.2　孪生

当滑移难以进行时，变形常以孪生（twinning）的形式发生。在切应力作用下，晶体局部区域内的平行晶面沿一定方向在一定距离上发生均匀剪切。变形和未变形的两部分晶体称为孪晶。均匀剪切区域和非剪切区域之间的界面称为孪晶界，孪生面的移动方向为孪生方向（见图 2a）。孪晶变形通常发生在滑移阻力引起的应力集中区域。因

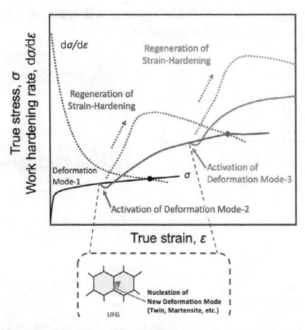

图4 多重变形模式依次开启以恢复合金加工硬化,同时提高合金强度和塑性变形示意图[7]

此,孪晶时所需的临界切应力要比滑移时大得多。孪晶改变晶体的取向,形成新的滑移体系,可促进塑性变形。另一方面,孪晶界是一个典型的共格界面,不仅可以通过阻碍位错运动提高合金强度,还可以促进位错的分解和运动,进一步提高合金塑性。因此孪生过程是提高合金加工硬化能力,同时提高强塑性的有效方法。

孪晶的形核也主要分为在无缺陷区域的均质形核和缺陷区域的非均质形核。其中孪晶的均匀形核过程还未找到充分的实验证据。相反,根据非均质形核模型计算出的孪晶形核应力与实验值很吻合,说明孪晶一般以非均匀形核为主。一般而言,滑移是全位错运动的结果,而孪生则是不全位错运动的结果。尽管从不同缺陷处(如位错、晶界、相界)形核的具体机制和路径有所不同,但孪晶的形成通常涉及位错的分解反应。如图5a、b所示,孪晶形成过程中,位错的分解除满足普通位错反应条件外,位错线必须位于位错滑移面和孪生面的交线上(见图5a),以分解出孪晶位错(不全位错)和残余位错(见图5b)。孪晶位错的运动引起孪晶的扩展和蔓延。对于FCC金属而言,孪晶位错通常为{111}面的($a/6$)<112>方向的不全位错;对于BCC晶体,孪晶位错为{112}面上($a/6$)<111>方向的不全位错;HCP则更为复杂。因此,从能量学角度孪晶的形核路径与广义层错能曲线相符合。不全位错所包围的区域为层错,多层临近的层错则组成孪晶。以FCC为例(见图5c),部分晶体沿[112]方向滑移1个原子距离后,则产生一个单层层错(ISF);若金属层错能较低,则单层层错较稳定,不全位错在此层错的相邻层继续滑移,产生第二层层错(Extrinsic SF)。这相邻的两层层错则为双层孪晶,亦可视为孪晶核。不全位错以此方式在相邻的{111}面上依次滑移,则孪晶继续宽化。

如图6a所示,相比于无间隙铁素体钢(IF steel),孪晶诱导的塑性钢的强度、塑性和加工硬化能力都有着明显的提高。需要指出的是,孪生发生过程中引起的切变是

416

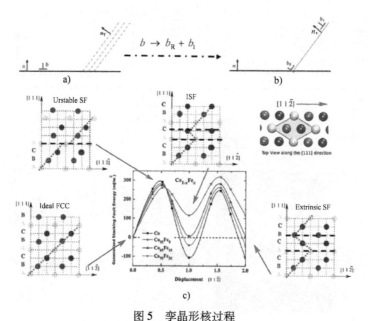

图 5　孪晶形核过程

a）可分解出孪晶位错的初始位错方向示意图　b）分解后位错示意图[8]

c）FCC 金属广义层错能曲线[9]

一个较小的固定值，因此孪生本身提供的强度和塑性都非常有限。孪晶对合金综合力学性能的贡献大多来源于其完全共格的孪晶界。TEM 对比观测结果表明，大部分塑性应变都集中在孪晶界附近，导致孪晶界处剪切应变积累，如图 6b 所示。此时孪晶界作为位错塞积处，阻碍了位错的运动，提高了合金强度。由于孪晶界本身位于滑移面上，位错可以在孪晶界上进行滑移；同时孪晶界两端特殊的晶体学取向使得位错还可以穿过孪晶界，继续滑移。原子模拟表明，孪晶界既可通过吸附 – 脱附过程也可通过直接透过的方式进行位错滑移转换，如图 6c、d 所示。这种滑移传递反应的动力学速率将随晶界处位错的塞积状态而变化。界面位错的密度会影响吸附/脱附的热力学能垒，从而影响其动力学速率。吸附和脱附速率的不平衡会导致界面位错的积累，反过来又会由于孪晶界面处位错 – 位错相互作用而影响激活能。根据勒夏特列原理，应该尽可能地抑制位错在孪晶界的吸附，增强脱附，并改变位错直接透过孪晶界的速率，最终在孪晶界处达到准稳态反应，从而持续提高加工硬化能力，使材料强韧性协同提升。

1.3　相变

除了位错滑移和孪生以外，相变也是金属塑性变形的重要形式。不同相具有不同的原子集合状态、结构形式、化学成分及物理性质。一个相受外界环境条件的影响，如在热场、应变能、外力及磁场等作用下转变为另一相称为相变。大多数材料的相变是晶体结构的改变，称为结构相变。在塑性变形中，金属材料的一类典型相变是位移型的无扩散型相变，即相变时原子保持相邻关系进行有组织的位移或者原子在晶胞内部改变位置。如 Ti – Zr 基合金中的 $\beta - \omega$ 相变为原子位置调整位移相变，Fe 基合金中 FCC – BCC 或者 FCC – HCP 的马氏体相变（点阵畸变位移相变）。

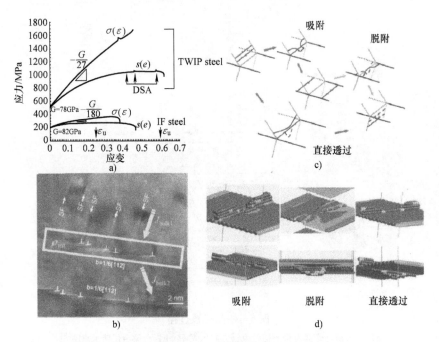

图 6 孪晶的作用机制

a）无间隙铁素体钢（IFsteel）与孪晶诱导的塑性钢（TWIP Steel）拉伸性能对比[10]

b）变形后纳米孪晶 Cu 样品的高分辨率 TEM 图，显示出孪晶界附近位错的塞积和孪晶界的弯曲[11]

c）根据过渡态理论计算发现的孪晶界处滑移转移反应的两个竞争途径的示意图：吸附 - 脱附模式和直接透过模式

d）位错在孪晶界处的吸附、脱附和直接透过的原子构型[12]

在 FCC 奥氏体钢的变形过程中，全位错发生位错反应生成 1/6 < 112 > Shockley 不全位错时，由于位错滑移形成层错的堆垛从而发生面心立方（FCC）到密排六方（HCP）的相变。以 FCC $\{111\}$ 堆垛为例，两层间隔的层错可以使 FCC 的 ABCA$\underline{B}$C 堆垛变为 ABABAB 的 HCP 堆垛。这与 FCC $\{111\}$ 变形孪晶的生成相似，FCC $\{111\}$ 孪晶为 3 层连续的层错堆垛：AB$\underline{CAB}$CABC—A$\underline{BACB}$CABC。在汽车等很多行业，高性能高强韧钢的设计都离不开残余奥氏体在变形过程中的变形诱发马氏体相变而提升的强度和塑性。

在亚稳 β 相（BCC）的钛合金中，可以发生应力诱导马氏体相变（α′和 α″）和应力诱发 ω 相变。当发生 β 相到正交结构 α″相变时材料可以表现出超弹性，为形状记忆合金的基本特性。而发生 β 相到六方结构 ω 相时，可以显著提高合金的强度但塑性会降低。正交的 α″马氏体被认为是密排六方 α′相与 β 相的过渡相。三者的关系如图 7 所示。β 相与 α″相之间的位向关系可以表达为以下：$[011]_{\beta}$ // $[001]_{\alpha''}$，$[01\bar{1}]_{\beta}$ // $[010]_{\alpha''}$，$[100]_{\beta}$ // $[100]_{\alpha''}$ [c - 3]。β 相与 α′的位向关系可以表述为：$\{110\}_{\beta}$ // $\{0001\}$ α′，$<100>_{\beta}$ // $<11\bar{2}0>_{\alpha'}$ [c - 0]；或者 $[110]_{\beta}$ // $[0001]_{\alpha'}$，$<111>_{\beta}$ // $<2\bar{1}10>_{\alpha'}$ [13]。

在 β 钛合金马氏体的相变过程中，主要涉及两部分晶体结构的变化：晶格应变和原子重排。晶格应变，又叫 Bain 应变，由晶格的均匀畸变所产生。整个晶格尺度上的位移量，相变过程中的晶格尺寸，晶胞形状和晶胞体积的改变可以通过晶格应变来反

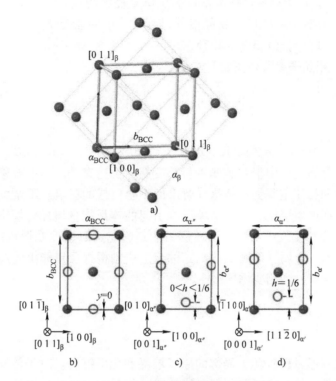

图7 钛合金中各相晶体结构示意图[13]

a) β 相晶格结构示意图　b) β 相在 [011] 带轴下的投影　c) 根据 β 相与 α″相的位向关系，
正交 α″投影图　d) α′投影图

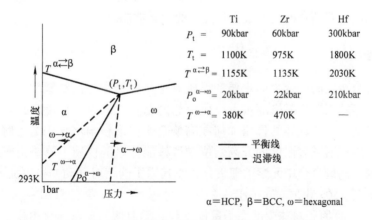

图8 第 IV 副族过渡元素金属温度/压力相图[16]

应和表述。原子重排是通过调整原子的位置来完成最终的相转变。在许多 IV 副族金属
中，随着压应力的增大，会发生 HCP 相到 ω 相再到 BCC 相的转变，这个过程需要较大
的切应力，如纯 Zr 在室温高压（$p > 30$GPa）条件下，由于切应力的作用可以发生 α
（HCP）相到 ω 相加 β（BCC）相[14]。ω 相是第 IV 副族元素金属或者合金一个普遍存
在的相。理想的 ω 相结构为六方结构。被广泛接受的 ω 相的相变机制由 De Fontaine 和

419

Cook 等人提出[15]，认为相变过程是体心立方 BCC 晶格的 {1 1 1} 面在垂直于该面的 <1 1 1>方向上周期性塌缩形成新晶格的过程。一个 ω 晶胞包含 3 个原子，分别为 (000)，(2/3 1/3 1/3)，(1/3 2/3 1/3)。

ω 相与 BCC 相晶格参数存在如下关系：

$$a_\omega = \sqrt{2} \times a_{\mathrm{BCC}}, \ c_\omega = \frac{\sqrt{3}}{2} \times a_{\mathrm{BCC}}$$

取向关系为

$$<0001>\omega /\!/ <111>\mathrm{BCC}, \ \{11\,\overline{2}0\} \ \omega /\!/ \ \{1\,\overline{1}0\} \ \mathrm{BCC}$$

综上可知，晶态金属中滑移、孪生与相变都与位错有关。其中滑移是全位错运动的结果，而孪生和相变主要受全位错分解出的不全位错的影响。不全位错之间的原子堆垛发生错排，即产生层错。原子堆垛错排引起的体系能量增加为层错能。层错能的高低决定了孪生和相变发生的潜力。故层错能是影响金属塑性变形机制的重要参数。如面心立方（FCC）金属（如奥氏体钢）的变形机制根据层错能由大到小可以分为位错滑移、孪生诱导塑性和相变诱导塑性。

2 高熵合金

金属合金的变形过程破坏了局部的原子堆垛和化学键合。对于传统晶体而言，其化学键具有周期性，故其变形的原子和能量路径都具有明显的规律性，其变形能量路径和力学响应主要取决于局部堆垛结构。但对于化学无序的中高熵合金，化学键合作用具有强烈的不均匀性，变形过程中的能量路径和力学响应不仅取决于局部原子堆垛结构，还强烈依赖于局部化学环境。因此中高熵合金的塑性流变过程比传统合金更加复杂，也显现出很多新奇的变形过程和优异的力学性能。

2.1 滑移

作为晶态合金，高熵合金的主要变形机制也是位错主导的滑移和孪晶。受困于多种金属主元在拓扑周期性晶格随机占位所引起的复杂局部原子环境和化学短程序的影响，作为塑性变形重要载体的位错如何在高熵合金中形核与演化仍为难解之谜。对于传统合金，已经证明随着温度的升高，位错形核能势垒的快速下降是由于热膨胀导致原子键的减弱。高熵合金中元素的随机分布使其原子的相对移动变得更加突出和复杂。例如，Sharma 等人在 AlCrCoFeNi HEA 的压缩过程中[17]，发现了 Al – Co 和 Al – Cr 原子对增加和 Al – Al 原子对减少的原子重排过程。类似地，高熵合金中位错的形核过程也都强烈依赖于局部化学环境。因此，阐明位错成核过程中原子重排的基本物理图像，以揭示局部化学键的影响机制对理解高熵合金的塑性流变行为至关重要。

作者研究团队[18]近期以三元 CrCoNi 中熵合金体系为研究对象，首先采用分子动力学模拟，结合过渡态理论，考察了位错形核过程中原子的演变情况，发现位错形核过程中伴随着局部 FCC – BCC 的结构转变，这类 BCC 缺陷原子作为位错形核的前驱体，促进位错的形成，如图 9a ~ c 所示。这一发现与第一性原理计算结果非常吻合，验证了位错形核过程中 BCC 团簇的关键作用。进一步的电子结构计算发现，Cr 元素表现出明显的电子局域化行为，使得 Cr 原子键的变形协调性降低，容易产生应力集中（见图 9d）；另外 Cr 原子周围原子密度较低，导致 Cr 原子键抗变形能力较低。Cr 原子特殊的电子结构，导致变形过程中周围结构的坍塌，从而形成 BCC 结构，进一步促使位错的形核。传统晶态合金中位错形核前驱体的产生和湮灭与热振动具有相同的周期，表现出明显的热振动属性。对于中高熵合金，其各向异性的化学结合使不同原子间的受力和能量状态有着明显差距，促使某些高能态原子优先处于激活态，促进位错的形核，表现出明显的化学环境依赖性。

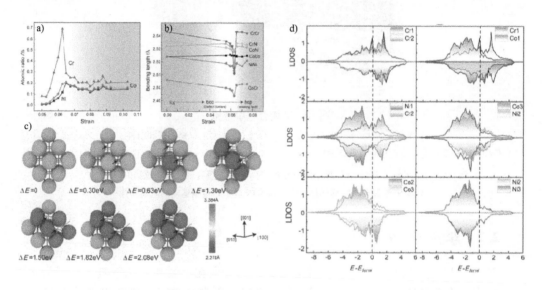

图 9　a）BCC 结构中 CrCoNi 原子百分数随变形过程的变化　b）原子间键长随变形的演变
c）过渡态理论计算位错形核最低能量路径中能量和结构的演变（其中绿色代表 FCC 结构，
蓝色为 BCC 结构，红色为 HCP 结构）　d）CrCoNi 中熵合金电子结构[18]

　　高熵合金化学键的不均匀性同时也很大程度上影响着位错的运动方式。研究表明，高熵合金中位错往往呈现共面滑移的特征，如图 10a、b 所示。这种共面滑移模式与中高熵合金中局部化学短程序或化学团簇有关。研究还发现中高熵合金位错在滑移面上的运动比较缓慢，表明中高熵合金中存在明显的晶格摩擦。与传统金属不同，中高熵合金中化学键的不均匀性使得位错与点阵的交互作用也处处不同，使得位错以扭曲的方式滑移，如图 10c 所示。这种扭曲的位错形式同样来源于其化学无序的原子排布。如图 10d 所示，纯 Cu 中位错线长而直，作为一个整体在晶体内部进行滑移。而在中高熵合金中，由于局部能量的差异性，位错线本身呈波浪形，如图 10e 所示。在位错运动过程中，某些低能环境可钉扎位错，抑制位错的运动；同时又存在许多高能阵点，促进位错的运动或者弯曲，如图 10f 所示。因此，在外加应力与内部不均匀的化学分布共同作用下，中高熵合金中的位错以不均匀的、曲折的方式进行滑移。这种曲折的位错运动方式加强了中高熵合金的固溶强化作用，同时某些阵点对位错的强烈钉扎作用促使位错的滑移或孪晶出现。

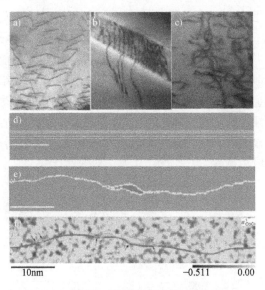

图 10　高熵合金中位错

a）室温下 CoCrFeMnNi 高熵合金中 {1 1 1} 平面上位错的共面滑移[19]

b）CoCrFePdNi 高熵合金中位错在滑移面的钉扎[20]　c）(TiZrHfNb)$_{98}$O$_2$ 高熵合金中位错的局部弯曲与钉扎[21]

d）纯 Cu 中平直的螺位错线　e）原子随机分布的 CrCoNi 中熵合金模型中位错的波浪形形貌[22]

f）CrCoNi 中熵合金中局部化学序（Co‐Cr 对）对位错运动的阻碍作用[23]

2.2　孪生

对 CrCoNi 基高熵合金的实验工作表明，这类合金在室温和低温下具有优异力学性能的原因在于孪晶变形机制的开启[24-28]。尤其是低温条件下，CrCoNi 基中高熵合金往往具有很低甚至是负的层错能，给孪晶的形成提供了有利的条件。作者研究团队前期对 CrCoNi 中熵合金拉拔丝的研究表明[28]，低温环境下 CrCoNi 中熵合金的加工硬化能力明显高于室温状态（见图 11a），其原因在于低温环境下出现了高密度的纳米孪晶（见图 11b），孪晶界与位错的相互作用提高了位错的滑移能力。

传统合金中孪晶的层‐层依次增厚是由孪晶不全位错沿孪晶界在（1 1 1）面依次滑移产生的，如图 11c 所示。由于化学环境的一致性，孪晶位错的滑移不会改变孪晶界附近的化学结合状态，所以传统合金中变形孪晶的宽化并不需要额外的能量。如图 11 所示，纯 Ni 孪晶生长时需跨过的能垒基本保持不变（紫色箭头）。而在中高熵合金中，孪晶不全位错沿孪晶面逐层滑移改变了孪晶界附近（1 1 1）面的化学环境，平衡状态下孪晶界附近有利的局部环境被破坏。因此，孪晶每宽化一个原子层就需消耗额外的能量。CrCoNi 合金中从层错到双层孪晶再到三层孪晶过程中，不全位错滑移的能垒逐渐增加（如图 11c 所示，橙色箭头）。因此中高熵合金中孪晶难以宽化，这可能是实验观察到的所有变形孪晶都停留在纳米尺度上，而不会增厚成宽的薄层状的原因。这种纳米尺度的孪晶不仅出现在 CrCoNi 基中高熵合金中，作者研究团队在难熔 W 基高熵合金中发现的变形孪晶也主要维持在纳米尺度[29]，如图 11d 所示。这说明高熵合金中这种孪晶的耗能生长过程是普遍现象。

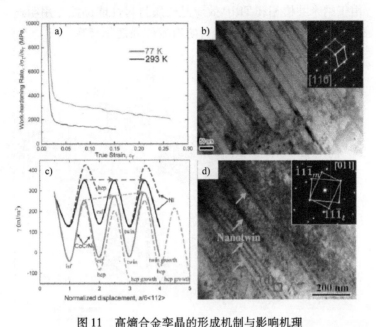

图 11　高熵合金孪晶的形成机制与影响机理

a）CrCoNi 中熵合金丝室温和低温下加工硬化曲线　b）低温加载后 CoCrNi 中熵合金中出现
的高密度纳米孪晶[28]　c）纯 Ni 和 CrCoNi 中熵合金体系的广义层错能曲线[30]
d）WFeNiMo 高熵合金变形后出现的纳米孪晶[29]

2.3　相变

　　高熵合金化学无序拓扑有序的结构特点，赋予了高熵合金更丰富的变形和相变特点。高熵合金由于具有过饱和固溶的结构特征，通过添加少量其他元素，经过一定温度热处理后，高熵合金基体中可生成与其共格的纳米析出相颗粒，从而达到强韧化效果。如，在 CoCrFeNi 基体中添加 Al、Ti 元素，再辅以适当的变形和热处理，高熵合金可析出弥散分布的纳米 Ni_3（Ti，Al）颗粒[31]。由于 L12 结构的纳米析出相与 FCC 基体呈共格关系，能显著提高熵合金的强度。同时，以 Al、Ni 元素为主的 L12 结构纳米析出相已成为许多高熵合金体系调控的目标析出相[32,33]。

　　高熵合金由于不同主元原子的无序占位，改变了高熵合金固溶相的稳定性和堆垛层错，使材料发生相变诱导塑性（TRIP 效应）和加工硬化，从而提高合金的宏观塑性变形能力以实现强韧化。如，李志明等[34]首先将 TRIP 效应（FCC 到 HCP 相变）引入高熵合金，开发了具有 FCC 和 HCP 双相结构的亚稳高熵合金 Co10Cr10Fe50Mn30。其强度、塑性和加工硬化率相比单相 FCC 结构的 Co10Cr10Fe35Mn45 和 CoCrFeMnNi 高熵合金都有明显提升。Lilensten L. 等人[35]根据 Ti 合金中亚稳 β 相的启发，开发了具有 BCC 结构的 Hf27.5Nb5Ti35Ta5Zr27.5 亚稳高熵合金。该合金通过 β 相（BCC）到 α'' 相的马氏体相变提高了合金的塑性。吕昭平课题组[36]在 BCC 难熔高熵合金的基础上，通过 Ta 元素含量调控 BCC 相的热力学和机械稳定性，开发了具有 TRIP 效应的 HfTa0.4TiZr 双相亚稳高熵合金。该合金在保持高强度的同时实现了塑性的大幅增加，拉伸塑性可以达到 30%。如图 12 所示为双相亚稳高熵合金由于 TRIP 效应获得了更好的力学性能。由于纳米共格相和 TRIP 效应对金属材料性能调控作用明显，因此以相变为主的"亚稳工程"已经成为高熵合金行之有效的强韧化策略。

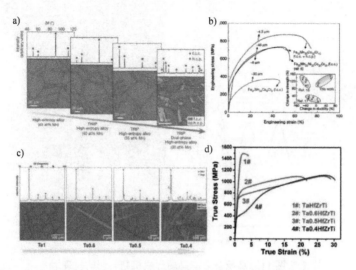

图 12　a）和 b）分别为 Co10Cr10Fe50Mn30 双相亚稳高熵合金的组织结构图和力学性能曲线[34]，
c）和 d）为 HfTa0. 4TiZr 双相亚稳高熵合金的组织结构图和力学性能曲线[36]

3　非晶合金

非晶合金（也称金属玻璃）是熔融的（液态）金属在快速冷却过程中没有发生结晶而形成的固体材料[37]。非晶合金由排列无序的原子组成，没有位错、孪生等晶态金属材料的塑性变形载体。过去几十年，科学家提出若干流变单元来表征非晶合金的塑性变形行为，代表性的有自由体积模型、剪切转变区模型、拉伸转变区模型、流变单元、软点等。

3.1　自由体积模型

通过液体冷却玻璃态转变形成的非晶合微结构最大的特点是保留了液态时的无序排列方式。相对于晶体有序的排列而言，原子堆积密度比较小，因而每一个原子占据的体积比相应的晶体材料大，多出来的部分就是自由体积。直观地说，自由体积就是一个原子最邻近位置存在的空隙，大小等于最邻近原子包围体积减去其硬球体积。作为原子尺度的流动缺陷，自由体积在变形过程中会产生和湮灭。1977 年，哈佛大学材料物理学家 Frans Spaepen 基于这种自由体积生 – 灭的动态平衡，建立了非晶合金的自由体积流变本构模型[38]。值得注意的是，Spaepen 的自由体积模型主要是基于单个原子的扩散运动图像建立的。随着研究的深入，研究者发现，非晶合金的塑性流动更多的是以几十到上百个原子团簇运动进行的。因此，Spaepen[39] 后来提出原子团簇运动方式的流动缺陷概念，其他研究者也相继提出多种以原子团簇运动为基础的流变单元模型。

3.2 剪切转变区模型

1979 年，麻省理工学院材料学家 Argon 基于他们先前对肥皂泡剪切实验的观察，提出了"剪切转变区（Shear Transformation Zone, STZ）"模型[40]，如图 13 所示。Argon 认为，非晶合金中的塑性流动是通过原子团簇的运动实现的，参与团簇运动的原子数目通常为几个到数百个。团簇运动引发局部原子重排而容纳塑性变形，这种"流动事件"称为 STZ。STZ 通常容易出现在自由体积含量较高的区域，在切应力和热涨落作用下被激活，是塑性变形的基本单元[41]。在金属玻璃中，STZ 不是自由的，受到周围弹性介质的约束。STZ 转变过程中的剪胀效应会导致局部体积的增大，从而使得整个系统产生一个弹性能。因此转变的 STZ 有可能恢复到它未转变时的状态。但是当大量 STZ 事件累积到一定程度时，材料就会对初始状态失去记忆，导致宏观尺度的塑性流动。

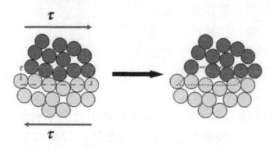

图 13   "剪切转变区（STZ）"模型示意图[40]

1998 年，美国物理学家 Langer 和他的学生 Falk，基于非晶固体材料变形的分子模拟结果统计分析，进一步勾画出 STZ 运动的图像，如图 14 所示，定量建立了描述 STZ 运动的物理方程[42]。随着研究的深入，STZ 的微观特性也越来越清晰。Delogu[43] 在研究金属玻璃局部原子结构的稳定性过程中，对潜在 STZ 的特性进行了表征。研究表明，潜在 STZ 的数目依赖于金属玻璃的结构弛豫程度，而 STZ 的激活能随着弹性应变场的增大而降低。Murali[44] 等还对 STZ 的特征尺寸进行了测量，发现 STZ 特征尺寸较大的金属玻璃往往剪切带厚度更大，断裂韧性更高，泊松比也更大。目前 STZ 模型已经成为非晶领域应用最为广泛的模型。

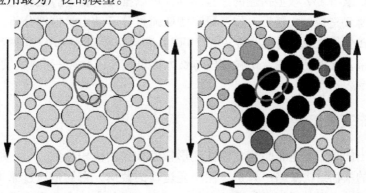

图 14   分子动力学模拟中观察到的 STZ 运动[42]

3.3 拉伸转变区模型

在金属玻璃断裂过程中，除形成常见的微米尺度的胞元或河流状脉状花样以外，通常还可以观察到一些光滑的断面，即所谓的"镜面区"[45-47]。研究发现，这些"镜面区"并不是真正完全无特征的，进一步放大往往可以观察到纳米尺度的涟漪或周期性条痕结构。这些纳米尺度的花样难以用传统的弯月失稳理论解释[48]，为了揭示其形成机理，作者研究团队提出了"拉伸转变区（Tension Transformation Zone, TTZ）"模型[49]，如图15所示。

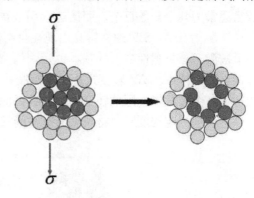

该模型认为，在高的静水拉伸应力作用下，金属玻璃局部区域的破坏是通过原子团簇的运动实现的，参与团簇运动的原子数目与STZ类似，通常为几十个到数百个。团簇运动引发局部原子重排形成新表面，从而导致积聚的能量被耗散，这种

图15　"拉伸转变区（TTZ）"模型示意图[49]

"事件"称为TTZ。TTZ通常容易出现在金属玻璃中自由体积含量较高的区域，它的激活需要满足以下条件：（1）极高的静水拉应力幅值，（2）较短的作用时间。以金属玻璃的准解理断裂过程为例，由于裂纹扩展过程中裂尖半径显著减小导致应力集中，使得裂尖拉应力水平达到了材料的理想解理强度，并且裂纹扩展的时间尺度非常短，小于结构弛豫或者黏性流动的时间尺度，STZ被抑制，因而这一失效过程是TTZ主控的断裂过程。裂尖大量TTZ的激活，最终导致纳米尺度花样的产生。

目前，原子团簇运动的TTZ模式已得到一些动态试验以及分子动力学模拟结果的支撑。Escobedo[50]等利用一级轻气炮对一种Zr金属玻璃开展了层裂实验，在回收试样层裂面上观察到了纳米尺度的周期性条痕，并认为这种花样的产生是一系列TTZ被激活的结果。Murali[51]等通过分子动力学模拟研究了裂纹在脆性的FeP金属玻璃以及延性的CuZr金属玻璃的扩展过程，如图16所示。在脆性裂纹的尖端区域观察到了孔洞化现象。这种现象与TTZ模型描述的过程相同，可以推测，裂尖的孔洞化现象就是原子团簇的TTZ运动造成的。随后，作者研究团队通过分子动力学模拟分析，发现非晶合金发生延脆转变从微观上是拉伸转变区（TTZ）和剪切转变区（STZ）两种原子团簇运动竞争的结果，宏观上表现为孔洞成核与长大竞争作用，并进一步建立了TTZ原子团簇事件激活率表达[52]。

3.4 流变单元

需要指出的是，上述非晶合金塑性变形模型如自由体积模型、STZ和TTZ等不是非晶合金中的本征结构缺陷，只是塑性流变运动的载体，它们是通过原子的运动来定义的，只能通过变形前后原子结构的对比来区别。近年来的实验观察发现，金属玻璃具有内在的结构不均匀性，表现为纳米尺度上弹性非均匀性，暗示着这类非均质"缺

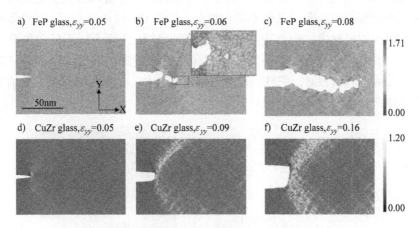

a) FeP glass, ε_{yy}=0.05　b) FeP glass, ε_{yy}=0.06　c) FeP glass, ε_{yy}=0.08

d) CuZr glass, ε_{yy}=0.05　e) CuZr glass, ε_{yy}=0.09　f) CuZr glass, ε_{yy}=0.16

图 16　裂纹在 FeP 和 CuZr 金属玻璃中的扩展过程[51]

陷"与非晶合金的塑性变形存在某种联系[53,54]。

中科院物理所汪卫华等人通过动态拉伸测试、应力弛豫等方法给出非晶合金中流变单元存在的间接证据，并提出了非晶合金流变单元模型[55-58]。如图 17 所示，粉红色球形区域的原子团簇尺寸在几个纳米量级，相比非晶合金中的其他原子，它们具有低的弹性模量和强度，原子排列更加松散，能量高，原子流动性高。这些区域又被称作"软区"或者"类液区"。这些区域不能储存弹性能，在外界温度和应力的作用下，这些

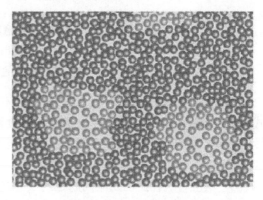

图 17　流变单元模型示意图[55]

区域发生流变并耗散能量。进一步研究发现，通过调制非晶样品流变单元的密度可以大大改进非晶合金宏观塑性形变能力、强度等力学性能，甚至可以得到具有室温拉伸塑性的非晶合金[55]。

晶体中流变单元位错等缺陷是有序中存在的无序，其发现和表征等相对容易。但非晶态系统（结构、组元和结合键）极其复杂，在拓扑与化学均无序的基体中观察、寻找同样无序的流变单元非常困难。目前流变单元模型还没有被直接的实验验证。发现和表征流变单元的结构、演化、结构与性能及玻璃转变的相关性从基本理论到实验手段上都极其困难，是目前最具挑战性的难题和研究前沿。

3.5　软点

类似于流变单元模型中的结构与性能的不均匀性（软区），约翰霍普金斯大学马恩等人[60,59]基于非晶合金中的非均匀的化学环境，提出"软点模型"。如图 18a 所示，非晶合金中存在一定的短程序，即内部原子倾向于按一定的局部原子配位排列，如 Cu64Zr36 非晶合金中倾向于以 Cu 为中心的 Z12 型全二十面体和 Zr 周围的 Z16 团簇。

Cu 的许多近邻原子也是 Cu，所以 Z12 型全二十面体相互重叠和渗透。但同时也存在一些明显偏离的局部构型，即"几何不利构型"（见图 18a 黄色圆圈）。这些几何不利构型通常具有较少的短程序，包含更多的过剩体积。这样的原子周围环境更灵活，更易于重新排列，因此在压力下更容易发生弹性和非弹性弛豫。因此，当一个局部区域含有高含量的几何不利构型时，它往往表现得更"像液体"，对施加的应力更敏感，发挥类似于在晶体中介导塑性变形的缺陷的作用。

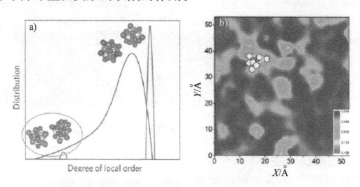

图 18　a）金属玻璃中的短程序分布示意图（红色线、蓝色线为对应晶体）[59]
b）低频振动参与分数 P_i 空间分布示意图，其中白色圆圈为 5% 应变条件下发生
明显剪切变换的原子位置[60]

　　"软点"是连接这种结构上和力学上的不均匀性之间的桥梁，是强烈参与软振动模式的原子的聚集。这些局域环境优先参与软振动模式。与此同时，它们有更高的剪切转变倾向。软点与剪切转变表现出强烈的相关性，两者在局部原子堆垛环境中有一个共同的特征：软点是最容易不稳定的局部构型。这些软点反映了热刺激下重要的动态（振动）响应，这种振动响应同时也与发生应力驱动的剪切变换有关。如图 18b 所示，发生剪切转变的原子与强烈参与软模振动的软点原子高度重合。因此，它们可能与"类液体区域"和那些倾向于发生级联变形的局部原子群有关。这意味着可以将软点的数量和分布作为可变形性的指示信号，而不是将后者单独与静态捕获的原子排列顺序联系起来。可以根据预先选定的截止振动频率（例如 1% 的最低频率振动模态）来识别软点，并评估这些软模态的参与程度。

4　结束语

　　本文简要评述了拓扑－化学有序的传统晶态合金、拓扑有序化学无序的高熵合金以及拓扑－化学无序的非晶合金的塑性变形单元。传统晶态合金、高熵合金和非晶合金都是由金属键构成的，应力作用下金属键的断裂和重连无需考虑键角、电中性等限制性因素。三者在外力下的塑性流动微观上都是局部原子的协同作用。参与塑性流动的局部原子周围的环境是导致其力学性能迥异的根本原因。对于晶态金属，不管是传统金属合金还是高熵合金，塑性变形的基本载体都是位错。位错运动的阻力决定材料的强塑性。晶态金属的强化机制，如泰勒硬化（来自位错－位错相互作用）和界面强化（来自位错与晶界、双晶界和粒子界的相互作用）对传统合金与高熵合金都普遍适用。即使在传统金属中，塑性流动和断裂的理论也不够充分，在高熵合金中更是如此。比传统金属合金更复杂的是，高熵合金中化学无序的原子排布使位错的形核和运动都表现出局部化学环境的依赖性，形核及运动的能量路径也变得更加难以捉摸。这对晶态金属合金塑性量化理论带来了新的挑战。而对于非晶合金，在没有允许位错滑动的晶格的情况下，全局屈服需要激活大量的原子来参与合作的"剪切变换"，因此非晶合金表现出很高的强度。但非晶合金中的塑性变形是非均匀和高度局域化的，室温下表现出非常差的塑性。非晶合金在外力作用下原子的流动在纳米尺度的空间上也是集体共同运动的，非晶合金塑性变形的基本单元是能够承载剪切变形原子图簇的集体重排。自由体积模型、剪切转变模型、拉伸转变模型、流变单元和软点等微观模型都在一定程度上能很好地描述了非晶合金塑性流变过程。但相比于晶态合金，非晶态合金由于独特的原子结构，其塑性机理还很不清楚，统一的理论模型的建立仍面临诸多挑战。

参 考 文 献

[1] George E P, Raabe D, Ritchie R O. High – entropy alloys [J]. Nature Reviews Materials, 2019, 4 (8): 515 – 534.

[2] Yang G, Park S J. Deformation of Single Crystals, Polycrystalline Materials, and Thin Films: A Review [J]. Materials (Basel), 2019, 12 (12).

[3] Kacher J, Eftink B P, Cui B, et al. Dislocation interactions with grain boundaries [J]. Current Opinion in Solid State and Materials Science, 2014, 18 (4): 227 – 243.

[4] Pang W – W, Zhang P, Zhang G – C, et al. Dislocation creation and void nucleation in FCC ductile metals under tensile loading: A general microscopic picture [J]. Sci Rep, 2014, 4 (1): 1 – 7.

[5] Ryu S, Kang K, Cai W. Predicting the dislocation nucleation rate as a function of temperature and stress [J]. Journal of Materials Research, 2011, 26 (18): 2335 – 2354.

[6] Liang L W, Wang Y J, Chen Y, et al. Dislocation nucleation and evolution at the ferrite – cementite interface under cyclic loadings [J]. Acta Materialia, 2020, 186: 267 – 277.

[7] Tsuji N, Ogata S, Inui H, et al. Strategy for managing both high strength and large ductility in structural materials – sequential nucleation of different deformation modes based on a concept of plaston [J]. Scripta Materialia, Acta Materialia, 2020, 181: 35 – 42.

[8] Beyerlein I J, Zhang X, Misra A. Growth Twins and Deformation Twins in Metals [J]. Annual Review of Materials Research, 2014, 44 (1): 329 – 363.

[9] Tian L – Y, Lizárraga R, Larsson H, et al. A first principles study of the stacking fault energies for fcc Co – based binary alloys [J]. Acta Materialia, 2017, 136: 215 – 223.

[10] De Cooman B C, Estrin Y, Kim S K. Twinning – induced plasticity (TWIP) steels [J]. Acta Materialia, 2018, 142: 283 – 362.

[11] Dao M, Lu L, Shen Y F, et al. Strength, strain – rate sensitivity and ductility of copper with nanoscale twins [J]. Acta Materialia, 2006, 54 (20): 5421 – 5432.

[12] Zhu T, Li J, Samanta A, et al. Interfacial plasticity governs strain rate sensitivity and ductility in nanostructured metals [J]. Proc Natl Acad Sci U S A, 2007, 104 (9): 3031 – 3036.

[13] Dahmen U. Orientation relationships in precipitation systems [J]. Acta Metallurgica, 1982, 30 (1): 63 – 73.

[14] Pérez – Prado M T, Zhilyaev A P. First experimental observation of shear induced hcp to bcc transformation in pure Zr [J]. Physical Review Letters, 2009, 102 (17): 4 – 7.

[15] Cook H E. A theory of the omega transformation [J]. Acta Metallurgica, 1974, 22 (2): 239 – 247.

[16] T – p diagram and phase transitions of hafnium in shock waves [J]. Fiz. Met. Metalloved, 1979: 787 – 793.

[17] Sharma A, Singh P, Johnson D D, et al. Atomistic clustering – ordering and high – strain deformation of an Al0. 1CrCoFeNi high – entropy alloy [J]. Sci Rep, 2016, 6: 31028.

[18] Cao F – H, Wang Y – J, Dai L – H. Novel atomic – scale mechanism of incipient plasticity in a chemically complex CrCoNi medium – entropy alloy associated with inhomogeneity in local chemical environment [J]. Acta Materialia, 2020, 194: 283 – 294.

[19] Otto F, Dlouhý A, Somsen C, et al. The influences of temperature and microstructure on the tensile properties of a CoCrFeMnNi high – entropy alloy [J]. Acta Materialia, 2013, 61 (15): 5743 – 5755.

[20] Ding Q, Zhang Y, Chen X, et al. Tuning element distribution, structure and properties by composition in high – entropy alloys [J]. Nature, 2019, 574 (7777): 223 – 227.

[21] Lei Z, Liu X, Wu Y, et al. Enhanced strength and ductility in a high – entropy alloy via ordered oxygen complexes [J]. Nature, 2018, 563 (7732): 546 – 550.

[22] Ma E. Unusual dislocation behavior in high – entropy alloys [J]. Scripta Materialia, 2020, 181: 127 – 133.

[23] Li Q – J, Sheng H, Ma E. Strengthening in multi – principal element alloys with local – chemical – order roughened dislocation pathways [J]. Nat Commun, 2019, 10 (1): 1 – 11.

[24] Zhang Z, Sheng H, Wang Z, et al. Dislocation mechanisms and 3D twin architectures generate exceptional strength – ductility – toughness combination in CrCoNi medium – entropy alloy [J]. Nat Commun, 2017, 8: 14390.

[25] Laplanche G, Kostka A, Reinhart C, et al. Reasons for the superior mechanical properties of medium – entropy CrCoNi compared to high – entropy CrMnFeCoNi [J]. Acta Materialia, 2017, 128: 292 – 303.

[26] Huang H, Li X, Dong Z, et al. Critical stress for twinning nucleation in CrCoNi – based medium and high entropy alloys [J]. Acta Materialia, 2018, 149: 388 – 396.

[27] Ding Q, Fu X, Chen D, et al. Real – time nanoscale observation of deformation mechanisms in CrCoNi – based medium – to high – entropy alloys at cryogenic temperatures [J]. Materials Today, 2019, 25: 21 – 27.

[28] Liu J P, Chen J X, Liu T W, et al. Superior strength – ductility CoCrNi medium – entropy alloy wire [J]. Scripta Materialia, 2020, 181: 19 – 24.

[29] Liu X F, Tian Z L, Zhang X F, et al. "Self – sharpening" tungsten high – entropy alloy [J]. Acta Materialia, 2020, 186: 257 – 266.

[30] Niu C, LaRosa C R, Miao J, et al. Magnetically – driven phase transformation strengthening in high entropy alloys [J]. Nat Commun, 2018, 9 (1).

[31] He J Y, Wang H, Huang H L, et al. A precipitation – hardened high – entropy alloy with outstanding tensile properties [J]. Acta Materialia, 2016, 102: 187 – 196.

[32] Liang Y J, Wang L, Wen Y, et al. High – content ductile coherent nanoprecipitates achieve ultrastrong high – entropy alloys [J]. Nat Commun, 2018, 9 (1): 4063.

[33] Fu Z, Jiang L, Wardini J L, et al. A high – entropy alloy with hierarchical nanoprecipitates and ultrahigh strength [J]. Science Advances, 2018, 4 (10): 1 – 9.

[34] Li Z, Pradeep K G, Deng Y, et al. Metastable high – entropy dual – phase alloys overcome the

strength – ductility trade – off [J]. Nature, 2016, 534 (7606): 227 – 230.

[35] Lilensten L, Couzinié J P, Bourgon J, et al. Design and tensile properties of a bcc Ti – rich high – entropy alloy with transformation – induced plasticity [J]. Materials Research Letters, 2017, 5 (2): 110 – 116.

[36] Huang H, Wu Y, He J, et al. Phase – Transformation Ductilization of Brittle High – Entropy Alloys via Metastability Engineering [J]. Adv Mater, 2017, 29 (30).

[37] 戴兰宏, 蒋敏强. 液体的 fragility 及其与玻璃固体力学性能的关联 [J]. 力学进展, 2007, 37 (3): 346 – 360.

[38] Spaepen F. A microscopic mechanism for steady state inhomogeneous flow in metallic glasses [J]. Acta Metallurgica, 1977, 25 (4): 407 – 415.

[39] Spaepen F. Homogeneous flow of metallic glasses: A free volume perspective [J]. Scripta Materialia, 2006, 54 (3): 363 – 367.

[40] Argon A S. Plastic deformation in metallic glasses [J]. Acta Metallurgica, 1979, 27 (2): 47 – 58.

[41] Wang W H. Dynamic relaxations and relaxation – property relationships in metallic glasses [J]. Progress in Materials Science, 2019, 106: 100561.

[42] Falk M L, Langer J S. Dynamics of viscoplastic deformation in amorphous solids [J]. Physical Review E, 1998, 57 (6): 7192 – 7205.

[43] Delogu F. Identification and characterization of potential shear transformation zones in metallic glasses [J]. Physical Review Letters, 2008, 100 (25): 3 – 6.

[44] Murali P, Zhang Y W, Gao H J. On the characteristic length scales associated with plastic deformation in metallic glasses [J]. Applied Physics Letters, 2012, 100 (20).

[45] Xi X K, Zhao D Q, Pan M X, et al. Fracture of brittle metallic glasses: Brittleness or plasticity [J]. Physical Review Letters, 2005, 94 (12): 25 – 28.

[46] Wang G, Zhao D Q, Bai H Y, et al. Nanoscale periodic morphologies on the fracture surface of brittle metallic glasses [J]. Physical Review Letters, 2007, 98 (23): 1 – 4.

[47] Shen J, Liang W Z, Sun J F. Formation of nanowaves in compressive fracture of a less – brittle bulk metallic glass [J]. Applied Physics Letters, 2006, 89 (12): 19 – 22.

[48] A P R S L. The instability of liquid surfaces when accelerated in a direction perpendicular to their planes. I [J]. Proceedings of the Royal Society of London. Series A. Mathematical and Physical Sciences, 1950, 201 (1065): 192 – 196.

[49] Jiang M Q, Ling Z, Meng J X, et al. Energy dissipation in fracture of bulk metallic glasses via inherent competition between local softening and quasi – cleavage [J]. Philosophical Magazine, 2008, 88 (3): 407 – 426.

[50] Escobedo J P, Gupta Y M. Dynamic tensile response of Zr – based bulk amorphous alloys: Fracture morphologies and mechanisms [J]. Journal of Applied Physics, 2010, 107 (12).

[51] Murali P, Guo T F, Zhang Y W, et al. Atomic scale fluctuations govern brittle fracture and cavitation behavior in metallic glasses [J]. Physical Review Letters, 2011, 107 (21): 1 – 5.

[52] Huang X, Ling Z, Dai L H. Ductile – to – brittle transition in spallation of metallic glasses [J]. Journal of Applied Physics, 2014, 116 (14): 143503 – 1: 8.

[53] Liu Y H, Wang D, Nakajima K, et al. Characterization of nanoscale mechanical heterogeneity in a metallic glass by dynamic force microscopy [J]. Physical Review Letters, 2011, 106 (12): 1 – 4.

[54] Ye J C, Lu J, Liu C T, et al. Atomistic free – volume zones and inelastic deformation of metallic glasses [J]. Nature Materials, 2010, 9 (8): 619 – 623.

[55] Wang Z, Wen P, Huo L S, et al. Signature of viscous flow units in apparent elastic regime of metallic glasses [J]. Applied Physics Letters, 2012, 101 (12): 121906.

[56] Huo L S, Zeng J F, Wang W H, et al. The dependence of shear modulus on dynamic relaxation and e-volution of local structural heterogeneity in a metallic glass [J]. Acta Materialia, 2013, 61 (12): 4329 –4338.

[57] Yu H B, Shen X, Wang Z, et al. Tensile plasticity in metallic glasses with pronounced β relaxations [J]. Physical Review Letters, 2012, 108 (1): 1 –5.

[58] 汪卫华. 非晶中"缺陷"——流变单元研究 [J]. 中国科学：物理学 力学 天文学, 2014, 44 (4): 396 –405.

[59] Ma E, Ding J. Tailoring structural inhomogeneities in metallic glasses to enable tensile ductility at room temperature [J]. Materials Today, 2016, 19 (10): 568 –579.

[60] Ding J, Patinet S, Falk M L, et al. Soft spots and their structural signature in a metallic glass [J]. Proceedings of the National Academy of Sciences of the United States of America, 2014, 111 (39): 14052 –14056.

Plastic deformation carriers for metallic materials

DAI Lan –hong[1,2]*, CAO Fu –hua[1,2], LIU Tian –wei[1,2]

(1. State Key Laboratory of Nonlinear Mechanics, Institute of Mechanics,
Chinese Academy of Sciences, Beijing 100084)

(2. School of Engineering Sciences, University of Chinese Academy of Sciences, Beijing 101408)

Abstract: Overcome the trade – off relationship between strength and ductility/toughness and develop advanced metal structural materials with high strength and toughness and plasticity is an important task in the fields of mechanics, materials and physics. The key problem is how does the plastic deformation of metal materials occurs at the micro – scopic and meso – scopic scale. This paper reviews the elementary carrier of plastic deformation, in which aimed at three kinds of typical metal materials system including the traditional ordered alloy, the topologically ordered but chemically disordered high entropy alloys as well as the topologically and chemically disordered amorphous alloy, to better understand the origin of metal deformation.

Key words: metallic materials; high entropy alloy; amorphous alloy; metallic glass; plastic flow

432

纳米圆柱孔对 SV 波的散射

贾宁[1,2]，彭志龙[1,2]，姚寅[1,2]*，陈少华[1,2]*

（1. 北京理工大学先进结构技术研究院，北京　100081）

（2. 北京理工大学轻量化多功能复合材料与结构北京市重点实验室，北京　100081）

摘要：弹性波在纳米多孔材料中的传播行为不可避免地受到纳米孔洞表面效应的影响。本文采用一种基于表面能密度的新表面弹性动力学理论，研究了纳米圆柱孔对 SV 波的散射行为，同时考虑表面能和表面惯性两部分表面效应的影响。基于波函数展开法，得到了纳米圆柱孔周围动应力集中因子（DSCF）的解析解。结果表明，当孔洞尺寸处于纳米量级时，表面能效应使最大 DSCF 降低，而表面惯性效应使其增加；随着入射波频率的增加，表面惯性效应逐渐增强，甚至超过表面能效应的影响。本文结果不仅有利于深化对纳尺度弹性波散射行为的认识，还对纳米缺陷的无损检测具有指导意义。

关键词：表面能效应；表面惯性效应；SV 波；散射；动应力集中因子（DSCF）

引言

弹性波在非均质材料中的传播问题在学术界及工程界广受关注，涉及无损检测、地震监测、油气勘探及吸声材料设计等多个领域[1,2]。由于非均质材料中含有非均匀相（如孔洞、裂纹、夹杂等），当弹性波遇到非均匀相时，将发生反射、衍射及散射等复杂波动力学现象，从而引起动应力集中。多孔材料作为一种非均匀相为孔洞的非均质复合材料，具有轻质、高孔隙等特点，在民用及军用领域应用广泛[3]。基于经典弹性动力学[4]，科研人员已开展了大量关于多孔材料弹性波散射问题的理论及数值研究，Pao 和 Mow[5]对相关进展进行了全面的总结。

众所周知，宏观尺寸孔洞对弹性波的散射不仅与孔洞形状及分布有关，亦与基体材料本身的弹性及惯性性质有关[6-8]。然而，当孔洞特征尺寸降至纳米量级时，孔洞的比表面积显著增大，弹性波的散射行为将不仅受到基体材料力学性质的影响，同时将受到纳米孔洞表面力学性质的影响。显然，经典弹性动力学理论由于不包含任何内禀的表面参数，无法精确预测纳尺度弹性波散射行为。因此，发展考虑纳米材料表面效应的弹性动力学理论成为必要。

＊通讯作者，姚寅，E-mail：yaoyin@bit.edu.cn

＊通讯作者，陈少华，E-mail：chenshaohua72@hotmail.com or shchen@bit.edu.cn

20 世纪 70 年代，Gurtin 和 Murdoch[9]在连续介质力学框架下，首先发展了一套表面弹性静力学理论（G-M 理论）。理论中，固体表面假设为具有一定质量且与体内无滑移的零厚度二维薄膜，建立了表面应力与表面应变所满足的线弹性表面本构关系，表面残余应力和表面弹性常数作为两个关键材料参数刻画其表面力学性质。之后，Gurtin 和 Murdoch 又将此理论进一步推广为表面弹性动力学理论[10]。与经典弹性动力学理论[11]相比，表面弹性动力学理论中的应力边界条件中额外引入了两类与表面效应相关的面力，分别为表面诱发额外面力及表面惯性力。前者与表面残余应力和表面弹性常数有关，后者则受到表面质量密度的影响。因此，在纳米材料的动力学问题中，表面效应包括表面能效应和表面惯性效应。基于 G-M 表面弹性动力学理论，科研人员已开展了一系列预测纳米材料弹性动力学行为的研究，包括纳米单元的弹性振动问题及纳米结构材料中弹性波的传播问题等[12-14]。

针对纳米多孔材料中弹性波的散射问题，科研人员基于 G-M 表面弹性动力学理论亦开展了丰富的理论研究。Wang[15,16]等研究了单个纳米圆柱孔或纳米球孔对平面弹性波的散射问题；Zhang[17]等和 Ru[18]等考虑了周期性排布的纳米孔对平面弹性波的多重散射问题；Liu[19]等将 G-M 表面弹性动力学理论用于计算纳尺度二维声子晶体的弹性波带结构；汝艳[20]和 Qiang[14,21]等理论表征了孔洞随机分布的纳米多孔材料的动态等效弹性性质；Parvanova[22,23]等将 G-M 表面弹性动力学理论发展为有限元方法，用以研究纳米复合材料中的弹性波多重散射问题。

需要指出的是，已有基于 G-M 理论建立的动力学理论模型中，表面残余应力和表面弹性常数是刻画表面力学性质的关键材料参数。然而，如何实验测定表面弹性常数目前仍是一项具有挑战性的任务[24]。通过分子动力学进行计算所得结果又不可避免地受到势函数和算法的选择、模型尺寸及表面厚度的选择等人为因素的影响，存在较大的不确定性[24-26]。此外，已有关于纳尺度弹性波散射理论的研究表明，弹性波的散射行为明显依赖于纳米孔表面弹性常数的正负号，其真实物理意义缺乏合理解释。

另一方面，在已有的针对纳米多孔材料的弹性波散射模型中[14,16,27]，均为了简化而未考虑表面惯性效应的影响，表面简单假设为静力平衡状态。然而，大量诸如纳米梁振动、纳尺度裂纹弹性波散射问题的研究表明，表面惯性效应在纳尺度弹性动力学问题中的影响不可忽视，尤其当振动频率或入射波频率较高时，其影响更为显著[28-30]。

为了避免表面弹性常数的引入，Chen 和 Yao 从表面能密度的角度出发，首先提出了一套新的表面弹性静力学理论（Chen-Yao 理论）[31]，之后又将其推广为可应用于纳米增强复合材料的界面效应弹性静力学理论[32]。在新的表面弹性静力学理论中[31]，表面弹性本构关系以拉格朗日表面能密度的形式给出，同时考虑了表面残余应变及外载引起表面应变的影响。最终，体材料表面能密度和表面弛豫参数作为两个关键材料参数刻画纳米材料表面的力学性质，二者均可通过实验或简单的分子动力学计算获得[33-36]，从而避免了表面残余应力和表面弹性常数的引入。后续针对纳米材料静力学行为的理论研究已充分证实了 Chen-Yao 理论的有效性[37-41]。最近，Jia[42]等为了研究纳米结构材料的弹性动力学行为，基于表面能密度的概念，将 Chen-Yao 表面弹性静力学理论进一步发展为表面弹性动力学理论。与不考虑表面效应的经典弹性动力学理论[11]相比，新表面弹性动力学理论的应力边界条件中额外引入了与表面能密度相关的表面诱发面力和与表面质量密度相关的表面惯性力，用来分别表征表面能效应和表面惯性效应的影响。

本文旨在利用新的表面弹性动力学理论[42]，研究纳米圆柱孔对平面 SV 波的散射行为，揭示表面能效应和表面惯性效应对弹性波散射行为的耦合影响机制。本文简要叙述了基于表面能密度的新表面弹性动力学理论，基于新理论建立了单个纳米圆柱孔对 SV 波的散射模型，并得到孔洞周围动应力集中因子的解析解，讨论了表面效应对动应力集中因子的影响机制。

1 基于表面能密度的表面弹性动力学理论

如图 1 所示，假设一拥有完美晶格结构的纳米固体。其变形过程可分解为：初始构型、表面弛豫引起的弛豫构型以及在外载作用下的当前构型。在当前构型下，纳米固体内部所满足的运动方程可表示为[42]，

$$\boldsymbol{\sigma} \cdot \nabla + \boldsymbol{f} = \rho \, \ddot{\boldsymbol{u}} \quad (V - S) \tag{1}$$

式中，$\boldsymbol{\sigma}$ 和 $\boldsymbol{u}$ 分别为体内的 Cauchy 应力张量和位移矢量；$\ddot{\boldsymbol{u}}$ 表示位移矢量 $\boldsymbol{u}$ 关于时间的二阶导数；$\boldsymbol{f}$ 为单位体积的体力；ρ 为纳米固体内部体材料的质量密度；∇ 为空间梯度算子，V 和 S 分别表示纳米固体的体积和零厚度表面。

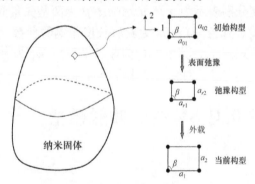

图 1　纳米固体示意图

由于纳米材料表面效应的影响，纳米固体在动态外载工况下，其表面将同时受到与表面能相关的表面诱发额外面力和与表面质量密度相关的表面惯性力的影响。纳米固体表面所满足的应力边界条件有如下形式：

$$\boldsymbol{p} - \boldsymbol{\gamma} - \boldsymbol{\sigma} \cdot \boldsymbol{n} = \rho_0 \ddot{\boldsymbol{u}} \quad (S) \tag{2}$$

式中，$\boldsymbol{p}$ 为外载面力；$\boldsymbol{n}$ 为纳米固体表面 S 的单位法向矢量；ρ_0 为表面质量密度（纳米固体表面单位面积的质量），其可通过简单的分子动力学计算得到[24,26,30]；$\boldsymbol{\gamma}$ 为与表面能有关的表面诱发额外面力，可以进一步表示为拉格朗日表面能密度 ϕ_0 的函数：

$$\begin{cases} \boldsymbol{\gamma} = \gamma_n \boldsymbol{n} + \gamma_t \\ \gamma_n = \phi_0 (\boldsymbol{n} \cdot \nabla_s) / J_s \\ \gamma_t = \nabla_s \phi_0 / J_s - \phi_0 (\nabla_s J_s) / J_s^2 \end{cases} \tag{3}$$

式中，γ_n 和 γ_t 分别表示表面诱发额外面力 γ 的法向和切向分量；∇_s 为表面空间梯度算子；J_s 为描述表面变形的雅克比行列式。

基于表面晶格模型，Chen 和 Yao[31] 给出了以拉格朗日表面能密度 ϕ_0 表示的表面本构关系，不仅考虑了表面晶格弛豫引起的表面残余应变的影响，亦考虑了外载应变的影响，其表达式为

$$\phi_0 = \phi_0^{\mathrm{stru}} + \phi_0^{\mathrm{chem}}$$

$$\phi_0^{\mathrm{stru}} = \frac{E_b}{2\sin\beta} \sum_{i=1}^{2} a_{0i}\eta_i \big\{ \big[3 + (\lambda_i + \lambda_i \varepsilon_{si})^{-m} - 3(\lambda_i + \lambda_i \varepsilon_{si}) \big] \cdot$$

$$\big[\lambda_i^2 \varepsilon_{si}^2 + (\lambda_i - 1)^2 + 2\lambda_i(\lambda_i - 1)\varepsilon_{si} \big] \big\} \tag{4}$$

$$\phi_0^{\mathrm{chem}} = \phi_{0b}\Big(1 - w_1 \frac{D_0}{D} \Big)$$

$$\eta_1 = a_{01}/a_{02}, \ \eta_2 = a_{02}/a_{01}$$

$$\lambda_i = a_{ri}/a_{0i}, \ \varepsilon_{si} = (a_i - a_{ri})/a_{ri}, \ i = 1, 2$$

式中，ϕ_0 包括两部分，ϕ_0^{stru} 表示与表面变形相关的结构能部分，ϕ_0^{chem} 表示与表面原子断键相关的化学能部分；E_b 和 ϕ_{0b} 分别为体材料杨氏模量和体材料表面能密度（纳米固体体内的杨氏模量和表面能密度）；λ_i 为与纳米固体特征尺寸相关的表面弛豫参数，可通过实验或分子动力学计算得到[33-36]；ε_{si} 为外载引起的表面应变，如图 1 所示，三种构型下的晶格长度分别表示为 a_{0i}、a_{ri} 和 a_i；β 为两基矢量间的夹角；D 为纳米固体的特征长度（如厚度、直径等）；D_0 为具有长度量纲的参数（纳米颗粒和纳米线可取为 $3d_a$，纳米薄膜可取为 $2d_a$，其中，d_a 为原子半径）；w_1 为表征 ϕ_0 尺寸依赖特征的经验参数；对金属材料 m 取 1，对合金及化合物 m 取 4。

2 纳米圆柱孔对 SV 波的散射模型

2.1 基本方程

如图 2 所示，一平面 SV 波在弹性介质中沿着 x 轴正向垂直撞在一个半径为 R 的纳米圆柱孔上。以孔圆心为原点 O，建立圆柱坐标系（r, θ, z）。显然，此模型可看作平面应变问题。

根据式（2），在不考虑体力的情况下，弹性介质内部满足运动方程

$$\begin{cases} \dfrac{\partial \sigma_r}{\partial r} + \dfrac{1}{r}\dfrac{\partial \tau_{r\theta}}{\partial \theta} + \dfrac{\sigma_r - \sigma_\theta}{r} = \rho \dfrac{\partial^2 u_r}{\partial t^2} \\ \dfrac{\partial \tau_{r\theta}}{\partial r} + \dfrac{1}{r}\dfrac{\partial \sigma_\theta}{\partial \theta} + \dfrac{2\tau_{r\theta}}{r} = \rho \dfrac{\partial^2 u_\theta}{\partial t^2} \end{cases} \tag{5}$$

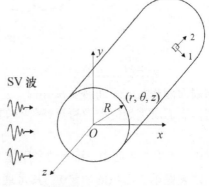

图 2　纳米圆柱孔对 SV 波的散射模型

式中，σ_r、σ_θ 和 $\tau_{r\theta}$ 分别为径向应力、环向应力和切应力；u_r 和 u_θ 分别为径向位移和

环向位移；t 为时间；ρ 为弹性介质的质量密度。

在小变形条件下，几何方程可表示为

$$
\begin{cases}
\varepsilon_r = \dfrac{\partial u_r}{\partial r} \\[2mm]
\varepsilon_\theta = \dfrac{1}{r}\dfrac{\partial u_\theta}{\partial r} + \dfrac{u_r}{r} \\[2mm]
\gamma_{r\theta} = \dfrac{\partial u_\theta}{\partial r} + \dfrac{1}{r}\dfrac{\partial u_r}{\partial \theta} - \dfrac{u_\theta}{r}
\end{cases}
\tag{6}
$$

式中，ε_r、ε_θ 和 $\gamma_{r\theta}$ 分别表示径向应变、环向应变和切应变。

对线弹性介质，其内部所满足的本构关系为

$$
\begin{cases}
\varepsilon_r = [\sigma_r - \nu(\sigma_\theta + \sigma_z)]/E_b \\[1mm]
\varepsilon_\theta = [\sigma_\theta - \nu(\sigma_r + \sigma_z)]/E_b \\[1mm]
\gamma_{r\theta} = \tau_{r\theta}/\mu
\end{cases}
\tag{7}
$$

式中，E_b、μ 和 ν 分别是弹性介质的杨氏模量、剪切模量和泊松比。

根据式（2）和式（3），在纳米圆柱孔表面无外载荷作用的情况下，表面 $r = R$ 处的应力边界条件可表示为

$$
\left.
\begin{cases}
\sigma_r = -\gamma_n + \rho_0 \dfrac{\partial^2 u_r}{\partial t^2} \\[3mm]
\tau_{r\theta} = \gamma_\theta + \rho_0 \dfrac{\partial^2 u_\theta}{\partial t^2}
\end{cases}
\right|_{r=R}
\tag{8}
$$

式中，ρ_0 为纳米圆柱孔的表面质量密度；γ_n 和 γ_θ 分别为表面诱发额外面力的法向和切向分量，二者均可根据式（3）表示为拉格朗日表面能密度 ϕ_0 的函数：

$$
\gamma_n = \frac{\phi_0}{RJ_s}, \quad \gamma_\theta = \frac{1}{R}\frac{\partial}{\partial\theta}\left(\frac{\phi_0}{J_s}\right)
\tag{9}
$$

拉格朗日表面能密度 ϕ_0 的一般性表达由式（4）给出。对于纳米圆柱孔，其表面可能包含有不同晶面。如图 1 所示，为简单起见，我们假设纳米圆柱孔表面为各向同性的（100）面[41]，且局部坐标 1、2 方向分别与整体坐标的环向和轴线方向平行。因此，我们有 $m = 1$、$\beta = 90°$ 和 $a_{01} = a_{02} = a_0$。在平面应变条件下，轴向表面变形为零，从而有轴向表面弛豫参数 $\lambda_2 = 1$ 和轴向表面应变 $\varepsilon_{s2} = 0$。根据泰勒展开，并忽略应变的高阶项（$n > 2$），纳米圆柱孔的拉格朗日表面能密度 ϕ_0 可推导为

$$
\phi_0 = \phi_{0b}\left(1 - \frac{3d_a}{8R}\right) + \frac{E_b a_0}{2}(5 - 4\lambda)(\lambda - 1)^2
$$

$$
+ \frac{E_b a_0}{2}(\lambda - 1)[2\lambda(5 - 4\lambda) - (\lambda - 1)(1 + 3\lambda)]\varepsilon_\theta^s
\tag{10}
$$

式中，$\lambda = \lambda_1 = a_{r1}/a_{01}$ 表示环向的表面弛豫参数；$\varepsilon_\theta^s = \varepsilon_{s1} = (a_1 - a_{r1})/a_{r1} = \varepsilon_\theta \mid_{r=R}$ 表示环向的表面应变。

将式（9）和式（10）代入式（8），并考虑到 $J_s \approx \lambda + \varepsilon_\theta^s$，纳米圆柱孔表面所满足的应力边界条件可重新表述为

437

$$\begin{cases} \sigma_r = -\dfrac{C_0}{R} + \dfrac{C_1}{R^2}\left(\dfrac{\partial u_\theta}{\partial \theta} + u_r\right) + \rho_0 \dfrac{\partial^2 u_r}{\partial t^2}\Bigg|_{r=R} \\[3mm] \tau_{r\theta} = -\dfrac{C_2}{R^2}\left(\dfrac{\partial^2 u_\theta}{\partial \theta^2} + \dfrac{\partial u_r}{\partial \theta}\right) + \rho_0 \dfrac{\partial^2 u_\theta}{\partial t^2}\Bigg|_{r=R} \end{cases} \tag{11}$$

其中，

$$\begin{cases} C_0 = \phi_{0b}\left(1 - \dfrac{3d_0}{8R}\right)(2-\lambda) + \dfrac{E_b a_0}{2}(5-4\lambda)(2-\lambda)(\lambda-1)^2 \\[3mm] C_1 = \phi_{0b}\left(1 - \dfrac{3d_0}{8R}\right) - \dfrac{E_b a_0}{2}(\lambda-1)(2-\lambda)(-11\lambda^2+12\lambda+1) \\[3mm] \qquad + \dfrac{E_b a_0}{2}(5-4\lambda)(\lambda-1)^2 \\[3mm] C_2 = \phi_{0b}\left(1 - \dfrac{3d_0}{8R}\right)(3-2\lambda) + \dfrac{E_b a_0}{2}(5-4\lambda)(\lambda-1)^2(3-2\lambda) \\[3mm] \qquad - \dfrac{E_b a_0}{2}(\lambda-1)(2-\lambda)(-11\lambda^2+12\lambda+1) \end{cases} \tag{12}$$

以上，式（5）~式（7）给出了该问题的基本方程，式（11）给出了相应的应力边界条件。值得指出的是，与已有纳米圆柱孔的弹性波散射模型[16,18]相比，本文模型有两点不同：一是通过体材料表面能密度和表面弛豫参数描述纳米孔表面的力学性质，而未引入已有模型常用的表面残余应力和表面弹性常数；二是除了表面能效应，本文同时考虑了表面惯性效应，而已有模型中均为了简化未考虑其影响，其重要性将在后文指出。

2.2 应力场和位移场的解析解

对于线性问题，弹性介质内部弹性波场可根据叠加原理得到。应力边界条件式（11）可以分解成以下两部分

$$\begin{cases} \widetilde{\sigma}_r = -\dfrac{C_0}{R} \\[3mm] \widetilde{\tau}_{r\theta} = 0 \end{cases} \tag{13}$$

和

$$\begin{cases} \hat{\sigma}_r = \dfrac{C_1}{R^2}\left(\dfrac{\partial \hat{u}_\theta}{\partial \theta} + \hat{u}_r\right) + \rho_0 \dfrac{\partial^2 \hat{u}_r}{\partial t^2}\Bigg|_{r=R} \\[3mm] \hat{\tau}_{r\theta} = -\dfrac{C_2}{R^2}\left(\dfrac{\partial^2 \hat{u}_\theta}{\partial \theta^2} + \dfrac{\partial \hat{u}_r}{\partial \theta}\right) + \rho_0 \dfrac{\partial^2 \hat{u}_\theta}{\partial t^2}\Bigg|_{r=R} \end{cases} \tag{14}$$

（a）第一部分：第一部分应力边界条件式（13）正好等价于纳米圆柱孔表面自由弛豫过程。该过程导致弹性介质内部产生恒常的弹性场。根据经典弹性力学[11]，很容易得到位移场和应力场的分布状况

$$\widetilde{u}_r = \dfrac{\chi_0}{r'}R, \quad \widetilde{\sigma}_r = -\dfrac{2\mu}{r'^2}\chi_0, \quad \widetilde{\sigma}_\theta = \dfrac{2\mu}{r'^2}\chi_0 \tag{15}$$

式中，$r' = r/R$ 表示无量纲的径向坐标；$\chi_0 = C_0/(2\mu R)$ 为表征表面能效应的一个无量

纲参数。当孔洞尺寸增加时，由式（15）所表示的弹性场将逐渐趋于零。

（b）第二部分：第二部分应力边界条件式（14）受到表面诱发额外面力与表面惯性力的影响。这一部分弹性波场可根据位移势函数法和波函数展开法得到[5]。首先，入射SV 波的位移势可写为如下形式：

$$\psi^{(i)} = R^2 \psi_0 \sum_{n=0}^{\infty} k_n i^n J_n(\beta r') \cos(n\theta) e^{-i\omega t} \tag{16}$$

$$k_0 = 1, \quad k_n = 2(n \geqslant 1)$$

式中，ψ_0 表示入射 SV 波的幅值；ω 为其圆频率；$\beta = \omega R/c_s$ 为无量纲的圆频率，$c_s = \sqrt{\mu/\rho}$ 为 SV 波的波速；$J_n(\cdot)$ 表示第一类 n 阶 Bessel 函数；i 是虚数单位。

当 SV 波入射纳米圆柱孔时，在孔表面将同时有 P 波和 SV 波反射。反射 P 波和反射 SV 波的位移势有如下形式：

$$\begin{cases} \varphi^{(r)} = R^2 \psi_0 \sum_{n=0}^{\infty} k_n i^n C_n H_n^{(1)}(\alpha r') \sin(n\theta) e^{-i\omega t} \\ \psi^{(r)} = R^2 \psi_0 \sum_{n=0}^{\infty} k_n i^n D_n H_n^{(1)}(\beta r') \cos(n\theta) e^{-i\omega t} \end{cases} \tag{17}$$

式中，$\alpha = \omega R/c_p$ 为无量纲的 P 波频率，$c_p = \sqrt{2\mu(1-\nu)(1-2\nu)^{-1}\rho^{-1}}$ 为 P 波波速；系数 C_n 和 D_n 可以通过应力边界条件式（14）得到；$H_n^{(1)}(\cdot)$ 表示第一类 n 阶 Hankel 函数。因此，总的位移势可以写为

$$\begin{cases} \varphi = \varphi^{(i)} + \varphi^{(r)} \\ \psi = \psi^{(r)} \end{cases} \tag{18}$$

根据位移势函数法[5]，并考虑到式（18），位移分量可表示为位移势的函数

$$\begin{cases} \hat{u}_r(r,\theta,t) = \dfrac{\partial \varphi^{(r)}}{\partial r} + \dfrac{1}{r} \dfrac{\partial \psi^{(i)}}{\partial \theta} + \dfrac{1}{r} \dfrac{\partial \psi^{(r)}}{\partial \theta} \\ \hat{u}_\theta(r,\theta,t) = \dfrac{1}{r} \dfrac{\partial \varphi^{(r)}}{\partial \theta} - \dfrac{\partial \psi^{(i)}}{\partial r} - \dfrac{\partial \psi^{(r)}}{\partial r} \end{cases} \tag{19}$$

将式（16）和式（17）代入式（19），并考虑到式（6）和式（7），位移分量和应力分量可表示为

$$\begin{cases} \hat{u}_r(r,\theta,t) = \psi_0 R \sum_{n=0}^{\infty} k_n i^n \dfrac{1}{r'} [C_n P_{71}^{(3)} + P_{72}^{(1)} + D_n P_{72}^{(3)}] \sin(n\theta) e^{-i\omega t} \\[2mm] \hat{u}_\theta(r,\theta,t) = \psi_0 R \sum_{n=0}^{\infty} k_n i^n \dfrac{1}{r'} [C_n P_{81}^{(3)} + P_{82}^{(1)} + D_n P_{82}^{(3)}] \cos(n\theta) e^{-i\omega t} \\[2mm] \hat{\sigma}_r(r,\theta,t) = \dfrac{2\mu}{r'^2} \psi_0 \sum_{n=0}^{\infty} k_n i^n [C_n P_{11}^{(3)} + P_{12}^{(1)} + D_n P_{12}^{(3)}] \sin(n\theta) e^{-i\omega t} \\[2mm] \hat{\tau}_{r\theta}(r,\theta,t) = \dfrac{2\mu}{r'^2} \psi_0 \sum_{n=0}^{\infty} k_n i^n [C_n P_{41}^{(3)} + P_{42}^{(1)} + D_n P_{42}^{(3)}] \cos(n\theta) e^{-i\omega t} \\[2mm] \hat{\sigma}_\theta(r,\theta,t) = \dfrac{2\mu}{r'^2} \psi_0 \sum_{n=0}^{\infty} k_n i^n [C_n P_{21}^{(3)} + P_{22}^{(1)} + D_n P_{22}^{(3)}] \sin(n\theta) e^{-i\omega t} \end{cases} \tag{20}$$

其中，

$$\begin{cases} P_{11}^{(3)} = (n^2 + n - \beta^2 r'^2/2) H_n^{(1)}(\alpha r') - \alpha r' H_{n-1}^{(1)}(\alpha r') \\ P_{12}^{(1)} = n(n+1) J_n(\beta r') - n\beta r' J_{n-1}(\beta r') \\ P_{12}^{(3)} = n(n+1) H_n^{(1)}(\beta r') - n\beta r' H_{n-1}^{(1)}(\beta r') \\ P_{41}^{(3)} = -n(n+1) H_n^{(1)}(\alpha r') + n\alpha r' H_{n-1}^{(1)}(\alpha r') \\ P_{42}^{(1)} = -(n^2 + n - \beta^2 r'^2/2) J_n(\beta r') + \beta r' J_{n-1}(\beta r') \\ P_{42}^{(3)} = -(n^2 + n - \beta^2 r'^2/2) H_n^{(1)}(\beta r') + \beta r' H_{n-1}^{(1)}(\beta r') \\ P_{21}^{(3)} = -(n^2 + n + \beta^2 r'^2/2 - \alpha^2 r'^2) H_n^{(1)}(\alpha r') + \alpha r' H_{n-1}^{(1)}(\alpha r') \\ P_{22}^{(1)} - n(n+1) J_n(\beta r') + n\beta r' J_{n-1}(\beta r') \\ P_{22}^{(3)} = -n(n+1) H_n^{(1)}(\beta r') + n\beta r' H_{n-1}^{(1)}(\beta r') \\ P_{71}^{(3)} = \alpha r' H_{n-1}^{(1)}(\alpha r') - n H_n^{(1)}(\alpha r') \\ P_{72}^{(1)} = -n J_n(\beta r') \\ P_{72}^{(3)} = -n H_n^{(1)}(\beta r') \\ P_{81}^{(3)} = n H_n^{(1)}(\alpha r') \\ P_{82}^{(1)} = -[\beta r' J_{n-1}(\beta r') - n J_n(\beta r')] \\ P_{82}^{(3)} = -[\beta r' H_{n-1}^{(1)}(\beta r') - n H_n^{(1)}(\beta r')] \end{cases} \tag{21}$$

将式（20）代入式（14），可得

$$\begin{cases} C_n = \dfrac{\overline{Q}_{22}\overline{F}_1 - \overline{Q}_{12}\overline{F}_2}{\overline{Q}_{11}\overline{Q}_{22} - \overline{Q}_{12}\overline{Q}_{21}} \\[3mm] D_n = \dfrac{\overline{Q}_{11}\overline{F}_2 - \overline{Q}_{21}\overline{F}_1}{\overline{Q}_{11}\overline{Q}_{22} - \overline{Q}_{12}\overline{Q}_{21}} \end{cases} \tag{22}$$

其中，

$$\begin{cases} \overline{Q}_{11} = \overline{P}_{11}^{(3)} + \chi_1 n \overline{P}_{81}^{(3)} - \chi_1 \overline{P}_{71}^{(3)} + \chi_3 \beta^2 \overline{P}_{71}^{(3)} \\ \overline{Q}_{12} = \overline{P}_{12}^{(3)} + \chi_1 n \overline{P}_{82}^{(3)} - \chi_1 \overline{P}_{72}^{(3)} + \chi_3 \beta^2 \overline{P}_{72}^{(3)} \\ \overline{Q}_{21} = \overline{P}_{41}^{(3)} - \chi_2 n^2 \overline{P}_{81}^{(3)} + \chi_2 n \overline{P}_{71}^{(3)} + \chi_3 \beta^2 \overline{P}_{71}^{(3)} \\ \overline{Q}_{22} = \overline{P}_{42}^{(3)} - \chi_2 n^2 \overline{P}_{82}^{(3)} + \chi_2 n \overline{P}_{72}^{(3)} + \chi_3 \beta^2 \overline{P}_{72}^{(3)} \\ \overline{F}_1 = -\overline{P}_{12}^{(1)} - \chi_2 n \overline{P}_{82}^{(1)} + \chi_1 \overline{P}_{72}^{(11)} - \chi_3 \beta^2 \overline{P}_{72}^{(1)} \\ \overline{F}_2 = -\overline{P}_{42}^{(1)} + \chi_2 n^2 \overline{P}_{82}^{(1)} - \chi_2 n \overline{P}_{72}^{(1)} - \chi_3 \beta^2 \overline{P}_{72}^{(1)} \end{cases} \tag{23}$$

$$\chi_1 = C_1/(2\mu R), \quad \chi_2 = C_2/(2\mu R), \quad \chi_3 = \rho_0 c_s^2/(2\mu R)$$

式中，上横线"‾"表示在 $r' = 1$ 处取值。

将式（15）和式（20）叠加，可得到完整的位移分量和应力分量

$$\begin{cases} u_r(r,\theta,t) = \tilde{u}_r + \hat{u}_r \\ u_\theta(r,\theta,t) = \hat{u}_\theta \\ \sigma_r(r,\theta,t) = \tilde{\sigma}_r + \hat{\sigma}_r \\ \tau_{r\theta}(r,\theta,t) = \hat{\tau}_{r\theta} \\ \sigma_\theta(r,\theta,t) = \tilde{\sigma}_\theta + \hat{\sigma}_\theta \end{cases} \tag{24}$$

440

需要指出的是，在式（15）、式（20）~ 式（23）中，χ_0、χ_1 和 χ_2 是三个表征表面能效应的无量纲参数，χ_3 是表征表面惯性效应的无量纲参数。随着圆柱孔半径的增加，四个无量纲参数均趋于零，式（24）表示的弹性波场将退化为不考虑任何表面效应的经典解[5]。

在弹性波散射问题中比较关注的是孔洞周围环向应力集中因子（DSCF）。由于式（15）中的 $\tilde{\sigma}_\theta$ 仅表示由于表面晶格弛豫引起的额外恒常应力，因此本文采用第二部分环向应力 $\hat{\sigma}_\theta$ 来定义 DSCF：

$$\text{DSCF} = \left| \frac{\hat{\sigma}_\theta(R,\theta,t)}{\sigma_0} \right| \tag{25}$$

式中，$\sigma_0 = -\mu\beta^2\psi_0$ 表示 SV 波在其传播方向上的应力强度。值得注意的是，当四个无量纲参数 χ_0、χ_1、χ_2、χ_3 以及无量纲的 SV 波频率 β 均趋于零，式（25）将退化为 Kirsch 的静态解[43]，即

$$\text{DSCF} = 4\sin(2\theta) \tag{26}$$

该静态解相当于在纯剪切恒常外载 σ_0 下，宏观尺寸圆柱孔周围的 DSCF。

3　结果和讨论

以上建立了纳米圆柱孔对平面 SV 波的散射模型，并得到了孔洞周围动应力集中因子（DSCF）的解析解。为了便于结果的讨论，这里假设弹性介质为单晶铝（Al），模型中涉及的参数取为：$E_b = 70\text{GPa}$，$\phi_{0b} = 0.9420\text{N/m}$，$\nu = 0.35$，$d_a = 0.25\text{nm}$，$a_0 = 0.4050\text{nm}$，$\rho = 2700\text{kg/m}^3$，$\rho_0 = 5.46 \times 10^{-7}\text{kg/m}^{2[24,44,45]}$。表面弛豫参数可取经验公式为 $\lambda = 1 - c_r/(2R)$，其中，$c_r \approx 0.035\text{nm}^{[27,41]}$。下文中，我们将详细讨论入射波频率、孔洞尺寸及表面材料参数对孔洞周围 DSCF 的影响。

入射波频率对 DSCF 的影响：图 3a ~ c 显示了不同入射波频率 $\beta = \omega R/c_s$ 下，半径为 $R = 1\text{nm}$ 的纳米圆柱孔周围 DSCF 的分布规律，分别给出了四种模型预测的结果，包括同时考虑表面能效应和表面惯性效应的模型（SEE_SIE）、仅考虑表面能效应的模型（SEE）、不考虑表面效应的经典模型（CL）[5]和 Kirsch 静力学模型[43]。结果表明，表面能效应的强弱与入射波频率 β 的大小无关。不论入射波频率 β 如何变化，表面能效应总是降低 DSCF 的最大值。这一结果与已有基于 G - M 理论的模型[18]预测结果一致。与表面能效应不同，表面惯性效应的强弱严重依赖于入射波频率 β 的大小。如图 3a 所示，当入射波频率 β 较小时，表面惯性效应可以忽略。而随着入射波频率的增加，如图 3b、c 所示，逐渐增强的表面惯性效应使 DSCF 的最大值显著增加。可以看出，表面能效应和表面惯性效应呈现出依赖于入射波频率的竞争关系。入射波频率较小时，表面能效应占主导；入射波频率较大时，表面惯性效应占主导；频率适中时，两种表面效应均起作用。

孔洞半径对 DSCF 的影响：图 4 给出了不同半径的纳米圆柱孔周围 DSCF 的分布规律，包括同时考虑表面能效应和表面惯性效应的模型（SEE_SIE）、仅考虑表面能效应的模型（SEE）及不考虑表面效应的经典模型（CL）的理论预测结果。其中，入射频

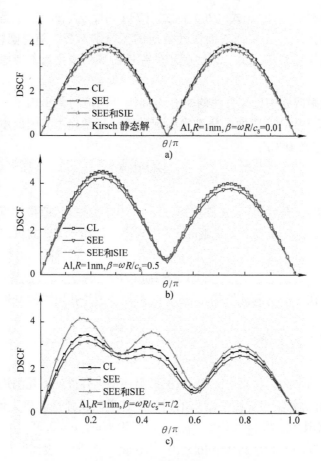

图 3 $R=1\mathrm{nm}$ 时，入射波频率对 DSCF 的影响

a) $\beta=0.01$ b) $\beta=0.5$ c) $\beta=\pi/2$

率固定为 $\omega=2\times10^{12}$ rad/s。与经典理论预测结果对比，可以发现，随着孔洞半径的增加，两种表面效应对 DSCF 的影响均趋近于零。其中，表面能效应在孔洞半径增加到 10nm 时即可忽略，而表面惯性效应则在孔洞尺寸达到微米量级时才逐渐消失。

表面材料参数对 DSCF 的影响：由式（20）~式（23）和式（25）可知，χ_1 和 χ_2 是表征表面能效应的两个无量纲参数，与体材料表面能密度和表面弛豫参数相关；χ_3 是表征表面惯性效应的无量纲参数，与表面质量密度相关。图 5 显示了不同表面材料参数（不同 χ_1、χ_2 和 χ_3 的取值）下，纳米孔洞周围 DSCF 的分布状况，其中，χ_1 和 χ_2 取为相同数值，$\beta=0.5$ 且 $\nu=0.35$。结果表明，与不考虑表面效应的经典结果（$\chi_1=\chi_2=\chi_3=0$）[5] 相比，随着 χ_1 和 χ_2 的增加，逐渐增强的表面能效应使最大 DSCF 减小；随着 χ_3 的增加，逐渐增强的表面惯性效应使最大 DSCF 增加。

与已有基于 G-M 理论的纳米圆柱孔对 SV 波的散射模型[18,20] 相比，本文理论模型创新之处有二：一是，表面能效应通过两个更易确定且物理意义更明确的表面材料参数来刻画，即体材料表面能密度和表面弛豫参数，从而避免了实验无法确定的表面弹性常数的引入；二是，已有模型中均忽略了与纳米孔洞表面质量密度相关的表面惯性效应的影响，本文模型则综合考虑了表面能效应和表面惯性效应的影响。结果表明，

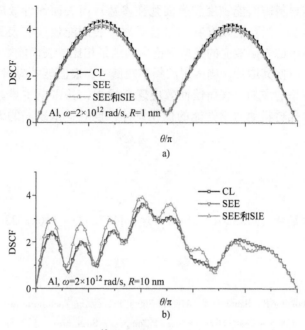

图 4　$\omega = 2 \times 10^{12}\,\text{rad/s}$ 时，孔洞半径对 DSCF 的影响

a）$R = 1\,\text{nm}$　　b）$R = 10\,\text{nm}$

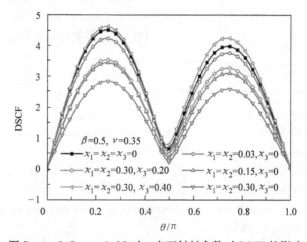

图 5　$\beta = 0.5$，$\nu = 0.35$ 时，表面材料参数对 DSCF 的影响

当入射频率较大时，表面惯性效应是影响孔洞周围 DSCF 的不可忽视的影响因素。基于以上分析，通过对入射波频率、孔洞尺寸及孔洞表面材料参数等进行调控，本文模型有望为纳米多孔材料动力学性能的设计提供可行的理论指导。

4　结论

本文采用一种基于表面能密度的新弹性动力学理论，研究了纳米圆柱孔对 SV 波的弹性波散射行为，综合考虑了表面能和表面惯性两部分表面效应的影响，得到了孔洞周围 DSCF 的解析解。模型中，表面能效应通过两个更易测定、物理意义更加明确的材料参数刻画，即体材料表面能密度和表面弛豫参数；而表面惯性效应则通过表面质量密度刻画。结果表明，当孔洞尺寸在纳米量级时，表面能效应和表面惯性效应的影响均不可忽视。与不考虑表面效应的经典理论预测结果相比，表面能效应使最大 DSCF 降低，而表面惯性效应使其增加。当入射波频率较低时，表面能效应对 DSCF 的影响占主导；随着入射波频率的增加，表面惯性效应逐渐增强，并占据主导。本文理论预测结果将不仅有助于多孔材料动力学性能的优化设计，也对纳米缺陷的无损检测具有理论指导意义。

致谢

国家自然科学基金（11532013，11872114，11772333，12002033）资助项目。

参 考 文 献

［1］Tiwari, K. A, Raisutis R, Samaitis V. Hybrid Signal Processing Technique to Improve the Defect Estimation in Ultrasonic Non – Destructive Testing of Composite Structures ［J］. Sensors, 2017, 17, 1 – 21.

［2］Na Y, Agnhage T, and Cho G. Sound absorption of multiple layers of nanofiber webs and the comparison of measuring methods for sound absorption coefficients ［J］. Fibers Polym, 2012, 13, 1348 – 1352.

［3］卢天健，何德坪，陈常青，等. 超轻多孔金属材料的多功能特性及应用 ［J］. 力学进展，2006，36，517 – 535.

［4］Graff K F. Wave motion in elastic solids ［M］. New York：Dover Publications, 2012.

［5］Pao Y H and Mow C C. The Diffraction of Elastic Waves and Dynamic Stress Concentration ［M］. New York：Crane, Russak, 1973.

［6］Surani F B, Kong X, Panchal D B, et al. Energy absorption of a nanoporous system subjected to dynamic loadings ［J］. Appl. Phys. Lett. 2005, 87, 151919.

［7］Ou Z Y, Wang G F, and Wang T J. An analytical solution for the elastic fields near spheroidal nano – inclusions ［J］. Acta Mech. Sin. , 2009, 25, 821 – 830.

［8］Ulrichs H, Meyer D, Döring F, et al. Spectral control of elastic dynamics in metallic nano – cavities ［J］. Sci. Rep, 2017, 7, 10600.

［9］Gurtin M E and Murdoch A I. A continuum theory of elastic material surfaces ［J］. Arch. Ration. Mech. Anal. , 1975, 57, 291 – 323.

［10］Gurtin M E and Murdoch A I. Surface stress in solids ［J］. Int. J. Solids Struct. , 1978, 14, 431 – 440.

［11］Timoshenko S and Goodier J. Theory of Elasticity ［M］. New York：McGraw Hill, 1951.

［12］Ansari, R. and Gholami R. Surface effect on the large amplitude periodic forced vibration of first – order shear deformable rectangular nanoplates with various edge supports ［J］. Acta Astronaut. , 2016, 118, 72 – 89.

［13］Peng X L and Huang G Y. Elastic vibrations of a cylindrical nanotube with the effect of surface stress and surface inertia ［J］. Phys. E, 2013, 54, 98 – 102.

［14］Qiang F, Wei P, and Liu X. Propagation of elastic wave in nanoporous material with distributed cylindrical nanoholes [J]. Sci. China, Ser. G, 2013, 56, 1542 – 1550.

[15] Wang G. Diffraction of shear waves by a nanosized spherical cavity [J]. Appl. Phys. 2008, 103, 053519.

[16] Wang G F, Wang T J, and Feng X Q. Surface effects on the diffraction of plane compressional waves by a nanosized circular hole [J]. Appl. Phys. Lett. 2006, 89, 231923.

[17] Zhang Q, Wang G, and Schiavone P. Diffraction of plane compressional waves by an array of nanosized cylindrical holes [J]. J. Appl. Mech. , 2011, 78, 021003.

[18] Ru Y, Wang G F, Su L. C, et al. Scattering of vertical shear waves by a cluster of nanosized cylindrical holes with surface effect [J]. Acta Mech. 2013, 224, 935 – 944.

[19] Liu W, Chen J, Liu Y, et al. Effect of interface/surface stress on the elastic wave band structure of two – dimensional phononic crystals [J]. Phys. Lett. A, 2012, 376, 605 – 609.

[20] 汝艳. 表面效应对 SV 波诱发的纳米孔洞周围弹性波散射的影响 [J]. 兰州理工大学学报, 2015, 41, 163 – 167.

[21] Qiang F and Wei P. Effective dynamic properties of random nanoporous materials with consideration of surface effects [J]. Acta Mech. , 2015, 226, 1201 – 1212.

[22] Parvanova S, Vasilev G, and Dineva P. Elastic wave scattering and stress concentration in a finite anisotropic solid with nano – cavities [J]. Arch. Appl. Mech. , 2017, 87, 1947 – 1964.

[23] Parvanova S L, Vasilev G P, Dineva P S, et al. Dynamic analysis of nano – heterogeneities in a finite – sized solid by boundary and finite element methods [J]. Int. J. Solids Struct. , 2016, 80, 1 – 18.

[24] Shenoy V B. Atomistic calculations of elastic properties of metallic fcc crystal surfaces [J]. Phys. Rev. B, 2005, 71, 094104.

[25] Miller R E and Shenoy V B. Size – dependent elastic properties of nanosized structural elements [J]. Nanotechnology, 2000, 11, 139.

[26] Mi C, Jun S, Kouris D A, et al. . Atomistic calculations of interface elastic properties in noncoherent metallic bilayers [J]. Phys. Rev. B, 2008, 77, 439 – 446.

[27] Sheng H, Kramer M, Cadien A, et al. . Highly optimized embedded – atom – method potentials for fourteen fcc metals [J]. Phys. Rev. B, 2011, 83, 134118.

[28] Ghavanloo E, Fazelzadeh S A, and Rafii – Tabar H. Nonlocal continuum – based modeling of breathing mode of nanowires including surface stress and surface inertia effects [J]. Physica B Physics of Condensed Matter, 2014, 440, 43 – 47.

[29] Peng S Z. Flexural wave scattering and dynamic stress concentration in a heterogeneous plate with multiple cylindrical patches by acoustical wave propagator technique [J]. J. Sound Vib. , 2005, 286, 729 – 743.

[30] Shodja H M, Ghafarollahi A, and Enzevaee C. Surface/interface effect on the scattering of Love waves by a nano – size surface – breaking crack within an ultra – thin layer bonded to an elastic half – space [J]. Int. J. Solids Struct. , 2017, 108, 63 – 73.

[31] Chen S H and Yao Y. Elastic theory of nanomaterials based on surface – energy density [J]. J. Appl. Mech. , 2014, 81, 121002.

[32] Yao Y, Chen S, and Fang D. An interface energy density – based theory considering the coherent interface effect in nanomaterials [J]. J. Mech. Phys. Solids, 2017, 99, 321 – 337.

[33] Lamber R, Wetjen S, and Jaeger N I. Size dependence of the lattice parameter of small palladium particles [J]. Phys. Rev. B, 1995, 51, 10968.

[34] Vitos L, Ruban A V, Skriver H L, et al. The surface energy of metals [J]. Surf. Sci. , 1998, 411, 186 – 202.

[35] Woltersdorf J, Nepijko A S, and Pippel E. Dependence of lattice parameters of small particles on the size of the nuclei [J]. Surf. Sci., 1981, 106, 64-69.

[36] Zhang C, Yao Y, and Chen S. Size-dependent surface energy density of typically fcc metallic nanomaterials [J]. Comput. Mater. Sci., 2014, 82, 372-377.

[37] Yao Y, Yang Y, and Chen S. Size-Dependent Elasticity of Nanoporous Materials Predicted by Surface Energy Density-Based Theory [J]. J. Appl. Mech., 2017, 84, 061004.

[38] Wang Y, Zhang B, Zhang X, et al. Two-dimensional fretting contact analysis considering surface effects [J]. Int. J. Solids Struct., 2019, 170, 68-81.

[39] Wang L. Surface effect on deformation around an elliptical hole by surface energy density theory [J]. Math Mech Solids, 2020, 25, 337-347.

[40] Zhang X, Wang Q J, Wang Y, et al. Contact involving a functionally graded elastic thin film and considering surface effects [J]. Int. J. Solids Struct., 2018, 150, 184-196.

[41] Jia N, Yao Y, Yang Y, et al. Size effect in the bending of a Timoshenko nanobeam [J]. Acta Mech., 2017, 228, 2363-2375.

[42] Jia N, Peng Z, Yao Y, et al. A surface energy density-based theory of nanoelastic dynamics and its application in the scattering of P-wave by a cylindrical nanocavity [J]. J. Appl. Mech., 2020, 87, 101001.

[43] Mow C C and Mente L J. Dynamic Stresses and Displacements Around Cylindrical Discontinuities Due to Plane Harmonic Shear Waves [J]. J. Appl. Mech., 1963, 30, 598-604.

[44] Brady and George S. Materials handbook [M]. New York: McGraw-Hill Professional, 1986.

[45] Enzevaee C and Shodja H M. Crystallography and surface effects on the propagation of Love and Rayleigh surface waves in fcc semi-infinite solids [J]. Int. J. Solids Struct., 2018, 138, 109-117.

Scattering of SV waves by a cylinderical nanocavity

Ning Jia[1,2] Zhilong Peng[1,2] Yin Yao[1,2]* Shaohua Chen[1,2]*

(1. Institute of Advanced Structure Technology, Beijing Institute of Technology, Beijing 100081)

(2. Beijing Key Laboratory of Lightweight Multi-Functional Composite Materials and Structures, Beijing Institute of Technology, Beijing 100081)

Abstract: The propagation of elastic waves in nanoporous is inevitably affected by the surface effect of nanopores. The scattering of SV waves by a cylindrical nanocavity is investigated by adopting a novel theory of nanoelastic dynamics based on the surface energy density, in which not only the surface energy effect but also the surface inertial effect is considered. With the help of wave function expansion method, the analytical solutions of the dynamic stress concentration factor (DSCF) around the nanocavity are obtained. The results indicate that when the radius of cavity is at the nanoscale, the surface energy effect attenuates the magnitude of DSCF, while the surface inertia one has an opposite effect. With an increasing incident SV wave frequency, the surface inertial effect is gradually enhanced even over the surface energy effect. The above results should not only enable ones to deeply understand the surface effects in wave scattering problems, but also have a guiding value for nondestructive detection of nano-sized defects.

Keywords: surface energy effect; surface inertial effect; SV waves; scattering; dynamic stress concentration factor (DSCF)